线性代数讲义

（上册）

李忠华 编著

·上海·

内容提要

本书分为上、下两册.上册讲述多项式、线性方程组、矩阵和行列式等代数理论，进而抽象出线性空间理论；下册讲述线性映射、Jordan标准形、内积空间和双线性函数等几何理论.本书在多项式部分强调类比的方法，在线性代数的代数部分强调初等变换的核心地位以及化一般为特殊的解决问题的基本方法，在线性代数的几何部分强调几何和代数的对应与联系.全书线索清晰，证明过程翔实，力求重现数学再发现过程，低起点而高落点，并对部分知识点进行拓展，每一章节后配有丰富的习题，以便学生巩固概念和开拓思路.

本书可作为普通高等学校数学类线性代数课程或者高等代数课程的教材，也可作为其他相关专业参考用书.

图书在版编目(CIP)数据

线性代数讲义.上册/李忠华编著. -- 上海：同济大学出版社，2021.9

ISBN 978-7-5608-9883-4

Ⅰ.①线… Ⅱ.①李… Ⅲ.①线性代数—高等学校—教学参考资料 Ⅳ.①O151.2

中国版本图书馆CIP数据核字(2021)第167208号

线性代数讲义(上册)

李忠华 **编著**

责任编辑 张 莉 **助理编辑** 屈斯诗 **责任校对** 徐春莲 **封面设计** 陈益平

出版发行 同济大学出版社 www.tongjipress.com.cn

(地址：上海市四平路1239号 邮编:200092 电话:021-65985622)

经 销 全国各地新华书店

排 版 南京月叶图文制作有限公司

印 刷 苏州市古得堡数码印刷有限公司

开 本 787 mm×1092 mm 1/16

印 张 25

字 数 624 000

版 次 2021年9月第1版

印 次 2023年9月第2次印刷

书 号 ISBN 978-7-5608-9883-4

定 价 78.00元

前　　言

线性代数是数学的一个分支，其广泛地应用于自然科学和社会科学中。“线性代数”课程是大学数学类学生的专业基础课程，理解、掌握好这门课程，对学好现代数学有重要的意义。笔者的“线性代数”是李尚志老师教的，有幸从他那学到了许多矩阵技巧和对线性代数的理解；后来做宋光天老师的“线性代数”课程的助教时，又学到了许多几何讨论的方法，比如一般数域上的Jordan标准形理论.进入同济大学数学系后，又从同事那里学到了许多“线性代数”课程的教学方法.

本书既是两位老师传授的一些知识和观点的传承，也是笔者个人讲授“线性代数”课程的总结，还主要参考了经典教材[3, 4, 5, 6, 7]，特别是笔者当年学习的教材[4].本书前半部分以线性方程组的求解为主线，后半部分是线性代数的抽象理论。全书分上、下两册，包括多项式、线性方程组与矩阵、矩阵的运算、行列式、向量组与矩阵的秩、线性空间、线性映射、Jordan标准形、内积空间、双线性函数，并对部分知识点内容进行拓展补充(书中标注“*”的部分)。我们从求解线性方程组入手，一步一步进入线性代数的多彩世界.

该讲义有以下三个特点：

(i) 我们尽量做到讲义中的每一个概念和结果都是自然和必要的.为此，我们尽量用“白话”给每个概念和结果一个出现的理由.作为一门完备的数学课程，除了将来在其他数学分支或者其他科学领域的应用外，线性代数也有其关心的问题和发展历程.除了掌握线性代数的一些基本概念、基本结果和基本方法外，我们更希望读者多问为什么，能对线性代数的意义给出自己的理解，并发现线性代数的美.在本讲义中，我们尽量给出对“线性代数”课程的理解，所以我们在讲故事，它有支线故事，有前传，有开头，有高潮，也有结尾.我们希望整个讲义是一些有关联的小故事：多项式的整数世界历险记，线性方程组的求解之旅，寻找坐标系的故事等.

(ii) 空间为体，矩阵为用.我们强调几何(空间)和代数(矩阵)的对应和联系.许多问题，我们同时给出了几何和代数处理方法，希望读者可以体会这两种不同处理方法的特点.我们既强调传自华罗庚先生的矩阵打洞技巧(初等变换),也强调抽象的理论力量.

(iii) 习题是讲义的重要组成部分,我们花了很大力气收集习题,并且自编了部分习题.有些习题在后面的正文中要用到,有些习题则需要其他一些习题的结果.按照经验,我们将习题分成三类:A类,B类和C类,其中A类是基本题,B类题需要一定的思考,而C类题则有一定的难度.我们希望在学完本讲义后,大家可以做到"老谋深算",不但会算,还会证明.

笔者要感谢一路走来给予了我谆谆教诲和无私帮助的师长们,以及我所学过的《线性代数》教材的作者们;要感谢同济大学数学科学学院各位老师在"线性代数"教学上的帮助,特别是叶家琛教授和靳全勤教授;要感谢同济大学数学科学学院主动或被动读过这本讲义初稿的同学们,特别是2016级的赵乾宇和2018级的赵志鹏,他们提供了一些习题的精妙解法.当然,还要感谢我的妻子的理解和默默付出.

由于编者水平有限,本书如有错误疏漏之处,恳请读者批评指正.

编者

2021年5月

目　录

代数几何熔一炉，
乾坤万物坐标书，
图形百态方程绘，
变换有规矩阵筹.

李尚志

第0章 绪 论

代数学是研究数、数量、关系与结构的一个数学分支，其又分为古典代数学和近世(抽象)代数学.古典代数学主要研究代数方程的解，比如研究一元二次方程

$$ax^2+bx+c=0 \quad (a\neq 0)$$

的解；而近世代数学则研究代数结构，比如研究群、环和域等.

线性代数研究**线性空间**及其之间的**线性变换**，**矩阵**是线性代数的一个重要代数工具，**线性方程组**则是一个重要的研究对象.线性方程组的解的研究属于古典代数学的范畴，而线性空间则是最基本的代数结构.在线性代数中还需要**多项式**这一工具.

下面简单介绍一下上面出现的一些名词，它们是本讲义的主角.

我们在中学就学过了多项式，比如 $ax+b\ (a\neq 0)$ 是一次多项式，而

$$ax^2+bx+c \quad (a\neq 0)$$

是二次多项式.在中学我们也学过方程，比如一元二次方程是中学数学的一个重要研究对象.我们称形如

$$ax+by+c=0$$

的一次方程为(二元)线性方程，而若干个线性方程组成的方程组则称为线性方程组.看下面的经典例子.

例 今有雉兔同笼，上有三十五头，下有九十四足，问雉兔各几何？(鸡兔同笼，出自《孙子算经》)

☞ **解** 分析可得：

$$兔子数=\frac{94-35\times 2}{2}=12,$$

$$鸡数=35-12=23.$$

也可假设鸡有 x 只，兔有 y 只，得到线性方程组

$$\begin{cases} x+y=35, \\ 2x+4y=94. \end{cases}$$

上面的线性方程组可如下求解：

$$\begin{cases} x+y=35, & (1) \\ 2x+4y=94. & (2) \end{cases} \xrightarrow{(2)-2\times(1)} \begin{cases} x+y=35, & (3) \\ 2y=24. & (4) \end{cases}$$

$$\xrightarrow{\frac{1}{2}\times(4)} \begin{cases} x+y=35, & (5) \\ y=12. & (6) \end{cases} \xrightarrow{(5)-(6)} \begin{cases} x=23, \\ y=12. \end{cases}$$

上面求解线性方程组的方法在中学也学过，这里我们称为**高斯(Gauss)消元法**.

我们称矩形(长方形)数表为矩阵.例如上面鸡兔同笼问题得到的线性方程组中，未知数 x 和 y 不是本质的(我们可以用其他字母做未知数)，本质是未知数的系数和常数项，于是我们得到下面的矩阵

$$\begin{pmatrix} 1 & 1 & 35 \\ 2 & 4 & 94 \end{pmatrix},$$

它是对应的线性方程组的增广矩阵.上面的 Gauss 消元法就对应增广矩阵的化简(矩阵的初等变换)

$$\begin{pmatrix} 1 & 1 & 35 \\ 2 & 4 & 94 \end{pmatrix} \xrightarrow{r_2-2r_1} \begin{pmatrix} 1 & 1 & 35 \\ 0 & 2 & 24 \end{pmatrix} \xrightarrow{\frac{1}{2}r_2} \begin{pmatrix} 1 & 1 & 35 \\ 0 & 1 & 12 \end{pmatrix} \xrightarrow{r_1-r_2} \begin{pmatrix} 1 & 0 & 23 \\ 0 & 1 & 12 \end{pmatrix}.$$

矩阵是数的推广，数有四则运算，类似地，我们将定义矩阵的四则运算：加、减、乘和除；我们还将如上面 Gauss 消元法一样研究矩阵的化简及其应用.

线性空间是定义有“好的”加法和数乘(数量乘法)的非空集合，最经典的例子就是我们生活的三维空间.当取定了(直角)坐标系后，三维空间的每一点都可以用一个唯一、有序的三元数组表示，于是三维空间代数上可以表示为集合

$$\mathbb{R}^3=\{(a_1, a_2, a_3) \mid a_1, a_2, a_3 \in \mathbb{R}\},$$

其中，$\mathbb{R}$ 表示实数集，如图 0.1 所示.

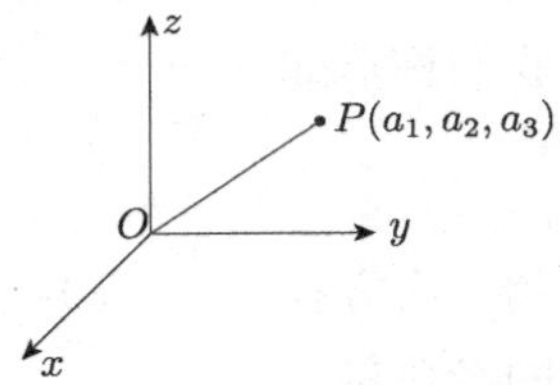

图 0.1　三维空间

对应到三维向量的加法和数乘，这个集合可以定义如下运算：

$$\text{加法：} (a_1, a_2, a_3)+(b_1, b_2, b_3):=(a_1+b_1, a_2+b_2, a_3+b_3),$$
$$\text{数乘：} a(a_1, a_2, a_3):=(aa_1, aa_2, aa_3) \quad (a \in \mathbb{R}).$$

在这两个运算下，$\mathbb{R}^3$ 成为一个线性空间.读者应该用这个具体的几何例子来理解本讲义中的许多抽象概念.

线性变换是线性空间之间“好的”映射.和线性空间一样，线性变换也是一个几何对象，它们是本讲义的重点.

严格地讲，多项式理论并不属于线性代数的范畴，但是一般的处理方法都是和线性代数

合在一起学习的[1].由于多项式理论从感觉上和线性代数很不一样,所以为了不破坏线性代数的完整性,我们先讲多项式理论,然后再进入线性代数.对于线性代数,我们先讲古典理论,即线性方程组和矩阵,再讲抽象理论,即线性空间和线性变换.本讲义的前半部分可以以线性方程组的求解为主线,我们先介绍了线性方程组求解的 Gauss 消元法,由此引出矩阵以及矩阵的初等变换,从而得到线性方程组解的个数的判别方法和求解算法.由于矩阵这一角色的重要性,我们马上介绍了矩阵的四则运算.求解线性方程组除了 Gauss 消元法外,还有所谓的加减消元法,这种消元法可以求解一类特殊的线性方程组,从而得到一定条件下的线性方程组的求解公式,这一公式中出现了方阵的行列式.于是在矩阵的运算后,我们介绍了行列式的概念以及用加减消元法得到的一定条件下线性方程组的求解公式——克拉默(Cramer)法则.最后,我们来数线性方程组中(真正)方程的个数,以及有解的线性方程组解的(真正)个数,这就需要秩的概念.至此,线性方程组的故事就结束了.

本讲义的后半部分是线性代数的抽象(几何)理论.对此,建议读者把后半部分看成高维的解析几何.如前,在我们生活的三维空间建立(直角)坐标系,那么空间中的每个点(向量)就唯一对应有序的三元数组,而点(向量)之间的运算就可以转换成三元有序数组之间的运算.三维空间是向量组成的空间,而线性空间则可以看成广义向量组成的空间.我们在介绍完线性空间以及子空间等概念后,一个主要的目标就是想在线性空间中建立坐标系.当建立了坐标系后,可以看到,n 维(维数可以看成坐标系中坐标轴的个数)线性空间本质上等同于 n 元有序数组组成的空间.在三维空间中,我们常常需要研究变换,于是我们也希望研究一般线性空间中的变换——线性变换.用解析几何来解决几何问题时,问题解决的难易常常与坐标系的选取有关.例如,我们在平面上画个半径为 1 的圆.如果将图 0.2(a)中坐标原点放在圆心的话,则这个圆在该坐标系中的方程就是

$$x^2+y^2=1.$$

但是如果如图 0.2(b)所示建立坐标系,则这个圆在该坐标系中的方程会很复杂.类似地,做解析几何时,建立坐标系后,可以看到线性变换就对应到矩阵.取不同的坐标系,线性变换的表现形式也不一样.一个基本问题就是找最合适的坐标系,使线性变换的表现形式最简单,如此在这个坐标系下就更容易解决问题.这个基本问题对应到矩阵在相应的等价关系下的分类问题.三维空间中通常取直角坐标系,于是我们接着讨论了可以有直角坐标系的线性空间——内积空间,以及这个空间中的线性变换的基本问题:寻找最合适的直角坐标系.当然,这一问题也对应到矩阵的分类.在微积分中,考虑了一元函数后,自然考虑多元函数.我们最后讨论了线性空间上的特殊的二元函数——双线性函数,这可以看成内积

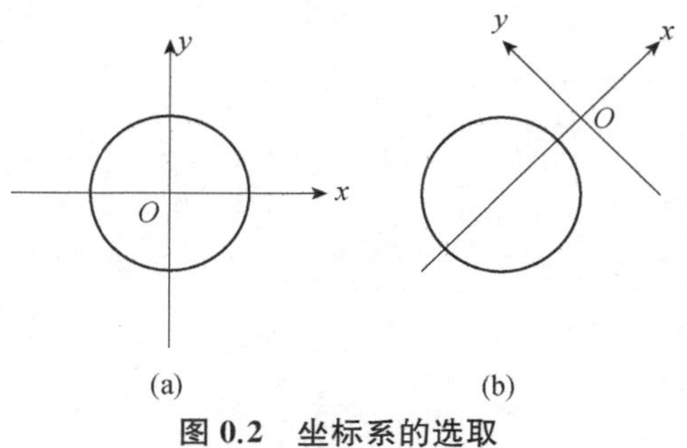

图 0.2 坐标系的选取

[1] 当然,也有不同的处理办法.比如,笔者当年多项式理论是在“初等数论”这门课程中,学完整数的素分解理论后,再学习的.

空间中内积的一般化.做解析几何时,建立坐标系后,双线性函数也对应到矩阵.我们想找最合适的坐标系,使得双线性函数在这个坐标系下的表达形式最简单.这一基本问题也对应到矩阵的某种分类.所以本讲义的后半部分,从几何上看讲的是找最合适的坐标系,使得线性空间上的线性变换在这个坐标系中的表现形式最简单;而从代数上看,则是讲矩阵在各种等价关系下的分类.

本讲义将使用下面的数集记号:

$$\begin{aligned}
&\mathbb{N} := \{1, 2, 3, 4, \cdots\} = \{\text{正整数}\},\\
&\mathbb{Z}_{\geqslant 0} := \{0, 1, 2, 3, \cdots\} = \{\text{非负整数}\},\\
&\mathbb{Z} := \{0, \pm 1, \pm 2, \pm 3, \cdots\} = \{\text{整数}\},\\
&\mathbb{Q} := \left\{\frac{a}{b} \,\middle|\, a \in \mathbb{Z},\, b \in \mathbb{N}\right\} = \{\text{有理数}\},\\
&\mathbb{R} := \{\text{实数}\},\\
&\mathbb{C} := \{a + b\mathrm{i} \mid a, b \in \mathbb{R}\} = \{\text{复数}\},
\end{aligned}$$

其中, $\mathrm{i}=\sqrt{-1}$ 是虚数单位.显然有下面的包含关系

$$\mathbb{N} \subsetneqq \mathbb{Z}_{\geqslant 0} \subsetneqq \mathbb{Z} \subsetneqq \mathbb{Q} \subsetneqq \mathbb{R} \subsetneqq \mathbb{C}.$$

一般地,我们用 $\mathbb{F}$ 表示一个数域,用小写字母 a, b, c 等表示 $\mathbb{F}$ 中的数,有时也用 λ, μ 等希腊字母表示 $\mathbb{F}$ 中的数.我们用大写字母 $\boldsymbol{A}$, $\boldsymbol{B}$, $\boldsymbol{C}$ 等表示矩阵,用希腊字母 $\boldsymbol{\alpha}$, $\boldsymbol{\beta}$, $\boldsymbol{\gamma}$ 等表示向量.最后,对于一个有限集合 A, 我们用 $\# A$ 或者 $|A|$ 表示 A 中所含元素的个数.

第1章 多 项 式

多项式在讨论某些线性代数问题时是重要的工具,本章主要介绍一元多项式的基本理论.多项式世界和整数世界可以看成在某种程度上相平行的两个世界,所以本章可以看成是多项式在整数世界的历险故事.每个整数可以唯一分解成素数的乘积,本章的主要目的是介绍多项式世界的对应结果——因式分解存在唯一定理.为此,我们需要介绍整除理论、最大公因式以及多项式世界的素数——不可约多项式.本章最后还简单介绍了多元多项式,特别是对称多项式的基本理论.

这部分内容严格讲不属于线性代数,所以不是本讲义的重点.但是多项式是代数学中一个重要的对象,不但许多代数结构的例子可以用多项式构造出来,而且多项式在表示论和代数几何等学科中将不断出现.

§1.1 数 域

我们要对数进行加、减、乘和除四则运算,当然希望运算出来的数我们还认识,也就是要在对四则运算封闭的数集中考虑问题.例如,所有复数组成的集合 $\mathbb{C}$[①]当然对四则运算封闭,所以我们可以在 $\mathbb{C}$ 中考虑问题.但有时候 $\mathbb{C}$ 太大了,所以很自然地引入下面的概念.

定义 1.1 称子集 $\mathbb{F}\subset\mathbb{C}$ 是**数域**,如果满足

(i) $0,1\in\mathbb{F}$;

(ii) $\mathbb{F}$ 对数的加、减、乘、除(除数非零)封闭,即对任意 $a,b\in\mathbb{F}$,有

$$a+b,\ a-b,\ a\cdot b,\frac{a}{b}\ (b\neq 0)\in\mathbb{F}.$$

事实上,如果一个非空集合可以定义满足“好的”运算律的四则运算,则该集合成为一种特殊的代数结构——**域**(参见本章 * 号内容).数域是一种特殊的域,线性代数以及多项式的许多理论都可以毫无困难地推广到一般的域上.

例 1.1 (1) $\mathbb{Q}$,$\mathbb{R}$ 和 $\mathbb{C}$ 都是数域,分别称为**有理数域**、**实数域**和**复数域**.本讲义中的数域 $\mathbb{F}$ 通常为这三个数域;

(2) 整数集合 $\mathbb{Z}$ 不是数域,它对除法不封闭[事实上,容易证明(见本节习题 A1),如果 $\mathbb{F}$ 是一个数域,那么有 $\mathbb{Q}\subset\mathbb{F}$].

我们最后看一个不那么明显的数域的例子[②].

---

① 这是我们中学学过的最大数集.

② 在代数数论中可以看到更多数域的例子.

例 1.2 证明：集合

$$\mathbb{Q}(\sqrt{2}) := \{a + b\sqrt{2} \mid a, b \in \mathbb{Q}\}$$

是数域.

☞ **证明** 首先,有

$$0 = 0 + 0\sqrt{2} \in \mathbb{Q}(\sqrt{2}), \quad 1 = 1 + 0\sqrt{2} \in \mathbb{Q}(\sqrt{2}).$$

其次,对于任意 $a_1 + b_1\sqrt{2}$, $a_2 + b_2\sqrt{2} \in \mathbb{Q}(\sqrt{2})$,其中 a_i, $b_i \in \mathbb{Q}$,有

$$(a_1 + b_1\sqrt{2}) \pm (a_2 + b_2\sqrt{2}) = (a_1 \pm a_2) + (b_1 \pm b_2)\sqrt{2} \in \mathbb{Q}(\sqrt{2}),$$
$$(a_1 + b_1\sqrt{2})(a_2 + b_2\sqrt{2}) = (a_1a_2 + 2b_1b_2) + (a_1b_2 + a_2b_1)\sqrt{2} \in \mathbb{Q}(\sqrt{2}).$$

再假设 $a_2 + b_2\sqrt{2} \neq 0$,则 $a_2 - b_2\sqrt{2} \neq 0$(否则,$a_2 = b_2\sqrt{2}$.如果 $b_2 = 0$,则 $a_2 = 0$,得到 $a_2 + b_2\sqrt{2} = 0$,矛盾.因此 $b_2 \neq 0$,进而 $\sqrt{2} = a_2/b_2 \in \mathbb{Q}$,与 $\sqrt{2}$ 是无理数矛盾).于是

$$\frac{a_1 + b_1\sqrt{2}}{a_2 + b_2\sqrt{2}} = \frac{(a_1 + b_1\sqrt{2})(a_2 - b_2\sqrt{2})}{(a_2 + b_2\sqrt{2})(a_2 - b_2\sqrt{2})} = \frac{a_1a_2 - 2b_1b_2}{a_2^2 - 2b_2^2} + \frac{a_2b_1 - a_1b_2}{a_2^2 - 2b_2^2}\sqrt{2} \in \mathbb{Q}(\sqrt{2}).$$

这就证明了 $\mathbb{Q}(\sqrt{2})$ 是数域.

本讲义中,我们总用 $\mathbb{F}$ 表示一个数域,而 $\mathbb{F}^\times$ 表示 $\mathbb{F}$ 中非零数构成的集合,即

$$\mathbb{F}^\times := \mathbb{F} - \{0\} = \{c \in \mathbb{F} \mid c \neq 0\}.$$

习题 1.1

A1. 设 $\mathbb{F}$ 是数域,证明:$\mathbb{Q} \subset \mathbb{F}$.

A2. 设整数 $d > 1$,且 d 无平方因子①,证明:数集

$$\mathbb{Q}(\sqrt{d}) = \{a + b\sqrt{d} \mid a, b \in \mathbb{Q}\}$$

是数域.

B1. 叙述域的定义,并证明数域是域,再举一个是域而不是数域的例子.

§1.2 一元多项式

下面我们开始多项式的故事.首先要有一个固定的数域 $\mathbb{F}$.再设 x 是一个不定元②(形式符号),下面引入本章故事的主角——关于不定元 x 的以 $\mathbb{F}$ 为系数的多项式,对此读者并不陌生,其实这些是对中学所学内容的复习.

定义 1.2 称形式表达式

---

① 称正整数 n 无平方因子,如果对 n 的任意大于 1 的因子 d,d 都不是完全平方数.

② 这里不称 x 为未知数,因为将来 x 不一定只代入数,它可以代入其他合适的对象,例如矩阵.

$$f(x)=a_nx^n+a_{n-1}x^{n-1}+\cdots+a_1x+a_0$$

为 $\mathbb{F}$ 上的一个关于不定元 x 的**一元多项式**，也称为一个 $\mathbb{F}$-**系数一元多项式**.这里，a_0，a_1，…，$a_n\in\mathbb{F}$ 是多项式 $f(x)$ 的**系数**，而 $n\in\mathbb{Z}_{\geqslant 0}$ 是非负整数.有时也将 $f(x)$ 简记为 f①.

下面介绍一些常用的名词和记号，可以把这个想象成介绍主角的外貌特征和衣着等.

(i) 利用求和记号，$f(x)$ 也可以记为

$$f(x)=\sum_{i=0}^{n}a_ix^i,$$

称 a_ix^i 为 i 次项，称 a_i 为 i 次项系数.此时对任意整数 $j>n$，也称 $f(x)$ 的 j 次项系数为零.即对任意 $j>n$，定义 $a_j=0$，则有

$$f(x)=\sum_{i\geqslant 0}a_ix^i=\sum_{i=0}^{\infty}a_ix^i.$$

(ii) 当 $a_n\neq 0$ 时，称 a_nx^n 为**首项**，又称 a_n 为**首项系数**.此时，n 称为 $f(x)$ 的**次数**，也称 $f(x)$ 是一个 n 次多项式，记为

$$\deg(f(x))=n.$$

(iii) 称 a_0 为**常数项**.

(iv) 首项系数为 1 的多项式称为**首一多项式**.

(v) 所有系数都为零的多项式称为**零多项式**，记为 0. 约定零多项式的次数为 $-\infty$，即

$$\deg 0=-\infty.$$

于是零多项式没有首项，不是首一多项式.

(vi) 数域 $\mathbb{F}$ 上所有一元多项式构成的集合记为 $\mathbb{F}[x]$，即

$$\mathbb{F}[x]:=\{a_nx^n+a_{n-1}x^{n-1}+\cdots+a_1x+a_0\mid n\in\mathbb{Z}_{\geqslant 0},\ a_0,\ a_1,\ \cdots,\ a_n\in\mathbb{F}\}.$$

本章的主要目的就是研究这个集合.

取每个多项式的次数，得到一个函数

$$\deg:\mathbb{F}[x]\longrightarrow\mathbb{Z}_{\geqslant 0}\cup\{-\infty\};\ f(x)\mapsto\deg(f(x)).$$

利用次数，可以判别一个多项式是否非零：对任意 $f(x)\in\mathbb{F}[x]$，有

$$f(x)=0\iff\deg(f(x))=-\infty.$$

还要注意区分零多项式和零次多项式.由定义，零次多项式是 $\mathbb{F}$ 中的非零数，即零次多项式组成的集合为 $\mathbb{F}^{\times}$. 可以将零多项式与 $\mathbb{F}$ 中的零等同，于是 $\mathbb{F}\subset\mathbb{F}[x]$.

最后我们给出两个多项式相等的如下自然的定义.

定义 1.3 设 $f(x)$，$g(x)\in\mathbb{F}[x]$，称 $f(x)$ 和 $g(x)$ 相等，如果它们的任意同次项的

---

① 将 $f(x)$ 简记为 f 是把 $f(x)$ 看成 $\mathbb{F}$ 上的一个函数

$$f:\mathbb{F}\longrightarrow\mathbb{F};\ a\mapsto f(a).$$

系数都相等.记为 $f(x)=g(x)$.

由定义有等式

$$ax^2+bx+c=0\cdot x^3+ax^2+bx+c=0\cdot x^4+0\cdot x^3+ax^2+bx+c=\cdots.$$

于是,在多项式 $f(x)$ 的表达式中未出现的项,都可认为其系数为零.

至此,我们知道了名叫多项式的这样一个角色.它们来到了整数 $\mathbb{Z}$ 的世界,为这个世界的丰富多彩而感动.比如,它们看到整数可以做加法、减法、乘法和除法("带余除法").于是,它们也希望可以做类似的运算.怎么办呢? 多项式有两部分,系数和不定元.我们看到,系数域 $\mathbb{F}$ 是可以做运算的.利用 $\mathbb{F}$ 中的加法、减法和乘法,想到了下面自然的加法、减法和乘法运算的定义,这也是我们在中学时学到的.

设有多项式

$$f(x)=\sum_{i=0}^{n}a_ix^i,\ g(x)=\sum_{j=0}^{m}b_jx^j\in\mathbb{F}[x].$$

定义 1.4(加法) 将多项式 $f(x)$ 和 $g(x)$ 的同次项系数相加,得到的多项式记为 $f(x)+g(x)$,即

$$f(x)+g(x):=(a_0+b_0)+(a_1+b_1)x+\cdots=\sum_{i\geqslant 0}(a_i+b_i)x^i\in\mathbb{F}[x].$$

事实上,多项式相加就是我们在中学学过的合并同类项.例如,有

$$(x^2+2x+1)+(3x^3-2x^2-4x+5)=3x^3-x^2-2x+6.$$

由定义,多项式相加,其次数满足①

$$\deg(f(x)+g(x))\leqslant\max\{\deg(f(x)),\ \deg(g(x))\}.$$

下面的性质也容易证明.

(A1)(交换律) $f(x)+g(x)=g(x)+f(x)$;

(A2)(结合律) $[f(x)+g(x)]+h(x)=f(x)+[g(x)+h(x)]$;

(A3)(零元存在) $f(x)+0=f(x)=0+f(x)$;

(A4)(负元存在) $\forall f(x)=\sum_{i=0}^{n}a_ix^i$,令 $-f(x)=\sum_{i=0}^{n}(-a_i)x^i$,则

$$f(x)+(-f(x))=0.$$

定义 1.5(减法) 将多项式 $f(x)$ 和 $g(x)$ 的同次项系数相减,得到的多项式记为 $f(x)-g(x)$,即

① max 为取大函数,即对于有限的有序集合 A, $\max A$ 是指取出 A 中的最大元,特别有

$$\max\{m,\ n\}=\begin{cases}m, & m\geqslant n,\\ n, & m<n.\end{cases}$$

这里我们约定对任意 $n\in\mathbb{Z}_{\geqslant 0}$,有 $-\infty<n$.

$$f(x)-g(x):=(a_0-b_0)+(a_1-b_1)x+\cdots=\sum_{i\geqslant 0}(a_i-b_i)x^i\in\mathbb{F}[x].$$

用加法表示，就是

$$f(x)-g(x)=f(x)+(-g(x)).$$

本节最后定义多项式的乘法.

定义 1.6（乘法） 将多项式 $f(x)$ 和 $g(x)$ 代数相乘，得到的多项式记为 $f(x)g(x)$，即

$$\begin{aligned}f(x)g(x)&=(a_nx^n+a_{n-1}x^{n-1}+\cdots+a_0)(b_mx^m+b_{m-1}x^{m-1}+\cdots+b_0)\\&:=a_nb_mx^{n+m}+(a_nb_{m-1}+a_{n-1}b_m)x^{n+m-1}+\cdots+a_0b_0\\&=\sum_{k=0}^{n+m}\Big(\sum_{\substack{i+j=k\\ i,\,j\geqslant 0}}a_ib_j\Big)x^k\in\mathbb{F}[x].\end{aligned}$$

事实上，多项式相乘就是我们中学学过的去括号然后合并同类项.例如，

$$(x-1)(x+2)=x^2+2x-x-2=x^2+x-2.$$

由定义，可以得到下面非常有用的结论①.

(1) $\mathbb{F}[x]$ 中无零因子，即若 $f(x)\neq 0$, $g(x)\neq 0$，则有 $f(x)g(x)\neq 0$. 进而 $\mathbb{F}[x]$ 中乘法消去律成立，即

$$f(x)g(x)=f(x)h(x),\ f(x)\neq 0\Longrightarrow g(x)=h(x);$$

(2) $\deg(f(x)g(x))=\deg(f(x))+\deg(g(x))$.

还可以证明下面的性质：

(M1)（交换律） $f(x)g(x)=g(x)f(x)$；

(M2)（结合律） $[f(x)g(x)]h(x)=f(x)[g(x)h(x)]$；

(M3)（单位元存在） $1\cdot f(x)=f(x)$；

(D)（分配律） $(f(x)+g(x))h(x)=f(x)h(x)+g(x)h(x)$.

由上，$\mathbb{F}[x]$ 在多项式的加法和乘法下成为有单位元的交换环②，称其为**（一元）多项式环**.

所有整数的集合 $\mathbb{Z}$ 在数的加法和乘法下也成为有单位元的交换环，称其为**整数环**.可见，如上定义的多项式运算至少符合多项式们的期望——像整数那样运算.下节中，我们继续看多项式如何学习整数的带余除法.

习题 1.2

A1. 设 $f(x)$ 和 $g(x)$ 是非零多项式，证明：$f(x)g(x)\neq 0$. 进而证明：$\mathbb{F}[x]$ 中（乘法）消去律成立.

A2. 设 $f(x)\in\mathbb{F}[x]$，如果存在 $g(x)\in\mathbb{F}[x]$，使得 $f(x)g(x)=1$，则称 $f(x)$ 是可逆元.多项式环

---

① 约定 $(-\infty)+(-\infty)=-\infty$, $(-\infty)+n=n+(-\infty)=-\infty$, $(\forall n\in\mathbb{Z}_{\geqslant 0})$.

② 参看本章 * 号内容.

$\mathbb{F}[x]$ 中所有可逆元的全体组成的集合记为 $\mathbb{F}[x]^{\times}$，证明：$\mathbb{F}[x]^{\times}=\mathbb{F}^{\times}$.

B1. 设 $f(x)$ 是非零的实系数多项式(即系数都是实数的多项式)，$f(f(x))=(f(x))^k$，其中 k 是给定的正整数.求多项式 $f(x)$.

B2. 设 $k\geqslant 2$ 是正整数，$f(x)$ 是正次数实系数多项式，满足 $f(x^k)=(f(x))^k$. 求多项式 $f(x)$.

B3. 叙述有单位元的交换环的定义和环中的可逆元的定义.将整数环 $\mathbb{Z}$ 中所有可逆元组成的集合记为 $\mathbb{Z}^{\times}$，证明：$\mathbb{Z}^{\times}=\{\pm 1\}$.

B4. 设 $\mathbb{F}$ 是数域，R 是 $\mathbb{F}$ 的一个扩环(不一定交换).任意给定 $t\in R$，设 t 和 $\mathbb{F}$ 中任意元乘法可交换.定义映射 $\sigma_t:\mathbb{F}[x]\longrightarrow R$，使得对任意 $f(x)=\sum\limits_{i=0}^{n}a_ix^i\in\mathbb{F}[x]$，有

$$\sigma_t(f(x))=f(t):=\sum_{i=0}^{n}a_it^i.$$

证明：σ_t 保持加法和乘法运算，即如果在 $\mathbb{F}[x]$ 中，有

$$f(x)+g(x)=h(x),\quad f(x)g(x)=p(x),$$

那么在 R 中有

$$f(t)+g(t)=h(t),\quad f(t)g(t)=p(t).$$

映射 σ_t 称为 ***x* 用 *t* 代入.**

§1.3 带余除法

前面像整数一样，定义了多项式之间的加法、减法和乘法，下面来看多项式如何学习整数世界中的除法.我们知道，通常情况下，两个整数相除所得结果不一定是整数，而应该是

$$\text{整数}\div\text{整数}=\text{商}+\text{余数}.$$

例如，由算式

$$\begin{array}{r}2\\5\,\overline{)\,1\,3}\\\underline{1\,0}\\3\end{array}$$

得到 13 除以 5 的商是 2，余数是 3. 注意到余数满足 $3<5$，所以不能再往下除了.上面的除式在有理数的世界为

$$\frac{13}{5}=2+\frac{3}{5},$$

在整数世界则可表示为

$$13=2\times 5+3.$$

一般地，可以证明整数世界 $\mathbb{Z}$ 中的带余除法定理：对任意 a，$b\in\mathbb{Z}$，其中 $b>0$，存在唯一

的 $q, r \in \mathbb{Z}$，使得

$$a = qb + r, \quad 0 \leqslant r < b.$$

称 q 是 b 除 a 的商，而 r 是余数.

多项式也可以做类似的事，例如，由我们学过的多项式的长除法，有下面的算式

$$\begin{array}{r|l} & \quad x-1 \\ \hline x+1 & x^2 \qquad +1 \\ & x^2+x \\ \hline & \quad -x+1 \\ & \quad -x-1 \\ \hline & \qquad\quad 2 \end{array}$$

上面的结果在 $\mathbb{F}[x]$ 中写成等式就是

$$x^2 + 1 = (x-1)(x+1) + 2,$$

即 $x+1$ 除 x^2+1 的商是 $x-1$，而余式是 2. 观察上面的长除法，可以发现实际上每次都是把剩下的多项式的首项用 $x+1$ 去掉，这当首项次数不小于 1 时容易做到. 直到最后剩下的 2 的次数已经小于 $x+1$ 的次数，我们不能再往下除了，除法结束.

一般地，设 $f(x), g(x) \in \mathbb{F}[x]$ 且 $g(x) \neq 0$. 当 $\deg(f(x)) < \deg(g(x))$ 时，此时不能除. 当 $\deg(f(x)) \geqslant \deg(g(x))$ 时，设

$$f(x) = a_n x^n + a_{n-1} x^{n-1} + \cdots + a_1 x + a_0, \quad a_n \neq 0,$$
$$g(x) = b_m x^m + b_{m-1} x^{m-1} + \cdots + b_1 x + b_0, \quad b_m \neq 0,$$

则 $n \geqslant m$. 如果 $n=0$，则 $m=0$，即 $f(x)$ 和 $g(x)$ 都为非零数，此时做除法是平凡的. 设 $n > 0$，我们要把 $f(x)$ 的首项 $a_n x^n$ 去掉，可以进行如下的长除法

$$\begin{array}{r|c} & \dfrac{a_n}{b_m} x^{n-m} \\ \hline b_m x^m + b_{m-1} x^{m-1} + \cdots & a_n x^n + a_{n-1} x^{n-1} + \cdots \\ & a_n x^n + \dfrac{a_n}{b_m} b_{m-1} x^{n-1} + \cdots \\ \hline & f_1(x) = \left(a_{n-1} - \dfrac{a_n}{b_m} b_{m-1} \right) x^{n-1} + \cdots \end{array}$$

此时，有 $\deg(f_1(x)) \leqslant n-1$. 如果 $\deg(f_1(x)) < m$，则不能除了，除法结束；否则继续用 $g(x)$ 去除 $f_1(x)$. 该过程有限步后必结束. 于是，我们有关于多项式的带余除法定理.

定理 1.1（带余除法） 设 $f(x), g(x) \in \mathbb{F}[x]$ 且 $g(x) \neq 0$，则存在唯一的 $q(x), r(x) \in \mathbb{F}[x]$，使得

$$f(x) = q(x) g(x) + r(x), \quad \deg(r(x)) < \deg(g(x)).$$

我们称 $g(x)$ 除 $f(x)$ 的商是 $q(x)$，而**余式**是 $r(x)$.

☞ **证明** 上面其实给出了存在性的证明(想法)，这里我们重新用数学语言写一下①. 当 $\deg(f(x))<\deg(g(x))$ 时，由于

$$f(x)=0\cdot g(x)+f(x),$$

所以可取 $q(x)=0$，$r(x)=f(x)$. 下设 $\deg(f(x))\geqslant\deg(g(x))$，我们对 $\deg(f(x))\geqslant 0$ 归纳证明②. 设

$$f(x)=a_nx^n+a_{n-1}x^{n-1}+\cdots+a_1x+a_0,\quad a_n\neq 0,$$
$$g(x)=b_mx^m+b_{m-1}x^{m-1}+\cdots+b_1x+b_0,\quad b_m\neq 0,$$

则 $n\geqslant m$. 如果 $n=0$，则 $m=0$. 此时有

$$f(x)=a_0\neq 0,\quad g(x)=b_0\neq 0.$$

由于

$$f(x)=a_0=(a_0b_0^{-1})b_0+0=(a_0b_0^{-1})g(x)+0,$$

所以可取 $q(x)=a_0b_0^{-1}$，$r(x)=0$.

下设 $n>0$，且结论对次数小于 n 的多项式成立. 令

$$f_1(x)=f(x)-\frac{a_n}{b_m}x^{n-m}g(x)=\left(a_{n-1}-\frac{a_n}{b_m}b_{m-1}\right)x^{n-1}+\cdots\in\mathbb{F}[x],$$

则

$$\deg(f_1(x))\leqslant n-1<n.$$

当 $\deg(f_1(x))<\deg(g(x))$ 时，由

$$f(x)=\frac{a_n}{b_m}x^{n-m}g(x)+f_1(x),$$

可取 $q(x)=\dfrac{a_n}{b_m}x^{n-m}$ 和 $r(x)=f_1(x)$；当 $\deg(f_1(x))\geqslant\deg(g(x))$ 时，对 $f_1(x)$ 用归纳假设，存在 $q_1(x)$，$r_1(x)\in\mathbb{F}[x]$，使得

---

① 请读者体会如何把想法写成漂亮的数学证明.

② 设 $P(n)$ 是与整数 n $(n\geqslant n_0)$ 有关的一个命题. 则第一数学归纳法为：如果

(i) $P(n_0)$ 成立；

(ii) 假设当 $n=k$ $(k\geqslant n_0)$ 时，命题成立，可证 $P(k+1)$ 成立，

则对任意整数 $n\geqslant n_0$，$P(n)$ 成立.

而第二数学归纳法为：如果

(i) $P(n_0)$ 成立；

(ii) 假设当 $n_0\leqslant n\leqslant k$ $(k\geqslant n_0)$ 时，$P(n)$ 都成立，可证 $P(k+1)$ 成立，

则对任意整数 $n\geqslant n_0$，$P(n)$ 成立.

$$f_1(x)=q_1(x)g(x)+r_1(x),\quad \deg(r_1(x))<\deg(g(x)).$$

于是有

$$f(x)=\left(\frac{a_n}{b_m}x^{n-m}+q_1(x)\right)g(x)+r_1(x),$$

所以可取 $q(x)=\frac{a_n}{b_m}x^{n-m}+q_1(x)$，$r(x)=r_1(x)$. 存在性得证.

再证唯一性.假设还有 $\widetilde{q(x)}$，$\widetilde{r(x)}\in\mathbb{F}[x]$，使得

$$f(x)=\widetilde{q(x)}g(x)+\widetilde{r(x)},\quad \deg(\widetilde{r(x)})<\deg(g(x)).$$

于是得到

$$q(x)g(x)+r(x)=\widetilde{q(x)}g(x)+\widetilde{r(x)},$$

即

$$(q(x)-\widetilde{q(x)})g(x)=\widetilde{r(x)}-r(x).$$

如果 $q(x)\neq\widetilde{q(x)}$，则有 $\deg(q(x)-\widetilde{q(x)})\geqslant 0$. 于是

$$\deg(\widetilde{r(x)}-r(x))=\deg(q(x)-\widetilde{q(x)})+\deg(g(x))\geqslant\deg(g(x)).$$

但是由余式满足的条件，又有

$$\deg(\widetilde{r(x)}-r(x))\leqslant\max\{\deg(\widetilde{r(x)}),\deg(r(x))\}<\deg(g(x)),$$

这得到矛盾.于是 $q(x)=\widetilde{q(x)}$，进而有 $r(x)=\widetilde{r(x)}$. 唯一性得证.

例 1.3 设 $f(x)=x^3+2x^2+3x+4$，$g(x)=2x^2+3x-4$，用 $g(x)$ 除 $f(x)$，求商 $q(x)$ 和余式 $r(x)$.

☞ **解** 由于

$$\begin{array}{r|l}
 & \frac{1}{2}x+\frac{1}{4} \\
2x^2+3x-4 & x^3+2x^2+3x+4 \\
 & x^3+\frac{3}{2}x^2-2x \\
\hline
 & \frac{1}{2}x^2+5x+4 \\
 & \frac{1}{2}x^2+\frac{3}{4}x-1 \\
\hline
 & \frac{17}{4}x+5
\end{array}$$

所以 $q(x)=\frac{1}{2}x+\frac{1}{4}$，而 $r(x)=\frac{17}{4}x+5$.

当除式 $g(x)=x-c$ 是一次首一多项式时,商和余式可以用一种特殊的方法得到.事实上,设

$$f(x)=a_nx^n+a_{n-1}x^{n-1}+\cdots+a_1x+a_0=q(x)(x-c)+r,$$

其中 $n\geqslant 1$, $r\in\mathbb{F}$, 而

$$q(x)=b_{n-1}x^{n-1}+\cdots+b_1x+b_0,$$

则由于

$$\begin{aligned}q(x)(x-c)+r&=(x-c)(b_{n-1}x^{n-1}+\cdots+b_1x+b_0)+r\\&=b_{n-1}x^n+(b_{n-2}-cb_{n-1})x^{n-1}+\cdots+(b_0-cb_1)x+(r-cb_0),\end{aligned}$$

可得

$$\begin{cases}b_{n-1}=a_n,\\b_{n-2}=a_{n-1}+cb_{n-1},\\\qquad\vdots\\b_1=a_2+cb_2,\\b_0=a_1+cb_1,\\r=a_0+cb_0.\end{cases}$$

这个结果可以用下面的算式表示

c	a_n	a_{n-1}	$\cdots$	a_i	$\cdots$	a_1	a_0
		cb_{n-1}	$\cdots$	cb_i	$\cdots$	cb_1	cb_0
	b_{n-1}	b_{n-2}	$\cdots$	b_{i-1}	$\cdots$	b_0	r

其中,竖线右边第一行为 $f(x)$ 的各项系数按照次数从高到低排列;第三行为上两行的和;第二行左边第一位为空白,看成零,而其他的每个数等于 c 乘以第三行对应位置往左边一位的数.于是,我们可以依次写出第三行第一位,第二行第二位,第三行第二位,等等.最后的商和余式就可以从第三行得到.这种得到多项式除以一次首一多项式的商和余式的方法称为**综合除法**.

例 1.4 设 $f(x)=2x^4-3x+4$, $g(x)=x+3$, 用 $g(x)$ 除 $f(x)$, 求商 $q(x)$ 和余式 $r(x)$.

☞ **解** 由于

-3	2	0	0	-3	4
		-6	18	-54	171
	2	-6	18	-57	175

所以有 $q(x)=2x^3-6x^2+18x-57$ 和 $r(x)=175$.

最后举一个带余除法应用的例子：带余除法可以降低次数.

例 1.5 设多项式 $f(x)=x^5-4x^4+3x^3-2x^2+x-1$，计算 $f(1+\sqrt{3})$，这里 $f(c)$ 表示将不定元 x 用 c 替代后所得值.

☞ **解** 记 $c=1+\sqrt{3}$，则 $(c-1)^2=3$，即 $c^2-2c-2=0$. 于是令 $g(x)=x^2-2x-2$，有 $g(c)=0$. 做带余除法

$$
\begin{array}{r|l}
 & \quad\;\; x^3-2x^2+x-4 \\
\cline{2-2}
x^2-2x-2 & x^5-4x^4+3x^3-2x^2+x-1 \\
 & x^5-2x^4-2x^3 \\
\cline{2-2}
 & \quad -2x^4+5x^3-2x^2+x-1 \\
 & \quad -2x^4+4x^3+4x^2 \\
\cline{2-2}
 & \qquad\quad x^3-6x^2+x-1 \\
 & \qquad\quad x^3-2x^2-2x \\
\cline{2-2}
 & \qquad\qquad -4x^2+3x-1 \\
 & \qquad\qquad -4x^2+8x+8 \\
\cline{2-2}
 & \qquad\qquad\qquad -5x-9
\end{array}
$$

于是得到

$$f(x)=(x^3-2x^2+x-4)g(x)+(-5x-9).$$

上面等式中令 $x=c$，就得到

$$f(c)=(c^3-2c^2+c-4)g(c)+(-5c-9)=-5c-9=-14-5\sqrt{3},$$

即所求为 $-14-5\sqrt{3}$.

本讲义中有许多定理，读者应该理解每个定理的条件和结论，反复思考其意义，并且抓住其本质.多项式的带余除法的一大特点是余式的次数严格小于除式的次数，于是可以用带余除法降次.而正如上例一样，低次多项式总是相对容易处理的.

习题 1.3

A1. 用 $g(x)$ 除 $f(x)$，求商 $q(x)$ 和余式 $r(x)$，其中

(1) $f(x)=2x^4+3x^3-5x+6$, $g(x)=x^2+x+1$;

(2) $f(x)=x^3-4x-2$, $g(x)=2x^2-3x+1$.

A2. 利用综合除法求 $g(x)$ 除 $f(x)$ 的商 $q(x)$ 和余式 $r(x)$，其中

(1) $f(x)=3x^4-6x^2+1$, $g(x)=x+2$;

(2) $f(x)=x^3+x^2+1$, $g(x)=x+i$.

A3. 设 $f(x)=x^4-2x^3+ax^2-4x+b$, $g(x)=x^2+3x-1$. 如果 $g(x)$ 除 $f(x)$ 的余式是 $-66x+24$，求 a 和 b.

A4. 将 $f(x)=x^4+x^3+x^2+x+1$ 表示成 $x-2$ 的升幂和的形式：$f(x)=b_0+b_1(x-2)+b_2(x-$

$2)^2+b_3(x-2)^3+b_4(x-2)^4$.

A5. 设 $f(x)=x^4-3x^3+2x^2-2x+1$，记 $f(1+\sqrt{2})=a+b\sqrt{2}$，其中 $a, b\in\mathbb{Z}$，求 a 和 b.

B1. 证明 $\mathbb{Z}$ 中的带余除法，即对任意 $a, b\in\mathbb{Z}$，其中 $b>0$，证明：存在唯一的 $q, r\in\mathbb{Z}$，使得

$$a=qb+r,\quad 0\leqslant r<b.$$

§1.4 整 除 性

我们知道，两个整数做除法不一定可以除尽，通常有非零的余数.如果整数 a 除以 b 的余数为零(这等价于 $a/b\in\mathbb{Z}$)，则称 b 整除 a，记为 $b\mid a$；否则称 b 不整除 a，记为 $b\nmid a$. 例如，我们有

$$2\mid 10,\quad 2\nmid 11.$$

由带余除法，容易知道 $b\mid a$ 的充分必要条件是存在 $q\in\mathbb{Z}$，使得 $a=qb$.

多项式当然也有整除的概念，满足类似的性质.

定义 1.7 设 $f(x), g(x)\in\mathbb{F}[x]$.

(1) 如果存在 $q(x)\in\mathbb{F}[x]$，使得 $f(x)=q(x)g(x)$，则称 $g(x)$ (在 $\mathbb{F}[x]$ 中)**整除** $f(x)$，记作 $g(x)\mid f(x)$；否则称 $g(x)$ 不整除 $f(x)$，记为 $g(x)\nmid f(x)$；

(2) 当 $g(x)$ 整除 $f(x)$ 时，称 $g(x)$ 是 $f(x)$ 的**一个因式**，而 $f(x)$ 是 $g(x)$ 的**一个倍式**.

由定义，当 $g(x)=0$ 时，$g(x)$ 的倍式必为 0. 而且可以得到

命题 1.2 设 $f(x), g(x)\in\mathbb{F}[x]$，且 $g(x)\neq 0$，则

$$g(x)\mid f(x)\iff g(x)\text{ 除 }f(x)\text{ 的余式为 }0.$$

☞ **证明** “$\Longleftarrow$”：由条件，存在商 $q(x)\in\mathbb{F}[x]$，使得

$$f(x)=q(x)g(x)+0=q(x)g(x).$$

于是 $g(x)\mid f(x)$.

“$\Longrightarrow$”：由于 $g(x)\mid f(x)$，所以存在 $q(x)\in\mathbb{F}[x]$，使得

$$f(x)=q(x)g(x)=q(x)g(x)+0.$$

由带余除法中的唯一性，得余式 $r(x)=0$.

例 1.6 证明：$x-1\mid x^3-1$，而 $x+1\nmid x^3-1$.

☞ **证明** 由综合除法

$$\begin{array}{c|cccc} 1 & 1 & 0 & 0 & -1 \\ & & 1 & 1 & 1 \\ \hline & 1 & 1 & 1 & 0 \end{array}\qquad \begin{array}{c|cccc} -1 & 1 & 0 & 0 & -1 \\ & & -1 & 1 & -1 \\ \hline & 1 & -1 & 1 & -2 \end{array}$$

得

$$x^3-1=(x-1)(x^2+x+1),\quad x^3-1=(x+1)(x^2-x+1)-2,$$

所以 $x-1\mid x^3-1$，而 $x+1\nmid x^3-1$.

例 1.7 设 $f(x)=x^4-x^3+4x^2+ax+b$，$g(x)=x^2+2x-3$. 求 $g(x)\mid f(x)$ 的充分必要条件.

☞ **解** 由

$$\begin{array}{r|l} & x^2-3x+13 \\ x^2+2x-3 & x^4-x^3+4x^2+ax+b \\ & x^4+2x^3-3x^2 \\ \hline & -3x^3+7x^2+ax+b \\ & -3x^3-6x^2+9x \\ \hline & 13x^2+(a-9)x+b \\ & 13x^2+26x-39 \\ \hline & (a-35)x+(b+39) \end{array}$$

得 $g(x)$ 去除 $f(x)$ 的余式是 $(a-35)x+(b+39)$. 于是

$$g(x)\mid f(x)\Longleftrightarrow (a-35)x+(b+39)=0\Longleftrightarrow a=35,\ b=-39.$$

解毕.

多项式的整除满足下面简单的性质.

命题 1.3 设 $f(x),\ g(x),\ h(x),\ f_1(x),\ \cdots,\ f_r(x)\in\mathbb{F}[x]$，其中 $r\in\mathbb{N}$. 则下面成立：

(1) $g(x)\mid g(x)$，$g(x)\mid 0$，$a\mid g(x)\ (\forall a\in\mathbb{F}^{\times})$；

(2) $g(x)\mid f(x)$ 且 $f(x)\neq 0\Longrightarrow \deg(g(x))\leqslant\deg(f(x))$；

(3) $f(x)\mid g(x)$ 且 $g(x)\mid f(x)\Longleftrightarrow \exists c\in\mathbb{F}^{\times}$，使得 $f(x)=cg(x)$.

此时，称 $f(x)$ 和 $g(x)$ **相伴**，记为 $f(x)\sim g(x)$；

(4)（传递性）$f(x)\mid g(x)$，$g(x)\mid h(x)\Longrightarrow f(x)\mid h(x)$；

(5) 如果 $g(x)\mid f_i(x)$，$i=1,\ 2,\ \cdots,\ r$，则对任意 $u_1(x),\ u_2(x),\ \cdots,\ u_r(x)\in\mathbb{F}[x]$，有

$$g(x)\mid(u_1(x)f_1(x)+u_2(x)f_2(x)+\cdots+u_r(x)f_r(x)).$$

☞ **证明** (3)"$\Longleftarrow$"：如果 $f(x)=cg(x)$，$c\neq 0$，则 $g(x)=c^{-1}f(x)$. 于是 $g(x)\mid f(x)$，$f(x)\mid g(x)$.

"$\Longrightarrow$"：设 $f(x)\mid g(x)$ 且 $g(x)\mid f(x)$，则存在 $q_1(x),\ q_2(x)\in\mathbb{F}[x]$，使得

$$g(x)=q_1(x)f(x),\quad f(x)=q_2(x)g(x).$$

于是有

$$f(x)=q_2(x)q_1(x)f(x) \Longrightarrow (q_2(x)q_1(x)-1)f(x)=0.$$

由此得到

$$f(x)=0 \quad 或者 \quad q_2(x)q_1(x)=1.$$

如果 $f(x)=0$，则 $g(x)=0$，此时 $f(x)=1\cdot g(x)$；如果 $q_2(x)q_1(x)=1$，由

$$\deg(q_1(x))+\deg(q_2(x))=\deg 1=0$$

得 $\deg(q_1(x))=\deg(q_2(x))=0$. 于是 $q_2(x)\in\mathbb{F}^{\times}$.

(4) 由条件,存在 $q_1(x)$, $q_2(x)\in\mathbb{F}[x]$，使得

$$g(x)=q_1(x)f(x), \quad h(x)=q_2(x)g(x).$$

于是 $h(x)=q_2(x)q_1(x)f(x)$，得到 $f(x)\mid h(x)$.

(5) 由条件,存在 $q_i(x)\in\mathbb{F}[x]$，使得

$$f_i(x)=q_i(x)g(x), \quad i=1, 2, \cdots, r.$$

所以有

$$u_1(x)f_1(x)+\cdots+u_r(x)f_r(x)=(u_1(x)q_1(x)+\cdots+u_r(x)q_r(x))g(x),$$

得到 $g(x)\mid(u_1(x)f_1(x)+\cdots+u_r(x)f_r(x))$.

由上述性质,在讨论整除问题时,常常可以只考虑首一多项式.

上面关于整除性的讨论都是在 $\mathbb{F}[x]$ 中进行的.事实上,多项式之间的整除关系不会因为系数域 $\mathbb{F}$ 的扩大而改变.

例 1.8 设 $\mathbb{F}_1$ 和 $\mathbb{F}_2$ 都是数域,且 $\mathbb{F}_1\subset\mathbb{F}_2$. 设 $f(x)$, $g(x)\in\mathbb{F}_1[x](\subset\mathbb{F}_2[x])$，证明：

$$在\mathbb{F}_1[x]中\ g(x)\mid f(x) \Longleftrightarrow 在\mathbb{F}_2[x]中\ g(x)\mid f(x).$$

☞ **证明** “$\Longrightarrow$”: 显然.

“$\Longleftarrow$”: 设在 $\mathbb{F}_2[x]$ 中,有 $g(x)\mid f(x)$. 如果 $g(x)=0$，则 $f(x)=0$. 此时,在 $\mathbb{F}_1[x]$ 中也有 $g(x)\mid f(x)$.

下设 $g(x)\neq 0$，在 $\mathbb{F}_1[x]$ 中做带余除法,则存在 $q(x)$, $r(x)\in\mathbb{F}_1[x]$，使得

$$f(x)=q(x)g(x)+r(x), \quad \deg(r(x))<\deg(g(x)).$$

由于 $f(x)$, $g(x)$, $q(x)$, $r(x)\in\mathbb{F}_2[x]$，所以上式也可看成 $\mathbb{F}_2[x]$ 中的带余除法.但在 $\mathbb{F}_2[x]$ 中有 $g(x)\mid f(x)$，这得到 $r(x)=0$. 从而在 $\mathbb{F}_1[x]$ 中有 $g(x)\mid f(x)$.

习题 1.4

A1. 求 $g(x)\mid f(x)$ 的充分必要条件,其中

(1) $f(x)=x^4-3x^3+ax+b$, $g(x)=x^2-3x-1$;

(2) $f(x)=x^4+3x^2+ax+b$, $g(x)=x^2-2ax+2$.

A2. 设 $f(x)=x^3+px^2+qx+r$, $g(x)=ax^2+bx+c$，且 $abc\neq 0$，证明：$g(x)\mid f(x)$ 的充分必

要条件是

$$\frac{ap-b}{a}=\frac{aq-c}{b}=\frac{ar}{c}.$$

A3. 设 x^2+mx-1 整除 x^3+px+q，求 m，p，q 满足的条件.

A4. (1) 设 $(x-m)^2$ 整除 x^3+px+q，求 p，q，m 满足的条件；

(2) 设存在 m 使得 $(x-m)^2$ 整除 x^3+px+q，求 p，q 满足的条件.

B1. 设 $a\in\mathbb{F}^{\times}$，d，$n\in\mathbb{N}$，证明：在域 $\mathbb{F}$ 上，$x^d-a^d\mid x^n-a^n$ 当且仅当 $d\mid n$.

B2. 设 d，$n\in\mathbb{N}$，证明：

$$a^d-1\mid a^n-1\quad(\forall a\in\mathbb{Z})\Longleftrightarrow d\mid n.$$

B3. 设整数 m，n，$l\geqslant 0$，证明：$x^2+x+1\mid x^{3m}+x^{3n+1}+x^{3l+2}$.

B4. 写出并证明命题 1.3 在整数世界对应的结论.

§1.5 最大公因式

前面定义了多项式的因式和倍式，如果有几个多项式在一起，自然可以考虑它们的公共因式和公共倍式.本节介绍两个多项式的公共因式，而把多个多项式的公共因式和公共倍式作为习题留给读者(请注意，这些在后面课程中都要用到).

先看整数世界如何研究两个整数的公共因子.设 a，$b\in\mathbb{Z}$，它们的公共因子称为公因子.通常，公因子有很多，如何把握它们呢？看一个简单的例子：设 $a=8$ 和 $b=12$，则它们的公因子有

$$\pm 1,\quad \pm 2,\quad \pm 4,$$

这些公因子恰好是 4 的所有因子，而 4 则是 a 和 b 的所有公因子中最大者.研究发现这是一般规律.设整数 a 和 b 不全为零，则它们的公因子只有有限多个(非零整数的因子只有有限多个).此时，存在 a 和 b 的最大公因子，记为 (a,b). 可以知道 (a,b) 是正整数，且对 $d\in\mathbb{N}$，有 $d=(a,b)$ 的充分必要条件是：

(i) $d\mid a$，$d\mid b$(d 是公因子)；

(ii) $\forall d_1\in\mathbb{Z}$，$d_1\mid a$，$d_2\mid b\Longrightarrow d_1\mid d$ (d 是任意公因子的倍数).

由此可以看出，公因子本质上由最大公因子所决定：所有的公因子都是最大公因子的因子.

类比于整数世界，多项式当然希望也可以得到类似的结果，即两个多项式的公因式可以由所谓的最大公因式决定.那么如何定义两个多项式的最大公因式呢？一种方法是类比于整数的世界，定义两个多项式的公因式中的“最大者”为最大公因式.这就需要比较多项式的大小，我们发现次数是一个比较好的选择，即定义次数最大的公因式为最大公因式.然后证明所有的公因式都是最大公因式的因式，即多项式世界也有上面类似的事实成立.我们将这种定义方法留给读者，而采取另一种等价的定义方法，即用希望最大公因式能满足的性质来定义最大公因式.请大家注意这种处理方法：如果想定义对象 X，使其满足性质 P，那么就定义满足性质 P 的所有对象就是 X，然后再证明存在性.

定义 1.8 设 $f(x), g(x) \in \mathbb{F}[x]$.

(1) 如果 $\varphi(x) \in \mathbb{F}[x]$ 满足

$$\varphi(x) \mid f(x), \quad \varphi(x) \mid g(x),$$

则称 $\varphi(x)$ 是 $f(x)$ 和 $g(x)$ 的一个**公因式**;

(2) 设 $f(x), g(x)$ 不全为零, $d(x) \in \mathbb{F}[x]$. 如果满足

(i) $d(x) \mid f(x)$, $d(x) \mid g(x)$;

(ii) $\forall \varphi(x) \in \mathbb{F}[x]$, $\varphi(x) \mid f(x)$, $\varphi(x) \mid g(x) \Longrightarrow \varphi(x) \mid d(x)$,

则称 $d(x)$ 是 $f(x)$ 和 $g(x)$ 的一个**最大公因式**.

注意到不全为零的 $f(x)$ 和 $g(x)$ 的公因式一定非零,而且如下可证:如果存在最大公因式,那么最大公因式在相伴意义下唯一,且确实是所有公因式中"最大"的.

引理 1.4 设 $f(x), g(x) \in \mathbb{F}[x]$ 不全为零, $d(x) \in \mathbb{F}[x]$.

(1) 如果 $d(x)$ 是 $f(x)$ 和 $g(x)$ 的最大公因式, $d_1(x) \in \mathbb{F}[x]$, 则

$$d_1(x) \text{ 也为最大公因式} \Longleftrightarrow d_1(x) \sim d(x);$$

(2) 若 $f(x)$ 和 $g(x)$ 有最大公因式,则 $d(x)$ 为最大公因式的充分必要条件是

(i) $d(x) \mid f(x)$, $d(x) \mid g(x)$;

(ii) $\forall \varphi(x) \in \mathbb{F}[x]$, $\varphi(x) \mid f(x)$, $\varphi(x) \mid g(x) \Longrightarrow \deg(\varphi(x)) \leqslant \deg(d(x))$.

☞ **证明** (1) "$\Longrightarrow$": 设 $d_1(x)$ 也是最大公因式,则由定义得到

$$d_1(x) \mid d(x), \quad d(x) \mid d_1(x),$$

即它们相伴.

"$\Longleftarrow$": 设 $d_1(x) \sim d(x)$, 则

$$d_1(x) \mid d(x), \quad d(x) \mid d_1(x).$$

于是由整除的传递性,容易知道 $d_1(x)$ 满足最大公因式定义中的(i)和(ii),即 $d_1(x)$ 也是最大公因式.

(2) 假设 $d(x)$ 是最大公因式,则显然(i)成立,进而对 $f(x)$ 和 $g(x)$ 的任意公因式 $\varphi(x)$, 有 $\varphi(x) \mid d(x)$. 因为 $d(x) \neq 0$, 所以 $\deg(d(x)) \geqslant \deg(\varphi(x))$.

反之,假设 $d(x)$ 满足(i)和(ii).任取 $f(x)$ 和 $g(x)$ 的一个最大公因式 $d_1(x)$. 由(i), $d(x)$ 是公因式,因此有 $d(x) \mid d_1(x)$. 这得到

$$d_1(x) = q(x)d(x), \quad (\exists q(x) \in \mathbb{F}[x]),$$

进而有

$$\deg(d_1(x)) = \deg(q(x)) + \deg(d(x)).$$

由于 $d_1(x)$ 也是公因式,于是由(ii),有

$$\deg(d(x)) \geqslant \deg(d_1(x)).$$

而公因式 $d(x)$, $d_1(x)\neq 0$, 进而 $q(x)\neq 0$, 也就有

$$\deg(d(x)),\ \deg(d_1(x)),\ \deg(q(x))\geqslant 0.$$

于是一定有

$$\deg(q(x))=0,$$

即 $q(x)\in\mathbb{F}^{\times}$. 由(1)得 $d(x)$ 是最大公因式.

引理 1.4 的(1)表明,最大公因式一定是两两相伴的,于是本质上可以考虑首一最大公因式.

定义 1.9 (1) 设 $f(x)$, $g(x)\in\mathbb{F}[x]$ 不全为零,定义

$$(f(x),\ g(x)):=\text{“首一最大公因式”};$$

(2) 约定 0 和 0 的最大公因式为 0, 且 $(0,\ 0):=0$.

下面讨论最大公因式的存在性.先看零多项式和其他多项式的最大公因式.

例 1.9 设 $f(x)\in\mathbb{F}[x]$, 求 $(f(x),0)$.

☞ **解** 当 $f(x)=0$ 时, $(f(x),\ 0)=0$. 下设 $f(x)\neq 0$. 由于 $f(x)\mid f(x)$, $f(x)\mid 0$, 且 $f(x)$ 和 0 的任意公因式 $\varphi(x)$ 满足 $\varphi(x)\mid f(x)$, 所以 $f(x)$ 是 $f(x)$ 和 0 的最大公因式. 这得到

$$(f(x),\ 0)=a^{-1}f(x),$$

其中, a 是 $f(x)$ 的首项系数.

下设 $f(x)$, $g(x)\in\mathbb{F}[x]$, 我们要求 $f(x)$ 和 $g(x)$ 的最大公因式.由上面的例子,可以不妨设 $f(x)\neq 0$, $g(x)\neq 0$. 我们要在 $f(x)$ 和 $g(x)$ 的所有公因式中找最大者,这似乎是一个艰巨的任务.一个自然的想法是能不能将问题转化为上面的例子,即使得 $f(x)$ 和 $g(x)$ 中有一个为零.如何使一个多项式为零呢? 因式和除法有关,而除法我们只知道带余除法,带余除法可以降次,而零多项式是次数最低者.设 $f(x)=q(x)g(x)+r(x)$, 其中 $q(x)$, $r(x)\in\mathbb{F}[x]$, 则 $r(x)=f(x)-q(x)g(x)$. 于是对任意 $\varphi(x)\in\mathbb{F}[x]$, 容易得到

$$\varphi(x)\mid f(x),\ \varphi(x)\mid g(x)\Longleftrightarrow\varphi(x)\mid g(x),\ \varphi(x)\mid r(x).$$

即

引理 1.5 如果在 $\mathbb{F}[x]$ 中有等式

$$f(x)=q(x)g(x)+r(x),$$

则 $f(x)$, $g(x)$ 和 $g(x)$, $r(x)$ 有相同的公因式集.

引理 1.5 告诉我们,要研究 $f(x)$ 和 $g(x)$ 的公因式集,只要研究 $g(x)$ 和 $r(x)$ 的公因式集,而后者比前者简单——多项式 $r(x)$ 的次数小于 $g(x)$ 的次数.于是,反复用这个转化办法,每次我们都可以讨论更低次数的多项式的公因式集;有限步后,必然有一个多项式为零多项式,此时就回到了上面的例子,自然就求出了最大公因式.

具体地,设 $f(x)$, $g(x)\in\mathbb{F}[x]$, 我们来求 $f(x)$ 和 $g(x)$ 的一个最大公因式 $d(x)$. 如果 $f(x)=0$, 则可取 $d(x)=g(x)$; 如果 $g(x)=0$, 则 $d(x)=f(x)$. 下设 $f(x)\neq 0$ 且 $g(x)\neq 0$, 做带余除法:

$$\begin{cases} f(x)=q_1(x)g(x)+r_1(x), & \deg(r_1(x))<\deg(g(x)), \\ g(x)=q_2(x)r_1(x)+r_2(x), & \deg(r_2(x))<\deg(r_1(x)), \\ r_1(x)=q_3(x)r_2(x)+r_3(x), & \deg(r_3(x))<\deg(r_2(x)), \\ \quad\vdots & \quad\vdots \\ r_{s-3}(x)=q_{s-1}(x)r_{s-2}(x)+r_{s-1}(x), & \deg(r_{s-1}(x))<\deg(r_{s-2}(x)), \\ r_{s-2}(x)=q_s(x)r_{s-1}(x)+r_s(x), & \deg(r_s(x))<\deg(r_{s-1}(x)), \\ r_{s-1}(x)=q_{s+1}(x)r_s(x)+0. \end{cases}$$

由余式的次数所满足的不等式知,该过程有限步后必停止.现在反复利用引理 1.5,可得下面的多项式对都有相同的公因式集:

$$f(x),\ g(x);\quad g(x),\ r_1(x);\quad r_1(x),\ r_2(x);\quad r_2(x),\ r_3(x);\quad \cdots$$
$$r_{s-3}(x),\ r_{s-2}(x);\quad r_{s-2}(x),\ r_{s-1}(x);\quad r_{s-1}(x),\ r_s(x);\quad r_s(x),\ 0.$$

特别地,$f(x)$, $g(x)$ 与 $r_s(x)$, 0 有相同的公因式集.而 $r_s(x)$, 0 有最大公因式 $r_s(x)$,所以 $r_s(x)$ 也是 $f(x)$, $g(x)$ 的最大公因式,即可取 $d(x)=r_s(x)$.

这种通过不断做带余除法直到整除停止得到最大公因式的方法称为欧几里得(Euclid)**辗转相除法**.

定理 1.6(存在性和辗转相除法) 设 $f(x)$, $g(x)\in\mathbb{F}[x]$,则存在 $f(x)$ 和 $g(x)$ 的最大公因式 $d(x)\in\mathbb{F}[x]$,且存在 $u(x)$, $v(x)\in\mathbb{F}[x]$,使得

$$d(x)=u(x)f(x)+v(x)g(x).$$

上面的等式称为贝祖(**Bezout**)**等式**[①].

☞ **证明** 存在性已经证明,下面证明 Bezout 等式成立.由于最大公因式两两相伴,所以只要对任意一个最大公因式证明 Bezout 等式成立即可.我们取最大公因式为上面存在性讨论中的 $d(x)$.

当 $f(x)=0$ 时,$d(x)=g(x)$,此时有等式

$$g(x)=0\cdot f(x)+1\cdot g(x).$$

当 $g(x)=0$ 时,$d(x)=f(x)$,有等式

$$f(x)=1\cdot f(x)+0\cdot g(x).$$

当 $f(x)$, $g(x)\neq 0$ 时,$d(x)=r_s(x)$. 上面的带余除法等式可以改写为

$$\begin{cases} r_1(x)=f(x)-q_1(x)g(x), \\ r_2(x)=g(x)-q_2(x)r_1(x), \\ r_3(x)=r_1(x)-q_3(x)r_2(x), \\ \quad\vdots \\ r_{s-1}(x)=r_{s-3}(x)-q_{s-1}(x)r_{s-2}(x), \\ r_s(x)=r_{s-2}(x)-q_s(x)r_{s-1}(x). \end{cases}$$

---

① 用交换环 $\mathbb{F}[x]$ 的语言,Bezout 等式本质上说明由 $f(x)$ 和 $g(x)$ 生成的 $\mathbb{F}[x]$ 的理想是主理想,且有生成元 $d(x)$.

将上面第 $s-1$ 式代入第 s 式，可以消去 $r_{s-1}(x)$，得到

$$r_s(x)=u_{s-1}(x)r_{s-2}(x)+v_{s-1}(x)r_{s-3}(x),\quad \exists\, u_{s-1}(x),\ v_{s-1}(x)\in\mathbb{F}[x].$$

将第 $s-2$ 式代入上式，可以消去 $r_{s-2}(x)$，得到

$$r_s(x)=u_{s-2}(x)r_{s-3}(x)+v_{s-2}(x)r_{s-4}(x),\quad \exists\, u_{s-2}(x),\ v_{s-2}(x)\in\mathbb{F}[x].$$

继续代入，直到将第 1 式代入，可以消去 $r_1(x)$，最后得到

$$r_s(x)=u_1(x)f(x)+v_1(x)g(x),\quad \exists\, u_1(x),\ v_1(x)\in\mathbb{F}[x].$$

取 $u(x)=u_1(x)$，$v(x)=v_1(x)$ 即可.

学过 λ 矩阵理论后，也可以如下证明(得到)Bezout 等式.将带余除法改写成矩阵形式，得到

$$\begin{pmatrix} f(x) \\ g(x) \end{pmatrix}=\begin{pmatrix} q_1(x) & 1 \\ 1 & 0 \end{pmatrix}\begin{pmatrix} g(x) \\ r_1(x) \end{pmatrix},$$
$$\begin{pmatrix} g(x) \\ r_1(x) \end{pmatrix}=\begin{pmatrix} q_2(x) & 1 \\ 1 & 0 \end{pmatrix}\begin{pmatrix} r_1(x) \\ r_2(x) \end{pmatrix},$$
$$\begin{pmatrix} r_1(x) \\ r_2(x) \end{pmatrix}=\begin{pmatrix} q_3(x) & 1 \\ 1 & 0 \end{pmatrix}\begin{pmatrix} r_2(x) \\ r_3(x) \end{pmatrix},$$
$$\vdots$$
$$\begin{pmatrix} r_{s-2}(x) \\ r_{s-1}(x) \end{pmatrix}=\begin{pmatrix} q_s(x) & 1 \\ 1 & 0 \end{pmatrix}\begin{pmatrix} r_{s-1}(x) \\ r_s(x) \end{pmatrix}.$$

依次将下一个矩阵等式代入前一个，得到

$$\begin{pmatrix} f(x) \\ g(x) \end{pmatrix}=\mathbf{A}(x)\begin{pmatrix} r_{s-1}(x) \\ r_s(x) \end{pmatrix},$$

其中

$$\mathbf{A}(x)=\begin{pmatrix} q_1(x) & 1 \\ 1 & 0 \end{pmatrix}\begin{pmatrix} q_2(x) & 1 \\ 1 & 0 \end{pmatrix}\cdots\begin{pmatrix} q_s(x) & 1 \\ 1 & 0 \end{pmatrix}.$$

由于 $\det(\mathbf{A}(x))=(-1)^s$，所以 $\mathbf{A}(x)$ 可逆，这得到

$$\begin{pmatrix} r_{s-1}(x) \\ r_s(x) \end{pmatrix}=\mathbf{A}^{-1}(x)\begin{pmatrix} f(x) \\ g(x) \end{pmatrix},$$

进而有

$$r_s(x)=(0,\ 1)\mathbf{A}^{-1}(x)\begin{pmatrix} f(x) \\ g(x) \end{pmatrix}.$$

令

$$(u(x),\ v(x))=(0,\ 1)\mathbf{A}^{-1}(x)$$

即可.

例 1.10 设 $f(x)=x^3+5x^2+7x+3$, $g(x)=x^3-7x+6$, 求 $(f(x),\ g(x))$. 并求 $u(x)$, $v(x)$, 使得

$$(f(x),\ g(x))=u(x)f(x)+v(x)g(x).$$

☞ **解** 做辗转相除,可列下面算式

$q_1(x)=1$	$f(x)=x^3+5x^2+7x+3$ x^3-7x+6	$g(x)=x^3-7x+6$ $x^3+\frac{14}{5}x^2-\frac{3}{5}x$	$q_2(x)=\frac{1}{5}x-\frac{14}{25}$
$q_3(x)=\frac{125}{36}x-\frac{25}{36}$	$r_1(x)=5x^2+14x-3$ $5x^2+15x$	$-\frac{14}{5}x^2-\frac{32}{5}x+6$ $-\frac{14}{5}x^2-\frac{196}{25}x+\frac{42}{25}$	
	$-x-3$ $-x-3$	$r_2(x)=\frac{36}{25}x+\frac{108}{25}$	
	0		

这等价于等式

$$f(x)=1\cdot g(x)+(5x^2+14x-3),$$

$$g(x)=\left(\frac{1}{5}x-\frac{14}{25}\right)(5x^2+14x-3)+\left(\frac{36}{25}x+\frac{108}{25}\right),$$

$$5x^2+14x-3=\left(\frac{125}{36}x-\frac{25}{36}\right)\left(\frac{36}{25}x+\frac{108}{25}\right).$$

由于

$$\frac{36}{25}x+\frac{108}{25}=\frac{36}{25}(x+3),$$

所以有 $(f(x),\ g(x))=x+3$. 而

$$\begin{aligned}\frac{36}{25}x+\frac{108}{25}&=g(x)-\left(\frac{1}{5}x-\frac{14}{25}\right)(5x^2+14x-3)\\&=g(x)-\left(\frac{1}{5}x-\frac{14}{25}\right)(f(x)-g(x))\\&=-\left(\frac{1}{5}x-\frac{14}{25}\right)f(x)+\left(\frac{1}{5}x+\frac{11}{25}\right)g(x),\end{aligned}$$

所以有

$$(f(x),\ g(x))=x+3=\left(-\frac{5}{36}x+\frac{7}{18}\right)f(x)+\left(\frac{5}{36}x+\frac{11}{36}\right)g(x).$$

于是可取

$$u(x)=-\frac{5}{36}x+\frac{7}{18},\quad v(x)=\frac{5}{36}x+\frac{11}{36}.$$

请注意这里 $u(x)$, $v(x)$ 不唯一.

最后,多项式的最大公因式不因系数域的扩大而改变.

习题 1.5

A1. 求最大公因式 $(f(x),\ g(x))$, 其中

(1) $f(x)=x^4+x^3-3x^2-4x-1$, $g(x)=x^3+x^2-x-1$;

(2) $f(x)=x^4-4x^3+1$, $g(x)=x^3-3x^2+1$.

A2. 求 $(f(x),\ g(x))$, 并求多项式 $u(x)$ 和 $v(x)$, 使得 $u(x)f(x)+v(x)g(x)=(f(x),\ g(x))$, 其中

(1) $f(x)=x^4-x^3-4x^2+4x+1$, $g(x)=x^2-x-1$;

(2) $f(x)=4x^4-2x^3-16x^2+5x+9$, $g(x)=2x^3-x^2-5x+4$.

A3. 设 $d(x)$ 是 $f(x)$ 和 $g(x)$ 的公因式,且存在多项式 $u(x)$ 和 $v(x)$, 使得 $u(x)f(x)+v(x)g(x)=d(x)$, 证明: $d(x)$ 是 $f(x)$ 和 $g(x)$ 的一个最大公因式.如果去掉 $d(x)$ 是 $f(x)$ 和 $g(x)$ 的公因式的条件,结论是否还成立? 说明理由.

A4. 设 $f(x)$, $g(x)$, $h(x)\in\mathbb{F}[x]$, 其中 $h(x)$ 是首一的,证明: $(f(x)h(x),\ g(x)h(x))=(f(x),\ g(x))h(x)$.

A5. 设 $f_1(x)$, $f_2(x)$, $\cdots$, $f_s(x)\in\mathbb{F}[x]$ 不全为零,如果 $d(x)\in\mathbb{F}[x]$ 是 $f_1(x)$, $f_2(x)$, $\cdots$, $f_s(x)$ 的一个公因式,且 $f_1(x)$, $f_2(x)$, $\cdots$, $f_s(x)$ 的任一公因式都整除 $d(x)$, 则称 $d(x)$ 是 $f_1(x)$, $f_2(x)$, $\cdots$, $f_s(x)$ 的一个**最大公因式**.约定全为零的 s 个多项式的最大公因式只有零多项式.证明: 如果 $f_1(x)$, $f_2(x)$, $\cdots$, $f_{s-1}(x)$ 的最大公因式存在,则 $f_1(x)$, $f_2(x)$, $\cdots$, $f_s(x)$ 的最大公因式也存在,而且

$$(f_1(x),\ f_2(x),\ \cdots,\ f_{s-1}(x),\ f_s(x))=((f_1(x),\ f_2(x),\ \cdots,\ f_{s-1}(x)),\ f_s(x)).$$

这里, $(f_1(x),\ f_2(x),\ \cdots,\ f_s(x))$ 表示 $f_1(x)$, $f_2(x)$, $\cdots$, $f_s(x)$ 的首一最大公因式(当 $f_1(x)=\cdots=f_s(x)=0$ 时,约定 $(f_1(x),\ f_2(x),\ \cdots,\ f_s(x))=0$).再利用所证表达式证明: 存在多项式 $u_1(x)$, $u_2(x)$, $\cdots$, $u_s(x)$, 使得

$$u_1(x)f_1(x)+u_2(x)f_2(x)+\cdots+u_s(x)f_s(x)=(f_1(x),\ f_2(x),\ \cdots,\ f_s(x)).$$

B1. 设 $f(x)$, $g(x)\in\mathbb{F}[x]$, 如果多项式 $m(x)\in\mathbb{F}[x]$ 满足条件

(i) $m(x)$ 是 $f(x)$ 和 $g(x)$ 的公倍式;

(ii) $f(x)$ 与 $g(x)$ 的任意公倍式都是 $m(x)$ 的倍式,

则称 $m(x)$ 为 $f(x)$ 与 $g(x)$ 的一个**最小公倍式**.

(1) 证明：零多项式是 $f(x)$ 和 $g(x)$ 的最小公倍式的充分必要条件是 $f(x)$ 和 $g(x)$ 中至少有一个是零多项式；

(2) 证明：$\mathbb{F}[x]$ 中任意两个多项式都有最小公倍式，并且 $f(x)$ 和 $g(x)$ 的最小公倍式在相伴意义下唯一；

(3) 当 $f(x)$ 和 $g(x)$ 都不为零时，用 $[f(x), g(x)]$ 表示它们的首一最小公倍式(如果 $f(x)=0$ 或者 $g(x)=0$，约定 $[f(x), g(x)]=0$).证明：如果非零多项式 $f(x)$ 和 $g(x)$ 都是首一的，则

$$f(x)g(x)=[f(x), g(x)](f(x), g(x)).$$

B2. 设 $f_1(x), f_2(x), \cdots, f_s(x)\in\mathbb{F}[x]$，如果 $m(x)$ 是 $f_1(x), f_2(x), \cdots, f_s(x)$ 的公倍式，且整除 $f_1(x), f_2(x), \cdots, f_s(x)$ 的任意公倍式，则称 $m(x)$ 是 $f_1(x), f_2(x), \cdots, f_s(x)$ 的一个**最小公倍式**.证明：如果 $f_1(x), f_2(x), \cdots, f_{s-1}(x)$ 的最小公倍式存在，则 $f_1(x), f_2(x), \cdots, f_s(x)$ 的最小公倍式也存在，而且

$$[f_1(x), f_2(x), \cdots, f_{s-1}(x), f_s(x)]=[[f_1(x), f_2(x), \cdots, f_{s-1}(x)], f_s(x)].$$

这里，$[f_1(x), f_2(x), \cdots, f_s(x)]$ 表示 $f_1(x), f_2(x), \cdots, f_s(x)$ 的首一最小公倍式(当 $f_1(x)$, $f_2(x), \cdots, f_s(x)$ 有零多项式时，约定 $[f_1(x), f_2(x), \cdots, f_s(x)]=0$).

B3. 设 a, b 是不全为零的两个整数，$d, m\in\mathbb{N}$，证明：

(1) $d=(a, b)$ 的充分必要条件是

(i) $d\mid a, d\mid b$；

(ii) $\forall d_1\in\mathbb{Z}, d_1\mid a, d_1\mid b\Longrightarrow d_1\mid d$；

(2) 存在 $u, v\in\mathbb{Z}$，使得

$$ua+vb=(a, b);$$

(3) $m(a, b)=(ma, mb)$.

B4. 设 m 和 n 是正整数，证明：

$$(x^m-1, x^n-1)=x^{(m, n)}-1.$$

§1.6 多项式互素

设有两个多项式相遇，我们来看它们在整除下的关系.如果某个多项式整除另一个多项式，则这两个多项式有密切的关系.除了这个特殊关系外，还可能发生另一种特殊情形——它们完全不互相整除.此时，它们的公因式只有非零数，即最大公因式为 1.在这种情形下，可以认为它们没有关系，我们称这种没有关系的关系为互素.可以想象，没有关系的多项式在讨论除法时，它们互相不干扰.在整数世界有类似的现象，本节也是讨论整数世界的互素在多项式世界的再现.

定义 1.10 设 $f(x), g(x)\in\mathbb{F}[x]$，如果 $(f(x), g(x))=1$，则称 $f(x)$ 与 $g(x)$ **互素**.

由定义可得，$f(x)$ 和 $g(x)$ 互素的充分必要条件是 $f(x)$ 和 $g(x)$ 的公因式只有 $\mathbb{F}$ 中的非零数.一方面，我们可以通过辗转相除法求出两个多项式的最大公因式是非零常数得到互素，另一方面也可以从 Bezout 等式得到互素，而后者常常非常方便.

定理 1.7 设 $f(x)$, $g(x)\in\mathbb{F}[x]$，则 $f(x)$ 与 $g(x)$ 互素的充分必要条件是存在 $u(x)$, $v(x)\in\mathbb{F}[x]$，使得

$$u(x)f(x)+v(x)g(x)=1.$$

☞ **证明** 必要性已证(定理 1.6)，于是只要证明充分性.假设

$$u(x)f(x)+v(x)g(x)=1,\quad \exists\, u(x),\ v(x)\in\mathbb{F}[x].$$

记 $d(x)=(f(x),\ g(x))$，则由 $d(x)\mid f(x)$, $d(x)\mid g(x)$ 得到

$$d(x)\mid u(x)f(x)+v(x)g(x)=1.$$

由于 $d(x)$ 首一，所以 $d(x)=1$.

从下面性质可以看出互素多项式在整除讨论中的互不相干性，在后面多项式的唯一分解讨论中需要用到这些性质.

命题 1.8 设 $f(x)$, $g(x)$, $h(x)\in\mathbb{F}[x]$，其中 $f(x)$ 和 $g(x)$ 互素.

(1) 如果 $f(x)\mid g(x)h(x)$，则 $f(x)\mid h(x)$;

(2) 如果 $f(x)\mid h(x)$, $g(x)\mid h(x)$，则 $f(x)g(x)\mid h(x)$.

☞ **证明** (1) 由 Bezout 等式，存在 $u(x)$, $v(x)\in\mathbb{F}[x]$，使得

$$u(x)f(x)+v(x)g(x)=1.$$

于是

$$h(x)=u(x)f(x)h(x)+v(x)g(x)h(x).$$

因为

$$f(x)\mid f(x),\quad f(x)\mid g(x)h(x),$$

所以有

$$f(x)\mid h(x).$$

(2) 由于 $f(x)\mid h(x)$，所以

$$h(x)=q(x)f(x),\quad \exists\, q(x)\in\mathbb{F}[x].$$

又

$$g(x)\mid h(x)=q(x)f(x),$$

利用(1)得 $g(x)\mid q(x)$. 所以有

$$f(x)g(x)\mid f(x)q(x)=h(x),$$

证毕.

最后举一个例子.

例 1.11 试将 $\dfrac{1}{\sqrt[3]{4}+2\times\sqrt[3]{2}+3}$ 的分子分母乘以适当的根式，把分母有理化.

☞ **解** 记 $c=\sqrt[3]{2}$, $f(x)=x^2+2x+3$，则所给需化简数的分母为 $f(c)$. 而 $c^3=2$，所以

$g(c)=0$,其中 $g(x)=x^3-2$. 做辗转相除

$x-2$	x^2+2x+3	$x^3 \quad -2$	$x-2$
	x^2+4x	x^3+2x^2+3x	
	$-2x+3$	$-2x^2-3x-2$	
	$-2x-8$	$-2x^2-4x-6$	
	11	$x+4$	

于是 11 是 $f(x)$ 和 $g(x)$ 的最大公因式.我们有

$$\begin{aligned}11&=f(x)-(x-2)(x+4)=f(x)-(x-2)(g(x)-(x-2)f(x))\\&=[1+(x-2)^2]f(x)+(-x+2)g(x)\\&=(x^2-4x+5)f(x)+(-x+2)g(x).\end{aligned}$$

将 $x=c$ 代入,就得到

$$11=(c^2-4c+5)f(c).$$

所以可如下分母有理化

$$\frac{1}{\sqrt[3]{4}+2\sqrt[3]{2}+3}=\frac{\sqrt[3]{4}-4\sqrt[3]{2}+5}{(\sqrt[3]{4}+2\sqrt[3]{2}+3)(\sqrt[3]{4}-4\sqrt[3]{2}+5)}=\frac{\sqrt[3]{4}-4\sqrt[3]{2}+5}{11}.$$

我们在第 7 章中将利用线性变换给出一个新的解法.

习题 1.6

A1. 如果多项式 $f(x)$, $g(x)$ 不全为零,证明:$\left(\dfrac{f(x)}{(f(x),\ g(x))},\dfrac{g(x)}{(f(x),\ g(x))}\right)=1$.

A2. 设多项式 $f(x)$, $g(x)$ 不全为零,且存在多项式 $u(x)$ 和 $v(x)$ 使得 $(f(x),\ g(x))=u(x)f(x)+v(x)g(x)$,证明:$(u(x),\ v(x))=1$.

A3. 设 $m\in\mathbb{N}$,多项式 $f(x)$ 和 $g(x)$ 互素,证明:$f(x^m)$ 和 $g(x^m)$ 也互素.

A4. 设多项式 $f(x)$, $g(x)$ 互素,且 $\deg(f(x))>0$, $\deg(g(x))>0$. 证明:存在唯一一组 $u(x)$, $v(x)\in\mathbb{F}[x]$,使得

$$u(x)f(x)+v(x)g(x)=1,$$

且 $\deg(u(x))<\deg(g(x))$, $\deg(v(x))<\deg(f(x))$.

A5. 求次数最低的多项式 $u(x)$ 和 $v(x)$,使得 $u(x)f(x)+v(x)g(x)=1$,其中

(1) $f(x)=x^3$, $g(x)=(x-3)^2$;　(2) $f(x)=x^3-3$, $g(x)=x^2-2x+3$.

A6. 将分数 $\dfrac{1}{\sqrt[3]{9}-2\times\sqrt[3]{3}+3}$ 的分子分母同乘以适当的数,将分母化成有理数.

A7. 设 $f_1(x)$, $f_2(x)$, $\cdots$, $f_s(x)\in\mathbb{F}[x]$,如果 $(f_1(x),\ f_2(x),\ \cdots,\ f_s(x))=1$,则称 $f_1(x)$, $f_2(x)$, $\cdots$, $f_s(x)$ **互素**.证明:$f_1(x)$, $f_2(x)$, $\cdots$, $f_s(x)$ 互素的充分必要条件是,存在 $u_1(x)$, $u_2(x)$, $\cdots$,

$u_s(x) \in \mathbb{F}[x]$，使得

$$u_1(x)f_1(x)+u_2(x)f_2(x)+\cdots+u_s(x)f_s(x)=1.$$

B1. 证明：如果 $(f(x),\ g(x))=1$，$(f(x),\ h(x))=1$，则 $(f(x),\ g(x)h(x))=1$.

B2. 证明：如果 $(f(x),\ g(x))=1$，则 $(f(x)g(x),\ f(x)+g(x))=1$.

B3. 设 $a,\ b,\ c \in \mathbb{Z}$，且 a 和 b 不全为零.

(1) 证明：a 和 b 互素①的充分必要条件是，存在 $u,\ v \in \mathbb{Z}$，使得 $ua+vb=1$；

(2) 假设 a 和 b 互素.证明：如果 $a \mid bc$，那么 $a \mid c$；

(3) 假设 a 和 b 互素.证明：如果 $a \mid c$ 且 $b \mid c$，那么 $ab \mid c$.

B4. (**中国剩余定理**)设 $m_1,\ m_1,\ \cdots,\ m_s \in \mathbb{N}$ 两两互素，$b_1,\ b_2,\ \cdots,\ b_s \in \mathbb{Z}$，证明：存在 $a \in \mathbb{Z}$，使得 $a \equiv b_i \pmod{m_i}$，$i=1,\ 2,\ \cdots,\ s$②.

B5. 今有物不知其数，三三数之剩二，五五数之剩三，七七数之剩二，问物几何？

B6. (**中国剩余定理**)设 $g_1(x),\ g_2(x),\ \cdots,\ g_s(x) \in \mathbb{F}[x]$ 两两互素，$f_1(x),\ f_2(x),\ \cdots,\ f_s(x) \in \mathbb{F}[x]$，证明：

(1) 存在唯一的 $f(x) \in \mathbb{F}[x]$，使得 $f(x) \equiv f_i(x) \pmod{g_i(x)}$，$i=1,\ 2,\ \cdots,\ s$，且 $\deg(f(x)) < \sum_{i=1}^{s}\deg(g_i(x))$③；

(2) 集合 $\{g(x) \in \mathbb{F}[x] \mid g(x) \equiv f_i(x) \pmod{g_i(x)},\ i=1,\ 2,\ \cdots,\ s\}$ 为

$$\{f(x)+q(x)g_1(x)\cdots g_s(x) \mid q(x) \in \mathbb{F}[x]\}.$$

B7. 求次数最低的多项式 $f(x)$，使它被 x^3 除的余式为 x^2+2x+3，被 $(x-3)^2$ 除的余式为 $3x-7$.

§1.7 唯一分解定理

数学研究有许多基本的想法，其中常常用到的一个是：先简单再复杂，先特殊再一般.比如，在整数的世界里，我们知道可以将整数分解为更小的整数的乘积.例如，我们有

$$24=2^3\times 3.$$

这里 2 和 3 已经不能再非平凡分解，而只有等式

$$2=1\times 2=(-1)\times(-2).$$

这样的正整数称为素数.具体地，对于 $p \in \mathbb{N}$，如果 $p \neq 1$，且 p 的因子只有 ± 1 和 $\pm p$，则称 p 是素数；否则，称 p 是合数.这里我们不把 1 看成素数，是为了素分解的唯一性.可以证明算术基本定理：对任意的 $n \in \mathbb{N}$，$n>1$，n 可以唯一地写成有限个素数的乘积.

由算术基本定理，素数是构成整数世界的基石，搞清楚素数的性质有重大意义.许多关于整数的问题，特别是与乘法有关的问题，考虑素分解常常可以提供很大的帮助.

---

① 设 a 和 b 是整数，如果 $(a,\ b)=1$，则称 a 和 b 互素.

② 对于 $a,\ b \in \mathbb{Z}$ 和 $m \in \mathbb{N}$，如果 $m \mid a-b$，则称 a 和 b 模 m 同余，记为 $a \equiv b \pmod{m}$.

③ 对于多项式 $f(x),\ g(x),\ m(x)$，如果 $m(x) \mid f(x)-g(x)$，则称 $f(x)$ 和 $g(x)$ 模 $m(x)$ 同余，记为 $f(x) \equiv g(x) \pmod{m(x)}$.

下面我们考虑多项式世界的素分解，即将多项式分解为更简单的多项式的乘积，这其实就是我们在中学学过的因式分解.比如，我们知道有分解

$$x^2-1=(x+1)(x-1),$$

而且认为这是最后的分解，即不能再分解了.我们希望给出一般的多项式分解的理论，至少要说明每个多项式都可以这样分解.于是首先需要定义什么是不能再分解的多项式，即要定义多项式世界的“素数”.在整数世界，一个大于 1 的整数，如果不能非平凡分解则是素数，这等价于该整数没有非平凡的因子.类比于此，我们有下面的定义①.

定义 1.11 设 $p(x)\in\mathbb{F}[x]$ 且 $\deg(p(x))\geqslant 1$. 如果 $p(x)$ 满足下面的等价条件之一：

(i) $p(x)$ 不能写成 $\mathbb{F}$ 上两个次数比 $p(x)$ 小的多项式的乘积；

(ii) $p(x)$ 的因式只有

$$c\in\mathbb{F}^{\times}\quad 和\quad cp(x),\ c\in\mathbb{F}^{\times},$$

则称 $p(x)$ 是 $\mathbb{F}$ 上的(或者：$\mathbb{F}[x]$ 中的)**不可约多项式**.否则，称 $p(x)$ 是**可约多项式**.

由定义，$p(x)$ 是不可约多项式的充分必要条件是 $cp(x)$ 是不可约多项式，其中 $c\in\mathbb{F}^{\times}$. 也就是说，如果两个多项式相伴，那么它们是否可约是一致的.另外，集合 $\mathbb{F}[x]$ 可以写成如下的无交并②：

$$\mathbb{F}[x]=\{0\}\cup\mathbb{F}^{\times}\cup\{不可约多项式\}\cup\{可约多项式\}.$$

要注意的是，和整除以及最大公因式不同，多项式的可约性与系数域 $\mathbb{F}$ 有关.例如，x^2-2 在 $\mathbb{Q}[x]$ 中不可约，而在 $\mathbb{R}[x]$ 中可约.后者由于

$$x^2-2=(x+\sqrt{2})(x-\sqrt{2});$$

而前者可以如下说明：如果 x^2-2 在 $\mathbb{Q}[x]$ 中可约，则 x^2-2 在 $\mathbb{Q}[x]$ 中有首一一次因式，这只能为 $x\pm\sqrt{2}$；这得到 $\sqrt{2}\in\mathbb{Q}$，矛盾.

例 1.12 设 $a,b\in\mathbb{F}$ 且 $a\neq 0$，则 $ax+b$ 是 $\mathbb{F}$ 上的不可约多项式.即一次因式必不可约.

不可约多项式有下面重要性质.

命题 1.9 设 $p(x)\in\mathbb{F}[x]$ 是不可约多项式.

(1) 则对任意 $f(x)\in\mathbb{F}[x]$，有

$$(p(x),f(x))=1\quad 或者\quad p(x)\mid f(x);$$

(2) 设 $f(x),g(x)\in\mathbb{F}[x]$，如果 $p(x)\mid f(x)g(x)$，则 $p(x)\mid f(x)$ 或者 $p(x)\mid g(x)$. 进而，如果

$$p(x)\mid f_1(x)\cdots f_s(x),\quad (f_1(x),\cdots,f_s(x)\in\mathbb{F}[x]),$$

① 整数环 $\mathbb{Z}$ 中的 $\{\pm1\}$ 对应到多项式环 $\mathbb{F}[x]$ 中的 $\mathbb{F}^{\times}$. 事实上，它们分别是对应环中乘法可逆元的全体所成子集.

② 这对应到无交并 $\mathbb{Z}=\{0\}\cup\{\pm1\}\cup\{\pm 素数\}\cup\{\pm 合数\}$.

则存在 i $(1\leqslant i\leqslant s)$，使得 $p(x)\mid f_i(x)$.

☞ **证明** (1) 设 $(p(x),\ f(x))=d(x)$，则 $d(x)\mid p(x)$ 且 $d(x)\mid f(x)$. 由于 $p(x)$ 不可约，所以有

$$d(x)=1\quad \text{或者}\quad d(x)=cp(x),\ (c\in\mathbb{F}^{\times}).$$

当 $d(x)=1$ 时，有 $(p(x),\ f(x))=1$；当 $d(x)=cp(x)$ 时，有 $p(x)\mid f(x)$.

(2) 如果 $p(x)\nmid f(x)$，则由(1)有 $(p(x),\ f(x))=1$. 再由 $p(x)\mid f(x)g(x)$ 和命题1.8，就得到 $p(x)\mid g(x)$.

有了不可约多项式的概念，就可以讨论因式分解了. 设 $f(x)\in\mathbb{F}[x]$，且 $\deg(f(x))\geqslant 1$. 如果 $f(x)$ 已经不可约，则 $f(x)=f(x)$ 是其因式分解；否则存在次数更小的多项式 $f_1(x)$，$f_2(x)$，使得 $f(x)=f_1(x)f_2(x)$. 再继续分解 $f_1(x)$ 和 $f_2(x)$，就可以将 $f(x)$ 分解为不可约多项式的乘积. 于是我们有多项式世界的因式分解存在(唯一)定理.

定理 1.10(因式分解存在唯一定理) 设 $f(x)\in\mathbb{F}[x]$ 且 $\deg(f(x))\geqslant 1$，则 $f(x)$ 可以唯一分解成 $\mathbb{F}$ 上有限个不可约多项式的乘积. 这里唯一性指的是：如果有两个分解式

$$\begin{aligned} f(x)&=p_1(x)p_2(x)\cdots p_s(x),\\ &=q_1(x)q_2(x)\cdots q_t(x), \end{aligned}$$

其中 $p_1(x)$，…，$p_s(x)$ 和 $q_1(x)$，…，$q_t(x)$ 都是 $\mathbb{F}$ 上的不可约多项式，则 $s=t$，且适当排列 $q_j(x)$ 的次序后有 $p_i(x)\sim q_i(x)$，$i=1,\ 2,\ \cdots,\ s$.

☞ **证明** "分解存在性"：上面已经说明了分解存在性，这里再写出严格的证明. 对 $\deg(f(x))$ 归纳. 当 $\deg(f(x))=1$ 时，$f(x)$ 是一次多项式，不可约，因此有不可约分解 $f(x)=f(x)$. 下设 $\deg(f(x))>1$. 如果 $f(x)$ 不可约，则 $f(x)=f(x)$ 就是不可约分解. 否则 $f(x)$ 可约，即存在 $f_1(x)$，$f_2(x)\in\mathbb{F}[x]$，使得

$$f(x)=f_1(x)f_2(x),\quad \deg(f_1(x))<\deg(f(x)),\ \deg(f_2(x))<\deg(f(x)).$$

由此可得 $\deg(f_1(x))$，$\deg(f_2(x))\geqslant 1$，因此可以对 $f_1(x)$ 和 $f_2(x)$ 用归纳假设，得到 $f_1(x)$ 和 $f_2(x)$ 都可以写成有限个不可约多项式的乘积，进而 $f(x)$ 亦然.

"分解唯一性"：设有不可约分解

$$f(x)=p_1(x)p_2(x)\cdots p_s(x)=q_1(x)q_2(x)\cdots q_t(x).$$

我们对 s 归纳证明. 当 $s=1$ 时，有 $f(x)=p_1(x)$ 不可约. 于是 $t=1$，且 $p_1(x)=q_1(x)$. 下设 $s>1$. 由于

$$p_1(x)\mid q_1(x)q_2(x)\cdots q_t(x),$$

且 $p_1(x)$ 不可约，所以由命题 1.9 导出

$$p_1(x)\mid q_i(x),\quad \exists i, 1\leqslant i\leqslant t.$$

适当重排，可以不妨假设 $i=1$. 而 $q_1(x)$ 不可约，所以必有 $p_1(x)$ 和 $q_1(x)$ 相伴，即

$$q_1(x)=cp_1(x),\quad \exists c\in\mathbb{F}^{\times}.$$

这得到

$$p_2(x)\cdots p_s(x)=cq_2(x)\cdots q_t(x).$$

上面也是某一多项式的两个不可约分解,由归纳假设就得到 $s-1=t-1$, 即 $s=t$; 以及适当重排后有 $p_i(x)\sim q_i(x)$, $i=2, \cdots, s$.

上面证明中未给出分解多项式的具体有效的算法.事实上,对多项式进行不可约分解是很困难的任务.

设 $f(x)\in\mathbb{F}[x]$ 且 $\deg(f(x))\geqslant 1$, 将相伴的不可约多项式放在一起, $f(x)$ 的不可约分解可写为

$$f(x)=cp_1^{r_1}(x)p_2^{r_2}(x)\cdots p_s^{r_s}(x),$$

其中, $c\in\mathbb{F}^\times$ 是 $f(x)$ 的首项系数, $p_1(x)$, $p_2(x)$, $\cdots$, $p_s(x)$ 是两两互不相同的首一不可约多项式,它们两两互素,而指数 r_1, r_2, $\cdots$, $r_s\in\mathbb{N}$. 称这种分解式为 $f(x)$ 的**标准分解式**.称 $p_1(x)$, $p_2(x)$, $\cdots$, $p_s(x)$ 是 $f(x)$ 的**不可约因式**.

利用不可约分解的存在唯一定理,也可以重新证明整除的相关结果,因为我们有下面的结论.

命题 1.11 (1) 设有标准分解式

$$f(x)=cp_1^{r_1}(x)p_2^{r_2}(x)\cdots p_s^{r_s}(x),$$

而 $0\neq g(x)\in\mathbb{F}[x]$ 的首项系数为 d, 则 $g(x)\mid f(x)$ 的充分必要条件是

$$g(x)=dp_1^{l_1}(x)p_2^{l_2}(x)\cdots p_s^{l_s}(x),\quad 0\leqslant l_i\leqslant r_i,\ i=1,\ 2,\ \cdots,\ s;$$

(2) 设 $0\neq f(x)$, $g(x)\in\mathbb{F}[x]$ 有分解式

$$f(x)=cp_1^{a_1}(x)p_2^{a_2}(x)\cdots p_t^{a_t}(x),\quad g(x)=dp_1^{b_1}(x)p_2^{b_2}(x)\cdots p_t^{b_t}(x),$$

其中 c 和 d 是首项系数, $p_1(x)$, $p_2(x)$, $\cdots$, $p_t(x)$ 是两两互不相同的首一不可约多项式,而 a_1, $\cdots$, a_t, b_1, $\cdots$, $b_t\in\mathbb{Z}_{\geqslant 0}$, 则

$$(f(x),\ g(x))=p_1^{r_1}(x)p_2^{r_2}(x)\cdots p_t^{r_t}(x),$$

其中①

$$r_i=\min\{a_i,\ b_i\},\quad i=1,\ 2,\ \cdots,\ t.$$

特别地, $(f(x),\ g(x))=1$ 的充分必要条件是它们无相同的不可约因式.

证明 (1) 充分性显然,下证必要性.设 $g(x)\mid f(x)$, 则

$$f(x)=g(x)h(x),\quad \exists h(x)\in\mathbb{F}[x].$$

设有分解

① min 为取小函数,即对于有限的有序集合 A, $\min A$ 是指取出 A 中的最小元,特别有

$$\min\{a,\ b\}=\begin{cases}a, & a\leqslant b,\\ b, & a>b.\end{cases}$$

$$g(x)=dp_1^{l_1}(x)\cdots p_s^{l_s}(x)q_1^{m_1}(x)\cdots q_k^{m_k}(x),$$
$$h(x)=ep_1^{j_1}(x)\cdots p_s^{j_s}(x)q_1^{n_1}(x)\cdots q_k^{n_k}(x),$$

其中 $q_1(x),\cdots,q_k(x)$ 是两两互不相同的不可约多项式,且也与 $p_1(x),\cdots,p_s(x)$ 互不相同,而

$$l_1,\cdots,\ l_s,m_1,\cdots,m_k,\quad j_1,\cdots,j_s,\quad n_1,\cdots,\quad n_k\in\mathbb{Z}_{\geqslant 0},$$

于是有

$$cp_1^{r_1}(x)\cdots p_s^{r_s}(x)=dep_1^{l_1+j_1}(x)\cdots p_s^{l_s+j_s}(x)q_1{}^{m_1+n_1}(x)\cdots q_k{}^{m_k+n_k}(x).$$

由分解的唯一性得

$$\begin{cases}r_i=l_i+j_i, & i=1,\cdots,s,\\ 0=m_i+n_i, & i=1,\cdots,k,\end{cases}$$

导出

$$\begin{cases}r_i\geqslant l_i, & i=1,\cdots,s,\\ m_i=n_i=0, & i=1,\cdots,k,\end{cases}$$

即(1)的必要性成立.

(2) 记 $d(x)=p_1^{r_1}(x)p_2^{r_2}(x)\cdots p_t{}^{r_t}(x)$,则 $d(x)$ 是首一多项式.因为

$$r_i\leqslant a_i,\ r_i\leqslant b_i,\quad i=1,2,\cdots,t,$$

所以由(1)得

$$d(x)\mid f(x),\quad d(x)\mid g(x).$$

任取 $f(x)$ 和 $g(x)$ 的公因式 $\varphi(x)$,由(1)可设

$$\varphi(x)=ep_1^{l_1}(x)p_2^{l_2}(x)\cdots p_t^{l_t}(x),\quad 0\leqslant l_i\leqslant \begin{matrix}a_i\\ b_i\end{matrix},\quad i=1,2,\cdots,t.$$

于是

$$0\leqslant l_i\leqslant \min\{a_i,b_i\}=r_i,\quad i=1,2,\cdots,t,$$

再由(1)有 $\varphi(x)\mid d(x)$. 所以 $(f(x),g(x))=d(x)$.

习题 1.7

A1. 证明:下面多项式在实数域和有理数域上都不可约:

(1) x^2+1; (2) x^2+x+1.

A2. 求下面多项式的标准分解式(系数域分别为 $\mathbb{Q}$,$\mathbb{R}$,$\mathbb{C}$):

(1) x^3-2x^2-2x+1; (2) x^4+4.

A3. 设 $\mathbb{F}_1$ 和 $\mathbb{F}_2$ 是数域,且 $\mathbb{F}_1\subset\mathbb{F}_2$. 设 $p(x)\in\mathbb{F}_1[x]\subset\mathbb{F}_2[x]$,证明:如果 $p(x)$ 在 $\mathbb{F}_2$ 上不可约,则

$p(x)$ 在 $\mathbb{F}_1$ 上也不可约.

A4. 设 $p(x)\in\mathbb{F}[x]$ 且 $\deg(p(x))\geqslant 1$，证明：$p(x)$ 是 $\mathbb{F}$ 上的不可约多项式的充分必要条件是，对任意 $f(x),\ g(x)\in\mathbb{F}[x]$，如果 $p(x)\mid f(x)g(x)$，则 $p(x)\mid f(x)$ 或者 $p(x)\mid g(x)$.

A5. 设 $p(x)\in\mathbb{F}[x]$，$n=\deg(p(x))\geqslant 1$. 证明：

(1) 对于 $a\in\mathbb{F}$，$p(x)$ 是数域 $\mathbb{F}$ 上不可约多项式的充分必要条件是 $p(x+a)$ 是数域 $\mathbb{F}$ 上不可约多项式；

(2) 若 $p(0)\neq 0$，则 $p(x)$ 是数域 $\mathbb{F}$ 上不可约多项式的充分必要条件是 $x^n p\left(\dfrac{1}{x}\right)$ 是数域 $\mathbb{F}$ 上不可约多项式.

A6. 设 $f(x)\in\mathbb{F}[x]$，且 $\deg(f(x))>0$，证明下面命题等价：

(1) 存在 $\mathbb{F}[x]$ 中的不可约多项式 $p(x)$ 和 $m\in\mathbb{N}$，使得 $f(x)\sim p^m(x)$；

(2) 对任意 $g(x)\in\mathbb{F}[x]$，有 $(f(x),\ g(x))=1$，或者存在 $m\in\mathbb{N}$，使得 $f(x)\mid g^m(x)$；

(3) 对任意 $g(x),\ h(x)\in\mathbb{F}[x]$，如果 $f(x)\mid g(x)h(x)$，那么 $f(x)\mid g(x)$，或者存在 $m\in\mathbb{N}$，使得 $f(x)\mid h^m(x)$.

A7. 设 $m\in\mathbb{N}$，$f(x),\ g(x)\in\mathbb{F}[x]$，证明：

$$g^m(x)\mid f^m(x)\iff g(x)\mid f(x).$$

A8. 设 $m\in\mathbb{N}$，$f(x),\ g(x)\in\mathbb{F}[x]$，证明：

$$(f^m(x),\ g^m(x))=(f(x),\ g(x))^m,\quad [f^m(x),g^m(x)]=[f(x),\ g(x)]^m.$$

特别地，如果 $f(x)$ 和 $g(x)$ 互素，那么 $f^m(x)$ 和 $g^m(x)$ 也互素.

A9. 设非零多项式 $f_1(x),\ f_2(x),\ \cdots,\ f_s(x)\in\mathbb{F}[x]$ 有分解式

$$f_i(x)=c_i p_1^{a_{i1}}(x)p_2^{a_{i2}}(x)\cdots p_t^{a_{it}}(x),\quad i=1,\ 2,\ \cdots,\ s,$$

其中 $c_i\in\mathbb{F}$，$p_1(x),\ p_2(x),\ \cdots,\ p_t(x)\in\mathbb{F}[x]$ 是两两互不相同的首一不可约多项式，而 a_{ij} 是非负整数.证明：

$$(f_1(x),\ f_2(x),\ \cdots,\ f_s(x))=p_1^{m_1}(x)p_2^{m_2}(x)\cdots p_t^{m_t}(x),$$
$$[f_1(x),\ f_2(x),\ \cdots,\ f_s(x)]=p_1^{n_1}(x)p_2^{n_2}(x)\cdots p_t^{n_t}(x),$$

其中

$$m_j=\min\{a_{ij}\mid i=1,\ 2,\ \cdots,\ s\},\quad n_j=\max\{a_{ij}\mid i=1,\ 2,\ \cdots,\ s\},\quad j=1,\ 2,\ \cdots,\ t.$$

B1. (1) 设 p 是素数，$a\in\mathbb{Z}$，证明：$p\mid a$ 或者 p 与 a 互素；

(2) 设 p 是素数，$a,\ b\in\mathbb{Z}$，且 $p\mid ab$，证明：$p\mid a$ 或者 $p\mid b$；

(3) 证明算术基本定理：对任意的 $n\in\mathbb{N}$，$n>1$，n 可以唯一地写成有限个素数的乘积.

B2. 设 $u\in\mathbb{C}$，如果存在非零有理系数多项式 $f(x)$，使得 $f(u)=0$，则称 u 是一个**代数数**.

(1) 证明：$\sqrt{2}$，$\sqrt{2}+\sqrt{3}$ 都是代数数；

(2) 如果 u 是代数数，则存在有理数域上的次数最小的首一多项式 $g(x)$，使得 $g(u)=0$. 多项式 $g(x)$ 由 u 唯一确定，称 $g(x)$ 为 u 的**极小多项式**.证明：$g(x)$ 是有理数域上的不可约多项式，且对于 $f(x)\in\mathbb{Q}[x]$，

$$f(u)=0\iff g(x)\mid f(x)$$

成立；

(3) 求代数数 $\sqrt{2}+\sqrt{3}$ 的极小多项式.

B3. 设 m 是正整数，$f(x)=x^4+m$.

(1) $f(x)$ 是否在 $\mathbb{R}[x]$ 中可约？如果可约,写出它的标准分解式；

(2) 求 $f(x)$ 在 $\mathbb{Q}[x]$ 中可约的充分必要条件.当 $f(x)$ 在 $\mathbb{Q}[x]$ 中可约时,写出它的标准分解式.

B4. 在有理数域上因式分解：

(1) $x^{15}-1$； (2) $x^{18}+x^{15}+x^{12}+x^9+x^6+x^3+1$.

§1.8 多项式的根

前面我们在理论上证明了,和整数一样,多项式可以唯一地分解为不能再分解的多项式的乘积,即给了中学所学的多项式因式分解的一般理论.下面自然就要问,给定一个多项式,如何具体地进行因式分解？我们回到前面不可约分解的存在唯一定理的存在性的证明.设多项式 $f(x)\in\mathbb{F}[x]$，且 $\deg(f(x))\geqslant 1$. 如果 $f(x)$ 不可约,那么 $f(x)=f(x)$ 就是所要求的因式分解;否则存在 $f(x)$ 的(次数最小的)不可约因式 $p(x)$，做带余除法可得 $f(x)=p(x)f_1(x)$. 再继续分解 $f_1(x)$，有限步后停止,就得到 $f(x)$ 的因式分解.从这个过程可以看出,我们需要知道如何判断多项式是否可约和知道如何找多项式的不可约因式,而这似乎是个困难的任务,毕竟多项式是否可约还和数域有关系.能否从整数世界得到一些启发和提示呢？不可约多项式与素数对应,于是对应到整数世界的问题则是如何判断一个正整数是否是素数和如何找到一个正整数的素因子.这些问题在整数世界并不容易,所以似乎多项式从整数那儿已经学不到更多东西了.于是我们要考虑一些多项式所具有的特殊性质,比如多项式可以看成函数,这是整数世界所没有的.

设

$$f(x)=a_nx^n+a_{n-1}x^{n-1}+\cdots+a_1x+a_0\in\mathbb{F}[x],$$

则有多项式函数 $f:\mathbb{F}\longrightarrow\mathbb{F}$，使得 f 在 $x=c\in\mathbb{F}$ 的值是①

$$f(c)=a_nc^n+a_{n-1}c^{n-1}+\cdots+a_1c+a_0\in\mathbb{F}.$$

如果还有 $g(x)\in\mathbb{F}[x]$，而

$$u(x)=f(x)+g(x),\quad v(x)=f(x)g(x),$$

则对任意的 $c\in\mathbb{F}$，

$$u(c)=f(c)+g(c),\quad v(c)=f(c)g(c)$$

显然成立②.进而,令 $x=c$，多项式代数等式仍然成立.

多项式在某点处的值还可以如下得到.假设 $\mathbb{F}=\mathbb{R}$，考虑 $x=c$ 处多项式函数 f 的性质,可以在 $x=c$ 处泰勒(Taylor)展开

① 后面还可以将多项式的不定元 x 代入其他对象,比如矩阵.

② 参看习题 1.2 的 B4.

$$f(x)=f(c)+\frac{f'(c)}{1!}(x-c)+\frac{f''(c)}{2!}(x-c)^2+\cdots.$$

将上式改写为

$$f(x)=f(c)+(x-c)\left[\frac{f'(c)}{1!}+\frac{f''(c)}{2!}(x-c)+\cdots\right],$$

从多项式的观点看就是 $f(x)$ 除以首一多项式 $x-c$ 的带余除法等式.于是多项式在某点处的值可以用带余除法(综合除法)得到,即有下面的**余式定理**.

命题 1.12(余式定理) 设 $f(x)\in\mathbb{F}[x]$, $c\in\mathbb{F}$,则

$$f(c)=\text{“}f(x)\text{ 除以 }x-c\text{ 的余式”}.$$

☞ **证明** 这里给出一个代数证明.设

$$f(x)=q(x)(x-c)+r(x),$$

其中 $q(x)$, $r(x)\in\mathbb{F}[x]$,且 $\deg(r(x))<\deg(x-c)=1$. 于是 $\deg(r(x))=0$ 或 $-\infty$,即 $r(x)=a\in\mathbb{F}$. 将 $x=c$ 代入上面多项式等式,就得到

$$f(c)=q(c)(c-c)+a=a,$$

得证.

现在多项式有两个身份,既可以看成多项式,又可以看成多项式函数.那么这两个身份是否一致?即两个多项式相等是否等价于它们作为多项式函数也相等?两个函数相等,当且仅当它们在定义域的每一点上的函数值都相等.所以如果两个多项式 $f(x)$ 和 $g(x)$ 作为多项式相等,那么作为多项式函数,它们自然也相等.我们考查逆命题是否成立.假设 $f(x)$ 和 $g(x)$ 作为多项式函数相等,我们要看它们作为多项式是否相等.考虑 $f(x)-g(x)$,这个问题等价于:设多项式 $f(x)$ 是零函数,那么 $f(x)$ 是否是零多项式?再看其逆否命题:设 $f(x)$ 是非零多项式,那么 $f(x)$ 是否不是零函数?所谓零函数,就是在定义域每一点上的值都为零的函数.不是零函数,就是定义域中至少有一点的函数值不为零.于是,我们需要考虑函数值等于 0 的点,它们就是所谓的零点.

定义 1.12 设 $f(x)\in\mathbb{F}[x]$, $c\in\mathbb{F}$,如果 $f(c)=0$,则称 c 为 $f(x)$(在 $\mathbb{F}$ 上)的一个**根**(或**零点**).

结合余式定理,发现 $f(x)$的根对应到多项式的一次因式,即有下面的**因式定理**.

命题 1.13(因式定理) 设 $f(x)\in\mathbb{F}[x]$, $c\in\mathbb{F}$,则

$$c\text{ 为 }f(x)\text{ 的根}\iff x-c\mid f(x).$$

设 $f(x)\in\mathbb{F}[x]$, $c\in\mathbb{F}$,可以假设

$$f(x)=(x-c)^k g(x),\quad x-c\nmid g(x),\ k\in\mathbb{Z}_{\geqslant 0}.$$

由因式定理得

$$c\text{ 为 }f(x)\text{ 的根}\iff k>0.$$

当$k>0$时，我们称k为$f(x)$的根c的**重数**，也称c为$f(x)$的k重根.如果$k=1$，则称c是$f(x)$的**单根**；如果$k>1$，则称c为**重根**.

例 1.13 设$f(x)=x^4-4$，有下面的标准分解

$$\begin{aligned}f(x)&=(x^2+2)(x^2-2) \quad (\text{在}\mathbb{Q}[x]\text{中})\\&=(x^2+2)(x+\sqrt{2})(x-\sqrt{2}) \quad (\text{在}\mathbb{R}[x]\text{中})\\&=(x+\sqrt{2}\mathrm{i})(x-\sqrt{2}\mathrm{i})(x+\sqrt{2})(x-\sqrt{2}), \quad (\text{在}\mathbb{C}[x]\text{中})\end{aligned}$$

于是$f(x)$在$\mathbb{Q}$中有零个根，在$\mathbb{R}$中有2个根，在$\mathbb{C}$中有4个根，且根都是单根.

例 1.14 设$f(x)=x^3-3x+2$，由于

$$f(x)=(x-1)^2(x+2),$$

所以1是$f(x)$的2重根，-2是$f(x)$的单根，进而$f(x)$在$\mathbb{Q}$（或者$\mathbb{R}$，或者$\mathbb{C}$）中有3个根（重根计算重数）.

回到上面问题，给定非零多项式$f(x)$，我们希望存在$\mathbb{F}$上的点不是$f(x)$的根.或者说我们希望$f(x)$的根不能太多.根对应到一次因式，$f(x)$只有有限个一次因式，所以确实$f(x)$不能有太多的根.具体地，有下面一般性的结论.

定理 1.14 设$0\neq f(x)\in\mathbb{F}[x]$，$\deg(f(x))=n\in\mathbb{Z}_{\geqslant 0}$，则$f(x)$在$\mathbb{F}$中最多有$n$个根（重根计算重数）.

☞ **证明** 当$n=0$时，$f(x)\in\mathbb{F}^{\times}$，此时有零个根.当$n>0$时，由唯一分解定理，$f(x)$可以分解为

$$f(x)=(x-c_1)^{k_1}(x-c_2)^{k_2}\cdots(x-c_s)^{k_s}g(x),$$

其中，$c_1, c_2, \cdots, c_s\in\mathbb{F}$互不相同，$k_1, k_2, \cdots, k_s\in\mathbb{N}$，而$g(x)\in\mathbb{F}[x]$无一次因式.于是取次数，得到

$$n=\deg(f(x))=k_1+k_2+\cdots+k_s+\deg(g(x))\geqslant k_1+k_2+\cdots+k_s,$$

即$f(x)$在$\mathbb{F}$中根的个数$k_1+k_2+\cdots+k_s$不超过n.

最后就可得非零多项式一定是非零函数，即两个多项式如果作为多项式函数相等，则作为多项式也相等.

推论 1.15 设$f(x), g(x)\in\mathbb{F}[x]$满足

$$\deg(f(x)), \deg(g(x))\leqslant n\in\mathbb{N},$$

又设$a_1, a_2, \cdots, a_{n+1}\in\mathbb{F}$两两互不相同，满足

$$f(a_i)=g(a_i), \quad i=1, 2, \cdots, n+1,$$

则有$f(x)=g(x)$.

☞ **证明** 令$h(x)=f(x)-g(x)\in\mathbb{F}[x]$，则$\deg(h(x))\leqslant n$.而

$$h(a_i)=f(a_i)-g(a_i)=0, \quad i=1, 2, \cdots, n+1,$$

所以 $h(x)$ 在 $\mathbb{F}$ 中至少有 $n+1$ 个根.由定理 1.14,得 $h(x)=0$, 即 $f(x)=g(x)$.

该推论还告诉我们,要确定一个 n 次多项式,只需要知道其在 $n+1$ 个点上的取值,参看本节习题.

习题 1.8

A1. 设 $f(x),\ g(x)\in\mathbb{F}[x]$, 且 $\deg(f(x))>0$, $\deg(g(x))>0$. 证明: $f(x)$ 和 $g(x)$ 有公共复根的充分必要条件是它们不互素.

A2. 下面有理系数多项式 $f(x)$ 与 $g(x)$ 有无公共复根? 如果有,把它们求出来,其中

$$f(x)=x^3+2x^2+2x+1,\quad g(x)=x^4+x^3+2x^2+x+1.$$

A3. 设 $f(x),\ g(x)\in\mathbb{F}[x]$, 其中 $\deg(g(x))\leqslant 1$, 证明: $g(x)\mid f^2(x)$ 的充分必要条件是 $g(x)\mid f(x)$.

A4. 证明:

(1) $x(x+1)(2x+1)\mid(x+1)^{2n}-x^{2n}-2x-1$;

(2) $x^4+x^3+x^2+x+1\mid x^5+x^{11}+x^{17}+x^{23}+x^{29}$.

A5. 设 $a\in\mathbb{F}$, $f(x)\in\mathbb{F}[x]$, $n\in\mathbb{N}$. 证明: 如果 $(x-a)\mid f(x^n)$, 则 $(x^n-a^n)\mid f(x^n)$.

A6. 设 $f(x)\in\mathbb{F}[x]$ 且 $\deg(f(x))\geqslant 2$.

(1) 证明: 如果 $f(x)$ 是 $\mathbb{F}[x]$ 中的不可约多项式,则 $f(x)$ 在 $\mathbb{F}$ 中没有根;

(2) 如果不要求 $\deg(f(x))\geqslant 2$, (1)是否还成立? 说明理由;

(3) (1)的逆命题是否成立? 说明理由.

B1. 设 $f_1(x),\ f_2(x)\in\mathbb{Q}[x]$, 证明: 如果 $(x^2+x+1)\mid(f_1(x^3)+xf_2(x^3))$, 则 1 是 $f_i(x)$ 的根, $i=1,\ 2$.

B2. 设 $f_1(x),\ f_2(x)\in\mathbb{Q}[x]$, 证明: 如果 $(x^2+1)\mid(f_1(x^4)+xf_2(x^4))$, 则 1 是 $f_i(x)$ 的根, $i=1,\ 2$.

B3. 设 $f(x)\in\mathbb{F}[x]$, 且 $\deg(f(x))>0$, $n\in\mathbb{N}$. 证明: 如果 $f(x)\mid f(x^n)$, 则 $f(x)$ 的复根只能是零或者单位根①.

B4. 证明**拉格朗日(Lagrange)插值定理**: 设 $a_1,\ a_2,\ \cdots,\ a_n$ 是 $\mathbb{F}$ 中 n 个两两不同的数, $b_1,\ b_2,\ \cdots,\ b_n$ 是 $\mathbb{F}$ 中任意 n 个数,则存在唯一的 $f(x)\in\mathbb{F}[x]$, 满足 $\deg(f(x))\leqslant n-1$, 且

$$f(a_i)=b_i,\quad i=1,\ 2,\ \cdots,\ n.$$

并求出这个多项式.

B5. 设 $f(x)$ 是一个 n 次多项式,且当 $k=0,\ 1,\ \cdots,\ n$ 时,有 $f(k)=\dfrac{k}{k+1}$. 求 $f(n+1)$.

§1.9 重 因 式

设 $f(x)\in\mathbb{F}[x]$ 且 $\deg(f(x))\geqslant 1$, 我们要求 $f(x)$ 的标准分解式

① 复数 a 是单位根,如果存在 $m\in\mathbb{N}$, 使得 $a^m=1$.

$$f(x)=cp_1^{r_1}(x)p_2^{r_2}(x)\cdots p_s^{r_s}(x).$$

这可分解为两部分：确定 $f(x)$ 的所有两两不同的不可约因式 $p_1(x)$，…，$p_s(x)$，确定每个不可约因式 $p_i(x)$ 在 $f(x)$ 的因式分解中出现的次数 r_i. 本节先讨论后者.我们看到整数 r_i 满足

$$p_i^{r_i}(x)\mid f(x),\quad p_i^{r_i+1}(x)\nmid f(x),$$

称 r_i 为 $f(x)$ 的不可约因式 $p_i(x)$ 的重数.

定义 1.13 设 $p(x)\in\mathbb{F}[x]$ 是首一不可约多项式，$k\in\mathbb{N}$，称 $p(x)$ 是 $f(x)\in\mathbb{F}[x]$ 的 k 重因式，如果

$$p^k(x)\mid f(x),\quad p^{k+1}(x)\nmid f(x).$$

当 $k=1$ 时，称 $p(x)$ 是 $f(x)$ 的**单因式**；当 $k>1$ 时，称 $p(x)$ 是 $f(x)$ 的**重因式**.为了方便，如果 $p(x)\nmid f(x)$，也称 $p(x)$ 为 $f(x)$ 的 0 重因式.

由该定义，$p(x)$ 是 $f(x)$ 的 k 重因式当且仅当 $p(x)$ 在 $f(x)$ 的不可约分解中恰好出现 k 次：

$$f(x)=p^k(x)g(x),\quad p(x)\nmid g(x).$$

设 $f(x)$ 的标准分解式是

$$f(x)=cp_1^{r_1}(x)p_2^{r_2}(x)\cdots p_s^{r_s}(x),$$

则 $p_i(x)$ 是 $f(x)$ 的 r_i 重因式，$i=1,2,\cdots,s$. 而其他的首一不可约多项式都不是 $f(x)$ 的因式.

重因式的概念是重根概念的推广.设 $c\in\mathbb{F}$，$f(x)\in\mathbb{F}[x]$，则可知

$$c\text{ 是 }f(x)\text{ 的 }k\text{ 重根}\Longleftrightarrow x-c\text{ 是 }f(x)\text{ 的 }k\text{ 重因式}.$$

例 1.15 设 $f(x)=-8(x+1)^3(x-5)^2(x^2+x+1)(x^2+1)^2\in\mathbb{R}[x]$，则

(1) $x+1$ 是 $f(x)$ 的 3 重因式，-1 是 $f(x)$ 的 3 重根；

(2) $x-5$ 是 $f(x)$ 的 2 重因式，5 是 $f(x)$ 的 2 重根；

(3) x^2+x+1 是 $f(x)$ 的单因式；

(4) x^2+1 是 $f(x)$ 的 2 重因式.

如何求一个不可约因式的重数？设 $\mathbb{F}=\mathbb{R}$，多项式 $f(x)$ 有根 $x=1$，此时可设

$$f(x)=(x-1)^k g(x),\quad x-1\nmid g(x).$$

将多项式函数 $g(x)$ 在 $x=1$ 处 Taylor 展开，得到

$$g(x)=g(1)+\frac{g'(1)}{1!}(x-1)+\cdots,\quad g(1)\neq 0.$$

于是

$$f(x)=(x-1)^k g(1)+\frac{g'(1)}{1!}(x-1)^{k+1}+\cdots,$$

这也是 $f(x)$ 在 $x=1$ 处的 Taylor 展开.比较可得

$$f(1)=f'(1)=\cdots=f^{(k-1)}(1)=0,\quad f^{(k)}(1)=k!\ g(1)\neq 0.$$

以上就是 $x=1$ 是 $f(x)$ 的 k 重根的充分必要条件,也就是不可约因式 $x-1$ 的重数是 k 的充分必要条件.

一般地,多项式的不可约因式的重数应该和这个多项式的导数有关.当数域不是 $\mathbb{R}$ 或 $\mathbb{C}$ 时,可能不好求极限,但是我们只需要多项式的导数,所以可如下定义任意数域上多项式的导数.

定义 1.14 设 $f(x)=a_nx^n+a_{n-1}x^{n-1}+\cdots+a_1x+a_0\in\mathbb{F}[x]$,定义 $f(x)$ 的**导数**为

$$f'(x)=f^{(1)}(x):=na_nx^{n-1}+(n-1)a_{n-1}x^{n-2}+\cdots+2a_2x+a_1\in\mathbb{F}[x].$$

对于 $k\in\mathbb{Z}_{>1}$,归纳定义 k 阶导数为

$$f^{(k)}(x):=(f^{(k-1)}(x))'.$$

也记 $f^{(2)}(x)=f''(x)$, $f^{(3)}(x)=f'''(x)$.

例 1.16 设 $f(x)=2x^4+3x^3-4x^2+5x-6$,则

$$f'(x)=8x^3+9x^2-8x+5,\quad f''(x)=24x^2+18x-8,$$
$$f'''(x)=48x+18,\quad f^{(4)}(x)=48,\quad f^{(k)}(x)=0,\quad \forall k\geqslant 5.$$

设 $f(x)$, $g(x)\in\mathbb{F}[x]$,容易证明下面的性质成立:

(1) $(f(x)+g(x))'=f'(x)+g'(x)$;

(2) $(cf(x))'=cf'(x)$, $c\in\mathbb{F}$;

(3) $(f(x)g(x))'=f'(x)g(x)+f(x)g'(x)$;

(4) $(f^m(x))'=mf^{m-1}(x)f'(x)$, $m\in\mathbb{N}$.

有了多项式导数的概念,下面我们看如何求多项式的不可约因式的重数.设 $f(x)\in\mathbb{F}[x]$, $p(x)$ 是 $f(x)$ 的 k 重因式,其中 $k\in\mathbb{N}$.则

$$f(x)=p^k(x)g(x),\quad \exists\, g(x)\in\mathbb{F}[x],\ p(x)\nmid g(x).$$

求导得到

$$\begin{aligned}f'(x)&=(p^k(x))'g(x)+p^k(x)g'(x)\\&=kp^{k-1}(x)p'(x)g(x)+p^k(x)g'(x)\\&=p^{k-1}(x)(kp'(x)g(x)+p(x)g'(x)).\end{aligned}$$

由于 $\deg(p'(x))<\deg(p(x))$ 且 $p'(x)\neq 0$,所以 $p(x)\nmid p'(x)$.又因为 $k>0$, $p(x)\nmid g(x)$ 和 $p(x)$ 不可约,所以

$$p(x)\nmid kp'(x)g(x).$$

而 $p(x)\mid p(x)g'(x)$,所以

$$p(x)\nmid kp'(x)g(x)+p(x)g'(x),$$

即有 $p(x)$ 是 $f'(x)$ 的 $k-1$ 重因式.

于是我们得到以下定理.

定理 1.16 设 $p(x)$, $f(x)\in\mathbb{F}[x]$, 其中 $p(x)$ 是 $f(x)$ 首一不可约因式,设 $k\in\mathbb{N}$, 则

$$p(x)\text{ 为 }f(x)\text{ 的 }k\text{ 重因式}\Longleftrightarrow p(x)\text{ 是 }f'(x)\text{ 的 }k-1\text{ 重因式.}$$

特别地, $f(x)$ 的单因式不再是 $f'(x)$ 的因式.

我们看一个简单的例子.

例 1.17 设 $f(x)=x^3-3x+2\in\mathbb{R}[x]$, 则

$$f'(x)=3x^2-3=3(x+1)(x-1).$$

由于 $f(1)=0$, $f(-1)=4$, 所以 $x-1$ 是 $f(x)$ 的因式,而 $x+1$ 不是.由定理 1.16, $x-1$ 是 $f(x)$ 的 2 重因式, $f(x)$ 还有一个不同于 $x-1$ 的单因式.该单因式为

$$\frac{f(x)}{(x-1)^2}=x+2.$$

于是

$$f(x)=(x-1)^2(x+2).$$

注意到 $(f(x),\ f'(x))=x-1$.

定理 1.16 有下面的推论.

推论 1.17 设 $k\in\mathbb{N}$, $p(x)$, $f(x)\in\mathbb{F}[x]$, 其中 $p(x)$ 为首一不可约多项式.

(1) 若 $p(x)$ 是 $f(x)$ 的 k 重因式,则 $p(x)$ 分别是 $f'(x)$, $f''(x)$, $\cdots$, $f^{(k-1)}(x)$ 的 $k-1$, $k-2$, $\cdots$, 1 重因式,而不是 $f^{(k)}(x)$ 的因式;

(2) $p(x)$ 是 $f(x)$ 的 k 重因式当且仅当

$$p(x)\mid f(x),\ f'(x),\ \cdots,\ f^{(k-1)}(x),\quad \text{但是}\quad p(x)\nmid f^{(k)}(x);$$

(3) $p(x)$ 为 $f(x)$ 的重因式 $\Longleftrightarrow p(x)\mid(f(x),\ f'(x))$, 此时,如果 $p(x)\mid(f(x),\ f'(x))$ 为 k 重因式,则 $p(x)$ 为 $f(x)$ 的 $k+1$ 重因式;

(4) $f(x)$ 无重因式 $\Longleftrightarrow (f(x),\ f'(x))=1$.

☞ **证明** (1) 反复应用定理 1.16.

(2) 必要性由(1).反之,由于

$$p(x)\mid f^{(k-1)}(x),\quad p(x)\nmid f^{(k)}(x),$$

所以由定理 1.16,可得 $p(x)$ 是 $f^{(k-1)}(x)$ 的单因式.再由 $p(x)\mid f^{(k-2)}(x)$ 和定理 1.16,可知 $p(x)$ 是 $f^{(k-2)}(x)$ 的 2 重因式.继续这个讨论,就得到 $p(x)$ 是 $f(x)$ 的 k 重因式.

(3) 由(2)可得.

(4) 由(3)可得.

例 1.18 证明: $f(x)=1+x+\dfrac{x^2}{2!}+\cdots+\dfrac{x^n}{n!}\in\mathbb{Q}[x]$ 无重因式.

☞ **证明** 有

$$f'(x)=1+x+\frac{x^2}{2!}+\cdots+\frac{x^{n-1}}{(n-1)!}=f(x)-\frac{x^n}{n!},$$

于是有

$$(f(x),\ f'(x))=\left(f(x),\ f(x)-\frac{x^n}{n!}\right)=\left(f(x),\frac{x^n}{n!}\right)=1.$$

得到 $f(x)$ 无重因式.

利用推论 1.17 可以得到一个多项式有重根的充分和必要条件.

例 1.19 设 $f(x)\in\mathbb{F}[x]$, $c\in\mathbb{C}$, $k\in\mathbb{N}$. 证明:

(1) c 是 $f(x)$ 的重根 $\Longleftrightarrow$ $f(c)=f'(c)=0$;

(2) c 是 $f(x)$ 的 k 重根 $\Longleftrightarrow$ $f(c)=f'(c)=\cdots=f^{(k-1)}(c)=0$, 而 $f^{(k)}(c)\neq 0$;

(3) $f(x)$ 在 $\mathbb{F}$ 中有重根 $\Longleftrightarrow$ $(f(x),\ f'(x))$ 在 $\mathbb{F}[x]$ 中有一次因式.

☞ **证明** 利用推论 1.17,因式定理和已知条件: c 是 $f(x)$ 的 k 重根 $\Longleftrightarrow$ $x-c$ 是 $f(x)$ 的 k 重因式.

如果 $f(x)\in\mathbb{F}[x]$ 在 $\mathbb{F}$ 中有重根,那么 $f(x)$ 在 $\mathbb{F}[x]$ 中有重因式.但是,如果 $f(x)$ 在 $\mathbb{F}[x]$ 中有重因式,不一定可以得到 $f(x)$ 在 $\mathbb{F}$ 中有重根.例如 $f(x)=(x^2-2)^2\in\mathbb{Q}[x]$ 有 2 重因式 x^2-2, 但是 $f(x)$ 在 $\mathbb{Q}$ 中没有根,当然更没有重根了.要注意的是,当 $\mathbb{F}=\mathbb{C}$ 时, $\mathbb{C}[x]$ 中的多项式 $f(x)$ 在 $\mathbb{C}$ 中有重根当且仅当 $f(x)$ 有重因式.

例 1.20 设有理系数多项式 $f(x)=x^3-3x^2+ax+4$, $g(x)=x^4+x^3+bx+c$.

(1) 求 a 的值,使得 $f(x)$ 在 $\mathbb{Q}$ 中有重根,并求出重根和相应的重数;

(2) 设 -1 是 $g(x)$ 的 2 重根,求 b, c.

☞ **解** (1) 由已知条件有 $f'(x)=3x^2-6x+a$. 由带余除法,得

$$f(x)=\frac{1}{3}(x-1)f'(x)+\frac{2}{3}(a-3)x+\frac{a+12}{3}.$$

于是,当 $a=3$ 时, $(f(x),\ f'(x))=1$, 此时 $f(x)$ 无重根.下设 $a\neq 3$, 继续做带余除法

$$f'(x)=\left(\frac{9}{2(a-3)}x-\frac{45a}{4(a-3)^2}\right)\left(\frac{2}{3}(a-3)x+\frac{a+12}{3}\right)+\frac{a(4a^2-9a+216)}{4(a-3)^2}.$$

所以当 $a\neq 3$ 时, $(f(x),\ f'(x))\neq 1$ 的充分和必要条件是

$$a(4a^2-9a+216)=0,$$

且此时

$$(f(x),\ f'(x))=x+\frac{a+12}{2a-6}.$$

而 $a\in\mathbb{Q}$, 所以得到

$$(f(x),\ f'(x))\neq 1 \Longleftrightarrow a=0.$$

此时，$(f(x), f'(x))=x-2$. 于是 $f(x)$ 在 $\mathbb{Q}$ 中有重根的充分必要条件是 $a=0$，且此时 2 是 $f(x)$ 的 2 重根.

(2) 由已知条件有

$$g'(x)=4x^3+3x^2+b, \quad g''(x)=12x^2+6x.$$

于是 -1 是 $g(x)$ 的 2 重根当且仅当

$$g(-1)=g'(-1)=0, \quad g''(-1)\neq 0,$$

即

$$-b+c=0, \quad -1+b=0, \quad 6\neq 0.$$

得到 $b=c=1$.

由推论 1.17，多项式 $f(x)$ 的重因式恰为 $(f(x), f'(x))$ 的因式，而且重数恰好差 1. 进而，如果令 $f(x)$ 的标准分解式为

$$f(x)=cp_1^{r_1}(x)\cdots p_s^{r_s}(x),$$

则由定理 1.16 可知

$$(f(x), f'(x))=p_1^{r_1-1}(x)\cdots p_s^{r_s-1}(x).$$

于是得到

$$g(x):=\frac{f(x)}{(f(x), f'(x))}=cp_1(x)\cdots p_s(x),$$

即 $g(x)$ 无重因式，且与 $f(x)$ 有相同的不可约因式(首项系数也相同). 由 $(f(x), f'(x))$ 以及 $g(x)$ 的因式分解可得 $f(x)$ 的因式分解.

例 1.21 求有理系数多项式 $f(x)=x^4+x^3-3x^2-5x-2$ 的重因式及标准分解式，并求首一多项式 $g(x)$，使得 $g(x)$ 无重因式，且与 $f(x)$ 有相同的不可约因式.

☞ **解** 由已知条件有

$$f'(x)=4x^3+3x^2-6x-5.$$

由辗转相除

$\frac{1}{4}x+\frac{1}{16}$	$x^4+x^3-3x^2-5x-2$	$4x^3+3x^2-6x-5$	$-\frac{64}{27}x+\frac{80}{27}$
	$x^4+\frac{3}{4}x^3-\frac{3}{2}x^2-\frac{5}{4}x$	$4x^3+8x^2+4x$	
	$\frac{1}{4}x^3-\frac{3}{2}x^2-\frac{15}{4}x-2$	$-5x^2-10x-5$	
	$\frac{1}{4}x^3+\frac{3}{16}x^2-\frac{3}{8}x-\frac{5}{16}$	$-5x^2-10x-5$	
	$-\frac{27}{16}x^2-\frac{27}{8}x-\frac{27}{16}$	0	

和

$$-\frac{27}{16}x^2-\frac{27}{8}x-\frac{27}{16}=-\frac{27}{16}(x^2+2x+1)$$

得到

$$(f(x),\ f'(x))=x^2+2x+1=(x+1)^2.$$

于是 $f(x)$ 有 3 重因式 $x+1$. 而

$$g(x)=\frac{f(x)}{(f(x),\ f'(x))}=x^2-x-2=(x+1)(x-2),$$

进而得到

$$f(x)=g(x)(f(x),\ f'(x))=(x+1)^3(x-2),$$

此即标准分解式.

习题 1.9

A1. 判断有理系数多项式 $f(x)$ 有无重因式,如果有,试求出它的重数.并求首一多项式 $g(x)$,使得 $g(x)$ 无重因式,且与 $f(x)$ 有相同的不可约因式,其中

(1) $f(x)=x^5-5x^4+7x^3-2x^2+4x-8$;

(2) $f(x)=x^4+4x^2-4x-3$.

A2. 求 t 值,使 $f(x)=x^3-3x^2+tx-1$ 有重因式.

A3. 设 $f(x)\in\mathbb{F}[x]$ 且 $\deg(f(x))>0$, $a\in\mathbb{F}$, 而 $g(x)=f(x+a)$. 证明: $f(x)$ 有重因式当且仅当 $g(x)$ 有重因式.

A4. 设 $(x-1)^2\mid Ax^4+Bx+1$, 求 A, B.

A5. 设 $f(x)=x^4+5x^3+ax^2+bx+c\in\mathbb{Q}[x]$, 如果 -2 是 $f(x)$ 的 3 重根, 求 a, b, c.

A6. 设 $p(x)\in\mathbb{F}[x]$ 是不可约多项式,证明: $p(x)$ 在复数域中无重根.

B1. (1) 求多项式 $x^3+ax+b\in\mathbb{F}[x]$ 有重因式的条件;

(2) 求多项式 $x^3+a_2x^2+a_1x+a_0\in\mathbb{F}[x]$ 有重因式的条件.

B2. 证明: 如果 a 是 $f'''(x)$ 的一个 k 重根,则 a 是

$$g(x)=\frac{x-a}{2}[f'(x)+f'(a)]-f(x)+f(a)$$

的一个 $(k+3)$ 重根.

B3. 设 $n>m>0$, 证明: $x^n+ax^{n-m}+b$ 不能有不为 0 的重数大于 2 的根.

B4. 设 $f(x)\in\mathbb{F}[x]$ 是 n 次多项式,其中 $n\geqslant 1$. 证明: $f'(x)\mid f(x)$ 的充分必要条件是, $f(x)$ 和一个一次因式的 n 次幂相伴.

B5. 设 n 是正整数,求 $2n-1$ 次多项式 $f(x)$, 使得 $f(x)+1$ 被 $(x-1)^n$ 整除, $f(x)-1$ 被 $(x+1)^n$ 整除.

§1.10 复系数多项式的因式分解

设 $f(x)\in\mathbb{F}[x]$, 且 $\deg(f(x))\geqslant 1$, 则 $f(x)$ 有标准分解

$$f(x)=cp_1^{r_1}(x)p_2^{r_2}(x)\cdots p_s^{r_s}(x).$$

前面我们对 $f(x)$ 的不可约因式 $p_i(x)$ 的重数 r_i 进行了讨论,现在我们具体看如何求出分解式(或者分解式是什么形式).为此,当然希望知道 $\mathbb{F}[x]$ 中哪些多项式不可约.而多项式的不可约性与数域有关,为此需要对不同的数域分别讨论.本节考虑复数域,后面两节依次讨论实数域和有理数域.

本节中取 $\mathbb{F}=\mathbb{C}$,考虑复系数多项式的因式分解.

1.10.1 复数的指数

设 $\mathrm{i}=\sqrt{-1}$ 是虚数单位,即是 $x^2+1=0$ 的一个根,则复数有形式 $z=a+b\mathrm{i}$,其中 a,$b\in\mathbb{R}$.称 a 为 z 的实部,记为 $\Re(z)$,而 b 称为 z 的虚部,记为 $\Im(z)$.可以定义 $z=a+b\mathrm{i}$ 的共轭复数

$$\bar{z}=a-b\mathrm{i},$$

则

$$a=\Re(z)=\frac{z+\bar{z}}{2},\quad b=\Im(z)=\frac{z-\bar{z}}{2\mathrm{i}},$$

且

$$z\in\mathbb{R}\iff z=\bar{z}.$$

容易证明:对任意 $z,w\in\mathbb{C}$,

$$\overline{z+w}=\bar{z}+\bar{w},\quad \overline{zw}=\bar{z}\,\bar{w}$$

成立.

复数 $z=a+b\mathrm{i}$ 的模长 $|z|$ 定义为

$$|z|:=\sqrt{z\bar{z}}=\sqrt{a^2+b^2}.$$

有

$$z\bar{z}=a^2+b^2=|z|^2.$$

在几何上,$z=a+b\mathrm{i}$ 和平面 $\mathbb{R}^2$ 上的点 (a,b) 一一对应,其中 (a,b) 和原点的距离就是 $|z|$,而 (a,b) 和正实轴的夹角 φ 是幅角(图 1.1).

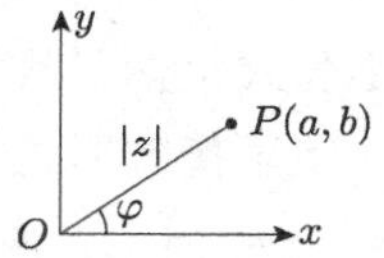

图 1.1 复数 $z=a+b\mathrm{i}$ 的几何表示

于是可得

$$a=|z|\cos\varphi,\quad b=|z|\sin\varphi.$$

进而就得到复数的三角表示

$$z=a+b\mathrm{i}=|z|(\cos\varphi+\mathrm{i}\sin\varphi).$$

设 $z_1=|z_1|(\cos\varphi_1+\mathrm{i}\sin\varphi_1)$ 和 $z_2=|z_2|(\cos\varphi_2+\mathrm{i}\sin\varphi_2)$ 是两个复数,则有

$$\begin{aligned} z_1 z_2 &= |z_1|(\cos\varphi_1 + \mathrm{i}\sin\varphi_1)\cdot|z_2|(\cos\varphi_2+\mathrm{i}\sin\varphi_2)\\ &= |z_1||z_2|[(\cos\varphi_1\cos\varphi_2-\sin\varphi_1\sin\varphi_2)+\mathrm{i}(\sin\varphi_1\cos\varphi_2+\cos\varphi_1\sin\varphi_2)]\\ &= |z_1||z_2|(\cos(\varphi_1+\varphi_2)+\mathrm{i}\sin(\varphi_1+\varphi_2)). \end{aligned}$$

于是对于复数 $z=|z|(\cos\varphi+\mathrm{i}\sin\varphi)$ 和 $n\in\mathbb{N}$，有

$$z^n=|z|^n(\cos n\varphi+\mathrm{i}\sin n\varphi).$$

设 $z^{\frac{1}{n}}=w=|w|(\cos\theta+\mathrm{i}\sin\theta)$，则由 $z=w^n$ 得到

$$|z|(\cos\varphi+\mathrm{i}\sin\varphi)=|w|^n(\cos n\theta+\mathrm{i}\sin n\theta).$$

进而有

$$|w|^n=|z|,\quad n\theta=\varphi+2k\pi,\quad k\in\mathbb{Z},$$

即

$$|w|=|z|^{\frac{1}{n}},\quad \theta=\frac{\varphi+2k\pi}{n},\quad k\in\mathbb{Z}.$$

考虑到三角函数的周期性，得到

$$z^{\frac{1}{n}}=|z|^{\frac{1}{n}}\left(\cos\frac{\varphi+2k\pi}{n}+\mathrm{i}\sin\frac{\varphi+2k\pi}{n}\right),\quad k=0,1,\cdots,n-1.$$

也可以用指数形式来计算复数的指数.对于 $\varphi\in\mathbb{R}$，我们有

$$\begin{aligned} \mathrm{e}^{\mathrm{i}\varphi} &= \sum_{n=0}^{\infty}\frac{\mathrm{i}^n}{n!}\varphi^n=\sum_{n=0}^{\infty}(-1)^n\frac{\varphi^{2n}}{(2n)!}+\mathrm{i}\sum_{n=0}^{\infty}(-1)^n\frac{\varphi^{2n+1}}{(2n+1)!}\\ &= \cos\varphi+\mathrm{i}\sin\varphi. \end{aligned}$$

于是得到复数的指数形式

$$z=|z|(\cos\varphi+\mathrm{i}\sin\varphi)=|z|\mathrm{e}^{\mathrm{i}\varphi}.$$

比如令 $z=-1$，则有欧拉(Euler)的著名公式 $\mathrm{e}^{\mathrm{i}\pi}=-1$，或者

$$\mathrm{e}^{\mathrm{i}\pi}+1=0.$$

这个公式包含了数学中的五个常数：0，1，π，e 和 i.

使用指数形式，可以用指数函数的性质计算复数的乘法，例如当 $z_1=|z_1|\mathrm{e}^{\mathrm{i}\varphi_1}$，$z_2=|z_2|\mathrm{e}^{\mathrm{i}\varphi_2}$ 时，有

$$z_1z_2=|z_1|\mathrm{e}^{\mathrm{i}\varphi_1}\cdot|z_2|\mathrm{e}^{\mathrm{i}\varphi_2}=|z_1||z_2|\mathrm{e}^{\mathrm{i}(\varphi_1+\varphi_2)}.$$

于是对于 $z=|z|\mathrm{e}^{\mathrm{i}\varphi}$ 和 $n\in\mathbb{N}$，有

$$z^n=|z|^n\mathrm{e}^{\mathrm{i}n\varphi}$$

和

$$z^{\frac{1}{n}}=|z|^{\frac{1}{n}}\mathrm{e}^{\mathrm{i}\frac{\varphi+2k\pi}{n}},\quad k=0,1,\cdots,n-1.$$

我们看下面两个例子.

例 1.22 在 $\mathbb{C}$ 上解方程 $x^n=1$.

☞ **解** 方程的解为 $1^{\frac{1}{n}}$. 由于

$$1^{\frac{1}{n}}=\mathrm{e}^{\frac{2k\pi}{n}\mathrm{i}},\quad k=0,1,\cdots,n-1,$$

所以如果记

$$\zeta_n=\mathrm{e}^{\frac{2\pi}{n}\mathrm{i}}=\cos\frac{2\pi}{n}+\mathrm{i}\sin\frac{2\pi}{n},$$

则方程的所有解为 $1,\zeta_n,\zeta_n^2,\cdots,\zeta_n^{n-1}$. 称 ζ_n 为一个 n 次**本原单位根**.

例 1.23 计算 $\mathrm{i}^{\frac{1}{2}}$ 和 $(-\mathrm{i})^{\frac{1}{2}}$.

☞ **解** 由

$$\mathrm{i}^{\frac{1}{2}}=(\mathrm{e}^{\frac{\pi}{2}\mathrm{i}})^{\frac{1}{2}}=\mathrm{e}^{\mathrm{i}\frac{\frac{\pi}{2}+2k\pi}{2}}\xlongequal{k=0,1}\pm\mathrm{e}^{\frac{\pi}{4}\mathrm{i}}=\pm\left(\frac{\sqrt{2}}{2}+\frac{\sqrt{2}}{2}\mathrm{i}\right)$$

和

$$(-\mathrm{i})^{\frac{1}{2}}=(\mathrm{e}^{\frac{3\pi}{2}\mathrm{i}})^{\frac{1}{2}}=\mathrm{e}^{\mathrm{i}\frac{\frac{3\pi}{2}+2k\pi}{2}}\xlongequal{k=0,1}\pm\mathrm{e}^{\frac{3\pi}{4}\mathrm{i}}=\pm\left(-\frac{\sqrt{2}}{2}+\frac{\sqrt{2}}{2}\mathrm{i}\right).$$

解毕.

1.10.2 复系数多项式的因式分解

我们先确定 $\mathbb{C}[x]$ 中的不可约多项式.显然,一次多项式都是不可约的.下面说明,这就是 $\mathbb{C}[x]$ 中所有的不可约多项式.这需要一个基本结论①:**代数基本定理**.

定理 1.18(代数基本定理) 设 $f(x)\in\mathbb{C}[x]$ 且 $\deg(f(x))\geqslant 1$, 则 $f(x)$ 在 $\mathbb{C}$ 中至少有一个根.

代数基本定理的证明

现在设 $p(x)\in\mathbb{C}[x]$ 不可约,则 $\deg(p(x))\geqslant 1$. 由代数基本定理,存在 $c\in\mathbb{C}$, 使得 $p(c)=0$. 利用因式定理有

$$x-c\mid p(x).$$

由于 $p(x)$ 不可约,所以 $p(x)\sim x-c$, 则 $p(x)$ 是一次多项式.于是得到复系数多项式因式分解的基本定理.

定理 1.19 (1) 设 $p(x)\in\mathbb{C}[x]$, 则

$$p(x)\text{ 不可约}\Longleftrightarrow p(x)\text{ 是一次的};$$

---

① 从实数到复数,我们失去了一些东西,比如与实数不同,并不是任意两个复数可以比较大小;但是我们又得到了一些东西,任意代数方程一定有根,特别地,$x^2+1=0$ 在复数范围可以求解.

(2)(复系数多项式的因式分解)任意次数 $\geqslant 1$ 的复系数多项式在 $\mathbb{C}$ 中可以唯一分解成一次因式的乘积;

(3) 任意 n 次复系数多项式有 n 个复根(重根计算重数).

证明 (1) 已证.

(2) 由(1)和因式分解存在唯一定理得.

(3) 由(2)得.

由上面的结果,对任意 $f(x)\in\mathbb{C}[x]$, $\deg(f(x))\geqslant 1$,其标准分解式形式为

$$f(x)=c(x-c_1)^{r_1}(x-c_2)^{r_2}\cdots(x-c_s)^{r_s},$$

其中,$c\in\mathbb{C}^{\times}$, $c_1, c_2, \cdots, c_s\in\mathbb{C}$是两两不同的复数,$r_1, r_2, \cdots, r_s\in\mathbb{N}$. 此时 c_i 是 $f(x)$ 的 r_i 重根,于是求 $f(x)$ 在 $\mathbb{C}[x]$ 中的因式分解,等价于求 $f(x)$ 的所有复根(包括重数).

例 1.24 求 $f(x)=x^8-1$ 在 $\mathbb{C}[x]$ 中的标准分解式.

解

$$\begin{aligned} f(x)&=(x^4+1)(x^4-1)=(x^2+\mathrm{i})(x^2-\mathrm{i})(x^2+1)(x^2-1)\\ &=\left(x+\frac{\sqrt{2}}{2}-\frac{\sqrt{2}}{2}\mathrm{i}\right)\left(x-\frac{\sqrt{2}}{2}+\frac{\sqrt{2}}{2}\mathrm{i}\right)\left(x+\frac{\sqrt{2}}{2}+\frac{\sqrt{2}}{2}\mathrm{i}\right)\left(x-\frac{\sqrt{2}}{2}-\frac{\sqrt{2}}{2}\mathrm{i}\right)\times\\ &\quad(x+\mathrm{i})(x-\mathrm{i})(x+1)(x-1), \end{aligned}$$

其中利用了例 1.23 的计算结果.当然也可以直接算 $1^{\frac{1}{8}}$ 得到 $x^8=1$ 的所有根.

最后,我们介绍根与系数关系的**韦达(Vièta)公式**,并做一些历史注记.

设 $\mathbb{F}$ 是数域,多项式

$$f(x)=a_nx^n+a_{n-1}x^{n-1}+\cdots+a_1x+a_0\in\mathbb{F}[x],\quad n\in\mathbb{N},\ a_n\neq 0.$$

将 $f(x)$ 看成复系数多项式,设它的 n 个复根为 $c_1, c_2, \cdots, c_n$. 则 $f(x)$ 在 $\mathbb{C}$ 上的因式分解为

$$f(x)=a_n(x-c_1)(x-c_2)\cdots(x-c_n).$$

将右边展开并比较系数,就得到 Vièta 公式

$$\begin{cases} c_1+c_2+\cdots+c_n=-\dfrac{a_{n-1}}{a_n},\\ \displaystyle\sum_{1\leqslant i<j\leqslant n}c_ic_j=\dfrac{a_{n-2}}{a_n},\\ \quad\vdots\\ \displaystyle\sum_{1\leqslant i_1<i_2<\cdots<i_k\leqslant n}c_{i_1}c_{i_2}\cdots c_{i_k}=(-1)^k\dfrac{a_{n-k}}{a_n},\\ \quad\vdots\\ c_1c_2\cdots c_n=(-1)^n\dfrac{a_0}{a_n}. \end{cases}$$

对于 n 次多项式 $f(x)$，我们知道 $f(x)$ 有 n 个复根.那么如何求出这些根,有没有求根公式？这些问题是古典代数学的基本问题之一.

(1) 当 $n=1$ 时,容易求解；

(2) 当 $n=2$ 时,有求根公式：$ax^2+bx+c=0$ 的根为

$$x=\frac{-b\pm\sqrt{b^2-4ac}}{2a};$$

(3) 当 $n=3, 4$ 时也是根式可解的(即根可以由系数经过有限步加、减、乘、除及开方运算表示)；

(4) 当 $n\geqslant 5$ 时,是否也根式可解？22 岁的阿贝尔(Abel)证明了此时没有求根公式,即不是根式可解的;而伽罗华(Galois)则在不超过 21 岁时给出了一个具体的多项式根式可解的充要条件,更重要的是他提出了群和 Galois 扩张等新的概念,这可以看成是近世代数的开端.Galios 理论是数学中最优美的理论之一.

n=3, 4 的
求解公式

习题 1.10

A1. 求下面多项式在 $\mathbb{C}[x]$ 中的标准分解式：

(1) x^4-2;　(2) x^n-1;　(3) x^n+1.

A2. 设 $p(x)\in\mathbb{F}[x]$ 是不可约多项式,并且存在一个 $a\neq 0$,使得 $p(a)=0$, $p\left(\frac{1}{a}\right)=0$. 证明：对于任意 $b\neq 0$,如果 $p(b)=0$,则 $p\left(\frac{1}{b}\right)=0$.

A3. 设 $f(x)=a_nx^n+a_{n-1}x^{n-1}+\cdots+a_1x+a_0$ 的 n 个复根为 $x_1, x_2, \cdots, x_n$,且 $x_i\neq 0$, $i=1, 2, \cdots, n$. 求以 $\frac{1}{x_1}, \frac{1}{x_2}, \cdots, \frac{1}{x_n}$ 为根的 n 次多项式(系数用 $a_0, a_1, \cdots, a_n$ 表示).

A4. (1) 设整数 $m, n, l\geqslant 0$,证明：在 $\mathbb{Q}[x]$ 中有

$$x^2+x+1\mid x^{3m}+x^{3n+1}+x^{3l+2};$$

(2) 设整数 $m_1, m_2, m_3, m_4, m_5\geqslant 0$,证明：在 $\mathbb{Q}[x]$ 中有

$$x^4+x^3+x^2+x+1\mid x^{5m_1}+x^{5m_2+1}+x^{5m_3+2}+x^{5m_4+3}+x^{5m_5+4};$$

(3) 设 $f(x)=\sum_{i=1}^{n}x^{a_i}$,其中 $a_1, a_2, \cdots, a_n$ 都为非负整数.求 $f(x)$ 被 x^2+x+1 整除的充分和必要条件.

A5. 设 $1, \omega_1, \cdots, \omega_{n-1}$ 是 x^n-1 的全部不同的 n 个复根,证明：

$$(1-\omega_1)(1-\omega_2)\cdots(1-\omega_{n-1})=n.$$

A6. 证明：$\cos\frac{\pi}{7}-\cos\frac{2\pi}{7}+\cos\frac{3\pi}{7}=\frac{1}{2}$.

B1. 求下面多项式在 $\mathbb{C}[x]$ 中的标准分解式①：

(1) $x^{2n}+x^{n}+1$；

(2) $(x+\cos\theta+\mathrm{i}\sin\theta)^{n}+(x+\cos\theta-\mathrm{i}\sin\theta)^{n}$；

(3) $(x-1)^{n}+(x+1)^{n}$；

(4) $x^{n}-\binom{2n}{2}x^{n-1}+\binom{2n}{4}x^{n-2}+\cdots+(-1)^{n}\binom{2n}{2n}$；

(5) $x^{2n}+\binom{2n}{2}x^{2n-2}(x^{2}-1)+\binom{2n}{4}x^{2n-4}(x^{2}-1)^{2}+\cdots+(x^{2}-1)^{n}$；

(6) $x^{2n+1}+\binom{2n+1}{2}x^{2n-1}(x^{2}-1)+\binom{2n+1}{4}x^{2n-3}(x^{2}-1)^{2}+\cdots+\binom{2n+1}{2n}x(x^{2}-1)^{n}$.

B2. 如果复数 $\zeta\in\mathbb{C}$满足 $\zeta^{n}=1$，而对任意 $1\leqslant l<n$，有 $\zeta^{l}\neq1$，则称 ζ 是一个 ***n* 次本原单位根**.例如，$\zeta_{n}=\mathrm{e}^{\frac{2\pi\mathrm{i}}{n}}$ 就是一个 n 次本原单位根.设 ζ 是一个 n 次本原单位根，$m, k\in\mathbb{N}$，证明：

(1) $\zeta^{m}=1\iff n\mid m$；

(2) ζ^{k} 是 $\dfrac{n}{(n, k)}$ 次本原单位根；

(3) ζ^{k} 是 n 次本原单位根的充分必要条件是 $(n, k)=1$.

B3. 判断 15 次单位根分别是多少次本原单位根，并且这些单位根分别是 $x^{15}-1$ 在有理数域上的分解式

$$x^{15}-1=(x-1)(x^{2}+x+1)(x^{4}+x^{3}+x^{2}+x+1)(x^{8}-x^{7}+x^{5}-x^{4}+x^{3}-x+1)$$

中哪个因式的根?

B4. 设 $n\in\mathbb{N}$，令 $\Phi_{n}(x)$ 是恰以所有的 n 次本原单位根为单根的首一多项式，即(参看习题 B2)

$$\Phi_{n}(x)=\prod_{\substack{1\leqslant k\leqslant n\\(k, n)=1}}(x-\zeta_{n}^{k}),\quad \zeta_{n}=\mathrm{e}^{\frac{2\pi\mathrm{i}}{n}}.$$

称 $\Phi_{n}(x)$ 为 n 次**分圆多项式**. 证明：

(1) $\Phi_{n}(x)$ 是整系数多项式(即所有的系数都是整数)；

(2) $x^{n}-1=\prod\limits_{1\leqslant d\mid n}\Phi_{d}(x)$.

§1.11 实系数多项式的因式分解

本节介绍实系数多项式的因式分解.与复系数多项式一样，我们先要考查不可约实系数多项式.一次多项式显然不可约，下面考查二次实系数多项式的不可约性.设 $f(x)=ax^{2}+bx+c$ 是二次实系数多项式，如果 $f(x)$ 可约，则 $f(x)$ 有一次因式；反之当然成立.于是

$$f(x)\text{ 可约}\iff f(x)\text{ 有一次因式}\iff f(x)\text{ 有实根}.$$

① 这里，$\binom{n}{k}:=\dfrac{n!}{k!\,(n-k)!}$ 是二项式系数，有下面的二项展开公式

$$(x+y)^{n}=\sum_{k=0}^{n}\binom{n}{k}x^{k}y^{n-k}.$$

而 $f(x)$ 的两个(复)根为

$$x=\frac{-b\pm\sqrt{b^2-4ac}}{2a},$$

所以

$$f(x)\text{ 可约}\Longleftrightarrow b^2-4ac\geqslant 0.$$

这样,我们得到 $f(x)$ 不可约的充分必要条件是 $f(x)$ 的判别式 $\Delta=b^2-4ac<0$. 于是,与复系数多项式不同,除了一次多项式不可约外,还存在二次的实系数不可约多项式,例如,多项式 $f(x)=x^2+1$. 那么,还有其他的实系数不可约多项式吗?

看三次实系数多项式 $f(x)=ax^3+bx^2+cx+d$, 其中 $a\neq 0$. 不妨设 $a>0$, 则

$$\lim_{x\to+\infty}f(x)=+\infty,\quad \lim_{x\to-\infty}f(x)=-\infty.$$

所以由连续性,存在 $c\in\mathbb{R}$, 使得 $f(c)=0$. 因此 $f(x)$ 有一次因式,进而可约.这就证明了所有的三次实系数多项式都可约.

类似可以证明,奇数次的实系数多项式一定有一个实根,进而当次数 $\geqslant 3$ 时都可约.那么次数 $\geqslant 4$ 的偶数次实系数多项式呢?

从二次多项式 $f(x)$ 的求根公式可以看出,如果 $f(x)$ 不可约,则 $f(x)$ 的两个根互为共轭复数.一般地,我们有下面的观察.设

$$f(x)=a_nx^n+a_{n-1}x^{n-1}+\cdots+a_1x+a_0\in\mathbb{R}[x],$$

如果 $c\in\mathbb{C}$ 是 $f(x)$ 的一个复根,即 $f(c)=0$, 则

$$a_nc^n+a_{n-1}c^{n-1}+\cdots+a_1c+a_0=0.$$

取共轭得

$$\overline{a_nc^n+a_{n-1}c^{n-1}+\cdots+a_1c+a_0}=\overline{0}=0,$$

即

$$a_n\,\overline{c}^n+a_{n-1}\,\overline{c}^{n-1}+\cdots+a_1\,\overline{c}+a_0=0.$$

所以 $f(\overline{c})=0$, 即 $\overline{c}$ 也是 $f(x)$ 的根.

引理 1.20 设 $f(x)\in\mathbb{R}[x]$, $c\in\mathbb{C}$ 满足 $f(c)=0$, 则 $f(\overline{c})=0$.

引理 1.20 表明实系数多项式的虚部不为零的复根共轭成对出现,而且可以证明其重数也相同.

例 1.25 (1) 设 $f(x)\in\mathbb{R}[x]$, $c\in\mathbb{C}$ 为 $f(x)$ 的 k 重根,证明: $\overline{c}$ 也为 $f(x)$ 的 k 重根;

(2) 求首一多项式 $f(x)\in\mathbb{R}[x]$, 使其以 2, i, 1+i 为根,其中 2, i 为 2 重根,且 $f(x)$ 的次数尽可能低.

☞ **解** (1) 因为 $c\in\mathbb{C}$ 为 $f(x)$ 的 k 重根,所以

$$f(c)=f'(c)=\cdots=f^{(k-1)}(c)=0,\quad f^{(k)}(c)\neq 0.$$

对实系数多项式 $f(x)$, $f'(x)$, $\cdots$, $f^{(k-1)}(x)$ 用引理 1.20,得到

$$f(\bar{c})=f'(\bar{c})=\cdots=f^{(k-1)}(\bar{c})=0.$$

如果 $f^{(k)}(\bar{c})=0$, 则对 $f^{(k)}(x)\in\mathbb{R}[x]$ 用引理 1.20,得到

$$f^{(k)}(c)=f^{(k)}(\bar{\bar{c}})=0,$$

矛盾.所以 $f^{(k)}(\bar{c})\neq 0$, 进而 $\bar{c}$ 为 $f(x)$ 的 k 重根.

(2) $f(x)$ 还有根 $-\mathrm{i}$, $1-\mathrm{i}$, 且 $-\mathrm{i}$ 是 2 重根.于是次数最低的首一多项式是

$$\begin{aligned}f(x)&=(x-2)^2[(x+i)(x-i)]^2(x-1-i)(x-1+i)\\&=(x-2)^2(x^2+1)^2(x^2-2x+2).\end{aligned}$$

解毕.

下面用引理 1.20 来考查实系数不可约多项式.假设 $p(x)\in\mathbb{R}[x]$ 是首一不可约的,且 $\deg(p(x))>1$. 由代数基本定理,存在 $c\in\mathbb{C}$, 使得 $p(c)=0$. 如果 $c\in\mathbb{R}$, 则由因式定理, $p(x)$ 有一次因式 $x-c$, 这矛盾于 $p(x)$ 的不可约性.所以 $c\notin\mathbb{R}$, 进而 $c\neq\bar{c}$. 由引理 1.20, $\bar{c}$ 也是 $p(x)$ 的复根,于是在 $\mathbb{C}$ 上有分解

$$p(x)=(x-c)(x-\bar{c})g(x),\quad \exists\, g(x)\in\mathbb{C}[x].$$

但是

$$(x-c)(x-\bar{c})=x^2-(c+\bar{c})x+c\,\bar{c}\in\mathbb{R}[x],$$

所以也有 $g(x)\in\mathbb{R}[x]$, 即有 $\mathbb{R}$ 上的分解式

$$p(x)=(x^2-(c+\bar{c})x+c\,\bar{c})g(x).$$

因为 $p(x)$ 不可约,所以 $g(x)=1$, 于是

$$p(x)=x^2+px+q,\quad p=-(c+\bar{c}),\ q=c\,\bar{c}\in\mathbb{R}.$$

而且

$$p^2-4q=(c+\bar{c})^2-4c\,\bar{c}=(c-\bar{c})^2<0.$$

即 $p(x)$ 是判别式小于零的二次多项式.

于是找到了所有的不可约实系数多项式,进而得到实系数多项式的因式分解定理.

定理 1.21 (1) 设 $0\neq p(x)\in\mathbb{R}[x]$ 是首一多项式,则

$$p(x)\text{ 不可约}\Longleftrightarrow\begin{array}{ll}p(x)=x-c & (\exists\, c\in\mathbb{R})\quad\text{或者}\\ p(x)=x^2+px+q & (\exists\, p,q\in\mathbb{R},\ p^2-4q<0);\end{array}$$

(2) (实系数多项式的因式分解)任意次数 $\geqslant 1$ 的实系数多项式在 $\mathbb{R}$ 上可以唯一地分解成一次因式和二次不可约因式的乘积.

由上面的定理,对于 $f(x)\in\mathbb{R}[x]$, $\deg(f(x))\geqslant 1$, 其标准分解式有形式

$$f(x)=c(x-c_1)^{l_1}\cdots(x-c_s)^{l_s}(x^2+p_1x+q_1)^{k_1}\cdots(x^2+p_rx+q_r)^{k_r},$$

其中，$c_1, \cdots, c_s \in \mathbb{R}$ 互不相等，$(p_1, q_1), \cdots, (p_r, q_r)$ 为互不相等的实数对，满足

$$p_i^2 - 4q_i < 0, \quad i = 1, \cdots, r,$$

且 $l_1, \cdots, l_s, k_1, \cdots, k_r \in \mathbb{N}$.

习题 1.11

A1. 求下面多项式在实数域上的标准分解式

(1) $x^4 + 1$；

(2) $x^6 + 27$；

(3) $x^4 + 4x^3 + 4x^2 + 1$；

(4) $x^4 - ax^2 + 1, -2 < a < 2$.

A2. 证明：奇数次实系数多项式一定有实根.

A3. 设实系数多项式 $f(x) = x^3 + a_2x^2 + a_1x + a_0$ 的 3 个复根都是实数，证明：$a_2^2 \geqslant 3a_1$.

B1. 求下面多项式在实数域上的标准分解式：

(1) $x^{2n} - 2x^n + 2$；

(2) $x^{2n} + x^n + 1$；

(3) $x^n - 1$；

(4) $x^n + 1$；

(5) $x^n - a^n, a \in \mathbb{R}^\times$；

(6) $x^n + a^n, a \in \mathbb{R}^\times$.

B2. 设 $m \in \mathbb{N}$，证明：

(1) $\prod_{k=1}^{m-1} \sin \dfrac{k\pi}{2m} = \dfrac{\sqrt{m}}{2^{m-1}}$；

(2) $\prod_{k=1}^{m-1} \cos \dfrac{k\pi}{2m} = \dfrac{\sqrt{m}}{2^{m-1}}$；

(3) $\prod_{k=1}^{m} \sin \dfrac{(2k-1)\pi}{2(2m+1)} = \dfrac{1}{2^m}$；

(4) $\prod_{k=1}^{m} \cos \dfrac{k\pi}{2m+1} = \dfrac{1}{2^m}$；

(5) $\prod_{k=1}^{m} \sin \dfrac{k\pi}{2m+1} = \dfrac{\sqrt{2m+1}}{2^m}$；

(6) $\prod_{k=1}^{m} \cos \dfrac{(2k-1)\pi}{2(2m+1)} = \dfrac{\sqrt{2m+1}}{2^m}$；

(7) $\prod_{k=1}^{m} \sin \dfrac{(2k-1)\pi}{4m} = \dfrac{\sqrt{2}}{2^m}$；

(8) $\prod_{k=1}^{m} \cos \dfrac{(2k-1)\pi}{4m} = \dfrac{\sqrt{2}}{2^m}$.

B3. 证明：实系数多项式 $f(x)$ 对所有实数 x 恒取正值的充分必要条件是，存在复系数多项式 $\varphi(x)$，$\varphi(x)$ 没有实数根，使得 $f(x) = |\varphi(x)|^2$.

B4. 设 $f(x) \in \mathbb{R}[x]$，如果对于任意 $a \in \mathbb{R}$ 都有 $f(a) \geqslant 0$，证明：存在 $\varphi(x), \psi(x) \in \mathbb{R}[x]$，使得 $f(x) = \varphi^2(x) + \psi^2(x)$.

§1.12 有理系数多项式的因式分解

从前两节可以看出，复系数以及实系数不可约多项式都比较简单，复系数和实系数多项式因式分解理论上都有完美的结果.那么有理系数多项式呢？有理数有其容易处理的地方，比如它们和整数紧密相关，可以用整数的结论和办法；但是从函数的观点看，有理数其实很难处理，比如取极限不封闭.前面复系数和实系数多项式的因式分解理论的基石是代数基本定理，在这里却没有这样类似的结论.于是可以预见，有理系数多项式的因式分解的情况将复杂很多.事实上，我们没有统一的办法判定一个有理系数多项式是否可约；于是更不能写出有理系数多项式因式分解的定理.

所以,我们只能介绍关于有理系数多项式因式分解的一些结果.我们主要做三件事.首先,我们给出有理系数(事实上为整系数)多项式的有理根的求法,这个可用来判断二次和三次有理系数多项式是否可约;其次,我们证明一个整系数多项式在 $\mathbb{Q}$ 上的不可约性等价于其在 $\mathbb{Z}$ 上的不可约性;最后给出判别整系数多项式不可约的一种常用的判别法:艾森斯坦(Eisenstein)判别法.从后面的讨论可以看到,这里有浓重的数论色彩.事实上,有理数(整数)是数论关心的研究对象.

为此,先引入一个记号.我们记 $\mathbb{Z}[x]$ 为所有整系数多项式构成的集合,即

$$\mathbb{Z}[x]=\{a_nx^n+\cdots+a_1x+a_0 \mid n\in\mathbb{Z}_{\geqslant 0},\ a_n,\ \cdots,\ a_1,\ a_0\in\mathbb{Z}\}.$$

在 $\mathbb{Z}[x]$ 中可以类似地定义加法和乘法,在这两个运算下,$\mathbb{Z}[x]$ 成为有单位元的交换环,存在包含关系 $\mathbb{Z}[x]\subset\mathbb{Q}[x]$. 还要注意的是,在 $\mathbb{Z}[x]$ 中一般不能进行带余除法.但是当 $g(x)\in\mathbb{Z}[x]$ 是首一多项式时,容易得到,对任意 $f(x)\in\mathbb{Z}[x]$,存在唯一一对多项式 $q(x),\ r(x)\in\mathbb{Z}[x]$,满足

$$f(x)=q(x)g(x)+r(x),\quad \deg(r(x))<\deg(g(x)).$$

1.12.1 有理系数多项式的有理根

本小节考虑有理系数多项式的有理根,这是一个数论问题.首先,我们可以将系数整数化.设 $0\neq f(x)\in\mathbb{Q}[x]$,我们要求 $f(x)$ 的有理根.存在非零整数 a,使得 $af(x)\in\mathbb{Z}[x]$. 对于任意的 $c\in\mathbb{Q}$,显然有

$$f(c)=0 \iff af(c)=0.$$

于是只需考虑整系数多项式的有理根,有下面的结果.

命题 1.22 设 $f(x)=a_nx^n+a_{n-1}x^{n-1}+\cdots+a_1x+a_0\in\mathbb{Z}[x]$, $n\in\mathbb{N}$, $a_n\neq 0$, 设 $c=\dfrac{r}{s}\in\mathbb{Q}$ 为 $f(x)$ 的根,其中 $r,\ s\in\mathbb{Z}$ 且 $(r,\ s)=1$, 则有

$$s\mid a_n;\quad r\mid a_0.$$

特别地,若 $a_n=1$, 则 $c\in\mathbb{Z}$ 且 $c\mid a_0$.

☞ **证明** 由于 $f(c)=0$, 所以

$$a_n\frac{r^n}{s^n}+a_{n-1}\frac{r^{n-1}}{s^{n-1}}+\cdots+a_1\frac{r}{s}+a_0=0.$$

两边乘 s^n, 得到

$$a_nr^n+a_{n-1}r^{n-1}s+\cdots+a_1rs^{n-1}+a_0s^n=0.$$

于是有

$$s\mid a_nr^n;\quad r\mid a_0s^n.$$

而 $(r,s)=1$, 则有[①] $s\mid a_n$ 和 $r\mid a_0$.

---

① 这里用了性质:如果整数 r 和 s 互素,而 $r\mid sa$, 其中 $a\in\mathbb{Z}$, 则 $r\mid a$.

例 1.26 求方程 $2x^4-2x^3+x-3=0$ 的全部有理解.

☞ **解** 记 $f(x)=2x^4-2x^3+x-3$，则 $a_n=2$，因子有 ±1，±2；而 $a_0=-3$，因子有 ±1，±3. 于是有理根只可能为 ±1，±3，$\pm\dfrac{1}{2}$，$\pm\dfrac{3}{2}$. 直接计算可得

$$f(1)=-2,\quad f(3)=108,\quad f\left(\frac{1}{2}\right)=-\frac{21}{8},\quad f\left(\frac{3}{2}\right)=\frac{15}{8},$$

$$f(-1)=0,\quad f(-3)=210,\quad f\left(-\frac{1}{2}\right)=-\frac{25}{8},\quad f\left(-\frac{3}{2}\right)=\frac{99}{8},$$

所以该方程的有理解为 $x=-1$.

例 1.27 (1) 设 $f(x)\in\mathbb{Q}[x]$，且 $\deg(f(x))=2$ 或 3，证明：

$$f(x)\text{ 在}\mathbb{Q}\text{上不可约}\Longleftrightarrow f(x)\text{ 无有理根；}$$

(2) 证明：$f(x)=x^3-5x+1$ 在 $\mathbb{Q}$ 上不可约.

☞ **证明** (1) 由于 $\deg(f(x))=2$ 或 3，所以 $f(x)$ 在 $\mathbb{Q}$ 上可约的充分必要条件是，$f(x)$ 在 $\mathbb{Q}[x]$ 中有一次因式，而这又等价于 $f(x)$ 有有理根.

(2) 多项式 $f(x)$ 的有理根只可能为 ±1，而

$$f(1)=-3,\quad f(-1)=5,$$

所以 $f(x)$ 没有有理根.则由(1)知 $f(x)$ 在 $\mathbb{Q}$ 上不可约.

注意，当 $\deg(f(x))\geqslant4$ 时，如果 $f(x)$ 在 $\mathbb{Q}$ 上不可约，则 $f(x)$ 无有理根；但是如果 $f(x)$ 没有有理根，那么只得到 $f(x)$ 无一次因式，并不能得到 $f(x)$ 在 $\mathbb{Q}$ 上不可约，因为 $f(x)$ 可以有高次因式.例如，$f(x)=(x^2-2)^2$ 是可约的，但是它没有有理根.

1.12.2 $\mathbb{Q}[x]$ 中可约性与 $\mathbb{Z}[x]$ 中可约性的等价性

本小节考虑有理系数多项式的不可约性.任取 $f(x)\in\mathbb{Q}[x]$，$\deg(f(x))\geqslant1$，则存在 $0\neq a\in\mathbb{Z}$，使得 $af(x)\in\mathbb{Z}[x]$. 容易知道

$$f(x)\text{ 在}\mathbb{Q}[x]\text{ 中可约}\Longleftrightarrow af(x)\text{ 在}\mathbb{Q}[x]\text{ 中可约.}$$

于是只需考虑整系数多项式在 $\mathbb{Q}[x]$ 中的不可约性.

类似于数域上的多项式，可以定义整系数多项式在 $\mathbb{Z}[x]$ 中的不可约性.

定义 1.15 设 $f(x)\in\mathbb{Z}[x]$，$\deg(f(x))\geqslant1$. 如果 $f(x)$ 不能写成两个次数更小的整系数多项式的乘积，则称 $f(x)$（在 $\mathbb{Z}[x]$ 中）**不可约**.否则称其**可约**.

任取 $f(x)\in\mathbb{Z}[x]$，由定义得

$$f(x)\text{ 在}\mathbb{Z}[x]\text{ 中可约}\Longrightarrow f(x)\text{ 在}\mathbb{Q}[x]\text{ 中可约.}$$

本小节的主要结果是上面结果的逆命题也成立.

定理 1.23 设 $f(x)\in\mathbb{Z}[x]$，$\deg(f(x))\geqslant1$，则

$$f(x)\text{ 在}\mathbb{Z}[x]\text{ 中可约}\Longleftrightarrow f(x)\text{ 在}\mathbb{Q}[x]\text{ 中可约.}$$

定理 1.23 表明,一个整系数多项式在 $\mathbb{Q}[x]$ 中不可约当且仅当它在 $\mathbb{Z}[x]$ 中不可约.为了证明定理 1.23 中的充分性,我们需要做一些准备,下面的处理极富数论色彩.

定义 1.16 设 $f(x)=a_nx^n+\cdots+a_1x+a_0\in\mathbb{Z}[x]$, $n\geqslant 1$, $a_n\neq 0$, 称 $f(x)$ 为**本原多项式**,如果系数 $a_0, a_1, \cdots, a_n$ 互素($a_0, a_1, \cdots, a_n$ 的公因子只有 ± 1).

下面的结果表明,有理系数多项式和本原多项式密切相关.

引理 1.24 设 $f(x)\in\mathbb{Q}[x]$, $\deg(f(x))\geqslant 1$.

(1) 存在 $r\in\mathbb{Q}$,存在本原多项式 $g(x)\in\mathbb{Z}[x]$,使得 $f(x)=rg(x)$. 如果 $f(x)\in\mathbb{Z}[x]$,则可取 $r\in\mathbb{Z}$.

(2) 如果 $f(x)=r_1g_1(x)=r_2g_2(x)$,其中 $r_1, r_2\in\mathbb{Q}$, $g_1(x), g_2(x)\in\mathbb{Z}[x]$ 是本原多项式,则

$$r_1=r_2,\ g_1(x)=g_2(x)\quad 或者\quad r_1=-r_2,\ g_1(x)=-g_2(x).$$

☞ **证明** (1) 记 $f(x)=a_nx^n+\cdots+a_1x+a_0$, $a_n\neq 0$, $a_i\in\mathbb{Q}$. 设

$$a_i=\frac{b_i}{c_i},\quad b_i, c_i\in\mathbb{Z}, c_i\neq 0,$$

取 $c_0, c_1, \cdots, c_n$ 的一个非零公倍数 c(例如, $c=c_0c_1\cdots c_n$),则

$$cf(x)=(ca_n)x^n+\cdots+(ca_1)x+(ca_0)\in\mathbb{Z}[x].$$

令 b 为 $ca_0, ca_1, \cdots, ca_n$ 的最大公因子,则 $ca_i/b\in\mathbb{Z}$,且 $ca_0/b, ca_1/b, \cdots, ca_n/b$ 互素[①],于是

$$\frac{c}{b}f(x)=\frac{ca_n}{b}x^n+\cdots+\frac{ca_1}{b}x+\frac{ca_0}{b}\in\mathbb{Z}[x]$$

是本原多项式,将其记为 $g(x)$. 取 $r=\dfrac{b}{c}\in\mathbb{Q}$,则 $f(x)=rg(x)$.

(2) 记

$$r_1=\frac{p_1}{q_1},\ r_2=\frac{p_2}{q_2},\quad p_1, p_2, q_1, q_2\in\mathbb{Z}, q_1, q_2\neq 0,$$

则有

$$p_1q_2g_1(x)=p_2q_1g_2(x).$$

比较两边系数的最大公因子[②],得到

$$p_1q_2=\pm p_2q_1\Longrightarrow r_1=\pm r_2.$$

---

① 这里使用了性质:如果 $d=(a_1, a_2, \cdots, a_n)$,则

$$\left(\frac{a_1}{d}, \frac{a_2}{d}, \cdots, \frac{a_n}{d}\right)=1.$$

② 这里使用了性质:设 $d\in\mathbb{N}$,则 $d(a_1, a_2, \cdots, a_n)=(da_1, da_2, \cdots, da_n)$.

进而有 $g_1(x)=\pm g_2(x)$.

关于本原多项式,有下面著名的 Gauss 引理.

引理 1.25(Gauss 引理) 两个本原多项式的乘积仍本原.

☞ **证明** 设

$$f(x)=\sum_{i=0}^{n}a_ix^i,\quad g(x)=\sum_{j=0}^{m}b_jx^j\in\mathbb{Z}[x]$$

是本原多项式,记

$$h(x)=f(x)g(x)=\sum_{k=0}^{m+n}c_kx^k,$$

则

$$c_k=\sum_{\substack{i,\ j\geqslant 0\\ i+j=k}}a_ib_j.$$

如果 $h(x)$ 不是本原多项式,则存在素数 p, 使得

$$p\mid c_k,\quad k=0,1,\cdots,m+n.$$

由于 $f(x)$ 本原,所以存在 $i\ (0\leqslant i\leqslant n)$, 使得

$$p\mid a_0,\cdots,p\mid a_{i-1},\ p\nmid a_i.$$

类似地, $g(x)$ 本原导出存在 $j\ (0\leqslant j\leqslant m)$, 使得

$$p\mid b_0,\cdots,p\mid b_{j-1},p\nmid b_j.$$

考查 c_{i+j}, 由于

$$c_{i+j}=a_0b_{i+j}+\cdots+a_{i-1}b_{j+1}+a_ib_j+a_{i+1}b_{j-1}+\cdots+a_{i+j}b_0,$$

所以 $p\mid a_ib_j$. 这得到①$p\mid a_i$ 或者 $p\mid b_j$, 矛盾.所以 $h(x)$ 是本原多项式.

下面给出定理 1.23 的证明.

☞ **定理 1.23 的证明** 只需证明充分性.假设 $f(x)$ 在 $\mathbb{Q}[x]$ 中可约,则存在 $g(x),h(x)\in\mathbb{Q}[x]$, 使得

$$f(x)=g(x)h(x),\quad \deg(g(x)),\deg(h(x))<\deg(f(x)).$$

由引理 1.24,存在 $a\in\mathbb{Z}$, $r,s\in\mathbb{Q}$, $f_1(x),g_1(x),h_1(x)\in\mathbb{Z}[x]$ 是本原多项式,使得

$$f(x)=af_1(x),\quad g(x)=rg_1(x),\quad h(x)=sh_1(x).$$

于是有

$$af_1(x)=rsg_1(x)h_1(x).$$

① 如果 p 是素数, $p\mid ab$, 则 $p\mid a$ 或者 $p\mid b$.

由 Gauss 引理，$g_1(x)h_1(x)$ 是本原多项式.再用引理 1.24，就得到

$$rs=\pm a,\quad g_1(x)h_1(x)=\pm f_1(x).$$

特别有 $rs\in\mathbb{Z}$. 所以

$$f(x)=(rsg_1(x))h_1(x)$$

是 $f(x)$ 在 $\mathbb{Z}[x]$ 中的一个非平凡分解，即 $f(x)$ 在 $\mathbb{Z}[x]$ 中可约.

类似可以证明，如果 $f(x),\ g(x)\in\mathbb{Z}[x]$，其中 $g(x)$ 本原，且

$$f(x)=g(x)h(x),\quad h(x)\in\mathbb{Q}[x],$$

则有 $h(x)\in\mathbb{Z}[x]$.

1.12.3 Eisenstein 判别法

本节最后，我们给出判别整系数多项式不可约性常用的一种判别法：**Eisenstein 判别法.**

定理 1.26(Eisenstein 判别法) 设 $f(x)=a_nx^n+a_{n-1}x^{n-1}+\cdots+a_1x+a_0\in\mathbb{Z}[x]$，其中 $n\geqslant 1$. 如果存在素数 p，满足

(i) $p\nmid a_n$；

(ii) $p\mid a_i,\ i=0,\ 1,\ \cdots,\ n-1$；

(iii) $p^2\nmid a_0$，

则 $f(x)$ 在 $\mathbb{Q}[x]$ 中不可约.

☞ **证明** 如果 $f(x)$ 在 $\mathbb{Q}$ 上可约，由定理 1.23，存在 $g(x),\ h(x)\in\mathbb{Z}[x]$，使得

$$f(x)=g(x)h(x),\quad \deg(g(x)),\ \deg(h(x))<n.$$

记

$$g(x)=b_lx^l+\cdots+b_0,\quad b_l\neq 0,\ l<n;\quad h(x)=c_mx^m+\cdots+c_0,\quad c_m\neq 0,\ m<n,$$

则 $n=l+m$ 且 $a_n=b_lc_m$，$a_0=b_0c_0$. 由于 $p\mid b_0c_0$，所以 $p\mid b_0$ 或者 $p\mid c_0$. 下面不妨设 $p\mid b_0$，而 $p^2\nmid a_0$，所以 $p\nmid c_0$. 由于 $p\nmid a_n$，所以 $p\nmid b_l$. 于是存在 k，$1\leqslant k\leqslant l$，使得

$$p\mid b_0,\ p\mid b_1,\ \cdots,\ p\mid b_{k-1},\quad p\nmid b_k.$$

因为

$$a_k=b_kc_0+b_{k-1}c_1+\cdots+b_1c_{k-1}+b_0c_k,\quad p\mid a_k,$$

所以 $p\mid b_kc_0$. 得到 $p\mid b_k$ 或者 $p\mid c_0$，矛盾.所以 $f(x)$ 不可约.

例 1.28 设 $f(x)=x^n+2,\ n\in\mathbb{N}$，取 $p=2$. 由 Eisenstein 判别法，可知 $f(x)$ 在 $\mathbb{Q}$ 上不可约. 于是 $\mathbb{Q}[x]$ 中有任意正次数的不可约多项式.

例 1.29 证明：$f(x)=x^6+x^3+1$ 在 $\mathbb{Q}$ 上不可约.

☞ **证明** 本题不能直接用 Eisenstein 判别法，但是有如下处理.令 $x=y+1$，有

$$\begin{aligned}g(y)=f(y+1)&=(y+1)^6+(y+1)^3+1\\&=y^6+6y^5+15y^4+21y^3+18y^2+9y+3.\end{aligned}$$

取素数 $p=3$，由 Eisenstein 判别法，可知 $g(y)$ 在 $\mathbb{Q}$ 上不可约. 如果 $f(x)$ 在 $\mathbb{Q}$ 上可约，则

$$f(x)=f_1(x)f_2(x),\quad \exists f_1(x),\ f_2(x)\in\mathbb{Q}[x],\ \deg(f_1(x)),\ \deg(f_2(x))<6,$$

得到

$$g(y)=f(y+1)=f_1(y+1)f_2(y+1),$$

于是 $g(y)$ 也可约，矛盾. 所以 $f(x)$ 在 $\mathbb{Q}$ 上不可约.

例 1.30 设 p 是一个素数，证明：p 次分圆多项式

$$\Phi_p(x)=x^{p-1}+x^{p-2}+\cdots+x+1$$

在 $\mathbb{Q}$ 上不可约.

☞ **证明** 记 $f(y)=\Phi_p(y+1)$. 由于

$$\Phi_p(x)=\frac{x^p-1}{x-1},$$

所以得到

$$f(y)=\frac{(y+1)^p-1}{y}=\sum_{i=1}^{p}\binom{p}{i}y^{i-1}=y^{p-1}+py^{p-2}+\binom{p}{p-2}y^{p-3}+\cdots+\binom{p}{2}y+p.$$

对于 $1\leqslant i\leqslant p-1$，有

$$\binom{p}{i}=\frac{p(p-1)\cdots(p-i+1)}{i!}=p\,\frac{(p-1)\cdots(p-i+1)}{i!}\in\mathbb{Z}.$$

得到

$$p\mid\binom{p}{i},\quad 1\leqslant i\leqslant p-1,$$

而且 $p\nmid 1$，$p^2\nmid p$，于是由 Eisenstein 判别法，$f(y)$ 在 $\mathbb{Q}$ 上不可约. 进而得 $\Phi_p(x)$ 在 $\mathbb{Q}$ 上不可约.

例 1.31 证明：当 n 是素数时，多项式

$$f(x)=1+x+\frac{x^2}{2!}+\cdots+\frac{x^n}{n!}$$

在有理数域上不可约.

☞ **证明** 对整系数多项式 $n!f(x)$ 用 Eisenstein 判别法即可（取素数 n）. 这是舒尔（Schur）定理的特殊情形①.

最后给出一个不好用 Eisenstein 判别法判别不可约性的例子.

例 1.32 判别多项式 $f(x)=x^4+3x+1$ 在 $\mathbb{Q}$ 上的可约性.

---

① 参看本节习题.

解 由于 $f(x)$ 的有理根只有 ± 1，且

$$f(1)=5,\quad f(-1)=-1,$$

所以 $f(x)$ 没有一次因式.如果 $f(x)$ 在 $\mathbb{Q}$ 上可约,则有分解

$$f(x)=(a_2x^2+a_1x+a_0)(b_2x^2+b_1x+b_0),$$
$$\exists a_2, a_1, a_0, b_2, b_1, b_0 \in \mathbb{Z}, a_2, b_2 \neq 0.$$

比较上式的首项系数得 $a_2b_2=1$. 于是 $a_2=b_2=\pm 1$. 不妨设 $a_2=b_2=1$. 于是

$$\begin{aligned} f(x)&=(x^2+a_1x+a_0)(x^2+b_1x+b_0)\\ &=x^4+(a_1+b_1)x^3+(a_0+a_1b_1+b_0)x^2+(a_0b_1+a_1b_0)x+a_0b_0, \end{aligned}$$

得到

$$\begin{cases} a_1+b_1=0, & ①\\ a_0+a_1b_1+b_0=0, & ②\\ a_0b_1+a_1b_0=3, & ③\\ a_0b_0=1. & ④ \end{cases}$$

由最后一式得 $a_0=b_0=\pm 1$，结合式③得到 $a_1+b_1=\pm 3$，这与式①矛盾.所以 $f(x)$ 在 $\mathbb{Q}$ 上不可约.

习题 1.12

A1. 求下列多项式的有理根.

(1) $x^3-6x^2+15x-14$； (2) $4x^4-7x^2-5x-1$；

(3) $x^5+x^4-6x^3-14x^2-11x-3$.

A2. 下列多项式在有理数域上是否可约?

(1) x^3+x^2-3x+2； (2) $x^4-4x^3+12x^2-6x-2$；

(3) x^4+1； (4) $4x^4-8x^3+12x^2+2$；

(5) x^4-2x^3+2x-3； (6) x^5+5x^3+1；

(7) x^p+px+1，p 为奇素数； (8) x^p+px^r+1，p 为奇素数，$0\leqslant r\leqslant p$；

(9) $x^4+4kx+1$，k 为整数； (10) x^4-5x+1.

A3. 设 $f(x)=a_nx^n+a_{n-1}x^{n-1}+\cdots+a_1x+a_0\in\mathbb{Z}[x]$，其中 $n\geqslant 1$. 如果存在素数 p，满足

(i) $p\nmid a_0$； (ii) $p\mid a_i$，$i=1,\cdots,n$； (iii) $p^2\nmid a_n$，

证明：$f(x)$ 在 $\mathbb{Q}[x]$ 中不可约.

A4. 设 $p_1, p_2, \cdots, p_s$ 是两两互不相同的素数，$n>1$ 是整数，证明：$\sqrt[n]{p_1p_2\cdots p_s}$ 是无理数.

A5. 设 $m, n\in\mathbb{N}$ 且 $m<n$，$f(x)\in\mathbb{Q}[x]$ 是 m 次多项式，$p_1, p_2, \cdots, p_s$ 是两两不等的素数.证明：$\sqrt[n]{p_1p_2\cdots p_s}$ 不是 $f(x)$ 的实根.

A6. 证明：$\cos 20°$ 是无理数.

A7. (1) 设 $f(x), g(x)\in\mathbb{Z}[x]$，在 $\mathbb{Q}[x]$ 中有 $g(x)\mid f(x)$，记 $g(x)$ 除 $f(x)$ 的商为 $q(x)\in$

$\mathbb{Q}[x]$. 证明：如果 $g(x)$ 是本原多项式，那么 $q(x)\in\mathbb{Z}[x]$；

(2) 设 $f(x)$ 是整系数多项式，既约分数 $\dfrac{q}{p}$ 是 $f(x)$ 的根，证明：存在整系数多项式 $g(x)$，使得 $f(x)=(px-q)g(x)$.

B1. 设 $f(x)$ 是一个整系数多项式，证明：如果 $f(0)$ 和 $f(1)$ 都是奇数，则 $f(x)$ 没有整数根.

B2. 设 $f(x)$ 是一个整系数多项式，证明：如果 $f(0)$，$f(1)$ 和 $f(-1)$ 都不能被 3 整除，则 $f(x)$ 没有整数根.

B3. 设 $f(x)=a_nx^n+a_{n-1}x^{n-1}+\cdots+a_1x+a_0$ 是整系数多项式，证明：如果 a_n 和 a_0 都是奇数，而且 $f(1)$ 与 $f(-1)$ 中至少有一个是奇数，则 $f(x)$ 没有有理根.

B4. 设 $p(x)\in\mathbb{Q}[x]$ 是不可约多项式，$\deg(p(x))>1$ 是奇数，α_1 和 α_2 是 $p(x)$ 的两个不同复根.证明：$\alpha_1+\alpha_2$ 不是有理数.

B5. 设 $a_1,a_2,\cdots,a_n$ 是两两不等的整数.证明：

(1) $f(x)=(x-a_1)(x-a_2)\cdots(x-a_n)-1$ 在 $\mathbb{Q}$ 上不可约；

(2) $g(x)=(x-a_1)^2(x-a_2)^2\cdots(x-a_n)^2+1$ 在 $\mathbb{Q}$ 上不可约.

B6. 设 $a_1,a_2,\cdots,a_n$ 是两两不等的整数，$f(x)=(x-a_1)(x-a_2)\cdots(x-a_n)+1$.

(1) 证明：当 n 是奇数或者是 $\geqslant 6$ 的偶数时，$f(x)$ 在 $\mathbb{Q}$ 上不可约；

(2) 当 $n=2$ 或 4 时，$f(x)$ 是否在 $\mathbb{Q}$ 上不可约?

B7. 设 $f(x)=x^4+px^2+q\in\mathbb{Q}[x]$，证明：$f(x)$ 在 $\mathbb{Q}$ 上不可约的充分必要条件是，p^2-4q 不是有理数的平方，或者 q 不是有理数的平方，且 $\pm2\sqrt{q}-p$ 不是有理数的平方.

B8. (1) 在 $\mathbb{Q}[x]$ 中将 $x^8+x^7+x^6+x^5+x^4+x^3+x^2+x+1$ 因式分解；

(2) 设 $n>1$ 是整数，$f(x)=\sum\limits_{i=0}^{n-1}x^i$. 证明：如果 n 不是素数，则 $f(x)$ 在 $\mathbb{Q}$ 上可约.

B9. 设 $f(x)=a_nx^n+\cdots+a_1x+a_0\in\mathbb{Z}[x]$，$n\geqslant1$，$k\leqslant n$ 是正整数.如果存在素数 p，满足

(i) $p\mid a_i$，$i=0,1,\cdots,k-1$；　(ii) $p\nmid a_k$，$p\nmid a_n$；　(iii) $p^2\nmid a_0$，

证明：$f(x)$ 有一个次数大于或等于 k 的在 $\mathbb{Q}$ 上不可约的整系数因式.

B10. 设 $f(x)=a_{2n+1}x^{2n+1}+\cdots+a_1x+a_0\in\mathbb{Z}[x]$. 证明：如果存在素数 p，满足

(i) $p\nmid a_{2n+1}$；　(ii) $p^2\mid a_i$，$i=0,1,\cdots,n$；　(iii) $p\mid a_j$，$j=n+1,n+2,\cdots,2n$；　(iv) $p^3\nmid a_0$，

那么 $f(x)$ 在 $\mathbb{Q}$ 上不可约.

B11. 设 $n\in\mathbb{N}$，证明：n 次分圆多项式 $\Phi_n(x)$ 在 $\mathbb{Q}$ 上不可约，从而

$$x^n-1=\prod_{1\leqslant d\mid n}\Phi_d(x)$$

是 x^n-1 在 $\mathbb{Q}$ 上的标准分解式.

Schur 定理的证明

C1. 设 $n\in\mathbb{N}$，证明：多项式 $f(x)=1+x+\dfrac{x^2}{2!}+\cdots+\dfrac{x^n}{n!}$ 在 $\mathbb{Q}[x]$ 中不可约.

§1.13 多元多项式

前面我们介绍了一元多项式的一些理论，而世界是多元的，所以很自然地要考虑多个不定元的情形.本节将不定元的个数从一个推广到任意有限个，介绍多元多项式的一些基本概念.

设 $n \in \mathbb{N}$, $x_1, x_2, \cdots, x_n$ 是 n 个无关的不定元.

定义 1.17 (1) 称

$$ax_1^{i_1}x_2^{i_2}\cdots x_n^{i_n}, \quad a \in \mathbb{F}, i_1, i_2, \cdots, i_n \in \mathbb{Z}_{\geqslant 0}$$

为数域 $\mathbb{F}$ 上的一个 n **元单项式**.称 a 为这个单项式的**系数**,而 $i_1 + \cdots + i_n$ 为这个单项式的**次数**;

(2) 如果两个单项式

$$ax_1^{i_1}x_2^{i_2}\cdots x_n^{i_n}, \quad bx_1^{j_1}x_2^{j_2}\cdots x_n^{j_n}$$

中相同不定元的幂相等,即

$$i_1 = j_1, i_2 = j_2, \cdots, i_n = j_n,$$

则称它们为**同类项**.

将有限个单项式的形式和称为多项式.

定义 1.18 称数域 $\mathbb{F}$ 上有限个两两不是同类项的 n 元单项式的形式和

$$f(x_1, x_2, \cdots, x_n) = \sum_{i_1, i_2, \cdots, i_n} a_{i_1 i_2 \cdots i_n} x_1^{i_1}x_2^{i_2}\cdots x_n^{i_n}$$

为 $\mathbb{F}$ 上的一个 n **元多项式**.

一元多项式的许多概念可以推广到多元多项式.设

$$f(x_1, x_2, \cdots, x_n) = \sum_{i_1, i_2, \cdots, i_n} a_{i_1 i_2 \cdots i_n} x_1^{i_1}x_2^{i_2}\cdots x_n^{i_n}$$

是一个 n 元多项式,有时为了简单起见,$f(x_1, x_2, \cdots, x_n)$ 简记为 f.

(1) 称 $a_{i_1 i_2 \cdots i_n}$ 为项 $a_{i_1 i_2 \cdots i_n} x_1^{i_1}x_2^{i_2}\cdots x_n^{i_n}$ 的**系数**;

(2) 称系数不为零的各项次数的最大值为 $f(x_1, x_2, \cdots, x_n)$ 的**次数**,记为 $\deg f(x_1, x_2, \cdots, x_n)$. 也简记为 $\deg f$;

(3) 如果每一项的系数都为零,则称 $f(x_1, x_2, \cdots, x_n)$ 为**零多项式**,记为 0. 约定 $\deg 0 = -\infty$.

数域 $\mathbb{F}$ 上的所有 n 元多项式组成的集合记为 $\mathbb{F}[x_1, x_2, \cdots, x_n]$. 我们可以按照一元多项式一样在这个集合中定义运算.首先,对于两个多项式 $f(x_1, x_2, \cdots, x_n)$ 和 $g(x_1, x_2, \cdots, x_n)$, 如果它们的所有同类项的系数对应相当,则称它们**相等**,记为 $f(x_1, x_2, \cdots, x_n) = g(x_1, x_2, \cdots, x_n)$. 其次,可以按照我们熟悉的方式定义加法、减法和乘法:设

$$f(x_1, x_2, \cdots, x_n) = \sum_{i_1, i_2, \cdots, i_n} a_{i_1 i_2 \cdots i_n} x_1^{i_1}x_2^{i_2}\cdots x_n^{i_n} \in \mathbb{F}[x_1, x_2, \cdots, x_n],$$

$$g(x_1, x_2, \cdots, x_n) = \sum_{j_1, j_2, \cdots, j_n} b_{j_1 j_2 \cdots j_n} x_1^{j_1}x_2^{j_2}\cdots x_n^{j_n} \in \mathbb{F}[x_1, x_2, \cdots, x_n],$$

(1) 将 $f(x_1, x_2, \cdots, x_n)$ 和 $g(x_1, x_2, \cdots, x_n)$ 的同类项的系数分别相加(减),得到 f 和 g 的**和**(**差**),记为

$$f(x_1, x_2, \cdots, x_n) \pm g(x_1, x_2, \cdots, x_n);$$

(2) 将 $f(x_1, x_2, \cdots, x_n)$ 的每一项和 $g(x_1, x_2, \cdots, x_n)$ 的每一项如下相乘

$$a_{i_1 i_2 \cdots i_n} x_1^{i_1} x_2^{i_2} \cdots x_n^{i_n} \cdot b_{j_1 j_2 \cdots j_n} x_1^{j_1} x_2^{j_2} \cdots x_n^{j_n} = a_{i_1 i_2 \cdots i_n} b_{j_1 j_2 \cdots j_n} x_1^{i_1+j_1} x_2^{i_2+j_2} \cdots x_n^{i_n+j_n},$$

再把所有这样相乘得到的项相加并合并同类项，得到的多项式称为 f 和 g 的**积**，记为

$$f(x_1, x_2, \cdots, x_n) \cdot g(x_1, x_2, \cdots, x_n) = f(x_1, x_2, \cdots, x_n) g(x_1, x_2, \cdots, x_n).$$

容易验证，在上面的运算下，$\mathbb{F}[x_1, x_2, \cdots, x_n]$ 满足类似于 $\mathbb{F}[x]$ 满足一元多项式的运算律($A1-A4$)，($M1-M3$)和(D)，成为有单位元1的交换环.称 $\mathbb{F}[x_1, x_2, \cdots, x_n]$ 为 $\mathbb{F}$ 上的 **n 元多项式环**.

我们知道，在 $\mathbb{F}[x]$ 中，两个非零多项式的积仍然非零(即 $\mathbb{F}[x]$ 无零因子，是整环)，而且两个多项式的和(差)以及积的次数满足一些关系式，这些都可以推广到多元多项式环.

引理 1.27 设 $f(x_1, x_2, \cdots, x_n), g(x_1, x_2, \cdots, x_n) \in \mathbb{F}[x_1, x_2, \cdots, x_n]$.

(1) 如果 f 和 g 都非零，则 $f(x_1, x_2, \cdots, x_n) g(x_1, x_2, \cdots, x_n) \neq 0$;

(2) $\deg(f(x_1, x_2, \cdots, x_n) \pm g(x_1, x_2, \cdots, x_n)) \leqslant \max\{\deg f, \deg g\}$,

$\deg(f(x_1, x_2, \cdots, x_n) g(x_1, x_2, \cdots, x_n)) = \deg f + \deg g$,

成立.

由定义，容易证明引理1.27(2)的第一个式子成立，为了证明其他的结论，我们需要在单项式之间引入序，定义首项的概念；还需要介绍齐次多项式的概念.

定义 1.19 (1) 对于任意两个由非负整数组成的 n 元有序数组 $(i_1, i_2, \cdots, i_n)$ 和 $(j_1, j_2, \cdots, j_n)$，如果存在 $s\ (1 \leqslant s \leqslant n)$，满足

$$i_1 = j_1, i_2 = j_2, \cdots, i_{s-1} = j_{s-1}, i_s > j_s,$$

则称 $(i_1, i_2, \cdots, i_n)$ 大于 $(j_1, j_2, \cdots, j_n)$，记为 $(i_1, i_2, \cdots, i_n) > (j_1, j_2, \cdots, j_n)$. 称这种序为**字典序**；

(2) 如果 $(i_1, i_2, \cdots, i_n) > (j_1, j_2, \cdots, j_n)$，则称单项式 $a_{i_1 i_2 \cdots i_n} x_1^{i_1} x_2^{i_2} \cdots x_n^{i_n}$ 比 $b_{j_1 j_2 \cdots j_n} x_1^{j_1} x_2^{j_2} \cdots x_n^{j_n}$ 大；

(3) 称非零多项式的所有非零项中最大者为该多项式的**首项**，首项的系数称为该多项式的**首项系数**.

例如，设 $f(x_1, x_2, x_3) = 4x_1x_2x_3 + x_3^3 + x_1^2 + x_1x_3 + x_2$ 是一个三元三次多项式，将它的各项按从大到小的次序排列为

$$f(x_1, x_2, x_3) = x_1^2 + 4x_1x_2x_3 + x_1x_3 + x_2 + x_3^3.$$

请注意，首项不一定具有最大的次数.

☞ **引理 1.27(1)的证明** 只要证明：两个非零多项式的首项的乘积是两个多项式的积的首项.事实上，设 $f(x_1, x_2, \cdots, x_n)$ 的首项是 $ax_1^{p_1} x_2^{p_2} \cdots x_n^{p_n}\ (a \neq 0)$，而 $g(x_1, x_2, \cdots, x_n)$ 的首项是 $bx_1^{q_1} x_2^{q_2} \cdots x_n^{q_n}\ (b \neq 0)$. 对满足

$$(p_1, p_2, \cdots, p_n) > (i_1, i_2, \cdots, i_n), \quad (q_1, q_2, \cdots, q_n) > (j_1, j_2, \cdots, j_n)$$

的非负整数 n 元数组 $(i_1, i_2, \cdots, i_n)$ 和 $(j_1, j_2, \cdots, j_n)$，容易知道

$$(p_1+q_1,\ p_2+q_2,\ \cdots,\ p_n+q_n)>(p_1+j_1,\ p_2+j_2,\ \cdots,\ p_n+j_n)$$
$$>(i_1+q_1,\ i_2+q_2,\ \cdots,\ i_n+q_n)$$
$$>(i_1+j_1,\ i_2+j_2,\ \cdots,\ i_n+j_n).$$

成立.

于是 $abx_1^{p_1+q_1}x_2^{p_2+q_2}\cdots x_n^{p_n+q_n}$ 比 $f(x_1, x_2, \cdots, x_n)g(x_1, x_2, \cdots, x_n)$ 中其他项都大,是多项式积的首项.

多元多项式除了按照字典序排列各项外,还可以按照各项的次数来排列.

定义 1.20 设 $f(x_1, x_2, \cdots, x_n)$ 是 $\mathbb{F}$ 上的一个非零多项式.

(1) 如果所有非零项的次数都等于 m,则称 $f(x_1, x_2, \cdots, x_n)$ 是一个 m 次**齐次多项式**.我们约定零多项式可以看成任意次数的齐次多项式;

(2) 多项式 $f(x_1, x_2, \cdots, x_n)$ 可以唯一写为

$$f(x_1, x_2, \cdots, x_n)=\sum_{i=0}^{m}f_i(x_1, x_2, \cdots, x_n),$$

其中 $f_i(x_1, x_2, \cdots, x_n)$ 是 i 次齐次多项式,称它为 $f(x_1, x_2, \cdots, x_n)$ 的 i **次齐次成分**.

容易证明,两个齐次多项式的积仍是齐次多项式,且次数等于这两个多项式次数之和.

☞ **引理 1.27(2)的证明** 只要证明第二个等式,且可以不妨设这两个多项式都是非零多项式.设 $\deg f=m$ 而 $\deg g=s$,将这两个多项式写为

$$f(x_1, x_2, \cdots, x_n)=\sum_{i=0}^{m}f_i(x_1, x_2, \cdots, x_n),$$

$$g(x_1, x_2, \cdots, x_n)=\sum_{j=0}^{s}g_j(x_1, x_2, \cdots, x_n),$$

其中 $f_i(x_1, x_2, \cdots, x_n)$ 是 i 次齐次多项式,而 $g_j(x_1, x_2, \cdots, x_n)$ 是 j 次齐次多项式.得到

$$\begin{aligned}f(x_1, x_2, \cdots, x_n)g(x_1, x_2, \cdots, x_n)= & f_m(x_1, x_2, \cdots, x_n)g_s(x_1, x_2, \cdots, x_n)+\\ & [f_m(x_1, x_2, \cdots, x_n)g_{s-1}(x_1, x_2, \cdots, x_n)+\\ & f_{m-1}(x_1, x_2, \cdots, x_n)g_s(x_1, x_2, \cdots, x_n)]+\cdots+\\ & f_0(x_1, x_2, \cdots, x_n)g_0(x_1, x_2, \cdots, x_n).\end{aligned}$$

由于 $f_m(x_1, x_2, \cdots, x_n)$, $g_s(x_1, x_2, \cdots, x_n)\neq 0$,所以它们的积是非零的 $m+s$ 次齐次多项式.因此

$$\deg(f(x_1, x_2, \cdots, x_n)g(x_1, x_2, \cdots, x_n))=m+s,$$

证毕.

与 $\mathbb{F}[x]$ 不同,对于 $\mathbb{F}[x_1, x_2, \cdots, x_n]$ 中的两个非零多项式,一般不能作带余除法.但是与 $\mathbb{F}[x]$ 类似,在 $\mathbb{F}[x_1, x_2, \cdots, x_n]$ 中也可定义整除,最大公因式,不可约多项式等概念,并且可证 $\mathbb{F}[x_1, x_2, \cdots, x_n]$ 中的非常数多项式可以唯一分解为不可约多项式的乘

积.我们把这些留作练习.

处理多元多项式的一种常用的办法是把它看成某个不定元的一元多项式,这时的系数是多项式.例如,任意 n 元多项式 $f(x_1, x_2, \cdots, x_n)$ 可唯一写成

$$f(x_1, x_2, \cdots, x_n)=a_m(x_2, \cdots, x_n)x_1^m+a_{m-1}(x_2, \cdots, x_n)x_1^{m-1}+\cdots+a_1(x_2, \cdots, x_n)x_1+a_0(x_2, \cdots, x_n),$$

其中 $a_i(x_2, \cdots, x_n)\in\mathbb{F}[x_2, \cdots, x_n]$. 用集合的符号即为

$$\mathbb{F}[x_1, x_2, \cdots, x_n]=(\mathbb{F}[x_2, \cdots, x_n])[x_1].$$

将多元多项式看成一元多项式后,就可以利用一元多项式的某些结论来解决问题,例如可以重新如下证明 $\mathbb{F}[x_1, \cdots, x_n]$ 没有零因子.

☞ **引理 1.27(1)的另证** 对 n 归纳.当 $n=1$ 时已经证明.设 $n>1$ 且 $n-1$ 时成立.看成 x_1 的多项式,有

$$f(x_1, x_2, \cdots, x_n)=a_m(x_2, \cdots, x_n)x_1^m+a_{m-1}(x_2, \cdots, x_n)x_1^{m-1}+\cdots+a_1(x_2, \cdots, x_n)x_1+a_0(x_2, \cdots, x_n),$$

$$g(x_1, x_2, \cdots, x_n)=b_l(x_2, \cdots, x_n)x_1^l+b_{l-1}(x_2, \cdots, x_n)x_1^{l-1}+\cdots+b_1(x_2, \cdots, x_n)x_1+b_0(x_2, \cdots, x_n),$$

其中 $m, l\geqslant 0$, $a_i(x_2, \cdots, x_n)$, $b_j(x_2, \cdots, x_n)\in\mathbb{F}[x_2, \cdots, x_n]$, 且

$$a_m(x_2, \cdots, x_n)\neq 0,\quad b_l(x_2, \cdots, x_n)\neq 0.$$

于是

$$fg=a_mb_lx_1^{m+l}+(x_1\text{ 的低次项}).$$

而由归纳假设, $a_mb_l\neq 0$, 所以 $fg\neq 0$.

要注意的是,将多元多项式看成某个不定元的一元多项式时,这时的系数是多项式,不一定可以作除法.如果除式是首一多项式,则可以做带余除法.

命题 1.28 *设 $D=\mathbb{Z}$ 或者 $\mathbb{F}[x_1, \cdots, x_n]$, $f(x)=a_mx^m+\cdots+a_1x+a_0\in D[x]$, $a\in D$. 则存在唯一的商 $q(x)\in D[x]$ 和余式 $r=f(a)\in D$, 使得*

$$f(x)=q(x)(x-a)+r.$$

特别有

$$x-a\mid f(x)\Longleftrightarrow f(a)=0.$$

☞ **证明** 类似于带余除法、余式定理和因式定理的证明.请注意,虽然对 $D[x]$ 中的任意两个非零多项式一般不能作带余除法,但这里 $x-a$ 是首一多项式.

例 1.33 *分别在有理数域和复数域上分解因式 $f(x, y, z)=x^3+y^3+z^3-3xyz$.*

☞ **解** 将 $f(x, y, z)$ 看成 x 的多项式

$$g(x)=f(x, y, z)=x^3-3yzx+y^3+z^3.$$

由于

$$g(-y-z)=(-y-z)^3-3yz(-y-z)+y^3+z^3=0,$$

所以

$$x+y+z \mid g(x).$$

作带余除法

$$\begin{array}{r|l} & x^2-(y+z)x+(y^2-yz+z^2) \\ x+y+z & x^3-3yzx+y^3+z^3 \\ & x^3+(y+z)x^2 \\ \hline & -(y+z)x^2-3yzx+y^3+z^3 \\ & -(y+z)x^2-(y+z)^2x \\ \hline & (y^2-yz+z^2)x+y^3+z^3 \\ & (y^2-yz+z^2)x+y^3+z^3 \\ \hline & 0 \end{array}$$

可得

$$f(x, y, z)=(x+y+z)(x^2-(y+z)x+y^2-yz+z^2).$$

再用配方法分解二次因式

$$\begin{aligned} & x^2-(y+z)x+y^2-yz+z^2 \\ =& \left[x-\frac{1}{2}(y+z)\right]^2-\frac{1}{4}(y+z)^2+y^2-yz+z^2 \\ =& \left[x-\frac{1}{2}(y+z)\right]^2+\frac{3}{4}(y-z)^2 \\ =& \left[x-\frac{1}{2}(y+z)+\frac{\sqrt{3}\mathrm{i}}{2}(y-z)\right]\left[x-\frac{1}{2}(y+z)-\frac{\sqrt{3}\mathrm{i}}{2}(y-z)\right] \\ =& (x+\omega y+\omega^2 z)(x+\omega^2 y+\omega z), \end{aligned}$$

其中，$\omega=-\frac{1}{2}+\frac{\sqrt{3}}{2}\mathrm{i}=\mathrm{e}^{\frac{2\pi\mathrm{i}}{3}}$. 于是

$$f(x, y, z)=(x+y+z)(x+\omega y+\omega^2 z)(x+\omega^2 y+\omega z)$$

就是 $f(x, y, z)$ 在复数域上的分解式.

由于 $x+\omega y+\omega^2 z$ 和 $x+\omega^2 y+\omega z$ 都不是有理系数的，所以

$$x^2-(y+z)x+y^2-yz+z^2=x^2+y^2+z^2-xy-yz-zx$$

在有理数域上不可约.得到

$$f(x, y, z)=(x+y+z)(x^2+y^2+z^2-xy-yz-zx)$$

是 $f(x, y, z)$ 在有理数域上的分解式.

最后说明将多元多项式看成多元函数其本质不变.

例 1.34 设 $f(x_1, x_2, \cdots, x_n)$, $g(x_1, x_2, \cdots, x_n)\in\mathbb{F}[x_1, x_2, \cdots, x_n]$，证明：$f$

和 g 作为多项式相等的充分必要条件是，对任意 $a_1, a_2, \cdots, a_n \in \mathbb{F}$，有

$$f(a_1, a_2, \cdots, a_n)=g(a_1, a_2, \cdots, a_n).$$

☞ **证明** 只要证明充分性.设 f 和 g 作为多元函数相等.令

$$h(x_1, x_2, \cdots, x_n)=f(x_1, x_2, \cdots, x_n)-g(x_1, x_2, \cdots, x_n),$$

如果 h 不是零多项式，则由本节习题，存在 $a_1, a_2, \cdots, a_n \in \mathbb{F}$，使得 $h(a_1, a_2, \cdots, a_n)\neq 0$. 得到

$$f(a_1, a_2, \cdots, a_n)\neq g(a_1, a_2, \cdots, a_n),$$

矛盾.于是 h 是零多项式，f 和 g 作为多项式相等.

习题 1.13

A1. 将下面三元多项式的各项按照字典序从大到小的次序重新排列，并写出次数最高的齐次成分：

(1) $f(x_1, x_2, x_3)=4x_1x_2^5x_3^2+5x_1^2x_2x_3-x_1^3x_3^4+x_1^3x_2+x_1x_2^4x_3^3$；

(2) $f(x_1, x_2, x_3)=x_1^2x_2^3+x_2^2x_3^3+x_1^3x_3^2+x_1^4+x_1^2x_2^4+x_2^2x_3^4$.

A2. 设 $0\neq f(x_1, x_2, \cdots, x_n)\in \mathbb{F}[x_1, x_2, \cdots, x_n]$，$m\in \mathbb{N}$，证明：$f(x_1, x_2, \cdots, x_n)$ 是 m 次齐次多项式的充分必要条件是，对任意 $t\in \mathbb{F}$，

$$f(tx_1, tx_2, \cdots, tx_n)=t^m f(x_1, x_2, \cdots, x_n)$$

成立.

A3. 设 $f(x_1, x_2, \cdots, x_n)\in \mathbb{F}[x_1, x_2, \cdots, x_n]$ 是非零多项式，证明：f 是非零函数，即存在 $b_1, b_2, \cdots, b_n\in \mathbb{F}$，使得 $f(b_1, b_2, \cdots, b_n)\neq 0$.

A4. 设 $f(x_1, x_2, \cdots, x_n), g(x_1, x_2, \cdots, x_n)\in \mathbb{F}[x_1, x_2, \cdots, x_n]$，且 $g(x_1, x_2, \cdots, x_n)$ 是非零多项式.如果对任意满足 $g(a_1, a_2, \cdots, a_n)\neq 0$ 的 $a_1, a_2, \cdots, a_n\in \mathbb{F}$，$f(a_1, a_2, \cdots, a_n)=0$ 都成立，证明：$f(x_1, x_2, \cdots, x_n)$ 是零多项式.

A5. 设 $f(x_1, x_2, \cdots, x_n)\in \mathbb{F}[x_1, x_2, \cdots, x_n]$，如果存在 $g(x_1, x_2, \cdots, x_n)\in \mathbb{F}[x_1, x_2, \cdots, x_n]$，使得

$$f(x_1, x_2, \cdots, x_n)g(x_1, x_2, \cdots, x_n)=1,$$

则称 $f(x_1, x_2, \cdots, x_n)$ 是可逆元.多项式环 $\mathbb{F}[x_1, x_2, \cdots, x_n]$ 中所有可逆元的全体构成的集合记为 $\mathbb{F}[x_1, x_2, \cdots, x_n]^{\times}$，证明：$\mathbb{F}[x_1, x_2, \cdots, x_n]^{\times}=\mathbb{F}^{\times}$.

A6. 设 $f, g\in \mathbb{F}[x_1, x_2, \cdots, x_n]$，如果存在 $h\in \mathbb{F}[x_1, x_2, \cdots, x_n]$，使得 $f=gh$，则称 g **整除** f，记为 $g\mid f$，否则称 g **不整除** f，记为 $g\nmid f$. 当 $g\mid f$ 时，称 g 是 f 的一个**因式**，而称 f 是 g 的一个**倍式**.如果 $f\mid g$ 且 $g\mid f$，则称 f 和 g **相伴**，记为 $f\sim g$. 证明：$f\sim g$ 当且仅当存在 $c\in \mathbb{F}^{\times}$，使得 $f=cg$.

A7. 设 $p\in \mathbb{F}[x_1, x_2, \cdots, x_n]$，$\deg p>0$. 如果 p 可以写为两个次数更低的多项式的乘积，则称 p 是 $\mathbb{F}$ 上的**可约多项式**，否则称 p 是 $\mathbb{F}$ 上的**不可约多项式**.证明：p 是 $\mathbb{F}$ 上的不可约多项式的充分必要条件是，p 的因式只有 $\mathbb{F}$ 中的非零数，以及它的相伴元.

A8. 分别在实数域和复数域上考虑下面多项式的不可约性.

(1) $f(x, y)=x^2+y^2-1$；　　(2) $f(x, y)=x^2-y$；

(3) $f(x, y)=x^3+y$；　　(4) $f(x, y)=x^2-2xy+y^2+y$；

(5) $f(x, y, z)=x^2+y^2+z^2$;　　(6) $f(x, y, z)=x^2+y^2+z^2+xy+yz+zx$.

A9. 在复数域上分解因式: $f(x, y, z)=-x^3-y^3-z^3+x^2(y+z)+y^2(x+z)+z^2(x+y)-2xyz$.

B1. 设非零多项式 $f, g\in\mathbb{F}[x_1, x_2, \cdots, x_n]$, 如果 f 和 g 的最大公因式是 $\mathbb{F}$ 中的非零数, 则称 f 和 g **互素**. 设 $n>1$, 以下命题是否成立: 对非零多项式 $f, g\in\mathbb{F}[x_1, x_2, \cdots, x_n]$, f 和 g 互素的充分必要条件是, 存在 $u, v\in\mathbb{F}[x_1, x_2, \cdots, x_n]$, 使得 $uf+vg=1$?

B2. (**唯一分解定理**) 设多项式 $f(x_1, x_2, \cdots, x_n)\in\mathbb{F}[x_1, x_2, \cdots, x_n]$, 且 $\deg f\geqslant 1$, 证明: f 可以分解为 $\mathbb{F}[x_1, x_2, \cdots, x_n]$ 中有限个不可约多项式的乘积, 且如果不计常数因子以及乘积中因式的次序, 这些不可约多项式由 f 唯一确定①.

B3. 设 $f, g\in\mathbb{F}[x_1, x_2, \cdots, x_n]$, 不全为零, 如果 $d\in\mathbb{F}[x_1, x_2, \cdots, x_n]$ 且满足: d 是 f 和 g 的公因式, 且对 f 和 g 的任意公因式 h, 有 $d\mid h$, 则称 d 是 f 和 g 的一个**最大公因式**. 证明: f 和 g 的最大公因式存在.

§1.14　对称多项式

在多元多项式中, 经常遇到的是所谓的对称多项式. 通俗地讲, 对称多项式就是该多项式中不定元的地位等同, 可如下严格定义.

定义 1.21　设 $f(x_1, x_2, \cdots, x_n)\in\mathbb{F}[x_1, x_2, \cdots, x_n]$, 如果对自然数 $1, 2, \cdots, n$ 的任意排列 $i_1, i_2, \cdots, i_n$, 都有

$$f(x_{i_1}, x_{i_2}, \cdots, x_{i_n})=f(x_1, x_2, \cdots, x_n),$$

则称 $f(x_1, x_2, \cdots, x_n)$ 是一个 n 元**对称多项式**.

可以证明②, 多项式 $f(x_1, x_2, \cdots, x_n)\in\mathbb{F}[x_1, x_2, \cdots, x_n]$ 是对称多项式的充分必要条件是, 对任意 $1\leqslant i<j\leqslant n$,

$$f(x_1, \cdots, x_i, \cdots, x_j, \cdots, x_n)=f(x_1, \cdots, x_j, \cdots, x_i, \cdots, x_n)$$

成立.

由定义, $\mathbb{F}$ 中的数是对称多项式. 且容易看出

$$\begin{aligned}
\sigma_1&=x_1+x_2+\cdots+x_n=\sum_{i=1}^{n}x_i,\\
\sigma_2&=x_1x_2+x_1x_3+\cdots+x_1x_n+\cdots+x_{n-1}x_n=\sum_{1\leqslant i_1<i_2\leqslant n}x_{i_1}x_{i_2},\\
&\vdots\\
\sigma_k&=\sum_{1\leqslant i_1<i_2<\cdots<i_k\leqslant n}x_{i_1}x_{i_2}\cdots x_{i_k},\\
&\vdots\\
\sigma_n&=x_1x_2\cdots x_n
\end{aligned}$$

---

① 这是抽象代数中的Gauss定理的特例, Gauss定理断言: 如果 D 是唯一分解整环, 则多项式环 $D[x]$ 也是唯一分解整环. 证明的一个方法是对 n 归纳. 假设 $D=\mathbb{F}[x_1, \cdots, x_{n-1}]$ 中唯一分解成立, 则可以定义最大公因式, 以及本元多项式等概念, 并证明类似Gauss引理成立. 类似于从 $\mathbb{Z}$ 到 $\mathbb{Q}$, 可以从 D 得到它的分式域 $K=\mathbb{F}(x_1, \cdots, x_{n-1})=\{f/g\mid f, g\in D, g\neq 0\}$, 然后证明 $K[x_n]$ 中带余除法成立, 从而 $K[x_n]$ 中唯一分解成立. 进而类似 $\mathbb{Z}[x]$ 和 $\mathbb{Q}[x]$ 中多项式可约性的等价性的处理办法, 可以证明 $D[x_n]$ 中唯一分解成立.

② 参看本节习题.

都是 n 元对称多项式.称它们为 n 元**基本对称多项式**,也称为 n 元**初等对称多项式**.关于多项式

$$f(x)=x^n+a_{n-1}x^{n-1}+\cdots+a_1x+a_0=(x-c_1)(x-c_2)\cdots(x-c_n)$$

的根与系数关系的 Vièta 公式即为

$$a_k=(-1)^{n-k}\sigma_{n-k}(c_1, c_2, \cdots, c_n), \quad k=0, 1, \cdots, n-1.$$

容易验证,两个 n 元对称多项式的和、差、积仍是 n 元对称多项式[①].而且,如果 f_1, f_2, $\cdots$, f_m 是 m 个 n 元对称多项式,则对任意 $g\in\mathbb{F}[y_1, y_2, \cdots, y_m]$,用 f_i 替换 y_i 得到的多项式 $g(f_1, f_2, \cdots, f_m)$ 仍是一个关于不定元 $x_1, x_2, \cdots, x_n$ 的对称多项式.特别地,取 $m=n$,将 y_i 用 σ_i 替换后得到的多项式 $g(\sigma_1, \sigma_2, \cdots, \sigma_n)$ 是对称多项式.下面证明每个 n 元对称多项式都有这种表达式.

定理 1.29(对称多项式基本定理) 设 $f(x_1, x_2, \cdots, x_n)\in\mathbb{F}[x_1, x_2, \cdots, x_n]$ 是 n 元对称多项式,则 f 可唯一表示为初等对称多项式 $\sigma_1, \sigma_2, \cdots, \sigma_n$ 的多项式,即存在唯一的 $g(x_1, x_2, \cdots, x_n)\in\mathbb{F}[x_1, x_2, \cdots, x_n]$,使得

$$f(x_1, x_2, \cdots, x_n)=g(\sigma_1, \sigma_2, \cdots, \sigma_n).$$

☞ **证明** 先证明存在性.设 $f\neq 0$, f 的首项是 $ax_1^{i_1}x_2^{i_2}\cdots x_n^{i_n}$, $a\neq 0$.

断言 $i_1\geqslant i_2\geqslant\cdots\geqslant i_n$.

否则,存在 k,使得 $i_k<i_{k+1}$.这时,有

$$(i_1, \cdots, i_{k-1}, i_{k+1}, i_k, i_{k+2}, \cdots, i_n)>(i_1, \cdots, i_{k-1}, i_k, i_{k+1}, i_{k+2}, \cdots, i_n).$$

由于 f 是对称多项式,所以 f 中含有项

$$ax_1^{i_1}\cdots x_{k-1}^{i_{k-1}}x_{k+1}^{i_k}x_k^{i_{k+1}}x_{k+2}^{i_{k+2}}\cdots x_n^{i_n},$$

它比 f 的首项大,矛盾.

下面寻找一组非负整数 $d_1, d_2, \cdots, d_n$,使得

$$a\sigma_1^{d_1}\sigma_2^{d_2}\cdots\sigma_n^{d_n}$$

的首项等于 f 的首项 $ax_1^{i_1}x_2^{i_2}\cdots x_n^{i_n}$.

由于非零多项式首项的乘积为乘积多项式的首项,所以 $a\sigma_1^{d_1}\sigma_2^{d_2}\cdots\sigma_n^{d_n}$ 的首项是

$$ax_1^{d_1+d_2+\cdots+d_n}x_2^{d_2+\cdots+d_n}\cdots x_n^{d_n},$$

于是取

$$d_1=i_1-i_2, \quad d_2=i_2-i_3, \quad d_{n-1}=i_{n-1}-i_n, \quad d_n=i_n.$$

因此,令

$$\varphi_1(x_1, x_2, \cdots, x_n)=a\sigma_1^{i_1-i_2}\sigma_2^{i_2-i_3}\cdots\sigma_{n-1}^{i_{n-1}-i_n}\sigma_n^{i_n},$$

① 所有 n 元对称多项式组成的集合是 $\mathbb{F}[x_1, x_2, \cdots, x_n]$ 的一个子环.

则对称多项式

$$f_1(x_1, x_2, \cdots, x_n)=f(x_1, x_2, \cdots, x_n)-\varphi_1(x_1, x_2, \cdots, x_n)$$

的首项小于 f 的首项.

当 $f_1\neq 0$ 时,重复这一过程,则存在 $\sigma_1, \sigma_2, \cdots, \sigma_n$ 的多项式 φ_2,使得 φ_2 和 f_1 有相同的首项,而

$$f_2=f_1-\varphi_2$$

的首项更小.如此,就得到 $\sigma_1, \sigma_2, \cdots, \sigma_n$ 的多项式 $\varphi_1, \varphi_2, \cdots, \varphi_j$,使得

$$f,\ f_1=f-\varphi_1,\quad f_2=f_1-\varphi_2, \cdots, f_j=f_{j-1}-\varphi_j$$

的每一个的首项都比前一个的首项小.但是比 f 的首项小的单项式(不计系数)只有有限个,于是有限步后必有 $f_t=0$. 于是

$$f=\varphi_1+\varphi_2+\cdots+\varphi_t$$

是 $\sigma_1, \sigma_2, \cdots, \sigma_n$ 的多项式.

再证明唯一性.设有 n 元多项式 g, h,使得

$$f(x_1, x_2, \cdots, x_n)=g(\sigma_1, \sigma_2, \cdots, \sigma_n)=h(\sigma_1, \sigma_2, \cdots, \sigma_n).$$

定义多项式

$$\varphi(x_1, x_2, \cdots, x_n)=g(x_1, x_2, \cdots, x_n)-h(x_1, x_2, \cdots, x_n)\in\mathbb{F}[x_1, x_2, \cdots, x_n].$$

如果 $\varphi\neq 0$,则由上一节习题 A3,存在 $b_1, b_2, \cdots, b_n\in\mathbb{F}$,使得

$$\varphi(b_1, b_2, \cdots, b_n)\neq 0.$$

令多项式

$$\Phi(x)=x^n-b_1x^{n-1}+\cdots+(-1)^kb_kx^{n-k}+\cdots+(-1)^nb_n\in\mathbb{F}[x]$$

的 n 个复根为 $c_1, c_2, \cdots, c_n$,则由 Viète 公式

$$b_k=\sigma_k(c_1, c_2, \cdots, c_n),\quad k=1, 2, \cdots, n.$$

有

$$\begin{aligned}\varphi(b_1, b_2, \cdots, b_n)&=g(b_1, b_2, \cdots, b_n)-h(b_1, b_2, \cdots, b_n)\\&=g(\sigma_1(c_1, \cdots, c_n), \cdots, \sigma_n(c_1, \cdots, c_n))-\\&\quad h(\sigma_1(c_1, \cdots, c_n), \cdots, \sigma_n(c_1, \cdots, c_n))\\&=f(c_1, c_2, \cdots, c_n)-f(c_1, c_2, \cdots, c_n)=0,\end{aligned}$$

矛盾.于是 $\varphi=0$,进而 $g=h$.

定理 1.29 的存在性的证明,事实上给出了将对称多项式表示成初等对称多项式的多项式算法,总结如下.

算法 1.1 求多项式 g,使得对称多项式 f 满足 $f(x_1, x_2, \cdots, x_n)=g(\sigma_1,\sigma_2, \cdots,$

σ_n)的步骤:

(1) 写出 f 的首项 $ax_1^{i_1}x_2^{i_2}\cdots x_n^{i_n}$,计算

$$f_1(x_1, x_2, \cdots, x_n)=f(x_1, x_2, \cdots, x_n)-a\sigma_1^{i_1-i_2}\sigma_2^{i_2-i_3}\cdots\sigma_{n-1}^{i_{n-1}-i_n}\sigma_n^{i_n};$$

(2) 当 $f_1\neq 0$ 时,对 f_1 用(1),得到 f_2.继续这一过程,直到得到 $f_t=0$,则可求出 g.

例 1.35 设 $f(x_1, x_2, x_3)=x_1^2x_2^2+x_1^2x_3^2+x_2^2x_3^2\in\mathbb{F}[x_1, x_2, x_3]$,用初等对称多项式表示 f.

☞ **解** f 的首项为 $x_1^2x_2^2$,有

$$\begin{aligned}f(x_1, x_2, x_3)-\sigma_1^{2-2}\sigma_2^2&=f(x_1, x_2, x_3)-\sigma_2^2\\&=x_1^2x_2^2+x_1^2x_3^2+x_2^2x_3^2-(x_1x_2+x_1x_3+x_2x_3)^2\\&=-2(x_1^2x_2x_3+x_1x_2^2x_3+x_1x_2x_3^2)\\&=-2x_1x_2x_3(x_1+x_2+x_3)=-2\sigma_1\sigma_3,\end{aligned}$$

于是,$f=\sigma_2^2-2\sigma_1\sigma_3$.

设 f 是 m 次对称多项式,则有

$$f=f_m+f_{m-1}+\cdots+f_0,$$

其中,f_i 是 f 的 i 次齐次成分.容易证明,f_i 也是对称多项式[①].于是,如果可以把 f 的每个齐次成分表示为初等对称多项式的多项式,则 f 也可表示.

设 f 是齐次对称多项式,在定理 1.29 的存在性证明中

$$f=\varphi_1+\varphi_2+\cdots+\varphi_t,$$

其中

$$\varphi_i(x_1, x_2, \cdots, x_n)=a_i\sigma_1^{l_{i1}-l_{i2}}\sigma_2^{l_{i2}-l_{i3}}\cdots\sigma_{n-1}^{l_{i,n-1}-l_{in}}\sigma_n^{l_{in}},$$

这里

(1) $a_1x_1^{l_{11}}x_2^{l_{12}}\cdots x_n^{l_{1n}}$ 是 f 的首项,

(2) 对 $i=2, 3, \cdots, t$,有

(a) $l_{i1}+l_{i2}+\cdots+l_{in}=l_{11}+l_{12}+\cdots+l_{1n}$;

(b) $l_{i1}\geqslant l_{i2}\geqslant\cdots\geqslant l_{in}$;

(c) $(l_{i1}, l_{i2}, \cdots, l_{in})<(l_{11}, l_{12}, \cdots, l_{1n})$.

于是也可以用下面的待定系数法用初等对称多项式表示齐次对称多项式.

算法 1.2 用待定系数法将 m 次齐次对称多项式 f 表示为初等对称多项式的步骤:

(1) 写出 f 的首项 $ax_1^{i_1}x_2^{i_2}\cdots x_n^{i_n}$,求集合

$$M=\left\{(l_1, l_2, \cdots, l_n)\ \middle|\ \begin{array}{c}l_j\geqslant 0,\quad \sum\limits_{j=1}^{n}l_j=m,\\ l_1\geqslant l_2\geqslant\cdots\geqslant l_n,\ (l_1, l_2, \cdots, l_n)<(i_1, i_2, \cdots, i_n)\end{array}\right\};$$

---

① 参看本节习题.

(2) 假设

$$f=a\sigma_1^{i_1-i_2}\sigma_2^{i_2-i_3}\cdots\sigma_{n-1}^{i_{n-1}-i_n}\sigma_n^{i_n}+\sum_{(l_1,\,l_2,\,\cdots,\,l_n)\in M}A_{l_1l_2\cdots l_n}\sigma_1^{l_1-l_2}\sigma_2^{l_2-l_3}\cdots\sigma_{n-1}^{l_{n-1}-l_n}\sigma_n^{l_n};$$

(3) 取 $x_1, x_2, \cdots, x_n$ 的一些特殊值,得到待定常数 $A_{l_1l_2\cdots l_n}$ 的方程,求出待定常数.通常取 $x_1=\cdots=x_k=1$, $x_{k+1}=\cdots=x_n=0$, 此时

$$\sigma_j(\underbrace{1,\cdots,1}_{k},0,\cdots,0)=\begin{cases}\dbinom{k}{j}, & 1\leqslant j\leqslant k,\\ 0, & k+1\leqslant j\leqslant n.\end{cases}$$

例 1.36(同例 1.35) 设 $f(x_1, x_2, x_3)=x_1^2x_2^2+x_1^2x_3^2+x_2^2x_3^2\in\mathbb{F}[x_1, x_2, x_3]$, 用初等对称多项式表示 f.

☞ **解** f 是四次齐次多项式, f 的首项为 $x_1^2x_2^2$, 对应 $(2, 2, 0)$. 于是

$$M=\{(2,1,1)\},$$

可设

$$f=\sigma_1^{2-2}\sigma_2^2+A\sigma_1^{2-1}\sigma_2^{1-1}\sigma_3=\sigma_2^2+A\sigma_1\sigma_3.$$

令 $x_1=x_2=x_3=1$, 则

$$\sigma_1=\binom{3}{1}=3,\quad \sigma_2=\binom{3}{2}=3,\quad \sigma_3=\binom{3}{3}=1,$$

而

$$f(1,1,1)=3.$$

于是有

$$3=3^2+A\cdot3\cdot1.$$

这得到 $A=-2$, 进而 $f=\sigma_2^2-2\sigma_1\sigma_3$.

例 1.37 将对称多项式 $f(x_1, x_2, \cdots, x_n)=\sum_{1\leqslant i<j\leqslant n}x_i^2x_j^2$ 用初等对称多项式表示,这里 $n\geqslant4$.

☞ **解** f 是四次齐次多项式,首项是 $x_1^2x_2^2$, 对应 $(2, 2, \underbrace{0, \cdots, 0}_{n-2})$. 于是

$$M=\{(2,1,1,\underbrace{0,\cdots,0}_{n-3}),(1,1,1,1,\underbrace{0,\cdots,0}_{n-4})\}.$$

所以可设

$$f=\sigma_2^2+A\sigma_1\sigma_3+B\sigma_4.$$

取 $x_1=x_2=x_3=1$, $x_4=\cdots=x_n=0$, 得到

*§1.15 判别式和结式

对于一个多项式 $f(x)$，可以用 $(f(x), f'(x))$ 是否为 1 来判别 $f(x)$ 是否在复数域中有重根.这里介绍利用多项式的判别式是否为零来判别的方法.另外，对于多项式 $f(x)$ 和 $g(x)$，可以用 $(f(x), g(x))$ 是否为 1 来判别 $f(x)$ 和 $g(x)$ 是否有公共复根，这里介绍用所谓的多项式的结式来判别的方法.多项式的判别式在代数数论中与数域的判别式紧密相关，而结式在消去理论、数论和代数几何中有很多应用.

1.15.1 判别式

我们在中学学过二次三项式的判别式.设 $f(x)=ax^2+bx+c\in\mathbb{R}[x]$，其中 $a\neq 0$，则 f 的判别式定义为

$$\Delta=b^2-4ac.$$

可以用判别式判别 $f(x)$ 根的情况：

$$\begin{aligned}&\Delta>0\iff \text{有两个不相等的实根},\\&\Delta=0\iff \text{有两个相等的实根},\\&\Delta<0\iff \text{没有实根}.\end{aligned}$$

特别地，可以用 Δ 判别 f 是否有重根.我们可以如下推导，设 α_1，α_2 是 f 的两个复根，则

$$f\text{ 有重根}\iff \alpha_1=\alpha_2\iff(\alpha_1-\alpha_2)^2=0.$$

由根与系数的关系得到

$$\alpha_1+\alpha_2=-\frac{b}{a},\quad \alpha_1\alpha_2=\frac{c}{a},$$

所以得到

$$(\alpha_1-\alpha_2)^2=(\alpha_1+\alpha_2)^2-4\alpha_1\alpha_2=\frac{b^2}{a^2}-4\frac{c}{a}=\frac{\Delta}{a^2},$$

即有

$$\Delta=a^2(\alpha_1-\alpha_2)^2.$$

于是就有

$$f\text{ 有重根}\iff\Delta=0.$$

可以将上面的讨论推广到任意次数的多项式.

定义 1.22 设 $f(x)=a_nx^n+\cdots+a_1x+a_0\in\mathbb{F}[x]$，其中，$a_n\neq 0$，$n\geqslant 1$. 设 f 的 n 个复根为 α_1，α_2，$\cdots$，α_n，定义 f 的**判别式**为

$$D(f)=a_n^{2n-2}\prod_{1\leqslant j<i\leqslant n}(\alpha_i-\alpha_j)^2.$$

由定义可得,当 $n=1$ 时 $D(f)=1$. 而且一般有

$$f(x)\text{ 在复数域中有重根}\Longleftrightarrow D(f)=0.$$

下面说明如何用 f 的系数来计算 $D(f)$. 由于 $\prod\limits_{1\leqslant j<i\leqslant n}(\alpha_i-\alpha_j)^2$ 是关于 $\alpha_1, \alpha_2, \cdots, \alpha_n$ 的对称多项式,所以存在多项式 $g(x_1, x_2, \cdots, x_n)$,使得

$$\prod_{1\leqslant j<i\leqslant n}(\alpha_i-\alpha_j)^2=g(\sigma_1(\alpha_1, \cdots, \alpha_n), \cdots, \sigma_n(\alpha_1, \cdots, \alpha_n)).$$

而由 Vièta 公式,有

$$\begin{aligned}\sigma_1(\alpha_1, \cdots, \alpha_n)&=-\frac{a_{n-1}}{a_n},\\ &\vdots\\ \sigma_k(\alpha_1, \cdots, \alpha_n)&=(-1)^k\frac{a_{n-k}}{a_n},\\ &\vdots\\ \sigma_n(\alpha_1, \cdots, \alpha_n)&=(-1)^n\frac{a_0}{a_n}.\end{aligned}$$

于是就得到

$$D(f)=a_n^{2n-2}g\left(-\frac{a_{n-1}}{a_n}, \frac{a_{n-2}}{a_n}, \cdots, (-1)^n\frac{a_0}{a_n}\right)\in\mathbb{F}.$$

还可以利用范德蒙(Vandermonde)行列式的公式来计算 $D(f)$. 有

$$\begin{aligned}D(f)&=a_n^{2n-2}\begin{vmatrix}1&1&\cdots&1\\ \alpha_1&\alpha_2&\cdots&\alpha_n\\ \alpha_1^2&\alpha_2^2&\cdots&\alpha_n^2\\ \vdots&\vdots&&\vdots\\ \alpha_1^{n-1}&\alpha_2^{n-1}&\cdots&\alpha_n^{n-1}\end{vmatrix}\begin{vmatrix}1&\alpha_1&\alpha_1^2&\cdots&\alpha_1^{n-1}\\ 1&\alpha_2&\alpha_2^2&\cdots&\alpha_2^{n-1}\\ \vdots&\vdots&\vdots&\vdots&\\ 1&\alpha_n&\alpha_n^2&\cdots&\alpha_n^{n-1}\end{vmatrix}\\ &=a_n^{2n-2}\begin{vmatrix}n&s_1&s_2&\cdots&s_{n-1}\\ s_1&s_2&s_3&\cdots&s_n\\ \vdots&\vdots&\vdots&&\vdots\\ s_{n-1}&s_n&s_{n+1}&\cdots&s_{2n-2}\end{vmatrix},\end{aligned}$$

其中

$$s_i=s_i(\alpha_1, \alpha_2, \cdots, \alpha_n)$$

为 $\alpha_1, \alpha_2, \cdots, \alpha_n$ 的等幂和,它可以由初等对称多项式表示.

例 1.38 设 $f(x)=a_3x^3+a_2x^2+a_1x+a_0\in\mathbb{F}[x]$ 是三次多项式，求 $f(x)$ 的判别式 $D(f)$. 并且当 $f(x)\in\mathbb{R}[x]$ 时，利用 $D(f)$ 判别 $f(x)$ 根的情况.

☞ **解** 设 $f(x)$ 的三个复根为 $\alpha_1, \alpha_2, \alpha_3$，则

$$\sigma_1=-\frac{a_2}{a_3},\quad \sigma_2=\frac{a_1}{a_3},\quad \sigma_3=-\frac{a_0}{a_3}.$$

而 $(\alpha_1-\alpha_2)^2(\alpha_1-\alpha_3)^2(\alpha_2-\alpha_3)^2$ 的首项为 $\alpha_1^4\alpha_2^2$，对应数组 $(4, 2, 0)$. 需要考虑的比 $(4, 2, 0)$ 小的数组有

$$(4, 1, 1), (3, 3, 0), (3, 2, 1), (2, 2, 2).$$

于是可设

$$(\alpha_1-\alpha_2)^2(\alpha_1-\alpha_3)^2(\alpha_2-\alpha_3)^2=\sigma_1^2\sigma_2^2+A\sigma_1^3\sigma_3+B\sigma_2^3+C\sigma_1\sigma_2\sigma_3+D\sigma_3^2.$$

取 $\alpha_1=\alpha_2=1,\ \alpha_3=0$，可得

$$0=4+B\Longrightarrow B=-4;$$

取 $\alpha_1=\alpha_2=-1,\ \alpha_3=2$，可得

$$0=-27B+4D\Longrightarrow D=-27;$$

取 $\alpha_1=\alpha_2=-2,\ \alpha_3=1$，可得

$$0=-27\cdot 4A+16D\Longrightarrow A=-4;$$

最后取 $\alpha_1=\alpha_2=\alpha_3=1$，可得

$$0=3^4+3^3A+3^3B+3^2C+D\Longrightarrow C=18.$$

于是

$$(\alpha_1-\alpha_2)^2(\alpha_1-\alpha_3)^2(\alpha_2-\alpha_3)^2=\sigma_1^2\sigma_2^2-4\sigma_1^3\sigma_3-4\sigma_2^3+18\sigma_1\sigma_2\sigma_3-27\sigma_3^2,$$

进而

$$\begin{aligned}D(f)&=a_3^4\left(\frac{a_1^2a_2^2}{a_3^4}-4\frac{a_0a_2^3}{a_3^4}-4\frac{a_1^3}{a_3^3}+18\frac{a_0a_1a_2}{a_3^3}-27\frac{a_0^2}{a_3^2}\right)\\&=a_1^2a_2^2-4a_0a_2^3-4a_1^3a_3+18a_0a_1a_2a_3-27a_0^2a_3^2.\end{aligned}$$

下设 $f(x)$ 是三次实系数多项式. 首先，$f(x)$ 必有实根，设为 α_1，再设另外两个根为 α_2, α_3.

当 $D(f)=0$ 时，$f(x)$ 有重根. 如果 $\alpha_1=\alpha_2$，则由于实系数多项式的虚根共轭成对出现，所以有 $\alpha_3\in\mathbb{R}$. 类似地，如果 $\alpha_1=\alpha_3$，则有 $\alpha_2\in\mathbb{R}$；如果 $\alpha_2=\alpha_3$，则有 $\alpha_2, \alpha_3\in\mathbb{R}$. 所以，当 $D(f)=0$ 时，$f(x)$ 有三个实根且有重根.

当 $D(f)\neq 0$ 时，$f(x)$ 无重根. 当 $\alpha_2, \alpha_3\in\mathbb{R}$ 时，有

$$D(f)=a_3^4(\alpha_1-\alpha_2)^2(\alpha_1-\alpha_3)^2(\alpha_2-\alpha_3)^2>0;$$

当 α_2 和 α_3 是共轭虚数时,设 $\alpha_2=a+b\mathrm{i}$, $\alpha_3=a-b\mathrm{i}$, a, $b\in\mathbb{R}$, $b\neq 0$, 则

$$D(f)=a_3^4[(\alpha_1-a)^2+b^2]^2(2b\mathrm{i})^2=-4a_3^4b^2[(\alpha_1-a)^2+b^2]^2<0.$$

因此,得到 $f(x)$ 的根的情况:当 $D(f)\geqslant 0$ 时, $f(x)$ 有三个实根(重根计算重数),其中当 $D(f)=0$ 时有重根,当 $D(f)>0$ 时无重根;当 $D(f)<0$ 时, $f(x)$ 有一个实根和一对共轭虚根.

例 1.39 求 $f(x)=x^n+a\in\mathbb{F}[x]$ 的判别式.

☞ **解** 我们用 $D(f)$ 的行列式公式来求.首先,由 Vièta 公式,可得

$$\sigma_1=\cdots=\sigma_{n-1}=0,\quad \sigma_n=(-1)^n a.$$

于是当 $1\leqslant k<n$ 时,有①

$$s_k=\begin{vmatrix} 0 & 1 & & & \\ & 0 & 1 & & \\ & & \ddots & \ddots & \\ & & & 0 & 1 \\ & & & & 0 \end{vmatrix}=0;$$

当 $k=n$ 时,有

$$s_n=\begin{vmatrix} 0 & 1 & & & \\ & 0 & 1 & & \\ & & \ddots & \ddots & \\ & & & 0 & 1 \\ n(-1)^n a & & & & 0 \end{vmatrix}=(-1)^{n-1}n(-1)^n a=-na;$$

当 $n<k<2n$ 时,由 Newton 公式有

$$s_k=(-1)^n\sigma_n s_{k-n}=0.$$

所以

$$D(f)=\begin{vmatrix} n & 0 & 0 & \cdots & 0 & 0 \\ 0 & 0 & 0 & \cdots & 0 & -na \\ 0 & 0 & 0 & \cdots & -na & 0 \\ \vdots & \vdots & \vdots & & \vdots & \vdots \\ 0 & -na & 0 & \cdots & 0 & 0 \end{vmatrix}=(-1)^{\frac{n(n-1)}{2}}n^n a^{n-1}.$$

特别地,当 $a\neq 0$ 时, $f(x)$ 在复数域上没有重根.

---

① 参看习题 1.14 的 B2.

1.15.2 结式

设 $f(x)\in\mathbb{F}[x]$，则 $f(x)$ 在复数域上有重根的充分必要条件是 $D(f)=0$. 而 $f(x)$ 在复数域上有重根当且仅当 $f(x)$ 在复数域上有重因式，这又等价于 $(f(x),\ f'(x))\neq 1$. 再利用 $(f(x),\ f'(x))\neq 1$ 当且仅当 $f(x)$ 和 $f'(x)$ 在复数域上有公共根，得到

$$D(f)=0 \Longleftrightarrow f(x) \text{ 和 } f'(x) \text{ 在复数域上有公共根}.$$

下面研究两个多项式何时在复数域上有公共根.

设有 $\mathbb{F}[x]$ 中的两个非常数多项式

$$f(x)=a_nx^n+a_{n-1}x^{n-1}+\cdots+a_1x+a_0,\quad a_n\neq 0,\ n>0,$$
$$g(x)=b_mx^m+b_{m-1}x^{m-1}+\cdots+b_1x+b_0,\quad b_m\neq 0,\ m>0.$$

假设 $f(x)$ 和 $g(x)$ 在复数域上有公共根，则存在 $d(x)\in\mathbb{F}[x]$，$\deg(d(x))>0$，使得

$$d(x)\mid f(x),\quad d(x)\mid g(x).$$

于是存在 $f_1(x),\ g_1(x)\in\mathbb{F}[x]$，使得

$$f(x)=d(x)f_1(x),\quad g(x)=d(x)g_1(x).$$

由此得

$$\deg(f_1(x))<n,\quad \deg(g_1(x))<m.$$

所以可以假设

$$f_1(x)=c_{n-1}x^{n-1}+\cdots+c_1x+c_0,$$
$$g_1(x)=d_{m-1}x^{m-1}+\cdots+d_1x+d_0.$$

由于 $f_1(x)\neq 0$ 且 $g_1(x)\neq 0$，所以

$$(c_{n-1},\ \cdots,\ c_1,\ c_0)\neq 0,\quad (d_{m-1},\ \cdots,\ d_1,\ d_0)\neq 0.$$

而

$$f(x)g_1(x)=d(x)f_1(x)g_1(x)=g(x)f_1(x),$$

比较系数得到

$$\begin{cases} a_nd_{m-1}=b_mc_{n-1}, \\ a_{n-1}d_{m-1}+a_nd_{m-2}=b_{m-1}c_{n-1}+b_mc_{n-2}, \\ \qquad\vdots \\ a_0d_1+a_1d_0=b_0c_1+b_1c_0, \\ a_0d_0=b_0c_0. \end{cases}$$

于是系数矩阵为

$$\boldsymbol{A}=\left(\begin{array}{ccccccccc}
a_n & a_{n-1} & \cdots & \cdots & \cdots & \cdots & a_0 & & \\
 & a_n & a_{n-1} & \cdots & \cdots & \cdots & \cdots & a_0 & \\
 & & \cdots & \cdots & \cdots & \cdots & \cdots & \cdots & \cdots \\
 & & & a_n & a_{n-1} & \cdots & \cdots & \cdots & \cdots & a_0 \\
b_m & b_{m-1} & \cdots & \cdots & \cdots & \cdots & b_0 & & \\
 & b_m & b_{m-1} & \cdots & \cdots & \cdots & \cdots & b_0 & \\
 & & \cdots & \cdots & \cdots & \cdots & \cdots & \cdots & \cdots \\
 & & & b_m & b_{m-1} & \cdots & \cdots & \cdots & \cdots & b_0
\end{array}\right)
\begin{array}{l}
\left.\begin{matrix}\\ \\ \\ \\ \end{matrix}\right\} m\text{ 行}\\
\left.\begin{matrix}\\ \\ \\ \\ \end{matrix}\right\} n\text{ 行}
\end{array}$$

的齐次线性方程组 $\boldsymbol{XA}=\boldsymbol{0}$ 有非零解

$$(d_{m-1},\cdots,d_1,d_0,-c_{n-1},\cdots,-c_1,-c_0).$$

得到系数行列式为零,即 $|\boldsymbol{A}|=0$. 引入下面的定义.

定义 1.23 $\mathbb{F}[x]$ 中的两个非常数多项式

$$f(x)=a_nx^n+a_{n-1}x^{n-1}+\cdots+a_1x+a_0,\quad a_n\neq 0,\ n>0,$$
$$g(x)=b_mx^m+b_{m-1}x^{m-1}+\cdots+b_1x+b_0,\quad b_m\neq 0,\ m>0$$

的**结式**[也称为**西尔维斯特(Sylvester)行列式**]定义为

$$\operatorname{Res}(f,g):=\left|\begin{array}{ccccccccc}
a_n & a_{n-1} & \cdots & \cdots & \cdots & \cdots & a_0 & & \\
 & a_n & a_{n-1} & \cdots & \cdots & \cdots & \cdots & a_0 & \\
 & & \cdots & \cdots & \cdots & \cdots & \cdots & \cdots & \cdots \\
 & & & a_n & a_{n-1} & \cdots & \cdots & \cdots & \cdots & a_0 \\
b_m & b_{m-1} & \cdots & \cdots & \cdots & \cdots & b_0 & & \\
 & b_m & b_{m-1} & \cdots & \cdots & \cdots & \cdots & b_0 & \\
 & & \cdots & \cdots & \cdots & \cdots & \cdots & \cdots & \cdots \\
 & & & b_m & b_{m-1} & \cdots & \cdots & \cdots & \cdots & b_0
\end{array}\right|
\begin{array}{l}
\left.\begin{matrix}\\ \\ \\ \\ \end{matrix}\right\} m\text{ 行}\\
\left.\begin{matrix}\\ \\ \\ \\ \end{matrix}\right\} n\text{ 行}
\end{array}$$

所以由上面的讨论,如果 $f(x)$ 和 $g(x)$ 在复数域上有公共根,则 $\operatorname{Res}(f,g)=0$. 事实上,逆命题也成立.

定理 1.32 设有 $\mathbb{F}[x]$ 中的多项式

$$f(x)=a_nx^n+a_{n-1}x^{n-1}+\cdots+a_1x+a_0,\quad a_n\neq 0,\ n>0,$$
$$g(x)=b_mx^m+b_{m-1}x^{m-1}+\cdots+b_1x+b_0,\quad b_m\neq 0,\ m>0,$$

则 $f(x)$ 和 $g(x)$ 有公共复根的充分必要条件是 $\operatorname{Res}(f,g)=0$.

☞ **证明** 只要证明充分性.假设 $\operatorname{Res}(f,g)=0$,则上面的齐次线性方程组 $\boldsymbol{XA}=\boldsymbol{0}$ 有非零解.设

$$(d_{m-1},\cdots,d_1,d_0,-c_{n-1},\cdots,-c_1,-c_0)$$

是一个非零解.定义

$$f_1(x)=c_{n-1}x^{n-1}+\cdots+c_1x+c_0,$$
$$g_1(x)=d_{m-1}x^{m-1}+\cdots+d_1x+d_0,$$

则可得

$$f(x)g_1(x)=g(x)f_1(x).$$

如果 $(f(x),\ g(x))=1$,则由上式可得 $f(x)\mid f_1(x)$. 但是

$$\deg(f_1(x))<n,\quad \deg(f(x))=n,$$

所以 $f_1(x)=0$. 得到 $f(x)g_1(x)=0$. 而 $f(x)\neq 0$,所以 $g_1(x)=0$. 这得到

$$(d_{m-1},\ \cdots,\ d_1,\ d_0,\ -c_{n-1},\ \cdots,\ -c_1,\ -c_0)=\mathbf{0},$$

矛盾.所以 $(f(x),\ g(x))\neq 1$,即 $f(x)$ 和 $g(x)$ 有公共复根.

由于两个多项式有公共复根的充分必要条件是它们不互素,所以得出以下推论.

推论 1.33 设 $f(x),\ g(x)\in\mathbb{F}[x]$,则

$$(f(x),\ g(x))=1\Longleftrightarrow \operatorname{Res}(f,\ g)\neq 0.$$

下面是一个例子.

例 1.40 设 $f(x)=x^3-x+2$, $g(x)=x^4+x-1$,判断 $f(x)$ 和 $g(x)$ 有无公共复根.

☞ **解** 由于

$$\operatorname{Res}(f,\ g)=\begin{vmatrix} 1 & 0 & -1 & 2 & & & \\ & 1 & 0 & -1 & 2 & & \\ & & 1 & 0 & -1 & 2 & \\ & & & 1 & 0 & -1 & 2 \\ 1 & 0 & 0 & 1 & -1 & & \\ & 1 & 0 & 0 & 1 & -1 & \\ & & 1 & 0 & 0 & 1 & -1 \end{vmatrix}=11,$$

所以没有公共复根.

可以用结式来求两个二元多项式 $f(x,\ y),\ g(x,\ y)\in\mathbb{F}[x,\ y]$ 在 $\mathbb{C}^2$ 中的公共零点.我们将这两个二元多项式看成以 $\mathbb{F}[y]$ 为系数的 x 的多项式

$$f(x,\ y),\ g(x,\ y)\in\mathbb{F}[y][x],$$

且设 $f(x,\ y)$ 和 $g(x,\ y)$ 都含有 x,则可以定义关于 x 的结式 $\operatorname{Res}_x(f,\ g)\in\mathbb{F}[y]$. 类似地,当二元多项式 $f(x,\ y)$ 和 $g(x,\ y)$ 都含有 y 时,可以定义关于 y 的结式 $\operatorname{Res}_y(f,\ g)\in\mathbb{F}[x]$. 请读者证明可以按照如下步骤求两个二元多项式在 $\mathbb{C}^2$ 上的公共零点.

算法 1.3 求 $f(x,\ y),\ g(x,\ y)\in\mathbb{F}[x,\ y]$ 在 $\mathbb{C}^2$ 中的公共零点的步骤:

(1) 求 $\operatorname{Res}_x(f,\ g)$ (求 $\operatorname{Res}_y(f,\ g)$);

(2) 求 $\text{Res}_x(f, g)$ 的所有复根(求 $\text{Res}_y(f, g)$ 的所有复根);

(3) 对 $\text{Res}_x(f, g)$ 的每个复根 y_0,求 $f(x, y_0)$ 和 $g(x, y_0)$ 的公共根(对 $\text{Res}_y(f, g)$ 的每个复根 x_0,求 $f(x_0, y)$ 和 $g(x_0, y)$ 的公共根);

(4) 写出在 $\mathbb{C}^2$ 中的公共复根.

下面看一个例子.

例 1.41 求方程组

$$\begin{cases} x^2 - xy + y^2 - 3 = 0, \\ x^2 + xy + 2y^2 + y - 1 = 0 \end{cases}$$

的有理根.

☞ **解** 等价于求 $f(x, y) = x^2 - xy + y^2 - 3$ 和 $g(x, y) = x^2 + xy + 2y^2 + y - 1$ 的公共有理根.由于

$$f(x, y) = x^2 - yx + (y^2 - 3), \quad g(x, y) = x^2 + yx + (2y^2 + y - 1),$$

所以

$$\text{Res}_x(f, g) = \begin{vmatrix} 1 & -y & y^2-3 & 0 \\ 0 & 1 & -y & y^2-3 \\ 1 & y & 2y^2+y-1 & 0 \\ 0 & 1 & y & 2y^2+y-1 \end{vmatrix}$$

$$\xlongequal[r_4 - r_2]{r_3 - r_1} \begin{vmatrix} 1 & -y & y^2-3 & 0 \\ 0 & 1 & -y & y^2-3 \\ 0 & 2y & y^2+y+2 & 0 \\ 0 & 0 & 2y & y^2+y+2 \end{vmatrix} = \begin{vmatrix} 1 & -y & y^2-3 \\ 2y & y^2+y+2 & 0 \\ 0 & 2y & y^2+y+2 \end{vmatrix}$$

$$\xlongequal{c_2 + yc_1} \begin{vmatrix} 1 & 0 & y^2-3 \\ 2y & 3y^2+y+2 & 0 \\ 0 & 2y & y^2+y+2 \end{vmatrix}$$

$$= (3y^2 + y + 2)(y^2 + y + 2) + 4y^2(y^2 - 3)$$

$$= 7y^4 + 4y^3 - 3y^2 + 4y + 4.$$

验证可知 -1 是 $\text{Res}_x(f, g)$ 的一个根.而

$$\text{Res}_x(f, g) = (y + 1)(7y^3 - 3y^2 + 4),$$

且 $7y^3 - 3y^2 + 4$ 无有理根,所以 -1 是 $\text{Res}_x(f, g)$ 的唯一有理根.

将 $y = -1$ 代入原方程组,得到

$$\begin{cases} x^2 + x - 2 = 0, \\ x^2 - x = 0. \end{cases}$$

它的解为 $x = 1$. 所以原方程组的有理数解为 $(x, y) = (1, -1)$.

设 $f(x)$，$g(x) \in \mathbb{F}[x]$ 分别是 n 和 m 次多项式，其中 n，$m > 0$. 上面用 $\mathrm{Res}(f, g)$ 是否为零来判断 $f(x)$ 和 $g(x)$ 是否有公共的复根.设 $f(x)$ 的所有复根为 α_1，α_2，…，α_n，而 $g(x)$ 的所有复根为 β_1，β_2，…，β_m，则

$$f(x) \text{ 和 } g(x) \text{ 有公共的复根} \Longleftrightarrow \prod_{i=1}^{n}\prod_{j=1}^{m}(\alpha_i - \beta_j) = 0.$$

于是,我们有理由相信 $\mathrm{Res}(f, g)$ 应该和 $\prod_{i=1}^{n}\prod_{j=1}^{m}(\alpha_i - \beta_j)$ 有关系.这正是下面定理所陈述的结论.

定理 1.34 设有 $\mathbb{F}[x]$ 中的多项式

$$f(x) = a_n x^n + a_{n-1}x^{n-1} + \cdots + a_1 x + a_0, \quad a_n \neq 0, n > 0,$$
$$g(x) = b_m x^m + b_{m-1}x^{m-1} + \cdots + b_1 x + b_0, \quad b_m \neq 0, m > 0,$$

其中 $f(x)$ 的 n 个复根为 α_1，α_2，…，α_n，而 $g(x)$ 的 m 个复根为 β_1，β_2，…，β_m，则

$$\mathrm{Res}(f, g) = a_n^m \prod_{i=1}^{n} g(\alpha_i) = (-1)^{mn} b_m^n \prod_{j=1}^{m} f(\beta_j) = a_n^m b_m^n \prod_{i=1}^{n}\prod_{j=1}^{m}(\alpha_i - \beta_j).$$

☞ **证明** 有

$$\begin{aligned} f(x) &= a_n(x-\alpha_1)(x-\alpha_2)\cdots(x-\alpha_n) \\ &= a_n[x^n - \sigma_1(\alpha_1, \cdots, \alpha_n)x^{n-1} + \cdots + (-1)^{n-1}\sigma_{n-1}(\alpha_1, \cdots, \alpha_n)x + \\ &\quad (-1)^n \sigma_n(\alpha_1, \cdots, \alpha_n)], \\ g(x) &= b_m(x-\beta_1)(x-\beta_2)\cdots(x-\beta_m) \\ &= b_m[x^m - \sigma_1(\beta_1, \cdots, \beta_m)x^{m-1} + \cdots + (-1)^{m-1}\sigma_{m-1}(\beta_1, \cdots, \beta_m)x + \\ &\quad (-1)^m \sigma_m(\beta_1, \cdots, \beta_m)]. \end{aligned}$$

所以 $\mathrm{Res}(f, g) =$

$$\begin{vmatrix} a_n & -a_n\sigma_1(\alpha_1, \cdots, \alpha_n) & \cdots & a_n(-1)^n\sigma_n(\alpha_1, \cdots, \alpha_n) & & & \\ & \cdots & \cdots & \cdots & \cdots & & \\ & & a_n & -a_n\sigma_1(\alpha_1, \cdots, \alpha_n) & \cdots & a_n(-1)^n\sigma_n(\alpha_1, \cdots, \alpha_n) \\ b_m & -b_m\sigma_1(\beta_1, \cdots, \beta_m) & \cdots & b_m(-1)^m\sigma_m(\beta_1, \cdots, \beta_m) & & & \\ & \cdots & \cdots & \cdots & \cdots & & \\ & & b_m & -b_m\sigma_1(\beta_1, \cdots, \beta_m) & \cdots & b_m(-1)^m\sigma_m(\beta_1, \cdots, \beta_m) \end{vmatrix}.$$

将 α_1，…，α_n 和 β_1，…，β_m 看成不定元,则可以认为

$$\mathrm{Res}(f, g) \in \mathbb{F}[\alpha_1, \cdots, \alpha_n, \beta_1, \cdots, \beta_m].$$

下面先确定这个多项式的次数.将该行列式的第一行乘 α_1，第二行乘 α_1^2，…，第 m 行乘 α_1^m，第 $m+1$ 行乘 α_1，第 $m+2$ 行乘 α_1^2，…，第 $m+n$ 行乘 α_1^n，得到行列式 D. 则 D 的第 i 列是 i 次齐次多项式,进而 D 是

$$1+2+\cdots+(m+n)=\frac{1}{2}(m+n)(m+n+1)$$

次齐次多项式.而

$$D=\alpha_1^{(1+\cdots+m)+(1+\cdots+n)}\operatorname{Res}(f,g)=\alpha_1^{\frac{m(m+1)+n(n+1)}{2}}\operatorname{Res}(f,g),$$

所以 Res(f, g) 是

$$\frac{1}{2}[(m+n)(m+n+1)-m(m+1)-n(n+1)]=mn$$

次齐次多项式.

设 $1\leqslant i\leqslant n$. 将行列式 Res(f, g) 的第一列乘 α_i^{n+m-1}，第二列乘 α_i^{n+m-2}，…，第 $n+m-1$ 列乘 α_i，然后都加到第 $n+m$ 列上，得到的新的行列式的最后一列是

$$\begin{vmatrix} a_n\alpha_i^{m-1}f(\alpha_i) \\ a_n\alpha_i^{m-2}f(\alpha_i) \\ \vdots \\ a_nf(\alpha_i) \\ b_m\alpha_i^{n-1}g(\alpha_i) \\ b_m\alpha_i^{n-2}g(\alpha_i) \\ \vdots \\ b_mg(\alpha_i) \end{vmatrix}=\begin{vmatrix} 0 \\ 0 \\ \vdots \\ 0 \\ b_m\alpha_i^{n-1}g(\alpha_i) \\ b_m\alpha_i^{n-2}g(\alpha_i) \\ \vdots \\ b_mg(\alpha_i) \end{vmatrix}.$$

所以有

$$g(\alpha_i)\mid \operatorname{Res}(f,g).$$

由于当 $i\neq j$ 时，$g(\alpha_i)$ 和 $g(\alpha_j)$ 没有相同的一次因式，所以由唯一分解定理可得

$$\prod_{i=1}^{n}g(\alpha_i)\mid \operatorname{Res}(f,g).$$

而 $\prod_{i=1}^{n}g(\alpha_i)$ 的次数为 mn，所以

$$\operatorname{Res}(f,g)=c\prod_{i=1}^{n}g(\alpha_i),\quad \exists c\in\mathbb{F}.$$

取 $\alpha_1=\cdots=\alpha_n=0$，$\beta_1=\cdots=\beta_m=1$，则 Res$(f, g)$ 成为下三角行列式，对角元为

$$\underbrace{a_n,\cdots,a_n}_{m},\underbrace{(-1)^mb_m,\cdots,(-1)^mb_m}_{n},$$

所以此时

$$\operatorname{Res}(f,g)=(-1)^{nm}a_n^mb_m^n.$$

而此时

$$g(\alpha_i)=b_m(-1)^m,$$

所以

$$(-1)^{nm}a_n^m b_m^n = cb_m^n(-1)^{nm} \Longrightarrow c=a_n^m.$$

因此

$$\operatorname{Res}(f, g)=a_n^m \prod_{i=1}^{n} g(\alpha_i).$$

由此可得另两个等号成立.

利用定理 1.34 中结式的表达式,可以证明结式满足的一些性质.

例 1.42 设 $f(x)$, $f_1(x)$, $f_2(x)$, $g(x)$, $g_1(x)$, $g_2(x)\in \mathbb{F}[x]$ 都是正次数多项式,证明:

(1) $\operatorname{Res}(f, g)=(-1)^{mn}\operatorname{Res}(g, f)$, $n=\deg(f(x))$, $m=\deg(g(x))$;

(2) $\operatorname{Res}(f_1f_2, g)=\operatorname{Res}(f_1, g)\operatorname{Res}(f_2, g)$;

(3) $\operatorname{Res}(f, g_1g_2)=\operatorname{Res}(f, g_1)\operatorname{Res}(f, g_2)$.

☞ **证明** (1) 由定理 1.34 中结式的表达式

$$\operatorname{Res}(f, g)=a_n^m b_m^n \prod_{i=1}^{n}\prod_{j=1}^{m}(\alpha_i-\beta_j)$$

得到.

(2) 设 $\deg(f_i(x))=n_i$, $\deg(g(x))=m$, $g(x)$ 的首项系数为 b_m, m 个复根为 β_1, $\cdots$, β_m, 则由定理 1.34,得到

$$\begin{aligned}\operatorname{Res}(f_1f_2, g)&=(-1)^{(n_1+n_2)m}b_m^{n_1+n_2}\prod_{j=1}^{m}(f_1f_2)(\beta_j)=(-1)^{(n_1+n_2)m}b_m^{n_1+n_2}\prod_{j=1}^{m}f_1(\beta_j)f_2(\beta_j)\\&=\left[(-1)^{n_1m}b_m^{n_1}\prod_{j=1}^{m}f_1(\beta_j)\right]\left[(-1)^{n_2m}b_m^{n_2}\prod_{j=1}^{m}f_2(\beta_j)\right]\\&=\operatorname{Res}(f_1, g)\operatorname{Res}(f_2, g).\end{aligned}$$

(3) 类似于(2)证明.或者利用(1)和(2).

前面提到,为了研究多项式 $f(x)$ 的判别式,我们需要考虑 $f(x)$ 和 $f'(x)$ 在复数域上有无公共根.而两个多项式有无公共根可以用它们的结式判别,于是 $f(x)$ 的判别式应该与结式 $\operatorname{Res}(f, f')$ 有关系,这正是下面结论所揭示的.

定理 1.35 设 $f(x)=a_nx^n+\cdots+a_1x+a_0\in\mathbb{F}[x]$, $a_n\neq 0$, $n>1$, 则

$$D(f)=(-1)^{\frac{n(n-1)}{2}}a_n^{-1}\operatorname{Res}(f, f').$$

☞ **证明** 设 $f(x)$ 的 n 个复根为 α_1, $\cdots$, α_n, 则

$$f(x)=a_n(x-\alpha_1)(x-\alpha_2)\cdots(x-\alpha_n).$$

于是得到

$$f'(x)=a_n\sum_{i=1}^{n}\prod_{\substack{j=1\\ j\neq i}}^{n}(x-\alpha_j).$$

所以

$$f'(\alpha_i)=a_n\prod_{\substack{j=1\\ j\neq i}}^{n}(\alpha_i-\alpha_j).$$

由定理1.34,有

$$\begin{aligned}\operatorname{Res}(f,\ f')&=a_n^{n-1}\prod_{i=1}^{n}f'(\alpha_i)=a_n^{2n-1}\prod_{i=1}^{n}\prod_{\substack{j=1\\ j\neq i}}^{n}(\alpha_i-\alpha_j)\\&=a_n^{2n-1}\prod_{1\leqslant i\neq j\leqslant n}(\alpha_i-\alpha_j)=a_n^{2n-1}\prod_{1\leqslant j<i\leqslant n}(\alpha_i-\alpha_j)(\alpha_j-\alpha_i)\\&=(-1)^{\frac{n(n-1)}{2}}a_n^{2n-1}\prod_{1\leqslant j<i\leqslant n}(\alpha_i-\alpha_j)^2=(-1)^{\frac{n(n-1)}{2}}a_nD(f).\end{aligned}$$

由此得结论成立.

下面看几个例子.

例 1.43 设 $f(x),\ g(x)\in\mathbb{F}[x]$ 是正次数多项式,证明:

$$D(fg)=D(f)D(g)[\operatorname{Res}(f,\ g)]^2.$$

☞ **证明** 设 $\deg(f(x))=n,\ \deg(g(x))=m$,且

$$\begin{aligned}f(x)&=a_n(x-\alpha_1)(x-\alpha_2)\cdots(x-\alpha_n),\quad a_n\neq 0,\\g(x)&=b_m(x-\beta_1)(x-\beta_2)\cdots(x-\beta_m),\quad b_m\neq 0,\end{aligned}$$

则

$$f(x)g(x)=a_nb_m(x-\alpha_1)(x-\alpha_2)\cdots(x-\alpha_n)(x-\beta_1)(x-\beta_2)\cdots(x-\beta_m).$$

所以有

$$\begin{aligned}D(fg)&=(a_nb_m)^{2(n+m)-2}\prod_{1\leqslant j<i\leqslant n}(\alpha_i-\alpha_j)^2\prod_{1\leqslant j<i\leqslant m}(\beta_i-\beta_j)^2\prod_{i=1}^{n}\prod_{j=1}^{m}(\alpha_i-\beta_j)^2\\&=D(f)D(g)[\operatorname{Res}(f,\ g)]^2.\end{aligned}$$

证毕.

例 1.44 求多项式 $f(x)$ 的判别式,其中

(1) $f(x)=x^n+ax+b$;

(2) $f(x)=x^{n-1}+x^{n-2}+\cdots+x+1,\ n>1$.

☞ **解** (1) 有

$$f'(x)=nx^{n-1}+a,$$

于是

$$
\mathrm{Res}(f,f')=\begin{vmatrix}
1 & 0 & \cdots & 0 & a & b & 0 & \cdots & 0 & 0\\
0 & 1 & \cdots & 0 & 0 & a & b & \cdots & 0 & 0\\
\vdots & \vdots & & \vdots & \vdots & \vdots & \vdots & & \vdots & \vdots\\
0 & 0 & \cdots & 1 & 0 & 0 & 0 & \cdots & a & b\\
n & 0 & \cdots & 0 & a & 0 & 0 & \cdots & 0 & 0\\
0 & n & \cdots & 0 & 0 & a & 0 & \cdots & 0 & 0\\
\vdots & \vdots & & \vdots & \vdots & \vdots & \vdots & & \vdots & \vdots\\
0 & 0 & \cdots & 0 & n & 0 & 0 & \cdots & 0 & a
\end{vmatrix}
$$

$$
\xlongequal{r_n-nr_1}\begin{vmatrix}
1 & 0 & \cdots & 0 & a & b & 0 & \cdots & 0 & 0\\
0 & 1 & \cdots & 0 & 0 & a & b & \cdots & 0 & 0\\
\vdots & \vdots & & \vdots & \vdots & \vdots & \vdots & & \vdots & \vdots\\
0 & 0 & \cdots & 1 & 0 & 0 & 0 & \cdots & a & b\\
0 & 0 & \cdots & 0 & (1-n)a & -nb & 0 & \cdots & 0 & 0\\
0 & n & \cdots & 0 & 0 & a & 0 & \cdots & 0 & 0\\
\vdots & \vdots & & \vdots & \vdots & \vdots & \vdots & & \vdots & \vdots\\
0 & 0 & \cdots & 0 & n & 0 & 0 & \cdots & 0 & a
\end{vmatrix}
$$

$$
=\begin{vmatrix}
1 & \cdots & 0 & 0 & a & b & \cdots & 0 & 0\\
\vdots & & \vdots & \vdots & \vdots & \vdots & & \vdots & \vdots\\
0 & \cdots & 1 & 0 & 0 & 0 & \cdots & a & b\\
0 & \cdots & 0 & (1-n)a & -nb & 0 & \cdots & 0 & 0\\
n & \cdots & 0 & 0 & a & 0 & \cdots & 0 & 0\\
\vdots & & \vdots & \vdots & \vdots & \vdots & & \vdots & \vdots\\
0 & \cdots & 0 & n & 0 & 0 & \cdots & 0 & a
\end{vmatrix}.
$$

继续这一过程：r_n-nr_1，再按照第一列展开，一共 $n-1$ 次后，得到

$$
\mathrm{Res}(f,f')=\begin{vmatrix}
(1-n)a & -nb & 0 & 0 & \cdots & 0 & 0\\
0 & (1-n)a & -nb & 0 & \cdots & 0 & 0\\
0 & 0 & (1-n)a & -nb & \cdots & 0 & 0\\
\vdots & \vdots & \vdots & \vdots & & \vdots & \vdots\\
0 & 0 & 0 & 0 & \cdots & (1-n)a & -nb\\
n & 0 & 0 & 0 & \cdots & 0 & a
\end{vmatrix}
$$

$$
=n(-1)^{n+1}(-nb)^{n-1}+a[(1-n)a]^{n-1}
$$

$$
=(-1)^{n-1}(n-1)^{n-1}a^n+n^nb^{n-1}.
$$

所以

$$
D(f)=(-1)^{\frac{n(n-1)}{2}}\mathrm{Res}(f,f')=(-1)^{\frac{n(n-1)}{2}}[(-1)^{n-1}(n-1)^{n-1}a^n+n^nb^{n-1}].
$$

(2) 设 $g(x)=x-1$，则

$$f(x)g(x)=x^n-1.$$

由(1)，可得

$$D(fg)=(-1)^{\frac{n(n-1)}{2}}n^n(-1)^{n-1}=(-1)^{\frac{(n-1)(n-2)}{2}}n^n.$$

由 $D(g)=1$，以及

$$\operatorname{Res}(f,g)=\begin{vmatrix}1 & 1 & 1 & 1 & \cdots & 1\\ 1 & -1 & & & & \\ & 1 & -1 & & & \\ & & & \ddots & \ddots & \\ & & & & 1 & -1\end{vmatrix}\xlongequal[i=2,\cdots,n]{c_1+c_i}\begin{vmatrix}n & 1 & 1 & 1 & \cdots & 1\\ 0 & -1 & & & & \\ & 1 & -1 & & & \\ & & & \ddots & \ddots & \\ & & & & 1 & -1\end{vmatrix}$$
$$=(-1)^{n-1}n,$$

结合例 1.43，就得到

$$D(f)=(-1)^{\frac{(n-1)(n-2)}{2}}n^{n-2}.$$

解毕.

结式还可以化平面曲线的参数方程为直角坐标方程.

例 1.45 求曲线

$$x=\frac{-t^2+2t}{t^2+1},\quad y=\frac{2t^2+2t}{t^2+1}$$

的直角坐标方程.

☞ **解** 任取曲线上的一点 (x,y)，则存在 $t_0\in\mathbb{R}$，使得

$$x=\frac{-t_0^2+2t_0}{t_0^2+1},\quad y=\frac{2t_0^2+2t_0}{t_0^2+1},$$

即

$$(x+1)t_0^2-2t_0+x=0,\quad (y-2)t_0^2-2t_0+y=0.$$

令

$$f(t)=(x+1)t^2-2t+x,\quad g(t)=(y-2)t^2-2t+y\in\mathbb{R}[t],$$

则 $f(t)$ 和 $g(t)$ 有公共根 t_0，得到 $\operatorname{Res}(f,g)=0$.

反之，如果 (x,y) 满足 $\operatorname{Res}(f,g)=0$，则 $f(t)$ 和 $g(t)$ 不互素.而 $f(t)$ 和 $g(t)$ 不相伴，且次数至多为 2，所以 $f(t)$ 和 $g(t)$ 有公共根 $t_1\in\mathbb{R}$. 因此 (x,y) 在该曲线上.于是该曲线的直角坐标方程为 $\operatorname{Res}(f,g)=0$. 下面具体计算.

当 $x\neq -1$ 且 $y\neq 2$ 时，有

$$\operatorname{Res}(f,g)=\begin{vmatrix} x+1 & -2 & x & 0\\ 0 & x+1 & -2 & x\\ y-2 & -2 & y & 0\\ 0 & y-2 & -2 & y\end{vmatrix}=8x^2-4xy+5y^2+12x-12y;$$

当 $x\neq-1$ 而 $y=2$ 时,有

$$\operatorname{Res}(f,g)=\begin{vmatrix} x+1 & -2 & x\\ -2 & 2 & 0\\ 0 & -2 & 2\end{vmatrix}=4(2x-1);$$

当 $x=-1$ 而 $y\neq 2$ 时,有

$$\operatorname{Res}(f,g)=\begin{vmatrix} -2 & -1 & 0\\ 0 & -2 & -1\\ y-2 & -2 & y\end{vmatrix}=5y+2;$$

当 $x=-1$ 而 $y=2$ 时,有

$$\operatorname{Res}(f,g)=\begin{vmatrix} -2 & -1\\ -2 & 2\end{vmatrix}=-6.$$

由于 $(-1,2)$, $(1/2,2)$, $(-1,-2/5)$ 都满足 $8x^2-4xy+5y^2+12x-12y=0$, 所以曲线的直角坐标方程为

$$8x^2-4xy+5y^2+12x-12y=0,$$

并且 $(x,y)\neq(-1,2)$.

*§1.16 群、环、域和主理想整环

这节简要介绍群、环、域和主理想整环的定义,并给出一些例子.数域是域,而域上的一元多项式环是主理想整环.

1.16.1 群

群是最简单的代数结构,它是 Galosi 在研究多项式的根式可解性时引入的,这标志着代数学从研究线性方程组等转向研究代数结构.

定义 1.24 设 G 是非空集合, G 上有一个二元运算: 对任意的 $a, b\in G$, 存在唯一的 $ab=a\cdot b\in G$ 与之对应,且满足下面公理

(G1) (结合律) 对任意 $a, b, c\in G$, 有 $(ab)c=a(bc)$;

(G2) (存在单位元) 存在 $e\in G$, 使得对任意 $a\in G$, 有 $ae=ea=a$;

(G3) (存在逆元) 对任意 $a\in G$, 存在 $b\in G$, 使得 $ab=ba=e$,

则称 G 为一个**群**.

如果群 G 还满足

(G4)(交换律)对任意 $a, b \in G$,有 $ab = ba$,

则称 G 是**交换群**,也称为**阿贝尔(Abel)群**.

容易证明,公理(G2)中的 e 唯一;公理(G3)中,满足 $ab = ba = e$ 的 b 唯一,称其为 a 的逆,记为 a^{-1}.

上面定义中群的运算写成了乘法,有时也将群的运算写成加法,这时候通常称群中的单位元为零元.

我们看一些例子.

例 1.46 (1) $\mathbb{Z}$(或 $\mathbb{Q}$,或 $\mathbb{R}$,或 $\mathbb{C}$)在加法下成为无限 Abel 群;

(2) $\mathbb{Q}$(或 $\mathbb{R}$,或 $\mathbb{C}$)的非零元全体在乘法下成为无限 Abel 群;

(3) $\mathbb{N}$ 在加法下不成为群,比如没有零元;

(4) 非零整数全体在乘法下不成为群,比如整数 2 没有乘法逆.

例 1.47 设 S 是一个非空集合,集合 S 到 S 的双射全体做成的集合记为 $\mathrm{Aut}(S)$,则 $\mathrm{Aut}(S)$ 在映射的复合下成为群,其单位元为 S 的恒等映射.称 $\mathrm{Aut}(S)$ 为 S 的**置换群**,该群中的元素称为 S 上的**置换**.如果 $S = \{1, 2, \cdots, n\}$,则将 $\mathrm{Aut}(S)$ 记为 S_n,并称为 n 阶**对称群**.

例 1.48 设 m 是一个固定的正整数.对整数 a,b,如果 $m \mid (a-b)$,则称 a 和 b **模 m 同余**,并记为 $a \equiv b \pmod m$. 可以证明模 m 同余关系是 $\mathbb{Z}$ 上的一个等价关系,于是得到整数集的模 m 分类.具体的,对 $a \in \mathbb{Z}$,记

$$\bar{a} = \{b \in \mathbb{Z} \mid b \equiv a \pmod m\},$$

称其为 a 所在的模 m 同余类.所有模 m 同余类所成的集合记为 $\mathbb{Z}/m\mathbb{Z}$,则在加法

$$\bar{a} + \bar{b} := \overline{a+b}, \quad a, b \in \mathbb{Z}$$

下,$\mathbb{Z}/m\mathbb{Z}$ 成为 Abel 群.

为了和后面的线性空间比较,我们这里定义子结构和同态的概念.

保持代数结构的运算的映射称为同态,具体地,对群有定义

定义 1.25 设 G 和 H 是群,如果映射 $\varphi: G \longrightarrow H$ 满足,对任意 $a, b \in G$,有

$$\varphi(ab) = \varphi(a)\varphi(b),$$

则称 φ 为一个**群同态**.此时,有 $\varphi(e_G) = e_H$,且对任意 $a \in G$,有 $\varphi(a^{-1}) = \varphi(a)^{-1}$.

子结构就是对运算封闭的非空子集.

定义 1.26 设 G 是群,H 是 G 的非空子集,如果

(i) 对任意 $a, b \in H$,有 $ab \in H$;

(ii) 对任意 $a \in H$,有 $a^{-1} \in H$,

则称 H 为 G 的一个**子群**.此时,H 在 G 的运算下也成为群.

1.16.2 环

群只有一个运算,而环则有两个运算.

定义 1.27 设非空集合 R 有两个二元运算，一个记为加法，一个记为乘法，满足

(R1) $(R,+)$ 是 Abel 群；

(R2)（结合律）对任意 $a,b,c\in R$，有 $(ab)c=a(bc)$；

(R3)（分配律）对任意 $a,b,c\in R$，有

$$a(b+c)=ab+ac,\quad (a+b)c=ac+bc,$$

则称 R 是一个**环**.环 R 若还满足

(R4)（交换律）对任意 $a,b\in R$，有 $ab=ba$，

则称 R 是**交换环**.环 R 若还满足

(R5) 存在 $1_R\in R$，使得对任意 $a\in R$，有

$$1_Ra=a1_R=a,$$

则称 R 是含幺环.常将唯一的 1_R 记为 1.

设 R 是环，R 中有些元比较特殊.设 $0\neq a,b\in R$，如果 $ab=0$，则称 a 是 R 的一个**左零因子**，而 b 是 R 的一个**右零因子**.既是左零因子，又是右零因子的元称为 R 的**零因子**.

定义 1.28 设 R 是含幺交换环，且满足

(i) $1_R\neq 0$；

(ii) R 无零因子，

则称 R 是**整环**.

下面看一些环的例子.

例 1.49 $\mathbb{Z}$（或 $\mathbb{Q}$，或 $\mathbb{R}$，或 $\mathbb{C}$）在数的加法和乘法下成为整环.称 $\mathbb{Z}$ 为**整数环**.设 $\mathbb{F}$ 是数域，则 $\mathbb{F}[x]$ 在多项式的加法和乘法下成为整环，称其为**一元多项式环**.

例 1.50 设 m 是固定的正整数，则 $\mathbb{Z}/m\mathbb{Z}$ 在模 m 同余类的加法和乘法：

$$\bar{a}+\bar{b}=\overline{a+b},\quad \bar{a}\,\bar{b}=\overline{ab},\quad a,b\in\mathbb{Z}$$

下成为含幺交换环.称 $\mathbb{Z}/m\mathbb{Z}$ 为**模 m 同余类环**.可以证明，$\mathbb{Z}/m\mathbb{Z}$ 是整环的充分必要条件是，m 是素数.

例 1.51 设 A 是一个 Abel 群，令 $\mathrm{End}(A)$ 为 A 到 A 的群同态全体做成的集合，则 $\mathrm{End}(A)$ 在加法和乘法：

$$(f+g)(a)=f(a)+g(a),\quad (fg)(a)=f(g(a)),\quad \forall f,g\in\mathrm{End}(A),\ \forall a\in A$$

下成为含幺环，称之为 A 的**自同态环**.

本小节最后定义环同态和子环.

定义 1.29 设 R,S 是环，如果映射 $f:R\longrightarrow S$ 满足：对任意 $a,b\in R$，有

$$f(a+b)=f(a)+f(b),\quad f(ab)=f(a)f(b),$$

则称 f 是从 R 到 S 的一个**环同态**.

定义 1.30 设 R 是环，R 的非空子集 S 满足：对任意 $a,b\in S$，有

$$a-b\in S,\quad ab\in S,$$

则称 S 是 R 的一个**子环**.

1.16.3 域

如果 R 是含幺环，$a \in R$ 满足：存在 $b \in R$，使得 $ab = ba = 1_R$，则称 a 是 R 的一个**可逆元**.此时，b 唯一，称为 a 的逆，并记为 a^{-1}. 环 R 的所有可逆元构成的集合记为 $R^{\times}$，可以证明 $R^{\times}$ 在 R 的乘法下成为群，称为 R 的**单位群**.

例 1.52 有

$$\mathbb{Z}^{\times} = \{1, -1\}, \quad \mathbb{Q}^{\times} = \mathbb{Q} - \{0\}, \quad \mathbb{R}^{\times} = \mathbb{R} - \{0\}, \quad \mathbb{C}^{\times} = \mathbb{C} - \{0\},$$

和

$$(\mathbb{F}[x])^{\times} = \mathbb{F}^{\times} = \mathbb{F} - \{0\}, \quad (\mathbb{Z}/m\mathbb{Z})^{\times} = \{\bar{a} \mid a \in \mathbb{Z}, (a, m) = 1\}.$$

如果环的乘法群最大,则成为体.

定义 1.31 设 D 是含幺环，如果 $1_D \neq 0$，且 D 的任意非零元都是可逆元，则称 D 是**体**(也称为**除环**).交换体称为**域**.

例 1.53 $\mathbb{Q}$，$\mathbb{R}$ 和 $\mathbb{C}$ 都是域，分别称为**有理数域**，**实数域**和**复数域**.设 p 为素数，则 $\mathbb{Z}/p\mathbb{Z}$ 为域，称为**模 p 剩余类域**.

1.16.4 主理想整环

设 R 是环，I 是 R 的非空子集，满足

(1) 对任意 $a, b \in I$，有 $a - b \in I$；

(2) 对任意 $a \in I$ 和 $r \in R$，有 $ar \in I$ 和 $ra \in I$，

则称 I 是 R 的一个**理想**.

上面的条件(1)相当于 I 关于 R 的加法为子群.

设 R 是含幺交换环，S 是 R 的非空子集，则集合

$$\langle S \rangle := \{r_1 a_1 + \cdots + r_s a_s \mid s \geqslant 1, r_1, \cdots, r_s \in R, a_1, \cdots, a_s \in S\}$$

是 R 的理想，称为由 S 生成的理想.设 $a \in R$，称

$$\langle a \rangle = Ra = \{ra \mid r \in R\}$$

为由 a 生成的**主理想**.

定义 1.32 每个理想都是主理想的整环称为**主理想整环**.

整数环是主理想整环.

例 1.54 证明：整数环是主理想整环.

☞ **证明** 设 I 是 $\mathbb{Z}$ 的非零理想，则 I 中含正整数，令 m 是 I 中的最小正整数，下面证明 $I = \langle m \rangle$. 事实上，由 $m \in I$，知 $\langle m \rangle \subset I$. 反之，设 $a \in I$，由带余除法，存在 $q, r \in \mathbb{Z}$，使得

$$a = mq + r, \quad 0 \leqslant r < m.$$

由 $a, m \in I$，得 $r \in I$. 再由 m 的最小性得 $r = 0$，即 $a = mq \in \langle m \rangle$. 所以 $I = \langle m \rangle$ 是主理想.

类似地,一元多项式环是主理想整环.

例 1.55 设 $\mathbb{F}$ 是域,证明:一元多项式环 $\mathbb{F}[x]$ 是主理想整环.

☞ **证明** 首先,$\mathbb{F}[x]$ 是整环.其次,任取 $\mathbb{F}[x]$ 的非零理想 I,下面证明 I 是主理想.设 $m(x)$ 是 I 中次数最低的首一多项式,它是唯一的.有 $\langle m(x)\rangle \subset I$. 反之,任取 $f(x)\in I$,由带余除法,存在 $q(x)$, $r(x)\in\mathbb{F}[x]$,使得

$$f(x)=q(x)m(x)+r(x), \quad \deg(r(x))<\deg(m(x)).$$

由 $f(x)$, $m(x)\in I$,得 $r(x)\in I$. 再由 $m(x)$ 的次数最低性,得 $r(x)=0$. 所以 $f(x)=q(x)m(x)\in\langle m(x)\rangle$. 于是 $I=\langle m(x)\rangle$ 是主理想.

下面的例子给出了多项式的最大公因式的代数意义.

例 1.56 设 $\mathbb{F}$ 是域,$f_1(x)$, $f_2(x)$, $\cdots$, $f_s(x)\in\mathbb{F}[x]$,证明:

$$\langle f_1(x), f_2(x), \cdots, f_s(x)\rangle=\langle (f_1(x), f_2(x), \cdots, f_s(x))\rangle.$$

☞ **证明** 记 $d(x)=(f_1(x), f_2(x), \cdots, f_s(x))$,则存在 $u_1(x)$, $u_2(x)$, $\cdots$, $u_s(x)\in\mathbb{F}[x]$,使得

$$d(x)=u_1(x)f_1(x)+u_2(x)f_2(x)+\cdots+u_s(x)f_s(x)\in\langle f_1(x), f_2(x), \cdots, f_s(x)\rangle.$$

于是 $\langle d(x)\rangle\subset\langle f_1(x), f_2(x), \cdots, f_s(x)\rangle$. 反之,对任意 $r_1(x)$, $r_2(x)$, $\cdots$, $r_s(x)\in\mathbb{F}[x]$,有

$$\begin{aligned}&r_1(x)f_1(x)+r_2(x)f_2(x)+\cdots+r_s(x)f_s(x)\\ =&\left(r_1(x)\frac{f_1(x)}{d(x)}+r_2(x)\frac{f_2(x)}{d(x)}+\cdots+r_s(x)\frac{f_s(x)}{d(x)}\right)d(x)\in\langle d(x)\rangle,\end{aligned}$$

即有 $\langle f_1(x), f_2(x), \cdots, f_s(x)\rangle\subset\langle d(x)\rangle$.

整数环和一元多项式环中的唯一分解定理可以推广到主理想整环上(事实上,可以推广到所谓的唯一分解整环),为此需要将整数环和一元多项式环中的整除理论一般化.设 R 是整环,a, $b\in R$. 如果存在 $c\in R$,使得 $a=bc$,则称 b **整除** a,记为 $b\mid a$. 如果存在 $u\in R^{\times}$,使得 $a=ub$,则称 a 和 b **相伴**,记为 $a\sim b$. 容易证明,a 和 b 相伴当且仅当 a 和 b 相互整除.

定义 1.33 设 $p\in R$ 非零非单位.

(1) 如果 $p=ab$,其中 a, $b\in R$,可导出 $a\in R^{\times}$ 或者 $b\in R^{\times}$,则称 p 是**不可约元**;

(2) 如果 $p\mid ab$,其中 a, $b\in R$,可导出 $p\mid a$ 或者 $p\mid b$,则称 p 是**素元**.

整数环中的不可约元和素元一致,就是素数及其相反数;一元多项式环中的不可约元和素元也一致,就是不可约多项式.这个对任意的主理想整环都成立.

引理 1.36 设 R 是整环.则

(1) R 中的素元一定是不可约元;

(2) 如果 R 是主理想整环,则 R 中的不可约元是素元.

☞ **证明** (1) 设 p 是素元.令 $p=ab$,其中 a, $b\in R$,则 $p\mid ab$. 于是 $p\mid a$ 或者 $p\mid b$. 不妨设 $p\mid a$,于是存在 $c\in R$,使得 $a=pc$. 代入得到 $p=pcb$,进而由 $p\neq 0$ 得 $cb=1$. 所以

$b \in R^{\times}$，得到 p 是不可约元.

(2) 设 p 是 R 中的不可约元，先证明 $\langle p\rangle$ 是 R 的**极大理想**，即 $\langle p\rangle \neq R$，且不存在 R 的理想 I，使得 $\langle p\rangle \subsetneqq I \subsetneqq R$.

事实上，由于 $p \notin R^{\times}$，所以 $\langle p\rangle \neq R$. 设 $I=\langle a\rangle$ 是 R 的理想，且 $\langle p\rangle \subset \langle a\rangle \subset R$. 因为 $p \in \langle p\rangle$，所以 $p \in \langle a\rangle$. 于是存在 $b \in R$，使得 $p=ab$. 而 p 不可约，所以 $a \in R^{\times}$ 或者 $b \in R^{\times}$. 如果 $a \in R^{\times}$，则 $\langle a\rangle=R$；如果 $b \in R^{\times}$，则 $a \in \langle p\rangle$，进而 $\langle a\rangle=\langle p\rangle$. 所以 $\langle p\rangle$ 是极大理想.

下设 $p \mid ab$，其中 $a, b \in R$. 如果 $p \nmid a$，下面证明 $p \mid b$. 此时，有 $\langle p\rangle \subsetneqq \langle p, a\rangle$. 由于 $\langle p\rangle$ 是极大理想，所以 $\langle p, a\rangle=R$. 因此存在 $x, y \in R$，使得

$$xp+ya=1.$$

这得到 $b=bxp+yab$. 由 $p \mid ab$，就得 $p \mid b$.

还需要证明主理想整环是诺特(Noether)环.

定义 1.34 设 R 是环.

(1) 如果 R 的理想序列 $I_1, I_2, \cdots$ 满足

$$I_1 \subset I_2 \subset \cdots \subset I_i \subset I_{i+1} \subset \cdots,$$

则称 $\{I_i\}$ 为**一个理想升链**；

(2) 称 R 的理想升链 $\{I_i\}$ 是**稳定的**，如果存在 $k \in \mathbb{N}$，使得

$$I_k=I_{k+1}=I_{k+2}=\cdots;$$

(3) 如果 R 的任意理想升链都是稳定的，则称 R 是 **Noether 环**.

命题 1.37 主理想整环是 Noether 环.

☞ **证明** 设 R 是主理想整环，$\{I_i\}$ 是 R 的一个理想升链. 令 $I=\bigcup_{i \geqslant 1} I_i$，下面证明 I 是 R 的理想.

事实上，对任意 $a, b \in I$ 和 $r \in R$，存在 $i, j \geqslant 1$，使得 $a \in I_i$，$b \in I_j$. 不妨设 $i \leqslant j$，则

$$a, b \in I_j.$$

于是

$$a-b \in I_j \subset I.$$

又

$$ra \in I_i \subset I,$$

所以 I 是 R 的理想.

因为 R 是主理想整环，所以存在 $c \in R$，使得 $I=\langle c\rangle$. 存在 $k \geqslant 1$，使得 $c \in I_k$. 于是

$$I \subset I_k \subset I_{k+1} \subset \cdots \subset I.$$

得到

$$I=I_k=I_{k+1}=\cdots,$$

即理想升链 $\{I_i\}$ 稳定.

下面可以证明主理想整环的唯一分解定理.

定理 1.38 设 R 是主理想整环，$a \in R$ 非零非单位，则 a 可写为 R 中有限个不可约元的乘积

$$a = p_1 p_2 \cdots p_s.$$

而且在不计因子的次序下，这种分解唯一.即如果还有不可约分解 $a = q_1 q_2 \cdots q_t$，则 $s = t$，且必要时重新下标，有 $p_i \sim q_i$，$i = 1, 2, \cdots, s$.

☞ **证明** 先证明分解的存在性.如果 a 是不可约元，则 $a = a$ 为所求分解；否则 $a = a_1 a_2$，其中 a_1，a_2 都不是单位.如果 a_1，a_2 都是不可约元，则得到不可约分解；否则可以继续写为非单位元的乘积.于是继续这一过程，我们得到图 1.2：该图中每个顶点都是 R 中的非单位元，每个顶点是下方和它相连的两个顶点(如果有的话)的乘积，位于每个枝条(从 a 出发向下的链)最下端的顶点(叶子)都是不可约元.如果这个图中有无穷长的枝条，设为 a，b_1，b_2，$\cdots$，则得到理想的严格升链

$$\langle a \rangle \subsetneq \langle b_1 \rangle \subsetneq \langle b_2 \rangle \subsetneq \cdots,$$

这矛盾于 R 是 Noether 环.所以图 1.2 中的每个枝条都是有限的，即上面的过程有限步后停止.假设所有的叶子为 p_1，p_2，$\cdots$，p_s，则

$$a = p_1 p_2 \cdots p_s$$

为不可约元的乘积.

再证分解的唯一性.设有不可约分解 $a = p_1 p_2 \cdots p_s = q_1 q_2 \cdots q_t$，则 $p_1 \mid q_1 q_2 \cdots q_t$.而 p_1 为素元，所以存在 q_j，使得 $p_1 \mid q_j$.重新下标，可设 $j = 1$，即 $p_1 \mid q_1$.于是存在 $x \in R$，使得 $q_1 = x p_1$.但是 q_1 不可约，p_1 不是单位，所以 $x \in R^{\times}$，即 $p_1 \sim q_1$，且有

$$p_2 \cdots p_s = x q_1 \cdots q_t.$$

于是对 s 归纳可以得到唯一性的结论.

将上面的定理用到主理想整环 $\mathbb{Z}$ 和 $\mathbb{F}[x]$，就可以分别得到算术基本定理和一元多项式环的因式分解存在唯一定理.注意整数环 $\mathbb{Z}$ 中的不可约元就是 $\pm p$，其中 p 是素数，而一元多项式环 $\mathbb{F}[x]$ 中的不可约元就是不可约多项式.读者从这里应该可以体会到抽象化的威力.

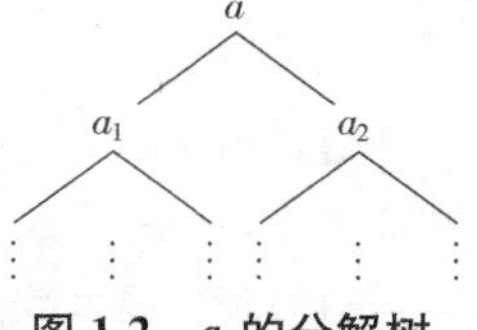

图 1.2　a 的分解树

补充题

A1. 求包含 $\sqrt[3]{2}$ 的最小的数域.

A2. 设 $f(x)$，$g(x) \in \mathbb{F}[x]$，$(f(x), g(x)) = d(x)$，证明：对任意正整数 n，成立

$$(f^n(x), f^{n-1}(x)g(x), \cdots, f(x)g^{n-1}(x), g^n(x)) = d^n(x).$$

A3. 设多项式 $f_1(x)$，$f_2(x)$，$\cdots$，$f_s(x) \in \mathbb{F}[x]$ 全不为零，$m(x)$ 是 $f_1(x)$，$f_2(x)$，$\cdots$，$f_s(x)$ 的公倍式，证明：$m(x)$ 是 $f_1(x)$，$f_2(x)$，$\cdots$，$f_s(x)$ 的最小公倍式的充分和必要条件是，

$$\left(\frac{m(x)}{f_1(x)}, \frac{m(x)}{f_2(x)}, \cdots, \frac{m(x)}{f_s(x)}\right) = 1.$$

A4. 证明：$y = \sin x$ 在实数域内不能表示为 x 的多项式.

A5. 设 $\mathbb{F}$ 是数域，$f(x) \in \mathbb{F}[x]$，$0 \neq a \in \mathbb{F}$. 证明：如果 $f(x+a) = f(x)$，则 $f(x)$ 为常数多项式.

A6. 设 $f(x) \in \mathbb{F}[x]$，对任意 $a, b \in \mathbb{F}$，有 $f(a+b) = f(a) + f(b)$，证明：存在 $\lambda \in \mathbb{F}$，使得 $f(x) = \lambda x$.

A7. 设 n 为正整数，$f(x) = x^{2n+1} - (2n+1)x^{n+1} + (2n+1)x^n - 1$，证明：1 是 $f(x)$ 的 3 重根.

A8. 设多项式 $f(x) = a_n x^n + a_{n-1}x^{n-1} + \cdots + a_1 x + a_0$，$k$ 是正整数，证明：$(x-1)^{k+1} \mid f(x)$ 的充分必要条件是

$$\begin{cases} a_0 + a_1 + a_2 + \cdots + a_n = 0, \\ a_1 + 2a_2 + \cdots + na_n = 0, \\ a_1 + 2^2 a_2 + \cdots + n^2 a_n = 0, \\ \qquad\qquad \vdots \\ a_1 + 2^k a_2 + \cdots + n^k a_n = 0. \end{cases}$$

A9. 设 $f_1(x), f_2(x), \cdots, f_n(x) \in \mathbb{F}[x]$，记

$$g(x) = f_1(x^{n+1}) + x f_2(x^{n+1}) + \cdots + x^{n-1} f_n(x^{n+1}).$$

证明：

$$1 + x + \cdots + x^n \mid g(x) \Longleftrightarrow x - 1 \mid f_i(x),\ i = 1, 2, \cdots, n.$$

(提示：可以学过行列式后再来做这个习题)

A10. 设 m, n 是正整数，证明：

$$1 + x + \cdots + x^m \mid 1 + x^n + x^{2n} + \cdots + x^{mn} \Longleftrightarrow (m+1, n) = 1.$$

A11. 设 $f(x) \in \mathbb{C}[x]$ 的次数小于 n，其中 n 是正整数，设 $\zeta_n = \cos\frac{2\pi}{n} + \mathrm{i}\sin\frac{2\pi}{n}$，证明：

$$f(0) = \frac{1}{n}\sum_{j=0}^{n-1} f(\zeta_n^j).$$

A12. 设 $p(x), f(x) \in \mathbb{F}[x]$，$p(x)$ 不可约，且 $p(x)$ 和 $f(x)$ 有公共复根，证明：$p(x)$ 的所有复根都是 $f(x)$ 的根.

A13. 设 n 是奇数，证明：$(x+y)(y+z)(z+x) \mid (x+y+z)^n - x^n - y^n - z^n$.

A14. 设 $c \neq 0$，求三次方程 $x^3 + ax^2 + bx + c = 0$ 的三个根的倒数的平方和.

A15. 设三次方程 $x^3 + ax^2 + bx + c = 0$ 的三个根是 x_1, x_2, x_3，求一个三次方程，使其三个根为

(1) x_1^2, x_2^2, x_3^2；

(2) x_1x_2, x_1x_3, x_2x_3.

B1. 设多项式 $f(x)$ 被 $x-1, x-2, x-3$ 除后，余式分别为 4, 8, 16, 求 $f(x)$ 被 $(x-1)(x-2)(x-3)$ 除后的余式.

B2. 设多项式 $f(x)$ 除以 x^2+1, x^2+2 的余式分别为 $2x+3, x+4$，求 $f(x)$ 除以 $(x^2+1)(x^2+2)$ 的余式.

B3. 求以 $\sqrt{2} + \sqrt[3]{3}$ 为根的次数最小的非零首一有理系数多项式 $f(x)$，并求 $f(x)$ 的所有复根.

B4. 设 $f(x) \in \mathbb{Q}[x]$，$a, b, c, d \in \mathbb{Q}$，其中 $c, d > 0$. 已知 $\sqrt{c}, \sqrt{d}, \sqrt{cd}$ 都是无理数，证明：

(1) 如果 $a+b\sqrt{d}$ 是 $f(x)$ 的根,则 $a-b\sqrt{d}$ 也是 $f(x)$ 的根;

(2) 如果 $a\sqrt{c}+b\sqrt{d}$ 是 $f(x)$ 的根,则 $a\sqrt{c}-b\sqrt{d}$, $-a\sqrt{c}+b\sqrt{d}$, $-a\sqrt{c}-d\sqrt{d}$ 也都是 $f(x)$ 的根.

B5. 设 $f(x)\in\mathbb{Q}[x]$, $d\in\mathbb{Q}$ 且 $\sqrt[3]{d}$ 是无理数,证明:如果 $\sqrt[3]{d}$ 是 $f(x)$ 的根,则 $\sqrt[3]{d}\omega$ 和 $\sqrt[3]{d}\omega^2$ 也是 $f(x)$ 的根,其中 $\omega=-\dfrac{1}{2}+\dfrac{\sqrt{3}}{2}\mathrm{i}$.

B6. 设 $f(x)$ 是整系数多项式, a_1, a_2, a_3, a_4 是互不相同的整数, p 是素数.如果对 $i=1,2,3,4$,都有 $f(a_i)=p$,证明: $f(x)$ 没有整数根.

B7. 证明:实系数多项式 $f(x)=x^3+ax^2+bx+c$ 的根的实部全是负数的充分必要条件是

$$a>0,\ c>0,\ ab>c.$$

B8. 设 $\boldsymbol{A}\in\mathbb{C}^{4\times4}$ 满足: $\mathrm{Tr}(\boldsymbol{A}^i)=i$, $i=1,2,3,4$. 求行列式 $\det(\boldsymbol{A})$.

B9. 求解方程组

$$\begin{cases}x_1+x_2+\cdots+x_n=n,\\x_1^2+x_2^2+\cdots+x_n^2=n,\\\qquad\vdots\\x_1^n+x_2^n+\cdots+x_n^n=n.\end{cases}$$

B10. 求多项式

$$f(x)=x^n+(a+b)x^{n-1}+(a^2+ab+b^2)x^{n-2}+\cdots+\\(a^{n-1}+a^{n-2}b+\cdots+a^{n-2}b+b^{n-1})x+(a^n+a^{n-1}b+\cdots+a^{n-1}b+b^n)$$

的 n 个根的等幂和 s_1, s_2, $\cdots$, s_n.

第 2 章　线性方程组与矩阵

现在我们正式开始线性代数之旅.本章从大家熟悉的线性方程组出发,从理论的角度阐述用 Gauss 消元法解线性方程组的过程;并自然引入矩阵,用矩阵的初等变换来实现 Gauss 消元法;以求解线性方程组这一具体例子来阐明线性代数的代数工具矩阵及其初等变换的重要性.

本章中 $\mathbb{F}$ 表示任意一个数域.

§2.1　线性方程组的初等变换

线性方程组是一次方程(或者：次数不超过 1 的方程)所组成的方程组.例如,在前言的“鸡兔同笼”例子中,我们得到的方程组

$$\begin{cases} x+y=35, \\ 2x+4y=94 \end{cases}$$

就是线性方程组.这里 x 和 y 是未知数,每个方程都是一次方程.称这是一个二元线性方程组,因为它有两个未知数.我们在中学学过它们的解法,例如,由第一个方程得到

$$x=35-y,$$

代入第二个方程得到

$$2(35-y)+4y=94,$$

即 $2y=24$. 求得 $y=12$, 再得到

$$x=35-12=23.$$

容易看到,上面的解法可以求解任意(有两个方程的)二元线性方程组.我们当然希望可以类似地求解有三个未知数的线性方程组、有四个未知数的线性方程组、有若干个未知数的线性方程组.

一般地,取定 $n \in \mathbb{N}$. 称有 n 个未知数的线性方程组为 n 元线性方程组.通常用 x_1, x_2, …, x_n 来表示 n 个未知数,于是一个有 m 个方程的 n 元线性方程组可以表示为

$$\begin{cases} a_{11}x_1+a_{12}x_2+\cdots+a_{1n}x_n=b_1, \\ a_{21}x_1+a_{22}x_2+\cdots+a_{2n}x_n=b_2, \\ \qquad\qquad\qquad\vdots \\ a_{m1}x_1+a_{m2}x_2+\cdots+a_{mn}x_n=b_m. \end{cases}$$

其中, a_{ij}, $b_i \in \mathbb{F}$ 是常数.称 a_{ij} 是**系数**, b_i 是**常数项**.注意系数 a_{ij} 的双下标的意义：第一个

下标 i 对应第 i 个方程，第二个下标 j 对应第 j 个未知数 x_j. 我们还要强调的是，线性方程组解的情况与未知数所用的符号无关，仅取决于系数与常数项.

如果一个线性方程组有解，我们就称它是**相容的线性方程组**. 显然，线性方程组的基本问题是如何求出解，我们要讲述的就是线性方程组的求解故事. 可以将线性方程组的求解具体细化为下面的 3 个小问题：

(a) 线性方程组何时相容？

(b) 有解时，有几个解？

(c) 给出具体的求解算法.

对于问题(a)，我们要找到一个有解规则，每个线性方程组不必求解，只要满足这个规则则有解. 对于问题(b)，我们希望有个解数的"公式"，给定一个线性方程组，不必求解，代入这个公式就可以求出解数. 对于问题(c)，我们希望有一个计算机的求解算法，给定一个线性方程组，输入它的系数和常数项后，按照算法可以很快地得到解. 给定一个二元甚至三元线性方程组，我们知道如何具体地求出解，而现在我们考查的是 n 元线性方程组，这里 n 是任意的正整数. 下面我们试图解决以上问题，其实，在中学数学中，我们已经学过回答这些问题的工具和想法.

2.1.1　Gauss 消元法

解决问题的一个常用想法是先看简单的情形. 这里最简单的情形是：$m=n=1$，此时方程组就是一个一元线性方程：$ax=b$. 它的解是非常明确的.

(i) 当 $a\neq 0$ 时，有唯一解 $x=a^{-1}b$；

(ii) 当 $a=0$ 且 $b=0$ 时，$\mathbb{F}$ 中任意数都是解；

(iii) 当 $a=0$ 而 $b\neq 0$ 时，无解.

再看 $m=n=2$ 的情形，此时方程组为

$$\begin{cases}a_{11}x_1+a_{12}x_2=b_1,\\ a_{21}x_1+a_{22}x_2=b_2.\end{cases}$$

从几何上看，如果 a_{11}，a_{12} 不同时为 0，且 a_{21}，a_{22} 不同时为 0，则解这个方程组对应到平面上求直线 $a_{11}x_1+a_{12}x_2=b_1$ 和直线 $a_{21}x_1+a_{22}x_2=b_2$ 的交点问题. 于是我们得到

(i) 如果两直线相交，那么有唯一解；

(ii) 如果两直线重合，那么任意的数对都是解；

(iii) 如果两直线平行，那么没有解.

在这两种简单情形下，解都是三种情况. 于是我们有理由猜想一般的线性方程组的解的个数有三种可能性：一个解、无穷多解，以及无解. 后面我们将证明这个猜想成立. 另外，我们看到，未知数越少越容易求解. 所以一个自然的想法是，是否可以把一般的线性方程组转化为未知数很少(最好一个)的"简单"线性方程来求解？从很多未知数变到很少未知数，就是消元，而这正是中学求解线性方程组的方法.

消元通常有两种方法：一种是逐步消去未知数，另一种是一次消去其余未知数. 我们称

前者为**Gauss 消元法**,后者为**加减消元法**.解线性方程组常用方法是Gauss 消元法,于是线性方程组的一种解法是

$$\boxed{\text{线性方程组}} \xrightarrow{\text{Gauss 消元法}} \boxed{\text{简单线性方程组}}$$

下面是一个具体例子.

例 2.1 在平面直角坐标系中,作抛物线 $y=ax^2+bx+c$,使其经过点 $(2,10)$,$(1,1)$,$(-3,5)$,求抛物线方程.

☞ **解** 由条件得到线性方程组

$$\begin{cases}4a+2b+c=10,\\ a+b+c=1,\\ 9a-3b+c=5.\end{cases}$$

记为(♣).下面用 Gauss 消元法解这个线性方程组:

$$(♣) \xrightarrow{(1)\leftrightarrow(2)} \begin{cases}a+b+c=1,\\ 4a+2b+c=10,\\ 9a-3b+c=5\end{cases} \xrightarrow[(3)-9\times(1)]{(2)-4\times(1)} \begin{cases}a+b+c=1,\\ -2b-3c=6,\\ -12b-8c=-4\end{cases}$$

$$\xrightarrow{(3)-6\times(2)} \begin{cases}a+b+c=1,\\ -2b-3c=6,\\ 10c=-40\end{cases} \xrightarrow{\frac{1}{10}\times(3)} \begin{cases}a+b+c=1,\\ -2b-3c=6,\\ c=-4\end{cases}$$

$$\xrightarrow{(2)+3\times(3)} \begin{cases}a+b+c=1,\\ -2b=-6,\\ c=-4\end{cases} \xrightarrow{-\frac{1}{2}\times(2)} \begin{cases}a+b+c=1,\\ b=3,\\ c=-4\end{cases}$$

$$\xrightarrow[(1)-(3)]{(1)-(2)} \begin{cases}a=2,\\ b=3,\\ c=-4.\end{cases}$$

这里,我们把方程组看成一个整体.对于每个方程组,用 (1) 表示它的第一个方程,其余类似.记号 $(1)\leftrightarrow(2)$ 表示交换方程组中第一个和第二个方程的顺序,记号 $(2)-4\times(1)$ 表示第二个方程的两边分别对应加上第一个方程两边的 -4 倍,记号 $\frac{1}{10}\times(3)$ 表示第三个方程的两边同时乘 $\frac{1}{10}$,其余类似.

于是所求的抛物线方程为 $y=2x^2+3x-4$.

2.1.2 初等变换

在上面的 Gauss 消元法中,我们将方程组变到另一个方程组,共用到三种变换.

定义 2.1 称下面三类线性方程组的变换为**初等变换**:

(i) 交换某两个方程的位置；

(ii) 用非零常数乘某个方程；

(iii) 用数乘某个方程再加到另一个方程上.

类似于上面，我们用 $(i)\leftrightarrow(j)$ 表示交换方程组中第 (i) 和第 (j) 个方程的位置；用 $a\times(i)$ 表示用非零数 a 乘第 (i) 个方程；用 $(j)+a\times(i)$ 表示第 (i) 个方程乘数 a 后再加到第 (j) 个方程上.

一个自然的问题是：在 Gauss 消元法将方程组变换的过程中，方程组的解是否会改变？为此定义如下概念.

定义 2.2　设 (A) 和 (B) 是两个 n 元线性方程组.

(1) 如果 (A) 和 (B) 有完全相同的解，则称 (A) 和 (B) **同解**；

(2) 设变换 $\mathcal{T}$ 将 (A) 变成 (B)，如果 (A) 和 (B) 同解，则称 $\mathcal{T}$ 是一个**同解变换**.

容易证明线性方程组的三类初等变换都是同解变换.

引理 2.1　线性方程组的初等变换是同解变换.

所以 Gauss 消元法解线性方程组的过程可以描述如下：

线性方程组 $\xrightarrow{\text{初等变换}}$ 简单线性方程组

在上面的求解过程中，线性方程组中未知数所用符号并不是本质的，本质的是系数和常数项.为了抓住本质的东西，在下节中，我们引入矩阵的概念，用矩阵来记录线性方程组的系数和常数项.

习题 2.1

A1. 用 Gauss 消元法解线性方程组 $\begin{cases}x+y+z=6,\\2x+y-3z=-5,\\3x-y+z=4.\end{cases}$

A2. 证明：线性方程组的初等变换是同解变换.

§2.2　矩阵和线性方程组

将线性方程组 $\begin{cases}4a+2b+c=10,\\a+b+c=1,\\9a-3b+c=5\end{cases}$ 的未知数和等号去掉，我们得到下面的数表

$$\begin{matrix}4 & 2 & 1 & 10\\1 & 1 & 1 & 1\\9 & -3 & 1 & 5\end{matrix}$$

注意为了能够恢复原来的线性方程组,我们将这些数排得比较整齐:每行对应一个方程,前面三列是系数,最后一列是常数项,第一列是第一个未知数的系数,等等.这样整齐的一个数表就是矩阵.为了告诉别人这个数表是一个整体,我们用圆括号[①]把它括起来,得到

$$\begin{pmatrix} 4 & 2 & 1 & 10 \\ 1 & 1 & 1 & 1 \\ 9 & -3 & 1 & 5 \end{pmatrix}.$$

一般地,矩形(长方形)的数表称为**矩阵**.于是矩阵的特点是外部框形,内部成行列.一个 m 行 n 列的 $\mathbb{F}$ 系数矩阵($m\times n$ 矩阵)可以表示为

$$\begin{pmatrix} a_{11} & a_{12} & \cdots & a_{1n} \\ a_{21} & a_{22} & \cdots & a_{2n} \\ \vdots & \vdots & & \vdots \\ a_{m1} & a_{m2} & \cdots & a_{mn} \end{pmatrix},$$

其中 $a_{ij}\in\mathbb{F}$,称其为 (i, j) 位置的元素,i 表示所在的行,而 j 表示所在的列.常用 $\boldsymbol{A}$, $\boldsymbol{B}$, $\boldsymbol{C}$ 等大写的英文字母表示矩阵,上面的矩阵可以表示为

$$\boldsymbol{A}=\boldsymbol{A}_{m\times n}=(a_{ij})=(a_{ij})_{m\times n}.$$

行数和列数称为这个矩阵的型号,两个矩阵如果型号相同,则称它们**同型**.设 $\boldsymbol{A}=(a_{ij})$ 和 $\boldsymbol{B}=(b_{ij})$ 是两个矩阵,如果 $\boldsymbol{A}$ 和 $\boldsymbol{B}$ 同型,且对任意的 i 和 j 有 $a_{ij}=b_{ij}$,则称 $\boldsymbol{A}$ 和 $\boldsymbol{B}$ **相等**,记为 $\boldsymbol{A}=\boldsymbol{B}$.

数域 $\mathbb{F}$ 上所有 $m\times n$ 矩阵全体记为 $\mathbb{F}^{m\times n}$,即[②]

$$\mathbb{F}^{m\times n}=\{(a_{ij})_{m\times n}\mid a_{ij}\in\mathbb{F}, \forall i, j\}.$$

矩阵是本讲义的主角之一,所以我们花费一些笔墨来介绍一些特殊的矩阵.

首先,$\mathbb{F}$ 中的数可以看成是 1×1 阵,所以矩阵是数的推广.其次,称 $m\times1$ 的矩阵为 m 维**列向量**,其一般形式为

$$\begin{pmatrix} a_1 \\ a_2 \\ \vdots \\ a_m \end{pmatrix}, \quad a_i\in\mathbb{F};$$

称 $1\times n$ 的矩阵为 n 维**行向量**[③],例如,

$$(a_1, a_2, \cdots, a_n), \quad a_i\in\mathbb{F}$$

---

① 也有用方括号的.

② 也用记号 $M_{m\times n}(\mathbb{F})$ 表示 $\mathbb{F}^{m\times n}$,用记号 $M_n(\mathbb{F})$ 表示 $\mathbb{F}^{n\times n}$.

③ 在物理学上,有大小和方向的量称为向量.当取定直角坐标系后,空间向量可以用三元有序数组表示.简单起见,我们也将三元有序数组称为向量.这里使用行(列)向量的名字就是这种叫法的推广.

就是一般的 n 维行向量.所有 m 维列向量组成的集合为 $\mathbb{F}^{m\times 1}$，简记为 $\mathbb{F}^m$. 再次，称 $n\times n$ 的矩阵为 n 阶**方阵**.下面是一个一般的 n 阶方阵

$$\boldsymbol{A}=\boldsymbol{A}_n=\begin{pmatrix} a_{11} & a_{12} & \cdots & a_{1n} \\ a_{21} & a_{22} & \cdots & a_{2n} \\ \vdots & \vdots & & \vdots \\ a_{n1} & a_{n2} & \cdots & a_{nn} \end{pmatrix}.$$

这个方阵有两个对角线(正方形的两个对角线)，其中一个对角线上的所有元素的行标和列标相等(即 a_{ii} 所在的对角线)，称其为**主对角**，简称为**对角**；另一对角线上元素的行标和列标之和为 $n+1$，称之为**副对角**.最后，我们称所有元素为 0 的矩阵为**零矩阵**，记为 $\boldsymbol{O}$ 或者 $\boldsymbol{0}$，即

$$\boldsymbol{0}=\boldsymbol{O}=\boldsymbol{O}_{m\times n}=(0)_{m\times n}$$

是 $m\times n$ 的零矩阵.根据定义，零矩阵很多，例如

$$\boldsymbol{O}_2=\begin{pmatrix} 0 & 0 \\ 0 & 0 \end{pmatrix}\neq \boldsymbol{O}_{2\times 1}=\begin{pmatrix} 0 \\ 0 \end{pmatrix}.$$

下面再介绍一些特殊的方阵.如果一个方阵的主对角下方的元素都等于零，则称其为**上三角阵**，于是一般形式是

$$\begin{pmatrix} a_{11} & a_{12} & \cdots & a_{1n} \\ & a_{22} & \cdots & a_{2n} \\ & & \ddots & \vdots \\ & & & a_{nn} \end{pmatrix},$$

其中，空白位置元素都为 0.由定义，$\boldsymbol{A}=(a_{ij})_{n\times n}$ 是上三角阵的充分必要条件是，对任意 $1\leqslant j<i\leqslant n$，有 $a_{ij}=0$. 类似地，如果一个方阵的主对角上方的元素都等于零，则称其为**下三角阵**.如果一个方阵同时是上三角阵和下三角阵，则称它是**对角阵**，即对角元外的元素都是零的方阵是对角阵.对角阵常用下面的记号

$$\operatorname{diag}(a_1, a_2, \cdots, a_n):=\begin{pmatrix} a_1 & & & \\ & a_2 & & \\ & & \ddots & \\ & & & a_n \end{pmatrix},\quad a_1, a_2, \cdots, a_n\in\mathbb{F}.$$

所有对角元都相等的对角阵称为**纯量阵**，例如

$$\operatorname{diag}(\underbrace{a, \cdots, a}_{n}),\quad a\in\mathbb{F}$$

是 a 对应的 n 阶纯量阵.数 1 对应的纯量阵就是**单位阵**,记为 $\boldsymbol{E}$①,即 n 阶单位阵为

$$\boldsymbol{E}=\boldsymbol{E}_n := \operatorname{diag}(\underbrace{1, \cdots, 1}_{n})=\begin{pmatrix}1 & & \\ & \ddots & \\ & & 1\end{pmatrix}_{n\times n}.$$

下面回到线性方程组.设有 n 元线性方程组

$$\begin{cases}a_{11}x_1+a_{12}x_2+\cdots+a_{1n}x_n=b_1,\\ a_{21}x_1+a_{22}x_2+\cdots+a_{2n}x_n=b_2,\\ \qquad\qquad\vdots\\ a_{m1}x_1+a_{m2}x_2+\cdots+a_{mn}x_n=b_m.\end{cases}$$

我们用矩阵来记录这个方程组本质的东西.令

$$\boldsymbol{A}=(a_{ij})_{m\times n}=\begin{pmatrix}a_{11} & a_{12} & \cdots & a_{1n}\\ a_{21} & a_{22} & \cdots & a_{2n}\\ \vdots & \vdots & & \vdots\\ a_{m1} & a_{m2} & \cdots & a_{mn}\end{pmatrix}\in\mathbb{F}^{m\times n},$$

称其为**系数矩阵**.记

$$\boldsymbol{\beta}=\begin{pmatrix}b_1\\ b_2\\ \vdots\\ b_m\end{pmatrix}\in\mathbb{F}^m,$$

它是 m 维列向量,称其为**常数项列向量**.最后记

$$\widetilde{\boldsymbol{A}}=(\boldsymbol{A}, \boldsymbol{\beta})=\begin{pmatrix}a_{11} & a_{12} & \cdots & a_{1n} & b_1\\ a_{21} & a_{22} & \cdots & a_{2n} & b_2\\ \vdots & \vdots & & \vdots & \vdots\\ a_{m1} & a_{m2} & \cdots & a_{mn} & b_m\end{pmatrix}\in\mathbb{F}^{m\times(n+1)},$$

称其为**增广矩阵**.

增广矩阵记录了这个线性方程组所有的信息:每一行对应一个方程,最后一列对应常数项,前面的列对应相应未知数的系数.于是,将每个线性方程组对应到它的增广矩阵,我们得到双射

$$\{m \text{ 个方程的 } n \text{ 元线性方程组}\}\xrightarrow[\text{onto}]{1-1}\mathbb{F}^{m\times(n+1)}.$$

① 也记为 I.

在这个对应下，Gauss 消元法解线性方程组的过程可以描述如下：

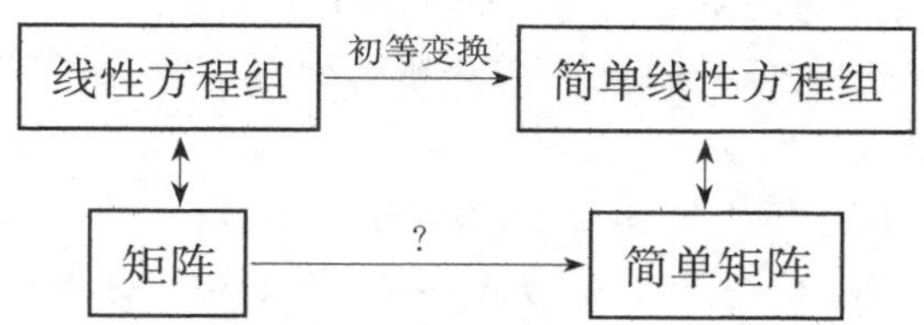

下面我们的任务之一是将线性方程组的初等变换翻译到矩阵世界，对应的变换我们称之为矩阵的行初等变换.另一个任务是回答什么是简单矩阵，这些都留待下一节解决.

习题 2.2

A1. 写出线性方程组 $\begin{cases}2x_2+3x_3-x_4=1,\\ -x_1+2x_3+11x_4=0,\\ 3x_1-2x_2-4x_3+x_4=-1\end{cases}$ 的增广矩阵 $\widetilde{A}$.

A2. 写出以矩阵 $\begin{pmatrix}1&-1&2&3\\0&2&-5&0\\3&-2&4&-2\end{pmatrix}$ 为增广矩阵的线性方程组.

§2.3 矩阵的初等变换

线性方程组的方程对应到其增广矩阵的行，对方程进行操作，相当于对增广矩阵的行进行相应操作.于是，对应到线性方程组的初等变换，我们有下面的定义.

定义 2.3 称下面三类变换为矩阵的**行初等变换**：

(i) 调行变换：$r_i \leftrightarrow r_j$（交换第 i 行和第 j 行）；

(ii) 行数乘变换：$a \times r_i$，$a \neq 0$（用 a 乘第 i 行所有元素）；

(iii) 行消去变换：$r_j + a \times r_i$（用 a 乘第 i 行所有元素，再加到第 j 行的对应位置元素上）.

为了后面的应用，我们还给出如下定义.

定义 2.4 称下面三类变换为矩阵的**列初等变换**：

(i) 调列变换：$c_i \leftrightarrow c_j$；

(ii) 列数乘变换：$a \times c_i$，$a \neq 0$；

(iii) 列消去变换：$c_j + a \times c_i$.

行初等变换和列初等变换统称为**初等变换**.

由于通常需要许多次行初等变换才能将一个矩阵化为“简单”矩阵，所以我们引入下面概念.

定义 2.5 设 $\boldsymbol{A}, \boldsymbol{B} \in \mathbb{F}^{m\times n}$.

(1) 如果 $\boldsymbol{A}$ 可经过有限次行初等变换化为 $\boldsymbol{B}$，则称 $\boldsymbol{A}$ 与 $\boldsymbol{B}$ **行等价**，记为 $\boldsymbol{A} \overset{r}{\sim} \boldsymbol{B}$；

(2) 如果 $\boldsymbol{A}$ 可经过有限次列初等变换化为 $\boldsymbol{B}$，则称 $\boldsymbol{A}$ 与 $\boldsymbol{B}$ **列等价**，记为 $\boldsymbol{A} \overset{c}{\sim} \boldsymbol{B}$；

(3) 如果 $\boldsymbol{A}$ 可经过有限次初等变换化为 $\boldsymbol{B}$，则称 $\boldsymbol{A}$ 与 $\boldsymbol{B}$ **等价**[①]，记为 $\boldsymbol{A}\sim\boldsymbol{B}$.

线性方程组的初等变换为同解变换对应到下面的对称性.

引理 2.2 矩阵的(行、列)等价满足[②](以等价为例)：

(i)(自反性) $\forall \boldsymbol{A}\in\mathbb{F}^{m\times n}$，有 $\boldsymbol{A}\sim\boldsymbol{A}$；

(ii)(对称性) $\forall \boldsymbol{A},\boldsymbol{B}\in\mathbb{F}^{m\times n}$，若 $\boldsymbol{A}\sim\boldsymbol{B}$，则 $\boldsymbol{B}\sim\boldsymbol{A}$；

(iii)(传递性) $\forall \boldsymbol{A},\boldsymbol{B},\boldsymbol{C}\in\mathbb{F}^{m\times n}$，若 $\boldsymbol{A}\sim\boldsymbol{B}$，$\boldsymbol{B}\sim\boldsymbol{C}$，则 $\boldsymbol{A}\sim\boldsymbol{C}$.

☞ **证明** 我们以行等价为例.(i)和(iii)显然成立.注意到

$$\boldsymbol{A}\overset{r_i\leftrightarrow r_j}{\sim}\boldsymbol{B}\Longrightarrow\boldsymbol{B}\overset{r_i\leftrightarrow r_j}{\sim}\boldsymbol{A},$$

$$\boldsymbol{A}\overset{a\times r_i}{\sim}\boldsymbol{B}\Longrightarrow\boldsymbol{B}\overset{\frac{1}{a}\times r_i}{\sim}\boldsymbol{A},\quad a\neq 0,$$

$$\boldsymbol{A}\overset{r_j+ar_i}{\sim}\boldsymbol{B}\Longrightarrow\boldsymbol{B}\overset{r_j-ar_i}{\sim}\boldsymbol{A},$$

则可知(ii)成立.

下面回到矩阵化简.我们已经知道了化简的工具：(行)初等变换，那么什么样的矩阵是“简单”的呢？目前看来，简单是为了可以直接写出对应的线性方程组的解.还是看个例子.

例 2.2 例 2.1 中用 Gauss 消元法解线性方程组(♣)的过程，用对应的增广矩阵表示为：

$$\widetilde{\boldsymbol{A}}=\begin{pmatrix}4&2&1&10\\1&1&1&1\\9&-3&1&5\end{pmatrix}\overset{r_1\leftrightarrow r_2}{\sim}\begin{pmatrix}1&1&1&1\\4&2&1&10\\9&-3&1&5\end{pmatrix}$$

$$\overset{\substack{r_3-9r_1\\r_2-4r_1}}{\sim}\begin{pmatrix}1&1&1&1\\0&-2&-3&6\\0&-12&-8&-4\end{pmatrix}\overset{r_3-6r_2}{\sim}\begin{pmatrix}1&1&1&1\\0&-2&-3&6\\0&0&10&-40\end{pmatrix}$$

$$\overset{\frac{1}{10}r_3}{\sim}\begin{pmatrix}1&1&1&1\\0&-2&-3&6\\0&0&1&-4\end{pmatrix}\overset{r_2+3r_3}{\sim}\begin{pmatrix}1&1&1&1\\0&-2&0&-6\\0&0&1&-4\end{pmatrix}$$

$$\overset{-\frac{1}{2}r_2}{\sim}\begin{pmatrix}1&1&1&1\\0&1&0&3\\0&0&1&-4\end{pmatrix}\overset{\substack{r_1-r_2\\r_1-r_3}}{\sim}\begin{pmatrix}1&0&0&2\\0&1&0&3\\0&0&1&-4\end{pmatrix}.$$

观察上面例子中用行初等变换化简矩阵的过程，我们主要做了两件事：一个是利用行消去变换不断的产生零[③]，使得最后得到的矩阵除最后一列外，每一行至多只有一个数非零，这些非零的数位于不同的列[④]，而且从上往下看，这些非零数不断右移[⑤]；另一个是把这

---

① 行等价也称为行相抵，列等价也称为列相抵，等价也称为相抵.

② 也就是说矩阵的(行、列)等价是 $\mathbb{F}^{m\times n}$ 的等价关系.

③ 用初等变换化简矩阵也称为矩阵打洞.

④ 如此就把未知数分离开了.

⑤ 如此未知数越来越少，实现了消元.

些非零的数变成[①] 1.这些非零的数我们称之为**首元**,即矩阵中非零行的从左往右看的第一个非零元是首元.称首元所在的列为**首元列**.

例 2.3　下面两个矩阵中加灰色的数都是首元,首元列都是第 1, 2, 3 列.

$$\begin{pmatrix} 0 & \boxed{3} & -1 & 0 & 2 \\ \boxed{-2} & 0 & 3 & -1 & 3 \\ 0 & 0 & 0 & 0 & 0 \\ 0 & 0 & \boxed{-1} & 5 & 1 \end{pmatrix}, \quad \begin{pmatrix} \boxed{1} & 0 & 0 & 2 \\ 0 & \boxed{1} & 0 & 3 \\ 0 & 0 & \boxed{1} & -4 \end{pmatrix}.$$

结合上面的讨论,我们给出关于何为简单矩阵的定义.

定义 2.6　(1) 如果一个矩阵满足

(i) 全零行下方无非零行;

(ii) 各非零行的首元在上一行首元的右边,

则称该矩阵为**阶梯形阵**;

(2) 如果一个矩阵满足

(i) 是阶梯形阵;

(ii) 首元都是 1;

(iii) 各首元列只有一个非零元,

则称该矩阵为**简化阶梯形阵**(或者**行等价标准形阵**[②]).

请读者仔细体会为什么我们觉得如此定义的(简化)阶梯形阵为简单矩阵.显然,在阶梯形阵中

$$\text{非零行数} = \text{首元数} = \text{首元列数}.$$

且由定义,在阶梯形阵中可以画一个台阶,其一般形式是

$$\begin{pmatrix} 0 & \cdots & 0 & \Delta & & & & & \\ 0 & \cdots & 0 & & \Delta & & & * & \\ 0 & \cdots & 0 & & & \Delta & & & \\ \vdots & & \vdots & & & & \ddots & & \\ 0 & \cdots & 0 & & & & & \Delta & \\ 0 & \cdots & 0 & & & & & & \Delta \\ \vdots & & \vdots & & & & & & \\ 0 & \cdots & 0 & & & & & & \end{pmatrix}, \quad \Delta \neq 0\text{: 首元},$$

① 如此就可以直接写出解.

② 行等价标准形也称为行相抵标准形.

而简化阶梯形阵的一般形式是

$$\begin{pmatrix} 0 & \cdots & 0 & 1 & * & 0 & * & 0 & & 0 & & 0 & \\ 0 & \cdots & 0 & & & 1 & * & 0 & & 0 & & 0 & \\ 0 & \cdots & 0 & & & & & 1 & & 0 & * & 0 & * \\ \vdots & & \vdots & & & & & & \ddots & \vdots & & \vdots & \\ 0 & \cdots & 0 & & & & & & & 1 & & 0 & \\ 0 & \cdots & 0 & & & & & & & & & 1 & \\ \vdots & & \vdots & & & & & & & & & & \\ 0 & \cdots & 0 & & & & & & & & & & \end{pmatrix}.$$

例 2.4 (1) $\begin{pmatrix} 0 & 3 & -1 & 0 & 2 \\ -2 & 0 & 3 & -1 & 3 \\ 0 & 0 & 0 & 0 & 0 \\ 0 & 0 & -1 & 5 & 1 \end{pmatrix}$：非阶梯形阵；

(2) $\begin{pmatrix} 0 & -1 & 2 & 3 & 1 \\ 0 & & 3 & 4 & 2 \\ 0 & & & & 2 \\ 0 & & & & \end{pmatrix}$，$\begin{pmatrix} 1 & 1 & 1 & 0 \\ 0 & 1 & 0 & 1 \\ 0 & 0 & 1 & -4 \end{pmatrix}$：阶梯形阵，但非简化阶梯形阵；

(3) $\begin{pmatrix} 1 & 0 & 0 & 2 \\ 0 & 1 & 0 & 3 \\ 0 & 0 & 1 & -4 \end{pmatrix}$：简化阶梯形阵.

下面我们进入本节的主题：用行初等变换将一个矩阵化为阶梯形阵和简化阶梯形阵.

定理 2.3 设 $\boldsymbol{A} \in \mathbb{F}^{m\times n}$，则

(1) $\boldsymbol{A} \overset{r}{\sim}$ 阶梯形阵；

(2) $\boldsymbol{A} \overset{r}{\sim}$ 简化阶梯形阵.

☞ **证明** 这个证明就是给出化简的算法.

(1) 算法一：$\boldsymbol{A} \overset{r}{\sim}$ 阶梯形阵.

第一步 若 $\boldsymbol{A}=\boldsymbol{O}$，则结束；否则，可设

$$\boldsymbol{A}=\begin{pmatrix} 0 & \cdots & 0 & a_{1j} & \\ \vdots & & \vdots & \vdots & * \\ 0 & \cdots & 0 & a_{mj} & \end{pmatrix}, \quad 第\ j\ 列是首个非零列.$$

必要时可用调行变换，使得 $\boldsymbol{A}$ 行等价于

$$\boldsymbol{A}_1=\begin{pmatrix} 0 & \cdots & 0 & \Delta & \\ \vdots & & \vdots & \vdots & * \\ 0 & \cdots & 0 & * & \end{pmatrix},\quad \Delta\neq 0.$$

再用行消去变换 $r_i-\dfrac{*}{\Delta}r_1$，可得 $\boldsymbol{A}$ 行等价于

$$\boldsymbol{A}_2=\begin{pmatrix} 0 & \cdots & 0 & \Delta & * \\ 0 & \cdots & 0 & 0 & \\ \vdots & & \vdots & \vdots & \boldsymbol{B} \\ 0 & \cdots & 0 & 0 & \end{pmatrix}.$$

第二步　对 $\boldsymbol{B}$ 重复第一步(由于 $\boldsymbol{B}$ 的左边都是零，所以不论对 $\boldsymbol{B}$ 所在的行进行何种行初等变换，$\boldsymbol{B}$ 的左边还是零.于是只要考虑 $\boldsymbol{B}$.).

由于 $\boldsymbol{A}$ 的列数 n 是有限数，所以有限步后必有 $\boldsymbol{B}=\boldsymbol{O}$，即将 $\boldsymbol{A}$ 行等价于阶梯形阵.

(2) 算法二：$\boldsymbol{A}\overset{r}{\sim}$ 简化阶梯形阵.

只需

$$\boldsymbol{A}\xrightarrow{\text{算法一}}\text{阶梯形阵}\xrightarrow{\text{行数乘}}\text{首元为 }1\xrightarrow{\text{行消去}}\text{首元列其余元为 }0$$

即可.

与 $\boldsymbol{A}$ 行等价的简化阶梯形阵是唯一的(为什么?)；与 $\boldsymbol{A}$ 行等价的阶梯形阵不唯一，但是非零行数是由 $\boldsymbol{A}$ 唯一确定的①.

还要注意的是，在算法一中，我们只用到了调行变换和行消去变换②.

例 2.5　求与矩阵 $\boldsymbol{A}=\begin{pmatrix} 0 & 0 & 0 & 2 & 2 \\ 0 & 2 & 4 & 3 & 1 \\ 0 & 1 & 2 & 4 & 3 \end{pmatrix}$ 行等价的简化阶梯形阵.

☞ **解**　进行如下的行初等变换

$$\boldsymbol{A}\xrightarrow{r_1\leftrightarrow r_3}\begin{pmatrix} 0 & \boxed{1} & 2 & 4 & 3 \\ 0 & 2 & 4 & 3 & 1 \\ 0 & 0 & 0 & 2 & 2 \end{pmatrix}\xrightarrow{r_2-2r_1}\begin{pmatrix} 0 & 1 & 2 & 4 & 3 \\ 0 & 0 & 0 & -5 & -5 \\ 0 & 0 & 0 & 2 & 2 \end{pmatrix}$$

$$\xrightarrow[\frac{1}{2}r_3]{-\frac{1}{5}r_2}\begin{pmatrix} 0 & 1 & 2 & 4 & 3 \\ 0 & 0 & 0 & \boxed{1} & 1 \\ 0 & 0 & 0 & 1 & 1 \end{pmatrix}\xrightarrow[r_3-r_2]{r_1-4r_2}\begin{pmatrix} 0 & \boxed{1} & 2 & 0 & -1 \\ 0 & 0 & 0 & \boxed{1} & 1 \\ 0 & 0 & 0 & 0 & 0 \end{pmatrix}.$$

最后一个矩阵就是所求的简化阶梯形阵.

习题 2.3

A1. 用行初等变换，将下面矩阵化为简化阶梯形阵.

---

① 与 A 行等价的阶梯形阵的非零行数等于 A 的秩.

② 事实上，也可只用行消去变换.

(1) $\begin{pmatrix}1&2&3&-1\\2&-1&1&3\\5&-2&3&2\end{pmatrix}$； (2) $\begin{pmatrix}0&2&1&1&-1\\0&3&-1&4&0\\0&4&2&2&1\\0&-2&3&-5&1\end{pmatrix}$.

A2. 设 $\boldsymbol{A},\boldsymbol{B}\in\mathbb{F}^{m\times n}$，$\boldsymbol{A}$ 是阶梯形矩阵，$\boldsymbol{B}$ 是简化阶梯形矩阵.证明：

(1) 如果 $m>n$，那么 $\boldsymbol{A}$ 一定有全零行；

(2) 如果 $m=n$，那么 $\boldsymbol{A}$ 一定是上三角阵；

(3) 如果 $m=n$ 且 $\boldsymbol{B}$ 无全零行，那么一定有 $\boldsymbol{B}=\boldsymbol{E}_n$.

§2.4 线性方程组的求解

2.4.1 线性方程组的求解

现在我们可以精确写出用 Gauss 消元法解线性方程组的过程：

线性方程组 —初等变换→ 简单线性方程组

↓ ↑

增广矩阵 —行初等变换→ 简化阶梯形阵

即先写出线性方程组的增广矩阵 $\widetilde{\boldsymbol{A}}$，然后用行初等变换将 $\widetilde{\boldsymbol{A}}$ 化为简化阶梯形阵 $\widetilde{\boldsymbol{R}}$，最后从 $\widetilde{\boldsymbol{R}}$ 对应的同解方程组写出原方程组的解.

我们看一些例子.

例 2.6 解线性方程组 $\begin{cases}2x_1-x_2+3x_3=1,\\4x_1-2x_2+5x_3=4,\\2x_1-x_2+4x_3=0.\end{cases}$

☞ **解** 对增广矩阵进行行初等变换

$$\widetilde{\boldsymbol{A}}=\begin{pmatrix}2&-1&3&1\\4&-2&5&4\\2&-1&4&0\end{pmatrix}\xrightarrow[r_3-r_1]{r_2-2r_1}\begin{pmatrix}2&-1&3&1\\0&0&-1&2\\0&0&1&-1\end{pmatrix}\xrightarrow{r_3+r_2}\begin{pmatrix}2&-1&3&1\\0&0&-1&2\\0&0&0&1\end{pmatrix},$$

得到同解方程组

$$\begin{cases}2x_1-x_2+3x_3=1,\\-x_3=2,\\0=1.\end{cases}$$

最后一个方程是矛盾方程，于是原方程组无解.

例 2.7 解线性方程组 $\begin{cases}2x_1-x_2+3x_3=1,\\4x_1+2x_2+5x_3=4,\\2x_1+2x_3=6.\end{cases}$

☞ **解** 对增广矩阵进行行初等变换

$$\widetilde{\boldsymbol{A}}=\begin{pmatrix}2&-1&3&1\\4&2&5&4\\2&0&2&6\end{pmatrix}\xrightarrow[r_3-r_1]{r_2-2r_1}\begin{pmatrix}2&-1&3&1\\0&4&-1&2\\0&1&-1&5\end{pmatrix}\xrightarrow{r_2\leftrightarrow r_3}\begin{pmatrix}2&-1&3&1\\0&1&-1&5\\0&4&-1&2\end{pmatrix}$$

$$\xrightarrow[r_3-4r_2]{r_1+r_2}\begin{pmatrix}2&0&2&6\\0&1&-1&5\\0&0&3&-18\end{pmatrix}\xrightarrow[\frac{1}{3}r_3]{\frac{1}{2}r_1}\begin{pmatrix}1&0&1&3\\0&1&-1&5\\0&0&1&-6\end{pmatrix}\xrightarrow[r_2+r_3]{r_1-r_3}\begin{pmatrix}1&0&0&9\\0&1&0&-1\\0&0&1&-6\end{pmatrix},$$

得到同解方程组

$$\begin{cases}x_1=9,\\x_2=-1,\\x_3=-6.\end{cases}$$

这就是原方程组的解.

例 2.8 解线性方程组 $\begin{cases}-x_2-2x_3+11x_4-3x_5=15,\\-2x_1+x_2+2x_3-4x_4+3x_5=-3,\\6x_1-x_2-2x_3-10x_4-3x_5=-21,\\-5x_1+2x_2+4x_3-5x_4+6x_5=-1.\end{cases}$

☞ **解** 对增广矩阵进行行初等变换

$$\widetilde{\boldsymbol{A}}=\begin{pmatrix}0&-1&-2&11&-3&15\\-2&1&2&-4&3&-3\\6&-1&-2&-10&-3&-21\\-5&2&4&-5&6&-1\end{pmatrix}\xrightarrow[r_3+3r_2]{r_4+r_3}\begin{pmatrix}0&-1&-2&11&-3&15\\-2&1&2&-4&3&-3\\0&2&4&-22&6&-30\\1&1&2&-15&3&-22\end{pmatrix}$$

$$\xrightarrow[\substack{r_1\leftrightarrow r_4\\ \frac{1}{2}r_3}]{r_2+2r_4}\begin{pmatrix}1&1&2&-15&3&-22\\0&3&6&-34&9&-47\\0&1&2&-11&3&-15\\0&-1&-2&11&-3&15\end{pmatrix}\xrightarrow[\substack{r_2-3r_3\\ r_4+r_3}]{r_1-r_3}\begin{pmatrix}1&0&0&-4&0&-7\\0&0&0&-1&0&-2\\0&1&2&-11&3&-15\\0&0&0&0&0&0\end{pmatrix}$$

$$\xrightarrow[r_2\leftrightarrow r_3]{-r_2}\begin{pmatrix}1&0&0&-4&0&-7\\0&1&2&-11&3&-15\\0&0&0&1&0&2\\0&0&0&0&0&0\end{pmatrix}\xrightarrow[r_2+11r_3]{r_1+4r_3}\begin{pmatrix}1&0&0&0&0&1\\0&1&2&0&3&7\\0&0&0&1&0&2\\0&0&0&0&0&0\end{pmatrix},$$

得到同解方程组

$$\begin{cases}x_1=1,\\x_2+2x_3+3x_5=7,\\x_4=2,\end{cases}\quad\text{即}\quad\begin{cases}x_1=1,\\x_2=-2x_3-3x_5+7,\\x_4=2.\end{cases}$$

令 $x_3=c_1$, $x_5=c_2$, 其中 c_1, c_2 是任意常数,则有

$$\begin{cases} x_1=1, \\ x_2=-2c_1-3c_2+7, \\ x_3=c_1, \\ x_4=2, \\ x_5=c_2. \end{cases}$$

称这个是原方程组的**通解**.

上面例子中得到的同解方程组有 5 个未知数和 3 个方程,这 3 个方程都是"真正"的方程(即没有一个方程是多余的),于是有 5−3=2 个自由度.这里我们把 x_3 和 x_5 看成自由的,令它们为独立的自由常数.注意到这两个未知数对应到非首元列.我们称非首元列对应的未知数为**自由未知数**,首元列对应的未知数为**非自由未知数**.

于是,Gauss 消元法解线性方程组的过程就是一个去伪存真的过程,我们通过化简将方程组中的多余方程去掉,最后剩下就是真正的方程.而要求简化阶梯形一方面是为了每一非零行对应的方程只有一个非自由未知数(即非自由未知数可分离),另一方面将自由未知数移项后就可以表示非自由未知数.下面是 n 元线性方程组的求解步骤.

算法 2.1 n 元线性方程组的求解步骤:

(1) 写出增广矩阵 $\widetilde{\boldsymbol{A}}$;

(2) 将 $\widetilde{\boldsymbol{A}}$ 行等价于阶梯形阵 $\widetilde{\boldsymbol{A}}_1$. 如果 $\widetilde{\boldsymbol{A}}_1$ 的最后一列是首元列,则无解;否则将 $\widetilde{\boldsymbol{A}}_1$ 行等价于简化阶梯形阵 $\widetilde{\boldsymbol{R}}$;

(3) 设 $\widetilde{\boldsymbol{R}}$ 有 r 个首元,

(i) 当 $r=n$ 时,直接写出唯一解;

(ii) 当 $r<n$ 时,有 $n-r$ 个自由度:

(a) 将 $n-r$ 个自由未知数取为独立常数 c_1, c_2, …, c_{n-r},

(b) 将前 r 行对应方程中的自由未知数移项后,r 个非自由未知数可用 c_1, c_2, …, c_{n-r} 表示.

由上面的求解步骤,可得线性方程组解的情况判定定理①.

定理 2.4 设 n 元线性方程组的增广矩阵为 $\widetilde{\boldsymbol{A}}$, 而 $\widetilde{\boldsymbol{R}}$ 是与 $\widetilde{\boldsymbol{A}}$ 行等价的(简化)阶梯形阵,则

(1) 方程组有解 $\Longleftrightarrow$ $\widetilde{\boldsymbol{R}}$ 的最后一列不是首元列;

(2) 当方程组有解时,

(i) 有唯一解 $\Longleftrightarrow$ $\widetilde{\boldsymbol{R}}$ 恰有 n 个首元(即:$\widetilde{\boldsymbol{R}}$ 的前 n 列都是首元列);

(ii) 有无穷多解 $\Longleftrightarrow$ $\widetilde{\boldsymbol{R}}$ 的首元数 $<n$.

于是,线性方程组解的情况只有三种可能:无解,唯一解,无穷多解.即我们在前面通过简单例子得到的线性方程组解情况的猜想是正确的.

---

① 严格来说,对这个判定定理我们并不是特别满意,因为它基本等同于解方程组.

例 2.9　当 a 为何值时，线性方程组

$$\begin{cases}3x_1+x_2-x_3=2,\\ x_1-5x_2+2x_3=-1,\\ 2x_1+6x_2-3x_3=a\end{cases}$$

有解？当有解时，求出它的通解.

☞ **解**　对增广矩阵进行行初等变换

$$\widetilde{\boldsymbol{A}}=\begin{pmatrix}3&1&-1&2\\1&-5&2&-1\\2&6&-3&a\end{pmatrix}\xrightarrow[\substack{r_2-3r_1\\ r_3-2r_1}]{r_1\leftrightarrow r_2}\begin{pmatrix}1&-5&2&-1\\0&16&-7&5\\0&16&-7&a+2\end{pmatrix}\xrightarrow{r_3-r_2}\begin{pmatrix}1&-5&2&-1\\0&16&-7&5\\0&0&0&a-3\end{pmatrix},$$

可得当且仅当 $a=3$ 时原方程组有解.此时，有

$$\widetilde{\boldsymbol{A}}\sim\begin{pmatrix}1&-5&2&-1\\0&1&-\dfrac{7}{16}&\dfrac{5}{16}\\0&0&0&0\end{pmatrix}\xrightarrow{r_1+5r_2}\begin{pmatrix}1&0&-\dfrac{3}{16}&\dfrac{9}{16}\\0&1&-\dfrac{7}{16}&\dfrac{5}{16}\\0&0&0&0\end{pmatrix}.$$

于是，原方程组的通解是

$$\begin{cases}x_1=\dfrac{3}{16}c+\dfrac{9}{16},\\ x_2=\dfrac{7}{16}c+\dfrac{5}{16},\\ x_3=c,\end{cases}$$

其中，c 是任意常数.

2.4.2　齐次线性方程组的求解

有一类线性方程组一定有解.如果线性方程组中所有的常数项都为零，则称之为**齐次线性方程组**.有非零的常数项的线性方程组则称之为**非齐次线性方程组**.一个 n 元齐次线性方程组有形式

$$\begin{cases}a_{11}x_1+a_{12}x_2+\cdots+a_{1n}x_n=0,\\ a_{21}x_1+a_{22}x_2+\cdots+a_{2n}x_n=0,\\ \qquad\qquad\vdots\\ a_{m1}x_1+a_{m2}x_2+\cdots+a_{mn}x_n=0.\end{cases}$$

它一定有一个解：$x_1=0$，$x_2=0$，…，$x_n=0$，称这个解为**零解**；其余的解称为**非零解**.

齐次线性方程组的增广矩阵的最后一列是全零列，不论进行何种行初等变换后仍是全零列，所以我们只需考虑系数矩阵即可.将上面讨论特殊化到齐次线性方程组，得到：

算法 2.2 n 元齐次线性方程组的求解步骤：

(1) 写出系数矩阵 $\boldsymbol{A}$；

(2) 将 $\boldsymbol{A}$ 行等价于简化阶梯形阵 $\boldsymbol{R}$，设 $\boldsymbol{R}$ 有 r 个首元.

(i) 当 $r=n$ 时，只有零解；

(ii) 当 $r<n$ 时，有 $n-r$ 个自由度：

(a) 将 $n-r$ 个自由未知数取为独立常数 $c_1, c_2, \cdots, c_{n-r}$，

(b) 将前 r 行对应方程中的自由未知数移项后，r 个非自由未知数可用 $c_1, c_2, \cdots, c_{n-r}$ 表示.

还可以得到定理 2.4 的如下推论.

推论 2.5 设 n 元齐次线性方程组的系数矩阵是 $\boldsymbol{A}$，而 $\boldsymbol{R}$ 是与 $\boldsymbol{A}$ 行等价的(简化)阶梯形阵，则

(1) 只有零解 $\Longleftrightarrow$ $\boldsymbol{R}$ 有 n 个首元(即：$\boldsymbol{R}$ 的所有列为首元列)；

(2) 有非零解 $\Longleftrightarrow$ $\boldsymbol{R}$ 的首元数 $<n$.

特别地，当

$$\text{“方程个数”}<\text{“未知数个数”}\quad(\text{即：当 } \boldsymbol{A}\in\mathbb{F}^{m\times n} \text{ 时，有 } m<n)$$

时，方程组一定有非零解.

下面是一个求解齐次线性方程组的例子.

例 2.10 解线性方程组 $\begin{cases} x_1+2x_2+2x_3+x_4=0, \\ 2x_1+x_2-2x_3-2x_4=0, \\ x_1-x_2-4x_3-3x_4=0. \end{cases}$

☞ **解** 对系数矩阵进行行初等变换

$$\boldsymbol{A}=\begin{pmatrix} 1 & 2 & 2 & 1 \\ 2 & 1 & -2 & -2 \\ 1 & -1 & -4 & -3 \end{pmatrix} \xrightarrow[r_3-r_1]{r_2-2r_1} \begin{pmatrix} 1 & 2 & 2 & 1 \\ 0 & -3 & -6 & -4 \\ 0 & -3 & -6 & -4 \end{pmatrix}$$

$$\xrightarrow[-\frac{1}{3}r_2]{r_3-r_2} \begin{pmatrix} 1 & 2 & 2 & 1 \\ 0 & 1 & 2 & \frac{4}{3} \\ 0 & 0 & 0 & 0 \end{pmatrix} \xrightarrow{r_1-2r_2} \begin{pmatrix} 1 & 0 & -2 & -\frac{5}{3} \\ 0 & 1 & 2 & \frac{4}{3} \\ 0 & 0 & 0 & 0 \end{pmatrix},$$

得到同解方程组

$$\begin{cases} x_1-2x_3-\dfrac{5}{3}x_4=0, \\ x_2+2x_3+\dfrac{4}{3}x_4=0, \end{cases} \quad \text{即} \quad \begin{cases} x_1=2x_3+\dfrac{5}{3}x_4, \\ x_2=-2x_3-\dfrac{4}{3}x_4. \end{cases}$$

令 $x_3=c_1$，$x_4=c_2$，则有

$$\begin{cases} x_1 = 2c_1 + \dfrac{5}{3}c_2, \\ x_2 = -2c_1 - \dfrac{4}{3}c_2, \quad c_1, c_2 \text{ 为任意常数.} \\ x_3 = c_1, \\ x_4 = c_2, \end{cases}$$

这是原方程组的通解.

至此,我们用 Gauss 消元法给出了本章一开始提出的关于线性方程组求解的几个问题的一种回答.对于问题(a)和问题(b),我们并不是特别满意这个回答,希望后面可以更好地回答这两个问题.消元法除了 Gauss 消元法外,还有加减消元法,后面我们将用加减消元法来求解一类特殊的线性方程组.

习题 2.4

A1. 解下面的线性方程组.

(1) $\begin{cases} x_1 - 2x_2 + 3x_3 - 4x_4 = 4, \\ x_2 - x_3 + x_4 = -3, \\ x_1 + 3x_2 + x_4 = 1, \\ -7x_2 + 3x_3 + x_4 = -3; \end{cases}$　(2) $\begin{cases} 2x_1 + x_2 - x_3 + x_4 = 1, \\ 3x_1 - 2x_2 + 2x_3 - 3x_4 = 2, \\ 5x_1 + x_2 - x_3 + 2x_4 = -1, \\ 2x_1 - x_2 + x_3 - 3x_4 = 4; \end{cases}$

(3) $\begin{cases} x_1 + x_2 + 2x_3 + 2x_4 = 1, \\ 2x_2 + x_3 + 5x_4 = -1, \\ 2x_1 + 3x_3 - x_4 = 3, \\ x_1 + x_2 + 4x_4 = -1; \end{cases}$　(4) $\begin{cases} x_1 + x_2 + 2x_3 - x_4 = 0, \\ x_1 + x_2 + x_3 + x_4 = 0, \\ 2x_1 + 2x_2 - x_3 + 2x_4 = 0. \end{cases}$

A2. 是否存在抛物线 $y = ax^2 + bx + c$,使其经过点 (1, 2), (−1,3) 和 (−2, 5)? 如果没有,说明理由;如果有,求出所有满足条件的抛物线.

A3. 某工厂在一次投料的生产过程中能同时获得 4 种产品,但是对每种产品的单位成本难以确定,于是通过几次测试来求解.现通过 4 次测试所得的总成本见下表:

批次	产品/kg				总成本/千元
	A	B	C	D	
第 1 批生产	200	100	100	50	2 900
第 2 批生产	500	250	200	100	7 050
第 3 批生产	100	40	40	20	1 360
第 4 批生产	400	180	160	60	5 500

试求每种产品的单位成本(即每 kg 的成本).

A4. 当 a 为何值时,线性方程组 $\begin{cases} x_1 - 4x_2 + 2x_3 = -1, \\ -x_1 + 11x_2 - x_3 = 3, \\ 3x_1 - 5x_2 + 7x_3 = a \end{cases}$ 有解? 当有解时,求出它的通解.

A5. 讨论线性方程组$\begin{cases}x_1+x_2+x_3=3,\\x_1+2x_2-ax_3=9,\\2x_1-x_2+3x_3=6\end{cases}$解的情况.

B1. 解线性方程组

(1) $\begin{cases}(1+a_1)x_1+x_2+x_3+\cdots+x_n=b_1,\\x_1+(1+a_2)x_2+x_3+\cdots+x_n=b_2,\\\qquad\vdots\\x_1+x_2+x_3+\cdots+(1+a_n)x_n=b_n,\end{cases}$ $a_1,a_2,\cdots,a_n\neq0,\dfrac{1}{a_1}+\dfrac{1}{a_2}+\cdots+\dfrac{1}{a_n}\neq-1$;

(2) $\begin{cases}x_1+2x_2+3x_3+\cdots+(n-1)x_{n-1}+nx_n=b_1,\\nx_1+x_2+2x_3+\cdots+(n-2)x_{n-1}+(n-1)x_n=b_2,\\\qquad\vdots\\2x_1+3x_2+4x_3+\cdots+nx_{n-1}+x_n=b_n.\end{cases}$

B2. 当 a 取何值时,线性方程组$\begin{cases}ax_1+x_2+x_3=1,\\x_1+ax_2+x_3=a,\\x_1+x_2+ax_3=a^2\end{cases}$无解,有唯一解和无穷多解?并在有无穷多解时求出其通解.

B3. 某食品厂收到了 2 000 kg 食品的订单,要求这种食品含脂肪 5%,碳水化合物 12%,蛋白质 15%.该厂准备用 5 种原料配制这种食品,其中每一种原料含脂肪、碳水化合物、蛋白质的百分比和每千克的成本(元)见下表:

	A_1	A_2	A_3	A_4	A_5
脂肪	8	6	3	2	4
碳水化合物	5	25	10	15	5
蛋白质	15	5	20	10	10
每千克成本	4.4	2	2.4	2.8	3.2

(1) 用上述 5 种原料能不能配制出 2 000 kg 这种食品?如果能,配料方法唯一吗?写出所有可能的配料方法;

(2) 对于(1)中的每种配料方法,写出所花费成本的表达式,并且求成本最低的配料方式(有的原料可以不用);

(3) 用 A_1,A_2,A_3,A_4 这 4 种原料能配制 2 000 kg 这种食品吗?如果能,配料方式唯一吗?求出这时所花费的成本;

(4) 用 A_2,A_3,A_4,A_5 这 4 种原料能配制 2 000 kg 这种食品吗?

(5) 用 A_3,A_4,A_5 这 3 种原料呢?

B4. 设 $\boldsymbol{A}$ 是任一矩阵,证明:与 $\boldsymbol{A}$ 行等价的简化阶梯型阵唯一.

第3章 矩阵的运算

在上一章中，利用矩阵的行初等变换，我们讨论了线性方程组求解的 Gauss 消元法.矩阵是线性代数的主角之一，作为代数工具，我们在本章中定义矩阵的四则运算.矩阵的加法和减法的定义比较自然，为了和后面的几何（线性空间之间的线性映射）相对应，我们给出了看上去不是非常自然的矩阵乘法定义，最后我们用了很大的篇幅讲矩阵的“除法”.可以看到，定义除法本质上需要定义乘法可逆的矩阵，而矩阵的初等变换在讨论矩阵可逆性时起到了重大作用.我们还介绍了矩阵的分块运算，这是处理矩阵问题的重要工具和方法.

本章中 $\mathbb{F}$ 表示任意一个数域.

§3.1 矩阵的运算

矩阵是数的推广.数有四则运算，自然希望可以将这些运算推广到矩阵上.本节我们定义矩阵的加法、减法和乘法，其中包含一种特殊的乘法：数乘，而将“除法”的定义留到后面.读者应该将矩阵的运算和数的运算相比较，理解相似的地方，注意不同的地方.本节还将定义矩阵的转置和复矩阵的共轭.

3.1.1 加法

定义 3.1（矩阵的加法） 设 $\boldsymbol{A}$ 和 $\boldsymbol{B}$ 是两个同型矩阵，将所有对应位置元素相加得到的同型矩阵称为 $\boldsymbol{A}$ 和 $\boldsymbol{B}$ 的**和**，记为 $\boldsymbol{A}+\boldsymbol{B}$. 即

$$(a_{ij})_{m\times n}+(b_{ij})_{m\times n}:=(a_{ij}+b_{ij})_{m\times n}.$$

例 3.1

$$\begin{pmatrix}1 & 2\\ 3 & 4\end{pmatrix}+\begin{pmatrix}a & b\\ c & d\end{pmatrix}=\begin{pmatrix}1+a & 2+b\\ 3+c & 4+d\end{pmatrix}.$$

由于矩阵加法相当于同时做许多数的加法，所以容易证明：设 $\boldsymbol{A}$，$\boldsymbol{B}$，$\boldsymbol{C}$ 是同型矩阵，则

(1)（交换律）$\boldsymbol{A}+\boldsymbol{B}=\boldsymbol{B}+\boldsymbol{A}$；

(2)（结合律）$(\boldsymbol{A}+\boldsymbol{B})+\boldsymbol{C}=\boldsymbol{A}+(\boldsymbol{B}+\boldsymbol{C})$；

(3)（零元存在）$\boldsymbol{O}_{m\times n}+\boldsymbol{A}_{m\times n}=\boldsymbol{A}=\boldsymbol{A}+\boldsymbol{O}_{m\times n}$；

(4)（负元存在）设 $\boldsymbol{A}=(a_{ij})_{m\times n}$，记 $-\boldsymbol{A}:=(-a_{ij})_{m\times n}$，称 $-\boldsymbol{A}$ 为 $\boldsymbol{A}$ 的**负矩阵**.则有

$$\boldsymbol{A}+(-\boldsymbol{A})=\boldsymbol{O}_{m\times n}.$$

于是，矩阵集合 $\mathbb{F}^{m\times n}$ 在矩阵的加法下成为交换群.

3.1.2 减法

数的减法可以通过加法来定义：减去一个数等于加上这个数的相反数.类似地，有下面定义.

定义 3.2(矩阵的减法) 设 $\boldsymbol{A}=(a_{ij})_{m\times n}$ 和 $\boldsymbol{B}=(b_{ij})_{m\times n}$ 是同型矩阵，定义

$$\boldsymbol{A}-\boldsymbol{B}:=\boldsymbol{A}+(-\boldsymbol{B})=(a_{ij}-b_{ij})_{m\times n}.$$

即 $\boldsymbol{A}-\boldsymbol{B}$ 是对应元素相减得到的同型矩阵.

容易知道，对于矩阵等式，移项法则和消去律成立.例如，如果 $\boldsymbol{A}+\boldsymbol{B}=\boldsymbol{C}+\boldsymbol{D}$，则有 $\boldsymbol{A}+\boldsymbol{B}-\boldsymbol{C}=\boldsymbol{D}$.

3.1.3 数乘

定义 3.3(矩阵的数乘) 设 $a\in\mathbb{F}$，而 $\boldsymbol{A}=(a_{ij})_{m\times n}\in\mathbb{F}^{m\times n}$，定义 a 与 $\boldsymbol{A}$ 的数量乘积(**数乘**)为

$$a\boldsymbol{A}=\boldsymbol{A}a:=(aa_{ij})_{m\times n},$$

即 $a\boldsymbol{A}$ 是将 $\boldsymbol{A}$ 的所有元素遍乘 a 得到的同型矩阵.

例 3.2

$$7\begin{pmatrix} a & b \\ c & d \end{pmatrix}=\begin{pmatrix} 7a & 7b \\ 7c & 7d \end{pmatrix}.$$

容易证明：设 a，b 是数，$\boldsymbol{A}$ 和 $\boldsymbol{B}$ 是同型矩阵，则

(1) $(ab)\boldsymbol{A}=a(b\boldsymbol{A})=b(a\boldsymbol{A})$；

(2) $(a+b)\boldsymbol{A}=a\boldsymbol{A}+b\boldsymbol{A}$；

(3) $a(\boldsymbol{A}+\boldsymbol{B})=a\boldsymbol{A}+a\boldsymbol{B}$；

(4) $1\times\boldsymbol{A}=\boldsymbol{A}$，$(-1)\times\boldsymbol{A}=-\boldsymbol{A}$；

(5) $0\times\boldsymbol{A}_{m\times n}=\boldsymbol{O}_{m\times n}$，$a\times\boldsymbol{O}_{m\times n}=\boldsymbol{O}_{m\times n}$，且

$$a\boldsymbol{A}=\boldsymbol{O}\iff a=0 \quad \text{或者} \quad \boldsymbol{A}=\boldsymbol{O};$$

(6) $\operatorname{diag}(\underbrace{a,\cdots,a}_{n})=aE_n$.

3.1.4 乘法

1. 矩阵乘法的定义

类比于矩阵的加法，一个比较“自然”的想法是：设 $\boldsymbol{A}=(a_{ij})_{m\times n}$ 和 $\boldsymbol{B}=(b_{ij})_{m\times n}$ 是两个同型矩阵，将它们的对应位置元素相乘得到的同型矩阵记为 $\boldsymbol{A}\circ\boldsymbol{B}$，即

$$\boldsymbol{A}\circ\boldsymbol{B}:=(a_{ij}b_{ij})_{m\times n}=\begin{pmatrix} a_{11}b_{11} & a_{12}b_{12} & \cdots & a_{1n}b_{1n} \\ a_{21}b_{21} & a_{22}b_{22} & \cdots & a_{2n}b_{2n} \\ \vdots & \vdots & & \vdots \\ a_{m1}b_{m1} & a_{m2}b_{m2} & \cdots & a_{mn}b_{mn} \end{pmatrix}.$$

称 $\boldsymbol{A}\circ\boldsymbol{B}$ 为 $\boldsymbol{A}$ 和 $\boldsymbol{B}$ 的**阿达玛(Hadamard)乘积**.但是 Hadamard 乘积不是我们通常说的矩阵乘法,通常用的矩阵乘法定义如下①.

定义 3.4(矩阵的乘法) 设 $\boldsymbol{A}=(a_{ij})_{m\times s}\in\mathbb{F}^{m\times s}$, $\boldsymbol{B}=(b_{ij})_{s\times n}\in\mathbb{F}^{s\times n}$ 满足 $\boldsymbol{A}$ 的列数和 $\boldsymbol{B}$ 的行数相等(都为 s),则定义 $\boldsymbol{A}$ 和 $\boldsymbol{B}$ 的**乘积** $\boldsymbol{AB}$ 为 $m\times n$ 矩阵 $\boldsymbol{C}=(c_{ij})_{m\times n}$,其中

$$c_{ij}:=a_{i1}b_{1j}+a_{i2}b_{2j}+\cdots+a_{is}b_{sj}=\sum_{k=1}^{s}a_{ik}b_{kj},\quad 1\leqslant i\leqslant m,1\leqslant j\leqslant n,$$

即 c_{ij} 等于 $\boldsymbol{A}$ 的第 i 行和 $\boldsymbol{B}$ 的第 j 列的对应位置元素乘积之和.

由定义,我们有:

$$\boxed{\boldsymbol{A}\text{ 的列数}}=\boxed{\boldsymbol{B}\text{ 的行数}}\Longrightarrow\boldsymbol{AB}\text{ 存在};$$

且此时有

$$\boxed{\boldsymbol{AB}\text{ 的行数}}=\boxed{\boldsymbol{A}\text{ 的行数}},\quad\boxed{\boldsymbol{AB}\text{ 的列数}}=\boxed{\boldsymbol{B}\text{ 的列数}}.$$

又由于

$$(a_{i1},a_{i2},\cdots,a_{is})\begin{pmatrix}b_{1j}\\b_{2j}\\\vdots\\b_{sj}\end{pmatrix}=a_{i1}b_{1j}+a_{i2}b_{2j}+\cdots+a_{is}b_{sj},$$

所以 $\boldsymbol{AB}$ 的 (i,j) 位置元素等于 $\boldsymbol{A}$ 的第 i 行对应的行向量和 $\boldsymbol{B}$ 的第 j 列对应的列向量的乘积.于是矩阵乘法可图示如下:

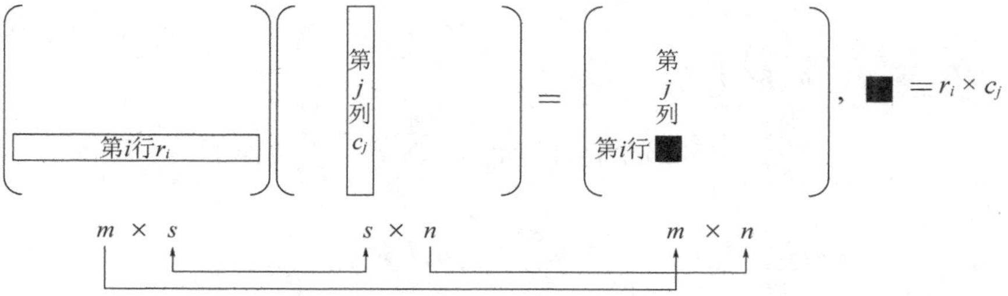

我们看一些例子.

例 3.3 (1) 设 $\boldsymbol{A}=\begin{pmatrix}1&3&2\\4&-1&0\end{pmatrix}$, $\boldsymbol{B}=\begin{pmatrix}1&1\\1&2\\0&1\end{pmatrix}$,则

$$\boldsymbol{AB}=\begin{pmatrix}4&9\\3&2\end{pmatrix},\quad\boldsymbol{BA}=\begin{pmatrix}5&2&2\\9&1&2\\4&-1&0\end{pmatrix};$$

① 这个定义才是自然的,因为由此可得代数(矩阵)和几何(线性映射)的对应.

(2) 同阶对角阵相乘为同阶对角阵,只要把相应的对角元相乘,即

$$\begin{pmatrix} a_1 & & & \\ & a_2 & & \\ & & \ddots & \\ & & & a_n \end{pmatrix}\begin{pmatrix} b_1 & & & \\ & b_2 & & \\ & & \ddots & \\ & & & b_n \end{pmatrix}=\begin{pmatrix} a_1b_1 & & & \\ & a_2b_2 & & \\ & & \ddots & \\ & & & a_nb_n \end{pmatrix}.$$

2. 矩阵乘法的性质

矩阵的乘法满足下面一些运算律(这里假定写出的矩阵运算都有意义):

(i) (结合律) $(\boldsymbol{AB})\boldsymbol{C}=\boldsymbol{A}(\boldsymbol{BC})$;

(ii) (分配律) $\boldsymbol{A}(\boldsymbol{B}+\boldsymbol{C})=\boldsymbol{AB}+\boldsymbol{AC}$, $(\boldsymbol{B}+\boldsymbol{C})\boldsymbol{D}=\boldsymbol{BD}+\boldsymbol{CD}$;

(iii) $a(\boldsymbol{AB})=(a\boldsymbol{A})\boldsymbol{B}=\boldsymbol{A}(a\boldsymbol{B})=:a\boldsymbol{AB}$, $a\in\mathbb{F}$;

(iv) (单位元存在) $\boldsymbol{E}_m\boldsymbol{A}_{m\times n}=\boldsymbol{A}=\boldsymbol{A}\boldsymbol{E}_n$;

(v) $a\boldsymbol{A}_{m\times n}=(a\boldsymbol{E}_m)\boldsymbol{A}=\boldsymbol{A}(a\boldsymbol{E}_n)$, $a\in\mathbb{F}$;

(vi) $\boldsymbol{A}_{m\times n}\boldsymbol{O}_{n\times s}=\boldsymbol{O}_{m\times s}$, $\boldsymbol{O}_{s\times m}\boldsymbol{A}_{m\times n}=\boldsymbol{O}_{s\times n}$.

这里验证一下乘法结合律[①].设 $\boldsymbol{A}=(a_{ij})_{m\times s}$, $\boldsymbol{B}=(b_{ij})_{s\times t}$, $\boldsymbol{C}=(c_{ij})_{t\times n}$,则 $(\boldsymbol{AB})\boldsymbol{C}$ 和 $\boldsymbol{A}(\boldsymbol{BC})$ 都是 $m\times n$ 矩阵.而对于 $1\leqslant i\leqslant m$ 和 $1\leqslant j\leqslant n$,有

$$\begin{aligned}&(\boldsymbol{AB})\boldsymbol{C}\text{ 的}(i,j)\text{元}\\ &=\sum_{k=1}^{t}(\boldsymbol{AB}\text{ 的}(i,k)\text{元})c_{kj}=\sum_{k=1}^{t}\Big(\sum_{l=1}^{s}a_{il}b_{lk}\Big)c_{kj}\\ &=\sum_{k=1}^{t}\sum_{l=1}^{s}a_{il}b_{lk}c_{kj}\end{aligned}$$

和

$$\begin{aligned}&\boldsymbol{A}(\boldsymbol{BC})\text{ 的}(i,j)\text{元}\\ &=\sum_{l=1}^{s}a_{il}(\boldsymbol{BC}\text{ 的}(l,j)\text{元})=\sum_{l=1}^{s}a_{il}\Big(\sum_{k=1}^{t}b_{lk}c_{kj}\Big)\\ &=\sum_{l=1}^{s}\sum_{k=1}^{t}a_{il}b_{lk}c_{kj}=\sum_{k=1}^{t}\sum_{l=1}^{s}a_{il}b_{lk}c_{kj}.\end{aligned}$$

于是 $(\boldsymbol{AB})\boldsymbol{C}=\boldsymbol{A}(\boldsymbol{BC})$.

由于矩阵的乘法满足结合律,所以可以定义多个矩阵相乘:按照任意次序相乘.具体地,设 $\boldsymbol{A}_1=(a_{ij}^{(1)})$, $\boldsymbol{A}_2=(a_{ij}^{(2)})$, $\cdots$, $\boldsymbol{A}_r=(a_{ij}^{(r)})$ 为 r 个矩阵,其中 $\boldsymbol{A}_1\in\mathbb{F}^{m\times s_1}$, $\boldsymbol{A}_2\in\mathbb{F}^{s_1\times s_2}$, $\cdots$, $\boldsymbol{A}_{r-1}\in\mathbb{F}^{s_{r-2}\times s_{r-1}}$, $\boldsymbol{A}_r\in\mathbb{F}^{s_{r-1}\times n}$,则有 $m\times n$ 矩阵 $\boldsymbol{A}_1\boldsymbol{A}_2\cdots\boldsymbol{A}_r$,其 (i,j) 元为

$$\sum_{k_1=1}^{s_1}\sum_{k_2=1}^{s_2}\cdots\sum_{k_{r-1}=1}^{s_{r-1}}a_{i,k_1}^{(1)}a_{k_1,k_2}^{(2)}\cdots a_{k_{r-2},k_{r-1}}^{(r-1)}a_{k_{r-1},j}^{(r)}.$$

特别地,可以定义**方阵的幂**.即对于 $\boldsymbol{A}\in\mathbb{F}^{n\times n}$,定义

① 在对应的几何世界这是显然成立的:映射的复合满足结合律.

$$\begin{cases} \boldsymbol{A}^0 := \boldsymbol{E}_n, \\ \boldsymbol{A}^k := \boldsymbol{A}^{k-1}\boldsymbol{A} = \underbrace{\boldsymbol{A}\boldsymbol{A}\cdots\boldsymbol{A}}_{k}, \quad k \in \mathbb{N}. \end{cases}$$

下面显然成立

$$\boldsymbol{A}^k\boldsymbol{A}^l = \boldsymbol{A}^{k+l}, \quad (\boldsymbol{A}^k)^l = \boldsymbol{A}^{kl}, \quad \forall k, l \in \mathbb{Z}_{\geqslant 0}.$$

进而可以定义方阵 $\boldsymbol{A} \in \mathbb{F}^{n\times n}$ 的**矩阵多项式**,即对于 $f(x) = a_m x^m + a_{m-1}x^{m-1} + \cdots + a_1 x + a_0 \in \mathbb{F}[x]$,我们定义①

$$f(\boldsymbol{A}) := a_m\boldsymbol{A}^m + a_{m-1}\boldsymbol{A}^{m-1} + \cdots + a_1\boldsymbol{A} + a_0\boldsymbol{E}_n \in \mathbb{F}^{n\times n}.$$

容易证明:如果有 $\mathbb{F}[x]$ 中的等式

$$f(x) + g(x) = h_1(x), \quad f(x)g(x) = h_2(x),$$

那么

$$f(\boldsymbol{A}) + g(\boldsymbol{A}) = h_1(\boldsymbol{A}), \quad f(\boldsymbol{A})g(\boldsymbol{A}) = h_2(\boldsymbol{A}),$$

成立.于是将 $\mathbb{F}[x]$ 中的代数等式中的 x 用 $\boldsymbol{A}$ 替换,等式仍然成立.

我们看两个例子.

例 3.4 设 $\boldsymbol{E}_{ij}$ 是 (i, j) 位置元素为 1,其余位置元素为 0 的 n 阶方阵,证明:

$$\boldsymbol{E}_{ij}\boldsymbol{E}_{kl} = \delta_{jk}\boldsymbol{E}_{il},$$

其中

$$\delta_{jk} = \begin{cases} 1, & j = k, \\ 0, & j \neq k \end{cases}$$

是克罗内克(Kronecker)符号.

☞ **证明** 设 $\boldsymbol{E}_{ij}\boldsymbol{E}_{kl} = (a_{pq})$,则容易知道当 $p \neq i$ 或者 $q \neq l$ 时有 $a_{pq} = 0$,而

$$a_{il} = 1 \times (\boldsymbol{E}_{kl} \text{ 的}(j, l)\text{ 元}) = \begin{cases} 1, & j = k, \\ 0, & j \neq k. \end{cases}$$

于是 $\boldsymbol{E}_{ij}\boldsymbol{E}_{kl} = \delta_{jk}\boldsymbol{E}_{il}$.

方阵 $\boldsymbol{E}_{ij}$ 有特殊的重要性,称其为**基本矩阵**.例如,设 $\boldsymbol{A} = (a_{ij}) \in \mathbb{F}^{n\times n}$,则有

$$\boldsymbol{A} = \sum_{i=1}^{n}\sum_{j=1}^{n} a_{ij}\boldsymbol{E}_{ij}.$$

请读者自己计算 $\boldsymbol{E}_{ij}\boldsymbol{B}$ 和 $\boldsymbol{C}\boldsymbol{E}_{ij}$.

① 多项式中不定元用方阵代入!

例 3.5 设 $\boldsymbol{N}=\begin{pmatrix}0 & 1 & & & \\ & 0 & 1 & & \\ & & \ddots & \ddots & \\ & & & 0 & 1 \\ & & & & 0\end{pmatrix}$ 是 n 阶方阵,其中 $n\geqslant 3$,计算 $\boldsymbol{N}^2$.

☞ **解** 可以按照矩阵的乘法直接计算,也可以如下计算.由于

$$\boldsymbol{N}=\boldsymbol{E}_{12}+\boldsymbol{E}_{23}+\cdots+\boldsymbol{E}_{n-1,\,n}=\sum_{i=1}^{n-1}\boldsymbol{E}_{i,\,i+1},$$

所以

$$\begin{aligned}\boldsymbol{N}^2&=\Big(\sum_{i=1}^{n-1}\boldsymbol{E}_{i,\,i+1}\Big)\Big(\sum_{j=1}^{n-1}\boldsymbol{E}_{j,\,j+1}\Big)=\sum_{i=1}^{n-1}\sum_{j=1}^{n-1}\boldsymbol{E}_{i,\,i+1}\boldsymbol{E}_{j,\,j+1}\\&=\sum_{i=1}^{n-2}\boldsymbol{E}_{i,\,i+2}=\boldsymbol{E}_{13}+\boldsymbol{E}_{24}+\cdots+\boldsymbol{E}_{n-2,\,n}.\end{aligned}$$

我们在例 3.22 中将给出另一种算法.

下面看矩阵乘法与数的乘法具有不一样的性质,矩阵乘法无交换律和消去律.先看几个例子.

例 3.6 (1)(向量相乘)$(a_1,\,a_2,\,\cdots,\,a_n)\begin{pmatrix}b_1\\b_2\\\vdots\\b_n\end{pmatrix}=a_1b_1+a_2b_2+\cdots+a_nb_n$,

$$\begin{pmatrix}b_1\\b_2\\\vdots\\b_n\end{pmatrix}(c_1,\,c_2,\,\cdots,\,c_m)=\begin{pmatrix}b_1c_1 & b_1c_2 & \cdots & b_1c_m\\ b_2c_1 & b_2c_2 & \cdots & b_2c_m\\ \vdots & \vdots & & \vdots\\ b_nc_1 & b_nc_2 & \cdots & b_nc_m\end{pmatrix}=(b_ic_j)_{n\times m};$$

(2) 设 $\boldsymbol{A}=\begin{pmatrix}1 & 0\\0 & 0\end{pmatrix}$,$\boldsymbol{B}=\begin{pmatrix}1\\0\end{pmatrix}$,则 $\boldsymbol{AB}=\begin{pmatrix}1\\0\end{pmatrix}$,而 $\boldsymbol{BA}$ 不存在;

(3) 设 $\boldsymbol{A}=\begin{pmatrix}1 & 0\\0 & 0\end{pmatrix}=\boldsymbol{E}_{11}$,$\boldsymbol{B}=\begin{pmatrix}0 & 1\\0 & 0\end{pmatrix}=\boldsymbol{E}_{12}$,则

$$\boldsymbol{AB}=\boldsymbol{E}_{11}\boldsymbol{E}_{12}=\boldsymbol{E}_{12}=\begin{pmatrix}0 & 1\\0 & 0\end{pmatrix},\quad \boldsymbol{BA}=\boldsymbol{E}_{12}\boldsymbol{E}_{11}=\boldsymbol{O}=\begin{pmatrix}0 & 0\\0 & 0\end{pmatrix}.$$

由上面例子可以看出,矩阵乘法的交换律不成立,即通常 $\boldsymbol{AB}\neq\boldsymbol{BA}$. 于是,许多代数公式不能直接推广到矩阵上.例如,通常

$$(\boldsymbol{AB})^2\neq\boldsymbol{A}^2\boldsymbol{B}^2,\quad (\boldsymbol{A}+\boldsymbol{B})^2\neq\boldsymbol{A}^2+2\boldsymbol{AB}+\boldsymbol{B}^2.$$

上面的例子还告诉我们,矩阵乘法有零因子:即存在 $\boldsymbol{A}\neq\boldsymbol{O}$ 和 $\boldsymbol{B}\neq\boldsymbol{O}$,但是 $\boldsymbol{AB}=\boldsymbol{O}$. 于是,从

矩阵等式 $\boldsymbol{AB}=\boldsymbol{O}$，通常不能得到 $\boldsymbol{A}=\boldsymbol{O}$ 或者 $\boldsymbol{B}=\boldsymbol{O}$. 进而在矩阵的运算中，(乘法)消去律不一定成立.即由 $\boldsymbol{AB}=\boldsymbol{AC}$ 和 $\boldsymbol{A}\neq\boldsymbol{O}$，通常不能得到 $\boldsymbol{B}=\boldsymbol{C}$.

3. 可交换矩阵

设 $\boldsymbol{A}$，$\boldsymbol{B}$ 是两个矩阵，如果 $\boldsymbol{AB}$ 和 $\boldsymbol{BA}$ 都存在，且 $\boldsymbol{AB}=\boldsymbol{BA}$，则称 $\boldsymbol{A}$ 和 $\boldsymbol{B}$ **可交换**.如果两个矩阵可交换，那么它们一定是同阶方阵.

设 $\boldsymbol{A}$，$\boldsymbol{B}$ 是同阶方阵，定义

$$[\boldsymbol{A},\boldsymbol{B}]:=\boldsymbol{AB}-\boldsymbol{BA},$$

称其为 $\boldsymbol{A}$ 和 $\boldsymbol{B}$ 的**李括号**(也称为**换位元素**).于是，$\boldsymbol{A}$ 和 $\boldsymbol{B}$ 可交换，当且仅当 $[\boldsymbol{A},\boldsymbol{B}]=\boldsymbol{O}$.

例 3.7 下面方阵可交换：

(1) $\boldsymbol{A}_n$ 和 $a\boldsymbol{E}_n(a\in\mathbb{F})$，特别的，$\boldsymbol{A}_n$ 和 $\boldsymbol{E}_n$，$\boldsymbol{A}_n$ 和 $\boldsymbol{O}_n$；

(2) 同阶对角阵；

(3) 对方阵 $\boldsymbol{A}$，$\boldsymbol{A}^k$ 和 $\boldsymbol{A}^l$，进而，关于 $\boldsymbol{A}$ 的两个矩阵多项式 $f(\boldsymbol{A})$ 和 $g(\boldsymbol{A})$.

如果矩阵 $\boldsymbol{A}$ 和 $\boldsymbol{B}$ 可交换，那么中学学过的许多公式仍然成立.例如，我们有①

$$(\boldsymbol{AB})^k=\boldsymbol{A}^k\boldsymbol{B}^k;$$

$$(\boldsymbol{A}+\boldsymbol{B})(\boldsymbol{A}-\boldsymbol{B})=\boldsymbol{A}^2-\boldsymbol{B}^2;$$

$$(\boldsymbol{A}+\boldsymbol{B})^2=\boldsymbol{A}^2+2\boldsymbol{AB}+\boldsymbol{B}^2;$$

$$\begin{aligned}(\boldsymbol{A}+\boldsymbol{B})^k&=\binom{k}{0}\boldsymbol{A}^k+\binom{k}{1}\boldsymbol{A}^{k-1}\boldsymbol{B}+\binom{k}{2}\boldsymbol{A}^{k-2}\boldsymbol{B}^2+\cdots+\binom{k}{k-1}\boldsymbol{AB}^{k-1}+\binom{k}{k}\boldsymbol{B}^k\\&=\sum_{i=0}^{k}\binom{k}{i}\boldsymbol{A}^{k-i}\boldsymbol{B}^i.\end{aligned}$$

例 3.8 设 $\boldsymbol{A}=\begin{pmatrix}1&a\\0&1\end{pmatrix}$，求 $\boldsymbol{A}^k$，其中 $k\geqslant 0$.

☞ **解** 有

$$\boldsymbol{A}=\begin{pmatrix}1&0\\0&1\end{pmatrix}+a\begin{pmatrix}0&1\\0&0\end{pmatrix}=\boldsymbol{E}_2+a\boldsymbol{N},\quad \boldsymbol{N}=\begin{pmatrix}0&1\\0&0\end{pmatrix}.$$

而 $\boldsymbol{N}^2=\boldsymbol{O}$，所以对任意的 $i\geqslant 2$ 有 $\boldsymbol{N}^i=\boldsymbol{O}$. 进而当 $k\geqslant 1$ 时，就有

$$\begin{aligned}\boldsymbol{A}^k=(\boldsymbol{E}_2+a\boldsymbol{N})^k&=\binom{k}{0}\boldsymbol{E}_2^k+\binom{k}{1}\boldsymbol{E}_2{}^{k-1}a\boldsymbol{N}+\boldsymbol{O}\\&=\boldsymbol{E}_2+ka\boldsymbol{N}=\begin{pmatrix}1&ka\\0&1\end{pmatrix}.\end{aligned}$$

---

① 最后一个公式称为二项展开公式，其中

$$\binom{k}{i}=C_k^i:=\frac{k!}{i!\,(k-i)!}$$

是**二项式系数**.

这个结果对 $k=0$ 也成立,于是 $\boldsymbol{A}^k=\begin{pmatrix}1 & ka\\ 0 & 1\end{pmatrix}$.

4. 线性方程组的矩阵形式

本小节最后,我们用矩阵乘法来表示线性方程组.设有线性方程组

$$\begin{cases} a_{11}x_1+a_{12}x_2+\cdots+a_{1n}x_n=b_1,\\ a_{21}x_1+a_{22}x_2+\cdots+a_{2n}x_n=b_2,\\ \qquad\qquad\vdots\\ a_{m1}x_1+a_{m2}x_2+\cdots+a_{mn}x_n=b_m.\end{cases}\tag{3.1}$$

则有

$$(3.1)\iff\begin{pmatrix}a_{11}x_1+a_{12}x_2+\cdots+a_{1n}x_n\\ a_{21}x_1+a_{22}x_2+\cdots+a_{2n}x_n\\ \vdots\\ a_{m1}x_1+a_{m2}x_2+\cdots+a_{mn}x_n\end{pmatrix}=\begin{pmatrix}b_1\\ b_2\\ \vdots\\ b_m\end{pmatrix}$$

$$\iff\begin{pmatrix}a_{11} & a_{12} & \cdots & a_{1n}\\ a_{21} & a_{22} & \cdots & a_{2n}\\ \vdots & \vdots & & \vdots\\ a_{m1} & a_{m2} & \cdots & a_{mn}\end{pmatrix}\begin{pmatrix}x_1\\ x_2\\ \vdots\\ x_n\end{pmatrix}=\begin{pmatrix}b_1\\ b_2\\ \vdots\\ b_m\end{pmatrix}\iff\boldsymbol{AX}=\boldsymbol{\beta},$$

其中 $\boldsymbol{A}=(a_{ij})\in\mathbb{F}^{m\times n}$ 是系数矩阵,$\boldsymbol{X}=\begin{pmatrix}x_1\\ x_2\\ \vdots\\ x_n\end{pmatrix}$ 是未知数列向量,而 $\boldsymbol{\beta}=\begin{pmatrix}b_1\\ b_2\\ \vdots\\ b_m\end{pmatrix}$ 是常数项列向量.于是线性方程组可以表示为 $\boldsymbol{AX}=\boldsymbol{\beta}$,注意到从形式上看这类似于一元线性方程 $ax=b$,一些线性方程组的性质可以用一元线性方程来理解.这种表示方法的另一个好处是,可以用矩阵来研究线性方程组解的结构;反之,也可以用线性方程组解的结构来讨论矩阵的性质.

3.1.5 转置

定义 3.5(矩阵的转置) 设 $\boldsymbol{A}=(a_{ij})=\begin{pmatrix}a_{11} & a_{12} & \cdots & a_{1n}\\ a_{21} & a_{22} & \cdots & a_{2n}\\ \vdots & \vdots & & \vdots\\ a_{m1} & a_{m2} & \cdots & a_{mn}\end{pmatrix}\in\mathbb{F}^{m\times n}$,则 $\boldsymbol{A}$ 的**转置矩阵** $\boldsymbol{A}^{\mathrm{T}}$ 定义为①

① 也有的教材将矩阵 $\boldsymbol{A}$ 的转置记为 $\boldsymbol{A}'$.

$$A^{\mathrm{T}} := \begin{pmatrix} a_{11} & a_{21} & \cdots & a_{m1} \\ a_{12} & a_{22} & \cdots & a_{m2} \\ \vdots & \vdots & & \vdots \\ a_{1n} & a_{2n} & \cdots & a_{mn} \end{pmatrix} \in \mathbb{F}^{n\times m},$$

即 $\boldsymbol{A}^{\mathrm{T}}$ 为 $n\times m$ 阵,且 (i, j) 元为 a_{ji}.

矩阵转置本质上是行和列互换.于是,如果要处理关于列的问题,取转置后就变成关于行的问题.

下面性质成立(假设所涉及的矩阵运算都可进行).

(i) $(\boldsymbol{A}^{\mathrm{T}})^{\mathrm{T}}=\boldsymbol{A}$;

(ii) $(\boldsymbol{A}+\boldsymbol{B})^{\mathrm{T}}=\boldsymbol{A}^{\mathrm{T}}+\boldsymbol{B}^{\mathrm{T}}$;

(iii) $(a\boldsymbol{A})^{\mathrm{T}}=a\boldsymbol{A}^{\mathrm{T}}$, $a\in\mathbb{F}$;

(iv) (穿脱原理) $(\boldsymbol{AB})^{\mathrm{T}}=\boldsymbol{B}^{\mathrm{T}}\boldsymbol{A}^{\mathrm{T}}$, 进而 $(\boldsymbol{A}_1\boldsymbol{A}_2\cdots\boldsymbol{A}_k)^{\mathrm{T}}=\boldsymbol{A}_k^{\mathrm{T}}\cdots\boldsymbol{A}_2^{\mathrm{T}}\boldsymbol{A}_1^{\mathrm{T}}$.

我们只验证穿脱原理.设 $\boldsymbol{A}=(a_{ij})_{m\times s}$, $\boldsymbol{B}=(b_{ij})_{s\times n}$, 则 $(\boldsymbol{AB})^{\mathrm{T}}$ 和 $\boldsymbol{B}^{\mathrm{T}}\boldsymbol{A}^{\mathrm{T}}$ 都是 $n\times m$ 矩阵.对于 $1\leqslant i\leqslant n$ 和 $1\leqslant j\leqslant m$, 有

$$(\boldsymbol{AB})^{\mathrm{T}} \text{ 的}(i, j)\text{ 元}=\boldsymbol{AB} \text{ 的}(j, i)\text{ 元}=\sum_{k=1}^{s} a_{jk}b_{ki}$$

和

$$\boldsymbol{B}^{\mathrm{T}}\boldsymbol{A}^{\mathrm{T}} \text{ 的}(i, j)\text{ 元}=\sum_{k=1}^{s}(\boldsymbol{B}^{\mathrm{T}} \text{ 的}(i, k)\text{ 元})(\boldsymbol{A}^{\mathrm{T}} \text{ 的}(k, j)\text{ 元})=\sum_{k=1}^{s} b_{ki}a_{jk}.$$

于是 $(\boldsymbol{AB})^{\mathrm{T}}=\boldsymbol{B}^{\mathrm{T}}\boldsymbol{A}^{\mathrm{T}}$.

例 3.9 设 $\boldsymbol{A}=\begin{pmatrix}1 & 1\\ 0 & 0\end{pmatrix}$, $\boldsymbol{B}=\begin{pmatrix}1\\ 1\end{pmatrix}$, 则有

$$\boldsymbol{AB}=\begin{pmatrix}1 & 1\\ 0 & 0\end{pmatrix}\begin{pmatrix}1\\ 1\end{pmatrix}=\begin{pmatrix}2\\ 0\end{pmatrix}\neq(\boldsymbol{AB})^{\mathrm{T}}=(2,0).$$

而

$$\boldsymbol{B}^{\mathrm{T}}\boldsymbol{A}^{\mathrm{T}}=(1, 1)\begin{pmatrix}1 & 0\\ 1 & 0\end{pmatrix}=(2, 0),$$

所以 $(\boldsymbol{AB})^{\mathrm{T}}=\boldsymbol{B}^{\mathrm{T}}\boldsymbol{A}^{\mathrm{T}}$. 而 $\boldsymbol{A}^{\mathrm{T}}\boldsymbol{B}^{\mathrm{T}}$ 不存在.

● **对称阵与反对称阵**

通常,一个矩阵转置后得到不同的矩阵.我们对转置后不变的矩阵和转置后成为其负阵的矩阵特别感兴趣.

定义 3.6 如果矩阵 $\boldsymbol{A}$ 满足 $\boldsymbol{A}^{\mathrm{T}}=\boldsymbol{A}$, 则称 $\boldsymbol{A}$ 是**对称阵**;如果满足 $\boldsymbol{A}^{\mathrm{T}}=-\boldsymbol{A}$, 则称 $\boldsymbol{A}$ 是**反对称阵**.

设 $\boldsymbol{A}=(a_{ij})$, 则可得

$$\boldsymbol{A}\text{ 是对称阵} \Longleftrightarrow \boldsymbol{A}\text{ 是方阵,且 } a_{ij}=a_{ji},\quad \forall i, j,$$
$$\boldsymbol{A}\text{ 是反对称阵} \Longleftrightarrow \boldsymbol{A}\text{ 是方阵,且 } a_{ij}=-a_{ji},\quad \forall i, j.$$

特别有,当 n 阶方阵 $\boldsymbol{A}=(a_{ij})$ 是反对称阵时,

$$a_{11}=a_{22}=\cdots=a_{nn}=0,$$

成立.

由此可以看出,这里的对称(反对称)是相对于主对角而言.

例 3.10 (1) 对角阵是对称阵;

(2) 设 $\boldsymbol{A}\in\mathbb{F}^{m\times n}$, 则 $\boldsymbol{A}\boldsymbol{A}^{\mathrm{T}}$ 和 $\boldsymbol{A}^{\mathrm{T}}\boldsymbol{A}$ 都是对称阵.

☞ **证明** (2) 由于

$$(\boldsymbol{A}\boldsymbol{A}^{\mathrm{T}})^{\mathrm{T}}=(\boldsymbol{A}^{\mathrm{T}})^{\mathrm{T}}\boldsymbol{A}^{\mathrm{T}}=\boldsymbol{A}\boldsymbol{A}^{\mathrm{T}},$$

所以 $\boldsymbol{A}\boldsymbol{A}^{\mathrm{T}}$ 是对称阵.

例 3.11 设 $\boldsymbol{X}=(x_1, \cdots, x_n)^{\mathrm{T}}$, $\boldsymbol{H}=\boldsymbol{E}_n-2\boldsymbol{X}\boldsymbol{X}^{\mathrm{T}}$. 证明:

(1) $\boldsymbol{H}$ 是对称阵;

(2) 如果 $\boldsymbol{X}\neq\boldsymbol{O}$, 则: $\boldsymbol{H}\boldsymbol{H}^{\mathrm{T}}=\boldsymbol{E}_n \Longleftrightarrow \boldsymbol{X}^{\mathrm{T}}\boldsymbol{X}=1$.

☞ **证明** (1) 由于

$$\begin{aligned}\boldsymbol{H}^{\mathrm{T}}&=(\boldsymbol{E}_n-2\boldsymbol{X}\boldsymbol{X}^{\mathrm{T}})^{\mathrm{T}}=\boldsymbol{E}_n^{\mathrm{T}}-2(\boldsymbol{X}\boldsymbol{X}^{\mathrm{T}})^{\mathrm{T}}\\&=\boldsymbol{E}_n-2(\boldsymbol{X}^{\mathrm{T}})^{\mathrm{T}}\boldsymbol{X}^{\mathrm{T}}=\boldsymbol{E}_n-2\boldsymbol{X}\boldsymbol{X}^{\mathrm{T}}=\boldsymbol{H},\end{aligned}$$

所以 $\boldsymbol{H}$ 是对称阵.

(2) 记 $a=\boldsymbol{X}^{\mathrm{T}}\boldsymbol{X}$, 则

$$\begin{aligned}\boldsymbol{H}\boldsymbol{H}^{\mathrm{T}}&=\boldsymbol{H}^2=(\boldsymbol{E}_n-2\boldsymbol{X}\boldsymbol{X}^{\mathrm{T}})^2=\boldsymbol{E}_n-4\boldsymbol{X}\boldsymbol{X}^{\mathrm{T}}+4\boldsymbol{X}\boldsymbol{X}^{\mathrm{T}}\boldsymbol{X}\boldsymbol{X}^{\mathrm{T}}\\&=\boldsymbol{E}_n-4\boldsymbol{X}\boldsymbol{X}^{\mathrm{T}}+4\boldsymbol{X}(\boldsymbol{X}^{\mathrm{T}}\boldsymbol{X})\boldsymbol{X}^{\mathrm{T}}=\boldsymbol{E}_n-4\boldsymbol{X}\boldsymbol{X}^{\mathrm{T}}+4a\boldsymbol{X}\boldsymbol{X}^{\mathrm{T}}\\&=\boldsymbol{E}_n+4(a-1)\boldsymbol{X}\boldsymbol{X}^{\mathrm{T}}.\end{aligned}$$

于是

$$\boldsymbol{H}\boldsymbol{H}^{\mathrm{T}}=\boldsymbol{E}_n \Longleftrightarrow (a-1)\boldsymbol{X}\boldsymbol{X}^{\mathrm{T}}=\boldsymbol{O}.$$

但是 $\boldsymbol{X}\neq\boldsymbol{O}$, 所以 $\boldsymbol{X}\boldsymbol{X}^{\mathrm{T}}\neq\boldsymbol{O}$. 于是上面等价于 $a=1$, 即 $\boldsymbol{X}^{\mathrm{T}}\boldsymbol{X}=1$.

3.1.6 共轭

所有的元素都是实数的矩阵称为实矩阵,所有元素都是复数的矩阵称为复矩阵.复数有共轭复数,类似地,将矩阵看成复矩阵时,可以定义它的共轭.

定义 3.7(复矩阵的共轭) 设 $\boldsymbol{A}=(a_{ij})\in\mathbb{C}^{m\times n}$, $\boldsymbol{A}$ 的共轭矩阵 $\bar{\boldsymbol{A}}$ 定义为

$$\bar{\boldsymbol{A}}:=(\overline{a_{ij}})_{m\times n}=\begin{pmatrix}\overline{a_{11}} & \overline{a_{12}} & \cdots & \overline{a_{1n}}\\ \overline{a_{21}} & \overline{a_{22}} & \cdots & \overline{a_{2n}}\\ \vdots & \vdots & & \vdots\\ \overline{a_{m1}} & \overline{a_{m2}} & \cdots & \overline{a_{mn}}\end{pmatrix}\in\mathbb{C}^{m\times n}.$$

容易证明下面性质成立(假设所涉及的矩阵运算都可进行).

(1) $\overline{\overline{\boldsymbol{A}}}=\boldsymbol{A}$;

(2) $\overline{\boldsymbol{A}+\boldsymbol{B}}=\overline{\boldsymbol{A}}+\overline{\boldsymbol{B}}$;

(3) $\overline{a\boldsymbol{A}}=\overline{a}\,\overline{\boldsymbol{A}}$, $a\in\mathbb{C}$;

(4) $\overline{\boldsymbol{AB}}=\overline{\boldsymbol{A}}\,\overline{\boldsymbol{B}}$;

(5) $\overline{\boldsymbol{A}^{\mathrm{T}}}=\overline{\boldsymbol{A}}^{\mathrm{T}}$.

习题 3.1

A1. 设

$$\boldsymbol{A}=\begin{pmatrix}a&b&c\\c&b&a\\1&1&1\end{pmatrix},\quad \boldsymbol{B}=\begin{pmatrix}1&a&c\\1&b&b\\1&c&a\end{pmatrix},$$

计算 $\boldsymbol{AB}$ 和 $[\boldsymbol{A},\boldsymbol{B}]$.

A2. 计算:

(1) $\begin{pmatrix}2&1&1\\3&1&0\\0&1&2\end{pmatrix}^2$;

(2) $(2,3,-1)\begin{pmatrix}1\\-1\\1\end{pmatrix}$;

(3) $\begin{pmatrix}1\\-1\\1\end{pmatrix}(2,3,-1)$;

(4) $(x,y,1)\begin{pmatrix}a_{11}&a_{12}&b_1\\a_{12}&a_{22}&b_2\\b_1&b_2&c\end{pmatrix}\begin{pmatrix}x\\y\\1\end{pmatrix}$;

(5) $\begin{pmatrix}a_1&a_2&a_3\\b_1&b_2&b_3\\c_1&c_2&c_3\end{pmatrix}\begin{pmatrix}1\\1\\1\end{pmatrix}$;

(6) $(1,1,1)\begin{pmatrix}a_1&a_2&a_3\\b_1&b_2&b_3\\c_1&c_2&c_3\end{pmatrix}$;

(7) $\begin{pmatrix}d_1&&\\&d_2&\\&&d_3\end{pmatrix}\begin{pmatrix}a_1&a_2&a_3\\b_1&b_2&b_3\\c_1&c_2&c_3\end{pmatrix}$;

(8) $\begin{pmatrix}a_1&a_2&a_3\\b_1&b_2&b_3\\c_1&c_2&c_3\end{pmatrix}\begin{pmatrix}d_1&&\\&d_2&\\&&d_3\end{pmatrix}$;

(9) $\begin{pmatrix}\cos\varphi&-\sin\varphi\\\sin\varphi&\cos\varphi\end{pmatrix}^n$;

(10) $\begin{pmatrix}\lambda&1&0\\0&\lambda&1\\0&0&\lambda\end{pmatrix}^n$.

A3. 设 $\boldsymbol{A}=\begin{pmatrix}1&2&1&2\\-1&-2&-1&-2\\1&2&1&2\\-1&-2&-1&-2\end{pmatrix}$, 计算 $\boldsymbol{A}^n\,(n\geqslant 1)$.

A4. 计算方阵 $\boldsymbol{A}$ 的矩阵多项式 $f(\boldsymbol{A})$, 其中

(1) $\boldsymbol{A}=\begin{pmatrix}2&-1\\-3&3\end{pmatrix}$, $f(x)=x^2-x-1$;

(2) $\boldsymbol{A}=\begin{pmatrix}2&1&1\\3&1&2\\1&-1&0\end{pmatrix}$, $f(x)=x^2-5x+3$.

A5. 举例说明下列命题是错误的：

(1) 如果 $\boldsymbol{A}^2=\boldsymbol{O}$，则 $\boldsymbol{A}=\boldsymbol{O}$；

(2) 如果 $\boldsymbol{A}^2=\boldsymbol{A}$，则 $\boldsymbol{A}=\boldsymbol{O}$ 或者 $\boldsymbol{A}=\boldsymbol{E}$；

(3) 如果 $\boldsymbol{AX}=\boldsymbol{AY}$ 且 $\boldsymbol{A}\neq\boldsymbol{O}$，则 $\boldsymbol{X}=\boldsymbol{Y}$.

A6. 求出与方阵 $\boldsymbol{A}$ 可交换的所有矩阵，其中

(1) $\boldsymbol{A}=\begin{pmatrix}1&0&1\\0&1&0\\3&1&2\end{pmatrix}$；　　(2) $\boldsymbol{A}=\begin{pmatrix}0&1&0&0\\0&0&1&0\\0&0&0&1\\1&0&0&0\end{pmatrix}$.

A7. 设 n 阶对角阵 $\boldsymbol{A}$ 的对角元两两不等，证明：n 阶方阵 $\boldsymbol{B}$ 与 $\boldsymbol{A}$ 可交换的充分必要条件是 $\boldsymbol{B}$ 为对角阵.

A8. 证明：(1) 和所有 n 阶方阵都可交换的方阵一定是纯量阵；

(2) 和所有 n 阶可逆方阵都可交换的方阵一定是纯量阵.

A9. 证明：(1) 如果 $\boldsymbol{A}$ 为实对称阵，且 $\boldsymbol{A}^2=\boldsymbol{O}$，则 $\boldsymbol{A}=\boldsymbol{O}$；

(2) 如果 $\boldsymbol{A}$ 和 $\boldsymbol{B}$ 都是 n 阶对称阵，则 $\boldsymbol{AB}$ 是对称阵的充分必要条件是 $\boldsymbol{A}$ 和 $\boldsymbol{B}$ 可交换；

(3) 如果 $\boldsymbol{A}$ 和 $\boldsymbol{B}$ 都是 n 阶反对称阵，则 $\boldsymbol{AB}$ 是反对称阵的充分必要条件是 $\boldsymbol{AB}=-\boldsymbol{BA}$；

(4) 如果 $\boldsymbol{A}$ 和 $\boldsymbol{B}$ 都是 n 阶反对称阵，则 $\boldsymbol{AB}$ 是对称阵的充分必要条件是 $\boldsymbol{A}$ 和 $\boldsymbol{B}$ 可交换；

(5) 如果 $\boldsymbol{A}$ 和 $\boldsymbol{B}$ 都是 n 阶对称阵，则 $[\boldsymbol{A},\boldsymbol{B}]$ 是反对称阵；

(6) 如果 $\boldsymbol{A}$ 和 $\boldsymbol{B}$ 都是 n 阶反对称阵，则 $[\boldsymbol{A},\boldsymbol{B}]$ 也是反对称阵；

(7) 如果 $\boldsymbol{A}$ 和 $\boldsymbol{B}$ 中有一个是 n 阶对称阵，另一个是 n 阶反对称阵，则 $[\boldsymbol{A},\boldsymbol{B}]$ 是对称阵；

(8) 任意 n 阶方阵可以唯一地写为一个对称阵和一个反对称阵之和.

A10. 设 $\boldsymbol{A}$ 为 n 阶方阵.如果 $\boldsymbol{A}$ 满足 $\boldsymbol{A}^2=\boldsymbol{A}$，则称 $\boldsymbol{A}$ 是**幂等阵**；如果 $\boldsymbol{A}$ 满足 $\boldsymbol{A}^2=\boldsymbol{E}_n$，则称 $\boldsymbol{A}$ 是**对合阵**.

(1) 求出所有二阶实幂等阵；

(2) 求出所有二阶实对合阵；

(3) 设 n 阶方阵 $\boldsymbol{A}$ 和 $\boldsymbol{B}$ 满足 $2\boldsymbol{A}=\boldsymbol{B}+\boldsymbol{E}_n$，证明：$\boldsymbol{A}$ 是幂等阵当且仅当 $\boldsymbol{B}$ 是对合阵.

B1. 计算：

(1) $\begin{pmatrix}2&-1\\3&-2\end{pmatrix}^n$；　　(2) $\begin{pmatrix}a&c\\0&b\end{pmatrix}^n$；

(3) $\begin{pmatrix}1&1&1&1\\0&1&1&1\\0&0&1&1\\0&0&0&1\end{pmatrix}^n$；　　(4) $\begin{pmatrix}\lambda&1&&&\\&\lambda&1&&\\&&\ddots&\ddots&\\&&&\lambda&1\\&&&&\lambda\end{pmatrix}_{n\times n}^n$.

B2. 设 n 阶方阵 $\boldsymbol{A}$，$\boldsymbol{B}$ 的元素都是非负实数，证明：如果 $\boldsymbol{AB}$ 有全零行，则 $\boldsymbol{A}$ 或者 $\boldsymbol{B}$ 有全零行.

§3.2　可逆矩阵的定义和性质

本节的目标是定义矩阵的“除法”，那么应该如何自然的定义呢？我们回忆数的除法的定义.如果数 $a\neq 0$，则 a 有乘法逆(倒数) a^{-1}，此时定义

$$b\div a=\frac{b}{a}=a^{-1}\times b=b\times a^{-1}.$$

即我们是通过乘法逆用乘法来定义除法的.类比于此,矩阵的除法应该如下:

如果矩阵 $\boldsymbol{A}$ 满足 $\boxed{?}$,则 $\boldsymbol{A}$ 有乘法逆 $\boldsymbol{A}^{-1}$,此时定义

$$\boldsymbol{B}\div\boldsymbol{A}\overset{?}{=}\begin{cases}\boldsymbol{A}^{-1}\times\boldsymbol{B}, & \text{左除}\\ \boldsymbol{B}\times\boldsymbol{A}^{-1}. & \text{右除}\end{cases}$$

但是通常 $\boldsymbol{A}^{-1}\boldsymbol{B}\neq\boldsymbol{B}\boldsymbol{A}^{-1}$,所以要区分左除还是右除.于是我们不讲矩阵的除法,而直接用乘法逆去左乘或者右乘一个矩阵,即矩阵的"除法"事实上应该为 $\boldsymbol{A}^{-1}\boldsymbol{B}$ 和 $\boldsymbol{B}\boldsymbol{A}^{-1}$ 两种.

由上面的分析,我们需要知道何种矩阵有乘法逆,以及 $\boldsymbol{A}^{-1}$ 是什么.那么,如何定义矩阵可逆? 回到数上,对于 $a\in\mathbb{F}$,我们知道

$$a\text{ 可逆}\iff a\neq 0\iff \exists b\in\mathbb{F},\text{使得 } ab=ba=1.$$

此时,$b=a^{-1}$.类比到矩阵上,对于矩阵 $\boldsymbol{A}$,我们有下面两种可能的选择:

(i) $\boldsymbol{A}$ 可逆 $\overset{?}{\iff}$ $\boldsymbol{A}\neq\boldsymbol{O}$;

(ii) $\boldsymbol{A}$ 可逆 $\overset{?}{\iff}$ 存在矩阵 $\boldsymbol{B}$,使得 $\boldsymbol{AB}=\boldsymbol{BA}=\boldsymbol{E}$.

如果用第(i)种定义,那么 $\boldsymbol{A}=(1,\ 0)$ 是可逆的.取 $\boldsymbol{B}=\begin{pmatrix}0\\1\end{pmatrix}$,则

$$\boldsymbol{AB}=(1,\ 0)\begin{pmatrix}0\\1\end{pmatrix}=0.$$

由于 $\boldsymbol{A}$ 可逆,所以上面等式两边可以"左除"$\boldsymbol{A}$,得到 $\boldsymbol{B}=\boldsymbol{A}^{-1}\boldsymbol{AB}=\boldsymbol{A}^{-1}0=0$.这得到矛盾,所以定义(i)不是一个好的选择.而做除法时我们需要可逆阵的逆,所以采用定义(ii)可能是比较好的选择①.注意到此时蕴含 $\boldsymbol{A}$ 和 $\boldsymbol{B}$ 可交换,所以 $\boldsymbol{A}$ 和 $\boldsymbol{B}$ 是同阶方阵.

定义 3.8 设 $\boldsymbol{A}\in\mathbb{F}^{n\times n}$ 是方阵,如果存在矩阵 $\boldsymbol{B}\in\mathbb{F}^{n\times n}$,使得

$$\boldsymbol{AB}=\boldsymbol{BA}=\boldsymbol{E}_n,$$

则称矩阵 $\boldsymbol{A}$ **可逆**(**非奇异**).否则,称 $\boldsymbol{A}$ **不可逆**(**奇异**).

如果还有矩阵 $\boldsymbol{C}$,使得 $\boldsymbol{AC}=\boldsymbol{CA}=\boldsymbol{E}$,则

$$\boldsymbol{B}=\boldsymbol{BE}=\boldsymbol{B}(\boldsymbol{AC})=(\boldsymbol{BA})\boldsymbol{C}=\boldsymbol{EC}=\boldsymbol{C}.$$

所以满足 $\boldsymbol{AB}=\boldsymbol{BA}=\boldsymbol{E}$ 的矩阵 $\boldsymbol{B}$ 是唯一的,称为 $\boldsymbol{A}$ 的**逆阵**,记为 $\boldsymbol{A}^{-1}$.

例 3.12 设矩阵 $\boldsymbol{A}$ 可逆,证明:

(1) $\boldsymbol{AB}=\boldsymbol{C}\implies\boldsymbol{B}=\boldsymbol{A}^{-1}\boldsymbol{C}$;

(2) $\boldsymbol{DA}=\boldsymbol{C}\implies\boldsymbol{D}=\boldsymbol{CA}^{-1}$.

☞ **证明** 以(1)为例,(2)类似.由

$$\boldsymbol{B}=\boldsymbol{EB}=(\boldsymbol{A}^{-1}\boldsymbol{A})\boldsymbol{B}=\boldsymbol{A}^{-1}(\boldsymbol{AB})=\boldsymbol{A}^{-1}\boldsymbol{C},$$

即得到(1).

① 对于任意有单位元 1 的环 R,R 中乘法可逆元也是如此定义的:$a\in R$ 可逆 $\iff$ 存在 $b\in R$,使得 $ab=ba=1$.

从可逆矩阵的定义看出,要判别一个矩阵是否可逆并不是一件轻松的事.对于 n 阶方阵 $\boldsymbol{A}$,我们要在无穷多的矩阵中找到那个唯一的 $\boldsymbol{B}$,使得 $\boldsymbol{AB}=\boldsymbol{BA}=\boldsymbol{E}$. 如果用待定系数法,将 $\boldsymbol{B}$ 的 n^2 个元素看成未知数,这相当于问一个有 n^2 个未知数的线性方程组是否相容.当 n 比较大时,该线性方程组并不容易求解.在解决这一困难前,需要有一些例子给我们一些感性的认识.特别地,我们当然希望零矩阵和单位阵像数的 0 和 1 一样分别不可逆和可逆,下面给出了更多例子.

例 3.13 (1) 设方阵 $\boldsymbol{A}$ 有全零行(列),则 $\boldsymbol{A}$ 不可逆.特别的,$\boldsymbol{O}_n$ 不可逆;

(2) 设 $\boldsymbol{A}=\operatorname{diag}(a_1, a_2, \cdots, a_n)$ 是对角阵,则

$$\boldsymbol{A}\text{ 可逆} \Longleftrightarrow a_1, a_2, \cdots, a_n \neq 0.$$

此时,

$$\boldsymbol{A}^{-1}=\operatorname{diag}(a_1^{-1}, a_2^{-1}, \cdots, a_n^{-1}).$$

特别的,$\boldsymbol{E}_n$ 可逆,且 $\boldsymbol{E}_n^{-1}=\boldsymbol{E}_n$.

☞ **证明** (1) 设 $\boldsymbol{A}=(a_{kl})$ 的第 i 行是全零行,即

$$a_{i1}=a_{i2}=\cdots=a_{in}=0.$$

则对于任意的 n 阶方阵 $\boldsymbol{B}=(b_{kl})$,有 $\boldsymbol{AB}$ 的 (i, j) 元素为

$$\sum_{k=1}^{n} a_{ik} b_{kj}=\sum_{k=1}^{n} 0 \cdot b_{kj}=0,$$

即 $\boldsymbol{AB}$ 的第 i 行也是全零行.于是 $\boldsymbol{AB} \neq \boldsymbol{E}$. 即 $\boldsymbol{A}$ 不可逆.

类似可证,如果 $\boldsymbol{A}$ 有全零列,则 $\boldsymbol{A}$ 也不可逆.

(2) 如果存在某个 $a_i=0$,则 A 的第 i 行为全零行,由(1)得 A 不可逆.如果任意的 $a_i \neq 0$,则由于

$$\operatorname{diag}(a_1, a_2, \cdots, a_n)\operatorname{diag}(a_1^{-1}, a_2^{-1}, \cdots, a_n^{-1})=\boldsymbol{E}$$

和

$$\operatorname{diag}(a_1^{-1}, a_2^{-1}, \cdots, a_n^{-1})\operatorname{diag}(a_1, a_2, \cdots, a_n)=\boldsymbol{E},$$

得 $\boldsymbol{A}$ 可逆,且 $\boldsymbol{A}^{-1}=\operatorname{diag}(a_1^{-1}, a_2^{-1}, \cdots, a_n^{-1})$.

对方阵 $\boldsymbol{A}$,前面定义了 $\boldsymbol{A}$ 的幂.如果 $\boldsymbol{A}$ 可逆,则可如下定义 $\boldsymbol{A}$ 的负指数

$$\boldsymbol{A}^{-k}:=(\boldsymbol{A}^{-1})^k, \quad \forall k \in \mathbb{N}.$$

可以证明下面成立

$$\boldsymbol{A}^k\boldsymbol{A}^l=\boldsymbol{A}^{k+l}, \quad (\boldsymbol{A}^k)^l=\boldsymbol{A}^{kl}, \quad \forall k, l \in \mathbb{Z}.$$

于是,对于可逆矩阵 $\boldsymbol{A} \in \mathbb{F}^{n\times n}$,除了 $\boldsymbol{A}$ 的矩阵多项式,比如 $\boldsymbol{A}^2+2\boldsymbol{A}+\boldsymbol{E}$,还有类似于 $\boldsymbol{A}^{-2}+2\boldsymbol{E}+\boldsymbol{A}$ 的方阵存在.令 $f(x)=x^{-2}+2+x$,称其为一个洛朗(Laurent)多项式,则

$$\boldsymbol{A}^{-2}+2\boldsymbol{E}+\boldsymbol{A}=f(\boldsymbol{A}).$$

一般地，定义 **Laurent** 多项式集合为

$$\mathbb{F}[x, x^{-1}] := \{a_{-k}x^{-k} + a_{-k+1}x^{-k+1} + \cdots + a_0 + a_1x + \cdots + a_mx^m \mid k, m \geqslant 0, \\ a_{-k}, a_{-k+1}, \cdots, a_0, a_1, \cdots, a_m \in \mathbb{F}\} \supset \mathbb{F}[x],$$

则对任意 Laurent 多项式 $f(x) = a_{-k}x^{-k} + \cdots + a_0 + a_1x + \cdots + a_mx^m \in \mathbb{F}[x, x^{-1}]$，可以定义

$$f(\boldsymbol{A}) := a_{-k}\boldsymbol{A}^{-k} + \cdots + a_0\boldsymbol{E} + a_1\boldsymbol{A} + \cdots + a_m\boldsymbol{A}^m \in \mathbb{F}^{n\times n}.$$

类似于多项式类，可定义 Laurent 多项式的加法，减法和乘法，这里自然定义

$$x^n \cdot x^m = x^{n+m}, \quad \forall n, m \in \mathbb{Z}.$$

例如，有

$$(-2x^{-2} + x^{-1} + 2 + 6x) + (-3x^{-1} + 5 + 2x) = -2x^{-2} - 2x^{-1} + 7 + 8x,$$
$$(2x^{-1} + x)(3x^{-1} + x^2) = 2x^{-1} \cdot 3x^{-1} + 2x^{-1} \cdot x^2 + x \cdot 3x^{-1} + x \cdot x^2$$
$$= 6x^{-2} + 2x + 3 + x^3.$$

于是，可以证明，对任意 $f(x), g(x) \in \mathbb{F}[x, x^{-1}]$，如果

$$f(x) + g(x) = h_1(x), \quad f(x)g(x) = h_2(x),$$

则有

$$f(\boldsymbol{A}) + g(\boldsymbol{A}) = h_1(\boldsymbol{A}), \quad f(\boldsymbol{A})g(\boldsymbol{A}) = h_2(\boldsymbol{A}).$$

进而，将 $\mathbb{F}[x, x^{-1}]$ 中的代数等式中的 x 用可逆矩阵 $\boldsymbol{A}$ 替换，等式仍然成立.

根据定义，类比于可逆的数的性质，我们可以猜到并证明下面的性质.

命题 3.1 设 $\boldsymbol{A}, \boldsymbol{B} \in \mathbb{F}^{n\times n}$ 是可逆阵，$a \in \mathbb{F}^{\times}$，则 $\boldsymbol{A}^{-1}$，$a\boldsymbol{A}$，$\boldsymbol{AB}$ 和 $\boldsymbol{A}^{\mathrm{T}}$ 都可逆，且

$$(\boldsymbol{A}^{-1})^{-1} = \boldsymbol{A},$$
$$(a\boldsymbol{A})^{-1} = a^{-1}\boldsymbol{A}^{-1},$$
$$(\boldsymbol{AB})^{-1} = \boldsymbol{B}^{-1}\boldsymbol{A}^{-1}, \quad \text{（穿脱原理）}$$
$$(\boldsymbol{A}^{\mathrm{T}})^{-1} = (\boldsymbol{A}^{-1})^{\mathrm{T}}.$$

进而，如果 $\boldsymbol{A}_1, \boldsymbol{A}_2, \cdots, \boldsymbol{A}_s \in \mathbb{F}^{n\times n}$ 都可逆，则 $\boldsymbol{A}_1\boldsymbol{A}_2\cdots\boldsymbol{A}_s$ 可逆，且

$$(\boldsymbol{A}_1\boldsymbol{A}_2\cdots\boldsymbol{A}_s)^{-1} = \boldsymbol{A}_s^{-1}\cdots\boldsymbol{A}_2^{-1}\boldsymbol{A}_1^{-1}.$$

☞ **证明** 以可逆方阵的乘积为例，其他类似.事实上，由于

$$(\boldsymbol{AB})(\boldsymbol{B}^{-1}\boldsymbol{A}^{-1}) = \boldsymbol{A}(\boldsymbol{BB}^{-1})\boldsymbol{A}^{-1} = \boldsymbol{AEA}^{-1} = \boldsymbol{AA}^{-1} = \boldsymbol{E},$$
$$(\boldsymbol{B}^{-1}\boldsymbol{A}^{-1})(\boldsymbol{AB}) = \boldsymbol{B}^{-1}(\boldsymbol{A}^{-1}\boldsymbol{A})\boldsymbol{B} = \boldsymbol{B}^{-1}\boldsymbol{EB} = \boldsymbol{B}^{-1}\boldsymbol{B} = \boldsymbol{E},$$

所以 $\boldsymbol{AB}$ 可逆，且 $(\boldsymbol{AB})^{-1} = \boldsymbol{B}^{-1}\boldsymbol{A}^{-1}$.

我们看一些例子.

例 3.14 设 $\boldsymbol{A}, \boldsymbol{B} \in \mathbb{F}^{n\times n}$ 是可逆阵，如果 $\boldsymbol{A}+\boldsymbol{B}$ 可逆，证明：$\boldsymbol{A}^{-1}+\boldsymbol{B}^{-1}$ 可逆.并求其逆.

☞ **解** 由于

$$\boldsymbol{A}^{-1}+\boldsymbol{B}^{-1}=\boldsymbol{A}^{-1}(\boldsymbol{E}+\boldsymbol{A}\boldsymbol{B}^{-1})=\boldsymbol{A}^{-1}(\boldsymbol{B}+\boldsymbol{A})\boldsymbol{B}^{-1},$$

且 $\boldsymbol{A}^{-1}$, $\boldsymbol{B}^{-1}$ 和 $\boldsymbol{A}+\boldsymbol{B}$ 都可逆,所以 $\boldsymbol{A}^{-1}+\boldsymbol{B}^{-1}$ 可逆,且

$$\begin{aligned}(\boldsymbol{A}^{-1}+\boldsymbol{B}^{-1})^{-1}&=(\boldsymbol{A}^{-1}(\boldsymbol{A}+\boldsymbol{B})\boldsymbol{B}^{-1})^{-1}\\&=(\boldsymbol{B}^{-1})^{-1}(\boldsymbol{A}+\boldsymbol{B})^{-1}(\boldsymbol{A}^{-1})^{-1}=\boldsymbol{B}(\boldsymbol{A}+\boldsymbol{B})^{-1}\boldsymbol{A}.\end{aligned}$$

类似于上面,也可以求出 $(\boldsymbol{A}^{-1}+\boldsymbol{B}^{-1})^{-1}=\boldsymbol{A}(\boldsymbol{A}+\boldsymbol{B})^{-1}\boldsymbol{B}$.

例 3.15 设 $\boldsymbol{A}\in\mathbb{F}^{n\times n}$, $\boldsymbol{A}\neq\boldsymbol{O}$, 且 $\boldsymbol{A}^2=a\boldsymbol{A}$, 其中 $a\in\mathbb{F}$. 问 a 取何值时,方阵 $\boldsymbol{A}+\boldsymbol{E}$ 可逆? 在 $\boldsymbol{A}+\boldsymbol{E}$ 可逆时,求它的逆.

☞ **解** 由综合除法可得

$$x^2-ax=(x+1)(x-a-1)+(a+1),$$

于是

$$\boldsymbol{A}^2-a\boldsymbol{A}=(\boldsymbol{A}+\boldsymbol{E})(\boldsymbol{A}-(a+1)\boldsymbol{E})+(a+1)\boldsymbol{E},$$

即

$$(\boldsymbol{A}+\boldsymbol{E})(\boldsymbol{A}-(a+1)\boldsymbol{E})=-(a+1)\boldsymbol{E}.$$

当 $a+1\neq 0$ 时,有

$$(\boldsymbol{A}+\boldsymbol{E})\left(\boldsymbol{E}-\frac{1}{a+1}\boldsymbol{A}\right)=\boldsymbol{E}.$$

而上面等式左边的两个因子可以交换,所以有

$$\left(\boldsymbol{E}-\frac{1}{a+1}\boldsymbol{A}\right)(\boldsymbol{A}+\boldsymbol{E})=\boldsymbol{E}.$$

于是 $\boldsymbol{A}+\boldsymbol{E}$ 可逆,且

$$(\boldsymbol{A}+\boldsymbol{E})^{-1}=\boldsymbol{E}-\frac{1}{a+1}\boldsymbol{A}.$$

当 $a+1=0$ 时,有 $(\boldsymbol{A}+\boldsymbol{E})\boldsymbol{A}=\boldsymbol{O}$. 如果 $\boldsymbol{A}+\boldsymbol{E}$ 可逆,则 $\boldsymbol{A}=\boldsymbol{O}$, 矛盾.所以 $\boldsymbol{A}+\boldsymbol{E}$ 不可逆.

综上,当且仅当 $a\neq-1$ 时 $\boldsymbol{A}+\boldsymbol{E}$ 可逆.且可逆时 $(\boldsymbol{A}+\boldsymbol{E})^{-1}=\boldsymbol{E}-\dfrac{1}{a+1}\boldsymbol{A}$.

例 3.16 设 $\boldsymbol{A}=\begin{pmatrix}1&1&1&1\\1&1&-1&-1\\1&-1&1&-1\\1&-1&-1&1\end{pmatrix}$, 证明: $\boldsymbol{A}$ 可逆,并求 $\boldsymbol{A}^{-1}$.

☞ **解** 容易得到 $\boldsymbol{A}^2=4\boldsymbol{E}$, 所以 $\boldsymbol{A}$ 可逆,且

$$\boldsymbol{A}^{-1}=\frac{1}{4}\boldsymbol{A}=\frac{1}{4}\begin{pmatrix}1&1&1&1\\1&1&-1&-1\\1&-1&1&-1\\1&-1&-1&1\end{pmatrix}.$$

解毕.

上面例子中的 $\boldsymbol{A}$ 有很大的特殊性.下面遗留的问题是,给定一个一般的 n 阶方阵 $\boldsymbol{A}$,如何判别它是否可逆?当可逆时如何求 $\boldsymbol{A}^{-1}$?如前分析,从定义来看,我们找 $\boldsymbol{B}$,使得 $\boldsymbol{AB}=\boldsymbol{BA}=\boldsymbol{E}$,相当于求解一个有 n^2 个未知数的线性方程组.当 n 比较大时,这是一个困难的任务.那么如何解决这个问题呢?前面解线性方程组分析问题的方法可以给我们一些有益的启示,我们可以试着用初等变换化一般为简单来考虑方阵的可逆性.为此需要考虑初等变换是否改变方阵的可逆性,以及简单的矩阵何时可逆这两个问题.在此之前,作为工具,也作为重要的方法,我们先介绍矩阵的分块以及按照矩阵运算定义如何进行分块运算.

习题 3.2

A1. 设 $\boldsymbol{A}$ 是 n 阶可逆阵.证明:

(1) 如果 $\boldsymbol{A}$ 是对称阵,则 $\boldsymbol{A}^{-1}$ 也是对称阵;

(2) 如果 $\boldsymbol{A}$ 是反对称阵,则 $\boldsymbol{A}^{-1}$ 也是反对称阵.

A2. 设 $\boldsymbol{A}$, $\boldsymbol{B}$ 是 n 阶方阵,满足 $\boldsymbol{A}$, $\boldsymbol{B}$ 和 $\boldsymbol{AB}-\boldsymbol{E}$ 都可逆,证明:

(1) $\boldsymbol{A}-\boldsymbol{B}^{-1}$ 可逆,并求其逆阵;

(2) $(\boldsymbol{A}-\boldsymbol{B}^{-1})^{-1}-\boldsymbol{A}^{-1}$ 也可逆,并求其逆阵.

A3. 设 n 阶方阵 $\boldsymbol{A}$ 满足

$$a_0\boldsymbol{A}^m+a_1\boldsymbol{A}^{m-1}+\cdots+a_{m-1}\boldsymbol{A}+a_m\boldsymbol{E}_n=0,$$

其中 $m\geqslant 1$, $a_0a_m\neq 0$.证明:方阵 $\boldsymbol{A}$ 可逆,并求 $\boldsymbol{A}^{-1}$.

A4. 设 $\boldsymbol{A}$ 为 n 阶方阵,如果存在正整数 k,使得 $\boldsymbol{A}^k=\boldsymbol{O}$,则称 $\boldsymbol{A}$ 是**幂零阵**.此时,使得 $\boldsymbol{A}^k=\boldsymbol{O}$ 成立的最小正整数称为方阵 $\boldsymbol{A}$ 的**幂零指数**.设 $\boldsymbol{A}$ 为幂零矩阵,且幂零指数是 k,证明:$\boldsymbol{E}-\boldsymbol{A}$ 可逆,并求 $(\boldsymbol{E}-\boldsymbol{A})^{-1}$.

A5. 设 $\boldsymbol{A}$ 是 n 阶方阵.

(1) 如果 $\boldsymbol{A}$ 满足 $\boldsymbol{A}^3+3\boldsymbol{A}^2+3\boldsymbol{A}=\boldsymbol{O}$,证明:$\boldsymbol{A}+2\boldsymbol{E}$ 可逆,并求 $(\boldsymbol{A}+2\boldsymbol{E})^{-1}$;

(2) 如果 $\boldsymbol{A}$ 满足 $\boldsymbol{A}^3+\boldsymbol{E}=\boldsymbol{O}$,证明:$\boldsymbol{A}^2+\boldsymbol{E}$ 可逆,并求 $(\boldsymbol{A}^2+\boldsymbol{E})^{-1}$.

B1. 设 $\boldsymbol{A}$ 为 $n\times m$ 矩阵,$\boldsymbol{B}$ 为 $m\times n$ 矩阵,如果 $\boldsymbol{E}_n-\boldsymbol{AB}$ 可逆,证明:$\boldsymbol{E}_m-\boldsymbol{BA}$ 也可逆,并求 $(\boldsymbol{E}_m-\boldsymbol{BA})^{-1}$.

§3.3 矩阵的分块

我们知道,通常越低阶的矩阵越容易处理.在处理有关矩阵的问题时,有时将某些部分看成整体,将矩阵看成低阶矩阵来处理会更加简单和方便,这就有**矩阵的分块**.设 $\boldsymbol{A}=(a_{ij})$ 是任意的 $m\times n$ 矩阵,设想用一些水平线和竖直线把 $\boldsymbol{A}$ 的元素分割成若干个长方形小块,每一小块对应的矩阵用矩阵记号表示,就得到 $\boldsymbol{A}$ 的一个分块.具体的,假设在 $\boldsymbol{A}$ 的第 $m_1+\cdots+m_i$ 行与第 $m_1+\cdots+m_i+1$ 行之间有一条水平线,其中 $i=1,\cdots,s-1$;而在 $\boldsymbol{A}$ 的第 $n_1+\cdots+n_j$ 列与第 $n_1+\cdots+n_j+1$ 列之间有一条竖直线,其中 $j=1,\cdots,r-1$,则将 $\boldsymbol{A}$ 分成 $s\times r$ 个块

$$\boldsymbol{A}=(a_{ij})_{m\times n}=\begin{pmatrix}\boldsymbol{A}_{11} & \boldsymbol{A}_{12} & \cdots & \boldsymbol{A}_{1r}\\ \boldsymbol{A}_{21} & \boldsymbol{A}_{22} & \cdots & \boldsymbol{A}_{2r}\\ \vdots & \vdots & & \vdots\\ \boldsymbol{A}_{s1} & \boldsymbol{A}_{s2} & \cdots & \boldsymbol{A}_{sr}\end{pmatrix}\begin{matrix}m_1\\ m_2\\ \vdots\\ m_s\end{matrix}$$
$$\qquad\qquad\qquad n_1\quad n_2\quad \cdots\quad n_r$$

其中 $\boldsymbol{A}_{ij}$ 是 $m_i\times n_j$ 阵,称为 $\boldsymbol{A}$ 的**子阵**.此时,$\boldsymbol{A}$ 可简记为 $\boldsymbol{A}=(\boldsymbol{A}_{ij})_{s\times r}$. 我们有 $m_1+\cdots+m_s=m$, $n_1+\cdots+n_r=n$. 称 $(m_1, m_2, \cdots, m_s)$ 为分块矩阵 $\boldsymbol{A}$ 的**行型**,称 $(n_1, n_2, \cdots, n_r)$ 为**列型**.

例 3.17 (1) $\begin{pmatrix}a_{11} & a_{12} & a_{13}\\ a_{21} & a_{22} & a_{23}\\ a_{31} & a_{32} & a_{33}\end{pmatrix}=\begin{pmatrix}\boldsymbol{A}_{11} & \boldsymbol{A}_{12}\\ \boldsymbol{A}_{21} & \boldsymbol{A}_{22}\end{pmatrix}$,行型为 (1, 2),列型为 (1, 2);

(2) $\begin{pmatrix}a_{11} & a_{12} & a_{13}\\ a_{21} & a_{22} & a_{23}\\ a_{31} & a_{32} & a_{33}\end{pmatrix}=\begin{pmatrix}\boldsymbol{A}_{11}\\ \boldsymbol{A}_{21}\\ \boldsymbol{A}_{31}\end{pmatrix}$,行型为 (1, 1, 1),列型为空.

类比于三角阵,我们特别喜欢下列形式的分块阵.如果矩阵 $\boldsymbol{A}$ 分块后有如下形式

$$\boldsymbol{A}=\begin{pmatrix}\boldsymbol{A}_{11} & \boldsymbol{A}_{12} & \cdots & \boldsymbol{A}_{1r}\\ & \boldsymbol{A}_{22} & \cdots & \boldsymbol{A}_{2r}\\ & & \ddots & \vdots\\ & & & \boldsymbol{A}_{rr}\end{pmatrix},$$

其中,空白的块为零子矩阵,则称 $\boldsymbol{A}$ 为**分块上三角阵**(或**准上三角阵**).类似的可以定义**分块下三角阵**(或**准下三角阵**)为

$$\begin{pmatrix}\boldsymbol{A}_{11} & & & \\ \boldsymbol{A}_{21} & \boldsymbol{A}_{22} & & \\ \vdots & \vdots & \ddots & \\ \boldsymbol{A}_{r1} & \boldsymbol{A}_{r2} & \cdots & \boldsymbol{A}_{rr}\end{pmatrix}.$$

最后,如果分块矩阵 $\boldsymbol{A}$ 既是分块上三角阵,又是分块下三角阵,则称 $\boldsymbol{A}$ 是**分块对角阵**(或**准对角阵**).此时,记

$$\boldsymbol{A}=\mathrm{diag}(\boldsymbol{A}_{11}, \boldsymbol{A}_{22}, \cdots, \boldsymbol{A}_{rr})=\begin{pmatrix}\boldsymbol{A}_{11} & & & \\ & \boldsymbol{A}_{22} & & \\ & & \ddots & \\ & & & \boldsymbol{A}_{rr}\end{pmatrix}.$$

3.3.1 分块运算

将矩阵分块后,按照矩阵运算的定义,我们可以得到下面关于分块矩阵的运算规则.由

于证明都很简单,这里省略.

命题 3.2(分块加法) 设 $\boldsymbol{A},\boldsymbol{B}\in\mathbb{F}^{m\times n}$,按照同型分块 $\boldsymbol{A}=(\boldsymbol{A}_{ij})_{s\times r}$,$\boldsymbol{B}=(\boldsymbol{B}_{ij})_{s\times r}$,则有

$$\boldsymbol{A}+\boldsymbol{B}=(\boldsymbol{A}_{ij}+\boldsymbol{B}_{ij})=\begin{pmatrix}\boldsymbol{A}_{11}+\boldsymbol{B}_{11} & \boldsymbol{A}_{12}+\boldsymbol{B}_{12} & \cdots & \boldsymbol{A}_{1r}+\boldsymbol{B}_{1r}\\ \boldsymbol{A}_{21}+\boldsymbol{B}_{21} & \boldsymbol{A}_{22}+\boldsymbol{B}_{22} & \cdots & \boldsymbol{A}_{2r}+\boldsymbol{B}_{2r}\\ \vdots & \vdots & & \vdots\\ \boldsymbol{A}_{s1}+\boldsymbol{B}_{s1} & \boldsymbol{A}_{s2}+\boldsymbol{B}_{s2} & \cdots & \boldsymbol{A}_{sr}+\boldsymbol{B}_{sr}\end{pmatrix}.$$

即 $\boldsymbol{A}+\boldsymbol{B}$ 也是同型的分块阵,且只需将 $\boldsymbol{A}$ 和 $\boldsymbol{B}$ 对应位置上的小块相加即可.

命题 3.3(分块数乘) 设 $\boldsymbol{A}\in\mathbb{F}^{m\times n}$,有分块 $\boldsymbol{A}=(\boldsymbol{A}_{ij})_{s\times r}$,设 $a\in\mathbb{F}$,则有

$$a\boldsymbol{A}=(a\boldsymbol{A}_{ij})_{s\times r}=\begin{pmatrix}a\boldsymbol{A}_{11} & a\boldsymbol{A}_{12} & \cdots & a\boldsymbol{A}_{1r}\\ a\boldsymbol{A}_{21} & a\boldsymbol{A}_{22} & \cdots & a\boldsymbol{A}_{2r}\\ \vdots & \vdots & & \vdots\\ a\boldsymbol{A}_{s1} & a\boldsymbol{A}_{s2} & \cdots & a\boldsymbol{A}_{sr}\end{pmatrix}.$$

命题 3.4(分块乘法) 设 $\boldsymbol{A}\in\mathbb{F}^{m\times l}$ 和 $\boldsymbol{B}\in\mathbb{F}^{l\times n}$ 有分块:

$$\boldsymbol{A}=(\boldsymbol{A}_{ij})_{s\times t},\quad \boldsymbol{B}=(\boldsymbol{B}_{ij})_{t\times r},$$

其中 $\boldsymbol{A}$ 分块的列型等于 $\boldsymbol{B}$ 分块的行型,则 $\boldsymbol{C}=\boldsymbol{AB}$ 也是分块矩阵 $(\boldsymbol{C}_{ij})_{s\times r}$,其中

$$\boldsymbol{C}\text{ 分块的行型}=\boldsymbol{A}\text{ 分块的行型},\quad \boldsymbol{C}\text{ 分块的列型}=\boldsymbol{B}\text{ 分块的列型},$$

且

$$\boldsymbol{C}_{ij}=\boldsymbol{A}_{i1}\boldsymbol{B}_{1j}+\boldsymbol{A}_{i2}\boldsymbol{B}_{2j}+\cdots+\boldsymbol{A}_{it}\boldsymbol{B}_{tj},\quad 1\leqslant i\leqslant s,\ 1\leqslant j\leqslant r.$$

命题 3.5(分块转置) 设 $\boldsymbol{A}\in\mathbb{F}^{m\times n}$,有分块 $\boldsymbol{A}=(\boldsymbol{A}_{ij})_{s\times r}$,则有

$$\boldsymbol{A}^{\mathrm{T}}=(\boldsymbol{A}_{ji}^{\mathrm{T}})_{r\times s}=\begin{pmatrix}\boldsymbol{A}_{11}^{\mathrm{T}} & \boldsymbol{A}_{21}^{\mathrm{T}} & \cdots & \boldsymbol{A}_{s1}^{\mathrm{T}}\\ \boldsymbol{A}_{12}^{\mathrm{T}} & \boldsymbol{A}_{22}^{\mathrm{T}} & \cdots & \boldsymbol{A}_{s2}^{\mathrm{T}}\\ \vdots & \vdots & & \vdots\\ \boldsymbol{A}_{1r}^{\mathrm{T}} & \boldsymbol{A}_{2r}^{\mathrm{T}} & \cdots & \boldsymbol{A}_{sr}^{\mathrm{T}}\end{pmatrix}.$$

命题 3.6(分块共轭) 设 $\boldsymbol{A}\in\mathbb{C}^{m\times n}$,有分块 $\boldsymbol{A}=(\boldsymbol{A}_{ij})_{s\times r}$,则有

$$\overline{\boldsymbol{A}}=(\overline{\boldsymbol{A}}_{ij})_{s\times r}=\begin{pmatrix}\overline{\boldsymbol{A}}_{11} & \overline{\boldsymbol{A}}_{12} & \cdots & \overline{\boldsymbol{A}}_{1r}\\ \overline{\boldsymbol{A}}_{21} & \overline{\boldsymbol{A}}_{22} & \cdots & \overline{\boldsymbol{A}}_{2r}\\ \vdots & \vdots & & \vdots\\ \overline{\boldsymbol{A}}_{s1} & \overline{\boldsymbol{A}}_{s2} & \cdots & \overline{\boldsymbol{A}}_{sr}\end{pmatrix}.$$

从上面可以看出,进行分块运算时,我们需要正确分块,然后把每一小块看成数,按照矩阵的运算规则进行运算即可.需要注意的是,两个小块相乘时不能交换位置;分块转置时,每个小块也要转置.

例 3.18 设 $A=\begin{pmatrix}1&0&0&0\\0&1&0&0\\2&3&1&0\\4&5&0&1\end{pmatrix}$, $B=\begin{pmatrix}1&0&0&0\\0&1&0&0\\-2&-3&1&0\\-4&-5&0&1\end{pmatrix}$, 求 AB.

☞ **解** 将 A 和 B 分块

$$A=\begin{pmatrix}E_2&O\\A_1&E_2\end{pmatrix},\quad B=\begin{pmatrix}E_2&O\\-A_1&E_2\end{pmatrix},\quad A_1=\begin{pmatrix}2&3\\4&5\end{pmatrix},$$

则有

$$AB=\begin{pmatrix}E_2&O\\A_1&E_2\end{pmatrix}\begin{pmatrix}E_2&O\\-A_1&E_2\end{pmatrix}=\begin{pmatrix}E_2E_2-OA_1&E_2O+OE_2\\A_1E_2-E_2A_1&A_1O+E_2E_2\end{pmatrix}$$

$$=\begin{pmatrix}E_2&O\\O&E_2\end{pmatrix}=E_4.$$

当然也可以直接计算.

例 3.19 设 $A=\mathrm{diag}(A_1, A_2, \cdots, A_r)$ 为分块对角阵,其中 A_i 都是方阵,证明:

$$A\text{ 可逆}\Longleftrightarrow A_1, A_2, \cdots, A_r\text{ 都可逆}.$$

当 A 可逆时求 A^{-1}.

☞ **解** 设 A_i 是 n_i 阶方阵, $n=n_1+n_2+\cdots+n_r$, 对于 n 阶方阵 B, 做分块 $B=(B_{ij})$, 其中 B_{ij} 是 $n_i\times n_j$ 阵.由于

$$AB=\begin{pmatrix}A_1B_{11}&A_1B_{12}&\cdots&A_1B_{1r}\\A_2B_{21}&A_2B_{22}&\cdots&A_2B_{2r}\\\vdots&\vdots&&\vdots\\A_rB_{r1}&A_rB_{r2}&\cdots&A_rB_{rr}\end{pmatrix},$$

$$BA=\begin{pmatrix}B_{11}A_1&B_{12}A_2&\cdots&B_{1r}A_r\\B_{21}A_1&B_{22}A_2&\cdots&B_{2r}A_r\\\vdots&\vdots&&\vdots\\B_{r1}A_1&B_{r2}A_2&\cdots&B_{rr}A_r\end{pmatrix},$$

所以有

$$AB=BA=E\Longleftrightarrow\begin{cases}A_iB_{ii}=B_{ii}A_i=E_{n_i}, & 1\leqslant i\leqslant r,\\A_iB_{ij}=O,\ B_{ij}A_j=O, & 1\leqslant i\neq j\leqslant r.\end{cases}$$

这又等价于

$$\begin{cases}A_i\text{ 可逆,且 }A_i^{-1}=B_{ii}, & 1\leqslant i\leqslant r,\\B_{ij}=O, & 1\leqslant i\neq j\leqslant r.\end{cases}$$

于是

$$\boldsymbol{A}\text{ 可逆} \Longleftrightarrow \boldsymbol{A}_1, \boldsymbol{A}_2, \cdots, \boldsymbol{A}_r \text{ 都可逆}.$$

且当 $\boldsymbol{A}$ 可逆时，有

$$\boldsymbol{A}^{-1} = \mathrm{diag}(\boldsymbol{A}_1^{-1}, \boldsymbol{A}_2^{-1}, \cdots, \boldsymbol{A}_r^{-1}).$$

解毕①.

3.3.2 按行(列)分块

我们常常需要讲矩阵的某行和某列，于是下面两种特殊的矩阵分块特别重要.设 $\boldsymbol{A} = (a_{ij})_{m\times n} \in \mathbb{F}^{m\times n}$，则有分块

$$\boldsymbol{A} = \begin{pmatrix} a_{11} & a_{12} & \cdots & a_{1n} \\ \hdashline a_{21} & a_{22} & \cdots & a_{2n} \\ \hdashline \vdots & \vdots & & \vdots \\ \hdashline a_{m1} & a_{m2} & \cdots & a_{mn} \end{pmatrix} = \begin{pmatrix} \boldsymbol{\alpha}_1 \\ \boldsymbol{\alpha}_2 \\ \vdots \\ \boldsymbol{\alpha}_m \end{pmatrix}$$

和

$$\boldsymbol{A} = \left(\begin{array}{c:c:c:c} a_{11} & a_{12} & \cdots & a_{1n} \\ a_{21} & a_{22} & \cdots & a_{2n} \\ \vdots & \vdots & & \vdots \\ a_{m1} & a_{m2} & \cdots & a_{mn} \end{array}\right) = (\boldsymbol{\beta}_1, \boldsymbol{\beta}_2, \cdots, \boldsymbol{\beta}_n).$$

称前者为**按行分块**,后者为**按列分块**.例如，设 $\boldsymbol{B} \in \mathbb{F}^{n\times s}$ 和 $\boldsymbol{C} \in \mathbb{F}^{t\times m}$，则有常用的分块乘法

$$\boldsymbol{AB} = \begin{pmatrix} \boldsymbol{\alpha}_1 \\ \boldsymbol{\alpha}_2 \\ \vdots \\ \boldsymbol{\alpha}_m \end{pmatrix} \boldsymbol{B} = \begin{pmatrix} \boldsymbol{\alpha}_1\boldsymbol{B} \\ \boldsymbol{\alpha}_2\boldsymbol{B} \\ \vdots \\ \boldsymbol{\alpha}_m\boldsymbol{B} \end{pmatrix},$$

$$\boldsymbol{CA} = \boldsymbol{C}(\boldsymbol{\beta}_1, \boldsymbol{\beta}_2, \cdots, \boldsymbol{\beta}_n) = (\boldsymbol{C\beta}_1, \boldsymbol{C\beta}_2, \cdots, \boldsymbol{C\beta}_n).$$

将上面的 $\boldsymbol{A}$ 取为单位阵，则可取出矩阵的行和列.事实上，设单位矩阵 $\boldsymbol{E}_n$ 按列分块为

$$\boldsymbol{E}_n = (\boldsymbol{e}_1, \boldsymbol{e}_2, \cdots, \boldsymbol{e}_n), \quad \boldsymbol{e}_i = \boldsymbol{e}_i^{(n)} = \begin{pmatrix} 0 \\ \vdots \\ 0 \\ 1 \\ 0 \\ \vdots \\ 0 \end{pmatrix} \text{第 } i \text{ 行},$$

① 这个例子是例 3.13 的推广.后面我们将用初等变换给出一个更简单的证明.

则 $\boldsymbol{E}_n$ 的按行分块为

$$\boldsymbol{E}_n=\begin{pmatrix}\boldsymbol{e}_1^{\mathrm{T}}\\ \boldsymbol{e}_2^{\mathrm{T}}\\ \vdots\\ \boldsymbol{e}_n^{\mathrm{T}}\end{pmatrix}.$$

我们可以如下取出矩阵的任意行、列和元素.

例 3.20 设 $\boldsymbol{A}=(a_{ij})_{m\times n}=\begin{pmatrix}\boldsymbol{\alpha}_1\\ \boldsymbol{\alpha}_2\\ \vdots\\ \boldsymbol{\alpha}_m\end{pmatrix}=(\boldsymbol{\beta}_1,\boldsymbol{\beta}_2,\cdots,\boldsymbol{\beta}_n)$，证明：

(1) $\boldsymbol{\alpha}_i=\boldsymbol{e}_i^{(m)\mathrm{T}}\boldsymbol{A}$；

(2) $\boldsymbol{\beta}_j=\boldsymbol{A}\boldsymbol{e}_j^{(n)}$；

(3) $a_{ij}=\boldsymbol{e}_i^{(m)\mathrm{T}}\boldsymbol{A}\boldsymbol{e}_j^{(n)}$.

☞ **证明** 证明(2).事实上,有

$$(\boldsymbol{\beta}_1,\boldsymbol{\beta}_2,\cdots,\boldsymbol{\beta}_n)=\boldsymbol{A}=\boldsymbol{A}\boldsymbol{E}_n=\boldsymbol{A}(\boldsymbol{e}_1,\boldsymbol{e}_2,\cdots,\boldsymbol{e}_n)=(\boldsymbol{A}\boldsymbol{e}_1,\boldsymbol{A}\boldsymbol{e}_2,\cdots,\boldsymbol{A}\boldsymbol{e}_n).$$

于是就有 $\boldsymbol{\beta}_j=\boldsymbol{A}\boldsymbol{e}_j$.

类似可以证(1),而利用(1)和(2)可以得到(3).

我们再看两个例子.

例 3.21 设 $\boldsymbol{A}\in\mathbb{F}^{m\times n}$，满足对任意的 $\boldsymbol{X}\in\mathbb{F}^n$ 有 $\boldsymbol{A}\boldsymbol{X}=\boldsymbol{0}$，证明：$\boldsymbol{A}=\boldsymbol{O}$.

☞ **证明** 设有列分块 $\boldsymbol{A}=(\boldsymbol{\beta}_1,\boldsymbol{\beta}_2,\cdots,\boldsymbol{\beta}_n)$. 对于 $i=1,2,\cdots,n$，取 $\boldsymbol{X}=\boldsymbol{e}_i$，则有

$$\boldsymbol{\beta}_i=\boldsymbol{A}\boldsymbol{e}_i=\boldsymbol{0}.$$

所以 $\boldsymbol{A}=\boldsymbol{O}$.

例 3.22 设矩阵 $\boldsymbol{A}=\begin{pmatrix}0&1&&&\\&0&1&&\\&&\ddots&\ddots&\\&&&0&1\\&&&&0\end{pmatrix}_{n\times n}$，计算 $\boldsymbol{A}^k$，其中 $k\geqslant 0$.

☞ **证明** 按列分块，$\boldsymbol{A}=(\boldsymbol{0},\boldsymbol{e}_1,\cdots,\boldsymbol{e}_{n-1})$. 于是

$$\boldsymbol{A}^2=\boldsymbol{A}(\boldsymbol{0},\boldsymbol{e}_1,\cdots,\boldsymbol{e}_{n-1})=(\boldsymbol{0},\boldsymbol{A}\boldsymbol{e}_1,\cdots,\boldsymbol{A}\boldsymbol{e}_{n-1})=(\boldsymbol{0},\boldsymbol{0},\boldsymbol{e}_1,\cdots,\boldsymbol{e}_{n-2}).$$

类似的,假设已证 $\boldsymbol{A}^k=(\underbrace{\boldsymbol{0},\cdots,\boldsymbol{0}}_{k},\boldsymbol{e}_1,\cdots,\boldsymbol{e}_{n-k})$，其中 $1\leqslant k\leqslant n-1$，则

$$\begin{aligned}\boldsymbol{A}^{k+1}&=\boldsymbol{A}(\underbrace{\boldsymbol{0},\cdots,\boldsymbol{0}}_{k},\boldsymbol{e}_1,\cdots,\boldsymbol{e}_{n-k})=(\underbrace{\boldsymbol{0},\cdots,\boldsymbol{0}}_{k},\boldsymbol{A}\boldsymbol{e}_1,\cdots,\boldsymbol{A}\boldsymbol{e}_{n-k})\\&=(\underbrace{\boldsymbol{0},\cdots,\boldsymbol{0}}_{k+1},\boldsymbol{e}_1,\cdots,\boldsymbol{e}_{n-k-1}).\end{aligned}$$

特别可得 $A^n=O$. 所以当 $0\leqslant k\leqslant n-1$ 时,有

$$A^k=(\underbrace{0,\ \cdots,\ 0}_{k},\ e_1,\ \cdots,\ e_{n-k})=\begin{pmatrix}0 & \cdots & 0 & 1 & & \\ & \ddots & & \ddots & \ddots & \\ & & \ddots & & \ddots & 1\\ & & & \ddots & & 0\\ & & & & \ddots & \vdots\\ & & & & & 0\end{pmatrix}\left.\begin{matrix}\\ \\ \\ \\ \\ \end{matrix}\right\}k;$$

而当 $k\geqslant n$ 时,有 $A^n=O$.

习题 3.3

A1. 设 A 和 B 是 n 阶方阵,计算

$$\begin{pmatrix}O & E_n\\ E_n & O\end{pmatrix}\begin{pmatrix}A & O\\ O & B\end{pmatrix}\begin{pmatrix}O & E_n\\ E_n & O\end{pmatrix}.$$

A2. 设方阵 A 和 B 可交换,求 $\begin{pmatrix}A & B\\ O & A\end{pmatrix}^n$.

A3. 证明:用对角阵左(右)乘矩阵 A,相当于用该对角阵的对角元分别去乘 A 的相应的行(列).将该结果推广到分块阵.

A4. 证明:(1) 上三角方阵的乘积仍是上三角阵,且对角元为相应对角元的乘积,即如果 $A_1,\ A_2,\ \cdots,\ A_s$ 都是 n 阶上三角阵,其中 A_j 的 $(i,\ i)$ 元为 $a_{ii}^{(j)}$, $i=1,\ 2,\ \cdots,\ n$,则 $A=A_1A_2\cdots A_s$ 也是上三角阵,且 A 的 $(i,\ i)$ 元为 $a_{ii}^{(1)}a_{ii}^{(2)}\cdots a_{ii}^{(s)}$, $i=1,\ 2,\ \cdots,\ n$. 将该结果推广到分块阵;

(2) 如果 $A_1,\ A_2,\ \cdots,\ A_n$ 是 n 个 n 阶上三角方阵,且方阵 $A_1,\ A_2,\ \cdots,\ A_n$ 的对角元都为零(称对角元都为零的上三角阵为**严格上三角阵**),则 $A_1A_2\cdots A_n=O$. 将该结果推广到分块阵.

A5. (1) 设 n 阶方阵 $N=\begin{pmatrix}0 & 1 & & & \\ & 0 & 1 & & \\ & & \ddots & \ddots & \\ & & & 0 & 1\\ & & & & 0\end{pmatrix}$,证明:$N$ 是幂零阵.并求 N 的幂零指数;

(2) 设 A 是 n 阶上三角阵,证明:A 是幂零阵的充分必要条件是 A 的对角元全为零,并且此时 A 的幂零指数不超过 n.

A6. 证明:对角块都是方阵的分块上三角方阵为幂零的必要且充分条件是,它的每一个对角块都是幂零的.

A7. 求出所有二阶实幂零阵.

A8. 称方阵

$$C=\begin{pmatrix}0 & 1 & 0 & \cdots & 0 & 0\\ 0 & 0 & 1 & \cdots & 0 & 0\\ \vdots & \vdots & \vdots & & \vdots & \vdots\\ 0 & 0 & 0 & \cdots & 1 & 0\\ 0 & 0 & 0 & \cdots & 0 & 1\\ 1 & 0 & 0 & \cdots & 0 & 0\end{pmatrix}_{n\times n}=\begin{pmatrix}0 & E_{n-1}\\ 1 & 0\end{pmatrix}$$

为 n 阶**循环移位矩阵**. 证明:

(1) 用 $\boldsymbol{C}$ 左乘矩阵,相当于将这个矩阵的行向上移一行,而第一行移到最后一行;用 $\boldsymbol{C}$ 右乘矩阵,相当于将这个矩阵的列向右移一列,而最后一列移到第一列;

(2) $\boldsymbol{C}^k=\begin{cases}\begin{pmatrix}0 & \boldsymbol{E}_{n-k}\\ \boldsymbol{E}_k & 0\end{pmatrix}, & k=1,2,\cdots,n-1,\\ \boldsymbol{E}_n, & k=n;\end{cases}$

(3) 设 $\boldsymbol{J}$ 是所有元素为 1 的 n 阶方阵,则

$$\boldsymbol{E}+\boldsymbol{C}+\boldsymbol{C}^2+\cdots+\boldsymbol{C}^{n-1}=\boldsymbol{J};$$

(4) 设

$$\boldsymbol{A}=\begin{pmatrix}a_1 & a_2 & \cdots & a_{n-1} & a_n\\ a_n & a_1 & \cdots & a_{n-2} & a_{n-1}\\ \vdots & \vdots & & \vdots & \vdots\\ a_3 & a_4 & \cdots & a_1 & a_2\\ a_2 & a_3 & \cdots & a_n & a_1\end{pmatrix},$$

称 $\boldsymbol{A}$ 是**循环矩阵**,则

$$\boldsymbol{A}=a_1\boldsymbol{E}+a_2\boldsymbol{C}+a_3\boldsymbol{C}^2+\cdots+a_n\boldsymbol{C}^{n-1};$$

(5) 两个 n 阶循环阵的乘积仍是循环阵;

(6) $\boldsymbol{AB}=\boldsymbol{B}\,\mathrm{diag}(f(1),f(\zeta),f(\zeta^2),\cdots,f(\zeta^{n-1}))$,其中 ζ 是 n 次本原单位根,

$$\boldsymbol{A}=\begin{pmatrix}a_1 & a_2 & \cdots & a_{n-1} & a_n\\ a_n & a_1 & \cdots & a_{n-2} & a_{n-1}\\ \vdots & \vdots & & \vdots & \vdots\\ a_3 & a_4 & \cdots & a_1 & a_2\\ a_2 & a_3 & \cdots & a_n & a_1\end{pmatrix},\quad \boldsymbol{B}=\begin{pmatrix}1 & 1 & 1 & \cdots & 1\\ 1 & \zeta & \zeta^2 & \cdots & \zeta^{n-1}\\ 1 & \zeta^2 & \zeta^4 & \cdots & \zeta^{2(n-1)}\\ \vdots & \vdots & \vdots & & \vdots\\ 1 & \zeta^{n-1} & \zeta^{2(n-1)} & \cdots & \zeta^{(n-1)^2}\end{pmatrix},$$

而 $f(x)=a_1+a_2x+\cdots+a_{n-1}x^{n-2}+a_nx^{n-1}$.

A9. 设方阵 $\boldsymbol{A}$ 为分块对角阵

$$\boldsymbol{A}=\mathrm{diag}(\lambda_1\boldsymbol{E}_{n_1},\lambda_2\boldsymbol{E}_{n_2},\cdots,\lambda_t\boldsymbol{E}_{n_t}),$$

其中 $\lambda_1,\lambda_2,\cdots,\lambda_t$ 两两互不相等.证明: n 阶方阵 $\boldsymbol{B}$ 与 $\boldsymbol{A}$ 可交换的必要且充分条件是 $\boldsymbol{B}$ 也是分块对角方阵,且有如下的形式: $\boldsymbol{B}=\mathrm{diag}(\boldsymbol{B}_1,\boldsymbol{B}_2,\cdots,\boldsymbol{B}_t)$,其中, $\boldsymbol{B}_i$ 是 n_i 阶方阵, $1\leqslant i\leqslant t$.

B1. 设有非零矩阵 $\boldsymbol{A}\in\mathbb{F}^{m\times n}$,证明:存在 m 维非零列向量 $\boldsymbol{\alpha}$ 和 n 维非零列向量 $\boldsymbol{\beta}$,使得 $\boldsymbol{\alpha}^{\mathrm{T}}\boldsymbol{A\beta}\neq 0$.

B2. 设 $\boldsymbol{A}=(a_{ij})\in\mathbb{F}^{m\times n}$, $\boldsymbol{B}=(b_{ij})\in\mathbb{F}^{s\times t}$,定义 $\boldsymbol{A}$ 和 $\boldsymbol{B}$ 的**张量积**(**Kronecker 积**)为

$$\boldsymbol{A}\otimes\boldsymbol{B}=\begin{pmatrix}a_{11}\boldsymbol{B} & a_{12}\boldsymbol{B} & \cdots & a_{1n}\boldsymbol{B}\\ a_{21}\boldsymbol{B} & a_{22}\boldsymbol{B} & \cdots & a_{2n}\boldsymbol{B}\\ \vdots & \vdots & & \vdots\\ a_{m1}\boldsymbol{B} & a_{m2}\boldsymbol{B} & \cdots & a_{mn}\boldsymbol{B}\end{pmatrix}\in\mathbb{F}^{ms\times nt}.$$

证明(假设所写的运算都可进行):

(1) $(\boldsymbol{A}\otimes\boldsymbol{B})^{\mathrm{T}}=\boldsymbol{A}^{\mathrm{T}}\otimes\boldsymbol{B}^{\mathrm{T}}$;

(2) $\boldsymbol{A}\otimes(\boldsymbol{B}+\boldsymbol{C})=\boldsymbol{A}\otimes\boldsymbol{B}+\boldsymbol{A}\otimes\boldsymbol{C}$;

(3) $(\boldsymbol{B}+\boldsymbol{C})\otimes\boldsymbol{A}=\boldsymbol{B}\otimes\boldsymbol{A}+\boldsymbol{C}\otimes\boldsymbol{A}$;

(4) $\boldsymbol{A}\otimes(a\boldsymbol{B})=(a\boldsymbol{A})\otimes\boldsymbol{B}=a(\boldsymbol{A}\otimes\boldsymbol{B})$, $a\in\mathbb{F}$;

(5) $\boldsymbol{E}_m\otimes\boldsymbol{E}_n=\boldsymbol{E}_{mn}$;

(6) $(\boldsymbol{A}\otimes\boldsymbol{B})\otimes\boldsymbol{C}=\boldsymbol{A}\otimes(\boldsymbol{B}\otimes\boldsymbol{C})$;

(7) $(\boldsymbol{AC})\otimes(\boldsymbol{BD})=(\boldsymbol{A}\otimes\boldsymbol{B})(\boldsymbol{C}\otimes\boldsymbol{D})$;

(8) 如果 $\boldsymbol{A}$ 和 $\boldsymbol{B}$ 都是可逆矩阵,则 $\boldsymbol{A}\otimes\boldsymbol{B}$ 也可逆,且 $(\boldsymbol{A}\otimes\boldsymbol{B})^{-1}=\boldsymbol{A}^{-1}\otimes\boldsymbol{B}^{-1}$.

§3.4 初等阵与初等变换

下面我们尝试用初等变换来研究方阵的可逆性.矩阵可逆性是从矩阵的乘法导出的概念,所以为了用初等变换来研究矩阵的可逆性,需要用矩阵的乘法来实现初等变换,而这只需要用矩阵乘法实现三类初等变换.具体地,对于初等变换 $r_i\leftrightarrow r_j$,我们希望找到矩阵 $\boldsymbol{P}$,使得

$$\boldsymbol{A}\xrightarrow{r_i\leftrightarrow r_j}\boldsymbol{B}=\boldsymbol{PA}\ (\text{或者 } \boldsymbol{AP}),\quad \forall\boldsymbol{A}.$$

如何找 $\boldsymbol{P}$ 呢?假设这样的 $\boldsymbol{P}$ 存在,上面取 $\boldsymbol{A}$ 为单位阵,则

$$\boldsymbol{E}\xrightarrow{r_i\leftrightarrow r_j}\boldsymbol{B}=\boldsymbol{PE}(\text{或者 } \boldsymbol{EP})=\boldsymbol{P},$$

即 $\boldsymbol{P}$ 一定为对单位阵进行该类初等变换得到的矩阵.称这样得到的方阵为初等阵,下面我们先定义它们.

3.4.1 初等阵

对 n 阶单位阵 $\boldsymbol{E}_n$ 施行一次初等变换得到的矩阵称为 n 阶**初等阵**.对应到三类初等变换,一共有三类初等阵:

第Ⅰ类

$$\boldsymbol{E}_n\xrightarrow[(c_i\leftrightarrow c_j)]{r_i\leftrightarrow r_j}\boldsymbol{P}_{ij}=\begin{pmatrix}1 & & & i & & & & j & & & \\ & \ddots & & \text{列} & & & & \text{列} & & & \\ & & 1 & \vdots & & & & \vdots & & & \\ i & \text{行} & \cdots & 0 & \cdots & & & 1 & & & \\ & & & \vdots & 1 & & & \vdots & & & \\ & & & \vdots & & \ddots & & \vdots & & & \\ & & & \vdots & & & 1 & \vdots & & & \\ j & \text{行} & \cdots & 1 & \cdots & & & 0 & & & \\ & & & & & & & & 1 & & \\ & & & & & & & & & \ddots & \\ & & & & & & & & & & 1\end{pmatrix},\quad i<j;$$

第Ⅱ类

$$\boldsymbol{E}_n \xrightarrow[(a\times c_i)]{a\times r_i} \boldsymbol{P}_i(a)=\begin{pmatrix} 1 & & & i & & & \\ & \ddots & & 列 & & & \\ & & 1 & \vdots & & & \\ i & 行 & \cdots & a & & & \\ & & & & 1 & & \\ & & & & & \ddots & \\ & & & & & & 1 \end{pmatrix}, \quad a\neq 0;$$

第Ⅲ类

$$\boldsymbol{E}_n \xrightarrow[(c_i+ac_j)]{r_j+ar_i} \boldsymbol{P}(i(a),\ j)=\begin{pmatrix} 1 & & & i & & j & & & \\ & \ddots & & 列 & & 列 & & & \\ & & 1 & \vdots & & \vdots & & & \\ i & 行 & \cdots & 1 & & \vdots & & & \\ & & & \vdots & \ddots & \vdots & & & \\ j & 行 & \cdots & a & \cdots & 1 & & & \\ & & & & & & 1 & & \\ & & & & & & & \ddots & \\ & & & & & & & & 1 \end{pmatrix}, \quad i\neq j.$$

用列分块,这三类初等阵也可以写成

$$\boldsymbol{P}_{ij}=(\boldsymbol{e}_1,\ \cdots,\ \boldsymbol{e}_{i-1},\ \boldsymbol{e}_j,\ \boldsymbol{e}_{i+1},\ \cdots,\ \boldsymbol{e}_{j-1},\ \boldsymbol{e}_i,\ \boldsymbol{e}_{j+1},\ \cdots,\ \boldsymbol{e}_n), \quad i<j,$$
$$\boldsymbol{P}_i(a)=(\boldsymbol{e}_1,\ \cdots,\ \boldsymbol{e}_{i-1},\ a\boldsymbol{e}_i,\ \boldsymbol{e}_{i+1},\ \cdots,\ \boldsymbol{e}_n),$$
$$\boldsymbol{P}(i(a),\ j)=(\boldsymbol{e}_1,\ \cdots,\ \boldsymbol{e}_{i-1},\ \boldsymbol{e}_i+a\boldsymbol{e}_j,\ \boldsymbol{e}_{i+1},\ \cdots,\ \boldsymbol{e}_n), \quad i\neq j.$$

还可以用另一种方式表示初等阵.设 $\boldsymbol{E}_{ij}$ 是基本矩阵,即$(i,\ j)$位置元素为 1,其余位置元素为 0 的 n 阶方阵,则有

$$\boldsymbol{P}_{ij}=\boldsymbol{E}_n-\boldsymbol{E}_{ii}-\boldsymbol{E}_{jj}+\boldsymbol{E}_{ij}+\boldsymbol{E}_{ji}, \quad i<j,$$
$$\boldsymbol{P}_i(a)=\boldsymbol{E}_n+(a-1)\boldsymbol{E}_{ii},$$
$$\boldsymbol{P}(i(a),\ j)=\boldsymbol{E}_n+a\boldsymbol{E}_{ji}, \quad i\neq j.$$

从定义可以看出,$\boldsymbol{P}_{ij}$ 和 $\boldsymbol{P}_i(a)$ 是对称阵,即

$$\boldsymbol{P}_{ij}^{\mathrm{T}}=\boldsymbol{P}_{ij}, \quad \boldsymbol{P}_i(a)^{\mathrm{T}}=\boldsymbol{P}_i(a).$$

而

$$\boldsymbol{P}(i(a),\ j)^{\mathrm{T}}=(\boldsymbol{E}_n+a\boldsymbol{E}_{ji})^{\mathrm{T}}=\boldsymbol{E}_n+a\boldsymbol{E}_{ij}=\boldsymbol{P}(j(a),\ i).$$

例 3.23 设 $n=3$，则

$$\boldsymbol{P}_{12}=\begin{pmatrix}0&1&0\\1&0&0\\0&0&1\end{pmatrix},\quad \boldsymbol{P}_2(a)=\begin{pmatrix}1&0&0\\0&a&0\\0&0&1\end{pmatrix},\quad \boldsymbol{P}(1(a),2)=\begin{pmatrix}1&0&0\\a&1&0\\0&0&1\end{pmatrix}.$$

3.4.2 初等变换和初等阵

下面我们看初等阵是否满足需要，当然还是先看一些例子.设 $\boldsymbol{A}=(a_{ij})\in\mathbb{F}^{3\times3}$，

$$(1)\ \boldsymbol{A}\xrightarrow{r_1\leftrightarrow r_2}\begin{pmatrix}a_{21}&a_{22}&a_{23}\\a_{11}&a_{12}&a_{13}\\a_{31}&a_{32}&a_{33}\end{pmatrix}=\boldsymbol{P}_{12}\boldsymbol{A}=\begin{pmatrix}0&1&0\\1&0&0\\0&0&1\end{pmatrix}\begin{pmatrix}a_{11}&a_{12}&a_{13}\\a_{21}&a_{22}&a_{23}\\a_{31}&a_{32}&a_{33}\end{pmatrix};$$

$$(2)\ \boldsymbol{A}\xrightarrow{a\times r_2}\begin{pmatrix}a_{11}&a_{12}&a_{13}\\aa_{21}&aa_{22}&aa_{23}\\a_{31}&a_{32}&a_{33}\end{pmatrix}=\boldsymbol{P}_2(a)\boldsymbol{A}=\begin{pmatrix}1&0&0\\0&a&0\\0&0&1\end{pmatrix}\begin{pmatrix}a_{11}&a_{12}&a_{13}\\a_{21}&a_{22}&a_{23}\\a_{31}&a_{32}&a_{33}\end{pmatrix};$$

$$(3)\ \boldsymbol{A}\xrightarrow{r_2+ar_1}\begin{pmatrix}a_{11}&a_{12}&a_{13}\\a_{21}+aa_{11}&a_{22}+aa_{12}&a_{23}+aa_{13}\\a_{31}&a_{32}&a_{33}\end{pmatrix}$$

$$=\boldsymbol{P}(1(a),2)\boldsymbol{A}=\begin{pmatrix}1&0&0\\a&1&0\\0&0&1\end{pmatrix}\begin{pmatrix}a_{11}&a_{12}&a_{13}\\a_{21}&a_{22}&a_{23}\\a_{31}&a_{32}&a_{33}\end{pmatrix}.$$

也就是对 $\boldsymbol{A}$ 施行三个**行**初等变换，相当于用相应的初等方阵**左**乘 $\boldsymbol{A}$. 类似可以得到，对 $\boldsymbol{A}$ 施行三类**列**初等变换，相当于用相应的初等方阵**右**乘 $\boldsymbol{A}$. 于是我们有理由猜想这个是一般规律，经检验确实得到下面的结论.

定理 3.7 设 $\boldsymbol{A}\in\mathbb{F}^{m\times n}$，则

(1) 对 $\boldsymbol{A}$ 施行一次行初等变换，相当于用相应的 m 阶初等阵左乘 $\boldsymbol{A}$；

(2) 对 $\boldsymbol{A}$ 施行一次列初等变换，相当于用相应的 n 阶初等阵右乘 $\boldsymbol{A}$.

☞ **证明** (2) 设有列分块 $\boldsymbol{A}=(\boldsymbol{\beta}_1,\boldsymbol{\beta}_2,\cdots,\boldsymbol{\beta}_n)$. 注意到 $\boldsymbol{\beta}_j=\boldsymbol{A}\boldsymbol{e}_j$，于是

(i) 当 $i<j$ 时，有

$$\begin{aligned}\boldsymbol{A}\boldsymbol{P}_{ij}&=\boldsymbol{A}(\boldsymbol{e}_1,\cdots,\boldsymbol{e}_{i-1},\boldsymbol{e}_j,\boldsymbol{e}_{i+1},\cdots,\boldsymbol{e}_{j-1},\boldsymbol{e}_i,\boldsymbol{e}_{j+1},\cdots,\boldsymbol{e}_n)\\&=(\boldsymbol{A}\boldsymbol{e}_1,\cdots,\boldsymbol{A}\boldsymbol{e}_{i-1},\boldsymbol{A}\boldsymbol{e}_j,\boldsymbol{A}\boldsymbol{e}_{i+1},\cdots,\boldsymbol{A}\boldsymbol{e}_{j-1},\boldsymbol{A}\boldsymbol{e}_i,\boldsymbol{A}\boldsymbol{e}_{j+1},\cdots,\boldsymbol{A}\boldsymbol{e}_n)\\&=(\boldsymbol{\beta}_1,\cdots,\boldsymbol{\beta}_{i-1},\boldsymbol{\beta}_j,\boldsymbol{\beta}_{i+1},\cdots,\boldsymbol{\beta}_{j-1},\boldsymbol{\beta}_i,\boldsymbol{\beta}_{j+1},\cdots,\boldsymbol{\beta}_n),\end{aligned}$$

最后一个矩阵也可以对 $\boldsymbol{A}$ 施行 $c_i\leftrightarrow c_j$ 得到；

(ii) 当 $a\in\mathbb{F}$ 时，有

$$\begin{aligned}\boldsymbol{A}\boldsymbol{P}_i(a) &= \boldsymbol{A}(\boldsymbol{e}_1, \cdots, \boldsymbol{e}_{i-1}, a\boldsymbol{e}_i, \boldsymbol{e}_{i+1}, \cdots, \boldsymbol{e}_n) \\ &= (\boldsymbol{A}\boldsymbol{e}_1, \cdots, \boldsymbol{A}\boldsymbol{e}_{i-1}, \boldsymbol{A}(a\boldsymbol{e}_i), \boldsymbol{A}\boldsymbol{e}_{i+1}, \cdots, \boldsymbol{A}\boldsymbol{e}_n) \\ &= (\boldsymbol{\beta}_1, \cdots, \boldsymbol{\beta}_{i-1}, a\boldsymbol{A}\boldsymbol{e}_i, \boldsymbol{\beta}_{i+1}, \cdots, \boldsymbol{\beta}_n) \\ &= (\boldsymbol{\beta}_1, \cdots, \boldsymbol{\beta}_{i-1}, a\boldsymbol{\beta}_i, \boldsymbol{\beta}_{i+1}, \cdots, \boldsymbol{\beta}_n),\end{aligned}$$

最后一个矩阵也可以对 $\boldsymbol{A}$ 施行 $a\times\boldsymbol{c}_i$ 得到;

(iii) 当 $i\neq j$ 时,有

$$\begin{aligned}\boldsymbol{A}\boldsymbol{P}(i(a), j) &= \boldsymbol{A}(\boldsymbol{e}_1, \cdots, \boldsymbol{e}_{i-1}, \boldsymbol{e}_i + a\boldsymbol{e}_j, \boldsymbol{e}_{i+1}, \cdots, \boldsymbol{e}_n) \\ &= (\boldsymbol{A}\boldsymbol{e}_1, \cdots, \boldsymbol{A}\boldsymbol{e}_{i-1}, \boldsymbol{A}(\boldsymbol{e}_i + a\boldsymbol{e}_j), \boldsymbol{A}\boldsymbol{e}_{i+1}, \cdots, \boldsymbol{A}\boldsymbol{e}_n) \\ &= (\boldsymbol{\beta}_1, \cdots, \boldsymbol{\beta}_{i-1}, \boldsymbol{A}\boldsymbol{e}_i + a\boldsymbol{A}\boldsymbol{e}_j, \boldsymbol{\beta}_{i+1}, \cdots, \boldsymbol{\beta}_n) \\ &= (\boldsymbol{\beta}_1, \cdots, \boldsymbol{\beta}_{i-1}, \boldsymbol{\beta}_i + a\boldsymbol{\beta}_j, \boldsymbol{\beta}_{i+1}, \cdots, \boldsymbol{\beta}_n),\end{aligned}$$

最后一个矩阵也可以对 $\boldsymbol{A}$ 施行 $c_i + ac_j$ 得到.

(1)可以类似于(2)证明,也可以通过取转置,利用(2)的结论证明.为了体会一下转置在处理矩阵问题中的作用,我们给出第二种证明方法.设 $\boldsymbol{A}$ 有行分块

$$\boldsymbol{A} = \begin{pmatrix}\boldsymbol{\alpha}_1^{\mathrm{T}} \\ \boldsymbol{\alpha}_2^{\mathrm{T}} \\ \vdots \\ \boldsymbol{\alpha}_m^{\mathrm{T}}\end{pmatrix},$$

则有 $\boldsymbol{A}^{\mathrm{T}} = (\boldsymbol{\alpha}_1, \boldsymbol{\alpha}_2, \cdots, \boldsymbol{\alpha}_m)$.

(i) 对于 $i<j$ 和 m 阶初等阵 $\boldsymbol{P}_{ij}$,有

$$\boldsymbol{A}^{\mathrm{T}}\boldsymbol{P}_{ij} \xlongequal{(2)} (\boldsymbol{\alpha}_1, \cdots, \boldsymbol{\alpha}_{i-1}, \boldsymbol{\alpha}_j, \boldsymbol{\alpha}_{i+1}, \cdots, \boldsymbol{\alpha}_{j-1}, \boldsymbol{\alpha}_i, \boldsymbol{\alpha}_{j+1}, \cdots, \boldsymbol{\alpha}_m).$$

上面等式两边同时取转置,就得到

$$\boldsymbol{P}_{ij}\boldsymbol{A} = \begin{pmatrix}\boldsymbol{\alpha}_1^{\mathrm{T}} \\ \vdots \\ \boldsymbol{\alpha}_{i-1}^{\mathrm{T}} \\ \boldsymbol{\alpha}_j^{\mathrm{T}} \\ \boldsymbol{\alpha}_{i+1}^{\mathrm{T}} \\ \vdots \\ \boldsymbol{\alpha}_{j-1}^{\mathrm{T}} \\ \boldsymbol{\alpha}_i^{\mathrm{T}} \\ \boldsymbol{\alpha}_{j+1}^{\mathrm{T}} \\ \vdots \\ \boldsymbol{\alpha}_m^{\mathrm{T}}\end{pmatrix},$$

而右边的矩阵可以通过对 $\boldsymbol{A}$ 施行 $r_i \leftrightarrow r_j$ 得到.

(ii) 对于 m 阶初等阵 $\boldsymbol{P}_i(a)$，有

$$\boldsymbol{A}^{\mathrm{T}}\boldsymbol{P}_i(a) \xlongequal{(2)} (\boldsymbol{\alpha}_1, \cdots, \boldsymbol{\alpha}_{i-1}, a\boldsymbol{\alpha}_i, \boldsymbol{\alpha}_{i+1}, \cdots, \boldsymbol{\alpha}_m).$$

上面等式两边同时取转置，就得到

$$\boldsymbol{P}_i(a)\boldsymbol{A} = \begin{pmatrix} \boldsymbol{\alpha}_1^{\mathrm{T}} \\ \vdots \\ \boldsymbol{\alpha}_{i-1}^{\mathrm{T}} \\ a\boldsymbol{\alpha}_i^{\mathrm{T}} \\ \boldsymbol{\alpha}_{i+1}^{\mathrm{T}} \\ \vdots \\ \boldsymbol{\alpha}_m^{\mathrm{T}} \end{pmatrix},$$

而右边的矩阵可以通过对 $\boldsymbol{A}$ 施行 $a \times r_i$ 得到.

(iii) 对于 $i \neq j$ 和 m 阶初等阵 $\boldsymbol{P}(j(a), i)$，有

$$\boldsymbol{A}^{\mathrm{T}}\boldsymbol{P}(j(a), i) \xlongequal{(2)} (\boldsymbol{\alpha}_1, \cdots, \boldsymbol{\alpha}_{j-1}, \boldsymbol{\alpha}_j + a\boldsymbol{\alpha}_i, \boldsymbol{\alpha}_{j+1}, \cdots, \boldsymbol{\alpha}_m).$$

上面等式两边同时取转置，就得到

$$\boldsymbol{P}(i(a), j)\boldsymbol{A} = \begin{pmatrix} \boldsymbol{\alpha}_1^{\mathrm{T}} \\ \vdots \\ \boldsymbol{\alpha}_{j-1}^{\mathrm{T}} \\ \boldsymbol{\alpha}_j^{\mathrm{T}} + a\boldsymbol{\alpha}_i^{\mathrm{T}} \\ \boldsymbol{\alpha}_{j+1}^{\mathrm{T}} \\ \vdots \\ \boldsymbol{\alpha}_m^{\mathrm{T}} \end{pmatrix},$$

而右边的矩阵可以通过对 $\boldsymbol{A}$ 施行 $r_j + ar_i$ 得到.

例 3.24 求三阶方阵 $\boldsymbol{Q}$，使它左乘 $\boldsymbol{A}_{3\times 4}$ 相当于对 $\boldsymbol{A}$ 连续施行下面两个行初等变换：

(1) 用 $-b$ 乘 $\boldsymbol{A}$ 的第 1 行加到第 3 行上；

(2) 再调换第 2，3 行.

☞ **解** 行初等变换(1)即 $\boldsymbol{r}_3 - b\boldsymbol{r}_1$，对应的初等阵是 $\boldsymbol{P}(1(-b), 3)$；变换(2)是 $\boldsymbol{r}_2 \leftrightarrow \boldsymbol{r}_3$，对应初等阵 $\boldsymbol{P}_{23}$. 于是

$$\boldsymbol{Q} = \boldsymbol{P}_{23}\boldsymbol{P}(1(-b), 3) = \begin{pmatrix} 1 & 0 & 0 \\ 0 & 0 & 1 \\ 0 & 1 & 0 \end{pmatrix}\begin{pmatrix} 1 & 0 & 0 \\ 0 & 1 & 0 \\ -b & 0 & 1 \end{pmatrix} = \begin{pmatrix} 1 & 0 & 0 \\ -b & 0 & 1 \\ 0 & 1 & 0 \end{pmatrix}.$$

也可以如下求 $\boldsymbol{Q}$. 由于 $\boldsymbol{Q} = \boldsymbol{P}_{23}\boldsymbol{P}(1(-b), 3) = \boldsymbol{P}_{23}\boldsymbol{P}(1(-b), 3)\boldsymbol{E}_3$，所以

$$E_3=\begin{pmatrix}1&0&0\\0&1&0\\0&0&1\end{pmatrix}\xrightarrow{r_3-br_1}\begin{pmatrix}1&0&0\\0&1&0\\-b&0&1\end{pmatrix}\xrightarrow{r_2\leftrightarrow r_3}\begin{pmatrix}1&0&0\\-b&0&1\\0&1&0\end{pmatrix}=Q.$$

这个方法的好处是不必记忆初等阵的具体形式,也不必进行矩阵乘法.

同上例一样,一般地,对于 $A, B\in\mathbb{F}^{m\times n}$, 如果 $A\overset{r}{\sim}B$, 要找方阵 Q, 使得 $QA=B$, 那么由

$$E_m\ \xrightarrow[\text{变换}]{\text{同样行初等}}\ Q,$$

就可以得到 Q.

习题 3.4

A1. 设 A 是 $3\times n$ 矩阵,求矩阵 P, 使得 P 左乘 A 相当于对 A 依次施行如下的行初等变换:

(1) 交换第 2, 3 行;

(2) 第 2 行的 -2 倍加到第 1 行;

(3) 第 3 行乘 -3.

A2. 证明:调行变换可以通过一些行数乘变换和行消去变换实现,进而初等矩阵都可以表示成形如 $E+a_{ij}E_{ij}$ 这样矩阵的乘积.

§3.5 可逆矩阵求逆

3.5.1 用行初等变换判别可逆性

下面我们用初等变换来研究矩阵可逆.用行初等变换可以把矩阵化为简化阶梯形阵,如果每一步的初等变换都不改变矩阵的可逆性,那么只要看简化阶梯形是否可逆就可以了.这个思考过程具体如下:

$$\boxed{\text{方阵}}\ \xrightarrow{\text{行初等变换}}\ \boxed{\text{简化阶梯形阵}}$$

↑ 是否改变可逆性? ↑ 何时可逆?

首先说明(行)初等变换不改变矩阵的可逆性,由于初等变换相当于用初等阵做乘法,所以需要考虑初等阵的可逆性.

引理 3.8 (1) 初等阵都可逆,且逆为同类型初等阵;

(2) 设对方阵 A 施行一次行初等变换得到 B, 则

$$A\ \text{可逆}\Longleftrightarrow B\ \text{可逆}.$$

☞ **证明** (1) 有

$$\boldsymbol{P}_{ij}\boldsymbol{P}_{ij}=\boldsymbol{E}_n \Longrightarrow \boldsymbol{P}_{ij}^{-1}=\boldsymbol{P}_{ij},$$

$$\boldsymbol{P}_i(a)\boldsymbol{P}_i\left(\frac{1}{a}\right)=\boldsymbol{P}_i\left(\frac{1}{a}\right)\boldsymbol{P}_i(a)=\boldsymbol{E}_n \Longrightarrow \boldsymbol{P}_i(a)^{-1}=\boldsymbol{P}_i\left(\frac{1}{a}\right),\quad a\neq 0,$$

$$\boldsymbol{P}(i(a),j)\boldsymbol{P}(i(-a),j)=\boldsymbol{P}(i(-a),j)\boldsymbol{P}(i(a),j)=\boldsymbol{E}_n$$

$$\Longrightarrow \boldsymbol{P}(i(a),j)^{-1}=\boldsymbol{P}(i(-a),j).$$

事实上,这等同于(线性方程组的)初等变换的可逆性.

(2) 由条件,存在初等阵 $\boldsymbol{P}$,使得 $\boldsymbol{PA}=\boldsymbol{B}$. 由(1),$\boldsymbol{P}$ 可逆,于是有 $\boldsymbol{A}=\boldsymbol{P}^{-1}\boldsymbol{B}$. 而可逆矩阵的乘积仍可逆,所以得证.

其次,对于简化阶梯形阵的可逆性,有下面的结果.

引理 3.9 设 $\boldsymbol{R}\in\mathbb{F}^{n\times n}$ 是简化阶梯形阵,则下面命题等价:

(i) $\boldsymbol{R}$ 可逆;

(ii) $\boldsymbol{R}$ 没有全零行;

(iii) $\boldsymbol{R}=\boldsymbol{E}_n$.

☞ **证明** (i) $\Longrightarrow$ (ii): 如果 $\boldsymbol{R}$ 有全零行,则 $\boldsymbol{R}$ 不可逆.

(ii) $\Longrightarrow$ (iii): 如果 $\boldsymbol{R}$ 无全零行,则 $\boldsymbol{R}$ 有 n 个首元.设第 i 个首元列为第 j_i 列,则

$$1\leqslant j_1<j_2<\cdots<j_n\leqslant n.$$

于是有

$$j_i=i,\quad i=1,2,\cdots,n,$$

即 $\boldsymbol{R}$ 的 n 个对角元都是首元.进而 $\boldsymbol{R}=\boldsymbol{E}_n$.

"(iii) $\Longrightarrow$ (i)" 显然.

最后,我们就得到用初等变换判别方阵的可逆性的定理①.

定理 3.10 设 $\boldsymbol{A}\in\mathbb{F}^{n\times n}$, $\boldsymbol{R}$ 是与 $\boldsymbol{A}$ 行等价的阶梯形阵,则下面命题等价:

(i) $\boldsymbol{A}$ 可逆;

(ii) $\boldsymbol{R}$ 没有全零行;

(iii) $\boldsymbol{A}\overset{r}{\sim}\boldsymbol{E}_n$;

(iv) $\boldsymbol{A}$ 是一些 n 阶初等阵的乘积.

☞ **证明** (i) $\Longrightarrow$ (ii): 由引理 3.8, $\boldsymbol{A}$ 可逆当且仅当 $\boldsymbol{R}$ 可逆.

(ii) $\Longrightarrow$ (iii): 如果 $\boldsymbol{R}$ 没有全零行,则与 $\boldsymbol{A}$ 行等价的简化阶梯形阵 $\boldsymbol{R}_1$ 也没有全零行.由引理 3.9,一定有 $\boldsymbol{R}_1=\boldsymbol{E}_n$.

(iii) $\Longrightarrow$ (iv): 如果 $\boldsymbol{A}\overset{r}{\sim}\boldsymbol{E}_n$, 则 $\boldsymbol{E}_n\overset{r}{\sim}\boldsymbol{A}$. 所以由定理 3.7,存在初等阵 $\boldsymbol{P}_1,\boldsymbol{P}_2,\cdots,\boldsymbol{P}_s$,使得

$$\boldsymbol{A}=\boldsymbol{P}_s\cdots\boldsymbol{P}_2\boldsymbol{P}_1\boldsymbol{E}_n=\boldsymbol{P}_s\cdots\boldsymbol{P}_2\boldsymbol{P}_1.$$

---

① 这里的处理方法和用 Gauss 消元法解线性方程组是类似的: 我们先考虑简单的情形——(简化)阶梯形阵,再考虑(行)初等变换是否会保持我们研究的对象(解,可逆性).我们称这种方法为"标准形"方法,后面考虑矩阵秩时还要用到.

(iv) $\Longrightarrow$ (i)：初等阵都可逆，而可逆阵的乘积仍可逆.

定理 3.10 中的判别法则(iv)与左、右乘无关，于是我们也可得到

$$\boldsymbol{A}\text{ 可逆} \Longleftrightarrow \boldsymbol{A} \overset{c}{\sim} \boldsymbol{E}_n \Longleftrightarrow \boldsymbol{A} \sim \boldsymbol{E}_n.$$

事实上，如果 $\boldsymbol{A}$ 可逆，则 $\boldsymbol{A}$ 是一些初等阵的乘积

$$\boldsymbol{A} = \boldsymbol{P}_1 \cdots \boldsymbol{P}_s = \boldsymbol{E}_n \boldsymbol{P}_1 \cdots \boldsymbol{P}_s.$$

于是对 $\boldsymbol{E}_n$ 依次施行 $\boldsymbol{P}_1$，…，$\boldsymbol{P}_s$ 所对应的列初等变换，可以得到 $\boldsymbol{A}$. 即有 $\boldsymbol{E}_n \overset{c}{\sim} \boldsymbol{A}$，也就是 $\boldsymbol{A} \overset{c}{\sim} \boldsymbol{E}_n$. 反之，如果 $\boldsymbol{A} \overset{c}{\sim} \boldsymbol{E}_n$，则 $\boldsymbol{E}_n \overset{c}{\sim} \boldsymbol{A}$. 所以存在初等阵 $\boldsymbol{P}_1$，…，$\boldsymbol{P}_s$，使得

$$\boldsymbol{E}_n \boldsymbol{P}_1 \cdots \boldsymbol{P}_s = \boldsymbol{A},$$

即得到 $\boldsymbol{A}$ 是一些初等阵的乘积.

例 3.25 判别矩阵 $\boldsymbol{A} = \begin{pmatrix} 2 & -3 & 1 \\ 2 & 3 & -2 \\ 4 & 0 & -1 \end{pmatrix}$ 的可逆性.

☞ **解** 由于

$$\boldsymbol{A} \xrightarrow[r_3 - 2r_1]{r_2 - r_1} \begin{pmatrix} 2 & -3 & 1 \\ 0 & 6 & -3 \\ 0 & 6 & -3 \end{pmatrix} \xrightarrow{r_3 - r_2} \begin{pmatrix} 2 & -3 & 1 \\ 0 & 6 & -3 \\ 0 & 0 & 0 \end{pmatrix},$$

所以 $\boldsymbol{A}$ 不可逆.

应用 1：矩阵可逆定义的简化

我们知道同阶可逆阵之积仍可逆，那么如果其中一个因子不可逆呢？类比到数，数域中不可逆的数就是零，而零与任意数之积仍为零，不可逆.对于矩阵呢？不可逆阵本质上可以认为是最后一行为全零行的阶梯形阵，将它左乘同阶方阵，所得矩阵的最后一行当然也为全零行，不可逆.所以有理由猜想不可逆阵与任意同阶方阵之积仍不可逆，这正是下面要证明的.

推论 3.11 设 $\boldsymbol{A}, \boldsymbol{B} \in \mathbb{F}^{n\times n}$.

(1) 如果 $\boldsymbol{A}$ 不可逆，则 $\boldsymbol{AB}$ 和 $\boldsymbol{BA}$ 都不可逆；

(2) $\boldsymbol{AB}$ 可逆 $\Longleftrightarrow$ $\boldsymbol{A}$ 和 $\boldsymbol{B}$ 都可逆.

☞ **证明** (1) 假设 $\boldsymbol{AB}$ 可逆.设 $\boldsymbol{R}$ 是与 $\boldsymbol{A}$ 行等价的阶梯形阵，由于 $\boldsymbol{A}$ 不可逆，则 $\boldsymbol{R}$ 的最后一行是全零行.由定理 3.7，存在 n 阶初等阵 $\boldsymbol{P}_1$，$\boldsymbol{P}_2$，…，$\boldsymbol{P}_s$，使得

$$\boldsymbol{P}_s \cdots \boldsymbol{P}_2 \boldsymbol{P}_1 \boldsymbol{A} = \boldsymbol{R}.$$

所以

$$\boldsymbol{RB} = (\boldsymbol{P}_s \cdots \boldsymbol{P}_2 \boldsymbol{P}_1 \boldsymbol{A})\boldsymbol{B} = \boldsymbol{P}_s \cdots \boldsymbol{P}_2 \boldsymbol{P}_1 (\boldsymbol{AB}).$$

于是 $\boldsymbol{RB}$ 是一些初等阵和可逆阵 $\boldsymbol{AB}$ 之积，必可逆.而 $\boldsymbol{R}$ 的最后一行为全零行，可得 $\boldsymbol{RB}$ 的最后一行也为全零行，所以 $\boldsymbol{RB}$ 不可逆.矛盾，于是 $\boldsymbol{AB}$ 不可逆.

又由于 $\boldsymbol{A}^{\mathrm{T}}$ 不可逆，所以由已证得 $\boldsymbol{A}^{\mathrm{T}}\boldsymbol{B}^{\mathrm{T}}$ 不可逆，进而 $(\boldsymbol{A}^{\mathrm{T}}\boldsymbol{B}^{\mathrm{T}})^{\mathrm{T}}$ 不可逆，即 $\boldsymbol{BA}$ 不可逆.

(2) 必要性由(1)，充分性已知.

在矩阵可逆定义中，我们要求 $\boldsymbol{AB}=\boldsymbol{BA}=\boldsymbol{E}$，即等式 $\boldsymbol{AB}=\boldsymbol{E}$ 和 $\boldsymbol{BA}=\boldsymbol{E}$ 需要同时成立.但是如果 $\boldsymbol{AB}=\boldsymbol{E}$ 或者 $\boldsymbol{BA}=\boldsymbol{E}$，则利用上面的推论可得到 $\boldsymbol{A}$ 可逆.所以要保证 $\boldsymbol{A}$ 的可逆性，只需要其中某一个等式成立即可①.

推论 3.12 设 $\boldsymbol{A}\in\mathbb{F}^{n\times n}$，则下列命题等价

(i) $\boldsymbol{A}$ 可逆；

(ii) 存在 $\boldsymbol{B}\in\mathbb{F}^{n\times n}$，使得 $\boldsymbol{AB}=\boldsymbol{E}_n$；

(iii) 存在 $\boldsymbol{B}\in\mathbb{F}^{n\times n}$，使得 $\boldsymbol{BA}=\boldsymbol{E}_n$.

当(ii)或者(iii)成立时，有 $\boldsymbol{A}^{-1}=\boldsymbol{B}$.

☞ **证明** 我们已经证明了(i)，(ii)和(iii)的等价性.假设(ii)成立，则

$$\boldsymbol{A}^{-1}=\boldsymbol{A}^{-1}\boldsymbol{E}=\boldsymbol{A}^{-1}(\boldsymbol{AB})=(\boldsymbol{A}^{-1}\boldsymbol{A})\boldsymbol{B}=\boldsymbol{EB}=\boldsymbol{B}.$$

类似可得(iii)成立时有 $\boldsymbol{B}=\boldsymbol{A}^{-1}$.

应用 2：初等变换基本定理

由可逆阵与初等阵的关系，以及初等变换和初等阵的关系，我们可以得到下面的初等变换基本定理.

定理 3.13 设 $\boldsymbol{A},\boldsymbol{B}\in\mathbb{F}^{m\times n}$，则

(1) $\boldsymbol{A}\overset{r}{\sim}\boldsymbol{B}\iff$ 存在 m 阶可逆阵 $\boldsymbol{P}$，使得 $\boldsymbol{PA}=\boldsymbol{B}$；

(2) $\boldsymbol{A}\overset{c}{\sim}\boldsymbol{B}\iff$ 存在 n 阶可逆阵 $\boldsymbol{Q}$，使得 $\boldsymbol{AQ}=\boldsymbol{B}$；

(3) $\boldsymbol{A}\sim\boldsymbol{B}\iff$ 存在 m 阶可逆阵 $\boldsymbol{P}$ 和 n 阶可逆阵 $\boldsymbol{Q}$，使得 $\boldsymbol{PAQ}=\boldsymbol{B}$.

☞ **证明** 我们证明(1)，可以类似证明(2)和(3).如果 $\boldsymbol{A}\overset{r}{\sim}\boldsymbol{B}$，则存在初等阵 $\boldsymbol{P}_1,\boldsymbol{P}_2,\cdots,\boldsymbol{P}_s$，使得 $\boldsymbol{P}_s\cdots\boldsymbol{P}_2\boldsymbol{P}_1\boldsymbol{A}=\boldsymbol{B}$. 令 $\boldsymbol{P}=\boldsymbol{P}_s\cdots\boldsymbol{P}_2\boldsymbol{P}_1$，则 $\boldsymbol{P}$ 可逆.

反之，设 $\boldsymbol{B}=\boldsymbol{PA}$，其中 $\boldsymbol{P}$ 可逆.则 $\boldsymbol{P}$ 为初等阵之积：$\boldsymbol{P}=\boldsymbol{P}_s\cdots\boldsymbol{P}_2\boldsymbol{P}_1$，即有 $\boldsymbol{P}_s\cdots\boldsymbol{P}_2\boldsymbol{P}_1\boldsymbol{A}=\boldsymbol{B}$. 而用初等阵左乘相当于做行初等变换，所以 $\boldsymbol{A}\overset{r}{\sim}\boldsymbol{B}$.

推论 3.14 设 $\boldsymbol{A}\in\mathbb{F}^{m\times n}$，则

(1) 存在 m 阶可逆阵 $\boldsymbol{P}$，使得 $\boldsymbol{PA}$ 为简化阶梯形阵；

(2) 存在整数 r，$0\leqslant r\leqslant\min\{m,n\}$，使得 $\boldsymbol{A}\sim\begin{pmatrix}\boldsymbol{E}_r & \boldsymbol{O}\\ \boldsymbol{O} & \boldsymbol{O}\end{pmatrix}_{m\times n}$，进而存在 m 阶可逆阵 $\boldsymbol{P}$ 和 n 阶可逆阵 $\boldsymbol{Q}$，使得

$$\boldsymbol{PAQ}=\begin{pmatrix}\boldsymbol{E}_r & \boldsymbol{O}\\ \boldsymbol{O} & \boldsymbol{O}\end{pmatrix}_{m\times n}.$$

定义 3.9 称推论 3.14 中的矩阵 $\begin{pmatrix}\boldsymbol{E}_r & \boldsymbol{O}\\ \boldsymbol{O} & \boldsymbol{O}\end{pmatrix}_{m\times n}$ 为矩阵 $\boldsymbol{A}$ 的**初等变换标准形**②.

① 利用可逆的行列式判别法则，可以给出这一事实更简单的证明.

② 初等变换标准形也称为相抵标准形.

要注意的是,初等变换标准形也可能为 $(\boldsymbol{E}_r, \boldsymbol{O})$, $\begin{pmatrix}\boldsymbol{E}_r\\ \boldsymbol{O}\end{pmatrix}$ 或者 $\boldsymbol{E}_r$. 这里的 r 由 $\boldsymbol{A}$ 唯一确定[①].

☞ **推论 3.14 的证明** (2) 设 $\boldsymbol{R}$ 是与 $\boldsymbol{A}$ 行等价的简化阶梯形阵,且 $\boldsymbol{R}$ 有 r 个非零行.用调列变换可以依次将第 i 个首元列换到第 i 列, $i=1, 2, \cdots, r$, 即

$$\boldsymbol{R} \overset{c}{\sim} \begin{pmatrix}\boldsymbol{E}_r & * \\ \boldsymbol{O} & \boldsymbol{O}\end{pmatrix}.$$

再用列消去变换将前 r 行的后 $n-r$ 列的非零元化为零即可.

例 3.26 求矩阵 $\boldsymbol{A}=\begin{pmatrix}0&0&0&2&2\\0&2&4&3&1\\0&1&2&4&3\end{pmatrix}$ 的初等变换标准形 $\boldsymbol{F}$.

☞ **解** 由例 2.5,有

$$\boldsymbol{A} \overset{r}{\sim} \begin{pmatrix}0&1&2&0&-1\\0&0&0&1&1\\0&0&0&0&0\end{pmatrix}=\boldsymbol{R}.$$

而

$$\boldsymbol{R} \overset{c}{\sim} \begin{pmatrix}1&0&2&0&-1\\0&1&0&0&1\\0&0&0&0&0\end{pmatrix} \overset{c}{\sim} \begin{pmatrix}1&0&0&0&0\\0&1&0&0&0\\0&0&0&0&0\end{pmatrix},$$

所以

$$\boldsymbol{F}=\begin{pmatrix}\boldsymbol{E}_2 & \boldsymbol{O}\\ \boldsymbol{O} & \boldsymbol{O}\end{pmatrix}_{3\times 5}.$$

解毕.

例 3.27 设 $\boldsymbol{A} \in \mathbb{F}^{n\times n}$ 不可逆,证明:存在非零矩阵 $\boldsymbol{B}, \boldsymbol{C} \in \mathbb{F}^{n\times n}$, 使得 $\boldsymbol{BA}=\boldsymbol{O}$, $\boldsymbol{AC}=\boldsymbol{O}$.

☞ **证明** 我们用标准形解法[②].如果用行等价标准形,可如下证明.设 $\boldsymbol{R}$ 是与 $\boldsymbol{A}$ 行等价的简化阶梯形阵,则 $\boldsymbol{R}$ 的最后一行为全零行.于是

$$\begin{pmatrix}0&\cdots&0&1\\0&\cdots&0&1\\ \vdots&&\vdots&\vdots\\0&\cdots&0&1\end{pmatrix}_{n\times n}\boldsymbol{R}=\boldsymbol{O}.$$

又存在 n 阶可逆阵 $\boldsymbol{P}$, 使得 $\boldsymbol{PA}=\boldsymbol{R}$. 取

① 事实上, r 是 $\boldsymbol{A}$ 的秩.这里的三种特殊情形对应到 $\boldsymbol{A}$ 行满秩,列满秩和可逆.

② 也可用定理 3.15 得到 $\boldsymbol{C}$ 的存在性.

$$B=\begin{pmatrix}0&\cdots&0&1\\0&\cdots&0&1\\\vdots&&\vdots&\vdots\\0&\cdots&0&1\end{pmatrix}P\neq O,$$

则

$$BA=\begin{pmatrix}0&\cdots&0&1\\0&\cdots&0&1\\\vdots&&\vdots&\vdots\\0&\cdots&0&1\end{pmatrix}PA=\begin{pmatrix}0&\cdots&0&1\\0&\cdots&0&1\\\vdots&&\vdots&\vdots\\0&\cdots&0&1\end{pmatrix}R=O.$$

又 A 不可逆蕴含 A^{T} 不可逆，由上面的证明，存在非零 n 阶方阵 B_1，使得 $B_1A^{\mathrm{T}}=O$. 取转置得 $AB_1^{\mathrm{T}}=O$，所以取 $C=B_1^{\mathrm{T}}\neq O$ 即可.

如果用初等变换标准形，可如下证明.存在 n 阶可逆阵 P 和 Q，使得

$$PAQ=F=\begin{pmatrix}E_r&O\\O&O\end{pmatrix}_{n\times n}.$$

如果 $r=n$，则 $F=E_n$，进而 $A\sim E_n$，得 A 可逆，矛盾.所以 $r<n$. 注意到

$$\begin{pmatrix}O&O\\O&E_{n-r}\end{pmatrix}\begin{pmatrix}E_r&O\\O&O\end{pmatrix}=O,\quad \begin{pmatrix}E_r&O\\O&O\end{pmatrix}\begin{pmatrix}O&O\\O&E_{n-r}\end{pmatrix}=O,$$

所以取

$$B=\begin{pmatrix}O&O\\O&E_{n-r}\end{pmatrix}P\neq O,\quad C=Q\begin{pmatrix}O&O\\O&E_{n-r}\end{pmatrix}\neq O$$

时有

$$\begin{aligned}BA&=\begin{pmatrix}O&O\\O&E_{n-r}\end{pmatrix}PA=\begin{pmatrix}O&O\\O&E_{n-r}\end{pmatrix}(PAQ)Q^{-1}\\&=\begin{pmatrix}O&O\\O&E_{n-r}\end{pmatrix}\begin{pmatrix}E_r&O\\O&O\end{pmatrix}Q^{-1}=OQ^{-1}=O,\\AC&=AQ\begin{pmatrix}O&O\\O&E_{n-r}\end{pmatrix}=P^{-1}(PAQ)\begin{pmatrix}O&O\\O&E_{n-r}\end{pmatrix}\\&=P^{-1}\begin{pmatrix}E_r&O\\O&O\end{pmatrix}\begin{pmatrix}O&O\\O&E_{n-r}\end{pmatrix}=P^{-1}O=O.\end{aligned}$$

证毕.

应用 3：线性方程组解的判定

设 $A\in\mathbb{F}^{m\times n}$，考虑 n 元齐次线性方程组 $AX=0$. 由推论 2.5，当 $m<n$ 时(即方程个数比未知数个数少时)，该齐次方程组必有非零解.那么当 $m=n$ 时，即 A 是方阵时呢？答案是与

A 是否可逆有关.

定理 3.15 设 $A \in \mathbb{F}^{n\times n}$,则线性方程组 $AX=\beta$ 有唯一解的充分必要条件是 A 可逆.进而,齐次线性方程组 $AX=0$ 有非零解的充分必要条件是 A 不可逆.

☞ **证明** 如果 A 可逆,则 $AX=\beta$ 导出 $X=A^{-1}\beta$,有唯一解.反之,如果 $AX=\beta$ 有唯一解,设 R 是与 A 行等价的简化阶梯形阵,则 R 的所有列为首元列.因此 R 无全零行,得到 $R=E_n$,进而 A 可逆.

3.5.2 用行初等变换求逆

不但可以用初等变换判别方阵是否可逆,还可以用行初等变换求可逆矩阵的逆.设 $A \in \mathbb{F}^{n\times n}$,则当 $A \overset{r}{\sim} E_n$ 时,A 可逆.此时,存在初等阵 $P_1, P_2, \cdots, P_s$,使得

$$P_s\cdots P_2P_1A=E_n.$$

于是 $A^{-1}=P_s\cdots P_2P_1$. 所以需要求 $P_s\cdots P_2P_1$,这可以对 E_n 进行同样的行初等变换得到.

命题 3.16 设 $A \in \mathbb{F}^{n\times n}$ 可逆,$B \in \mathbb{F}^{n\times m}$,如果

$$(A, E_n) \overset{r}{\sim} (E_n, P), \quad (A, B) \overset{r}{\sim} (E_n, X),$$

那么 $P=A^{-1}$,而 $X=A^{-1}B$.

☞ **证明** 只需证明 $X=A^{-1}B$. 存在 n 阶可逆阵 P_1,使得

$$P_1(A, B)=(E_n, X).$$

即

$$(P_1A, P_1B)=(E_n, X).$$

于是

$$P_1A=E_n, \quad P_1B=X.$$

从第一个等式得到 $P_1=A^{-1}$,代入第二个等式就得 $A^{-1}B=X$.

上面命题给出了计算可逆矩阵 A 的逆 A^{-1} 和用 A 左除矩阵 B 得到 $A^{-1}B$ 的方法.那么如何计算用可逆阵右除?即如何计算 BA^{-1}. 一种方法是利用列的初等变换,我们更推荐另一种方法:取转置,将列转化为行.具体地,利用

$$(BA^{-1})^{\mathrm{T}}=(A^{-1})^{\mathrm{T}}B^{\mathrm{T}}=(A^{\mathrm{T}})^{-1}B^{\mathrm{T}}$$

即可.

我们看一些例子.

例 3.28 问矩阵 $A=\begin{pmatrix}0 & 1 & 2\\ 1 & 1 & 4\\ 2 & -1 & 0\end{pmatrix}$ 是否可逆?当 A 可逆时求 A^{-1}.

☞ **解** 有

$$(\boldsymbol{A},\boldsymbol{E}_3)=\begin{pmatrix}0&1&2&1&0&0\\1&1&4&0&1&0\\2&-1&0&0&0&1\end{pmatrix}\xrightarrow{r_1\leftrightarrow r_2}\begin{pmatrix}1&1&4&0&1&0\\0&1&2&1&0&0\\2&-1&0&0&0&1\end{pmatrix}$$

$$\xrightarrow{r_3-2r_1}\begin{pmatrix}1&1&4&0&1&0\\0&1&2&1&0&0\\0&-3&-8&0&-2&1\end{pmatrix}\xrightarrow[r_3+3r_2]{r_1-r_2}\begin{pmatrix}1&0&2&-1&1&0\\0&1&2&1&0&0\\0&0&-2&3&-2&1\end{pmatrix}$$

$$\xrightarrow[r_2+r_3]{r_1+r_3}\begin{pmatrix}1&0&0&2&-1&1\\0&1&0&4&-2&1\\0&0&-2&3&-2&1\end{pmatrix}\xrightarrow{-\frac{1}{2}r_3}\begin{pmatrix}1&0&0&2&-1&1\\0&1&0&4&-2&1\\0&0&1&-\dfrac{3}{2}&1&-\dfrac{1}{2}\end{pmatrix},$$

于是$\boldsymbol{A}$可逆,且$\boldsymbol{A}^{-1}=\begin{pmatrix}2&-1&1\\4&-2&1\\-\dfrac{3}{2}&1&-\dfrac{1}{2}\end{pmatrix}$.

例 3.29 设$\boldsymbol{A}=\begin{pmatrix}a&b\\c&d\end{pmatrix}$. 问:$a,b,c,d$满足何种条件时$\boldsymbol{A}$可逆?并在$\boldsymbol{A}$可逆时求$\boldsymbol{A}$的逆.

☞ **解** 当$a\neq0$,有

$$(\boldsymbol{A},\boldsymbol{E}_2)=\begin{pmatrix}a&b&1&0\\c&d&0&1\end{pmatrix}\xrightarrow{a\times r_2}\begin{pmatrix}a&b&1&0\\ac&ad&0&a\end{pmatrix}\xrightarrow{r_2-cr_1}\begin{pmatrix}a&b&1&0\\0&ad-bc&-c&a\end{pmatrix}.$$

所以

$$\boldsymbol{A}\text{ 可逆}\Longleftrightarrow ad-bc\neq0.$$

此时有

$$(\boldsymbol{A},\boldsymbol{E}_2)\overset{r}{\sim}\begin{pmatrix}a&0&\dfrac{ad}{ad-bc}&-\dfrac{ab}{ad-bc}\\0&ad-bc&-c&a\end{pmatrix}\overset{r}{\sim}\begin{pmatrix}1&0&\dfrac{d}{ad-bc}&-\dfrac{b}{ad-bc}\\0&1&-\dfrac{c}{ad-bc}&\dfrac{a}{ad-bc}\end{pmatrix},$$

即得

$$\boldsymbol{A}^{-1}=\frac{1}{ad-bc}\begin{pmatrix}d&-b\\-c&a\end{pmatrix}.$$

当$a=0$时,有

$$\boldsymbol{A}=\begin{pmatrix}0&b\\c&d\end{pmatrix}\overset{r}{\sim}\begin{pmatrix}c&d\\0&b\end{pmatrix}.$$

所以

$$\boldsymbol{A}\text{ 可逆}\Longleftrightarrow b\neq 0,\ c\neq 0.$$

此时有

$$(\boldsymbol{A},\boldsymbol{E}_2)=\begin{pmatrix}0 & b & 1 & 0\\ c & d & 0 & 1\end{pmatrix}\xrightarrow{r_1\leftrightarrow r_2}\begin{pmatrix}c & d & 0 & 1\\ 0 & b & 1 & 0\end{pmatrix}\xrightarrow{r_1-\frac{d}{b}r_2}\begin{pmatrix}c & 0 & -\dfrac{d}{b} & 1\\ 0 & b & 1 & 0\end{pmatrix}$$

$$\overset{r}{\sim}\begin{pmatrix}1 & 0 & -\dfrac{d}{bc} & \dfrac{1}{c}\\ 0 & 1 & \dfrac{1}{b} & 0\end{pmatrix},$$

即

$$\boldsymbol{A}^{-1}=-\frac{1}{bc}\begin{pmatrix}d & -b\\ -c & a\end{pmatrix}.$$

综上,$\boldsymbol{A}$ 可逆的充分必要条件是 $ad-bc\neq 0$,且当 $\boldsymbol{A}$ 可逆时有

$$\boldsymbol{A}^{-1}=\frac{1}{ad-bc}\begin{pmatrix}d & -b\\ -c & a\end{pmatrix}.$$

此即二阶方阵的求逆公式①.

例 3.30 解矩阵方程②

$$\begin{pmatrix}2 & 5\\ 1 & 3\end{pmatrix}\boldsymbol{X}=\begin{pmatrix}4 & -6 & 1\\ 2 & 1 & -1\end{pmatrix}.$$

☞ **解** 由于

$$\begin{pmatrix}2 & 5 & 4 & -6 & 1\\ 1 & 3 & 2 & 1 & -1\end{pmatrix}\xrightarrow{r_1\leftrightarrow r_2}\begin{pmatrix}1 & 3 & 2 & 1 & -1\\ 2 & 5 & 4 & -6 & 1\end{pmatrix}$$

$$\xrightarrow{r_2-2r_1}\begin{pmatrix}1 & 3 & 2 & 1 & -1\\ 0 & -1 & 0 & -8 & 3\end{pmatrix}\xrightarrow[-r_2]{r_1+3r_2}\begin{pmatrix}1 & 0 & 2 & -23 & 8\\ 0 & 1 & 0 & 8 & -3\end{pmatrix},$$

所以

$$\boldsymbol{X}=\begin{pmatrix}2 & 5\\ 1 & 3\end{pmatrix}^{-1}\begin{pmatrix}4 & -6 & 1\\ 2 & 1 & -1\end{pmatrix}=\begin{pmatrix}2 & -23 & 8\\ 0 & 8 & -3\end{pmatrix}.$$

也可以用上例所得到的二阶方阵的求逆公式.因为 $2\times 3-5\times 1=1\neq 0$,所以 $\begin{pmatrix}2 & 5\\ 1 & 3\end{pmatrix}$ 可

① 后面我们将使用伴随矩阵表示的求逆公式重新证明这个结论.

② 含有未知矩阵的矩阵等式称为**矩阵方程**.

逆,且

$$\begin{pmatrix}2&5\\1&3\end{pmatrix}^{-1}=\begin{pmatrix}3&-5\\-1&2\end{pmatrix}.$$

最后得到

$$\boldsymbol{X}=\begin{pmatrix}2&5\\1&3\end{pmatrix}^{-1}\begin{pmatrix}4&-6&1\\2&1&-1\end{pmatrix}=\begin{pmatrix}3&-5\\-1&2\end{pmatrix}\begin{pmatrix}4&-6&1\\2&1&-1\end{pmatrix}=\begin{pmatrix}2&-23&8\\0&8&-3\end{pmatrix}.$$

解毕.

例 3.31 解矩阵方程

$$\boldsymbol{X}\begin{pmatrix}1&1&-1\\0&2&2\\1&-1&0\end{pmatrix}=\begin{pmatrix}1&-1&1\\1&1&0\\2&1&1\end{pmatrix}.$$

☞ **解** 方程等价于

$$\begin{pmatrix}1&0&1\\1&2&-1\\-1&2&0\end{pmatrix}\boldsymbol{X}^{\mathrm{T}}=\begin{pmatrix}1&1&2\\-1&1&1\\1&0&1\end{pmatrix}.$$

由于

$$\begin{pmatrix}1&0&1&1&1&2\\1&2&-1&-1&1&1\\-1&2&0&1&0&1\end{pmatrix}\xrightarrow[r_3+r_1]{r_2-r_1}\begin{pmatrix}1&0&1&1&1&2\\0&2&-2&-2&0&-1\\0&2&1&2&1&3\end{pmatrix}$$

$$\xrightarrow{r_3-r_2}\begin{pmatrix}1&0&1&1&1&2\\0&2&-2&-2&0&-1\\0&0&3&4&1&4\end{pmatrix}\xrightarrow[\frac{1}{3}r_3]{\frac{1}{2}r_2}\begin{pmatrix}1&0&1&1&1&2\\0&1&-1&-1&0&-\frac{1}{2}\\0&0&1&\frac{4}{3}&\frac{1}{3}&\frac{4}{3}\end{pmatrix}$$

$$\xrightarrow[r_2+r_3]{r_1-r_3}\begin{pmatrix}1&0&0&-\frac{1}{3}&\frac{2}{3}&\frac{2}{3}\\0&1&0&\frac{1}{3}&\frac{1}{3}&\frac{5}{6}\\0&0&1&\frac{4}{3}&\frac{1}{3}&\frac{4}{3}\end{pmatrix},$$

所以

$$\boldsymbol{X}^{\mathrm{T}}=\begin{pmatrix}1&0&1\\1&2&-1\\-1&2&0\end{pmatrix}^{-1}\begin{pmatrix}1&1&2\\-1&1&1\\1&0&1\end{pmatrix}=\begin{pmatrix}-\frac{1}{3}&\frac{2}{3}&\frac{2}{3}\\\frac{1}{3}&\frac{1}{3}&\frac{5}{6}\\\frac{4}{3}&\frac{1}{3}&\frac{4}{3}\end{pmatrix}.$$

得到

$$X=\begin{pmatrix}-\frac{1}{3} & \frac{1}{3} & \frac{4}{3}\\ \frac{2}{3} & \frac{1}{3} & \frac{1}{3}\\ \frac{2}{3} & \frac{5}{6} & \frac{4}{3}\end{pmatrix},$$

解毕.

例 3.32 设 $A=\begin{pmatrix}1 & 1 & -1\\ -1 & 1 & 1\\ 1 & -1 & 1\end{pmatrix}$，且有矩阵等式 $4X=2AX+E$，求 X.

☞ **解** 原等式化为 $(4E-2A)X=E$，即 $(2E-A)X=\frac{1}{2}E$. 由于

$$(2E-A,E)=\begin{pmatrix}1 & -1 & 1 & 1 & 0 & 0\\ 1 & 1 & -1 & 0 & 1 & 0\\ -1 & 1 & 1 & 0 & 0 & 1\end{pmatrix}\xrightarrow[r_2-r_1]{r_3+r_1}\begin{pmatrix}1 & -1 & 1 & 1 & 0 & 0\\ 0 & 2 & -2 & -1 & 1 & 0\\ 0 & 0 & 2 & 1 & 0 & 1\end{pmatrix}$$

$$\xrightarrow[\frac{1}{2}r_3]{\frac{1}{2}r_2}\begin{pmatrix}1 & -1 & 1 & 1 & 0 & 0\\ 0 & 1 & -1 & -\frac{1}{2} & \frac{1}{2} & 0\\ 0 & 0 & 1 & \frac{1}{2} & 0 & \frac{1}{2}\end{pmatrix}\xrightarrow[r_2+r_3]{r_1+r_2}\begin{pmatrix}1 & 0 & 0 & \frac{1}{2} & \frac{1}{2} & 0\\ 0 & 1 & 0 & 0 & \frac{1}{2} & \frac{1}{2}\\ 0 & 0 & 1 & \frac{1}{2} & 0 & \frac{1}{2}\end{pmatrix},$$

所以 $2E-A$ 可逆，且

$$X=\frac{1}{2}(2E-A)^{-1}=\frac{1}{4}\begin{pmatrix}1 & 1 & 0\\ 0 & 1 & 1\\ 1 & 0 & 1\end{pmatrix}.$$

解毕.

习题 3.5

A1. 下列方阵是否可逆？可逆时求它的逆.

(1) $\begin{pmatrix}2 & 3\\ 4 & 5\end{pmatrix}$；　(2) $\begin{pmatrix}1 & 1 & -1\\ 2 & 1 & 0\\ 1 & -1 & 0\end{pmatrix}$；

(3) $\begin{pmatrix}3 & -1 & 2\\ 1 & 0 & 1\\ -1 & 1 & 0\end{pmatrix}$；　(4) $\begin{pmatrix}1 & 1 & \cdots & 1\\ & 1 & \cdots & 1\\ & & \ddots & \vdots\\ & & & 1\end{pmatrix}_{n\times n}$.

A2. 求矩阵 $A=\begin{pmatrix}1&2&3&3\\2&3&-1&-2\\0&1&3&4\\-2&-1&1&4\end{pmatrix}$ 的行初等变换标准形和初等变换标准形.

A3. 求矩阵 X，使得

(1) $\begin{pmatrix}4&3\\6&5\end{pmatrix}X=\begin{pmatrix}1&2&3\\6&5&4\end{pmatrix}$；　(2) $X\begin{pmatrix}-3&1&-1\\1&-2&-1\\-1&1&0\end{pmatrix}=\begin{pmatrix}1&1&1\\2&0&-1\\-1&1&2\end{pmatrix}$.

A4. 设矩阵 A，B，C 满足等式 $2A^{-1}C+B=C$，其中 $A=\begin{pmatrix}1&1&-3\\0&1&1\\1&2&1\end{pmatrix}$，$B=\begin{pmatrix}1&4\\2&5\\3&6\end{pmatrix}$，求矩阵 C.

B1. 求下列矩阵的逆矩阵：

(1) $\begin{pmatrix}2&&&\\1&2&&\\&\ddots&\ddots&\\&&1&2\end{pmatrix}_{n\times n}$；　(2) $\begin{pmatrix}0&1&\cdots&1&1\\1&0&\cdots&1&1\\\vdots&\vdots&\ddots&\vdots&\vdots\\1&1&\cdots&0&1\\1&1&\cdots&1&0\end{pmatrix}_{n\times n}$，$n\geqslant 2$；

(3) $\begin{pmatrix}1&2&3&\cdots&n\\&1&2&\cdots&n-1\\&&\ddots&&\vdots\\&&&1&2\\&&&&1\end{pmatrix}$；　(4) $\begin{pmatrix}1&1&1&\cdots&1&1\\1&0&1&\cdots&1&1\\1&1&0&\cdots&1&1\\\vdots&\vdots&\vdots&&\vdots&\vdots\\1&1&1&\cdots&0&1\\1&1&1&\cdots&1&0\end{pmatrix}_{n\times n}$，$n\geqslant 2$.

B2. 求下列矩阵的逆矩阵：

(1) $\begin{pmatrix}1&b&b^2&\cdots&b^{n-2}&b^{n-1}\\0&1&b&\cdots&b^{n-3}&b^{n-2}\\0&0&1&\cdots&b^{n-4}&b^{n-3}\\\vdots&\vdots&\vdots&&\vdots&\vdots\\0&0&0&\cdots&1&b\\0&0&0&\cdots&0&1\end{pmatrix}$；

(2) $\begin{pmatrix}1&a&a&\cdots&a\\a&1&a&\cdots&a\\a&a&1&\cdots&a\\\vdots&\vdots&\vdots&&\vdots\\a&a&a&\cdots&1\end{pmatrix}_{n\times n}$，$a\neq 1$，$a\neq\dfrac{1}{1-n}$；

(3) $\begin{pmatrix}1+a_1&1&1&\cdots&1\\1&1+a_2&1&\cdots&1\\\vdots&\vdots&\vdots&&\vdots\\1&1&1&\cdots&1+a_n\end{pmatrix}$，$a_1a_2\cdots a_n\neq 0$，且$\dfrac{1}{a_1}+\cdots+\dfrac{1}{a_n}\neq -1$；

(4) $\begin{pmatrix} 1 & 2 & \cdots & n-1 & n \\ n & 1 & \cdots & n-2 & n-1 \\ \vdots & \vdots & & \vdots & \vdots \\ 3 & 4 & \cdots & 1 & 2 \\ 2 & 3 & \cdots & n & 1 \end{pmatrix}$；

(5) $\begin{pmatrix} a & a+1 & \cdots & a+(n-2) & a+(n-1) \\ a+(n-1) & a & \cdots & a+(n-3) & a+(n-2) \\ \vdots & \vdots & & \vdots & \vdots \\ a+2 & a+3 & \cdots & a & a+1 \\ a+1 & a+2 & \cdots & a+(n-1) & a \end{pmatrix}$, $a \neq \dfrac{1-n}{2}$；

(6) $\begin{pmatrix} 2 & -1 & & & & \\ -1 & 2 & -1 & & & \\ & -1 & 2 & -1 & & \\ & & \ddots & \ddots & \ddots & \\ & & & -1 & 2 & -1 \\ & & & & -1 & 2 \end{pmatrix}_{n\times n}$, $n \geqslant 2$；

(7) $\begin{pmatrix} 1 & 1 & 1 & \cdots & 1 \\ 1 & \zeta & \zeta^2 & \cdots & \zeta^{n-1} \\ 1 & \zeta^2 & \zeta^4 & \cdots & \zeta^{2(n-1)} \\ \vdots & \vdots & \vdots & & \vdots \\ 1 & \zeta^{n-1} & \zeta^{2(n-1)} & \cdots & \zeta^{(n-1)^2} \end{pmatrix}$, $\zeta = \mathrm{e}^{\frac{2\pi i}{n}}$.

B3. 设 $\boldsymbol{A}$ 为 n 阶方阵，证明：存在 n 阶方阵 $\boldsymbol{B}$ 和 $\boldsymbol{C}$，使得 $\boldsymbol{B}$ 可逆，$\boldsymbol{C}$ 满足 $\boldsymbol{C}^2=\boldsymbol{C}$，且 $\boldsymbol{A}=\boldsymbol{BC}$.

§3.6 分块矩阵求逆

矩阵分块是一种重要的方法和手段，前面介绍了分块矩阵如何进行加法和乘法，那么如何求可逆分块矩阵的逆呢？上节我们用矩阵的初等变换来求逆，类比于此，首先要定义分块矩阵的初等变换，然后以其为工具来求分块矩阵的逆.

3.6.1 分块矩阵的初等变换

定义 3.10 称下面三类变换为**分块矩阵的行(列)初等变换**：

(i) 调行(列)变换：$r_i \leftrightarrow r_j$ ($c_i \leftrightarrow c_j$)（交换分块矩阵第 i 行(列)和第 j 行(列)对应位置的子阵)；

(ii) 行(列)块乘变换：$\boldsymbol{P} \times r_i$ ($c_i \times \boldsymbol{P}$)（用**可逆**矩阵 $\boldsymbol{P}$ 左(右)乘第 i 行(列)的所有子阵)；

(iii) 行(列)消去变换：$r_j + \boldsymbol{M} \times r_i$ ($c_j + c_i \times \boldsymbol{M}$)（用矩阵 $\boldsymbol{M}$ 左(右)乘第 i 行(列)所有子阵，再加到第 j 行(列)的对应位置子阵上).

分块矩阵的行和列初等变换统称为**分块矩阵的初等变换**.

如果分块阵 $\boldsymbol{A}$ 经过有限次分块矩阵的行(列)初等变换变为 $\boldsymbol{B}$，我们也记为 $\boldsymbol{A} \overset{r}{\sim} \boldsymbol{B}$

$(\boldsymbol{A} \overset{c}{\sim} \boldsymbol{B})$. 类似于初等矩阵，单位阵进行行型和列型一样的分块后，经过一次分块矩阵的初等变换得到的分块矩阵称为**初等分块阵**. 对应到三类分块矩阵的初等变换，一共有三类初等分块阵：设单位阵有如下分块

$$\boldsymbol{E}=\operatorname{diag}(\boldsymbol{E}_{k_1},\ \boldsymbol{E}_{k_2},\ \cdots,\ \boldsymbol{E}_{k_t}).$$

第Ⅰ类 对应到 $r_i \leftrightarrow r_j$ 和 $c_i \leftrightarrow c_j\ (i<j)$

$$\boldsymbol{P}_{ij}=\left(\begin{array}{ccccccccccc}
\boldsymbol{E}_{k_1} & & & i & & & & j & & & \\
 & \ddots & & \text{列} & & & & \text{列} & & & \\
 & & \boldsymbol{E}_{k_{i-1}} & \vdots & & & & \vdots & & & \\
i & \text{行} & \cdots & \boldsymbol{O} & & \cdots & & \boldsymbol{E}_{k_j} & & & \\
 & & & \vdots & \boldsymbol{E}_{k_{i+1}} & & & \vdots & & & \\
 & & & \vdots & & \ddots & & \vdots & & & \\
 & & & \vdots & & & \boldsymbol{E}_{k_{j-1}} & \vdots & & & \\
j & \text{行} & \cdots & \boldsymbol{E}_{k_i} & & \cdots & & \boldsymbol{O} & & & \\
 & & & & & & & & \boldsymbol{E}_{k_{j+1}} & & \\
 & & & & & & & & & \ddots & \\
 & & & & & & & & & & \boldsymbol{E}_{k_t}
\end{array}\right);$$

第Ⅱ类 对应到 $\boldsymbol{P}\times r_i$ 和 $c_i\times\boldsymbol{P}$（$\boldsymbol{P}$ 可逆）

$$\boldsymbol{P}_i(\boldsymbol{P})=\left(\begin{array}{ccccccc}
\boldsymbol{E}_{k_1} & & & i & & & \\
 & \ddots & & \text{列} & & & \\
 & & \boldsymbol{E}_{k_{i-1}} & \vdots & & & \\
i\ \text{行} & \cdots & & \boldsymbol{P} & & & \\
 & & & & \boldsymbol{E}_{k_{i+1}} & & \\
 & & & & & \ddots & \\
 & & & & & & \boldsymbol{E}_{k_t}
\end{array}\right);$$

第Ⅲ类 对应到 $r_j+\boldsymbol{M}\times r_i$ 和 $c_i+c_j\times\boldsymbol{M}\ (i\neq j)$

$$\boldsymbol{P}(i(\boldsymbol{M}),\ j)=\left(\begin{array}{ccccccccc}
\boldsymbol{E}_{k_1} & & & i & & j & & & \\
 & \ddots & & \text{列} & & \text{列} & & & \\
 & & \boldsymbol{E}_{k_{i-1}} & \vdots & & \vdots & & & \\
i\ \text{行} & & \cdots & \boldsymbol{E}_{k_i} & & \vdots & & & \\
 & & & \vdots & \ddots & \vdots & & & \\
j\ \text{行} & & \cdots & \boldsymbol{M} & \cdots & \boldsymbol{E}_{k_j} & & & \\
 & & & & & & \boldsymbol{E}_{k_{j+1}} & & \\
 & & & & & & & \ddots & \\
 & & & & & & & & \boldsymbol{E}_{k_t}
\end{array}\right).$$

类似于初等阵和初等变换的关系,进行分块阵的初等变换相当于用对应的初等分块阵左或者右乘该矩阵.我们先看一个例子,请读者体会何谓对应的初等分块阵.

例 3.33 设 $A=\begin{pmatrix} a_{11} & a_{12} & a_{13} & a_{14} \\ a_{21} & a_{22} & a_{23} & a_{24} \\ a_{31} & a_{32} & a_{33} & a_{34} \end{pmatrix}=\begin{pmatrix} A_{11} & A_{12} \\ A_{21} & A_{22} \end{pmatrix}$,其中 $A_{11}=\begin{pmatrix} a_{11} & a_{12} & a_{13} \\ a_{21} & a_{22} & a_{23} \end{pmatrix}$,于是分块阵 A 的行型为 (2, 1),列型为 (3, 1). 当考虑对 A 进行分块阵的行初等变换时,要考虑 E_3 及对应到 A 的行型的分块

$$E_3=\begin{pmatrix} E_2 & O \\ O & E_1 \end{pmatrix}.$$

我们有

$$A \xrightarrow{r_1 \leftrightarrow r_2} \begin{pmatrix} A_{21} & A_{22} \\ A_{11} & A_{12} \end{pmatrix}=\begin{pmatrix} O & E_1 \\ E_2 & O \end{pmatrix}\begin{pmatrix} A_{11} & A_{12} \\ A_{21} & A_{22} \end{pmatrix}.$$

而当考虑对 A 进行分块阵的列初等变换时,要考虑 E_4 及对应到 A 的列型的分块

$$E_4=\begin{pmatrix} E_3 & O \\ O & E_1 \end{pmatrix}.$$

我们有

$$A \xrightarrow{c_1 \leftrightarrow c_2} \begin{pmatrix} A_{12} & A_{11} \\ A_{22} & A_{21} \end{pmatrix}=\begin{pmatrix} A_{11} & A_{12} \\ A_{21} & A_{22} \end{pmatrix}\begin{pmatrix} O & E_3 \\ E_1 & O \end{pmatrix}.$$

一般地,有下面的结果.

命题 3.17 (1) 对分块矩阵 A 施行一次分块矩阵的行(列)初等变换相当于用对应的初等分块阵左(右)乘 A;

(2) 初等分块阵都可逆,且逆也为同类型的初等分块阵.

☞ **证明** (1) 类似于定理 3.7 的证明.

(2) 类似于引理 3.8(1)的证明.

下面的例子是我们常常用到的.

例 3.34 设 $S=\begin{pmatrix} A & B \\ C & D \end{pmatrix}$,其中 A 为可逆方阵.则有如下的分块矩阵的初等变换

$$S \xrightarrow{r_2-CA^{-1}r_1} \begin{pmatrix} A & B \\ O & D-CA^{-1}B \end{pmatrix}, \tag{3.2}$$

$$S \xrightarrow{c_2-c_1A^{-1}B} \begin{pmatrix} A & O \\ C & D-CA^{-1}B \end{pmatrix}, \tag{3.3}$$

$$S \xrightarrow{r_2-CA^{-1}r_1} \begin{pmatrix} A & B \\ O & D-CA^{-1}B \end{pmatrix} \xrightarrow{c_2-c_1A^{-1}B} \begin{pmatrix} A & O \\ O & D-CA^{-1}B \end{pmatrix}. \tag{3.4}$$

如果对应到初等分块阵的左(右)乘,则式(3.2)对应的矩阵等式为

$$\begin{pmatrix} \boldsymbol{E} & \boldsymbol{O} \\ -\boldsymbol{C}\boldsymbol{A}^{-1} & \boldsymbol{E} \end{pmatrix}\begin{pmatrix} \boldsymbol{A} & \boldsymbol{B} \\ \boldsymbol{C} & \boldsymbol{D} \end{pmatrix}=\begin{pmatrix} \boldsymbol{A} & \boldsymbol{B} \\ \boldsymbol{O} & \boldsymbol{D}-\boldsymbol{C}\boldsymbol{A}^{-1}\boldsymbol{B} \end{pmatrix};$$

而式(3.3)对应到

$$\begin{pmatrix} \boldsymbol{A} & \boldsymbol{B} \\ \boldsymbol{C} & \boldsymbol{D} \end{pmatrix}\begin{pmatrix} \boldsymbol{E} & -\boldsymbol{A}^{-1}\boldsymbol{B} \\ \boldsymbol{O} & \boldsymbol{E} \end{pmatrix}=\begin{pmatrix} \boldsymbol{A} & \boldsymbol{O} \\ \boldsymbol{C} & \boldsymbol{D}-\boldsymbol{C}\boldsymbol{A}^{-1}\boldsymbol{B} \end{pmatrix};$$

最后,式(3.4)对应到

$$\begin{pmatrix} \boldsymbol{E} & \boldsymbol{O} \\ -\boldsymbol{C}\boldsymbol{A}^{-1} & \boldsymbol{E} \end{pmatrix}\begin{pmatrix} \boldsymbol{A} & \boldsymbol{B} \\ \boldsymbol{C} & \boldsymbol{D} \end{pmatrix}\begin{pmatrix} \boldsymbol{E} & -\boldsymbol{A}^{-1}\boldsymbol{B} \\ \boldsymbol{O} & \boldsymbol{E} \end{pmatrix}=\begin{pmatrix} \boldsymbol{A} & \boldsymbol{O} \\ \boldsymbol{O} & \boldsymbol{D}-\boldsymbol{C}\boldsymbol{A}^{-1}\boldsymbol{B} \end{pmatrix}.$$

上面三个矩阵等式均称之为**舒尔(Schur)公式**.

3.6.2 分块矩阵求逆

类似于用行初等变换求矩阵的逆,我们也可以用分块矩阵的行初等变换求分块矩阵的逆.

命题 3.18 设 $\boldsymbol{A}\in\mathbb{F}^{n\times n}$ 是分块矩阵,如果矩阵 $(\boldsymbol{A},\boldsymbol{E}_n)$ 可经分块矩阵的行初等变换变为 $(\boldsymbol{E}_n,\boldsymbol{P})$,则 $\boldsymbol{A}$ 可逆,且 $\boldsymbol{A}^{-1}=\boldsymbol{P}$.

☞ **证明** 类似于命题 3.16 的证明.

例 3.35 设 $\boldsymbol{D}=\begin{pmatrix} \boldsymbol{A} & \boldsymbol{C} \\ \boldsymbol{O} & \boldsymbol{B} \end{pmatrix}$,其中 $\boldsymbol{A}$ 和 $\boldsymbol{B}$ 是可逆方阵.证明:$\boldsymbol{D}$ 可逆,并求 $\boldsymbol{D}^{-1}$.

☞ **解** 设 $\boldsymbol{A}$ 为 k 阶方阵,$\boldsymbol{B}$ 为 r 阶方阵,有分块矩阵的行初等变换

$$(\boldsymbol{D},\boldsymbol{E})=\begin{pmatrix} \boldsymbol{A}_k & \boldsymbol{C} & \boldsymbol{E}_k & \boldsymbol{O} \\ \boldsymbol{O} & \boldsymbol{B}_r & \boldsymbol{O} & \boldsymbol{E}_r \end{pmatrix}\xrightarrow{r_1-\boldsymbol{C}\boldsymbol{B}^{-1}r_2}\begin{pmatrix} \boldsymbol{A}_k & \boldsymbol{O} & \boldsymbol{E}_k & -\boldsymbol{C}\boldsymbol{B}^{-1} \\ \boldsymbol{O} & \boldsymbol{B}_r & \boldsymbol{O} & \boldsymbol{E}_r \end{pmatrix}$$

$$\xrightarrow[\boldsymbol{B}^{-1}r_2]{\boldsymbol{A}^{-1}r_1}\begin{pmatrix} \boldsymbol{E}_k & \boldsymbol{O} & \boldsymbol{A}^{-1} & -\boldsymbol{A}^{-1}\boldsymbol{C}\boldsymbol{B}^{-1} \\ \boldsymbol{O} & \boldsymbol{E}_r & \boldsymbol{O} & \boldsymbol{B}^{-1} \end{pmatrix}.$$

于是 $\boldsymbol{D}$ 可逆,且

$$\boldsymbol{D}^{-1}=\begin{pmatrix} \boldsymbol{A}^{-1} & -\boldsymbol{A}^{-1}\boldsymbol{C}\boldsymbol{B}^{-1} \\ \boldsymbol{O} & \boldsymbol{B}^{-1} \end{pmatrix}.$$

解毕.

特别地,如果 $\boldsymbol{C}=\boldsymbol{O}$,则得到分块对角可逆阵的逆

$$\begin{pmatrix} \boldsymbol{A} & \boldsymbol{O} \\ \boldsymbol{O} & \boldsymbol{B} \end{pmatrix}^{-1}=\begin{pmatrix} \boldsymbol{A}^{-1} & \boldsymbol{O} \\ \boldsymbol{O} & \boldsymbol{B}^{-1} \end{pmatrix}.$$

这给出了例 3.19 的初等变换证明.

例 3.36 设$\boldsymbol{A}=\begin{pmatrix}\boldsymbol{O}&\boldsymbol{A}_1\\\boldsymbol{A}_2&\boldsymbol{O}\end{pmatrix}$，其中$\boldsymbol{A}_1$和$\boldsymbol{A}_2$是方阵.求$\boldsymbol{A}$可逆的充分必要条件；当$\boldsymbol{A}$可逆时，求$\boldsymbol{A}^{-1}$.

☞ **解** 设$\boldsymbol{A}_1$是n阶方阵，$\boldsymbol{A}_2$是m阶方阵.如果$\boldsymbol{A}$可逆，则存在$m+n$阶方阵$\begin{pmatrix}\boldsymbol{X}&\boldsymbol{Y}\\\boldsymbol{Z}&\boldsymbol{W}\end{pmatrix}$，其中$\boldsymbol{X}\in\mathbb{F}^{m\times n}$，$\boldsymbol{Y}\in\mathbb{F}^{m\times m}$，$\boldsymbol{Z}\in\mathbb{F}^{n\times n}$，$\boldsymbol{W}\in\mathbb{F}^{n\times m}$，使得

$$\begin{pmatrix}\boldsymbol{O}&\boldsymbol{A}_1\\\boldsymbol{A}_2&\boldsymbol{O}\end{pmatrix}\begin{pmatrix}\boldsymbol{X}&\boldsymbol{Y}\\\boldsymbol{Z}&\boldsymbol{W}\end{pmatrix}=\boldsymbol{E}.$$

得到

$$\boldsymbol{A}_1\boldsymbol{Z}=\boldsymbol{E}_n,\quad \boldsymbol{A}_1\boldsymbol{W}=\boldsymbol{O},\quad \boldsymbol{A}_2\boldsymbol{X}=\boldsymbol{O},\quad \boldsymbol{A}_2\boldsymbol{Y}=\boldsymbol{E}_m.$$

于是$\boldsymbol{A}_1$和$\boldsymbol{A}_2$可逆，且$\boldsymbol{Z}=\boldsymbol{A}_1^{-1}$，$\boldsymbol{Y}=\boldsymbol{A}_2^{-1}$，$\boldsymbol{W}=\boldsymbol{O}$，$\boldsymbol{X}=\boldsymbol{O}$. 反之，容易得到

$$\begin{pmatrix}\boldsymbol{O}&\boldsymbol{A}_1\\\boldsymbol{A}_2&\boldsymbol{O}\end{pmatrix}\begin{pmatrix}\boldsymbol{O}&\boldsymbol{A}_2^{-1}\\\boldsymbol{A}_1^{-1}&\boldsymbol{O}\end{pmatrix}=\boldsymbol{E}.$$

所以$\boldsymbol{A}$可逆的充分必要条件是$\boldsymbol{A}_1$和$\boldsymbol{A}_2$都可逆，且当$\boldsymbol{A}$可逆时，有$\boldsymbol{A}^{-1}=\begin{pmatrix}\boldsymbol{O}&\boldsymbol{A}_2^{-1}\\\boldsymbol{A}_1^{-1}&\boldsymbol{O}\end{pmatrix}$.

也可以用初等变换求$\boldsymbol{A}$的逆：

$$(\boldsymbol{A},\boldsymbol{E})=\begin{pmatrix}\boldsymbol{O}&\boldsymbol{A}_1&\boldsymbol{E}&\boldsymbol{O}\\\boldsymbol{A}_2&\boldsymbol{O}&\boldsymbol{O}&\boldsymbol{E}\end{pmatrix}\xrightarrow{r_1\leftrightarrow r_2}\begin{pmatrix}\boldsymbol{A}_2&\boldsymbol{O}&\boldsymbol{O}&\boldsymbol{E}\\\boldsymbol{O}&\boldsymbol{A}_1&\boldsymbol{E}&\boldsymbol{O}\end{pmatrix}\xrightarrow[\boldsymbol{A}_2^{-1}r_1]{\boldsymbol{A}_1^{-1}r_2}\begin{pmatrix}\boldsymbol{E}&\boldsymbol{O}&\boldsymbol{O}&\boldsymbol{A}_2^{-1}\\\boldsymbol{O}&\boldsymbol{E}&\boldsymbol{A}_1^{-1}&\boldsymbol{O}\end{pmatrix},$$

得到$\boldsymbol{A}^{-1}=\begin{pmatrix}\boldsymbol{O}&\boldsymbol{A}_2^{-1}\\\boldsymbol{A}_1^{-1}&\boldsymbol{O}\end{pmatrix}$.

习题 3.6

A1. 求下面矩阵的逆矩阵：

(1) $\begin{pmatrix}2&0&0\\0&3&4\\0&1&1\end{pmatrix}$；

(2) $\begin{pmatrix}0&a_1&0&\cdots&0\\0&0&a_2&\cdots&0\\\vdots&\vdots&\vdots&\ddots&\vdots\\0&0&0&\cdots&a_{n-1}\\a_n&0&0&\cdots&0\end{pmatrix}$，$a_1a_2\cdots a_n\neq 0$.

A2. 设$\boldsymbol{A}$，$\boldsymbol{B}$和$\boldsymbol{C}$是可逆方阵，证明：方阵$\boldsymbol{X}=\begin{pmatrix}\boldsymbol{O}&\boldsymbol{O}&\boldsymbol{A}\\\boldsymbol{O}&\boldsymbol{B}&\boldsymbol{O}\\\boldsymbol{C}&\boldsymbol{O}&\boldsymbol{O}\end{pmatrix}$也可逆，并求$\boldsymbol{X}^{-1}$.

A3. 设$\boldsymbol{M}=\begin{pmatrix}\boldsymbol{A}&\boldsymbol{B}\\\boldsymbol{C}&\boldsymbol{D}\end{pmatrix}$，其中$\boldsymbol{A}$和$\boldsymbol{D}$是方阵，证明：

(1) 当 $\boldsymbol{A}$ 可逆时，$\boldsymbol{M}$ 可逆当且仅当 $\boldsymbol{D}-\boldsymbol{C}\boldsymbol{A}^{-1}\boldsymbol{B}$ 可逆；

(2) 当 $\boldsymbol{D}$ 可逆时，$\boldsymbol{M}$ 可逆当且仅当 $\boldsymbol{A}-\boldsymbol{B}\boldsymbol{D}^{-1}\boldsymbol{C}$ 可逆.

A4. 设 $\boldsymbol{A}=(a_{ij})$ 是 n 阶上三角阵，证明：$\boldsymbol{A}$ 可逆的充分必要条件是 $\boldsymbol{A}$ 的 n 个对角元 a_{11}, a_{22}, $\cdots$, a_{nn} 都不等于零；而且当 $\boldsymbol{A}$ 可逆时，$\boldsymbol{A}^{-1}$ 也是上三角阵，且有形式

$$\boldsymbol{A}^{-1}=\begin{pmatrix} a_{11}^{-1} & * & \cdots & * \\ & a_{22}^{-1} & \cdots & * \\ & & \ddots & \vdots \\ & & & a_{nn}^{-1} \end{pmatrix}.$$

更一般的，设 $\boldsymbol{A}=(\boldsymbol{A}_{ij})_{t\times t}$ 是 n 阶分块上三角阵，其中对角块 $\boldsymbol{A}_{11}$, $\boldsymbol{A}_{22}$, $\cdots$, $\boldsymbol{A}_{tt}$ 都是方阵.证明：$\boldsymbol{A}$ 可逆的充分必要条件是 $\boldsymbol{A}$ 的 t 个对角块 $\boldsymbol{A}_{11}$, $\boldsymbol{A}_{22}$, $\cdots$, $\boldsymbol{A}_{tt}$ 都可逆；而且当 $\boldsymbol{A}$ 可逆时，$\boldsymbol{A}^{-1}$ 也是分块上三角阵，且有形式

$$\boldsymbol{A}^{-1}=\begin{pmatrix} \boldsymbol{A}_{11}^{-1} & * & \cdots & * \\ & \boldsymbol{A}_{22}^{-1} & \cdots & * \\ & & \ddots & \vdots \\ & & & \boldsymbol{A}_{tt}^{-1} \end{pmatrix}.$$

B1. 设 $\boldsymbol{X}=\begin{pmatrix}\boldsymbol{A} & \boldsymbol{B}\\ \boldsymbol{C} & \boldsymbol{D}\end{pmatrix}$，其中 $\boldsymbol{A}$, $\boldsymbol{B}$, $\boldsymbol{C}$, $\boldsymbol{D}$ 都是 n 阶方阵，且两两可交换.证明：$\boldsymbol{X}$ 可逆当且仅当 $\boldsymbol{AD}-\boldsymbol{BC}$ 可逆①.

B2. 设 n 阶方阵 $\boldsymbol{A}$ 满足 $\boldsymbol{A}^2=\boldsymbol{A}$，证明：存在 n 阶可逆方阵 $\boldsymbol{P}$ 和非负整数 r，使得 $\boldsymbol{P}^{-1}\boldsymbol{AP}=\begin{pmatrix}\boldsymbol{E}_r & \boldsymbol{O}\\ \boldsymbol{O} & \boldsymbol{O}\end{pmatrix}$.

补充题

A1. 设 $\boldsymbol{E}_{ij}\in\mathbb{F}^{n\times n}$, $\boldsymbol{e}_i\in\mathbb{F}^n$, $\boldsymbol{A}\in\mathbb{F}^{n\times n}$，证明：

(1) $\boldsymbol{e}_i^{\mathrm{T}}\boldsymbol{e}_j=\boldsymbol{\delta}_{ij}$；

(2) $\boldsymbol{E}_{ij}=\boldsymbol{e}_i\boldsymbol{e}_j^{\mathrm{T}}$；

(3) $\boldsymbol{E}_{ij}\boldsymbol{E}_{kl}=\boldsymbol{\delta}_{jk}\boldsymbol{E}_{il}$；

(4) $\boldsymbol{E}_{ij}\boldsymbol{A}$ 将 $\boldsymbol{A}$ 的第 j 行变为第 i 行，将其余元素全变为零；

(5) $\boldsymbol{A}\boldsymbol{E}_{ij}$ 将 $\boldsymbol{A}$ 的第 i 列变为第 j 列，将其余元素全变为零.

A2. 设 $\boldsymbol{A}=\begin{pmatrix}a & b\\ c & d\end{pmatrix}\in\mathbb{F}^{2\times 2}$. 证明：

(1) $\boldsymbol{A}^2-(a+d)\boldsymbol{A}+(ad-bc)\boldsymbol{E}_2=\boldsymbol{O}$

总成立.

(2) 如果存在正整数 $n>2$，使得 $\boldsymbol{A}^n=\boldsymbol{O}$，则 $\boldsymbol{A}^2=\boldsymbol{O}$.

A3. 设 $\boldsymbol{A}$ 是 n 阶方阵，证明：$\boldsymbol{A}$ 是反对称阵的充分必要条件是，对任意的 n 维向量 $\boldsymbol{X}$，有 $\boldsymbol{X}^{\mathrm{T}}\boldsymbol{AX}=0$.

A4. 证明：不存在 n 阶不可逆阵 $\boldsymbol{A}$，使得 $\boldsymbol{A}^2+\boldsymbol{A}+\boldsymbol{E}_n=\boldsymbol{O}$.

---

① 可参看习题 4.5 的 B1.

A5. 设 $\boldsymbol{A}$ 是 n 阶实反对称阵,证明:$\boldsymbol{E}_n - \boldsymbol{A}$ 可逆.

A6. 设 $\boldsymbol{A}$ 是 n 阶可逆阵,且 $\boldsymbol{A}$ 的每一行元素之和都等于常数 c,证明:$c \neq 0$,且 $\boldsymbol{A}^{-1}$ 的每一行元素之和都等于 c^{-1}.

A7. 设 n 阶方阵 $\boldsymbol{A}$ 和 $\boldsymbol{B}$ 满足 $\boldsymbol{A}+\boldsymbol{B}=\boldsymbol{AB}$,证明:$\boldsymbol{E}_n - \boldsymbol{A}$ 可逆,且 $\boldsymbol{AB}=\boldsymbol{BA}$.

A8. [谢尔曼-莫里森(Sherman-Morrison)公式] 设 $\boldsymbol{A}$ 是 n 阶可逆阵,$\boldsymbol{\alpha}$,$\boldsymbol{\beta}$ 是 n 维列向量,且 $1+\boldsymbol{\beta}^{\mathrm{T}}\boldsymbol{A}^{-1}\boldsymbol{\alpha} \neq 0$. 证明:$\boldsymbol{A}+\boldsymbol{\alpha}\boldsymbol{\beta}^{\mathrm{T}}$ 可逆,且

$$(\boldsymbol{A}+\boldsymbol{\alpha}\boldsymbol{\beta}^{\mathrm{T}})^{-1}=\boldsymbol{A}^{-1}-\frac{1}{1+\boldsymbol{\beta}^{\mathrm{T}}\boldsymbol{A}^{-1}\boldsymbol{\alpha}}\boldsymbol{A}^{-1}\boldsymbol{\alpha}\boldsymbol{\beta}^{\mathrm{T}}\boldsymbol{A}^{-1}.$$

第4章 行 列 式

解线性方程组的消元法除了 Gauss 消元法外，还有加减消元法：一次消去所有其他的未知数.为了表示某类特殊的线性方程组用加减消元导出的解的公式，我们需要行列式的记号和概念.另外，在上一章中我们用是否和单位阵(行)等价来判别方阵是否可逆.这个和“数 a 可逆当且仅当 $a \neq 0$”的判别法看上去相去甚远，那有没有当某个数不等于零时可以得到方阵可逆呢？我们发现方阵的行列式恰好是这个数.

本章介绍了行列式的定义和基本性质，以及行列式的计算方法，特别地，我们介绍了在初等变换下矩阵的行列式如何改变.利用行列式这一工具，我们用加减消元法给出了一类特殊的线性方程组的解的公式，即得到所谓的 Cramer 法则；并给出了矩阵可逆的行列式判别法，以及用行列式表示的可逆阵的求逆公式.

本章中 $\mathbb{F}$ 表示任意一个数域.

§4.1 线性方程组与二、三阶行列式

在上章中我们讲了矩阵的运算这一支线故事，现在回到我们的主线故事——线性方程组的求解之旅.解线性方程组的基本方法是消元法，前面我们介绍了 Gauss 消元法，现在我们讨论用加减消元法来解未知数个数和方程个数相等的线性方程组.

4.1.1 二阶行列式

设有二元线性方程组

$$\begin{cases} a_{11}x_1 + a_{12}x_2 = b_1, & (1) \\ a_{21}x_1 + a_{22}x_2 = b_2. & (2) \end{cases}$$

所谓加减消元，指的是方程组中的每个方程乘以一个适当的数后相加得到的方程只剩下一个未知数.例如，对于上面的线性方程组，我们有

$$a_{22} \times (1) - a_{12} \times (2) \Longrightarrow (a_{11}a_{22} - a_{12}a_{21})x_1 = b_1a_{22} - b_2a_{12},$$
$$a_{21} \times (1) - a_{11} \times (2) \Longrightarrow (a_{12}a_{21} - a_{11}a_{22})x_2 = b_1a_{21} - b_2a_{11}.$$

于是当 $a_{11}a_{22} - a_{12}a_{21} \neq 0$ 时，有

$$x_1 = \frac{b_1a_{22} - a_{12}b_2}{a_{11}a_{22} - a_{12}a_{21}}, \quad x_2 = \frac{a_{11}b_2 - b_1a_{21}}{a_{11}a_{22} - a_{12}a_{21}}.$$

为了更好地表示和记忆上面得到的求解公式，我们引入**二阶行列式**的记号.

定义 4.1 对于二阶方阵 $(a_{ij}) \in \mathbb{F}^{2\times 2}$，记

$$\begin{vmatrix} a_{11} & a_{12} \\ a_{21} & a_{22} \end{vmatrix} := a_{11}a_{22} - a_{12}a_{21} \in \mathbb{F}.$$

我们常常用**对角线法则**记忆二阶行列式的公式：主对角上两个元素相乘取正号，副对角上两个元素相乘取负号.

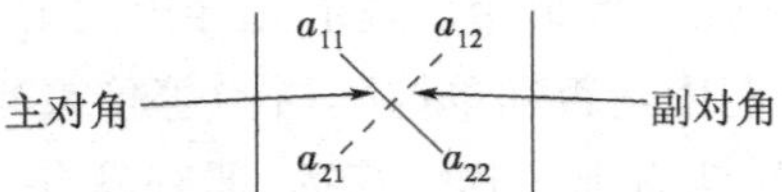

采用二阶行列式的记号，上面得到的求解公式可以写为

$$x_1 = \frac{\begin{vmatrix} b_1 & a_{12} \\ b_2 & a_{22} \end{vmatrix}}{\begin{vmatrix} a_{11} & a_{12} \\ a_{21} & a_{22} \end{vmatrix}}, \quad x_2 = \frac{\begin{vmatrix} a_{11} & b_1 \\ a_{21} & b_2 \end{vmatrix}}{\begin{vmatrix} a_{11} & a_{12} \\ a_{21} & a_{22} \end{vmatrix}}.$$

即 x_i 的分母是系数矩阵对应的二阶行列式，而分子恰为将系数矩阵的第 i 列用常数项列向量替换后得到的方阵对应的二阶行列式.

4.1.2 三阶行列式

现在考虑三元线性方程组

$$\begin{cases} a_{11}x_1 + a_{12}x_2 + a_{13}x_3 = b_1, & (1) \\ a_{21}x_1 + a_{22}x_2 + a_{23}x_3 = b_2, & (2) \\ a_{31}x_1 + a_{32}x_2 + a_{33}x_3 = b_3. & (3) \end{cases}$$

我们想用加减消元法来解这个方程组.设 $c_1, c_2, c_3 \in \mathbb{F}$，则 $c_1 \times (1) + c_2 \times (2) + c_3 \times (3)$ 得到方程

$$(c_1a_{11} + c_2a_{21} + c_3a_{31})x_1 + (c_1a_{12} + c_2a_{22} + c_3a_{32})x_2 + \\ (c_1a_{13} + c_2a_{23} + c_3a_{33})x_3 = c_1b_1 + c_2b_2 + c_3b_3.$$

如果我们想消去 x_2 和 x_3，则 c_1，c_2 和 c_3 需要满足

$$\begin{cases} c_1a_{12} + c_2a_{22} + c_3a_{32} = 0, \\ c_1a_{13} + c_2a_{23} + c_3a_{33} = 0. \end{cases}$$

借助解析几何的记号，设 $\vec{c} = (c_1, c_2, c_3)$，$\vec{a_2} = (a_{12}, a_{22}, a_{32})$ 和 $\vec{a_3} = (a_{13}, a_{23}, a_{33})$，则上面的条件即

$$\vec{c} \perp \vec{a_2}, \quad \vec{c} \perp \vec{a_3}.$$

所以我们只需取 $\vec{c}$ 为 $\vec{a_2}$ 和 $\vec{a_3}$ 的外积

$$\vec{c}=\vec{a}_2\times\vec{a}_3=(a_{22}a_{33}-a_{23}a_{32},\ a_{13}a_{32}-a_{12}a_{33},\ a_{12}a_{23}-a_{13}a_{22}).$$

用这样的 c_1，c_2，c_3 加减消元后得到

$$\begin{aligned}&(a_{11}a_{22}a_{33}-a_{11}a_{23}a_{32}+a_{21}a_{13}a_{32}-a_{21}a_{12}a_{33}+a_{31}a_{12}a_{23}-a_{31}a_{13}a_{22})x_1\\=&b_1a_{22}a_{33}-b_1a_{23}a_{32}+b_2a_{13}a_{32}-b_2a_{12}a_{33}+b_3a_{12}a_{23}-b_3a_{13}a_{22},\end{aligned}$$

即

$$\begin{aligned}&(a_{11}a_{22}a_{33}+a_{12}a_{23}a_{31}+a_{13}a_{21}a_{32}-a_{11}a_{23}a_{32}-a_{12}a_{21}a_{33}-a_{13}a_{22}a_{31})x_1\\=&b_1a_{22}a_{33}+a_{12}a_{23}b_3+a_{13}b_2a_{32}-b_1a_{23}a_{32}-a_{12}b_2a_{33}-a_{13}a_{22}b_3.\end{aligned}$$

类似地,消去 x_1 和 x_3 得到

$$\begin{aligned}&(a_{11}a_{22}a_{33}+a_{12}a_{23}a_{31}+a_{13}a_{21}a_{32}-a_{11}a_{23}a_{32}-a_{12}a_{21}a_{33}-a_{13}a_{22}a_{31})x_2\\=&a_{11}b_2a_{33}+b_1a_{23}a_{31}+a_{13}a_{21}b_3-a_{11}a_{23}b_3-b_1a_{21}a_{33}-a_{13}b_2a_{31};\end{aligned}$$

消去 x_1 和 x_2 得到

$$\begin{aligned}&(a_{11}a_{22}a_{33}+a_{12}a_{23}a_{31}+a_{13}a_{21}a_{32}-a_{11}a_{23}a_{32}-a_{12}a_{21}a_{33}-a_{13}a_{22}a_{31})x_3\\=&a_{11}a_{22}b_3+a_{12}b_2a_{31}+b_1a_{21}a_{32}-a_{11}b_2a_{32}-a_{12}a_{21}b_3-b_1a_{22}a_{31}.\end{aligned}$$

于是我们引入**三阶行列式**的记号.

定义 4.2 设有三阶方阵 $(a_{ij})\in\mathbb{F}^{3\times3}$，记

$$\begin{vmatrix}a_{11}&a_{12}&a_{13}\\a_{21}&a_{22}&a_{23}\\a_{31}&a_{32}&a_{33}\end{vmatrix}:=a_{11}a_{22}a_{33}+a_{12}a_{23}a_{31}+a_{13}a_{21}a_{32}-a_{11}a_{23}a_{32}-a_{12}a_{21}a_{33}-a_{13}a_{22}a_{31}\in\mathbb{F}.$$

三阶行列式也有**对角线法则**:

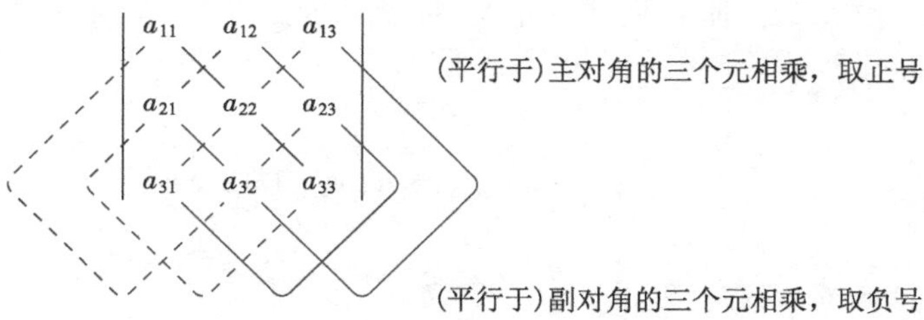

采用三阶行列式的记号,对上面的三元线性方程组,当

$$\begin{vmatrix}a_{11}&a_{12}&a_{13}\\a_{21}&a_{22}&a_{23}\\a_{31}&a_{32}&a_{33}\end{vmatrix}\neq0$$

时,有

$$x_1=\frac{\begin{vmatrix} b_1 & a_{12} & a_{13} \\ b_2 & a_{22} & a_{23} \\ b_3 & a_{32} & a_{33} \end{vmatrix}}{\begin{vmatrix} a_{11} & a_{12} & a_{13} \\ a_{21} & a_{22} & a_{23} \\ a_{31} & a_{32} & a_{33} \end{vmatrix}},\quad x_2=\frac{\begin{vmatrix} a_{11} & b_1 & a_{13} \\ a_{21} & b_2 & a_{23} \\ a_{31} & b_3 & a_{33} \end{vmatrix}}{\begin{vmatrix} a_{11} & a_{12} & a_{13} \\ a_{21} & a_{22} & a_{23} \\ a_{31} & a_{32} & a_{33} \end{vmatrix}},\quad x_3=\frac{\begin{vmatrix} a_{11} & a_{12} & b_1 \\ a_{21} & a_{22} & b_2 \\ a_{31} & a_{32} & b_3 \end{vmatrix}}{\begin{vmatrix} a_{11} & a_{12} & a_{13} \\ a_{21} & a_{22} & a_{23} \\ a_{31} & a_{32} & a_{33} \end{vmatrix}}.$$

即 x_i 的分母是系数矩阵对应的三阶行列式,而分子恰为将系数矩阵的第 i 列用常数项列向量替换后得到的方阵对应的三阶行列式.

4.1.3 n 阶行列式的定义

继续上面的讨论,要考虑用加减消元法来解由 n 个方程组成的 n 元线性方程组.我们当然希望可以引入 n 阶行列式的记号,得到类似的求解公式:

$$x_i=\frac{n\text{ 阶行列式}}{n\text{ 阶行列式}},\quad i=1,\ 2,\ \cdots,\ n,$$

其中分母为系数矩阵所对应的 n 阶行列式,而分子为将系数矩阵的第 i 列用常数项列向量替换后得到的 n 阶方阵所对应的 n 阶行列式.在 $n=3$ 时,借助了解析几何中内积和外积的概念,因此为了得到上面的求解公式,进而定义 n 阶行列式,我们需要发展高维空间的解析几何,定义那里的内积和外积.这看上去是一个艰巨的任务.

也可以反过来想问题,我们先从二、三阶行列式的定义中归纳出 n 阶行列式的(一个)定义,然后证明这个定义是"好的",即证明由 n 个方程组成的 n 元线性方程组在一定条件下确实有上面的求解公式.本讲义采用这种方法来定义 n 阶行列式和用加减消元法解线性方程组,因为这个方法相对简单.

下面我们仔细分析二、三阶行列式的定义.对于二阶方阵 $(a_{ij})_{2\times2}\in\mathbb{F}^{2\times2}$,对应 $\mathbb{F}$ 中一个数

$$\begin{vmatrix} a_{11} & a_{12} \\ a_{21} & a_{22} \end{vmatrix}=a_{11}a_{22}-a_{12}a_{21}\in\mathbb{F};$$

对于三阶方阵 $(a_{ij})_{3\times3}\in\mathbb{F}^{3\times3}$,对应 $\mathbb{F}$ 中一个数

$$\begin{vmatrix} a_{11} & a_{12} & a_{13} \\ a_{21} & a_{22} & a_{23} \\ a_{31} & a_{32} & a_{33} \end{vmatrix}=a_{11}a_{22}a_{33}+a_{12}a_{23}a_{31}+a_{13}a_{21}a_{32}-a_{11}a_{23}a_{32}-a_{12}a_{21}a_{33}-a_{13}a_{22}a_{31}\in\mathbb{F}.$$

可以看到,右边是一些项的代数和(所谓代数和指的是和中的项有正有负),每一项不看符号是几个 a_{ij} 的乘积(二阶行列式是 2 个,三阶行列式是 3 个).分析每一项中 a_{ij} 的双下标,可以

得到表 4.1.我们看到，所有项的行标都是一样的（二阶行列式是 1，2，三阶行列式是 1，2，3）；而列标则各不相同.二阶行列式两项的列标分别是 1，2 和 2，1，它们是 1，2 的所有排列.类似的，三阶行列式六项的列标恰是 1，2，3 的所有排列.

表 4.1　二、三阶行列式各项的行标和列标

	项	行标	列标
二阶行列式	$a_{11}a_{22}$	1，2	1，2
	$a_{12}a_{21}$	1，2	2，1
三阶行列式	$a_{11}a_{22}a_{33}$	1，2，3	1，2，3
	$a_{12}a_{23}a_{31}$	1，2，3	2，3，1
	$a_{13}a_{21}a_{32}$	1，2，3	3，1，2
	$a_{11}a_{23}a_{32}$	1，2，3	1，3，2
	$a_{12}a_{21}a_{33}$	1，2，3	2，1，3
	$a_{13}a_{22}a_{31}$	1，2，3	3，2，1

由此，我们有理由给出下面的设想.对于 n 阶方阵 $\boldsymbol{A}=(a_{ij})_{n\times n}$，它对应 $\mathbb{F}$ 中的一个数

$$|\boldsymbol{A}|=\begin{vmatrix} a_{11} & a_{12} & \cdots & a_{1n} \\ a_{21} & a_{22} & \cdots & a_{2n} \\ \vdots & \vdots & & \vdots \\ a_{n1} & a_{n2} & \cdots & a_{nn} \end{vmatrix} := \sum_{\substack{p_1,\cdots,p_n\in\{1,2,\cdots,n\} \\ \text{互不相同}}} \pm a_{1p_1}a_{2p_2}\cdots a_{np_n}\in\mathbb{F}.$$

上面的求和是对 1，2，…，n 的所有排列进行的，这是个组合的概念.那么每一项前面的符号如何选择呢？从组合数学知道，每个排列都有一个符号；分析二、三阶行列式每一项列标排列的符号，可以发现恰好与这项在行列式中的符号一致.这提示我们，应该把每一项前面的符号取成列标对应排列的符号.这样，我们就得到了一个可能的 n 阶行列式的定义，在本章最后我们将说明这个定义是“好的”.

于是，为了给出这种 n 阶行列式的定义，我们需要介绍排列和排列的符号这两个组合概念.这并不是一项困难的任务，我们将在下节给出.

习题 4.1

A1. 求下面行列式的值

(1) $\begin{vmatrix} 1 & 2 \\ 3 & 4 \end{vmatrix}$；　(2) $\begin{vmatrix} 2 & 0 & -1 \\ 1 & -4 & -1 \\ -1 & 8 & 3 \end{vmatrix}$；　(3) $\begin{vmatrix} x & y & x+y \\ y & x+y & x \\ x+y & x & y \end{vmatrix}$.

§4.2 排列及其符号

4.2.1 排列的符号

数 1, 2, …, n 按照任意次序排成的有序数组称为一个 n **元排列**,常记为

$$\begin{pmatrix} 1 & 2 & \cdots & n \\ p_1 & p_2 & \cdots & p_n \end{pmatrix},$$

简记为 $p_1, p_2, \cdots, p_n$. 所有 n 元排列构成的集合记为 S_n. 容易知道 $|S_n|=n!$.

例 4.1 (1) $S_1=\{1\}$, $S_2=\{1, 2; 2, 1\}$, $S_3=\{1, 2, 3; 1, 3, 2; 2, 1, 3; 2, 3, 1; 3, 1, 2; 3, 2, 1\}$;

(2) $1, 2, \cdots, n \in S_n$, 称这个排列为**自然排列**;

(3) $3, 2, 1, 3 \notin S_4$.

排列的符号可通过逆序数来定义.

定义 4.3 设 $p_1, p_2, \cdots, p_n \in S_n$.

(1) 如果存在 $1 \leqslant i < j \leqslant n$, 使得 $p_i > p_j$, 则称 (p_i, p_j) 是该排列的一个**逆序对**;

(2) 逆序对的总数称为这个排列的**逆序数**,记为 $\mathcal{T}(p_1, p_2, \cdots, p_n)$.

例 4.2 对排列 $3, 2, 1, 4 \in S_4$, 有逆序对 (3, 2), (3, 1), (2, 1), 所以 $\mathcal{T}(3, 2, 1, 4)=3$.

可以用下面的"前大"或"后小"法计算逆序数.设 $p_1, p_2, \cdots, p_n \in S_n$, 令

$$\mathcal{T}(p_i) := (p_1, \cdots, p_{i-1} \text{ 中比 } p_i \text{ 大的个数}),$$

则有

$$\mathcal{T}(p_1, p_2, \cdots, p_n)=\sum_{i=2}^{n} \mathcal{T}(p_i).$$

这是前大法.类似地,令

$$\widetilde{\mathcal{T}}(p_i) := (p_{i+1}, \cdots, p_n \text{ 中比 } p_i \text{ 小的个数}),$$

则有

$$\mathcal{T}(p_1, p_2, \cdots, p_n)=\sum_{i=1}^{n-1} \widetilde{\mathcal{T}}(p_i).$$

这是后小法.

例 4.3 对排列 $4, 5, 1, 3, 6, 2 \in S_6$, 有

$$\mathcal{T}(4, 5, 1, 3, 6, 2) \xlongequal{\text{前大}} 0+2+2+0+4=8,$$

$$\mathcal{T}(4, 5, 1, 3, 6, 2) \xlongequal{\text{后小}} 3+3+0+1+1=8.$$

下面定义排列的符号.

定义 4.4 设 $p_1, p_2, \cdots, p_n \in S_n$.

(1) 记

$$\delta(p_1, p_2, \cdots, p_n) := (-1)^{\mathcal{T}(p_1, p_2, \cdots, p_n)} \in \{\pm 1\},$$

称其为**排列的符号**；

(2) 如果 $\delta(p_1, p_2, \cdots, p_n)=1[\Longleftrightarrow \mathcal{T}(p_1, p_2, \cdots, p_n)$ 是偶数],则称排列 $p_1, p_2, \cdots, p_n$ 是**偶排列**；如果 $\delta(p_1, p_2, \cdots, p_n)=-1[\Longleftrightarrow \mathcal{T}(p_1, p_2, \cdots, p_n)$ 是奇数],则称排列 $p_1, p_2, \cdots, p_n$ 是**奇排列**.

例 4.4 (1) 自然排列是偶排列；

(2) 由于 $\delta(3, 2, 1, 4)=(-1)^3=-1$，所以排列 3, 2, 1, 4 是奇排列；

(3) 由于 $\delta(4, 5, 1, 3, 6, 2)=(-1)^8=1$，所以排列 4, 5, 1, 3, 6, 2 是偶排列.

4.2.2 对换与排列符号

为了后面证明行列式性质的需要,我们引入排列的对换,并考虑对换对符号的影响.

定义 4.5 设 $1 \leqslant i < j \leqslant n$，定义映射

$$\sigma_{ij}: S_n \longrightarrow S_n,$$

使得对任意 $p_1, p_2, \cdots, p_n \in S_n$，有

$$\sigma_{ij}(p_1, p_2, \cdots, p_n)=p_1, \cdots, p_{i-1}, p_j, p_{i+1}, \cdots, p_{j-1}, p_i, p_{j+1}, \cdots, p_n.$$

称 σ_{ij} 为**对换**.当 $j=i+1$ 时,称 $\sigma_{i,i+1}$ 为**相邻对换**.

例 4.5 $\sigma_{34}(3, 4, 1, 5, 2)=3, 4, 5, 1, 2$.

我们看到,排列 3, 4, 1, 5, 2 有逆序对 (3, 1), (3, 2), (4, 1), (4, 2), (5, 2), 而排列3, 4, 5, 1, 2 除了这些逆序对外,还多了 (5, 1) 这个逆序对.于是对换 σ_{34} 改变排列 3, 4, 1, 5, 2 的符号,下面证明这是一般规律.

引理 4.1 对换改变排列的符号和奇偶性.

☞ **证明** 先证明相邻对换的情形.设有相邻对换

$$a_1, \cdots, a_k, p, l, b_1, \cdots, b_s \xmapsto{\sigma_{k+1,k+2}} a_1, \cdots, a_k, l, p, b_1, \cdots, b_s,$$

用前大法来比较两边的逆序数.左边排列前大法中的 $\mathcal{T}$ 记为 $\mathcal{T}_1$，右边排列前大法中的 $\mathcal{T}$ 记为 $\mathcal{T}_2$，则有

$$\begin{aligned} &\mathcal{T}_1(a_i)=\mathcal{T}_2(a_i), \quad i=1, 2, \cdots, k, \\ &\mathcal{T}_1(b_j)=\mathcal{T}_2(b_j), \quad j=1, 2, \cdots, s, \\ &\mathcal{T}_1(p)=\mathcal{T}_2(p), \quad \mathcal{T}_1(l)=\mathcal{T}_2(l)+1, \quad p>l, \\ &\mathcal{T}_1(p)=\mathcal{T}_2(p)-1, \quad \mathcal{T}_1(l)=\mathcal{T}_2(l), \quad p<l. \end{aligned}$$

所以得到逆序数的关系

$$\mathcal{T}(a_1, \cdots, a_k, p, l, b_1, \cdots, b_s)=\begin{cases}\mathcal{T}(a_1, \cdots, a_k, l, p, b_1, \cdots, b_s)+1, & p>l, \\ \mathcal{T}(a_1, \cdots, a_k, l, p, b_1, \cdots, b_s)-1, & p<l,\end{cases}$$

即逆序数的奇偶性改变，于是排列的符号和奇偶性也改变(也可直接讨论逆序对).

下面再考虑一般的对换.设有对换

$$a_1,\cdots,a_i,t_1,\cdots,t_k,a_j,\cdots,a_n \xmapsto{\sigma_{ij}} a_1,\cdots,a_{i-1},a_j,t_1,\cdots,t_k,a_i,a_{j+1},\cdots,a_n,$$

下面说明可以用相邻对换实现这个对换.事实上，下面的一系列相邻对换就实现了 σ_{ij}：

$$\begin{array}{ccc}
a_1,\cdots,a_i,t_1,\cdots,t_k,a_j,\cdots,a_n & \xmapsto{\sigma_{ij}} & a_1,\cdots,a_j,t_1,\cdots,t_k,a_i,\cdots,a_n \\
\downarrow & & \uparrow \\
a_1,\cdots,a_{i-1},t_1,a_i,\cdots,t_k,a_j,\cdots,a_n & & \vdots \\
\downarrow & & \uparrow \\
a_1,\cdots,a_{i-1},t_1,t_2,a_i,\cdots,t_k,a_j,\cdots,a_n & & \vdots \\
\downarrow & & \uparrow \\
\vdots & & a_1,\cdots,a_{i-1},t_1,\cdots,t_{k-2},a_j,t_{k-1},t_k,a_i,\cdots,a_n \\
\downarrow & & \uparrow \\
\vdots & & a_1,\cdots,a_{i-1},t_1,\cdots,t_{k-1},a_j,t_k,a_i,\cdots,a_n \\
\downarrow & & \uparrow \\
a_1,\cdots,a_{i-1},t_1,\cdots,t_k,a_i,a_j,\cdots,a_n & \longmapsto & a_1,\cdots,a_{i-1},t_1,\cdots,t_k,a_j,a_i,\cdots,a_n
\end{array}$$

一共有 $2k+1$ 次相邻对换，所以排列符号和奇偶性改变.

这个引理有个显然的推论，它给出了排列符号的另一种刻画.

推论 4.2 设排列 $p_1,p_2,\cdots,p_n\in S_n$ 经 M 次对换后变为 $q_1,q_2,\cdots,q_n$，则有

$$\delta(p_1,p_2,\cdots,p_n)=(-1)^M\delta(q_1,q_2,\cdots,q_n).$$

特别地，设 $p_1,p_2,\cdots,p_n\in S_n$ 经 M 次对换后变为自然排列，则

$$\delta(p_1,p_2,\cdots,p_n)=(-1)^M.$$

最后证明奇偶排列各半.

例 4.6 设 $n\geqslant 2$，证明：S_n 中奇、偶排列各一半.

☞ **证明** 记 S_n 中奇排列全体所成的集合为 O_n，偶排列全体所成的集合为 E_n. 由引理 4.1，有映射

$$\sigma_{12}: O_n\longrightarrow E_n,\quad \sigma_{12}: E_n\longrightarrow O_n.$$

而合成 $\sigma_{12}\circ\sigma_{12}$ 为恒等映射，所以集合 O_n 和 E_n 同构.进而 $|O_n|=|E_n|$.

习题 4.2

A1. 确定下面排列的逆序数和符号：

(1) 2, 1, 7, 9, 8, 6, 3, 5, 4；

(2) n, $n-1$, $\cdots$, 2, 1；

(3) 1, n, $n-1$, $\cdots$, 3, 2；

(4) 2, 4, $\cdots$, $2n-2$, $2n$, 1, 3, $\cdots$, $2n-3$, $2n-1$；

(5) 1, 3, $\cdots$, $2n-3$, $2n-1$, 2, 4, $\cdots$, $2n-2$, $2n$.

A2. 选择 i 和 j，使得 9 元排列

(1) 1, 2, 7, 4, i, 5, 6, j, 9 成为偶排列;

(2) 1, i, 2, 5, j, 4, 8, 9, 7 成为奇排列.

A3. 证明:(1) 排列 $p_1, p_2, \cdots, p_n \in S_n$ 可通过 $\mathcal{T}(p_1, p_2, \cdots, p_n)$ 次相邻对换变为自然排列,其中 $\mathcal{T}(p_1, p_2, \cdots, p_n)$ 是排列 $p_1, p_2, \cdots, p_n$ 的逆序数;

(2) 任意的 n 元排列都可以经过至多 $n-1$ 次对换变为自然排列;

(3) 存在 n 元排列,使得它不能经过小于 $n-1$ 次对换变为自然排列.

§4.3 行列式的定义

现在给出我们心目中行列式的定义.

定义 4.6 设 $\boldsymbol{A}=(a_{ij})_{n\times n} \in \mathbb{F}^{n\times n}$,方阵 $\boldsymbol{A}$ 的**行列式**(或 **n 阶行列式**)定义为

$$D=D_n=\det(\boldsymbol{A})=|\boldsymbol{A}|=|a_{ij}|=|a_{ij}|_{n\times n}=\begin{vmatrix} a_{11} & a_{12} & \cdots & a_{1n} \\ a_{21} & a_{22} & \cdots & a_{2n} \\ \vdots & \vdots & & \vdots \\ a_{n1} & a_{n2} & \cdots & a_{nn} \end{vmatrix}$$

$$:=\sum_{p_1, p_2, \cdots, p_n \in S_n} \delta(p_1, p_2, \cdots, p_n) a_{1p_1} a_{2p_2} \cdots a_{np_n} \in \mathbb{F}.$$

所以 n 阶行列式是一个数,它是 $n!$ 项的代数和,每项为 n 个数的乘积,它们取自不同的行和列,其中行标为自然排列,而列标排列的符号就是该项在和式中的符号.

4.3.1 低阶行列式

我们的定义当然要符合前面二阶和三阶行列式的公式.下面看 $n=1, 2, 3$ 时,按照上面定义得到的行列式的公式.

由定义,一阶行列式为 $|a|=a$,这要区别于数的模长.又由表 4.2,我们有二阶行列式

$$\begin{vmatrix} a_{11} & a_{12} \\ a_{21} & a_{22} \end{vmatrix}=a_{11}a_{22}-a_{12}a_{21}$$

和三阶行列式

$$\begin{vmatrix} a_{11} & a_{12} & a_{13} \\ a_{21} & a_{22} & a_{23} \\ a_{31} & a_{32} & a_{33} \end{vmatrix}=a_{11}a_{22}a_{33}+a_{12}a_{23}a_{31}+a_{13}a_{21}a_{32}-a_{11}a_{23}a_{32}-a_{12}a_{21}a_{33}-a_{13}a_{22}a_{31}.$$

表 4.2 S_2 和 S_3 中各排列的符号

		逆序数	符号
S_2	1, 2	0	1
	2, 1	1	−1

(续表)

		逆序数	符号
S_3	1, 2, 3	0	1
	2, 3,1	2	1
	3, 1, 2	2	1
	1, 3, 2	1	−1
	2, 1, 3	1	−1
	3, 2, 1	3	−1

这确实和前面给出的二、三阶行列式的公式是一致的.

二、三阶行列式可以用对角线法则来计算,但是四阶及更高阶行列式则无对角线法则.比如,如果四阶行列式有对角线法则,则它是 8 项的和;但是由定义,四阶行列式是 $4!=24$ 项的和.

4.3.2 转置方阵的行列式

上面行列式的定义中每一项的行标为自然排列,列标排列的符号为该项的符号.这里强调了行,而列是被动的,这有点像现在的阅读习惯是一行一行地读.但并不是所有的人都更喜欢行,也有人更喜欢列,比如由于古代文字是写在狭长的竹片上,古人是一列一列地阅读的.下面替更喜欢列的人考察行列式的定义中是否可以先强调列.

适当交换每一项中因子的次序,二阶和三阶行列式的公式可以改写为

$$\begin{vmatrix} a_{11} & a_{12} \\ a_{21} & a_{22} \end{vmatrix} = a_{11}a_{22} - a_{21}a_{12},$$

$$\begin{vmatrix} a_{11} & a_{12} & a_{13} \\ a_{21} & a_{22} & a_{23} \\ a_{31} & a_{32} & a_{33} \end{vmatrix} = a_{11}a_{22}a_{33} + a_{31}a_{12}a_{23} + a_{21}a_{32}a_{13} - a_{11}a_{32}a_{23} - a_{21}a_{12}a_{33} - a_{31}a_{22}a_{13}.$$

此时,每一项中列标为自然排列,而行标排列的符号就是该项在和式中的符号.于是我们有理由相信这是一般规律.

定理 4.3 设 $\boldsymbol{A}=(a_{ij})_{n\times n}\in\mathbb{F}^{n\times n}$,则①

$$\det(\boldsymbol{A}) = \sum_{p_1, p_2, \cdots, p_n \in S_n} \delta(p_1, \cdots, p_n) a_{p_1 1} a_{p_2 2} \cdots a_{p_n n}.$$

进而有 $\det(\boldsymbol{A}^{\mathrm{T}})=\det(\boldsymbol{A})$.

☞ **证明** (1) 设 $p_1, p_2, \cdots, p_n \in S_n$, $q_1, q_2, \cdots, q_n \in S_n$,对任意的 $1\leqslant i<j\leqslant n$,由

① 每一项 n 个数的列标为自然排列,而行标排列的符号就是该项在和式中的符号.

引理 4.1 有

$$\delta(q_1, q_2, \cdots, q_n) = -\delta(q_1, \cdots, q_{i-1}, q_j, q_{i+1}, \cdots, q_{j-1}, q_i, q_{j+1}, \cdots, q_n),$$

$$\delta(p_1, p_2, \cdots, p_n) = -\delta(p_1, \cdots, p_{i-1}, p_j, p_{i+1}, \cdots, p_{j-1}, p_i, p_{j+1}, \cdots, p_n).$$

所以有

$$\begin{aligned}
&\delta(q_1, q_2, \cdots, q_n)\delta(p_1, p_2, \cdots, p_n)a_{q_1p_1}a_{q_2p_2}\cdots a_{q_np_n}\\
=&\delta(q_1, \cdots, q_j, \cdots, q_i, \cdots, q_n)\delta(p_1, \cdots, p_j, \cdots, p_i, \cdots, p_n)a_{q_1p_1}a_{q_2p_2}\cdots a_{q_np_n}\\
=&\delta(q_1, \cdots, q_j, \cdots, q_i, \cdots, q_n)\delta(p_1, \cdots, p_j, \cdots, p_i, \cdots, p_n)a_{q_1p_1}\cdots a_{q_jp_j}\cdots a_{q_ip_i}\cdots a_{q_np_n}.
\end{aligned}$$

因此将行标排列与列标排列同时进行一样的对换，上面连等式的最左边不改变.

注意到

$$\delta(p_1, p_2, \cdots, p_n)a_{1p_1}a_{2p_2}\cdots a_{np_n} = \delta(1, 2, \cdots, n)\delta(p_1, p_2, \cdots, p_n)a_{1p_1}a_{2p_2}\cdots a_{np_n},$$

列标排列 $p_1, p_2, \cdots, p_n$ 可经一系列对换变成自然排列 $1, 2, \cdots, n$，设此时行标排列 $1, 2, \cdots, n$ 用同样的对换变成 $q_1, q_2, \cdots, q_n$，即

$$p_1, p_2, \cdots, p_n \xrightarrow{\text{一系列对换}} 1, 2, \cdots, n,\quad 1, 2, \cdots, n \xrightarrow{\text{同样对换}} q_1, q_2, \cdots, q_n,$$

则有

$$\begin{aligned}
\delta(p_1, p_2, \cdots, p_n)a_{1p_1}a_{2p_2}\cdots a_{np_n} &= \delta(q_1, q_2, \cdots, q_n)\delta(1, 2, \cdots, n)a_{q_11}a_{q_22}\cdots a_{q_nn}\\
&= \delta(q_1, q_2, \cdots, q_n)a_{q_11}a_{q_22}\cdots a_{q_nn}.
\end{aligned}$$

又由于若 $p_i = j$，则 $q_j = i$. 所以 $q_1, q_2, \cdots, q_n$ 和 $p_1, p_2, \cdots, p_n$ 相互唯一确定.得到

$$\begin{aligned}
\det(\boldsymbol{A}) &= \sum_{q_1, q_2, \cdots, q_n \in S_n} \delta(q_1, q_2, \cdots, q_n)a_{q_11}a_{q_22}\cdots a_{q_nn}\\
&= \sum_{p_1, p_2, \cdots, p_n \in S_n} \delta(p_1, p_2, \cdots, p_n)a_{p_11}a_{p_22}\cdots a_{p_nn}.
\end{aligned}$$

(2) 设 $\boldsymbol{A}^{\mathrm{T}} = (b_{ij})_{n\times n}$，则 $b_{ij} = a_{ji}$. 于是

$$\begin{aligned}
\det(\boldsymbol{A}^{\mathrm{T}}) &\xlongequal{\text{定义}} \sum_{p_1, p_2, \cdots, p_n \in S_n} \delta(p_1, p_2, \cdots, p_n)b_{1p_1}b_{2p_2}\cdots b_{np_n}\\
&= \sum_{p_1, p_2, \cdots, p_n \in S_n} \delta(p_1, p_2, \cdots, p_n)a_{p_11}a_{p_22}\cdots a_{p_nn}\\
&\xlongequal{(1)} \det(\boldsymbol{A}).
\end{aligned}$$

证毕.

定理 4.3 说明行列式中行和列的地位等同，行列式关于行的性质必对应到相应的关于列的性质.而且由上面的证明，我们还有：对任意固定的 $i_1, i_2, \cdots, i_n \in S_n$ 成立

$$\begin{aligned}
\det(\boldsymbol{A}) &= \sum_{j_1, j_2, \cdots, j_n \in S_n} \delta(i_1, i_2, \cdots, i_n)\delta(j_1, j_2, \cdots, j_n)a_{i_1j_1}a_{i_2j_2}\cdots a_{i_nj_n}\\
&= \sum_{j_1, j_2, \cdots, j_n \in S_n} \delta(i_1, i_2, \cdots, i_n)\delta(j_1, j_2, \cdots, j_n)a_{j_1i_1}a_{j_2i_2}\cdots a_{j_ni_n}.
\end{aligned}$$

4.3.3 三角行列式

我们已经知道直到三阶的行列式的公式.对于四阶行列式,一共有 24 项,要把这些项都正确地写出来,并记住公式(四阶行列式没有对角线法则)是一个困难的任务.所以记忆四阶及更高阶行列式的公式不是一个明智的决定.另外,由于零和任意数的乘积还是零,所以如果一项中有某个元素为零,则这一项必为零,可以不考虑.于是当方阵的零很多时,常常可以由定义得出它的行列式的值.零很多的方阵,如前面介绍过的上三角阵和下三角阵,对它们确实可以由定义得出极其方便记忆的行列式公式.

例 4.7 证明:上、下三角阵的行列式分别为

$$\begin{vmatrix} a_{11} & a_{12} & \cdots & a_{1n} \\ & a_{22} & \cdots & a_{2n} \\ & & \ddots & \vdots \\ & & & a_{nn} \end{vmatrix} = a_{11}a_{22}\cdots a_{nn}, \quad \begin{vmatrix} a_{11} & & & \\ a_{21} & a_{22} & & \\ \vdots & \vdots & \ddots & \\ a_{n1} & a_{n2} & \cdots & a_{nn} \end{vmatrix} = a_{11}a_{22}\cdots a_{nn}.$$

特别有,对角阵的行列式为

$$\begin{vmatrix} a_{11} & & & \\ & a_{22} & & \\ & & \ddots & \\ & & & a_{nn} \end{vmatrix} = a_{11}a_{22}\cdots a_{nn}.$$

☞ **证明** 取转置,下三角阵的公式可由上三角阵的公式得到,所以只需证明上三角阵的行列式公式.行列式定义的和式中的一般项为

$$\delta(p_1,\ p_2,\ \cdots,\ p_n)a_{1p_1}a_{2p_2}\cdots a_{np_n}.$$

但是上三角阵的最后一行除了 a_{nn} 外其余元素一定为零,所以我们只需考虑如下的项

$$\delta(p_1,\ \cdots,\ p_{n-1},\ n)a_{1p_1}\cdots a_{n-1,\ p_{n-1}}a_{nn}.$$

又第 $n-1$ 行除了最后两个位置外的元素一定为零,且 $p_{n-1}\neq n$,所以只需考虑 $p_{n-1}=n-1$ 的项,即考虑

$$\delta(p_1,\ \cdots,\ p_{n-2},\ n-1,\ n)a_{1p_1}\cdots a_{n-2,\ p_{n-2}}a_{n-1,\ n-1}a_{nn}.$$

继续这个讨论,得到上三角阵的行列式的定义和式中除了

$$\delta(1,\ 2,\ \cdots,\ n)a_{11}a_{22}\cdots a_{nn}$$

外的其余项一定都是零.由此得到上三角阵的行列式公式.

4.3.4 行列式的计算

我们定义了行列式,当然希望任意给定一个 n 阶方阵,可以求出它的行列式的值,至少希望可以用计算机程序很快得到.但是根据定义,n 阶行列式是 $n!$ 项的代数和,所以如果按

照定义计算,我们(计算机)至少需要计算 $n!$ 次.而微积分中关于 $n!$ 的估计的斯特林(Stirling)公式告诉我们,$n!$ 是非常高阶的无穷大.以 $n=50$ 为例说明,因为计算 50 阶的行列式在工程上并不是一个万年不遇的问题.我们有

$$50! = 30414\ 0932017133\ 7804361260\ 8166064768\ 8443776415\ 6896051200\ 0000000000 \approx 3\times 10^{64}.$$

一年有

$$365\times 24\times 3600 = 31536000 \approx 3\times 10^{7}\text{ 秒}.$$

而亿亿 $=10^8\times 10^8=10^{16}$. 于是用每秒运算亿亿次的计算机,计算 $50!$ 个运算,大约需要

$$\frac{3\times 10^{64}}{3\times 10^{7}\times 10^{16}} = 10^{41}\text{ 年}.$$

可见我们不可能等待这么长的时间去按定义计算一个 50 阶的行列式.

那么如何计算一般的 n 阶行列式呢?希望读者不要由于定义了一个似乎很难计算的概念而沮丧,让我们想办法吧.前面章节中解线性方程组的 Gauss 消元法和判别方阵可逆性的思考过程可以给我们一些提示.我们都是先考虑简单的情形,然后将一般的情形转化为简单情形,并思考在转化过程中所研究性质如何改变.让我们也用先简单再一般的数学思考方法来想如何计算行列式的值.我们对行列式并不是一无所知,至少知道低阶和上(下)三角阵的行列式公式.所以是否可以如下计算行列式?

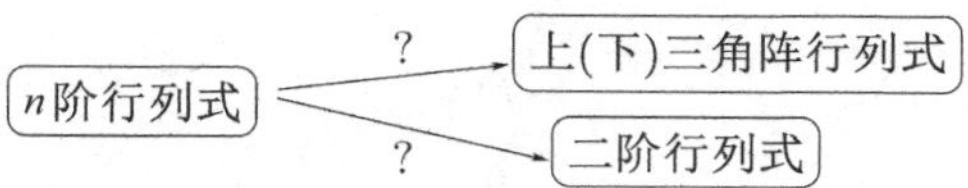

我们先思考如何实现这两个想法.首先,从方阵到上三角阵我们是有办法的——行初等变换.事实上,如果一个方阵是阶梯形阵,那么它一定是上三角的①.于是,要把方阵的行列式转化为上三角阵的行列式来计算,我们需要考虑初等变换下方阵的行列式如何改变.我们称这种计算行列式的方法为**化三角**.其次,要把一个 n 阶行列式转化为二阶行列式计算,我们可以如下实现.

于是我们需要考虑 n 阶行列式和 $n-1$ 阶行列式的关系,后面的行列式按照行(列)展开公式就给出了这种关系.我们称这种计算行列式的方法为**降阶法**.

习题 4.3

A1. 在六阶行列式中 $a_{23}a_{31}a_{42}a_{56}a_{14}a_{65}$ 和 $a_{32}a_{43}a_{14}a_{51}a_{66}a_{25}$ 这两项应带什么符号?

---

① 参看习题 2.3 的 A2.

A2. 确定正整数 i 和 j 的值,使得七阶行列式含有项

(1) $-a_{62}a_{i5}a_{33}a_{j4}a_{46}a_{21}a_{77}$;

(2) $a_{1i}a_{24}a_{31}a_{47}a_{55}a_{63}a_{7j}$.

A3. 确定多项式

$$f(x)=\begin{vmatrix}3x & x & 1 & 2\\ 1 & x & -1 & 1\\ 3 & 2 & x & 1\\ 1 & 1 & 1 & x\end{vmatrix}$$

中 x^4 和 x^3 的系数.

A4. 证明:

$$\begin{vmatrix}* & * & \cdots & * & a_1\\ * & * & \cdots & a_2 & 0\\ \vdots & \vdots & & \vdots & \vdots\\ * & a_{n-1} & \cdots & 0 & 0\\ a_n & 0 & \cdots & 0 & 0\end{vmatrix}=(-1)^{\frac{1}{2}n(n-1)}a_1a_2\cdots a_n.$$

A5. 设 $a_{ij}(t)$ 都是 t 的可导函数,证明:

$$\frac{\mathrm{d}}{\mathrm{d}t}\begin{vmatrix}a_{11}(t) & a_{12}(t) & \cdots & a_{1n}(t)\\ a_{21}(t) & a_{22}(t) & \cdots & a_{2n}(t)\\ \vdots & \vdots & & \vdots\\ a_{n1}(t) & a_{n2}(t) & \cdots & a_{nn}(t)\end{vmatrix}$$

$$=\sum_{j=1}^{n}\begin{vmatrix}a_{11}(t) & \cdots & a_{1,j-1}(t) & \frac{\mathrm{d}}{\mathrm{d}t}a_{1j}(t) & a_{1,j+1}(t) & \cdots & a_{1n}(t)\\ a_{21}(t) & \cdots & a_{2,j-1}(t) & \frac{\mathrm{d}}{\mathrm{d}t}a_{2j}(t) & a_{2,j+1}(t) & \cdots & a_{2n}(t)\\ \vdots & & \vdots & \vdots & \vdots & & \vdots\\ a_{n1}(t) & \cdots & a_{n,j-1}(t) & \frac{\mathrm{d}}{\mathrm{d}t}a_{nj}(t) & a_{n,j+1}(t) & \cdots & a_{nn}(t)\end{vmatrix}.$$

B1. 称映射 $f:\underbrace{\mathbb{F}^n\times\cdots\times\mathbb{F}^n}_{k}\longrightarrow\mathbb{F}$ 为 $\mathbb{F}^n$ 上的一个 **k 元函数**.设 f 是 $\mathbb{F}^n$ 上的一个 k 元函数,如果对每个 i, $1\leqslant i\leqslant k$, 都有

$$f(\boldsymbol{\alpha}_1,\cdots,\boldsymbol{\alpha}_{i-1},a\boldsymbol{\alpha}+b\boldsymbol{\beta},\boldsymbol{\alpha}_{i+1},\cdots,\boldsymbol{\alpha}_k)=af(\boldsymbol{\alpha}_1,\cdots,\boldsymbol{\alpha}_{i-1},\boldsymbol{\alpha},\boldsymbol{\alpha}_{i+1},\cdots,\boldsymbol{\alpha}_k)+$$
$$bf(\boldsymbol{\alpha}_1,\cdots,\boldsymbol{\alpha}_{i-1},\boldsymbol{\beta},\boldsymbol{\alpha}_{i+1},\cdots,\boldsymbol{\alpha}_k),\quad\forall a,b\in\mathbb{F},\ \forall\boldsymbol{\alpha}_l,\boldsymbol{\alpha},\boldsymbol{\beta}\in\mathbb{F}^n,$$

则称 f 是 k **重线性函数**;如果对任意 i,j, $1\leqslant i<j\leqslant k$, 都有

$$f(\boldsymbol{\alpha}_1,\cdots,\boldsymbol{\alpha}_{i-1},\boldsymbol{\alpha},\boldsymbol{\alpha}_{i+1},\cdots,\boldsymbol{\alpha}_{j-1},\boldsymbol{\alpha},\boldsymbol{\alpha}_{j+1},\cdots,\boldsymbol{\alpha}_k)=0,\quad\forall\boldsymbol{\alpha}_l,\boldsymbol{\alpha}\in\mathbb{F}^n,$$

则称 f 是**反对称**的.设 f 是 $\mathbb{F}^n$ 上的一个 n 元函数,如果有

$$f(\boldsymbol{e}_1,\boldsymbol{e}_2,\cdots,\boldsymbol{e}_n)=1,$$

则称 f 是**规范**的.证明:如果 f 是 $\mathbb{F}^n$ 上的一个规范、反对称、n 重线性函数,则 f 必是行列式函数,即对任意 $\boldsymbol{\alpha}_1,\boldsymbol{\alpha}_2,\cdots,\boldsymbol{\alpha}_n\in\mathbb{F}^n$, 有

$$f(\boldsymbol{\alpha}_1, \boldsymbol{\alpha}_2, \cdots, \boldsymbol{\alpha}_n) = \det(\boldsymbol{\alpha}_1, \boldsymbol{\alpha}_2, \cdots, \boldsymbol{\alpha}_n).$$

B2. 设方阵 $\mathbf{A} = (a_{ij}) \in \mathbb{F}^{n\times n}$，称

$$\mathrm{Per}(\mathbf{A}) = \sum_{p_1, p_2, \cdots, p_n \in S_n} a_{1p_1} a_{2p_2} \cdots a_{np_n}$$

为方阵 $\mathbf{A}$ 所对应的 n 阶**积和式**.

(1) 如果 $\mathbf{A} = \begin{pmatrix} a_{11} & a_{12} \\ a_{21} & a_{22} \end{pmatrix}$，证明：$\mathrm{Per}(\mathbf{A}) = a_{11}a_{22} + a_{12}a_{21}$；

(2) 对任意 $\mathbf{A} \in \mathbb{F}^{n\times n}$，证明：$\mathrm{Per}(\mathbf{A}^{\mathrm{T}}) = \mathrm{Per}(\mathbf{A})$；

(3) 如果 f 是 $\mathbb{F}^n$ 上的一个 n 元函数，使得对任意 $\boldsymbol{\alpha}_1, \boldsymbol{\alpha}_2, \cdots, \boldsymbol{\alpha}_n \in \mathbb{F}^n$，有

$$f(\boldsymbol{\alpha}_1, \boldsymbol{\alpha}_2, \cdots, \boldsymbol{\alpha}_n) = \mathrm{Per}(\boldsymbol{\alpha}_1, \boldsymbol{\alpha}_2, \cdots, \boldsymbol{\alpha}_n),$$

证明：f 是 $\mathbb{F}^n$ 上的一个规范、对称、n 重线性函数.这里，对 $\mathbb{F}^n$ 上的 k 元函数 g，如果对任意 i, j，$1 \leqslant i < j \leqslant k$，都有

$$\begin{aligned} & g(\boldsymbol{\alpha}_1, \cdots, \boldsymbol{\alpha}_{i-1}, \boldsymbol{\alpha}_i, \boldsymbol{\alpha}_{i+1}, \cdots, \boldsymbol{\alpha}_{j-1}, \boldsymbol{\alpha}_j, \boldsymbol{\alpha}_{j+1}, \cdots, \boldsymbol{\alpha}_k) \\ = {} & g(\boldsymbol{\alpha}_1, \cdots, \boldsymbol{\alpha}_{i-1}, \boldsymbol{\alpha}_j, \boldsymbol{\alpha}_{i+1}, \cdots, \boldsymbol{\alpha}_{j-1}, \boldsymbol{\alpha}_i, \boldsymbol{\alpha}_{j+1}, \cdots, \boldsymbol{\alpha}_k), \quad \forall \boldsymbol{\alpha}_l \in \mathbb{F}^n, \end{aligned}$$

则称 g 是**对称**的；

(4) 如果 f 是 $\mathbb{F}^n$ 上的一个规范、对称、n 重线性函数，是否一定有 $f = \mathrm{Per}$？如果成立，给出证明；如果不成立，给出反例，并指出再加上什么条件可以得到 $f = \mathrm{Per}$.

§4.4 初等变换和行列式

正如前面提示的，为了实现行列式的化三角算法，我们需要研究在初等变换下方阵的行列式如何改变.有了想法，要得出一般规律就不困难了.比如可以根据二阶和三阶行列式，归纳出一般规律，或者利用行列式的几何意义猜出结论.本节省略了这些发现过程，读者应该在阅读结论前自己研究初等变换下行列式的变化规律.

4.4.1 初等变换和行列式

1. 第Ⅰ类初等变换

关于调行(列)变换，我们有

定理 4.4 交换方阵的某两行(列)，其行列式变号，即

$$\begin{vmatrix} \boldsymbol{\alpha}_1 \\ \vdots \\ \boldsymbol{\alpha}_i \\ \vdots \\ \boldsymbol{\alpha}_j \\ \vdots \\ \boldsymbol{\alpha}_n \end{vmatrix} \xlongequal{r_i \leftrightarrow r_j} - \begin{vmatrix} \boldsymbol{\alpha}_1 \\ \vdots \\ \boldsymbol{\alpha}_j \\ \vdots \\ \boldsymbol{\alpha}_i \\ \vdots \\ \boldsymbol{\alpha}_n \end{vmatrix}.$$

☞ **证明** 设 $\boldsymbol{A}=(a_{kl})_{n\times n}$，而 $\boldsymbol{A}\xrightarrow{r_i\leftrightarrow r_j}\boldsymbol{B}=(b_{kl})_{n\times n}$，则

$$b_{kl}=\begin{cases}a_{kl}, & k\neq i,\ j,\\ a_{jl}, & k=i,\\ a_{il}, & k=j.\end{cases}$$

所以有

$$\begin{aligned}\det(\boldsymbol{B})&=\sum_{p_1,\cdots,p_n\in S_n}\delta(p_1,\cdots,p_n)b_{1p_1}\cdots b_{ip_i}\cdots b_{jp_j}\cdots b_{np_n}\\&=\sum_{p_1,\cdots,p_n\in S_n}\delta(p_1,\cdots,p_n)a_{1p_1}\cdots a_{jp_i}\cdots a_{ip_j}\cdots a_{np_n}\\&=\sum_{p_1,\cdots,p_n\in S_n}\delta(p_1,\cdots,p_n)a_{1p_1}\cdots a_{ip_j}\cdots a_{jp_i}\cdots a_{np_n}\\&=-\sum_{p_1,\cdots,p_n\in S_n}\delta(p_1,\cdots,p_j,\cdots,p_i,\cdots,p_n)a_{1p_1}\cdots a_{ip_j}\cdots a_{jp_i}\cdots a_{np_n}\\&=-\sum_{q_1,\cdots,q_n\in S_n}\delta(q_1,\cdots,q_n)a_{1q_1}\cdots a_{nq_n}=-\det(\boldsymbol{A}).\end{aligned}$$

取转置得到关于列的结论.

2. 第Ⅱ类初等变换

对于行(列)数乘变换,有

定理 4.5 方阵的某行(列)乘数 $a\in\mathbb{F}$，其行列式也乘 a，即

$$\begin{vmatrix}\boldsymbol{\alpha}_1\\ \vdots\\ \boldsymbol{\alpha}_{i-1}\\ a\times\boldsymbol{\alpha}_i\\ \boldsymbol{\alpha}_{i+1}\\ \vdots\\ \boldsymbol{\alpha}_n\end{vmatrix}=a\begin{vmatrix}\boldsymbol{\alpha}_1\\ \vdots\\ \boldsymbol{\alpha}_{i-1}\\ \boldsymbol{\alpha}_i\\ \boldsymbol{\alpha}_{i+1}\\ \vdots\\ \boldsymbol{\alpha}_n\end{vmatrix}.$$

☞ **证明** 设 $\boldsymbol{A}=(a_{kl})_{n\times n}$，而 $\boldsymbol{A}\xrightarrow{a\times r_i}\boldsymbol{B}=(b_{kl})_{n\times n}$，则

$$b_{kl}=\begin{cases}a_{kl}, & k\neq i,\\ aa_{il}, & k=i.\end{cases}$$

所以

$$\begin{aligned}\det(\boldsymbol{B})&=\sum_{p_1,\cdots,p_n\in S_n}\delta(p_1,\cdots,p_n)b_{1p_1}\cdots b_{ip_i}\cdots b_{np_n}\\&=\sum_{p_1,\cdots,p_n\in S_n}\delta(p_1,\cdots,p_n)a_{1p_1}\cdots(aa_{ip_i})\cdots a_{np_n}\\&=a\sum_{p_1,\cdots,p_n\in S_n}\delta(p_1,\cdots,p_n)a_{1p_1}\cdots a_{ip_i}\cdots a_{np_n}=a\det(\boldsymbol{A}).\end{aligned}$$

证毕.

定理 4.5 指出行列式可以按照行(列)提取公因子,但要注意的是一次只能提取一个行(列)的公因子.请比较

$$a\begin{vmatrix} a_{11} & a_{12} \\ a_{21} & a_{22} \end{vmatrix} = \begin{vmatrix} aa_{11} & aa_{12} \\ a_{21} & a_{22} \end{vmatrix} = \begin{vmatrix} aa_{11} & a_{12} \\ aa_{21} & a_{22} \end{vmatrix}, \quad a\begin{pmatrix} a_{11} & a_{12} \\ a_{21} & a_{22} \end{pmatrix} = \begin{pmatrix} aa_{11} & aa_{12} \\ aa_{21} & aa_{22} \end{pmatrix}.$$

例 4.8(数乘的行列式) 设 $\boldsymbol{A} \in \mathbb{F}^{n\times n}$, $a \in \mathbb{F}$, 则 $|a\boldsymbol{A}| = a^n |\boldsymbol{A}|$.

☞ **证明** 每行都提取公因子 a.

定理 4.4 和定理 4.5 有下面的推论.

推论 4.6 (1) 有全零行(列)的方阵的行列式的值为 0;

(2) 有两行(列)相同的方阵的行列式的值为 0;

(3) 有两行(列)成比例的方阵的行列式的值为 0.

☞ **证明** (1) 定理 4.5 中取 $a=0$.

(2) 设矩阵 $\boldsymbol{A}$ 的第 i 行和第 j 行相同,则

$$\det(\boldsymbol{A}) \xlongequal{r_i \leftrightarrow r_j} -\det(\boldsymbol{A}) \Longrightarrow \det(\boldsymbol{A}) = 0.$$

(3) 提出比例系数,再用(2)证明.

如果行列式的值为零,不能得到该行列式必有两行或两列成比例,例如

$$\begin{vmatrix} 1 & 1 & 1 \\ 1 & 2 & 3 \\ 2 & 3 & 4 \end{vmatrix} = 0.$$

3. 第Ⅲ类初等变换

下面考虑行(列)消去变换对方阵行列式的影响,为此需要下面的拆行(列)公式.

命题 4.7(拆行(列)公式) 设 $\boldsymbol{A}, \boldsymbol{A}_1, \boldsymbol{A}_2 \in \mathbb{F}^{n\times n}$, $\boldsymbol{A}$ 的第 i 行(列)为 $\boldsymbol{A}_1$ 的第 i 行(列)和 $\boldsymbol{A}_2$ 的第 i 行(列)之和,而对于任意 $j \neq i$, 这三个方阵有相同的第 j 行(列),则有 $|\boldsymbol{A}| = |\boldsymbol{A}_1| + |\boldsymbol{A}_2|$, 即

$$\begin{vmatrix} \boldsymbol{\alpha}_1 \\ \vdots \\ \boldsymbol{\alpha}_{i-1} \\ \boldsymbol{\alpha}'_i + \boldsymbol{\alpha}''_i \\ \boldsymbol{\alpha}_{i+1} \\ \vdots \\ \boldsymbol{\alpha}_n \end{vmatrix} = \begin{vmatrix} \boldsymbol{\alpha}_1 \\ \vdots \\ \boldsymbol{\alpha}_{i-1} \\ \boldsymbol{\alpha}'_i \\ \boldsymbol{\alpha}_{i+1} \\ \vdots \\ \boldsymbol{\alpha}_n \end{vmatrix} + \begin{vmatrix} \boldsymbol{\alpha}_1 \\ \vdots \\ \boldsymbol{\alpha}_{i-1} \\ \boldsymbol{\alpha}''_i \\ \boldsymbol{\alpha}_{i+1} \\ \vdots \\ \boldsymbol{\alpha}_n \end{vmatrix}.$$

☞ **证明** 设 $\boldsymbol{A} = (a_{kl})_{n\times n}$, $\boldsymbol{A}_1 = (b_{kl})_{n\times n}$, $\boldsymbol{A}_2 = (c_{kl})_{n\times n}$, 则

$$\begin{cases} a_{il} = b_{il} + c_{il}, & l = 1, 2, \cdots, n, \\ a_{kl} = b_{kl} = c_{kl}, & \forall k \neq i, \ \forall l. \end{cases}$$

所以有

$$
\begin{aligned}
|\boldsymbol{A}| &= \sum_{p_1,\cdots,p_n\in S_n}\delta(p_1,\cdots,p_n)a_{1p_1}\cdots a_{ip_i}\cdots a_{np_n}\\
&= \sum_{p_1,\cdots,p_n\in S_n}\delta(p_1,\cdots,p_n)a_{1p_1}\cdots(b_{ip_i}+c_{ip_i})\cdots a_{np_n}\\
&= \sum_{p_1,\cdots,p_n\in S_n}\delta(p_1,\cdots,p_n)a_{1p_1}\cdots b_{ip_i}\cdots a_{np_n}+\sum_{p_1,\cdots,p_n\in S_n}\delta(p_1,\cdots,p_n)a_{1p_1}\cdots c_{ip_i}\cdots a_{np_n}\\
&= \sum_{p_1,\cdots,p_n\in S_n}\delta(p_1,\cdots,p_n)b_{1p_1}\cdots b_{np_n}+\sum_{p_1,\cdots,p_n\in S_n}\delta(p_1,\cdots,p_n)c_{1p_1}\cdots c_{np_n}\\
&= |\boldsymbol{A}_1|+|\boldsymbol{A}_2|.
\end{aligned}
$$

证毕.

注意,使用拆行(列)公式时,每次只拆一行(列),而保持其他行(列)不变.请比较

$$
\begin{aligned}
\begin{vmatrix} a+x & b+y\\ c+z & d+w\end{vmatrix} &= \begin{vmatrix} a & b\\ c+z & d+w\end{vmatrix}+\begin{vmatrix} x & y\\ c+z & d+w\end{vmatrix}\\
&= \begin{vmatrix} a & b\\ c & d\end{vmatrix}+\begin{vmatrix} a & b\\ z & w\end{vmatrix}+\begin{vmatrix} x & y\\ c & d\end{vmatrix}+\begin{vmatrix} x & y\\ z & w\end{vmatrix}
\end{aligned}
$$

和

$$
\begin{pmatrix} a+x & b+y\\ c+z & d+w\end{pmatrix}=\begin{pmatrix} a & b\\ c & d\end{pmatrix}+\begin{pmatrix} x & y\\ z & w\end{pmatrix}.
$$

于是对于同阶方阵 $\boldsymbol{A}$ 和 $\boldsymbol{B}$,通常 $|\boldsymbol{A}+\boldsymbol{B}|\neq|\boldsymbol{A}|+|\boldsymbol{B}|$.

下面可以证明行列消去变换下方阵的行列式不改变.

定理 4.8 方阵的某行(列)乘数 a 再加到另一行(列),其行列式不改变.

☞ **证明** 设

$$
\boldsymbol{A}=\begin{pmatrix}\boldsymbol{\alpha}_1\\ \vdots\\ \boldsymbol{\alpha}_n\end{pmatrix}\xrightarrow{r_i+ar_j}\boldsymbol{B}=\begin{pmatrix}\boldsymbol{\alpha}_1\\ \vdots\\ \boldsymbol{\alpha}_i+a\boldsymbol{\alpha}_j\\ \vdots\\ \boldsymbol{\alpha}_j\\ \vdots\\ \boldsymbol{\alpha}_n\end{pmatrix},
$$

于是得到

$$
|\boldsymbol{B}|\overset{\text{拆 } r_i}{=\!=}\begin{vmatrix}\boldsymbol{\alpha}_1\\ \vdots\\ \boldsymbol{\alpha}_i\\ \vdots\\ \boldsymbol{\alpha}_j\\ \vdots\\ \boldsymbol{\alpha}_n\end{vmatrix}+\begin{vmatrix}\boldsymbol{\alpha}_1\\ \vdots\\ a\boldsymbol{\alpha}_j\\ \vdots\\ \boldsymbol{\alpha}_j\\ \vdots\\ \boldsymbol{\alpha}_n\end{vmatrix}=|\boldsymbol{A}|+0=|\boldsymbol{A}|,
$$

其中上面等式中第三个行列式为零是由于它的第 i 行和第 j 行成比例.

我们看一个例子.

例 4.9 设 $\boldsymbol{A}, \boldsymbol{B} \in \mathbb{F}^{3\times3}$，其中 $\boldsymbol{A}=(\boldsymbol{\alpha}_1, \boldsymbol{\alpha}_2, \boldsymbol{\alpha}_3)$，$\boldsymbol{B}=(\boldsymbol{\alpha}_1+\boldsymbol{\alpha}_2, \boldsymbol{\alpha}_2+\boldsymbol{\alpha}_3, \boldsymbol{\alpha}_3+\boldsymbol{\alpha}_1)$，$\boldsymbol{\alpha}_1, \boldsymbol{\alpha}_2, \boldsymbol{\alpha}_3$ 为 3 维列向量.已知 $|\boldsymbol{A}|=2$，求 $|\boldsymbol{B}|$.

☞ **解** 有

$$|\boldsymbol{B}| \xlongequal{\text{拆}\,c_1} |\boldsymbol{\alpha}_1, \boldsymbol{\alpha}_2+\boldsymbol{\alpha}_3, \boldsymbol{\alpha}_3+\boldsymbol{\alpha}_1| + |\boldsymbol{\alpha}_2, \boldsymbol{\alpha}_2+\boldsymbol{\alpha}_3, \boldsymbol{\alpha}_3+\boldsymbol{\alpha}_1|.$$

由于

$$|\boldsymbol{\alpha}_1, \boldsymbol{\alpha}_2+\boldsymbol{\alpha}_3, \boldsymbol{\alpha}_3+\boldsymbol{\alpha}_1| \xlongequal{c_3-c_1} |\boldsymbol{\alpha}_1, \boldsymbol{\alpha}_2+\boldsymbol{\alpha}_3, \boldsymbol{\alpha}_3| \xlongequal{c_2-c_3} |\boldsymbol{\alpha}_1, \boldsymbol{\alpha}_2, \boldsymbol{\alpha}_3| = |\boldsymbol{A}|$$

和

$$\begin{aligned} |\boldsymbol{\alpha}_2, \boldsymbol{\alpha}_2+\boldsymbol{\alpha}_3, \boldsymbol{\alpha}_3+\boldsymbol{\alpha}_1| &\xlongequal{c_2-c_1} |\boldsymbol{\alpha}_2, \boldsymbol{\alpha}_3, \boldsymbol{\alpha}_3+\boldsymbol{\alpha}_1| \xlongequal{c_3-c_2} |\boldsymbol{\alpha}_2, \boldsymbol{\alpha}_3, \boldsymbol{\alpha}_1| \\ &\xlongequal{c_2\leftrightarrow c_3} -|\boldsymbol{\alpha}_2, \boldsymbol{\alpha}_1, \boldsymbol{\alpha}_3| \xlongequal{c_1\leftrightarrow c_2} |\boldsymbol{\alpha}_1, \boldsymbol{\alpha}_2, \boldsymbol{\alpha}_3| = |\boldsymbol{A}|, \end{aligned}$$

所以有

$$|\boldsymbol{B}| = 2|\boldsymbol{A}| = 4.$$

也可以按如下方法计算：

$$\begin{aligned} |\boldsymbol{B}| &\xlongequal{c_1-c_2+c_3} |2\boldsymbol{\alpha}_1, \boldsymbol{\alpha}_2+\boldsymbol{\alpha}_3, \boldsymbol{\alpha}_3+\boldsymbol{\alpha}_1| = 2|\boldsymbol{\alpha}_1, \boldsymbol{\alpha}_2+\boldsymbol{\alpha}_3, \boldsymbol{\alpha}_3+\boldsymbol{\alpha}_1| \\ &\xlongequal{c_3-c_1} 2|\boldsymbol{\alpha}_1, \boldsymbol{\alpha}_2+\boldsymbol{\alpha}_3, \boldsymbol{\alpha}_3| \xlongequal{c_2-c_3} 2|\boldsymbol{\alpha}_1, \boldsymbol{\alpha}_2, \boldsymbol{\alpha}_3| = 2|\boldsymbol{A}| = 4, \end{aligned}$$

解毕.

4.4.2 行列式的三角化

设 $\boldsymbol{A} \in \mathbb{F}^{n\times n}$，则利用定理 2.3 证明中的算法一将

$$\boldsymbol{A} \rightsquigarrow \text{阶梯形阵}\,\boldsymbol{R}.$$

而且算法一中只用到了调行变换和行消去变换，于是如果假设其中共用了 M 次调行变换，则有

$$|\boldsymbol{A}| = (-1)^M |\boldsymbol{R}|.$$

注意到阶梯形的方阵 $\boldsymbol{R}$ 必是上三角阵.

命题 4.9 设 $\boldsymbol{A} \in \mathbb{F}^{n\times n}$，则

(1) 利用调行变换和行消去变换，可以把 $\boldsymbol{A}$ 化为上(下)三角阵 $\boldsymbol{R}$；

(2) 利用调列变换和列消去变换，可以把 $\boldsymbol{A}$ 化为上(下)三角阵 $\boldsymbol{R}$.

进而，(1)或者(2)中如果共用了 M 次调行(列)变换，则有 $|\boldsymbol{A}| = (-1)^M |\boldsymbol{R}|$.

☞ **证明** 类似于定理 2.3 证明中的算法一.

我们看一个具体的例子.

例 4.10 计算行列式 $D=\begin{vmatrix} 3 & 1 & -1 & 2 \\ -5 & 1 & 3 & -4 \\ 2 & 0 & 1 & -1 \\ 1 & -5 & 3 & -3 \end{vmatrix}$.

☞ **解** 有

$$D \xlongequal{c_1 \leftrightarrow c_2} -\begin{vmatrix} 1 & 3 & -1 & 2 \\ 1 & -5 & 3 & -4 \\ 0 & 2 & 1 & -1 \\ -5 & 1 & 3 & -3 \end{vmatrix} \xlongequal[r_4+5r_1]{r_2-r_1} -\begin{vmatrix} 1 & 3 & -1 & 2 \\ 0 & -8 & 4 & -6 \\ 0 & 2 & 1 & -1 \\ 0 & 16 & -2 & 7 \end{vmatrix}$$

$$\xlongequal{r_2 \leftrightarrow r_3} \begin{vmatrix} 1 & 3 & -1 & 2 \\ 0 & 2 & 1 & -1 \\ 0 & -8 & 4 & -6 \\ 0 & 16 & -2 & 7 \end{vmatrix} \xlongequal[r_4-8r_2]{r_3+4r_2} \begin{vmatrix} 1 & 3 & -1 & 2 \\ 0 & 2 & 1 & -1 \\ 0 & 0 & 8 & -10 \\ 0 & 0 & -10 & 15 \end{vmatrix}$$

$$=10\begin{vmatrix} 1 & 3 & -1 & 2 \\ 0 & 2 & 1 & -1 \\ 0 & 0 & 4 & -5 \\ 0 & 0 & -2 & 3 \end{vmatrix} \xlongequal{r_3 \leftrightarrow r_4} -10\begin{vmatrix} 1 & 3 & -1 & 2 \\ 0 & 2 & 1 & -1 \\ 0 & 0 & -2 & 3 \\ 0 & 0 & 4 & -5 \end{vmatrix}$$

$$\xlongequal{r_4+2r_3} -10\begin{vmatrix} 1 & 3 & -1 & 2 \\ 0 & 2 & 1 & -1 \\ 0 & 0 & -2 & 3 \\ 0 & 0 & 0 & 1 \end{vmatrix}=40.$$

在上面的计算过程中,为了简化用行消去变换打洞时的计算量(不出现分数等),我们并不完全按照定理 2.3 证明中的算法一进行上三角化.

4.4.3 分块三角阵的行列式

上(下)三角阵的行列式公式是否可以推广到分块上(下)三角阵呢？下面我们考虑这个问题.设

$$\boldsymbol{M}=\begin{pmatrix} \boldsymbol{A} & \boldsymbol{B} \\ \boldsymbol{O} & \boldsymbol{C} \end{pmatrix},$$

其中 $\boldsymbol{A} \in \mathbb{F}^{p\times p}$, $\boldsymbol{C} \in \mathbb{F}^{q\times q}$, 我们要计算 $\boldsymbol{M}$ 的行列式.用行初等变换将 $\boldsymbol{M}$ 上三角化,可以分别将 $\boldsymbol{A}$ 和 $\boldsymbol{C}$ 上三角化.具体地，设

$$\boldsymbol{A} \xrightarrow[\text{行消去变换}]{\text{调行变换}} \begin{pmatrix} a_{11} & \cdots & * \\ & \ddots & \vdots \\ & & a_{pp} \end{pmatrix}, \quad N_1=\text{调行变换次数},$$

$$\boldsymbol{C} \xrightarrow[\text{行消去变换}]{\text{调行变换}} \begin{pmatrix} c_{11} & \cdots & * \\ & \ddots & \vdots \\ & & c_{qq} \end{pmatrix}, \quad N_2 = \text{调行变换次数}.$$

在 $\boldsymbol{M}$ 中，分别对 $\boldsymbol{A}$ 和 $\boldsymbol{C}$ 所在的行进行如上的行初等变换，得到

$$\boldsymbol{M} = \begin{pmatrix} \boldsymbol{A} & \boldsymbol{B} \\ \boldsymbol{O} & \boldsymbol{C} \end{pmatrix} \xrightarrow[\text{行消去变换}]{\text{调行变换}} \begin{pmatrix} a_{11} & \cdots & * & & & \\ & \ddots & \vdots & & * & \\ & & a_{pp} & & & \\ & & & c_{11} & \cdots & * \\ & & & & \ddots & \vdots \\ & & & & & c_{qq} \end{pmatrix},$$

此时所用的调行变换的次数为 $N_1 + N_2$. 所以有

$$\begin{aligned} |\boldsymbol{M}| &= (-1)^{N_1+N_2} \begin{vmatrix} a_{11} & \cdots & * & & & \\ & \ddots & \vdots & & * & \\ & & a_{pp} & & & \\ & & & c_{11} & \cdots & * \\ & & & & \ddots & \vdots \\ & & & & & c_{qq} \end{vmatrix} \\ &= (-1)^{N_1+N_2} a_{11} \cdots a_{pp} c_{11} \cdots c_{qq} \\ &= (-1)^{N_1} a_{11} \cdots a_{pp} \cdot (-1)^{N_2} c_{11} \cdots c_{qq} = |\boldsymbol{A}| |\boldsymbol{C}|. \end{aligned}$$

于是我们得到对角块是方阵的分块上(下)三角阵的行列式公式.

命题 4.10 设 $\boldsymbol{A}$, $\boldsymbol{C}$ 是方阵，$\boldsymbol{B}$, $\boldsymbol{F}$ 是矩阵，则有

$$\begin{vmatrix} \boldsymbol{A} & \boldsymbol{B} \\ \boldsymbol{O} & \boldsymbol{C} \end{vmatrix} = |\boldsymbol{A}| |\boldsymbol{C}|, \quad \begin{vmatrix} \boldsymbol{A} & \boldsymbol{O} \\ \boldsymbol{F} & \boldsymbol{C} \end{vmatrix} = |\boldsymbol{A}| |\boldsymbol{C}|.$$

进而，如果 $\boldsymbol{A}_1$, $\boldsymbol{A}_2$, $\cdots$, $\boldsymbol{A}_s$ 是方阵，则有

$$\begin{vmatrix} \boldsymbol{A}_1 & * & \cdots & * \\ & \boldsymbol{A}_2 & \cdots & * \\ & & \ddots & \vdots \\ & & & \boldsymbol{A}_s \end{vmatrix} = |\boldsymbol{A}_1| |\boldsymbol{A}_2| \cdots |\boldsymbol{A}_s|, \quad \begin{vmatrix} \boldsymbol{A}_1 & & & \\ * & \boldsymbol{A}_2 & & \\ \vdots & \vdots & \ddots & \\ * & * & \cdots & \boldsymbol{A}_s \end{vmatrix} = |\boldsymbol{A}_1| |\boldsymbol{A}_2| \cdots |\boldsymbol{A}_s|,$$

和

$$|\operatorname{diag}(\boldsymbol{A}_1, \boldsymbol{A}_2, \cdots, \boldsymbol{A}_s)| = |\boldsymbol{A}_1| |\boldsymbol{A}_2| \cdots |\boldsymbol{A}_s|.$$

☞ **证明** 取转置，可从分块上三角阵的行列式公式得到分块下三角阵的行列式公式. 而有 s 个对角块的分块上三角阵的行列式公式可以对 s 归纳得到.

4.4.4 方阵乘积的行列式

设 $\boldsymbol{A},\boldsymbol{B}\in\mathbb{F}^{n\times n}$, $a\in\mathbb{F}$，下面结果成立

$$|\boldsymbol{A}^{\mathrm{T}}|=|\boldsymbol{A}|,$$
$$|a\boldsymbol{A}|=a^n|\boldsymbol{A}|,$$
$$\text{通常 } |\boldsymbol{A}+\boldsymbol{B}|\neq|\boldsymbol{A}|+|\boldsymbol{B}|.$$

那么，$|\boldsymbol{AB}|$ 和 $|\boldsymbol{A}|$，$|\boldsymbol{B}|$ 有什么关系吗？我们来研究这个问题.

设 $\boldsymbol{A}=\begin{pmatrix}a&b\\c&d\end{pmatrix}$ 和 $\boldsymbol{B}=\begin{pmatrix}x&y\\z&w\end{pmatrix}$ 是二阶方阵，则

$$\boldsymbol{AB}=\begin{pmatrix}ax+bz&ay+bw\\cx+dz&cy+dw\end{pmatrix}.$$

于是

$$\begin{aligned}|\boldsymbol{AB}|&=(ax+bz)(cy+dw)-(ay+bw)(cx+dz)\\&=(acxy+adxw+bcyz+bdzw)-(acxy+adyz+bcxw+bdzw)\\&=ad(xw-yz)+bc(yz-xw)\\&=(ad-bc)(xw-yz)=|\boldsymbol{A}||\boldsymbol{B}|.\end{aligned}$$

再设 $\boldsymbol{A}=\begin{pmatrix}a_1&*&\cdots&*\\&a_2&\cdots&*\\&&\ddots&\vdots\\&&&a_n\end{pmatrix}$ 和 $\boldsymbol{B}=\begin{pmatrix}b_1&*&\cdots&*\\&b_2&\cdots&*\\&&\ddots&\vdots\\&&&b_n\end{pmatrix}$ 都是上三角阵，则

$$\boldsymbol{AB}=\begin{pmatrix}a_1b_1&*&\cdots&*\\&a_2b_2&\cdots&*\\&&\ddots&\vdots\\&&&a_nb_n\end{pmatrix}.$$

于是

$$|\boldsymbol{AB}|=(a_1b_1)(a_2b_2)\cdots(a_nb_n)=(a_1a_2\cdots a_n)(b_1b_2\cdots b_n)=|\boldsymbol{A}||\boldsymbol{B}|.$$

在这两种特殊情形下，

$$|\boldsymbol{AB}|=|\boldsymbol{A}||\boldsymbol{B}|$$

都成立①，这是一般规律.

定理 4.11 设 $\boldsymbol{A}$ 和 $\boldsymbol{B}$ 是同阶方阵，则有

$$|\boldsymbol{AB}|=|\boldsymbol{A}||\boldsymbol{B}|.$$

进而，设 $\boldsymbol{A}_1$, $\boldsymbol{A}_2$, $\cdots$, $\boldsymbol{A}_s$ 是同阶方阵，则有

---

① 从行列式的几何意义——对应的线性变换下体积的伸缩比，可以得到这一等式成立的一个理由.

$$|\boldsymbol{A}_1\boldsymbol{A}_2\cdots\boldsymbol{A}_s|=|\boldsymbol{A}_1||\boldsymbol{A}_2|\cdots|\boldsymbol{A}_s|.$$

☞ **证明** 只需证第一个等式,第二个等式可以对 s 归纳证明.设 $\boldsymbol{A}=(a_{ij})_{n\times n}$, $\boldsymbol{B}=(b_{ij})_{n\times n}$. 定义分块矩阵

$$\boldsymbol{C}=\begin{pmatrix}\boldsymbol{A} & \boldsymbol{O}\\ -\boldsymbol{E}_n & \boldsymbol{B}\end{pmatrix},$$

则由命题 4.10, $|\boldsymbol{C}|=|\boldsymbol{A}||\boldsymbol{B}|$. 另外,对 $\boldsymbol{C}$ 进行如下初等变换

$$\boldsymbol{C}=\begin{pmatrix}a_{11} & \cdots & a_{1n} & & & \\ \vdots & & \vdots & & & \\ a_{n1} & \cdots & a_{nn} & & & \\ -1 & & & b_{11} & \cdots & b_{1n}\\ & \ddots & & \vdots & & \vdots\\ & & -1 & b_{n1} & \cdots & b_{nn}\end{pmatrix}\xrightarrow{c_{n+1}+b_{11}c_1+\cdots+b_{n1}c_n}$$

$$\begin{pmatrix}a_{11} & \cdots & a_{1n} & \sum\limits_{k=1}^{n}a_{1k}b_{k1} & 0 & \cdots & 0\\ \vdots & & \vdots & \vdots & \vdots & & \vdots\\ a_{n1} & \cdots & a_{nn} & \sum\limits_{k=1}^{n}a_{nk}b_{k1} & 0 & \cdots & 0\\ -1 & & & 0 & b_{12} & \cdots & b_{1n}\\ & \ddots & & \vdots & \vdots & & \vdots\\ & & -1 & 0 & b_{n2} & \cdots & b_{nn}\end{pmatrix}\xrightarrow[j=2,\cdots,n]{c_{n+j}+b_{1j}c_1+\cdots+b_{nj}c_n}$$

$$\begin{pmatrix}a_{11} & \cdots & a_{1n} & \\ \vdots & & \vdots & \boldsymbol{AB}\\ a_{n1} & \cdots & a_{nn} & \\ -1 & & & \\ & \ddots & & \\ & & -1 & \end{pmatrix}\xrightarrow[i=1,\cdots,n]{r_i\leftrightarrow r_{n+i}}\begin{pmatrix}-1 & & & \\ & \ddots & & \\ & & -1 & \\ a_{11} & \cdots & a_{1n} & \\ \vdots & & \vdots & \boldsymbol{AB}\\ a_{n1} & \cdots & a_{nn} & \end{pmatrix}.$$

由于上面共用了 n 个调行变换,所以

$$|\boldsymbol{C}|=(-1)^n\begin{vmatrix}-\boldsymbol{E} & \boldsymbol{O}\\ \boldsymbol{A} & \boldsymbol{AB}\end{vmatrix}=(-1)^n|-\boldsymbol{E}||\boldsymbol{AB}|=|\boldsymbol{AB}|.$$

最后就得到 $|\boldsymbol{AB}|=|\boldsymbol{A}||\boldsymbol{B}|$[①].

---

① 在这个证明中,我们对同一个矩阵 $\boldsymbol{C}$ 按照不同的方法去计算行列式,从而得到一个关于行列式的等式.这是证明恒等式常用的一种方法：对一个对象去算同一个量,按照不同的看法分别得到等式的两边.那么,这里如何想到(找到)这个矩阵 $\boldsymbol{C}$？一个可能的回答是分块上三角阵的行列式公式的右边是方阵行列式的乘积,和这里要证明的等式的右边相同.

例 4.11 设 $\boldsymbol{A}=\begin{pmatrix}1&2\\3&4\end{pmatrix}$，$n\in\mathbb{N}$，求 $|\boldsymbol{A}^n|$.

☞ **解**

$$|\boldsymbol{A}^n|=|\boldsymbol{A}|^n=(-2)^n.$$

解毕.

例 4.12(同例 4.9) 设 $\boldsymbol{A},\boldsymbol{B}\in\mathbb{F}^{3\times 3}$，其中 $\boldsymbol{A}=(\boldsymbol{\alpha}_1,\boldsymbol{\alpha}_2,\boldsymbol{\alpha}_3)$，$\boldsymbol{B}=(\boldsymbol{\alpha}_1+\boldsymbol{\alpha}_2,\boldsymbol{\alpha}_2+\boldsymbol{\alpha}_3,\boldsymbol{\alpha}_3+\boldsymbol{\alpha}_1)$，$\boldsymbol{\alpha}_1,\boldsymbol{\alpha}_2,\boldsymbol{\alpha}_3$ 为 3 维列向量.已知 $|\boldsymbol{A}|=2$，求 $|\boldsymbol{B}|$.

☞ **解** 这里给出另一种解法.由定义有

$$\boldsymbol{B}=(\boldsymbol{\alpha}_1,\boldsymbol{\alpha}_2,\boldsymbol{\alpha}_3)\begin{pmatrix}1&0&1\\1&1&0\\0&1&1\end{pmatrix}=\boldsymbol{A}\begin{pmatrix}1&0&1\\1&1&0\\0&1&1\end{pmatrix}.$$

而(也可用对角线法则)

$$\begin{vmatrix}1&0&1\\1&1&0\\0&1&1\end{vmatrix}\xlongequal{r_2-r_1}\begin{vmatrix}1&0&1\\0&1&-1\\0&1&1\end{vmatrix}\xlongequal{r_3-r_2}\begin{vmatrix}1&0&1\\0&1&-1\\0&0&2\end{vmatrix}=2,$$

所以 $|\boldsymbol{B}|=2|\boldsymbol{A}|=4$.

4.4.5 可逆阵的行列式

我们考查可逆阵的行列式.设 $\boldsymbol{A}\in\mathbb{F}^{n\times n}$ 为可逆阵，则有 $\boldsymbol{A}\boldsymbol{A}^{-1}=\boldsymbol{E}_n$. 取行列式得

$$|\boldsymbol{A}||\boldsymbol{A}^{-1}|=|\boldsymbol{A}\boldsymbol{A}^{-1}|=|\boldsymbol{E}|=1.$$

所以 $|\boldsymbol{A}|\neq 0$，且 $|\boldsymbol{A}^{-1}|=|\boldsymbol{A}|^{-1}$. 而且可以证明当 $|\boldsymbol{A}|\neq 0$ 时，必有 $\boldsymbol{A}$ 可逆.

定理 4.12 设 $\boldsymbol{A}\in\mathbb{F}^{n\times n}$，则

$$\boldsymbol{A}\text{ 可逆}\Longleftrightarrow|\boldsymbol{A}|\neq 0.$$

且当 $\boldsymbol{A}$ 可逆时，$|\boldsymbol{A}^{-1}|=|\boldsymbol{A}|^{-1}$.

☞ **证明** 必要性已证，下证充分性.设 $\boldsymbol{A}$ 不可逆，而 $\boldsymbol{R}$ 是与 $\boldsymbol{A}$ 行等价的简化阶梯形阵，则 $\boldsymbol{R}$ 有全零行，所以 $|\boldsymbol{R}|=0$. 又存在可逆阵 $\boldsymbol{P}$，使得 $\boldsymbol{A}=\boldsymbol{P}\boldsymbol{R}$. 于是

$$|\boldsymbol{A}|=|\boldsymbol{P}\boldsymbol{R}|=|\boldsymbol{P}||\boldsymbol{R}|=0.$$

证毕.

上面定理就是命题“$a\in\mathbb{F}$ 可逆 $\Longleftrightarrow a\neq 0$”的矩阵对应，即可用行列式是否为零来判别方阵是否可逆.

结合定理 3.15，可以得到如下系数矩阵为方阵时线性方程组有唯一解的行列式判别法.

推论 4.13 设有线性方程组 $\boldsymbol{A}\boldsymbol{X}=\boldsymbol{\beta}$，其中 $\boldsymbol{A}$ 是方阵.则

(1) 有唯一解 $\Longleftrightarrow|\boldsymbol{A}|\neq 0$；

(2) 特别地，$\boldsymbol{AX}=\boldsymbol{0}$ 有非零解 $\Longleftrightarrow$ $|\boldsymbol{A}|=0$.

最后看一个例子.

例 4.13 参数 a 取何值时，线性方程组 $\begin{cases}(5-a)x+2y+2z=0,\\ 2x+(6-a)y=0,\\ 2x+(4-a)z=0\end{cases}$ 有非零解?

解 系数矩阵的行列式

$$\begin{vmatrix}5-a & 2 & 2\\ 2 & 6-a & 0\\ 2 & 0 & 4-a\end{vmatrix}=(5-a)(6-a)(4-a)-4(4-a)-4(6-a)$$
$$=(5-a)(2-a)(8-a),$$

所以当且仅当 $a=2, 5, 8$ 时方程组有非零解.

习题 4.4

A1. 计算下面的行列式

(1) $\begin{vmatrix}-ab & ac & ae\\ bd & -cd & de\\ bf & cf & -ef\end{vmatrix}$； (2) $\begin{vmatrix}2 & 0 & 1 & -1\\ 1 & 2 & 0 & 1\\ 0 & -1 & 3 & -2\\ -1 & 3 & 1 & 2\end{vmatrix}$.

A2. 证明：$\begin{vmatrix}ax+by & ay+bz & az+bx\\ ay+bz & az+bx & ax+by\\ az+bx & ax+by & ay+bz\end{vmatrix}=(a^3+b^3)\begin{vmatrix}x & y & z\\ y & z & x\\ z & x & y\end{vmatrix}$.

A3. 计算下面行列式：

(1) $\begin{vmatrix}a & b & c & d\\ a & a+b & a+b+c & a+b+c+d\\ a & 2a+b & 3a+2b+c & 4a+3b+2c+d\\ a & 3a+b & 6a+3b+c & 10a+6b+3c+d\end{vmatrix}$；

(2) $|\boldsymbol{A}|$，其中 $\boldsymbol{A}=(a_{ij})$ 是 n 阶方阵，满足

$$\begin{cases}a_{i1}=a, & i=1, 2, \cdots, n,\\ a_{ij}=a_{i, j-1}+a_{i-1, j}, & i, j=2, \cdots, n.\end{cases}$$

A4. 证明：奇数阶反对称阵的行列式为零.

A5. 设 $n\geqslant 2$，利用行列式证明 S_n 中奇排列和偶排列各半.

A6. 设 $\boldsymbol{\alpha}, \boldsymbol{\beta}, \boldsymbol{\gamma}$ 是 3 维列向量，矩阵 $\boldsymbol{A}=(\boldsymbol{\alpha}, \boldsymbol{\beta}, \boldsymbol{\gamma})$，$\boldsymbol{B}=(\boldsymbol{\alpha}+2\boldsymbol{\beta}, \boldsymbol{\beta}+2\boldsymbol{\gamma}, \boldsymbol{\gamma}+2\boldsymbol{\alpha})$. 设 $|\boldsymbol{A}|=2$，求 $|\boldsymbol{B}|$.

A7. 设 $\boldsymbol{\alpha}_1, \boldsymbol{\alpha}_2, \boldsymbol{\alpha}_3, \boldsymbol{\beta}_1, \boldsymbol{\beta}_2$ 是 4 维列向量，矩阵 $\boldsymbol{A}=(\boldsymbol{\alpha}_1, \boldsymbol{\alpha}_2, 2\boldsymbol{\alpha}_3, \boldsymbol{\beta}_1)$，$\boldsymbol{B}=(\boldsymbol{\alpha}_3, \boldsymbol{\alpha}_2, \boldsymbol{\alpha}_1, \boldsymbol{\beta}_2)$. 如果行列式 $|\boldsymbol{A}|=-2$，$|\boldsymbol{B}|=-4$，求行列式 $|\boldsymbol{A}+\boldsymbol{B}|$.

A8. 设三阶方阵 $\boldsymbol{A}, \boldsymbol{B}$ 满足 $\boldsymbol{A}^2\boldsymbol{B}-\boldsymbol{A}-\boldsymbol{B}=\boldsymbol{E}$，其中 $\boldsymbol{A}=\begin{pmatrix}1 & 0 & 1\\ 0 & 2 & 0\\ -2 & 0 & 1\end{pmatrix}$，求 $|\boldsymbol{B}|$.

A9. 用行列式判断方阵 $\boldsymbol{A}=\begin{pmatrix}1&2&3\\-1&2&-1\\1&-2&1\end{pmatrix}$ 的可逆性.

A10. 设 $\boldsymbol{A}$ 是 n 阶复方阵,证明:存在无穷个复数 λ,使得 $\lambda\boldsymbol{E}_n+\boldsymbol{A}$ 可逆.

A11. 参数 a 取何值时,线性方程组 $\begin{cases}x_2+x_3=ax_1,\\x_1+x_3=ax_2,\\x_1+x_2=ax_3\end{cases}$ 有非零解?

A12. 设 a, b, c 和 d 是不全为零的实数.证明:线性方程组

$$\begin{cases}ax+by+cz+dt=0,\\bx-ay+dz-ct=0,\\cx-dy-az+bt=0,\\dx+cy-bz-at=0\end{cases}$$

具有唯一解,其中 x, y, z 和 t 是未知数.

§4.5 分块矩阵的初等变换和行列式

由于我们常常需要对分块矩阵进行分块矩阵的初等变换,所以在给出更多的行列式计算的例子之前,我们先讨论一下在分块矩阵的初等变换下,分块矩阵的行列式如何改变.同样的,在阅读下文前,读者应该自己先研究一下这个问题;我们省略得到结论的发现之旅.

1. 第Ⅰ类分块矩阵的初等变换

定理 4.14 设方阵 $\boldsymbol{A}=(\boldsymbol{A}_{ij})_{s\times r}$ 是分块矩阵,其中 $\boldsymbol{A}_{ij}$ 是 $m_i\times n_j$ 子阵.

(1) 设 $1\leqslant i<j\leqslant s$,记 $l=m_{i+1}+m_{i+2}+\cdots+m_{j-1}$,如果

$$\boldsymbol{A}=\begin{pmatrix}\boldsymbol{A}_{11}&\cdots&\boldsymbol{A}_{1r}\\\vdots&&\vdots\\\boldsymbol{A}_{i1}&\cdots&\boldsymbol{A}_{ir}\\\vdots&&\vdots\\\boldsymbol{A}_{j1}&\cdots&\boldsymbol{A}_{jr}\\\vdots&&\vdots\\\boldsymbol{A}_{s1}&\cdots&\boldsymbol{A}_{sr}\end{pmatrix}\begin{matrix}\\\\\}m_i\\\}l\\\}m_j\\\\\\\end{matrix}\xrightarrow{r_i\leftrightarrow r_j}\begin{pmatrix}\boldsymbol{A}_{11}&\cdots&\boldsymbol{A}_{1r}\\\vdots&&\vdots\\\boldsymbol{A}_{j1}&\cdots&\boldsymbol{A}_{jr}\\\vdots&&\vdots\\\boldsymbol{A}_{i1}&\cdots&\boldsymbol{A}_{ir}\\\vdots&&\vdots\\\boldsymbol{A}_{s1}&\cdots&\boldsymbol{A}_{sr}\end{pmatrix}=\boldsymbol{B},$$

则有 $|\boldsymbol{B}|=(-1)^{m_im_j+m_il+m_jl}|\boldsymbol{A}|$;

(2) 设 $1\leqslant i<j\leqslant r$,记 $l=n_{i+1}+n_{i+2}+\cdots+n_{j-1}$,如果

$$\boldsymbol{A}\xrightarrow{c_i\leftrightarrow c_j}\boldsymbol{B},$$

则 $|\boldsymbol{B}|=(-1)^{n_in_j+n_il+n_jl}|\boldsymbol{A}|$.

☞ **证明** 只需证明(1).由条件 $\boldsymbol{B}=\boldsymbol{P}_{ij}\boldsymbol{A}$,其中

$$P_{ij}=\begin{pmatrix} E & & & & \\ & O & O & E_{m_j} & \\ & O & E_l & O & \\ & E_{m_i} & O & O & \\ & & & & E \end{pmatrix}.$$

所以有 $|B|=|P_{ij}||A|$，而

$$|P_{ij}|=\begin{vmatrix} O & O & E_{m_j} \\ O & E_l & O \\ E_{m_i} & O & O \end{vmatrix}.$$

将第 m_j 行依次与第 m_j+1，m_j+2，…，m_i+m_j+l 行交换，再将第 m_j-1 行依次与第 m_j，m_j+1，…，m_i+m_j+l-1 行交换，依次类推，最后将第1行依次与第2，3，…，m_i+l+1 行交换，得到

$$|P_{ij}|=(-1)^{m_j(m_i+l)}\begin{vmatrix} O & E_l & O \\ E_{m_i} & O & O \\ O & O & E_{m_j} \end{vmatrix}=(-1)^{m_j(m_i+l)}\begin{vmatrix} O & E_l \\ E_{m_i} & O \end{vmatrix}.$$

又将第 l 行依次与第 $l+1$，$l+2$，$l+m_i$ 行交换，将第 $l-1$ 行依次与第 l，$l+1$，…，$l+m_i-1$ 行交换，依次类推，最后将第1行依次与第2，3，…，m_i+1 行交换，得到

$$|P_{ij}|=(-1)^{m_j(m_i+l)}(-1)^{m_il}\begin{vmatrix} E_{m_i} & O \\ O & E_l \end{vmatrix}=(-1)^{m_im_j+m_il+m_jl}.$$

所以 $|B|=(-1)^{m_im_j+m_il+m_jl}|A|$.

2. 第Ⅱ类分块矩阵的初等变换

定理4.15 设方阵 A 是分块矩阵，如果 P 是方阵，而

$$A\xrightarrow{P\times r_i}B,\quad (A\xrightarrow{c_i\times P}B)$$

则有 $|B|=|P||A|$.

☞ **证明** 由条件，$B=P_i(P)A$，其中

$$P_i(P)=\begin{pmatrix} E & & \\ & P & \\ & & E \end{pmatrix}.$$

所以 $|B|=|P_i(P)||A|=|P||A|$.

3. 第Ⅲ类分块矩阵的初等变换

定理4.16 设方阵 A 是分块矩阵，如果

$$A\xrightarrow{r_j+M\times r_i}B,\quad (A\xrightarrow{c_i+c_j\times M}B)$$

则 $|B|=|A|$.

☞ **证明** 由条件，$\boldsymbol{B}=\boldsymbol{P}(i(\boldsymbol{M}),j)\boldsymbol{A}$，其中

$$\boldsymbol{P}(i(\boldsymbol{M}),j)=\begin{pmatrix}\boldsymbol{E} & & & & \\ & \boldsymbol{E} & & & \\ & \vdots & \ddots & & \\ & \boldsymbol{M} & \cdots & \boldsymbol{E} & \\ & & & & \boldsymbol{E}\end{pmatrix}.$$

所以 $|\boldsymbol{B}|=|\boldsymbol{P}(i(\boldsymbol{M}),j)||\boldsymbol{A}|=|\boldsymbol{A}|$.

最后看一个例子.

例 4.14 记 $S=\begin{pmatrix}\boldsymbol{A} & \boldsymbol{B}\\ \boldsymbol{C} & \boldsymbol{D}\end{pmatrix}$，其中 $\boldsymbol{A}$，$\boldsymbol{D}$ 是方阵，且 $\boldsymbol{A}$ 可逆.由于

$$\boldsymbol{S}\xrightarrow{r_2-\boldsymbol{C}\boldsymbol{A}^{-1}r_1}\begin{pmatrix}\boldsymbol{A} & \boldsymbol{B}\\ \boldsymbol{O} & \boldsymbol{D}-\boldsymbol{C}\boldsymbol{A}^{-1}\boldsymbol{B}\end{pmatrix},$$

所以 $|\boldsymbol{S}|=|\boldsymbol{A}||\boldsymbol{D}-\boldsymbol{C}\boldsymbol{A}^{-1}\boldsymbol{B}|$.

习题 4.5

A1. 设 $\boldsymbol{A}$ 和 $\boldsymbol{B}$ 都是 n 阶方阵，证明：$\begin{vmatrix}\boldsymbol{A} & \boldsymbol{B}\\ \boldsymbol{B} & \boldsymbol{A}\end{vmatrix}=|\boldsymbol{A}+\boldsymbol{B}||\boldsymbol{A}-\boldsymbol{B}|$.

A2. 设 $\boldsymbol{A},\boldsymbol{B}\in\mathbb{C}^{n\times n}$，证明：$\begin{vmatrix}\boldsymbol{A} & -\boldsymbol{B}\\ \boldsymbol{B} & \boldsymbol{A}\end{vmatrix}=|\boldsymbol{A}+\mathrm{i}\boldsymbol{B}||\boldsymbol{A}-\mathrm{i}\boldsymbol{B}|$. 进而，如果 $\boldsymbol{AB}=\boldsymbol{BA}$，则 $\begin{vmatrix}\boldsymbol{A} & -\boldsymbol{B}\\ \boldsymbol{B} & \boldsymbol{A}\end{vmatrix}=|\boldsymbol{A}^2+\boldsymbol{B}^2|$.

A3. 设 $\boldsymbol{A},\boldsymbol{B},\boldsymbol{C},\boldsymbol{D}\in\mathbb{F}^{n\times n}$，其中 $\boldsymbol{A}$ 可逆且 $\boldsymbol{AC}=\boldsymbol{CA}$，证明：$\begin{vmatrix}\boldsymbol{A} & \boldsymbol{B}\\ \boldsymbol{C} & \boldsymbol{D}\end{vmatrix}=|\boldsymbol{AD}-\boldsymbol{CB}|$.

B1. 设 $\boldsymbol{A},\boldsymbol{B},\boldsymbol{C},\boldsymbol{D}\in\mathbb{F}^{n\times n}$，其中 $\boldsymbol{AC}=\boldsymbol{CA}$，证明：$\begin{vmatrix}\boldsymbol{A} & \boldsymbol{B}\\ \boldsymbol{C} & \boldsymbol{D}\end{vmatrix}=|\boldsymbol{AD}-\boldsymbol{CB}|$.

B2. [伯恩赛德(Burnside)] 设 $\boldsymbol{A}=(a_{ij})$ 是 n 阶反对称阵，将 a_{ij} 看成未定元，证明：当 n 是偶数时，$|\boldsymbol{A}|$ 是完全平方.

§4.6 行列式计算之例一

本节给出一些行列式计算的例子，并给出一些特殊的计算技巧.虽然与故事情节无关，但也是一些风景.

例 4.15 计算 $2n$ 阶行列式 $D_{2n}=\begin{vmatrix}a & & & & & b\\ & \ddots & & & \iddots & \\ & & a & b & & \\ & & c & d & & \\ & \iddots & & & \ddots & \\ c & & & & & d\end{vmatrix}$.

☞ **解** 用分块矩阵的调行和调列变换,有

$$D_{2n}=\begin{vmatrix} a & & & & & b\\ \hdashline & a & & & b & \\ & & \ddots & \iddots & & \\ & & a & b & & \\ & & c & d & & \\ & & \iddots & \ddots & & \\ & c & & & d & \\ \hdashline c & & & & & d \end{vmatrix} \xlongequal{r_2\leftrightarrow r_3}(-1)^{2n-2}\begin{vmatrix} a & & & & & b\\ c & & & & & d\\ & a & & & b & \\ & & \ddots & \iddots & & \\ & & a & b & & \\ & & c & d & & \\ & & \iddots & \ddots & & \\ & c & & & d & \end{vmatrix}$$

$$\xlongequal{c_2\leftrightarrow c_3}(-1)^{2n-2}(-1)^{2n-2}\begin{vmatrix} a & b & & & & \\ c & d & & & & \\ & & a & & & b\\ & & & \ddots & \iddots & \\ & & & a\ \ b & & \\ & & & c\ \ d & & \\ & & & \iddots & \ddots & \\ & & c & & & d \end{vmatrix}.$$

所以得到递推公式①

$$D_{2n}=\begin{vmatrix} a & b\\ c & d \end{vmatrix}D_{2(n-1)}=(ad-bc)D_{2(n-1)}.$$

不断利用该递推公式以及 $D_2=ad-bc$,就得

$$D_{2n}=(ad-bc)^2D_{2(n-2)}=\cdots=(ad-bc)^{n-1}D_2=(ad-bc)^n.$$

解毕.

例 4.16 证明:**爪形行列式**公式

$$\begin{vmatrix} a_1 & x_2 & \cdots & x_n\\ y_2 & a_2 & & \\ \vdots & & \ddots & \\ y_n & & & a_n \end{vmatrix}=\left(a_1-\sum_{i=2}^{n}\frac{x_iy_i}{a_i}\right)a_2a_3\cdots a_n .$$

上式的右边事实上无分式.

☞ **证明** 记爪形行列式为 D_n. 当 $a_2,\cdots,a_n$ 都不为零时,有

① 也可以对第 1 和 $2n$ 行 Laplace 展开得到递推公式.

$$D_n \xlongequal[i=2,\cdots,n]{c_1-\frac{y_i}{a_i}c_i} \begin{vmatrix} a_1-\sum_{i=2}^{n}\frac{x_iy_i}{a_i} & x_2 & \cdots & x_n \\ & a_2 & & \\ & & \ddots & \\ & & & a_n \end{vmatrix} = \left(a_1-\sum_{i=2}^{n}\frac{x_iy_i}{a_i}\right)a_2a_3\cdots a_n.$$

如果存在 $2 \leqslant i \leqslant n$，使得 $a_i=0$，将第 i 行依次与第 $i-1$, $i-2$, …, 1 行交换，得

$$D_n=(-1)^{i-1}\begin{vmatrix} y_i & & & & & & & \\ a_1 & x_2 & \cdots & x_{i-1} & x_i & x_{i+1} & \cdots & x_n \\ y_2 & a_2 & & & & & & \\ \vdots & & \ddots & & & & & \\ y_{i-1} & & & a_{i-1} & & & & \\ y_{i+1} & & & & & a_{i+1} & & \\ \vdots & & & & & & \ddots & \\ y_n & & & & & & & a_n \end{vmatrix}$$

$$=(-1)^{i-1}y_i\begin{vmatrix} x_2 & \cdots & x_{i-1} & x_i & x_{i+1} & \cdots & x_n \\ a_2 & & & & & & \\ & \ddots & & & & & \\ & & a_{i-1} & & & & \\ & & & & a_{i+1} & & \\ & & & & & \ddots & \\ & & & & & & a_n \end{vmatrix}.$$

再将第 $i-1$ 列依次与第 $i-2$, …, 1 列交换，得

$$D_n=(-1)^{i-1}y_i(-1)^{i-2}\begin{vmatrix} x_i & x_2 & \cdots & x_{i-1} & x_{i+1} & \cdots & x_n \\ & a_2 & & & & & \\ & & \ddots & & & & \\ & & & a_{i-1} & & & \\ & & & & a_{i+1} & & \\ & & & & & \ddots & \\ & & & & & & a_n \end{vmatrix} = -x_iy_ia_2\cdots a_{i-1}a_{i+1}\cdots a_n.$$

这与一般公式中令 $a_i=0$ 得到的结果一致.所以爪形行列式的公式成立.

上面的过程也可以用矩阵分块实现.设 D_n 所对应的方阵为 $\boldsymbol{A}$. 当 a_2, …, a_n 都不为零时，$\boldsymbol{A}$ 有分块

$$\boldsymbol{A}=\begin{pmatrix} a_1 & \boldsymbol{X} \\ \boldsymbol{Y} & \boldsymbol{A}_1 \end{pmatrix},\quad \boldsymbol{A}_1=\mathrm{diag}(a_2, \cdots, a_n),\ \boldsymbol{X}=(x_2, \cdots, x_n),\ \boldsymbol{Y}=(y_2, \cdots, y_n)^{\mathrm{T}}.$$

由初等变换

$$A \xrightarrow{c_1-c_2A_1^{-1}Y} \begin{pmatrix} a_1-XA_1^{-1}Y & X \\ O & A_1 \end{pmatrix},$$

得

$$D_n=(a_1-XA_1^{-1}Y)\mid A_1\mid=\left(a_1-\sum_{i=2}^{n}\frac{x_iy_i}{a_i}\right)a_2a_3\cdots a_n.$$

如果存在 $2\leqslant i\leqslant n$，使得 $a_i=0$，进行分块矩阵的换行和换列变换

$$D_n=\begin{vmatrix} a_1 & x_2 & \cdots & x_{i-1} & x_i & x_{i+1} & \cdots & x_n \\ y_2 & a_2 & & & & & & \\ \vdots & & \ddots & & & & & \\ y_{i-1} & & & a_{i-1} & & & & \\ \hdashline y_i & & & & & & & \\ \hdashline y_{i+1} & & & & & a_{i+1} & & \\ \vdots & & & & & & \ddots & \\ y_n & & & & & & & a_n \end{vmatrix}$$

$$\xlongequal{r_1\leftrightarrow r_2}(-1)^{i-1}\begin{vmatrix} y_i & & & & & & & \\ a_1 & x_2 & \cdots & x_{i-1} & x_i & x_{i+1} & \cdots & x_n \\ y_2 & a_2 & & & & & & \\ \vdots & & \ddots & & & & & \\ y_{i-1} & & & a_{i-1} & & & & \\ y_{i+1} & & & & & a_{i+1} & & \\ \vdots & & & & & & \ddots & \\ y_n & & & & & & & a_n \end{vmatrix}$$

$$=(-1)^{i-1}y_i\left|\begin{array}{ccc:c:ccc} x_2 & \cdots & x_{i-1} & x_i & x_{i+1} & \cdots & x_n \\ a_2 & & & & & & \\ & \ddots & & & & & \\ & & a_{i-1} & & & & \\ & & & & a_{i+1} & & \\ & & & & & \ddots & \\ & & & & & & a_n \end{array}\right|$$

$$\xlongequal{c_1\leftrightarrow c_2}(-1)^{i-1}y_i(-1)^{i-2}\begin{vmatrix} x_i & x_2 & \cdots & x_{i-1} & x_{i+1} & \cdots & x_n \\ & a_2 & & & & & \\ & & \ddots & & & & \\ & & & a_{i-1} & & & \\ & & & & a_{i+1} & & \\ & & & & & \ddots & \\ & & & & & & a_n \end{vmatrix}$$

$$=-x_iy_ia_2\cdots a_{i-1}a_{i+1}\cdots a_n.$$

这与一般公式中令 $a_i=0$ 得到的结果一致.

例 4.17 计算 n 阶行列式 $D_n=\begin{vmatrix} x & a & \cdots & a \\ a & x & \cdots & a \\ \vdots & \vdots & \ddots & \vdots \\ a & a & \cdots & x \end{vmatrix}$.

☞ **解** 这个行列式有许多算法,这里给出几种.

可以如下计算

$$D_n \xlongequal[i=2,\cdots,n]{r_1+r_i} \begin{vmatrix} x+(n-1)a & x+(n-1)a & \cdots & x+(n-1)a \\ a & x & \cdots & a \\ \vdots & \vdots & \ddots & \vdots \\ a & a & \cdots & x \end{vmatrix}$$

$$\xlongequal[i=2,\cdots,n]{c_i-c_1} \begin{vmatrix} x+(n-1)a & & & \\ a & x-a & & \\ \vdots & & \ddots & \\ a & & & x-a \end{vmatrix}$$

$$=[x+(n-1)a](x-a)^{n-1}.$$

上面第一步的变换称为行累加法(所有其他行加到第 1 行),第二步的变换称为主列消法(用某一列去消其他列).

也可以如下计算

$$D_n \xlongequal[i=2,\cdots,n]{r_i-r_1} \begin{vmatrix} x & a & \cdots & a \\ a-x & x-a & & \\ \vdots & & \ddots & \\ a-x & & & x-a \end{vmatrix}$$

$$\xlongequal[i=2,\cdots,n]{c_1+c_i} \begin{vmatrix} x+(n-1)a & a & \cdots & a \\ & x-a & & \\ & & \ddots & \\ & & & x-a \end{vmatrix}$$

$$=[x+(n-1)a](x-a)^{n-1}.$$

上面第一步用了主行消法得到爪形行列式,再用了列累加法.

还可以如下计算

$$D_n \xlongequal{拆 r_1} \begin{vmatrix} x-a & 0 & \cdots & 0 \\ a & x & \cdots & a \\ \vdots & \vdots & \ddots & \vdots \\ a & a & \cdots & x \end{vmatrix} + \begin{vmatrix} a & a & \cdots & a \\ a & x & \cdots & a \\ \vdots & \vdots & \ddots & \vdots \\ a & a & \cdots & x \end{vmatrix}.$$

右边第一个行列式为 $(x-a)D_{n-1}$,第二个行列式用主行消法 $(r_i-r_1,\ i=2,\cdots,n)$ 为

$$\begin{vmatrix} a & a & \cdots & a \\ & x-a & & \\ & & \ddots & \\ & & & x-a \end{vmatrix} = a(x-a)^{n-1}.$$

于是我们得到递推公式

$$D_n = (x-a)D_{n-1} + a(x-a)^{n-1}.$$

反复利用该公式,得

$$\begin{aligned} D_n &= (x-a)^2 D_{n-2} + (x-a)a(x-a)^{n-2} + a(x-a)^{n-1} \\ &= (x-a)^2 D_{n-2} + 2a(x-a)^{n-1} \\ &\vdots \\ &= (x-a)^{n-1} D_1 + (n-1)a(x-a)^{n-1} \\ &= x(x-a)^{n-1} + (n-1)a(x-a)^{n-1}, \end{aligned}$$

其中用了事实 $D_1 = x$.

我们看上面例子的两个变形.

例 4.18 计算 n 阶行列式

(1) $D_n = \begin{vmatrix} x_1 & a_2 & \cdots & a_n \\ a_1 & x_2 & \cdots & a_n \\ \vdots & \vdots & \ddots & \vdots \\ a_1 & a_2 & \cdots & x_n \end{vmatrix}$; (2) $D_n = \begin{vmatrix} x & a & \cdots & a \\ b & x & \cdots & a \\ \vdots & \vdots & \ddots & \vdots \\ b & b & \cdots & x \end{vmatrix}$.

☞ **解** (1) 用第1行主行消去

$$D_n \xlongequal[i=2,\cdots,n]{r_i - r_1} \begin{vmatrix} x_1 & a_2 & \cdots & a_n \\ a_1 - x_1 & x_2 - a_2 & & \\ \vdots & & \ddots & \\ a_1 - x_1 & & & x_n - a_n \end{vmatrix},$$

再用爪形行列式公式得

$$\begin{aligned} D_n &= \left(x_1 - \sum_{i=2}^{n} \frac{a_i(a_1 - x_1)}{x_i - a_i}\right)(x_2 - a_2)\cdots(x_n - a_n) \\ &= \left(1 + \sum_{i=1}^{n} \frac{a_i}{x_i - a_i}\right) \prod_{i=1}^{n} (x_i - a_i). \end{aligned}$$

(2) 拆第1行,得

$$D_n = \begin{vmatrix} x-b & 0 & \cdots & 0 \\ b & x & \cdots & a \\ \vdots & \vdots & \ddots & \vdots \\ b & b & \cdots & x \end{vmatrix} + \begin{vmatrix} b & a & \cdots & a \\ b & x & \cdots & a \\ \vdots & \vdots & \ddots & \vdots \\ b & b & \cdots & x \end{vmatrix}.$$

上面右边第一个行列式为 $(x-b)D_{n-1}$，第二个行列式 $r_i-r_1(i=2,\cdots,n)$ 后为

$$\begin{vmatrix} b & a & \cdots & a \\ 0 & x-a & & \\ \vdots & \vdots & \ddots & \\ 0 & b-a & \cdots & x-a \end{vmatrix}=b\begin{vmatrix} x-a & & \\ \vdots & \ddots & \\ b-a & \cdots & x-a \end{vmatrix}=b(x-a)^{n-1}.$$

于是得到递推公式

$$D_n=(x-b)D_{n-1}+b(x-a)^{n-1}.$$

将上式中的 a 和 b 互换，注意到此时 D_n 和 D_{n-1} 变成对应的转置矩阵的行列式而不改变，得

$$D_n=(x-a)D_{n-1}+a(x-b)^{n-1}.$$

利用两个递推公式消去 D_{n-1}，得

$$(a-b)D_n=a(x-b)^n-b(x-a)^n.$$

所以当 $a\neq b$ 时，有

$$D_n=\frac{a(x-b)^n-b(x-a)^n}{a-b}.$$

当 $a=b$ 时，由前面例子，$D_n=[x+(n-1)a](x-a)^{n-1}$. 但是，利用微积分中求极限的洛必达(Hôspital)法则有

$$\begin{aligned}\lim_{b\to a}\frac{a(x-b)^n-b(x-a)^n}{a-b}&=\lim_{b\to a}\frac{-na(x-b)^{n-1}-(x-a)^n}{-1}\\&=na(x-a)^{n-1}+(x-a)^n\\&=(na+x-a)(x-a)^{n-1}\\&=[x+(n-1)a](x-a)^{n-1}.\end{aligned}$$

所以总有

$$D_n=\frac{a(x-b)^n-b(x-a)^n}{a-b}.$$

解毕.

例 4.19 设 $\boldsymbol{A}\in\mathbb{F}^{m\times n}$，$\boldsymbol{B}\in\mathbb{F}^{n\times m}$，证明：$|\boldsymbol{E}_m-\boldsymbol{AB}|=|\boldsymbol{E}_n-\boldsymbol{BA}|$.

☞ **证明** 令 $\boldsymbol{C}=\begin{pmatrix}\boldsymbol{E}_m & \boldsymbol{A}\\ \boldsymbol{B} & \boldsymbol{E}_n\end{pmatrix}$，则有分块矩阵的初等变换

$$\boldsymbol{C}\xrightarrow{r_2-\boldsymbol{B}r_1}\begin{pmatrix}\boldsymbol{E}_m & \boldsymbol{A}\\ \boldsymbol{O} & \boldsymbol{E}_n-\boldsymbol{BA}\end{pmatrix},\quad \boldsymbol{C}\xrightarrow{c_1-c_2\boldsymbol{B}}\begin{pmatrix}\boldsymbol{E}_m-\boldsymbol{AB} & \boldsymbol{A}\\ \boldsymbol{O} & \boldsymbol{E}_n\end{pmatrix},$$

得

$$\begin{vmatrix} \boldsymbol{E}_m & \boldsymbol{A} \\ \boldsymbol{O} & \boldsymbol{E}_n - \boldsymbol{BA} \end{vmatrix} = \begin{vmatrix} \boldsymbol{E}_m - \boldsymbol{AB} & \boldsymbol{A} \\ \boldsymbol{O} & \boldsymbol{E}_n \end{vmatrix},$$

即 $|\boldsymbol{E}_m - \boldsymbol{AB}| = |\boldsymbol{E}_n - \boldsymbol{BA}|$.

将 $\boldsymbol{A}$ 用 $-\boldsymbol{A}$ 代替，

$$|\boldsymbol{E}_m + \boldsymbol{AB}| = |\boldsymbol{E}_n + \boldsymbol{BA}|$$

也成立.

最后举些应用上例结果的例子.

例 4.20 计算 n 阶行列式

(1) $D_n = \begin{vmatrix} 1+a_1b_1 & a_1b_2 & \cdots & a_1b_n \\ a_2b_1 & 1+a_2b_2 & \cdots & a_2b_n \\ \vdots & \vdots & \ddots & \vdots \\ a_nb_1 & a_nb_2 & \cdots & 1+a_nb_n \end{vmatrix}$;

(2) $D_n = \begin{vmatrix} a_1b_1 & 1+a_1b_2 & \cdots & 1+a_1b_n \\ 1+a_2b_1 & a_2b_2 & \cdots & 1+a_2b_n \\ \vdots & \vdots & \ddots & \vdots \\ 1+a_nb_1 & 1+a_nb_2 & \cdots & a_nb_n \end{vmatrix}$.

☞ **解** (1) 设 D_n 为方阵 $\boldsymbol{A}$ 对应的行列式，由于

$$\boldsymbol{A} = \boldsymbol{E}_n + \begin{pmatrix} a_1 \\ \vdots \\ a_n \end{pmatrix} (b_1, \cdots, b_n),$$

所以

$$D_n = 1 + (b_1, \cdots, b_n) \begin{pmatrix} a_1 \\ \vdots \\ a_n \end{pmatrix} = 1 + \sum_{i=1}^{n} a_ib_i.$$

也可以拆第1行得到 D_n 的递推公式.

(2) 设所给行列式对应矩阵为 $\boldsymbol{A}$，则

$$\boldsymbol{A} = \begin{pmatrix} 1+a_1b_1 & 1+a_1b_2 & \cdots & 1+a_1b_n \\ 1+a_2b_1 & 1+a_2b_2 & \cdots & 1+a_2b_n \\ \vdots & \vdots & \ddots & \vdots \\ 1+a_nb_1 & 1+a_nb_2 & \cdots & 1+a_nb_n \end{pmatrix} - \boldsymbol{E}_n$$

$$= \begin{pmatrix} 1 & a_1 \\ 1 & a_2 \\ \vdots & \vdots \\ 1 & a_n \end{pmatrix} \begin{pmatrix} 1 & 1 & \cdots & 1 \\ b_1 & b_2 & \cdots & b_n \end{pmatrix} - \boldsymbol{E}_n.$$

于是有

$$D_n=(-1)^n\left|\boldsymbol{E}_n-\begin{pmatrix}1 & a_1\\ 1 & a_2\\ \vdots & \vdots\\ 1 & a_n\end{pmatrix}\begin{pmatrix}1 & 1 & \cdots & 1\\ b_1 & b_2 & \cdots & b_n\end{pmatrix}\right|$$

$$=(-1)^n\left|\boldsymbol{E}_2-\begin{pmatrix}1 & 1 & \cdots & 1\\ b_1 & b_2 & \cdots & b_n\end{pmatrix}\begin{pmatrix}1 & a_1\\ 1 & a_2\\ \vdots & \vdots\\ 1 & a_n\end{pmatrix}\right|$$

$$=(-1)^n\begin{vmatrix}1-n & -\sum\limits_{i=1}^n a_i\\ -\sum\limits_{i=1}^n b_i & 1-\sum\limits_{i=1}^n a_ib_i\end{vmatrix}$$

$$=(-1)^n\left[(1-n)\left(1-\sum_{i=1}^n a_ib_i\right)-\left(\sum_{i=1}^n a_i\right)\left(\sum_{i=1}^n b_i\right)\right].$$

解毕.

习题 4.6

A1. 计算下列行列式

(1) $\begin{vmatrix}1 & 2 & \cdots & n-1 & n\\ 1 & -1 & \cdots & 0 & 0\\ 0 & 2 & \cdots & 0 & 0\\ \vdots & \vdots & & \vdots & \vdots\\ 0 & 0 & \cdots & n-1 & 1-n\end{vmatrix}$;

(2) $\begin{vmatrix}a & a+h & a+2h & \cdots & a+(n-2)h & a+(n-1)h\\ -a & a & & & & \\ & -a & a & & & \\ & & \ddots & \ddots & & \\ & & & -a & a & \\ & & & & -a & a\end{vmatrix}$;

(3) $\begin{vmatrix}0 & a & b & c\\ -a & 0 & d & e\\ -b & -d & 0 & f\\ -c & -e & -f & 0\end{vmatrix}$;　　(4) $\begin{vmatrix}a & b & c & d\\ -b & a & d & -c\\ -c & -d & a & b\\ -d & c & -b & a\end{vmatrix}$;

(5) $\begin{vmatrix} x_1 & a & \cdots & a \\ b & x_2 & \cdots & a \\ \vdots & \vdots & \ddots & \vdots \\ b & b & \cdots & x_n \end{vmatrix}$.

A2. 设 $\boldsymbol{A} \in \mathbb{F}^{m\times n}$，$\boldsymbol{B} \in \mathbb{F}^{n\times m}$，$\lambda$ 是未定元.证明：

$$\lambda^n \mid \lambda \boldsymbol{E}_m - \boldsymbol{AB} \mid = \lambda^m \mid \lambda \boldsymbol{E}_n - \boldsymbol{BA} \mid.$$

A3. 设 $\boldsymbol{A}$ 为 n 阶可逆矩阵，$\boldsymbol{\alpha}$ 为 n 维列向量，证明：

$$\det(\boldsymbol{A} - \boldsymbol{\alpha\alpha}^{\mathrm{T}}) = (1 - \boldsymbol{\alpha}^{\mathrm{T}}\boldsymbol{A}^{-1}\boldsymbol{\alpha})\det(\boldsymbol{A}).$$

A4. 设有 n 阶方阵 $\boldsymbol{A} = (a_{ij})$，其中

$$a_{ij} = \begin{cases} x + a_i, & i = j, \\ a_j, & i \neq j. \end{cases}$$

求行列式 $|\boldsymbol{A}|$.

B1. 设 $b_{ij} = (a_{i1} + a_{i2} + \cdots + a_{in}) - a_{ij}$，$1 \leqslant i, j \leqslant n$. 证明：

$$\begin{vmatrix} b_{11} & b_{12} & \cdots & b_{1n} \\ b_{21} & b_{22} & \cdots & b_{2n} \\ \vdots & \vdots & & \vdots \\ b_{n1} & b_{n2} & \cdots & b_{nn} \end{vmatrix} = (-1)^{n-1}(n-1) \begin{vmatrix} a_{11} & a_{12} & \cdots & a_{1n} \\ a_{21} & a_{22} & \cdots & a_{2n} \\ \vdots & \vdots & & \vdots \\ a_{n1} & a_{n2} & \cdots & a_{nn} \end{vmatrix}.$$

如果 $b_{ij} = (a_{i1} + a_{i2} + \cdots + a_{in}) - ca_{ij}$，其中 $1 \leqslant i, j \leqslant n$，$c \in \mathbb{F}$，结论又怎样?

B2. 计算 $n+1$ 阶行列式：

(1) $\begin{vmatrix} x & 1 & & & & & \\ -n & x-2 & 2 & & & & \\ & -(n-1) & x-4 & 3 & & & \\ & & \ddots & \ddots & \ddots & & \\ & & & -3 & x-(2n-4) & n-1 & \\ & & & & -2 & x-(2n-2) & n \\ & & & & & -1 & x-2n \end{vmatrix}$;

(2) $\begin{vmatrix} x+n & -n & & & & & \\ 1 & x+n-2 & -n+1 & & & & \\ & 2 & x+n-4 & -n+2 & & & \\ & & \ddots & \ddots & \ddots & & \\ & & & n-2 & x-n+4 & -2 & \\ & & & & n-1 & x-n+2 & -1 \\ & & & & & n & x-n \end{vmatrix}$.

C1. 设 $\boldsymbol{A} \in \mathbb{R}^{2n\times 2n}$ 满足①

$$\boldsymbol{A}\begin{pmatrix} \boldsymbol{O} & \boldsymbol{E}_n \\ -\boldsymbol{E}_n & \boldsymbol{O} \end{pmatrix}\boldsymbol{A}^{\mathrm{T}} = \begin{pmatrix} \boldsymbol{O} & \boldsymbol{E}_n \\ -\boldsymbol{E}_n & \boldsymbol{O} \end{pmatrix}.$$

① 称满足这个条件的矩阵为**辛方阵**.

证明：$|\boldsymbol{A}|=1$.

C2. 设 $\boldsymbol{A}\in\mathbb{C}^{2n\times 2n}$ 满足

$$\boldsymbol{A}\begin{pmatrix}\boldsymbol{O} & \boldsymbol{E}_n\\ -\boldsymbol{E}_n & \boldsymbol{O}\end{pmatrix}\boldsymbol{A}^{\mathrm{T}}=\begin{pmatrix}\boldsymbol{O} & \boldsymbol{E}_n\\ -\boldsymbol{E}_n & \boldsymbol{O}\end{pmatrix}.$$

证明：$|\boldsymbol{A}|=1$.

§4.7 行列式的按行(列)展开

4.7.1 行列式的按行(列)展开

现在介绍行列式计算的降阶法.按照我们的想法，希望将 n 阶行列式用 $n-1$ 阶行列式表示.为了得到一些有益的提示，先看三阶行列式如何用二阶行列式表示.事实上，

$$\begin{aligned}D_3&=\begin{vmatrix}a_{11} & a_{12} & a_{13}\\ a_{21} & a_{22} & a_{23}\\ a_{31} & a_{32} & a_{33}\end{vmatrix}\\
&=a_{11}a_{22}a_{33}+a_{12}a_{23}a_{31}+a_{13}a_{21}a_{32}-a_{11}a_{23}a_{32}-a_{12}a_{21}a_{33}-a_{13}a_{22}a_{31}\\
&=a_{11}(a_{22}a_{33}-a_{23}a_{32})+a_{12}(a_{23}a_{31}-a_{21}a_{33})+a_{13}(a_{21}a_{32}-a_{22}a_{31})\\
&=a_{11}\begin{vmatrix}a_{22} & a_{23}\\ a_{32} & a_{33}\end{vmatrix}-a_{12}\begin{vmatrix}a_{21} & a_{23}\\ a_{31} & a_{33}\end{vmatrix}+a_{13}\begin{vmatrix}a_{21} & a_{22}\\ a_{31} & a_{32}\end{vmatrix},\end{aligned}$$

确实将三阶行列式用二阶行列式表示.上面推导中，我们将三阶行列式的六项按照一正一负分成三组，于是等于第一行的三个元素与某些二阶行列式乘积的代数和.那么，这些元素乘怎样的二阶行列式？可以看到，都是把该元素所在行和列划去后，剩下的二阶方阵的行列式.最后还需确定代数和中的符号.经过仔细分析后，我们给出下面的定义.

定义 4.7 设 $\boldsymbol{A}=(a_{ij})_{n\times n}\in\mathbb{F}^{n\times n}$，其中 $n\geqslant 2$. 任取 $1\leqslant i, j\leqslant n$.

(1) 将 $\boldsymbol{A}$ 中第 i 行和第 j 列元素划去后，剩下的 $n-1$ 阶方阵的行列式称为 (i, j) 位置(或：a_{ij}) 的**余子式**，记为 M_{ij}. 即

$$M_{ij}=\begin{vmatrix}a_{11} & \cdots & a_{1,j-1} & a_{1j} & a_{1,j+1} & \cdots & a_{1n}\\ \vdots & & \vdots & \vdots & \vdots & & \vdots\\ a_{i-1,1} & \cdots & a_{i-1,j-1} & a_{i-1,j} & a_{i-1,j+1} & \cdots & a_{i-1,n}\\ a_{i1} & \cdots & a_{i,j-1} & a_{ij} & a_{i,j+1} & \cdots & a_{in}\\ a_{i+1,1} & \cdots & a_{i+1,j-1} & a_{i+1,j} & a_{i+1,j+1} & \cdots & a_{i+1,n}\\ \vdots & & \vdots & \vdots & \vdots & & \vdots\\ a_{n1} & \cdots & a_{n,j-1} & a_{nj} & a_{n,j+1} & \cdots & a_{nn}\end{vmatrix};$$

(2) (i, j) 位置(或 a_{ij}) 的**代数余子式** A_{ij} 定义为

$$A_{ij} := (-1)^{i+j} M_{ij}.$$

这里，我们强调 (i, j) 位置的余子式和代数余子式，是由于它们与 $\boldsymbol{A}$ 的第 i 行和第 j 列的具体元素没有关系(它们被划去了)，而只与 i, j 有关.

利用代数余子式的记号，上面用二阶行列式表示三阶行列式的等式可以改为

$$D_3 = a_{11}A_{11} + a_{12}A_{12} + a_{13}A_{13},$$

即 D_3 等于第1行的所有元素与对应位置的代数余子式乘积之和.感兴趣的读者可以验证：如果对三阶行列式的六项采用不同的一正一负的分组方式(共有6种分组方法)，则可知三阶行列式等于某一行(列)的三个元素与对应位置的代数余子式乘积之和.于是我们有理由相信下面的定理成立.

定理 4.17[按行(列)展开定理] 设 $\boldsymbol{A} = (a_{ij})_{n\times n} \in \mathbb{F}^{n\times n}$ 是 n 阶方阵，其中 $n \geqslant 2$，则 $|\boldsymbol{A}|$ 等于某行(列)的所有元素与对应位置的代数余子式乘积之和.即

(1) $|\boldsymbol{A}| = a_{i1}A_{i1} + a_{i2}A_{i2} + \cdots + a_{in}A_{in}$, $1 \leqslant i \leqslant n$； (按第 i 行展开)

(2) $|\boldsymbol{A}| = a_{1j}A_{1j} + a_{2j}A_{2j} + \cdots + a_{nj}A_{nj}$, $1 \leqslant j \leqslant n$. (按第 j 列展开)

下面的任务是证明这个定理成立.我们先处理简单的情形.

引理 4.18 如果 $\boldsymbol{A}$ 的第 i 行除 a_{ij} 外其余元素都是零，则 $|\boldsymbol{A}| = a_{ij}A_{ij}$.

☞ **证明** 可以记

$$\boldsymbol{A} = \begin{pmatrix} \boldsymbol{B}_1 & * & \boldsymbol{B}_2 \\ \boldsymbol{O} & a_{ij} & \boldsymbol{O} \\ \boldsymbol{B}_3 & * & \boldsymbol{B}_4 \end{pmatrix},$$

则

$$\boldsymbol{M}_{ij} = \begin{vmatrix} \boldsymbol{B}_1 & \boldsymbol{B}_2 \\ \boldsymbol{B}_3 & \boldsymbol{B}_4 \end{vmatrix}.$$

由分块阵的初等变换

$$\boldsymbol{A} \xrightarrow{r_1 \leftrightarrow r_2} \begin{pmatrix} \boldsymbol{O} & a_{ij} & \boldsymbol{O} \\ \boldsymbol{B}_1 & * & \boldsymbol{B}_2 \\ \boldsymbol{B}_3 & * & \boldsymbol{B}_4 \end{pmatrix} \xrightarrow{c_1 \leftrightarrow c_2} \begin{pmatrix} a_{ij} & \boldsymbol{O} & \boldsymbol{O} \\ * & \boldsymbol{B}_1 & \boldsymbol{B}_2 \\ * & \boldsymbol{B}_3 & \boldsymbol{B}_4 \end{pmatrix},$$

得

$$\begin{aligned} |\boldsymbol{A}| &= (-1)^{i-1}(-1)^{j-1} \begin{vmatrix} a_{ij} & \boldsymbol{O} & \boldsymbol{O} \\ * & \boldsymbol{B}_1 & \boldsymbol{B}_2 \\ * & \boldsymbol{B}_3 & \boldsymbol{B}_4 \end{vmatrix} = (-1)^{i+j} a_{ij} \begin{vmatrix} \boldsymbol{B}_1 & \boldsymbol{B}_2 \\ \boldsymbol{B}_3 & \boldsymbol{B}_4 \end{vmatrix} \\ &= (-1)^{i+j} a_{ij} M_{ij} = a_{ij} A_{ij}. \end{aligned}$$

证毕.

☞ **定理 4.17 的证明** (1) 拆第 i 行

$$|\boldsymbol{A}|=\begin{vmatrix} a_{11} & a_{12} & \cdots & a_{1n} \\ \vdots & \vdots & & \vdots \\ a_{i-1,1} & a_{i-1,2} & \cdots & a_{i-1,n} \\ a_{i1}+0+\cdots+0 & 0+a_{i2}+0+\cdots+0 & \cdots & 0+\cdots+0+a_{in} \\ a_{i+1,1} & a_{i+1,2} & \cdots & a_{i+1,n} \\ \vdots & \vdots & & \vdots \\ a_{n1} & a_{n2} & \cdots & a_{nn} \end{vmatrix}$$

$$=\begin{vmatrix} a_{11} & a_{12} & \cdots & a_{1n} \\ \vdots & \vdots & & \vdots \\ a_{i-1,1} & a_{i-1,2} & \cdots & a_{i-1,n} \\ a_{i1} & 0 & \cdots & 0 \\ a_{i+1,1} & a_{i+1,2} & \cdots & a_{i+1,n} \\ \vdots & \vdots & & \vdots \\ a_{n1} & a_{n2} & \cdots & a_{nn} \end{vmatrix}+\begin{vmatrix} a_{11} & a_{12} & \cdots & a_{1n} \\ \vdots & \vdots & & \vdots \\ a_{i-1,1} & a_{i-1,2} & \cdots & a_{i-1,n} \\ 0 & a_{i2} & \cdots & 0 \\ a_{i+1,1} & a_{i+1,2} & \cdots & a_{i+1,n} \\ \vdots & \vdots & & \vdots \\ a_{n1} & a_{n2} & \cdots & a_{nn} \end{vmatrix}+\cdots+$$

$$\begin{vmatrix} a_{11} & a_{12} & \cdots & a_{1n} \\ \vdots & \vdots & & \vdots \\ a_{i-1,1} & a_{i-1,2} & \cdots & a_{i-1,n} \\ 0 & 0 & \cdots & a_{in} \\ a_{i+1,1} & a_{i+1,2} & \cdots & a_{i+1,n} \\ \vdots & \vdots & & \vdots \\ a_{n1} & a_{n2} & \cdots & a_{nn} \end{vmatrix}.$$

上面右边的 n 个行列式都满足引理 4.18 的条件,再注意到这 n 个行列式的第 i 行任意位置的代数余子式都与 $\boldsymbol{A}$ 的对应位置的代数余子式一致,应用引理 4.18 就得到

$$|\boldsymbol{A}|=a_{i1}A_{i1}+a_{i2}A_{i2}+\cdots+a_{in}A_{in}.$$

(2) 利用(1)和方阵转置后行列式不变的事实证明.

如果某行元素乘的不是该行对应的代数余子式,而是另一行对应的代数余子式,结果如何呢?

推论 4.19 设 $\boldsymbol{A}=(a_{ij})_{n\times n}\in\mathbb{F}^{n\times n}$ 是 n 阶方阵,其中 $n\geqslant 2$,则对于 $1\leqslant i,j\leqslant n$ 有

(1) $a_{i1}A_{j1}+a_{i2}A_{j2}+\cdots+a_{in}A_{jn}=\delta_{ij}|\boldsymbol{A}|=\begin{cases}|\boldsymbol{A}|, & i=j,\\ 0, & i\neq j;\end{cases}$

(2) $a_{1i}A_{1j}+a_{2i}A_{2j}+\cdots+a_{ni}A_{nj}=\delta_{ij}|\boldsymbol{A}|=\begin{cases}|\boldsymbol{A}|, & i=j,\\ 0, & i\neq j.\end{cases}$

☞ **证明** 只需证明(1)及 $i\neq j$ 的情形.不妨设 $i<j$,有

$$0=\begin{vmatrix} a_{11} & \cdots & a_{1n} \\ \vdots & & \vdots \\ a_{i1} & \cdots & a_{in} \\ \vdots & & \vdots \\ a_{i1} & \cdots & a_{in} \\ \vdots & & \vdots \\ a_{n1} & \cdots & a_{nn} \end{vmatrix}\begin{matrix} \\ \\ i\text{ 行} \\ \\ j\text{ 行} \\ \\ \\ \end{matrix} \xlongequal{\text{按第 } j \text{ 行展开}} a_{i1}A_{j1}+\cdots+a_{in}A_{jn}.$$

这里读者要想清楚为什么上面等式中构造的行列式的第 j 行位置的代数余子式与 $\boldsymbol{A}$ 的相应的代数余子式一致.

按行(列)展开可以降阶,为了不增加计算量,应该选取零多的行和列展开;当零不够多时,用初等变换造出零(打洞降阶).下面用这种想法重新计算例 4.10.

例 4.21(同例 4.10) 计算行列式 $D=\begin{vmatrix} 3 & 1 & -1 & 2 \\ -5 & 1 & 3 & -4 \\ 2 & 0 & 1 & -1 \\ 1 & -5 & 3 & -3 \end{vmatrix}$.

☞ **解**

$$D \xlongequal[c_4+c_3]{c_1-2c_3} \begin{vmatrix} 5 & 1 & -1 & 1 \\ -11 & 1 & 3 & -1 \\ 0 & 0 & 1 & 0 \\ -5 & -5 & 3 & 0 \end{vmatrix} = (-1)^{3+3}\begin{vmatrix} 5 & 1 & 1 \\ -11 & 1 & -1 \\ -5 & -5 & 0 \end{vmatrix}$$

$$\xlongequal{r_2+r_1} \begin{vmatrix} 5 & 1 & 1 \\ -6 & 2 & 0 \\ -5 & -5 & 0 \end{vmatrix} = (-1)^{1+3}\begin{vmatrix} -6 & 2 \\ -5 & -5 \end{vmatrix} = 40.$$

解毕.

我们将在下一节给出更多的行列式计算的例子.

4.7.2 伴随矩阵和求逆公式

设 $\boldsymbol{A}=(a_{ij})\in\mathbb{F}^{n\times n}$,其中 $n\geqslant 2$.设 A_{ij} 是$\boldsymbol{A}$ 的 (i,j) 位置的代数余子式,则由推论4.19断言下面 $2n^2$ 个等式成立

$$a_{i1}A_{j1}+a_{i2}A_{j2}+\cdots+a_{in}A_{jn}=\delta_{ij}\,|\boldsymbol{A}|,\quad 1\leqslant i,j\leqslant n,$$
$$a_{1i}A_{1j}+a_{2i}A_{2j}+\cdots+a_{ni}A_{nj}=\delta_{ij}\,|\boldsymbol{A}|,\quad 1\leqslant i,j\leqslant n.$$

用矩阵来表示恰是

$$\begin{pmatrix} a_{11} & a_{12} & \cdots & a_{1n} \\ a_{21} & a_{22} & \cdots & a_{2n} \\ \vdots & \vdots & & \vdots \\ a_{n1} & a_{n2} & \cdots & a_{nn} \end{pmatrix}\begin{pmatrix} A_{11} & A_{21} & \cdots & A_{n1} \\ A_{12} & A_{22} & \cdots & A_{n2} \\ \vdots & \vdots & & \vdots \\ A_{1n} & A_{2n} & \cdots & A_{nn} \end{pmatrix}=\begin{pmatrix} |\boldsymbol{A}| & & & \\ & |\boldsymbol{A}| & & \\ & & \ddots & \\ & & & |\boldsymbol{A}| \end{pmatrix},$$

$$\begin{pmatrix} A_{11} & A_{21} & \cdots & A_{n1} \\ A_{12} & A_{22} & \cdots & A_{n2} \\ \vdots & \vdots & & \vdots \\ A_{1n} & A_{2n} & \cdots & A_{nn} \end{pmatrix}\begin{pmatrix} a_{11} & a_{12} & \cdots & a_{1n} \\ a_{21} & a_{22} & \cdots & a_{2n} \\ \vdots & \vdots & & \vdots \\ a_{n1} & a_{n2} & \cdots & a_{nn} \end{pmatrix}=\begin{pmatrix} |\boldsymbol{A}| & & & \\ & |\boldsymbol{A}| & & \\ & & \ddots & \\ & & & |\boldsymbol{A}| \end{pmatrix}.$$

我们引入如下的定义

定义 4.8 设$\boldsymbol{A}\in\mathbb{F}^{n\times n}$,其中$n\geqslant 2$,设$\boldsymbol{A}$的$(i,j)$位置的代数余子式是$A_{ij}$. 矩阵$\boldsymbol{A}$的**伴随矩阵**定义为[①]

$$\operatorname{adj}(\boldsymbol{A}):=\begin{pmatrix} A_{11} & A_{21} & \cdots & A_{n1} \\ A_{12} & A_{22} & \cdots & A_{n2} \\ \vdots & \vdots & & \vdots \\ A_{1n} & A_{2n} & \cdots & A_{nn} \end{pmatrix}=(A_{ji})_{n\times n}\in\mathbb{F}^{n\times n}.$$

当$n=1$时,定义$\operatorname{adj}(\boldsymbol{A})=\boldsymbol{E}_1$.

应用伴随矩阵的记号,推论 4.19 可以改写成下面的定理.

定理 4.20 设$\boldsymbol{A}\in\mathbb{F}^{n\times n}$,则

$$\boldsymbol{A}\operatorname{adj}(\boldsymbol{A})=\operatorname{adj}(\boldsymbol{A})\boldsymbol{A}=|\boldsymbol{A}|\boldsymbol{E}_n.$$

☞ **证明** 只需看$n=1$的情形.此时$\boldsymbol{A}=(a)$, $\operatorname{adj}(\boldsymbol{A})=\boldsymbol{E}_1$,进而$|\boldsymbol{A}|=a$,于是可知成立.

于是我们得到下面的求逆公式.

定理 4.21(求逆公式) 设$\boldsymbol{A}\in\mathbb{F}^{n\times n}$是可逆矩阵,则

$$\boldsymbol{A}^{-1}=\frac{1}{|\boldsymbol{A}|}\operatorname{adj}(\boldsymbol{A}).$$

☞ **证明** 由于$\boldsymbol{A}$可逆,所以$|\boldsymbol{A}|\neq 0$. 于是定理 4.20 中伴随矩阵满足的等式可以改写为

$$\boldsymbol{A}\left(\frac{1}{|\boldsymbol{A}|}\operatorname{adj}(\boldsymbol{A})\right)=\boldsymbol{E}_n.$$

因此,$\boldsymbol{A}^{-1}=\dfrac{1}{|\boldsymbol{A}|}\operatorname{adj}(\boldsymbol{A})$.

例 4.22(同例 3.29) 设$\boldsymbol{A}=\begin{pmatrix} a & b \\ c & d \end{pmatrix}$. 问:$a$, b, c, d满足何种条件时$\boldsymbol{A}$可逆? 并在$\boldsymbol{A}$可逆时求$\boldsymbol{A}$的逆.

☞ **解** 由于$|\boldsymbol{A}|=ad-bc$,所以

$$\boldsymbol{A}\text{ 可逆}\Longleftrightarrow ad-bc\neq 0.$$

而伴随矩阵

① 矩阵$\boldsymbol{A}$的伴随矩阵也常常记为$\boldsymbol{A}^*$. 由于后面将用$\boldsymbol{A}^*$表示复矩阵$\boldsymbol{A}$的转置共轭矩阵,而伴随矩阵的英文是 adjugate matrix,所以本讲义采用了$\operatorname{adj}(\boldsymbol{A})$这个记号.

$$\mathrm{adj}(\boldsymbol{A})=\begin{pmatrix}A_{11} & A_{21}\\ A_{12} & A_{22}\end{pmatrix}=\begin{pmatrix}d & -b\\ -c & a\end{pmatrix},$$

所以当 $ad-bc\neq 0$ 时,有求逆公式

$$\boldsymbol{A}^{-1}=\begin{pmatrix}a & b\\ c & d\end{pmatrix}^{-1}=\frac{1}{ad-bc}\begin{pmatrix}d & -b\\ -c & a\end{pmatrix}.$$

解毕.

虽然用求逆公式很容易求出二阶可逆方阵的逆,但是通常不用该公式具体计算高阶矩阵的逆,因为这需要计算很多行列式.我们还常常反过来用这个公式:当 $\boldsymbol{A}$ 可逆时,有 $\mathrm{adj}(\boldsymbol{A})=|\boldsymbol{A}|\boldsymbol{A}^{-1}$.

习题 4.7

A1. 计算下列行列式

(1) $\begin{vmatrix}1 & 1 & 1 & 1\\ 1 & 1 & 0 & -5\\ -1 & 3 & 1 & 3\\ 2 & -4 & -1 & -3\end{vmatrix}$; (2) $\begin{vmatrix}a & 1 & & \\ -1 & b & 1 & \\ & -1 & c & 1\\ & & -1 & d\end{vmatrix}$; (3) $\begin{vmatrix}1 & a & a^2 & a^3\\ a & 1 & a & a^2\\ a^2 & a & 1 & a\\ a^3 & a^2 & a & 1\end{vmatrix}$.

A2. 计算下列 n 阶行列式

(1) $\begin{vmatrix}x & y & 0 & \cdots & 0 & 0\\ 0 & x & y & \cdots & 0 & 0\\ \vdots & \vdots & \vdots & & \vdots & \vdots\\ 0 & 0 & 0 & \cdots & x & y\\ y & 0 & 0 & \cdots & 0 & x\end{vmatrix}$, $n\geqslant 2$;

(2) $\begin{vmatrix}x & & & & & a_0\\ -1 & x & & & & a_1\\ & -1 & x & & & a_2\\ & & \ddots & \ddots & & \vdots\\ & & & -1 & x & a_{n-2}\\ & & & & -1 & x+a_{n-1}\end{vmatrix}$;

(3) $\begin{vmatrix}1 & 2 & 3 & \cdots & n-1 & n\\ a & 1 & 2 & \cdots & n-2 & n-1\\ a & a & 1 & \cdots & n-3 & n-2\\ \vdots & \vdots & \vdots & & \vdots & \vdots\\ a & a & a & \cdots & 1 & 2\\ a & a & a & \cdots & a & 1\end{vmatrix}$.

A3. 求下列可逆方阵的逆阵

(1) $\begin{pmatrix}2 & 4\\ 3 & 5\end{pmatrix}$; (2) $\begin{pmatrix}1 & 2 & 0 & 0\\ 2 & 2 & 0 & 0\\ 0 & 0 & 2 & 1\\ 0 & 0 & 3 & 2\end{pmatrix}$.

A4. (1) 设 $\boldsymbol{A}=(a_{ij})$ 是 n 阶方阵,其中 $n\geqslant 2$, A_{ij} 是行列式 $|\boldsymbol{A}|$ 中元素 a_{ij} 的代数余子式, $b_1, \cdots, b_n \in \mathbb{F}$. 证明:对任意 $1\leqslant i\leqslant n$,有

$$b_1A_{i1}+b_2A_{i2}+\cdots+b_nA_{in}=|\boldsymbol{B}|,\quad b_1A_{1i}+b_2A_{2i}+\cdots+b_nA_{ni}=|\boldsymbol{C}|,$$

其中 $\boldsymbol{B}$ 是将 $\boldsymbol{A}$ 的第 i 行用 $(b_1, b_2, \cdots, b_n)$ 替换后得到的 n 阶方阵,而 $\boldsymbol{C}$ 是将 $\boldsymbol{A}$ 的第 i 列用 $\begin{pmatrix} b_1\\ b_2\\ \vdots\\ b_n\end{pmatrix}$ 替换后得到的 n 阶方阵;

(2) 设 $\boldsymbol{A}=\begin{pmatrix} 1 & 2 & 3 & 4\\ -1 & 10 & 2 & 1\\ 3 & 1 & 4 & 1\\ 2 & 1 & 1 & 0\end{pmatrix}$,求 $|\boldsymbol{A}|$ 中第二列元素的代数余子式之和.

A5. 设 n 阶方阵 $\boldsymbol{A}=(a_{ij})$ 的元素 a_{ij} 都是变量 x 的可微函数, $1\leqslant i, j\leqslant n$. 证明:

$$\frac{\mathrm{d}(\det\boldsymbol{A})}{\mathrm{d}x}=\sum_{1\leqslant i,\, j\leqslant n}\frac{\mathrm{d}a_{ij}}{\mathrm{d}x}A_{ij},$$

其中 A_{ij} 是行列式 $|\boldsymbol{A}|$ 中元素 a_{ij} 的代数余子式.

A6. 设 $\boldsymbol{A}$ 为三阶方阵,且 $|\boldsymbol{A}|=\dfrac{1}{2}$,求 $|(2\boldsymbol{A})^{-1}-5\operatorname{adj}(\boldsymbol{A})|$.

A7. 设 $\boldsymbol{A}$ 是 n 阶方阵,其中 $n\geqslant 2$,证明: $|\operatorname{adj}(\boldsymbol{A})|=|\boldsymbol{A}|^{n-1}$.

A8. 设 $\boldsymbol{A}$ 和 $\boldsymbol{B}$ 是 n 阶方阵,其中 $n\geqslant 2$,证明①:

(1) $\operatorname{adj}(a\boldsymbol{A})=a^{n-1}\operatorname{adj}(\boldsymbol{A})$,其中 a 是数;

(2) $\operatorname{adj}(\boldsymbol{AB})=\operatorname{adj}(\boldsymbol{B})\operatorname{adj}(\boldsymbol{A})$;

(3) 如果 $\boldsymbol{A}$ 可逆,则 $\operatorname{adj}(\boldsymbol{A})$ 也可逆,且 $\operatorname{adj}(\boldsymbol{A})^{-1}=\operatorname{adj}(\boldsymbol{A}^{-1})$.

A9. 设 $\boldsymbol{A}$ 是 n 阶方阵, $n\geqslant 2$. 证明:

(1) $\operatorname{adj}(\boldsymbol{A}^{\mathrm{T}})=\operatorname{adj}(\boldsymbol{A})^{\mathrm{T}}$;

(2) 如果 $\boldsymbol{A}$ 是对称阵,则 $\operatorname{adj}(\boldsymbol{A})$ 也是对称阵;

(3) 如果 $\boldsymbol{A}$ 是反对称阵,则当 n 为偶数时, $\operatorname{adj}(\boldsymbol{A})$ 是反对称阵,而当 n 是奇数时, $\operatorname{adj}(\boldsymbol{A})$ 是对称阵.

B1. 给定 n 阶方阵 $\boldsymbol{A}=(a_{ij})$,令

$$\boldsymbol{A}(t)=\begin{pmatrix} a_{11}+t & a_{12}+t & \cdots & a_{1n}+t\\ a_{21}+t & a_{22}+t & \cdots & a_{2n}+t\\ \vdots & \vdots & & \vdots\\ a_{n1}+t & a_{n2}+t & \cdots & a_{nn}+t\end{pmatrix},$$

其中 t 是参数.设 A_{ij} 是行列式 $|\boldsymbol{A}|$ 中元素 a_{ij} 的代数余子式,证明:

(1)

$$\det(\boldsymbol{A}(t))=\det(\boldsymbol{A})+t\sum_{i,\, j=1}^{n}A_{ij};$$

---

① (2)可以用 Binet-Cauchy 公式.

(2)

$$\begin{vmatrix} 1 & 1 & \cdots & 1 \\ a_{21}-a_{11} & a_{22}-a_{12} & \cdots & a_{2n}-a_{1n} \\ a_{31}-a_{11} & a_{32}-a_{12} & \cdots & a_{3n}-a_{1n} \\ \vdots & \vdots & & \vdots \\ a_{n1}-a_{11} & a_{n2}-a_{12} & \cdots & a_{nn}-a_{1n} \end{vmatrix} = \sum_{1\leqslant i,\ j\leqslant n} A_{ij}.$$

B2. (1) 设 n 阶方阵 $\boldsymbol{A}=\begin{pmatrix} 1 & 1 & 1 & \cdots & 1 \\ & 1 & 1 & \cdots & 1 \\ & & 1 & \cdots & 1 \\ & & & \ddots & \vdots \\ & & & & 1 \end{pmatrix}$，求 $|\boldsymbol{A}|$ 的所有代数余子式之和；

(2) 一般地，如果 n 阶行列式 D 的某一行(或列)的所有元素都是 1，则 D 的所有元素的代数余子式之和和 D 有什么关系？证明你的结论.

B3. 用 x_1，x_2，…，x_{n-1}，1 替换 n 阶行列式

$$D=\begin{vmatrix} a_{11} & \cdots & a_{1,\,n-1} & 1 \\ a_{21} & \cdots & a_{2,\,n-1} & 1 \\ \vdots & \cdots & \vdots & \vdots \\ a_{n1} & \cdots & a_{n,\,n-1} & 1 \end{vmatrix}$$

的第 i 行，得到的行列式记为 D_i，$i=1, 2, \cdots, n$. 证明：

$$D=D_1+D_2+\cdots+D_n.$$

B4. 给定 n 阶方阵 $\boldsymbol{A}=(a_{ij})$. 证明：

$$\begin{vmatrix} a_{11} & a_{12} & \cdots & a_{1n} & x_1 \\ a_{21} & a_{22} & \cdots & a_{2n} & x_2 \\ \vdots & \vdots & & \vdots & \vdots \\ a_{n1} & a_{n2} & \cdots & a_{nn} & x_n \\ y_1 & y_2 & \cdots & y_n & z \end{vmatrix} = z\det(\boldsymbol{A}) - \sum_{1\leqslant i,\ j\leqslant n} A_{ij}x_iy_j,$$

其中 A_{ij} 是行列式 $\det(\boldsymbol{A})$ 的元素 a_{ij} 的代数余子式，$1\leqslant i,\ j\leqslant n$.

B5. 设 $\boldsymbol{A}\in\mathbb{F}^{n\times n}$，$\boldsymbol{B}\in\mathbb{F}^{m\times m}$，$\boldsymbol{C}=\begin{pmatrix}\boldsymbol{A} & \boldsymbol{O}\\ \boldsymbol{O} & \boldsymbol{B}\end{pmatrix}$，证明：

$$\operatorname{adj}(\boldsymbol{C})=\begin{pmatrix} |\boldsymbol{B}|\operatorname{adj}(\boldsymbol{A}) & \boldsymbol{O} \\ \boldsymbol{O} & |\boldsymbol{A}|\operatorname{adj}(\boldsymbol{B}) \end{pmatrix},$$

其中一阶方阵的伴随矩阵约定为 $\boldsymbol{E}_1$.

B6. 设 $\boldsymbol{A}\in\mathbb{F}^{n\times n}$，$\boldsymbol{\alpha}$，$\boldsymbol{\beta}\in\mathbb{F}^n$，证明：$|\boldsymbol{A}+\boldsymbol{\alpha}\boldsymbol{\beta}^{\mathrm{T}}|=|\boldsymbol{A}|+\boldsymbol{\beta}^{\mathrm{T}}\operatorname{adj}(\boldsymbol{A})\boldsymbol{\alpha}$，其中一阶方阵的伴随矩阵约定为 $\boldsymbol{E}_1$.

B7. 设 $\boldsymbol{A}\in\mathbb{F}^{n\times n}$ 为 n 阶反对称阵，其中 n 是偶数，任取 $\boldsymbol{\alpha}\in\mathbb{F}^n$ 和 $a\in\mathbb{F}$，证明：

$$|\boldsymbol{A}|=|\boldsymbol{A}+a\boldsymbol{\alpha}\boldsymbol{\alpha}^{\mathrm{T}}|.$$

§4.8 行列式计算之例二

本节再举一些行列式计算的例子,这是另一些风景.

例 4.23 计算 n 阶行列式 $D_n=\begin{vmatrix} x & a & a & \cdots & a & a \\ b & a & c & \cdots & c & c \\ b & c & a & \cdots & c & c \\ \vdots & \vdots & \vdots & \ddots & \vdots & \vdots \\ b & c & c & \cdots & a & c \\ b & c & c & \cdots & c & a \end{vmatrix}$.

☞ **解** 用主行消去法和列累加法

$$D_n \xlongequal[i=2,\cdots,n-1]{r_i-r_n} \begin{vmatrix} x & a & a & \cdots & a & a \\ & a-c & & & & c-a \\ & & a-c & & & c-a \\ & & & \ddots & & \vdots \\ & & & & a-c & c-a \\ b & c & c & \cdots & c & a \end{vmatrix}$$

$$\xlongequal[i=2,\cdots,n-1]{c_n+c_i} \begin{vmatrix} x & a & a & \cdots & a & (n-1)a \\ & a-c & & & & \\ & & a-c & & & \\ & & & \ddots & & \\ & & & & a-c & \\ b & c & c & \cdots & c & a+(n-2)c \end{vmatrix}.$$

再按照第 1 列展开,得

$$D_n=x\begin{vmatrix} a-c & & & & \\ & a-c & & & \\ & & \ddots & & \\ & & & a-c & \\ c & c & \cdots & c & a+(n-2)c \end{vmatrix}+(-1)^{n+1}b\begin{vmatrix} a & a & \cdots & a & (n-1)a \\ a-c & & & & \\ & a-c & & & \\ & & \ddots & & \\ & & & a-c & \end{vmatrix}$$

$$=x(a-c)^{n-2}[a+(n-2)c]+(-1)^{n+1}(-1)^{1+(n-1)}b(n-1)a\begin{vmatrix} a-c & & & \\ & a-c & & \\ & & \ddots & \\ & & & a-c \end{vmatrix}$$

$$=x(a-c)^{n-2}[a+(n-2)c]-(n-1)ab(a-c)^{n-2}$$

$$=(a-c)^{n-2}[ax+(n-2)cx-(n-1)ab].$$

解毕.

我们举一些**三对角行列式**的例子.

例 4.24 计算 n 阶行列式 $D_n=\begin{vmatrix} \cos\theta & 1 & & & & \\ 1 & 2\cos\theta & 1 & & & \\ & 1 & 2\cos\theta & 1 & & \\ & & \ddots & \ddots & \ddots & \\ & & & 1 & 2\cos\theta & 1 \\ & & & & 1 & 2\cos\theta \end{vmatrix}$.

☞ **解** 三对角行列式的计算方法通常是按照第 1 行(列)或者第 n 行(列)展开,得到递推公式,然后归纳得到.这里,当 $n\geqslant 3$ 时,按照第 n 行展开得(为什么不按照第 1 行展开?)

$$D_n=2\cos\theta D_{n-1}-\begin{vmatrix} \cos\theta & 1 & & & & \\ 1 & 2\cos\theta & 1 & & & \\ & \ddots & \ddots & \ddots & & \\ & & 1 & 2\cos\theta & 1 & \\ & & & 1 & 2\cos\theta & \\ & & & & 1 & 1 \end{vmatrix}$$

$$=2\cos\theta D_{n-1}-D_{n-2}.$$

现在

$$D_1=\cos\theta,\ D_2=\begin{vmatrix} \cos\theta & 1 \\ 1 & 2\cos\theta \end{vmatrix}=2\cos^2\theta-1=\cos 2\theta,$$

而按照递推公式

$$D_3=2\cos\theta D_2-D_1=2\cos\theta\cos 2\theta-\cos\theta=\cos 3\theta+\cos\theta-\cos\theta=\cos 3\theta,$$

这里,我们用了三角公式

$$2\cos\alpha\cos\beta=\cos(\alpha+\beta)+\cos(\alpha-\beta).$$

于是我们猜想:$D_n=\cos n\theta$.

下面用数学归纳法证明这个猜想.当 $n=1, 2$ 时,猜想成立,下设 $n\geqslant 3$,且对任意 $k<n$ 有 $D_k=\cos k\theta$. 利用递推公式和归纳假设,就得

$$\begin{aligned} D_n&=2\cos\theta D_{n-1}-D_{n-2}=2\cos\theta\cos(n-1)\theta-\cos(n-2)\theta \\ &=\cos n\theta+\cos(n-2)\theta-\cos(n-2)\theta=\cos n\theta. \end{aligned}$$

所以有 $D_n=\cos n\theta$.

考虑例 4.24 的如下变形.

例 4.25 计算 n 阶行列式 $D_n=\begin{vmatrix} 2\cos\theta & 1 & & & \\ 1 & 2\cos\theta & 1 & & \\ & \ddots & \ddots & \ddots & \\ & & 1 & 2\cos\theta & 1 \\ & & & 1 & 2\cos\theta \end{vmatrix}$.

☞ **解** 类似于例 4.24,按照第 n 行(或者第 1 行)展开得递推公式

$$D_n = 2\cos\theta D_{n-1} - D_{n-2}, \quad n \geqslant 3.$$

现在 $D_1 = 2\cos\theta = \dfrac{\sin 2\theta}{\sin\theta}$,

$$D_2 = 4\cos^2\theta - 1 = 2\cos 2\theta + 1 = \frac{2\sin\theta\ \cos 2\theta + \sin\theta}{\sin\theta}$$
$$= \frac{\sin 3\theta - \sin\theta + \sin\theta}{\sin\theta} = \frac{\sin 3\theta}{\sin\theta},$$

其中用了三角公式

$$2\sin\alpha\ \cos\beta = \sin(\alpha+\beta) + \sin(\alpha-\beta).$$

又由递推公式,

$$D_3 = 2\cos\theta D_2 - D_1 = \frac{2\sin 3\theta\ \cos\theta - \sin 2\theta}{\sin\theta} = \frac{\sin 4\theta}{\sin\theta}.$$

所以我们猜想:$D_n = \dfrac{\sin(n+1)\theta}{\sin\theta}$.

假设 $n \geqslant 3$,且 $n-1$ 和 $n-2$ 时猜想成立,则有

$$D_n = 2\cos\theta D_{n-1} - D_{n-2} = \frac{2\sin n\theta\ \cos\theta - \sin(n-1)\theta}{\sin\theta}$$
$$= \frac{\sin(n+1)\theta + \sin(n-1)\theta - \sin(n-1)\theta}{\sin\theta} = \frac{\sin(n+1)\theta}{\sin\theta},$$

即猜想成立.

上面两个例子最后本质上归结为如下的数学问题:

设数列 $\{D_n\}$ 满足递推公式

$$D_n = aD_{n-1} + bD_{n-2}, \quad n \geqslant 3,$$

并已知 D_1 和 D_2,求 D_n 的通项公式.

可以如下求解这个问题.考虑递推公式对应的特征方程 $x^2 - ax - b = 0$,设它的两个根为 $\alpha, \beta \in \mathbb{C}$,则 $\alpha + \beta = a$, $\alpha\beta = -b$. 所以递推公式为

$$D_n = (\alpha+\beta)D_{n-1} - \alpha\beta D_{n-2} \Longrightarrow D_n - \alpha D_{n-1} = \beta(D_{n-1} - \alpha D_{n-2}).$$

由等比数列的通项公式得

$$D_n - \alpha D_{n-1} = \beta^{n-2}(D_2 - \alpha D_1).$$

类似得

$$D_n - \beta D_{n-1} = \alpha^{n-2}(D_2 - \beta D_1).$$

消去 D_{n-1}，得

$$(\alpha-\beta)D_n=\alpha^{n-1}(D_2-\beta D_1)-\beta^{n-1}(D_2-\alpha D_1).$$

所以当 $\alpha\neq\beta$ 时，有

$$D_n=\frac{\alpha^{n-1}(D_2-\beta D_1)-\beta^{n-1}(D_2-\alpha D_1)}{\alpha-\beta}.$$

当 $\alpha=\beta$ 时，由连续性

$$\begin{aligned}D_n&=\lim_{\beta\to\alpha}\frac{\alpha^{n-1}(D_2-\beta D_1)-\beta^{n-1}(D_2-\alpha D_1)}{\alpha-\beta}\\&=\lim_{\beta\to\alpha}\frac{\alpha^{n-1}(-D_1)-(n-1)\beta^{n-2}(D_2-\alpha D_1)}{-1}\\&=(n-1)\alpha^{n-2}D_2-(n-2)\alpha^{n-1}D_1.\end{aligned}$$

所以得到通项公式

$$D_n=\begin{cases}\dfrac{\alpha^{n-1}(D_2-\beta D_1)-\beta^{n-1}(D_2-\alpha D_1)}{\alpha-\beta}, & \alpha\neq\beta,\\(n-1)\alpha^{n-2}D_2-(n-2)\alpha^{n-1}D_1, & \alpha=\beta.\end{cases}$$

回到例 4.24 和例 4.25，通项公式是 $D_n=2\cos\theta D_{n-1}-D_{n-2}$，特征方程是 $x^2-2\cos\theta x+1=0$，根为

$$x=\frac{2\cos\theta\pm\sqrt{4\cos^2\theta-4}}{2}=\cos\theta\pm\mathrm{i}\sin\theta=\mathrm{e}^{\pm\mathrm{i}\theta}.$$

代入通项公式就得到

$$D_n=\frac{\mathrm{e}^{\mathrm{i}(n-1)\theta}(D_2-\mathrm{e}^{-\mathrm{i}\theta}D_1)-\mathrm{e}^{-\mathrm{i}(n-1)\theta}(D_2-\mathrm{e}^{\mathrm{i}\theta}D_1)}{2\mathrm{i}\sin\theta}.$$

由于 $D_1, D_2\in\mathbb{R}$，所以上面的分子为

$$\begin{aligned}&[\cos(n-1)\theta+\mathrm{i}\sin(n-1)\theta](D_2-D_1\cos\theta+\mathrm{i}D_1\sin\theta)-\\&[\cos(n-1)\theta-\mathrm{i}\sin(n-1)\theta](D_2-D_1\cos\theta-\mathrm{i}D_1\sin\theta)\\=&2\mathrm{i}[D_1\sin\theta\cos(n-1)\theta+(D_2-D_1\cos\theta)\sin(n-1)\theta].\end{aligned}$$

进而有

$$D_n=\frac{D_1\sin\theta\cos(n-1)\theta+(D_2-D_1\cos\theta)\sin(n-1)\theta}{\sin\theta}.$$

对于例 4.24，$D_1=\cos\theta$，$D_2=\cos 2\theta$，所以有

$$D_n=\frac{\cos\theta\ \sin\theta\ \cos(n-1)\theta+(\cos 2\theta-\cos^2\theta)\sin(n-1)\theta}{\sin\theta}$$
$$=\cos\theta\ \cos(n-1)-\sin\theta\ \sin(n-1)\theta=\cos n\theta.$$

对于例 4.25，$D_1=2\cos\theta$，$D_2=4\cos^2\theta-1$，所以有

$$D_n=\frac{2\cos\theta\ \sin\theta\ \cos(n-1)\theta+(4\cos^2\theta-1-2\cos^2\theta)\sin(n-1)\theta}{\sin\theta}$$
$$=\frac{\sin 2\theta\ \cos(n-1)\theta+\cos 2\theta\ \sin(n-1)\theta}{\sin\theta}$$
$$=\frac{\sin(n+1)\theta}{\sin\theta}.$$

考虑例 4.25 的一般化.

例 4.26 计算 n 阶三对角行列式 $D_n=\begin{vmatrix} a & b & & & \\ c & a & b & & \\ & \ddots & \ddots & \ddots & \\ & & c & a & b \\ & & & c & a \end{vmatrix}$.

解 按照第 1 行展开，得

$$D_n=aD_{n-1}-b\begin{vmatrix} c & b & & & & \\ & a & b & & & \\ & c & a & b & & \\ & & \ddots & \ddots & \ddots & \\ & & & c & a & b \\ & & & & c & a \end{vmatrix}=aD_{n-1}-bcD_{n-2}.$$

特征方程为 $x^2-ax+bc=0$. 设 α 和 β 是两个根，则

$$\alpha+\beta=a,\quad \alpha\beta=bc.$$

当 $\alpha\neq\beta$，即 $a^2\neq 4bc$ 时，有

$$D_n=\frac{\alpha^{n-1}(D_2-\beta D_1)-\beta^{n-1}(D_2-\alpha D_1)}{\alpha-\beta}.$$

而 $D_1=a=\alpha+\beta$，$D_2=a^2-bc=(\alpha+\beta)^2-\alpha\beta$，所以

$$D_2-\beta D_1=(\alpha+\beta)^2-\alpha\beta-\beta(\alpha+\beta)=\alpha^2,$$
$$D_2-\alpha D_1=(\alpha+\beta)^2-\alpha\beta-\alpha(\alpha+\beta)=\beta^2.$$

得到

$$D_n=\frac{\alpha^{n+1}-\beta^{n+1}}{\alpha-\beta}.$$

当 $a^2=4bc$ 时，$\alpha=\beta=\dfrac{a}{2}$. 于是

$$\begin{aligned}D_n&=(n-1)\alpha^{n-2}D_2-(n-2)\alpha^{n-1}D_1\\&=(n-1)\left(\frac{a}{2}\right)^{n-2}(a^2-bc)-(n-2)\left(\frac{a}{2}\right)^{n-1}a\\&=(n-1)\left(\frac{a}{2}\right)^{n-2}\frac{3}{4}a^2-(n-2)\left(\frac{a}{2}\right)^{n-1}a\\&=[3(n-1)-2(n-2)]\left(\frac{a}{2}\right)^{n}\\&=(n+1)\left(\frac{a}{2}\right)^{n}.\end{aligned}$$

综上有

$$D_n=\begin{cases}\dfrac{\alpha^{n+1}-\beta^{n+1}}{\alpha-\beta}, & a^2\neq 4bc,\\(n+1)\left(\dfrac{a}{2}\right)^n, & a^2=4bc.\end{cases}$$

其中，α，β 为 $x^2-ax+bc=0$ 的两个根.

下面我们介绍一个重要的行列式：**Vandermonde 行列式.**

例 4.27(Vandermonde 行列式)　设 $n\geqslant 2$，证明：

$$V_n(x_1,x_2,\cdots,x_n)=\begin{vmatrix}1&1&\cdots&1\\x_1&x_2&\cdots&x_n\\x_1^2&x_2^2&\cdots&x_n^2\\\vdots&\vdots&&\vdots\\x_1^{n-1}&x_2^{n-1}&\cdots&x_n^{n-1}\end{vmatrix}=\prod_{1\leqslant i<j\leqslant n}(x_j-x_i).$$

☞ **证明**　自下而上，后行减去前行的 x_1 倍，得

$$V_n=\begin{vmatrix}1&1&\cdots&1\\0&x_2-x_1&\cdots&x_n-x_1\\0&x_2^2-x_1x_2&\cdots&x_n^2-x_1x_2\\\vdots&\vdots&&\vdots\\0&x_2^{n-1}-x_1x_2^{n-2}&\cdots&x_n^{n-1}-x_1x_n^{n-2}\end{vmatrix},$$

再按第 1 列展开，并提取每列的公因子，得

$$V_n=\begin{vmatrix} x_2-x_1 & \cdots & x_n-x_1 \\ x_2^2-x_1x_2 & \cdots & x_n^2-x_1x_2 \\ \vdots & & \vdots \\ x_2^{n-1}-x_1x_2^{n-2} & \cdots & x_n^{n-1}-x_1x_n^{n-2} \end{vmatrix}$$

$$=(x_2-x_1)(x_3-x_1)\cdots(x_n-x_1)\begin{vmatrix} 1 & \cdots & 1 \\ x_2 & \cdots & x_n \\ \vdots & & \vdots \\ x_2^{n-2} & \cdots & x_n^{n-2} \end{vmatrix}.$$

于是得到递推公式

$$V_n=\prod_{j=2}^{n}(x_j-x_1)V_{n-1}(x_2,\cdots,x_n),\quad n\geqslant 3.$$

下面用数学归纳法证明 Vandermonde 行列式的公式.当 $n=2$ 时,

$$V_2=\begin{vmatrix} 1 & 1 \\ x_1 & x_2 \end{vmatrix}=x_2-x_1,$$

于是此时公式成立.下设 $n\geqslant 3$ 且 V_{n-1} 的公式成立,则

$$V_n=\prod_{j=2}^{n}(x_j-x_1)V_{n-1}(x_2,\cdots,x_n)=\prod_{j=2}^{n}(x_j-x_1)\prod_{2\leqslant i<j\leqslant n}(x_j-x_i)$$
$$=\prod_{1\leqslant i<j\leqslant n}(x_j-x_i).$$

证毕.

如果将 $x_1, x_2, \cdots, x_n$ 看成不定元,也可以利用 $\mathbb{F}[x_1, x_2, \cdots, x_n]$ 中因式分解唯一性定理证明 Vandermonde 行列式公式成立.

从 Vandermonde 行列式的公式可以看出

$$V_n(x_1, x_2, \cdots, x_n)\neq 0 \Longleftrightarrow x_1, x_2, \cdots, x_n \text{ 两两不等}.$$

下面考虑 Vandermonde 行列式的一个变形.

例 4.28 计算 n 阶行列式 $D_n=\begin{vmatrix} 1 & 1 & \cdots & 1 \\ x_1 & x_2 & \cdots & x_n \\ x_1^2 & x_2^2 & \cdots & x_n^2 \\ \vdots & \vdots & & \vdots \\ x_1^{n-2} & x_2^{n-2} & \cdots & x_n^{n-2} \\ x_1^n & x_2^n & \cdots & x_n^n \end{vmatrix}$.

☞ **解** 这里介绍计算行列式的一种特殊方法:**加边**(将行列式的阶数升高).

定义关于 x 的多项式

$$f(x)=\begin{vmatrix} 1 & 1 & \cdots & 1 & 1 \\ x_1 & x_2 & \cdots & x_n & x \\ x_1^2 & x_2^2 & \cdots & x_n^2 & x^2 \\ \vdots & \vdots & & \vdots & \vdots \\ x_1^{n-2} & x_2^{n-2} & \cdots & x_n^{n-2} & x^{n-2} \\ x_1^{n-1} & x_2^{n-1} & \cdots & x_n^{n-1} & x^{n-1} \\ x_1^n & x_2^n & \cdots & x_n^n & x^n \end{vmatrix}_{(n+1)\times(n+1)}.$$

首先,按照第 $n+1$ 列展开,可得

$$f(x)=a_0+a_1x+\cdots+a_{n-2}x^{n-2}+a_{n-1}x^{n-1}+a_nx^n,$$

其中各项的系数均可表示出,特别有

$$a_{n-1}=(-1)^{n+n+1}D_n=-D_n.$$

其次,由 Vandermonde 行列式的公式,可得

$$f(x)=\prod_{1\leqslant i<j\leqslant n}(x_j-x_i)[(x-x_1)(x-x_2)\cdots(x-x_n)].$$

而

$$(x-x_1)(x-x_2)\cdots(x-x_n)=x^n-(x_1+x_2+\cdots+x_n)x^{n-1}+\text{低次项},$$

所以 $f(x)$ 的 x^{n-1} 的系数是

$$a_{n-1}=-(x_1+x_2+\cdots+x_n)\prod_{1\leqslant i<j\leqslant n}(x_j-x_i).$$

最后得

$$D_n=(x_1+x_2+\cdots+x_n)\prod_{1\leqslant i<j\leqslant n}(x_j-x_i).$$

解毕.

习题 4.8

B1. 计算下列 n 阶行列式.

(1) $\begin{vmatrix} 7 & 5 & & & \\ 2 & 7 & 5 & & \\ & \ddots & \ddots & \ddots & \\ & & 2 & 7 & 5 \\ & & & 2 & 7 \end{vmatrix}$;

(2) $\begin{vmatrix} 1 & 1 & \cdots & 1 \\ x_1 & x_2 & \cdots & x_n \\ \vdots & \vdots & & \vdots \\ x_1^{n-3} & x_2^{n-3} & \cdots & x_n^{n-3} \\ x_1^{n-1} & x_2^{n-1} & \cdots & x_n^{n-1} \\ x_1^n & x_2^n & \cdots & x_n^n \end{vmatrix}$;

(3) $\begin{vmatrix} a_1 & -a_2 & & & & \\ & a_2 & -a_3 & & & \\ & & a_3 & -a_4 & & \\ & & & \ddots & \ddots & \\ & & & & a_{n-1} & -a_n \\ 1 & 1 & 1 & \cdots & 1 & 1+a_n \end{vmatrix}$;　(4) $\begin{vmatrix} \frac{1}{a_1+b_1} & \frac{1}{a_1+b_2} & \cdots & \frac{1}{a_1+b_n} \\ \frac{1}{a_2+b_1} & \frac{1}{a_2+b_2} & \cdots & \frac{1}{a_2+b_n} \\ \vdots & \vdots & & \vdots \\ \frac{1}{a_n+b_1} & \frac{1}{a_n+b_2} & \cdots & \frac{1}{a_n+b_n} \end{vmatrix}$;

(5) $\begin{vmatrix} 1+x_1 & 1+x_1^2 & \cdots & 1+x_1^n \\ 1+x_2 & 1+x_2^2 & \cdots & 1+x_2^n \\ \vdots & \vdots & & \vdots \\ 1+x_n & 1+x_n^2 & \cdots & 1+x_n^n \end{vmatrix}$;　(6) $\begin{vmatrix} 1 & 2 & \cdots & n \\ 2 & 3 & \cdots & 1 \\ 3 & 4 & \cdots & 2 \\ \vdots & \vdots & & \vdots \\ n & 1 & \cdots & n-1 \end{vmatrix}$;

(7) $\begin{vmatrix} 1 & \cos\theta_1 & \cos 2\theta_1 & \cdots & \cos(n-1)\theta_1 \\ 1 & \cos\theta_2 & \cos 2\theta_2 & \cdots & \cos(n-1)\theta_2 \\ \vdots & \vdots & \vdots & & \vdots \\ 1 & \cos\theta_n & \cos 2\theta_n & \cdots & \cos(n-1)\theta_n \end{vmatrix}$;　(8) $\begin{vmatrix} \sin n\theta_1 & \sin(n-1)\theta_1 & \cdots & \sin\theta_1 \\ \sin n\theta_2 & \sin(n-1)\theta_2 & \cdots & \sin\theta_2 \\ \vdots & \vdots & & \vdots \\ \sin n\theta_n & \sin(n-1)\theta_n & \cdots & \sin\theta_n \end{vmatrix}$.

B2. 设 $a_1, a_2, \cdots, a_n$ 是正整数.证明：n 阶行列式

$$\begin{vmatrix} 1 & a_1 & a_1^2 & \cdots & a_1^{n-1} \\ 1 & a_2 & a_2^2 & \cdots & a_2^{n-1} \\ \vdots & \vdots & \vdots & & \vdots \\ 1 & a_n & a_n^2 & \cdots & a_n^{n-1} \end{vmatrix}$$

能被 $1^{n-1}2^{n-2}\cdots(n-2)^2(n-1)$ 整除.

B3. [莱维-德普朗克(Levy-Desplanques)] 设 n 阶方阵 $\mathbf{A}=(a_{ij})$ 的元素都是复数,满足

$$|a_{ii}| > \sum_{\substack{j=1\\ j\neq i}}^{n} |a_{ij}|, \quad i=1, 2, \cdots, n,$$

则方阵 $\mathbf{A}$ 称为**主角占优矩阵**.证明：主角占优矩阵的行列式不为零.

B4. [闵可夫斯基(Minkowski)] 设 n 阶方阵 $\mathbf{A}=(a_{ij})$ 的元素都是实数,满足

$$a_{ii} > \sum_{\substack{j=1\\ j\neq i}}^{n} |a_{ij}|, \quad i=1, 2, \cdots, n,$$

证明：$\det(\mathbf{A})>0$.

§4.9　Laplace 展开

我们知道行列式可以按照一行(列)展开,那么是否可以按照几行(列)展开呢？下面来分析这个问题.在此之前,重温一下行列式的定义.

行列式的定义是从排列开始的.设 $I=\{k_1<k_2<\cdots<k_n\}$ 为 n 元有序集,则 k_1, k_2, $\cdots$, k_n 按照任意次序排成的有序组 $p_1, p_2, \cdots, p_n$ 称为 $k_1, k_2, \cdots, k_n$ (或者 I) 的一个

排列，记为 $\begin{pmatrix} k_1 & k_2 & \cdots & k_n \\ p_1 & p_2 & \cdots & p_n \end{pmatrix}$. 称 $\begin{pmatrix} k_1 & k_2 & \cdots & k_n \\ k_1 & k_2 & \cdots & k_n \end{pmatrix}$ 为**自然排列**.前面讨论的 n 元排列就是取 $I=\{1<2<\cdots<n\}$ 的特殊情形；类似于 n 元排列，可以定义 I 的排列的逆序数和符号.如果 $i<j$ 而 $p_i>p_j$，则称 (p_i, p_j) 是排列 $\begin{pmatrix} k_1 & k_2 & \cdots & k_n \\ p_1 & p_2 & \cdots & p_n \end{pmatrix}$ 的一个**逆序对**；逆序对的总数称为**逆序数**；而排列的**符号**则定义为

$$\delta\begin{pmatrix} k_1 & k_2 & \cdots & k_n \\ p_1 & p_2 & \cdots & p_n \end{pmatrix} := (-1)^{\text{逆序数}}.$$

类似于 n 元排列，可以定义 I 的所有排列上的对换映射，并且可以证明(引理 4.1 和推论 4.2)：

(1) 对换改变排列的符号；

(2) 设排列 $\begin{pmatrix} k_1 & k_2 & \cdots & k_n \\ p_1 & p_2 & \cdots & p_n \end{pmatrix}$ 经过 M 次对换变为自然排列 $\begin{pmatrix} k_1 & k_2 & \cdots & k_n \\ k_1 & k_2 & \cdots & k_n \end{pmatrix}$，则有

$$\delta\begin{pmatrix} k_1 & k_2 & \cdots & k_n \\ p_1 & p_2 & \cdots & p_n \end{pmatrix} = (-1)^M.$$

设 $\mathbf{A}\in\mathbb{F}^{n\times n}$ 是 n 阶方阵，习惯上用 $i, j\in\{1<2<\cdots<n\}$ 来下标 $\mathbf{A}$ 中的元素，但有时也会用其他的 n 元有序集来下标 $\mathbf{A}$ 中的元素.设 $I=\{k_1<k_2<\cdots<k_n\}$ 和 $J=\{l_1<l_2<\cdots<l_n\}$ 是任意两个 n 元有序集，而

$$\mathbf{A}=(a_{ij})_{i\in I,\, j\in J}=\begin{pmatrix} a_{k_1l_1} & a_{k_1l_2} & \cdots & a_{k_1l_n} \\ a_{k_2l_1} & a_{k_2l_2} & \cdots & a_{k_2l_n} \\ \vdots & \vdots & & \vdots \\ a_{k_nl_1} & a_{k_nl_2} & \cdots & a_{k_nl_n} \end{pmatrix},$$

则由行列式的定义和定理 4.3，有

$$\begin{aligned} |\mathbf{A}| &= \sum_{\begin{pmatrix} l_1 & l_2 & \cdots & l_n \\ p_1 & p_2 & \cdots & p_n \end{pmatrix}} \delta\begin{pmatrix} l_1 & l_2 & \cdots & l_n \\ p_1 & p_2 & \cdots & p_n \end{pmatrix} a_{k_1p_1}a_{k_2p_2}\cdots a_{k_np_n} \\ &= \sum_{\begin{pmatrix} k_1 & k_2 & \cdots & k_n \\ p_1 & p_2 & \cdots & p_n \end{pmatrix}} \delta\begin{pmatrix} k_1 & k_2 & \cdots & k_n \\ p_1 & p_2 & \cdots & p_n \end{pmatrix} a_{p_1l_1}a_{p_2l_2}\cdots a_{p_nl_n}. \end{aligned}$$

例 4.29 设 $\mathbf{A}=(a_{ij})_{n\times n}\in\mathbb{F}^{n\times n}$，其中 $n\geqslant 2$. 对于 $1\leqslant j\leqslant n$，记

$$\mathbf{A}_j=\begin{pmatrix} a_{21} & \cdots & a_{2,\,j-1} & a_{2,\,j+1} & \cdots & a_{2n} \\ a_{31} & \cdots & a_{3,\,j-1} & a_{3,\,j+1} & \cdots & a_{3n} \\ \vdots & & \vdots & \vdots & & \vdots \\ a_{n1} & \cdots & a_{n,\,j-1} & a_{n,\,j+1} & \cdots & a_{nn} \end{pmatrix}\in\mathbb{F}^{(n-1)\times(n-1)},$$

则这里 $\mathbf{A}_j$ 用了有序集

$$I=\{2<3<\cdots<n\},$$

$$J=\{1,2,\cdots,n\}-\{j\}=:\{k_2<k_3<\cdots<k_n\}$$

来下标.所以 $\mathbf{A}_j$ 的行列式,即 a_{1j} 的余子式为

$$M_{1j}=|\mathbf{A}_j|=\sum_{\begin{pmatrix}k_2 & k_3 & \cdots & k_n\\ p_2 & p_3 & \cdots & p_n\end{pmatrix}}\delta\begin{pmatrix}k_2 & k_3 & \cdots & k_n\\ p_2 & p_3 & \cdots & p_n\end{pmatrix}a_{2p_2}a_{3p_3}\cdots a_{np_n}.$$

下面回到行列式的按行(列)展开.设 $\mathbf{A}=(a_{ij})\in\mathbb{F}^{n\times n}$,其中 $n\geqslant 2$. 首先,我们重新认识一下按照第 1 行展开的公式

$$|\mathbf{A}|=a_{11}A_{11}+a_{12}A_{12}+\cdots+a_{1n}A_{11}.$$

这不就是把 a_{11}, a_{12}, $\cdots$, a_{1n} 看成变量,算出它们的系数吗?也就是说,这事实上是一个合并同类项的过程.下面我们用这个观点来重新得到这个公式,以期得到一些有益的提示.

回到定义

$$|\mathbf{A}|=\sum_{p_1,p_2,\cdots,p_n\in S_n}\delta(p_1,p_2,\cdots,p_n)a_{1p_1}a_{2p_2}\cdots a_{np_n},$$

所以有

$$|\mathbf{A}|=a_{11}\widetilde{\mathbf{A}_{11}}+a_{12}\widetilde{\mathbf{A}_{12}}+\cdots+a_{1n}\widetilde{\mathbf{A}_{1n}},$$

其中对 $1\leqslant j\leqslant n$, a_{1j} 的系数为

$$\begin{aligned}\widetilde{A_{1j}}&=\sum_{\substack{p_1,p_2,\cdots,p_n\in S_n\\ p_1=j}}\delta(j,p_2,\cdots,p_n)a_{2p_2}\cdots a_{np_n}\\&=\sum_{\begin{pmatrix}k_2 & k_3 & \cdots & k_n\\ p_2 & p_3 & \cdots & p_n\end{pmatrix}}\delta(j,p_2,\cdots,p_n)a_{2p_2}\cdots a_{np_n},\end{aligned}$$

其中

$$\{k_2<k_3<\cdots<k_n\}=\{1,2,\cdots,n\}-\{j\}.$$

设 k_2, k_3, $\cdots$, k_n 的某一排列 $\begin{pmatrix}k_2 & k_3 & \cdots & k_n\\ p_2 & p_3 & \cdots & p_n\end{pmatrix}$ 经过 M 次对换后变为自然排列 $\begin{pmatrix}k_2 & k_3 & \cdots & k_n\\ k_2 & k_3 & \cdots & k_n\end{pmatrix}$,则有

$$\delta\begin{pmatrix}k_2 & k_3 & \cdots & k_n\\ p_2 & p_3 & \cdots & p_n\end{pmatrix}=(-1)^M.$$

此时,经过这 M 次对换后,n 元排列 j, p_2, p_3, $\cdots$, p_n 变为 j, k_2, k_3, $\cdots$, k_n. 再将 j 依次

与后一位交换，$j-1$ 次相邻对换后该排列变为 $1, 2, \cdots, n$. 即有如下过程

$$j, p_2, p_3, \cdots, p_n \xrightarrow{M\text{ 次对换}} j, k_2, k_3, \cdots, k_n \xrightarrow{j-1\text{ 次相邻对换}} 1, 2, \cdots, n.$$

所以

$$\delta(j, p_2, p_3, \cdots, p_n)=(-1)^{M+j-1}=(-1)^{j+1}\delta\begin{pmatrix}k_2 & k_3 & \cdots & k_n\\ p_2 & p_3 & \cdots & p_n\end{pmatrix}.$$

所以有

$$\begin{aligned}\widetilde{A_{1j}}&=(-1)^{j+1}\sum_{\begin{pmatrix}k_2 & k_3 & \cdots & k_n\\ p_2 & p_3 & \cdots & p_n\end{pmatrix}}\delta\begin{pmatrix}k_2 & k_3 & \cdots & k_n\\ p_2 & p_3 & \cdots & p_n\end{pmatrix}a_{2p_2}\cdots a_{np_n}\\&=(-1)^{j+1}M_{1j}=A_{1j}.\end{aligned}$$

这就重新证明了行列式按照第 1 行展开的公式.

下面将对第 1 行的讨论推广到前 r 行 $(1\leqslant r<n)$. 合并同类项，可得

$$\begin{aligned}|\boldsymbol{A}|&=\sum_{\substack{1\leqslant p_1, p_2, \cdots, p_r\leqslant n\\ p_1, p_2, \cdots, p_r:\text{互不相同}}}a_{1p_1}a_{2p_2}\cdots a_{rp_r}c_{p_1, p_2, \cdots, p_r}\\&=\sum_{1\leqslant k_1<k_2<\cdots<k_r\leqslant n}\ \sum_{\begin{pmatrix}k_1 & k_2 & \cdots & k_r\\ p_1 & p_2 & \cdots & p_r\end{pmatrix}}a_{1p_1}a_{2p_2}\cdots a_{rp_r}c_{p_1, p_2, \cdots, p_r},\end{aligned}$$

其中系数

$$c_{p_1, p_2, \cdots, p_r}=\sum_{\begin{pmatrix}k_{r+1} & k_{r+2} & \cdots & k_n\\ p_{r+1} & p_{r+2} & \cdots & p_n\end{pmatrix}}\delta(p_1, \cdots, p_n)a_{r+1, p_{r+1}}\cdots a_{np_n},$$

这里

$$\{k_{r+1}<\cdots<k_n\}=\{1, 2, \cdots, n\}-\{k_1<k_2<\cdots<k_r\}.$$

我们来计算 n 元排列 $p_1, p_2, \cdots, p_n$ 的符号.设排列 $\begin{pmatrix}k_1 & k_2 & \cdots & k_r\\ p_1 & p_2 & \cdots & p_r\end{pmatrix}$ 经过 M 次对换变为自然排列 $\begin{pmatrix}k_1 & k_2 & \cdots & k_r\\ k_1 & k_2 & \cdots & k_r\end{pmatrix}$，而 $\begin{pmatrix}k_{r+1} & k_{r+2} & \cdots & k_n\\ p_{r+1} & p_{r+2} & \cdots & p_n\end{pmatrix}$ 经过 N 次对换变为 $\begin{pmatrix}k_{r+1} & k_{r+2} & \cdots & k_n\\ k_{r+1} & k_{r+2} & \cdots & k_n\end{pmatrix}$，则有

$$\delta\begin{pmatrix}k_1 & k_2 & \cdots & k_r\\ p_1 & p_2 & \cdots & p_r\end{pmatrix}=(-1)^M,\quad \delta\begin{pmatrix}k_{r+1} & k_{r+2} & \cdots & k_n\\ p_{r+1} & p_{r+2} & \cdots & p_n\end{pmatrix}=(-1)^N.$$

于是，可如下分三步用对换将 n 元排列 $p_1, p_2, \cdots, p_n$ 变成自然排列：

$$p_1, \cdots, p_r, p_{r+1}, \cdots, p_n \xrightarrow{M\text{ 次对换}} k_1, \cdots, k_r, p_{r+1}, \cdots, p_n \xrightarrow{N\text{ 次对换}} k_1, \cdots,$$
$$k_r, k_{r+1}, \cdots, k_n \xrightarrow{(*)} 1, 2, \cdots, n,$$

其中$(*)$是将k_r依次向右经过k_r-r次相邻对换，k_{r-1}依次向右经过$k_{r-1}-(r-1)$次相邻对换，依次类推，直到k_1依次向右经过k_1-1次相邻对换.于是有

$$\begin{aligned}\delta(p_1, \cdots, p_n) &= (-1)^{M+N+(k_1-1)+(k_2-2)+\cdots+(k_r-r)} \\ &= (-1)^{1+2+\cdots+r+k_1+k_2+\cdots+k_r}\delta\begin{pmatrix}k_1 & \cdots & k_r\\ p_1 & \cdots & p_r\end{pmatrix}\delta\begin{pmatrix}k_{r+1} & \cdots & k_n\\ p_{r+1} & \cdots & p_n\end{pmatrix}.\end{aligned}$$

得到

$$c_{p_1, p_2, \cdots, p_r} = (-1)^{k_1+\cdots+k_r+1+\cdots+r}\delta\begin{pmatrix}k_1 & \cdots & k_r\\ p_1 & \cdots & p_r\end{pmatrix}\times$$
$$\sum_{\begin{pmatrix}k_{r+1} & \cdots & k_n\\ p_{r+1} & \cdots & p_n\end{pmatrix}}\delta\begin{pmatrix}k_{r+1} & \cdots & k_n\\ p_{r+1} & \cdots & p_n\end{pmatrix}a_{r+1,\, p_{r+1}}\cdots a_{np_n}.$$

注意到上面右边的和其实是一个行列式，为了表示这个行列式，引入子式的概念.

定义 4.9 设$\boldsymbol{A}=(a_{ij})_{m\times n}\in\mathbb{F}^{m\times n}$，对于满足$1\leqslant r\leqslant \min\{m, n\}$的整数$r$，如果$1\leqslant i_1<i_2<\cdots<i_r\leqslant m$，$1\leqslant j_1<j_2<\cdots<j_r\leqslant n$，将$\boldsymbol{A}$的第$i_1, i_2, \cdots, i_r$行和第$j_1, j_2, \cdots, j_r$列的交叉位置的元素保持其相对位置组成的$r$阶方阵的行列式称为$\boldsymbol{A}$的一个$r$阶**子式**，记为$\boldsymbol{A}\begin{pmatrix}i_1 & i_2 & \cdots & i_r\\ j_1 & j_2 & \cdots & j_r\end{pmatrix}$，即

$$\boldsymbol{A}\begin{pmatrix}i_1 & i_2 & \cdots & i_r\\ j_1 & j_2 & \cdots & j_r\end{pmatrix} = \begin{vmatrix}a_{i_1j_1} & a_{i_1j_2} & \cdots & a_{i_1j_r}\\ a_{i_2j_1} & a_{i_2j_2} & \cdots & a_{i_2j_r}\\ \vdots & \vdots & & \vdots\\ a_{i_rj_1} & a_{i_rj_2} & \cdots & a_{i_rj_r}\end{vmatrix}_{r\times r}.$$

上面的r阶子式用定义表示就是

$$\boldsymbol{A}\begin{pmatrix}i_1 & i_2 & \cdots & i_r\\ j_1 & j_2 & \cdots & j_r\end{pmatrix} = \sum_{\begin{pmatrix}j_1 & j_2 & \cdots & j_r\\ p_1 & p_2 & \cdots & p_r\end{pmatrix}}\delta\begin{pmatrix}j_1 & j_2 & \cdots & j_r\\ p_1 & p_2 & \cdots & p_r\end{pmatrix}a_{i_1p_1}a_{i_2p_2}\cdots a_{i_rp_r}.$$

利用子式的记号，有

$$c_{p_1, p_2, \cdots, p_r} = (-1)^{1+\cdots+r+k_1+\cdots+k_r}\delta\begin{pmatrix}k_1 & \cdots & k_r\\ p_1 & \cdots & p_r\end{pmatrix}\boldsymbol{A}\begin{pmatrix}r+1 & \cdots & n\\ k_{r+1} & \cdots & k_n\end{pmatrix}.$$

于是

$$|\boldsymbol{A}|=\sum_{1\leqslant k_1<k_2<\cdots<k_r\leqslant n}(-1)^{1+\cdots+r+k_1+\cdots+k_r}\boldsymbol{A}\begin{pmatrix}r+1 & \cdots & n\\ k_{r+1} & \cdots & k_n\end{pmatrix}\times\sum_{\begin{pmatrix}k_1 & \cdots & k_r\\ p_1 & \cdots & p_r\end{pmatrix}}\delta\begin{pmatrix}k_1 & \cdots & k_r\\ p_1 & \cdots & p_r\end{pmatrix}a_{1p_1}a_{2p_2}\cdots a_{rp_r}$$

$$=\sum_{1\leqslant k_1<k_2<\cdots<k_r\leqslant n}\boldsymbol{A}\begin{pmatrix}1 & \cdots & r\\ k_1 & \cdots & k_r\end{pmatrix}(-1)^{1+\cdots+r+k_1+\cdots+k_r}\boldsymbol{A}\begin{pmatrix}r+1 & \cdots & n\\ k_{r+1} & \cdots & k_n\end{pmatrix}.$$

这就是 $|\boldsymbol{A}|$ 按照前 r 行展开的公式.

一般地,对于任意固定的 $1\leqslant i_1<i_2<\cdots<i_r\leqslant n$,我们来推导类似的结论.记

$$\{1,2,\cdots,n\}-\{i_1<i_2<\cdots<i_r\}=\{i_{r+1}<i_{r+2}<\cdots<i_n\}.$$

设有行分块 $\boldsymbol{A}=\begin{pmatrix}\boldsymbol{\alpha}_1\\ \vdots\\ \boldsymbol{\alpha}_n\end{pmatrix}$. 将 $\boldsymbol{A}$ 的第 i_1 行依次与前面的 i_1-1 行交换,换到第 1 行;再将第 i_2 行依次与前面的 i_2-2 行交换,换到第 2 行;依次类推,最后将第 i_r 行与前面的 i_r-r 行相交换,换到第 r 行得到矩阵 $\boldsymbol{B}$, 于是

$$\boldsymbol{B}=\begin{pmatrix}\boldsymbol{\alpha}_{i_1}\\ \vdots\\ \boldsymbol{\alpha}_{i_r}\\ \boldsymbol{\alpha}_{i_{r+1}}\\ \vdots\\ \boldsymbol{\alpha}_{i_n}\end{pmatrix}.$$

所以

$$|\boldsymbol{A}|=(-1)^{(i_1-1)+(i_2-2)+\cdots+(i_r-r)}|\boldsymbol{B}|=(-1)^{1+2+\cdots+r+i_1+i_2+\cdots+i_r}|\boldsymbol{B}|.$$

再对 $|\boldsymbol{B}|$ 按照前 r 行展开,就得到

$$|\boldsymbol{A}|=(-1)^{1+2+\cdots+r+i_1+i_2+\cdots+i_r}\sum_{1\leqslant k_1<\cdots<k_r\leqslant n}\boldsymbol{B}\begin{pmatrix}1 & 2 & \cdots & r\\ k_1 & k_2 & \cdots & k_r\end{pmatrix}\times$$
$$(-1)^{1+2+\cdots+r+k_1+k_2+\cdots+k_r}\boldsymbol{B}\begin{pmatrix}r+1 & r+2 & \cdots & n\\ k_{r+1} & k_{r+2} & \cdots & k_n\end{pmatrix}$$
$$=\sum_{1\leqslant k_1<\cdots<k_r\leqslant n}\boldsymbol{A}\begin{pmatrix}i_1 & i_2 & \cdots & i_r\\ k_1 & k_2 & \cdots & k_r\end{pmatrix}\times(-1)^{i_1+i_2+\cdots+i_r+k_1+k_2+\cdots+k_r}\boldsymbol{A}\begin{pmatrix}i_{r+1} & i_{r+2} & \cdots & i_n\\ k_{r+1} & k_{r+2} & \cdots & k_n\end{pmatrix}.$$

定义 4.10 设 $\boldsymbol{A}\in\mathbb{F}^{n\times n}$, $1\leqslant r<n$, 而 $1\leqslant i_1<i_2<\cdots<i_r\leqslant n$, $1\leqslant j_1<j_2<\cdots<j_r\leqslant n$, 记 $D=\boldsymbol{A}\begin{pmatrix}i_1 & i_2 & \cdots & i_r\\ j_1 & j_2 & \cdots & j_r\end{pmatrix}$ 为 r 阶子式.

(1) 将 $\boldsymbol{A}$ 中第 $i_1, i_2, \cdots, i_r$ 行和第 $j_1, j_2, \cdots, j_r$ 列删去后的 $n-r$ 阶方阵的行列式称

为 D 的**余子式**,记为 $M\begin{pmatrix} i_1 & i_2 & \cdots & i_r \\ j_1 & j_2 & \cdots & j_r \end{pmatrix}$,即

$$M\begin{pmatrix} i_1 & i_2 & \cdots & i_r \\ j_1 & j_2 & \cdots & j_r \end{pmatrix}=\mathbf{A}\begin{pmatrix} i_{r+1} & i_{r+2} & \cdots & i_n \\ j_{r+1} & j_{r+2} & \cdots & j_n \end{pmatrix};$$

(2) D 的**代数余子式**定义为

$$\hat{A}\begin{pmatrix} i_1 & i_2 & \cdots & i_r \\ j_1 & j_2 & \cdots & j_r \end{pmatrix}=(-1)^{i_1+i_2+\cdots+i_r+j_1+j_2+\cdots+j_r}M\begin{pmatrix} i_1 & i_2 & \cdots & i_r \\ j_1 & j_2 & \cdots & j_r \end{pmatrix}.$$

最后来陈述我们发现的展开定理.

定理 4.22[拉普拉斯(Laplace)展开定理] 设 $\mathbf{A}\in\mathbb{F}^{n\times n}$, $1\leqslant r<n$, $1\leqslant i_1<i_2<\cdots<i_r\leqslant n$,则

(1)(按第 $i_1, \cdots, i_r$ 行展开) $|\mathbf{A}|$ 等于第 $i_1, \cdots, i_r$ 行所有的 r 阶子式与对应的代数余子式乘积之和,即

$$|\mathbf{A}|=\sum_{1\leqslant k_1<k_2<\cdots<k_r\leqslant n}\mathbf{A}\begin{pmatrix} i_1 & i_2 & \cdots & i_r \\ k_1 & k_2 & \cdots & k_r \end{pmatrix}\hat{A}\begin{pmatrix} i_1 & i_2 & \cdots & i_r \\ k_1 & k_2 & \cdots & k_r \end{pmatrix};$$

(2)(按第 $i_1, \cdots, i_r$ 列展开) $|\mathbf{A}|$ 等于第 $i_1, \cdots, i_r$ 列所有的 r 阶子式与对应的代数余子式乘积之和,即

$$|\mathbf{A}|=\sum_{1\leqslant k_1<k_2<\cdots<k_r\leqslant n}\mathbf{A}\begin{pmatrix} k_1 & k_2 & \cdots & k_r \\ i_1 & i_2 & \cdots & i_r \end{pmatrix}\hat{A}\begin{pmatrix} k_1 & k_2 & \cdots & k_r \\ i_1 & i_2 & \cdots & i_r \end{pmatrix}.$$

☞ **证明** (2) 对 $|\mathbf{A}^{\mathrm{T}}|$ 用(1).

如果不在意 Laplace 展开定理的发现过程,也可以如下证明该展开定理.

☞ **Laplace 展开定理的另证** 这里只证明定理中的(1).记 $\mathbf{A}=(a_{ij})$. 将需证的等式两边按照行列式的定义进行完全展开,则左边是 $n!$项之和,每项有形式 $\pm a_{1p_1}a_{2p_2}\cdots a_{np_n}$,其中 $p_1, p_2, \cdots, p_n\in S_n$;而右边为

$$\binom{n}{r}r!\ (n-r)!\ =n!$$

项之和,每项有形式

$$\pm a_{i_1p_1}\cdots a_{i_rp_r}\cdot a_{i_{r+1}p_{r+1}}\cdots a_{i_np_n},$$

其中 $p_1, \cdots, p_r$ 为 $i_1, \cdots, i_r$ 的排列, $p_{r+1}, \cdots, p_n$ 为 $i_{r+1}, \cdots, i_n$ 的排列,于是这样一项也有形式 $\pm a_{1p_1}a_{2p_2}\cdots a_{np_n}$,其中 $p_1, p_2, \cdots, p_n\in S_n$. 再注意到将 a_{ij} 看成不定元时,左边的各项的列标排列互不相同,右边的各项的列标排列也互不相同,所以只要证明右边的每项均为左边的一项,即右边的每项都有形式

$$\delta(p_1, p_2, \cdots, p_n)a_{1p_1}a_{2p_2}\cdots a_{np_n},$$

其中 $p_1, p_2, \cdots, p_n \in S_n$.

设 $1 \leqslant k_1 < k_2 < \cdots < k_r \leqslant n$，则

$$\boldsymbol{A}\begin{pmatrix} i_1 & i_2 & \cdots & i_r \\ k_1 & k_2 & \cdots & k_r \end{pmatrix}(-1)^{i_1+i_2+\cdots+i_r+k_1+k_2+\cdots+k_r}\boldsymbol{A}\begin{pmatrix} i_{r+1} & i_{r+2} & \cdots & i_n \\ k_{r+1} & k_{r+2} & \cdots & k_n \end{pmatrix}$$

展开后的标准的一项有形式

$$\delta\begin{pmatrix} k_1 & \cdots & k_r \\ p_1 & \cdots & p_r \end{pmatrix} a_{i_1p_1}\cdots a_{i_rp_r}(-1)^{i_1+\cdots+i_r+k_1+\cdots+k_r}\delta\begin{pmatrix} k_{r+1} & \cdots & k_n \\ p_{r+1} & \cdots & p_n \end{pmatrix} a_{i_{r+1}p_{r+1}}\cdots a_{i_np_n}. \tag{4.1}$$

可用 $(i_1-1)+(i_2-2)+\cdots+(i_r-r)$ 次对换将排列 $i_1, \cdots, i_r, i_{r+1}, \cdots, i_n$ 变成标准排列 $1, 2, \cdots, n$；设在同样的对换下，排列 $p_1, \cdots, p_r, p_{r+1}, \cdots, p_n$ 变成了排列 $j_1, j_2, \cdots, j_n$，则

$$a_{i_1p_1}\cdots a_{i_rp_r} \cdot a_{i_{r+1}p_{r+1}}\cdots a_{i_np_n} = a_{1j_1}a_{2j_2}\cdots a_{nj_n}.$$

按照下面的对换过程来计算排列 $j_1, j_2, \cdots, j_n$ 的符号：

$$j_1, j_2, \cdots, j_n \xrightarrow{(\bigstar)} p_1, \cdots, p_r, p_{r+1}, \cdots, p_n \xrightarrow{M\text{ 次对换}} k_1, \cdots, k_r, p_{r+1}, \cdots, p_n$$
$$\xrightarrow{N\text{ 次对换}} k_1, \cdots, k_r, k_{r+1}, \cdots, k_n \xrightarrow{(*)} 1, 2, \cdots, n,$$

其中 $\begin{pmatrix} k_1 & \cdots & k_r \\ p_1 & \cdots & p_r \end{pmatrix}$ 经过 M 次对换变为自然排列 $\begin{pmatrix} k_1 & \cdots & k_r \\ k_1 & \cdots & k_r \end{pmatrix}$，排列 $\begin{pmatrix} k_{r+1} & \cdots & k_n \\ p_{r+1} & \cdots & p_n \end{pmatrix}$ 经过 N 次对换变为自然排列 $\begin{pmatrix} k_{r+1} & \cdots & k_n \\ k_{r+1} & \cdots & k_n \end{pmatrix}$，($\bigstar$) 所用的对换次数为 $(i_1-1)+(i_2-2)+\cdots+(i_r-r)$，而 ($*$) 所用的对换次数为 $(k_1-1)+(k_2-2)+\cdots+(k_r-r)$. 这得到

$$\begin{aligned} &\delta(j_1, j_2, \cdots, j_n) \\ &= (-1)^{(i_1-1)+(i_2-2)+\cdots+(i_r-r)}\delta\begin{pmatrix} k_1 & \cdots & k_r \\ p_1 & \cdots & p_r \end{pmatrix}\delta\begin{pmatrix} k_{r+1} & \cdots & k_n \\ p_{r+1} & \cdots & p_n \end{pmatrix} \cdot (-1)^{(k_1-1)+(k_2-2)+\cdots+(k_r-r)} \\ &= (-1)^{i_1+\cdots+i_r+k_1+\cdots+k_r}\delta\begin{pmatrix} k_1 & \cdots & k_r \\ p_1 & \cdots & p_r \end{pmatrix}\delta\begin{pmatrix} k_{r+1} & \cdots & k_n \\ p_{r+1} & \cdots & p_n \end{pmatrix}. \end{aligned}$$

最后可得，需证等式右边的一项式(4.1)有形式

$$\delta(j_1, j_2, \cdots, j_n)a_{1j_1}a_{2j_2}\cdots a_{nj_n},$$

证毕.

感兴趣的读者可以用 Laplace 展开定理再算一次例 4.10.

例 4.30(同例 4.10)　按照第 1 行和第 2 行 Laplace 展开，计算行列式

$$D = \begin{vmatrix} 3 & 1 & -1 & 2 \\ -5 & 1 & 3 & -4 \\ 2 & 0 & 1 & -1 \\ 1 & -5 & 3 & -3 \end{vmatrix}.$$

☞ **解** 第1行和第2行共有 $\binom{4}{2}=6$ 个二阶子式：

$$A\begin{pmatrix}1&2\\1&2\end{pmatrix}=\begin{vmatrix}3&1\\-5&1\end{vmatrix}=8;\quad A\begin{pmatrix}1&2\\1&3\end{pmatrix}=\begin{vmatrix}3&-1\\-5&3\end{vmatrix}=4;\quad A\begin{pmatrix}1&2\\1&4\end{pmatrix}=\begin{vmatrix}3&2\\-5&-4\end{vmatrix}=-2;$$

$$A\begin{pmatrix}1&2\\2&3\end{pmatrix}=\begin{vmatrix}1&-1\\1&3\end{vmatrix}=4;\quad A\begin{pmatrix}1&2\\2&4\end{pmatrix}=\begin{vmatrix}1&2\\1&-4\end{vmatrix}=-6;\quad A\begin{pmatrix}1&2\\3&4\end{pmatrix}=\begin{vmatrix}-1&2\\3&-4\end{vmatrix}=-2.$$

它们对应的代数余子式分别为

$$\hat{A}\begin{pmatrix}1&2\\1&2\end{pmatrix}=(-1)^{1+2+1+2}\begin{vmatrix}1&-1\\3&-3\end{vmatrix}=0;\quad \hat{A}\begin{pmatrix}1&2\\1&3\end{pmatrix}=(-1)^{1+2+1+3}\begin{vmatrix}0&-1\\-5&-3\end{vmatrix}=5;$$

$$\hat{A}\begin{pmatrix}1&2\\1&4\end{pmatrix}=(-1)^{1+2+1+4}\begin{vmatrix}0&-5\\1&3\end{vmatrix}=5;\quad \hat{A}\begin{pmatrix}1&2\\2&3\end{pmatrix}=(-1)^{1+2+2+3}\begin{vmatrix}2&-1\\1&-3\end{vmatrix}=-5;$$

$$\hat{A}\begin{pmatrix}1&2\\2&4\end{pmatrix}=(-1)^{1+2+2+4}\begin{vmatrix}2&1\\1&3\end{vmatrix}=-5;\quad \hat{A}\begin{pmatrix}1&2\\3&4\end{pmatrix}=(-1)^{1+2+3+4}\begin{vmatrix}2&0\\1&-5\end{vmatrix}=-10.$$

于是由 Laplace 展开定理，得

$$D=8\times 0+4\times 5+(-2)\times 5+4\times(-5)+(-6)\times(-5)+(-2)\times(-10)=40,$$

得到和例 4.10 一样的答案.

通常当某些行(列)有很多零时，按这些行(列)Laplace 展开可以简化行列式的计算.

例 4.31 设 $\boldsymbol{A}\in\mathbb{F}^{n\times n}$，$\boldsymbol{B}\in\mathbb{F}^{m\times m}$，证明：

$$\begin{vmatrix}\boldsymbol{A}&\boldsymbol{O}\\ *&\boldsymbol{B}\end{vmatrix}=\begin{vmatrix}\boldsymbol{A}&*\\ \boldsymbol{O}&\boldsymbol{B}\end{vmatrix}=|\boldsymbol{A}||\boldsymbol{B}|,\quad \begin{vmatrix}\boldsymbol{O}&\boldsymbol{A}\\ \boldsymbol{B}&*\end{vmatrix}=\begin{vmatrix}*&\boldsymbol{A}\\ \boldsymbol{B}&\boldsymbol{O}\end{vmatrix}=(-1)^{mn}|\boldsymbol{A}||\boldsymbol{B}|.$$

☞ **证明** 矩阵 $\begin{pmatrix}\boldsymbol{A}&\boldsymbol{O}\\ *&\boldsymbol{B}\end{pmatrix}$ 的前 n 行的 n 阶子式如果不取前 n 列则必有全零列，所以此时为零，因此按照前 n 行展开得

$$\begin{vmatrix}\boldsymbol{A}&\boldsymbol{O}\\ *&\boldsymbol{B}\end{vmatrix}=|\boldsymbol{A}|(-1)^{1+\cdots+n+1+\cdots+n}|\boldsymbol{B}|=|\boldsymbol{A}||\boldsymbol{B}|.$$

类似地，矩阵 $\begin{pmatrix}\boldsymbol{O}&\boldsymbol{A}\\ \boldsymbol{B}&*\end{pmatrix}$ 的前 n 行的 n 阶子式如果不取后 n 列则必为零，因此按照前 n 行展开得

$$\begin{vmatrix}\boldsymbol{O}&\boldsymbol{A}\\ \boldsymbol{B}&*\end{vmatrix}=|\boldsymbol{A}|(-1)^{1+2+\cdots+n+(m+1)+(m+2)+\cdots+(m+n)}|\boldsymbol{B}|=(-1)^{mn}|\boldsymbol{A}||\boldsymbol{B}|.$$

剩余等式取转置即可.

习题 4.9

A1. 利用 Laplace 展开定理计算下列行列式：

(1) $\begin{vmatrix} 1 & 2 & 2 & 1 \\ 0 & 1 & 0 & 2 \\ 2 & 0 & 1 & 1 \\ 0 & 2 & 0 & 1 \end{vmatrix}$；　　(2) $\begin{vmatrix} 2 & 1 & 0 & 0 \\ 1 & 2 & 1 & 0 \\ 0 & 1 & 2 & 1 \\ 0 & 0 & 1 & 2 \end{vmatrix}$；

(3) $\begin{vmatrix} 1 & 1 & 0 & 0 & 0 & 1 \\ x_1 & x_2 & 0 & 0 & 0 & x_3 \\ a_1 & b_1 & 1 & 1 & 1 & c_1 \\ a_2 & b_2 & x_1 & x_2 & x_3 & c_2 \\ a_3 & b_3 & x_1^2 & x_2^2 & x_3^2 & c_3 \\ x_1^2 & x_2^2 & 0 & 0 & 0 & x_3^2 \end{vmatrix}$；　　(4) $\begin{vmatrix} \lambda & 0 & 0 & \cdots & 0 & a \\ x_1 & c & b & \cdots & b & y_1 \\ x_2 & b & c & \cdots & b & y_2 \\ \vdots & \vdots & \vdots & & \vdots & \vdots \\ x_n & b & b & \cdots & c & y_n \\ a & 0 & 0 & \cdots & 0 & \lambda \end{vmatrix}$.

A2. 设 A，B，C 和 D 依次是由下面矩阵

$$\begin{pmatrix} a_1 & b_1 & c_1 & d_1 \\ a_2 & b_2 & c_2 & d_2 \\ a_3 & b_3 & c_3 & d_3 \end{pmatrix}$$

中删去第 1，2，3 和 4 列而得到的三阶方阵的行列式.证明：

$$\begin{vmatrix} a_1 & b_1 & c_1 & d_1 & 0 & 0 \\ a_2 & b_2 & c_2 & d_2 & 0 & 0 \\ a_3 & b_3 & c_3 & d_3 & 0 & 0 \\ 0 & 0 & a_1 & b_1 & c_1 & d_1 \\ 0 & 0 & a_2 & b_2 & c_2 & d_2 \\ 0 & 0 & a_3 & b_3 & c_3 & d_3 \end{vmatrix} = AD - BC.$$

A3. 利用行列式证明恒等式：

$$(ab'-a'b)(cd'-c'd)-(ac'-a'c)(bd'-b'd)+(ad'-a'd)(bc'-b'c)=0.$$

B1. 设方阵 $\boldsymbol{A}\in\mathbb{F}^{n\times n}$，$\boldsymbol{B}\in\mathbb{F}^{m\times m}$，证明：$\det(\boldsymbol{A}\otimes\boldsymbol{B})=\det(\boldsymbol{A})^m\det(\boldsymbol{B})^n$.

B2. 设正整数 n 和 r 满足 $r<n$，令 $I_r=\{(i_1, i_2, \cdots, i_r)\mid 1\leqslant i_1<\cdots<i_r\leqslant n\}$，将 I_r 中的 $N=\binom{n}{r}$ 个元素给定一种排序(比如字典序)后记为

$$\boldsymbol{i}_1<\boldsymbol{i}_2<\cdots<\boldsymbol{i}_N.$$

设 $\boldsymbol{A}\in\mathbb{F}^{n\times n}$ 是一个 n 阶方阵，对 $\boldsymbol{i}=(i_1, \cdots, i_r)\in I_r$ 和 $\boldsymbol{j}=(j_1, \cdots, j_r)\in I_r$，记

$$D_{i,j}=\boldsymbol{A}\begin{pmatrix} i_1 & \cdots & i_r \\ j_1 & \cdots & j_r \end{pmatrix},\quad \boldsymbol{A}_{i,j}=\hat{A}\begin{pmatrix} i_1 & \cdots & i_r \\ j_1 & \cdots & j_r \end{pmatrix}.$$

再定义

$$\boldsymbol{A}_r=\begin{pmatrix} D_{i_1,i_1} & D_{i_1,i_2} & \cdots & D_{i_1,i_N} \\ D_{i_2,i_1} & D_{i_2,i_2} & \cdots & D_{i_2,i_N} \\ \vdots & \vdots & & \vdots \\ D_{i_N,i_1} & D_{i_N,i_2} & \cdots & D_{i_N,i_N} \end{pmatrix}\in\mathbb{F}^{N\times N}$$

和

$$\operatorname{adj}(\boldsymbol{A}_r)=\begin{pmatrix} A_{i_1,i_1} & A_{i_2,i_1} & \cdots & A_{i_N,i_1} \\ A_{i_1,i_2} & A_{i_2,i_2} & \cdots & A_{i_N,i_2} \\ \vdots & \vdots & & \vdots \\ A_{i_1,i_N} & A_{i_2,i_N} & \cdots & A_{i_N,i_N} \end{pmatrix}\in\mathbb{F}^{N\times N},$$

证明：$\boldsymbol{A}_r\operatorname{adj}(\boldsymbol{A}_r)=\operatorname{adj}(\boldsymbol{A}_r)\boldsymbol{A}_r=|\boldsymbol{A}|E_N$.

§4.10 Binet-Cauchy 公式

我们知道，当 $\boldsymbol{A}$ 和 $\boldsymbol{B}$ 为同阶方阵时，有 $|\boldsymbol{AB}|=|\boldsymbol{A}||\boldsymbol{B}|$. 如果 $\boldsymbol{A}\in\mathbb{F}^{n\times m}$，$\boldsymbol{B}\in\mathbb{F}^{m\times n}$，而 m 与 n 不必相等，这时 $\boldsymbol{AB}\in\mathbb{F}^{n\times n}$ 也是方阵，所以有 $|\boldsymbol{AB}|$. 那么这时 $|\boldsymbol{AB}|$ 该如何计算？下面我们来研究这个问题.

类似于定理 4.11 的证明，我们考察分块矩阵

$$\boldsymbol{C}=\begin{pmatrix} \boldsymbol{A}_{n\times m} & \boldsymbol{O}_{n\times n} \\ -\boldsymbol{E}_m & \boldsymbol{B}_{m\times n} \end{pmatrix}_{(m+n)\times(m+n)}.$$

一方面，由分块矩阵的初等变换

$$\boldsymbol{C}\xrightarrow{c_2+c_1\boldsymbol{B}}\begin{pmatrix} \boldsymbol{A} & \boldsymbol{AB} \\ -\boldsymbol{E}_m & \boldsymbol{O} \end{pmatrix}\xrightarrow{r_1\leftrightarrow r_2}\begin{pmatrix} -\boldsymbol{E}_m & \boldsymbol{O} \\ \boldsymbol{A} & \boldsymbol{AB} \end{pmatrix},$$

有

$$|\boldsymbol{C}|=(-1)^{mn}\begin{vmatrix} -\boldsymbol{E}_m & \boldsymbol{O} \\ \boldsymbol{A} & \boldsymbol{AB} \end{vmatrix}=(-1)^{mn}|-\boldsymbol{E}_m||\boldsymbol{AB}|=(-1)^{mn+m}|\boldsymbol{AB}|.$$

这得到

$$|\boldsymbol{AB}|=(-1)^{mn+m}|\boldsymbol{C}|.$$

另一方面，不同于定理 4.11 的证明，虽然 $\boldsymbol{C}$ 是分块下三角阵，但是对角块 $\boldsymbol{A}$ 和 $\boldsymbol{B}$ 不一定是方阵，所以此时不能用分块下三角阵的行列式公式.类似于例 4.31，对 $|\boldsymbol{C}|$ 的前 n 行 Laplace展开，得

$$|\boldsymbol{C}|=\sum_{1\leqslant k_1<k_2<\cdots<k_n\leqslant m+n}\boldsymbol{C}\begin{pmatrix} 1 & 2 & \cdots & n \\ k_1 & k_2 & \cdots & k_n \end{pmatrix}\hat{C}\begin{pmatrix} 1 & 2 & \cdots & n \\ k_1 & k_2 & \cdots & k_n \end{pmatrix}.$$

设 $\{1,2,\cdots,m+n\}-\{k_1,\cdots,k_n\}=\{k_{n+1}<\cdots<k_{m+n}\}$，则

$$\hat{C}\begin{pmatrix} 1 & 2 & \cdots & n \\ k_1 & k_2 & \cdots & k_n \end{pmatrix}=(-1)^{1+2+\cdots+n+k_1+k_2+\cdots+k_n}\boldsymbol{C}\begin{pmatrix} n+1 & n+2 & \cdots & m+n \\ k_{n+1} & k_{n+2} & \cdots & k_{m+n} \end{pmatrix}.$$

下面根据 m 和 n 的大小关系分别讨论.

情形 1　$n>m$

此时,任意子式 $C\begin{pmatrix}1 & 2 & \cdots & n\\ k_1 & k_2 & \cdots & k_n\end{pmatrix}$ 中一定有全零列,即必为 0. 所以有 $|C|=0$,进而得 $|AB|=0$.

情形 2　$m=n$

此时,C 为对角块是方阵的分块下三角阵,所以 $|C|=|A||B|$. 进而

$$|AB|=(-1)^{n^2+n}|A||B|=(-1)^{n(n+1)}|A||B|=|A||B|.$$

情形 3　$n<m$

此时,去掉有全零列从而为零的子式 $C\begin{pmatrix}1 & 2 & \cdots & n\\ k_1 & k_2 & \cdots & k_n\end{pmatrix}$,有

$$|C|=\sum_{1\leqslant k_1<k_2<\cdots<k_n\leqslant m}A\begin{pmatrix}1 & 2 & \cdots & n\\ k_1 & k_2 & \cdots & k_n\end{pmatrix}\times$$
$$(-1)^{1+2+\cdots+n+k_1+k_2+\cdots+k_n}C\begin{pmatrix}n+1 & n+2 & \cdots & m+n\\ k_{n+1} & k_{n+2} & \cdots & k_{m+n}\end{pmatrix},$$

且必有

$$k_{m+1}=m+1,\ k_{m+2}=m+2,\ \cdots,\ k_{m+n}=m+n.$$

再将每个子式

$$C\begin{pmatrix}n+1 & n+2 & \cdots & m+n\\ k_{n+1} & k_{n+2} & \cdots & k_{m+n}\end{pmatrix}=\begin{array}{c}k_{n+1}\\ k_{n+2}\\ \vdots\\ \vdots\\ k_m\end{array}\begin{vmatrix}-1 & & & & \\ & -1 & & & \\ & & \ddots & & B\\ & & & \ddots & \\ & & & & -1\end{vmatrix}$$

按照前 $m-n$ 列展开,得

$$C\begin{pmatrix}n+1 & n+2 & \cdots & m+n\\ k_{n+1} & k_{n+2} & \cdots & k_{m+n}\end{pmatrix}$$
$$=(-1)^{k_{n+1}+k_{n+2}+\cdots+k_m+1+2+\cdots+(m-n)}|-E_{m-n}|B\begin{pmatrix}k_1 & k_2 & \cdots & k_n\\ 1 & 2 & \cdots & n\end{pmatrix}$$
$$=(-1)^{k_{n+1}+k_{n+2}+\cdots+k_m+1+2+\cdots+(m-n)+(m-n)}B\begin{pmatrix}k_1 & k_2 & \cdots & k_n\\ 1 & 2 & \cdots & n\end{pmatrix}.$$

最后得到

$$|C|=\sum_{1\leqslant k_1<k_2<\cdots<k_n\leqslant m}A\begin{pmatrix}1 & 2 & \cdots & n\\ k_1 & k_2 & \cdots & k_n\end{pmatrix}(-1)^{1+2+\cdots+n+k_1+k_2+\cdots+k_n}\times$$
$$(-1)^{k_{n+1}+k_{n+2}+\cdots+k_m+1+2+\cdots+(m-n)+(m-n)}B\begin{pmatrix}k_1 & k_2 & \cdots & k_n\\ 1 & 2 & \cdots & n\end{pmatrix}.$$

由于

$$
\begin{aligned}
&1+\cdots+n+k_1+\cdots+k_n+k_{n+1}+\cdots+k_m+1+\cdots+(m-n)+(m-n)\\
&=(1+\cdots+n)+(1+\cdots+m)+(1+\cdots+(m-n))+(m-n)\\
&=2(1+\cdots+n)+[(n+1)+\cdots+(n+(m-n))]+\\
&\quad(1+\cdots+(m-n))+(m-n)\\
&=2(1+\cdots+n)+2(1+\cdots+(m-n))+n(m-n)+(m-n)\\
&=2(1+\cdots+n)+2(1+\cdots+(m-n))+(n+1)(m-n),
\end{aligned}
$$

所以

$$
\begin{aligned}
|\boldsymbol{C}|=(-1)^{(n+1)(m-n)}\sum_{1\leqslant k_1<k_2<\cdots<k_n\leqslant m}\boldsymbol{A}\begin{pmatrix}1 & 2 & \cdots & n\\ k_1 & k_2 & \cdots & k_n\end{pmatrix}\times\\
\boldsymbol{B}\begin{pmatrix}k_1 & k_2 & \cdots & k_n\\ 1 & 2 & \cdots & n\end{pmatrix}.
\end{aligned}
$$

而

$$mn+m+(n+1)(m-n)=2m(n+1)-n(n+1)$$

是偶数,所以

$$|\boldsymbol{AB}|=\sum_{1\leqslant k_1<k_2<\cdots<k_n\leqslant m}\boldsymbol{A}\begin{pmatrix}1 & 2 & \cdots & n\\ k_1 & k_2 & \cdots & k_n\end{pmatrix}\boldsymbol{B}\begin{pmatrix}k_1 & k_2 & \cdots & k_n\\ 1 & 2 & \cdots & n\end{pmatrix}.$$

于是我们得到了下面的定理.

定理 4.23[比内-柯西(Binet-Cauchy)公式]　设 $\boldsymbol{A}\in\mathbb{F}^{n\times m}$, $\boldsymbol{B}\in\mathbb{F}^{m\times n}$, 则

(1) 当 $n>m$ 时,有 $|\boldsymbol{AB}|=0$;

(2) 当 $m=n$ 时,有 $|\boldsymbol{AB}|=|\boldsymbol{A}||\boldsymbol{B}|$;

(3) 当 $n<m$ 时,有

$$|\boldsymbol{AB}|=\sum_{1\leqslant k_1<k_2<\cdots<k_n\leqslant m}\boldsymbol{A}\begin{pmatrix}1 & 2 & \cdots & n\\ k_1 & k_2 & \cdots & k_n\end{pmatrix}\boldsymbol{B}\begin{pmatrix}k_1 & k_2 & \cdots & k_n\\ 1 & 2 & \cdots & n\end{pmatrix}.$$

可以如下证明 $n>m$ 的情形.当 $n>m$ 时,有

$$(\boldsymbol{A},\boldsymbol{O}_{n\times(n-m)})_{n\times n}\begin{bmatrix}\boldsymbol{B}\\ \boldsymbol{O}_{(n-m)\times n}\end{bmatrix}_{n\times n}=\boldsymbol{AB}+\boldsymbol{O}=\boldsymbol{AB}.$$

于是

$$|\boldsymbol{AB}|=|\boldsymbol{A},\boldsymbol{O}|\begin{vmatrix}\boldsymbol{B}\\ \boldsymbol{O}\end{vmatrix}=0.$$

不用 Laplace 展开定理,也可利用如下拆列公式来证明 Binet-Cauchy 公式.

☞ **Binet-Cauchy 公式的另证**　设 $\boldsymbol{A}=(a_{ij})$ 和 $\boldsymbol{B}=(b_{ij})$, 则

$$
\boldsymbol{AB}=\begin{pmatrix}
\sum\limits_{j_1=1}^{m} a_{1j_1}b_{j_11} & \sum\limits_{j_2=1}^{m} a_{1j_2}b_{j_22} & \cdots & \sum\limits_{j_n=1}^{m} a_{1j_n}b_{j_nn} \\
\sum\limits_{j_1=1}^{m} a_{2j_1}b_{j_11} & \sum\limits_{j_2=1}^{m} a_{2j_2}b_{j_22} & \cdots & \sum\limits_{j_n=1}^{m} a_{2j_n}b_{j_nn} \\
\vdots & \vdots & & \vdots \\
\sum\limits_{j_1=1}^{m} a_{nj_1}b_{j_11} & \sum\limits_{j_2=1}^{m} a_{nj_2}b_{j_22} & \cdots & \sum\limits_{j_n=1}^{m} a_{nj_n}b_{j_nn}
\end{pmatrix}.
$$

拆列,并提取每列的公因式,得到

$$
|\boldsymbol{AB}|=\sum_{1\leqslant j_1,\, j_2,\, \cdots,\, j_n\leqslant m} b_{j_11}b_{j_22}\cdots b_{j_nn}\begin{vmatrix}
a_{1j_1} & a_{1j_2} & \cdots & a_{1j_n} \\
a_{2j_1} & a_{2j_2} & \cdots & a_{2j_n} \\
\vdots & \vdots & & \vdots \\
a_{nj_1} & a_{nj_2} & \cdots & a_{nj_n}
\end{vmatrix}.
$$

如果 $n>m$,则上式右边的求和项中的行列式必有两列相同,从而行列式的值为零,进而 $|\boldsymbol{AB}|=0$. 下设 $n\leqslant m$,去掉一定为零的行列式,有

$$
|\boldsymbol{AB}|=\sum_{\substack{1\leqslant j_1,\, j_2,\, \cdots,\, j_n\leqslant m\\ \text{互不相同}}} b_{j_11}b_{j_22}\cdots b_{j_nn}\begin{vmatrix}
a_{1j_1} & a_{1j_2} & \cdots & a_{1j_n} \\
a_{2j_1} & a_{2j_2} & \cdots & a_{2j_n} \\
\vdots & \vdots & & \vdots \\
a_{nj_1} & a_{nj_2} & \cdots & a_{nj_n}
\end{vmatrix}.
$$

设 $1\leqslant j_1,\, j_2,\, \cdots,\, j_n\leqslant m$ 且互不相同,将 $j_1,\, j_2,\, \cdots,\, j_n$ 重排后记为

$$
1\leqslant k_1<k_2<\cdots<k_n\leqslant m.
$$

将上面 $|\boldsymbol{AB}|$ 的表达式的求和中的行列式调列,可得

$$
\begin{vmatrix}
a_{1j_1} & a_{1j_2} & \cdots & a_{1j_n} \\
a_{2j_1} & a_{2j_2} & \cdots & a_{2j_n} \\
\vdots & \vdots & & \vdots \\
a_{nj_1} & a_{nj_2} & \cdots & a_{nj_n}
\end{vmatrix}=\delta\begin{pmatrix} k_1 & k_2 & \cdots & k_n \\ j_1 & j_2 & \cdots & j_n \end{pmatrix}\begin{vmatrix}
a_{1k_1} & a_{1k_2} & \cdots & a_{1k_n} \\
a_{2k_1} & a_{2k_2} & \cdots & a_{2k_n} \\
\vdots & \vdots & & \vdots \\
a_{nk_1} & a_{nk_2} & \cdots & a_{nk_n}
\end{vmatrix}
$$

$$
=\delta\begin{pmatrix} k_1 & k_2 & \cdots & k_n \\ j_1 & j_2 & \cdots & j_n \end{pmatrix}\boldsymbol{A}\begin{pmatrix} 1 & 2 & \cdots & n \\ k_1 & k_2 & \cdots & k_n \end{pmatrix}.
$$

所以得到

$$
|\boldsymbol{AB}|=\sum_{1\leqslant k_1<k_2<\cdots<k_n\leqslant m}\ \sum_{\begin{pmatrix} k_1 & k_2 & \cdots & k_n \\ j_1 & j_2 & \cdots & j_n \end{pmatrix}}\delta\begin{pmatrix} k_1 & k_2 & \cdots & k_n \\ j_1 & j_2 & \cdots & j_n \end{pmatrix} b_{j_11}b_{j_22}\cdots b_{j_nn}\cdot\boldsymbol{A}\begin{pmatrix} 1 & 2 & \cdots & n \\ k_1 & k_2 & \cdots & k_n \end{pmatrix}
$$

$$
=\sum_{1\leqslant k_1<k_2<\cdots<k_n\leqslant m}\boldsymbol{B}\begin{pmatrix} k_1 & k_2 & \cdots & k_n \\ 1 & 2 & \cdots & n \end{pmatrix}\boldsymbol{A}\begin{pmatrix} 1 & 2 & \cdots & n \\ k_1 & k_2 & \cdots & k_n \end{pmatrix}.
$$

特别地,当 $n=m$ 时,上面右边的和式只有一项,即有 $|\boldsymbol{AB}|=|\boldsymbol{A}||\boldsymbol{B}|$.

Binet-Cauchy 公式可以用来计算矩阵乘积的子式.

推论 4.24 设 $\boldsymbol{A}\in\mathbb{F}^{n\times m}$, $\boldsymbol{B}\in\mathbb{F}^{m\times l}$, $1\leqslant r\leqslant\min\{m, n, l\}$, $1\leqslant i_1<i_2<\cdots<i_r\leqslant n$, $1\leqslant j_1<j_2<\cdots<j_r\leqslant l$, 则 r 阶子式

$$(\boldsymbol{AB})\begin{pmatrix}i_1 & i_2 & \cdots & i_r\\ j_1 & j_2 & \cdots & j_r\end{pmatrix}=\sum_{1\leqslant k_1<k_2<\cdots<k_r\leqslant m}\boldsymbol{A}\begin{pmatrix}i_1 & i_2 & \cdots & i_r\\ k_1 & k_2 & \cdots & k_r\end{pmatrix}\boldsymbol{B}\begin{pmatrix}k_1 & k_2 & \cdots & k_r\\ j_1 & j_2 & \cdots & j_r\end{pmatrix}.$$

☞ **证明** 将 $\boldsymbol{A}$ 行分块, $\boldsymbol{B}$ 列分块

$$\boldsymbol{A}=\begin{pmatrix}\boldsymbol{\alpha}_1\\ \vdots\\ \boldsymbol{\alpha}_n\end{pmatrix},\quad \boldsymbol{B}=(\boldsymbol{\beta}_1, \boldsymbol{\beta}_2, \cdots, \boldsymbol{\beta}_l),$$

则 $\boldsymbol{AB}$ 的 (i, j) 元是 $\boldsymbol{\alpha}_i\boldsymbol{\beta}_j$. 于是令

$$\boldsymbol{A}_1=\begin{pmatrix}\boldsymbol{\alpha}_{i_1}\\ \boldsymbol{\alpha}_{i_2}\\ \vdots\\ \boldsymbol{\alpha}_{i_r}\end{pmatrix},\quad \boldsymbol{B}_1=(\boldsymbol{\beta}_{j_1}, \boldsymbol{\beta}_{j_2}, \cdots, \boldsymbol{\beta}_{j_r}),$$

则有

$$(\boldsymbol{AB})\begin{pmatrix}i_1 & i_2 & \cdots & i_r\\ j_1 & j_2 & \cdots & j_r\end{pmatrix}=|\boldsymbol{A}_1\boldsymbol{B}_1|.$$

对 $|\boldsymbol{A}_1\boldsymbol{B}_1|$ 用 Binet-Cauchy 公式即得结论.

如果 $r=1$, 就得到两矩阵相乘的公式.我们看几个例子.

例 4.32 设 $n\geqslant 2$, $a_1, \cdots, a_n, b_1, \cdots, b_n\in\mathbb{C}$. 利用行列式证明 Lagrange 恒等式:

$$\left(\sum_{i=1}^{n}a_i^2\right)\left(\sum_{i=1}^{n}b_i^2\right)-\left(\sum_{i=1}^{n}a_ib_i\right)^2=\sum_{1\leqslant i<j\leqslant n}(a_ib_j-a_jb_i)^2.$$

进而证明柯西-施瓦茨(Cauchy-Schwarz)不等式:当 $a_1, \cdots, a_n, b_1, \cdots, b_n\in\mathbb{R}$ 时,有

$$(a_1b_1+a_2b_2+\cdots+a_nb_n)^2\leqslant(a_1^2+a_2^2+\cdots+a_n^2)(b_1^2+b_2^2+\cdots+b_n^2),$$

其中,当且仅当 $\dfrac{a_1}{b_1}=\dfrac{a_2}{b_2}=\cdots=\dfrac{a_n}{b_n}$ 时等号成立.

☞ **证明** 令 $\boldsymbol{A}=\begin{pmatrix}a_1 & a_2 & \cdots & a_n\\ b_1 & b_2 & \cdots & b_n\end{pmatrix}_{2\times n}$, 则

$$
\boldsymbol{A}\boldsymbol{A}^{\mathrm{T}}=\begin{pmatrix}a_1 & a_2 & \cdots & a_n\\ b_1 & b_2 & \cdots & b_n\end{pmatrix}\begin{pmatrix}a_1 & b_1\\ a_2 & b_2\\ \vdots & \vdots\\ a_n & b_n\end{pmatrix}=\begin{pmatrix}\sum\limits_{i=1}^{n}a_i^2 & \sum\limits_{i=1}^{n}a_ib_i\\ \sum\limits_{i=1}^{n}a_ib_i & \sum\limits_{i=1}^{n}b_i^2\end{pmatrix}.
$$

因此有

$$
|\boldsymbol{A}\boldsymbol{A}^{\mathrm{T}}|=(\sum_{i=1}^{n}a_i^2)(\sum_{i=1}^{n}b_i^2)-(\sum_{i=1}^{n}a_ib_i)^2.
$$

另外,由 Binet-Cauchy 公式

$$
\begin{aligned}
|\boldsymbol{A}\boldsymbol{A}^{\mathrm{T}}|&=\sum_{1\leqslant i<j\leqslant n}\boldsymbol{A}\begin{pmatrix}1 & 2\\ i & j\end{pmatrix}\boldsymbol{A}^{\mathrm{T}}\begin{pmatrix}i & j\\ 1 & 2\end{pmatrix}=\sum_{1\leqslant i<j\leqslant n}\begin{vmatrix}a_i & a_j\\ b_i & b_j\end{vmatrix}^2\\
&=\sum_{1\leqslant i<j\leqslant n}(a_ib_j-a_jb_i)^2.
\end{aligned}
$$

于是 Lagrange 恒等式成立.进而容易证明 Cauchy-Schwarz 不等式成立.

例 4.33 设矩阵

$$
\boldsymbol{A}=\begin{pmatrix}a_0 & a_1 & a_2 & \cdots & a_{n-1}\\ a_{n-1} & a_0 & a_1 & \cdots & a_{n-2}\\ a_{n-2} & a_{n-1} & a_0 & \cdots & a_{n-3}\\ \vdots & \vdots & \vdots & & \vdots\\ a_1 & a_2 & a_3 & \cdots & a_0\end{pmatrix},
$$

称 $\boldsymbol{A}$ 为**循环方阵**.求 $\boldsymbol{A}$ 的行列式.

☞ **解** 设 $\omega=\mathrm{e}^{\frac{2\pi\mathrm{i}}{n}}$ 是 n 次本原单位根.令多项式

$$
f(x)=a_0+a_1x+a_2x^2+\cdots+a_{n-1}x^{n-1},
$$

矩阵①

$$
\boldsymbol{B}=\begin{pmatrix}1 & 1 & 1 & \cdots & 1\\ 1 & \omega & \omega^2 & \cdots & \omega^{n-1}\\ 1 & \omega^2 & \omega^4 & \cdots & \omega^{2(n-1)}\\ \vdots & \vdots & \vdots & & \vdots\\ 1 & \omega^{n-1} & \omega^{2(n-1)} & \cdots & \omega^{(n-1)^2}\end{pmatrix},
$$

我们来计算 $\boldsymbol{AB}$. 由于矩阵 $\boldsymbol{AB}$ 的 (i,j) 元为(其中约定 $a_n=a_0$)

---

① 矩阵 $\boldsymbol{B}$ 如何来的? 一个可能的来源是: $\boldsymbol{A}$ 是矩阵 $\boldsymbol{C}=\begin{pmatrix}0 & \boldsymbol{E}_{n-1}\\ 1 & 0\end{pmatrix}$ 的矩阵多项式,有相同的特征向量;考虑 $\boldsymbol{C}$ 的对角化.

$$
\begin{aligned}
&(a_{n-i+1}, \cdots, a_{n-1}, a_1, \cdots, a_{n-i})\begin{pmatrix}1\\ \omega^{j-1}\\ \vdots\\ \omega^{(n-1)(j-1)}\end{pmatrix}\\
&=a_{n-i+1}+a_{n-i+2}\omega^{j-1}+\cdots+a_{n-1}\omega^{(i-2)(j-1)}+a_0\omega^{(i-1)(j-1)}+\cdots+a_{n-i}\omega^{(n-1)(j-1)}\\
&=\omega^{(i-1)(j-1)}(a_{n-i+1}\omega^{-(i-1)(j-1)}+\cdots+a_{n-1}\omega^{(i-2)(j-1)-(i-1)(j-1)}+\\
&\quad a_0+a_1\omega^{j-1}+\cdots+a_{n-i}\omega^{(n-i)(j-1)})\\
&=\omega^{(i-1)(j-1)}(a_{n-i+1}\omega^{n(j-1)-(i-1)(j-1)}+\cdots+a_{n-1}\omega^{n(j-1)-(j-1)}+\\
&\quad a_0+a_1\omega^{j-1}+\cdots+a_{n-i}\omega^{(n-i)(j-1)})\\
&=\omega^{(i-1)(j-1)}f(\omega^{j-1}),
\end{aligned}
$$

所以

$$
\boldsymbol{AB}=\boldsymbol{B}\operatorname{diag}(f(1), f(\omega), f(\omega^2), \cdots, f(\omega^{n-1})).
$$

两边取行列式就得到

$$
|\boldsymbol{A}||\boldsymbol{B}|=|\boldsymbol{AB}|=|\boldsymbol{B}|\prod_{i=0}^{n-1}f(\omega^i).
$$

由于范德蒙(Vandermonde)行列式

$$
|\boldsymbol{B}|=\prod_{0\leqslant i<j\leqslant n-1}(\omega^j-\omega^i)\neq 0,
$$

所以

$$
|\boldsymbol{A}|=\prod_{i=0}^{n-1}f(\omega^i).
$$

解毕.

习题 4.10

A1. 计算下列行列式:

(1) $\begin{vmatrix} s_0 & s_1 & s_2 & \cdots & s_{n-1} & 1\\ s_1 & s_2 & s_3 & \cdots & s_n & x\\ \vdots & \vdots & \vdots & & \vdots & \vdots\\ s_{n-1} & s_n & s_{n+1} & \cdots & s_{2n-2} & x^{n-1}\\ s_n & s_{n+1} & s_{n+2} & \cdots & s_{2n-1} & x^n \end{vmatrix}$, $s_k=x_1^k+x_2^k+\cdots+x_n^k$, $k=1, 2, \cdots$;

(2) $\begin{vmatrix} 1+x_1y_1 & 1+x_1y_2 & \cdots & 1+x_1y_n\\ 1+x_2y_1 & 1+x_2y_2 & \cdots & 1+x_2y_n\\ \vdots & \vdots & & \vdots\\ 1+x_ny_1 & 1+x_ny_2 & \cdots & 1+x_ny_n \end{vmatrix}$;

(3) $\begin{vmatrix} \cos(\theta_1-\varphi_1) & \cos(\theta_1-\varphi_2) & \cdots & \cos(\theta_1-\varphi_n) \\ \cos(\theta_2-\varphi_1) & \cos(\theta_2-\varphi_2) & \cdots & \cos(\theta_2-\varphi_n) \\ \vdots & \vdots & & \vdots \\ \cos(\theta_n-\varphi_1) & \cos(\theta_n-\varphi_2) & \cdots & \cos(\theta_n-\varphi_n) \end{vmatrix}$;

(4) $\begin{vmatrix} (a_0+b_0)^n & (a_0+b_1)^n & \cdots & (a_0+b_n)^n \\ (a_1+b_0)^n & (a_1+b_1)^n & \cdots & (a_1+b_n)^n \\ \vdots & \vdots & & \vdots \\ (a_n+b_0)^n & (a_n+b_1)^n & \cdots & (a_n+b_n)^n \end{vmatrix}$.

A2. 设行列式 $D=\begin{vmatrix} a_{00} & a_{01} & a_{02} & \cdots & a_{0,\,n-1} \\ a_{10} & a_{11} & a_{12} & \cdots & a_{1,\,n-1} \\ \vdots & \vdots & \vdots & & \vdots \\ a_{n-1,0} & a_{n-1,\,1} & a_{n-1,\,2} & \cdots & a_{n-1,\,n-1} \end{vmatrix}$，记 $\varphi_i(x)=a_{0i}+a_{1i}x+\cdots+a_{n-1,\,i}x^{n-1}$，其中 $i=0,1,\cdots,n-1$，求行列式

$$\begin{vmatrix} \varphi_0(x_1) & \varphi_0(x_2) & \cdots & \varphi_0(x_n) \\ \varphi_1(x_1) & \varphi_1(x_2) & \cdots & \varphi_1(x_n) \\ \vdots & \vdots & & \vdots \\ \varphi_{n-1}(x_1) & \varphi_{n-1}(x_2) & \cdots & \varphi_{n-1}(x_n) \end{vmatrix}.$$

A3. 当 $j_1=i_1, j_2=i_2, \cdots, j_k=i_k$ 时，矩阵 $\boldsymbol{A}$ 的子式 $\boldsymbol{A}\begin{pmatrix} i_1 & i_2 & \cdots & i_k \\ j_1 & j_2 & \cdots & j_k \end{pmatrix}$ 称为 $\boldsymbol{A}$ 的一个 k 阶**主子式**，其中 $1\leqslant i_1<i_2<\cdots<i_k\leqslant n$. 设 $\boldsymbol{A}\in\mathbb{C}^{m\times n}$，证明：矩阵 $\boldsymbol{A}\overline{\boldsymbol{A}}^{\mathrm{T}}$ 的每一个主子式都是非负实数.

A4. 适合 $\boldsymbol{A}\boldsymbol{A}^{\mathrm{T}}=\boldsymbol{E}_n=\boldsymbol{A}^{\mathrm{T}}\boldsymbol{A}$ 的 n 阶实方阵 $\boldsymbol{A}$ 称为**正交阵**.证明：

(1) 正交方阵的行列式等于 ±1；

(2) 位于正交方阵的 k 个行上的所有 k 阶子式的平方和等于 1，$k=1,2,\cdots,n$.

A5. 适合 $\boldsymbol{A}\overline{\boldsymbol{A}}^{\mathrm{T}}=\boldsymbol{E}_n=\overline{\boldsymbol{A}}^{\mathrm{T}}\boldsymbol{A}$ 的 n 阶复方阵 $\boldsymbol{A}$ 称为**酉方阵**.证明：

(1) 酉方阵的行列式的模为 1；

(2) 位于酉方阵的 k 个行上的所有 k 阶子式的模的平方和为 1.

B1. 计算下列行列式：

(1) $\begin{vmatrix} 1^2 & 2^2 & 3^2 & \cdots & n^2 \\ n^2 & 1^2 & 2^2 & \cdots & (n-1)^2 \\ \vdots & \vdots & \vdots & & \vdots \\ 2^2 & 3^2 & 4^2 & \cdots & 1^2 \end{vmatrix}$； (2) $\begin{vmatrix} a_1 & a_2 & a_3 & \cdots & a_n \\ -a_n & a_1 & a_2 & \cdots & a_{n-1} \\ -a_{n-1} & -a_n & a_1 & \cdots & a_{n-2} \\ \vdots & \vdots & \vdots & & \vdots \\ -a_2 & -a_3 & -a_4 & \cdots & a_1 \end{vmatrix}$.

B2. 对正整数 n，定义 **Euler 函数** $\varphi(n)$ 为 $1, 2, \cdots, n$ 中与 n 互素的整数的个数.可以证明 Euler 函数满足等式

$$\sum_{d\mid n}\varphi(d)=n,\quad \forall n\in\mathbb{N},$$

其中上式左边表示对 n 的所有正因子 d 求和.设矩阵 $\boldsymbol{A}=(a_{ij})_{n\times n}$，其中 a_{ij} 等于整数 i 和 j 的最大公因子 (i,j). 证明：$\det(\boldsymbol{A})=\varphi(1)\varphi(2)\cdots\varphi(n)$.

B3. 设正整数 n 和 r 满足 $r<n$，对矩阵 $\boldsymbol{A}\in\mathbb{F}^{n\times n}$，参看习题 4.9 的 B2 可定义矩阵 $\boldsymbol{A}_r\in\mathbb{F}^{N\times N}$，其中

$N=\binom{n}{r}$. 证明：

(1) $(\boldsymbol{E}_n)_r=\boldsymbol{E}_N$；

(2) 如果 $\boldsymbol{A},\boldsymbol{B},\boldsymbol{C}\in\mathbb{F}^{n\times n}$ 满足 $\boldsymbol{AB}=\boldsymbol{C}$，那么 $\boldsymbol{A}_r\boldsymbol{B}_r=\boldsymbol{C}_r$.

B4. 设正整数 n 和 r 满足 $r<n$.

(1) 设 $\boldsymbol{A}\in\mathbb{F}^{n\times n}$ 可逆，记 $\boldsymbol{B}=\boldsymbol{A}^{-1}$，设 $1\leqslant i_1<i_2<\cdots<i_r\leqslant n$ 和 $1\leqslant j_1<j_2<\cdots<j_r\leqslant n$，证明：

$$\boldsymbol{B}\begin{pmatrix} i_1 & i_2 & \cdots & i_r \\ j_1 & j_2 & \cdots & j_r \end{pmatrix}=\frac{1}{|\boldsymbol{A}|}\hat{\boldsymbol{A}}\begin{pmatrix} j_1 & j_2 & \cdots & j_r \\ i_1 & i_2 & \cdots & i_r \end{pmatrix};$$

(2) 设 $\boldsymbol{A}\in\mathbb{F}^{n\times n}$ 满足 $\boldsymbol{A}\boldsymbol{A}^{\mathrm{T}}=\boldsymbol{E}_n$，$M$ 是 $\boldsymbol{A}$ 的一个 r 阶子式，M 的代数余子式记为 D，证明：$M=D|\boldsymbol{A}|$.

§4.11 Cramer 法则

本章最后说明这里的行列式定义是正确的，即证明在一定条件下，线性方程组

$$\begin{cases} a_{11}x_1+a_{12}x_2+\cdots+a_{1n}x_n=b_1, & (1) \\ a_{21}x_1+a_{22}x_2+\cdots+a_{2n}x_n=b_2, & (2) \\ \qquad\vdots \\ a_{n1}x_1+a_{n2}x_2+\cdots+a_{nn}x_n=b_n, & (n) \end{cases}$$

有求解公式

$$x_j=\frac{D_j}{D},\quad j=1,2,\cdots,n,$$

其中 D 为系数矩阵 $(a_{ij})_{n\times n}$ 的行列式，而 D_j 为将系数矩阵的第 j 列用常数项列向量 $\begin{pmatrix} b_1 \\ \vdots \\ b_n \end{pmatrix}$ 替换后得到的 n 阶方阵的行列式.

我们可以按如下方法计算 D_j：

$$\begin{aligned} D_j &= \begin{vmatrix} a_{11} & \cdots & a_{1,j-1} & b_1 & a_{1,j+1} & \cdots & a_{1n} \\ a_{21} & \cdots & a_{2,j-1} & b_2 & a_{2,j+1} & \cdots & a_{2n} \\ \vdots & & \vdots & \vdots & \vdots & & \vdots \\ a_{n1} & \cdots & a_{n,j-1} & b_n & a_{n,j+1} & \cdots & a_{nn} \end{vmatrix} \\ &= \begin{vmatrix} a_{11} & \cdots & a_{1,j-1} & a_{11}x_1+\cdots+a_{1n}x_n & a_{1,j+1} & \cdots & a_{1n} \\ a_{21} & \cdots & a_{2,j-1} & a_{21}x_1+\cdots+a_{2n}x_n & a_{2,j+1} & \cdots & a_{2n} \\ \vdots & & \vdots & \vdots & \vdots & & \vdots \\ a_{n1} & \cdots & a_{n,j-1} & a_{n1}x_1+\cdots+a_{nn}x_n & a_{n,j+1} & \cdots & a_{nn} \end{vmatrix} \end{aligned}$$

$$\xrightarrow[i=1,\cdots,j-1,j+1,\cdots,n]{c_j - x_i c_i} \begin{vmatrix} a_{11} & \cdots & a_{1,j-1} & a_{1j}x_j & a_{1,j+1} & \cdots & a_{1n} \\ a_{21} & \cdots & a_{2,j-1} & a_{2j}x_j & a_{2,j+1} & \cdots & a_{2n} \\ \vdots & & \vdots & \vdots & \vdots & & \vdots \\ a_{n1} & \cdots & a_{n,j-1} & a_{nj}x_j & a_{n,j+1} & \cdots & a_{nn} \end{vmatrix}$$

$$= x_j \begin{vmatrix} a_{11} & \cdots & a_{1,j-1} & a_{1j} & a_{1,j+1} & \cdots & a_{1n} \\ a_{21} & \cdots & a_{2,j-1} & a_{2j} & a_{2,j+1} & \cdots & a_{2n} \\ \vdots & & \vdots & \vdots & \vdots & & \vdots \\ a_{n1} & \cdots & a_{n,j-1} & a_{nj} & a_{n,j+1} & \cdots & a_{nn} \end{vmatrix} = x_j D.$$

于是当 $D \neq 0$ 时，如果上面的线性方程组有解，则一定有

$$x_j = \frac{D_j}{D}, \quad j = 1, 2, \cdots, n.$$

这就说明了我们给出的行列式的定义是正确的.

上面给出的推导显得有些神秘，说好的加减消元法呢？所以我们还是用加减消元法再来解上面的线性方程组.要实现加减消元，对于每个 j $(1 \leqslant j \leqslant n)$，要找 n 个数 c_{1j}，c_{2j}，…，c_{nj}，使得

$$c_{1j} \times (1) + c_{2j} \times (2) + \cdots + c_{nj} \times (n) \Longrightarrow \text{只余未知数 } x_j.$$

如同 4.1 节中分析的一样，这将得到 a_{ij} 和 c_{ij} 之间的某种“正交”关系.

为了从几何上更好地理解加减消元法，我们先给出上面线性方程组的向量形式.记

$$\boldsymbol{\alpha}_1 = \begin{pmatrix} a_{11} \\ a_{21} \\ \vdots \\ a_{n1} \end{pmatrix}, \quad \boldsymbol{\alpha}_2 = \begin{pmatrix} a_{12} \\ a_{22} \\ \vdots \\ a_{n2} \end{pmatrix}, \cdots, \boldsymbol{\alpha}_n = \begin{pmatrix} a_{1n} \\ a_{2n} \\ \vdots \\ a_{nn} \end{pmatrix}, \quad \boldsymbol{\beta} = \begin{pmatrix} b_1 \\ b_2 \\ \vdots \\ b_n \end{pmatrix},$$

则上面的线性方程组等价于

$$x_1 \boldsymbol{\alpha}_1 + x_2 \boldsymbol{\alpha}_2 + \cdots + x_n \boldsymbol{\alpha}_n = \boldsymbol{\beta}.$$

称这种形式为**线性方程组的向量形式**.

接着我们推广解析几何中的内积概念.设 $\boldsymbol{\alpha} = \begin{pmatrix} a_1 \\ a_2 \\ \vdots \\ a_n \end{pmatrix}$，$\boldsymbol{\delta} = \begin{pmatrix} d_1 \\ d_2 \\ \vdots \\ d_n \end{pmatrix}$，定义它们的内积为

$$\boldsymbol{\alpha} \cdot \boldsymbol{\delta} := a_1 d_1 + a_2 d_2 + \cdots + a_n d_n = \boldsymbol{\alpha}^{\mathrm{T}} \boldsymbol{\delta}.$$

因此，用列向量 $\boldsymbol{\delta}$ 内积上面的线性方程组，得到

$$x_1(\boldsymbol{\alpha}_1 \cdot \boldsymbol{\delta}) + x_2(\boldsymbol{\alpha}_2 \cdot \boldsymbol{\delta}) + \cdots + x_n(\boldsymbol{\alpha}_n \cdot \boldsymbol{\delta}) = \boldsymbol{\beta} \cdot \boldsymbol{\delta}.$$

所以,加减消元等价于对每个 j $(1\leqslant j\leqslant n)$,找 n 维列向量 $\boldsymbol{\delta}_j$,使得

$$\boldsymbol{\alpha}_k\cdot\boldsymbol{\delta}_j=\mathbf{0},\quad \forall k\neq j.$$

可以理解为 $\boldsymbol{\delta}_j$ 需要与 $\boldsymbol{\alpha}_k$ $(\forall k\neq j)$ 都正交,所以几何上可以取 $\boldsymbol{\delta}_j$ 为这 $n-1$ 个向量的“外积”.

设 $\boldsymbol{A}=(a_{ij})_{n\times n}$ 是上面线性方程组的系数矩阵,$\boldsymbol{A}_{ij}$ 是 (i,j) 位置的代数余子式.由推论 4.19 知

$$a_{1k}A_{1j}+a_{2k}A_{2j}+\cdots+a_{nk}A_{nj}=\delta_{kj}\,|\boldsymbol{A}|,$$

用内积记号就是

$$\boldsymbol{\alpha}_k\cdot\begin{pmatrix}A_{1j}\\A_{2j}\\\vdots\\A_{nj}\end{pmatrix}=\boldsymbol{\delta}_{kj}\,|\boldsymbol{A}|=\begin{cases}|\boldsymbol{A}|, & k=j,\\ 0, & k\neq j.\end{cases}$$

所以可取 $\boldsymbol{\delta}_j=\begin{pmatrix}A_{1j}\\A_{2j}\\\vdots\\A_{nj}\end{pmatrix}$. 用 $\boldsymbol{\delta}_j$ 加减消元后,得到

$$\boldsymbol{x}_j\,|\boldsymbol{A}|=\boldsymbol{\beta}\cdot\boldsymbol{\delta}_j.$$

注意到上式右边也是 n 阶行列式

$$\begin{aligned}\boldsymbol{\beta}\cdot\boldsymbol{\delta}_j&=b_1\boldsymbol{A}_{1j}+b_2\boldsymbol{A}_{2j}+\cdots+b_n\boldsymbol{A}_{nj}\\&=\begin{vmatrix}a_{11}&\cdots&a_{1,j-1}&b_1&a_{1,j+1}&\cdots&a_{1n}\\a_{21}&\cdots&a_{2,j-1}&b_2&a_{2,j+1}&\cdots&a_{2n}\\\vdots&&\vdots&\vdots&\vdots&&\vdots\\a_{n1}&\cdots&a_{n,j-1}&b_n&a_{n,j+1}&\cdots&a_{nn}\end{vmatrix}.\end{aligned}$$

定理 4.25(Cramer 法则) 设有 n 元线性方程组 $\boldsymbol{AX}=\boldsymbol{\beta}$,其中系数矩阵 $\boldsymbol{A}=(a_{ij})\in\mathbb{F}^{n\times n}$,常数项列向量 $\boldsymbol{\beta}=(b_1,b_2,\cdots,b_n)^{\mathrm{T}}\in\mathbb{F}^n$,未知数列向量 $\boldsymbol{X}=(x_1,x_2,\cdots,x_n)^{\mathrm{T}}$. 如果系数矩阵的行列式满足 $|\boldsymbol{A}|\neq 0$,则方程组有唯一解

$$x_j=\frac{D_j}{|\boldsymbol{A}|},\quad j=1,2,\cdots,n,$$

其中

$$D_j=\begin{vmatrix}a_{11}&\cdots&a_{1,j-1}&b_1&a_{1,j+1}&\cdots&a_{1n}\\a_{21}&\cdots&a_{2,j-1}&b_2&a_{2,j+1}&\cdots&a_{2n}\\\vdots&&\vdots&\vdots&\vdots&&\vdots\\a_{n1}&\cdots&a_{n,j-1}&b_n&a_{n,j+1}&\cdots&a_{nn}\end{vmatrix}.$$

☞ **证明** 上面的分析事实上证明了解的唯一性,可以利用代数余子式的性质证明解的存在性(即所给的解确实满足方程组),这里我们给出 Cramer 法则更简单的一个证明.不妨设 $n>1$. 因为 $|\boldsymbol{A}|\neq 0$, 所以 $\boldsymbol{A}$ 可逆.于是

$$\boldsymbol{AX}=\boldsymbol{\beta} \iff \boldsymbol{X}=\boldsymbol{A}^{-1}\boldsymbol{\beta}=\frac{1}{|\boldsymbol{A}|}\mathrm{adj}(\boldsymbol{A})\boldsymbol{\beta}.$$

即得方程组有唯一解

$$x_j=\frac{1}{|\boldsymbol{A}|}(b_1A_{1j}+b_2A_{2j}+\cdots+b_nA_{nj})=\frac{D_j}{|\boldsymbol{A}|},\quad j=1,\,2,\,\cdots,\,n,$$

其中 A_{ij} 是 $\boldsymbol{A}$ 的 $(i,\,j)$ 位置的代数余子式.

Cramer 法则的好处是给出了一定条件下线性方程组的具体求解公式,这在许多问题的理论分析中很有用处.但是要求方程组的系数矩阵为方阵,而且系数矩阵的行列式不为零.一般不用该法则具体解线性方程组,一方面是由于行列式计算量大,另一方面是由于已经有解线性方程组的好办法——对增广矩阵的行初等变换.

习题 4.11

A1. 用 Cramer 法则解线性方程组 $\begin{cases}x_1+x_2+x_3=1,\\ x_1-x_2+2x_3=2,\\ 2x_1+x_2+3x_3=-1.\end{cases}$

A2. 利用矩阵和行列式证明 Lagrange 插值定理:设 $a_1,\,a_2,\,\cdots,\,a_n$ 是 $\mathbb{F}$ 中 n 个两两不同的常数,$b_1,\,b_2,\,\cdots,\,b_n$ 是 $\mathbb{F}$ 中任意 n 个常数,则存在唯一的 $f(x)\in\mathbb{F}[x]$,满足 $\deg(f(x))\leqslant n-1$,且

$$f(a_i)=b_i,\quad i=1,\,2,\,\cdots,\,n.$$

并求出这个多项式.

*§4.12 行列式的几何意义

先看二阶行列式的几何意义.我们来求图 4.1(a)中平行四边形 $OABC$ 的面积 S. 假设 A 点的坐标为 $(a_{11},\,a_{21})$, C 点的坐标为 $(a_{12},\,a_{22})$, 则 B 点的坐标为 $(a_{11}+a_{12},\,a_{21}+a_{22})$.

可以按照图 4.1(b)来求 S. 将 BC 延长与 y 轴交于点 E; 过点 A 做 y 轴的平行线,设与 BC 交于点 D. 则两个阴影三角形的面积相等,进而 S 等于平行四边形 $OADE$ 的面积.这个平行四边形底面 OE 的高为 a_{11}, 于是只需求出线段 OE 的长度,这是一个简单的几何问题.过点 B 和 C 的直线方程是

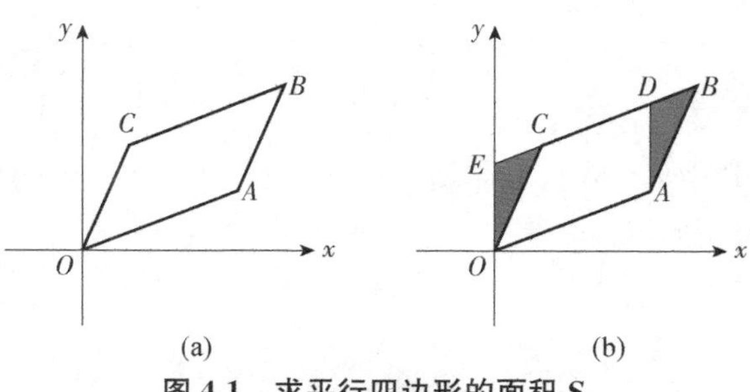

图 4.1 求平行四边形的面积 S

$$y-a_{22}=\frac{a_{21}}{a_{11}}(x-a_{12}),$$

令 $x=0$，得到

$$y=a_{22}-\frac{a_{12}a_{21}}{a_{11}}=\frac{a_{11}a_{22}-a_{12}a_{21}}{a_{11}},$$

即得点 E 的纵坐标为 $\dfrac{a_{11}a_{22}-a_{12}a_{21}}{a_{11}}$. 最后有

$$S=a_{11}\cdot\frac{a_{11}a_{22}-a_{12}a_{21}}{a_{11}}=a_{11}a_{22}-a_{12}a_{21}=\begin{vmatrix}a_{11}&a_{12}\\a_{21}&a_{22}\end{vmatrix}.$$

所以二阶行列式表示平行四边形的有向面积.这里“有向”指的是当 OA 和 OC 的相对位置改变时，二阶行列式的值等于 $-S$.

类似地，三阶行列式表示平行六面体的有向体积.具体的，设图 4.2 中以 OA，OB 和 OC 为邻棱的平行六面体的体积是 V，又设点 A 坐标为 $(a_{11},\ a_{21},\ a_{31})$，点 B 坐标为 $(a_{12},\ a_{22},\ a_{32})$，点 C 坐标为 $(a_{13},\ a_{23},\ a_{33})$，则有

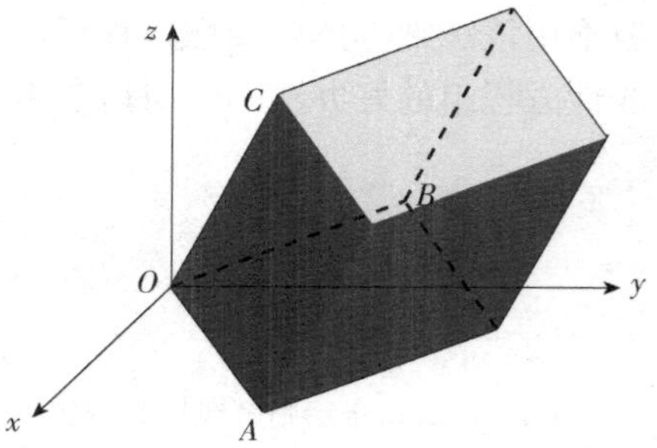

图 4.2　平行六面体

$$V=\begin{vmatrix}a_{11}&a_{12}&a_{13}\\a_{21}&a_{22}&a_{23}\\a_{31}&a_{32}&a_{33}\end{vmatrix}.$$

这里的“有向”指的是当 OA，OB，OC 成左手系时，三阶行列式的值等于 $-V$. 感兴趣的读者可以试着给出这一事实的证明.

下面再给出行列式的另外一种几何意义①.

设矩阵 $\boldsymbol{A}\in\mathbb{R}^{2\times2}$，则有 $\mathbb{R}^2$ 上的线性变换 $\mathscr{A}$，使得对任意 $\boldsymbol{X}\in\mathbb{R}^2$，有 $\mathscr{A}(X)=\boldsymbol{AX}$. 如果记 $\boldsymbol{A}=\begin{pmatrix}a_1&a_2\\a_3&a_4\end{pmatrix}$，则

$$\mathscr{A}(\boldsymbol{e}_1)=\begin{pmatrix}a_1\\a_3\end{pmatrix},\quad \mathscr{A}(\boldsymbol{e}_2)=\begin{pmatrix}a_2\\a_4\end{pmatrix},$$

其中 $\boldsymbol{e}_1=(1,\ 0)^{\mathrm{T}}$，$\boldsymbol{e}_2=(0,\ 1)^{\mathrm{T}}$. 于是 $\mathbb{R}^2$ 中的单位正方形 S 被 $\mathscr{A}$ 映到平行四边形 P，如图 4.3 所示.

① 请学了线性变换后再看这部分内容.

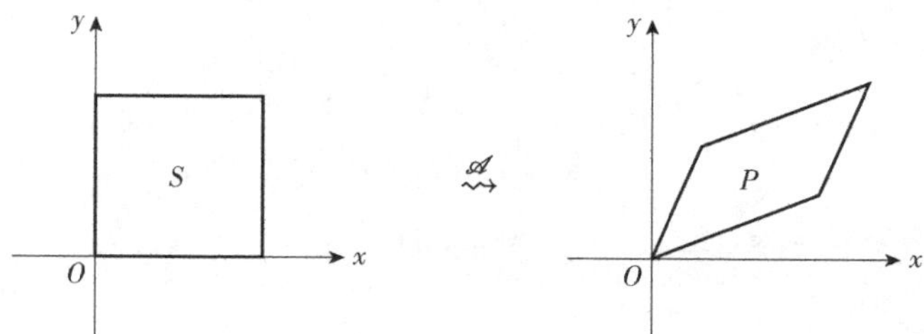

图 4.3 线性变换 $\mathscr{A}$ 下单位正方形 S 变为平行四边形 P

考虑面积,可知在线性变换 $\mathscr{A}$ 下,单位正方形 S 的面积变成了平行四边形 P 的面积,即 $|\boldsymbol{A}|$. 更一般地,如果 S 是 $\mathbb{R}^2$ 中一个可求面积的有界区域,令 $P=\mathscr{A}(S)$, 求 P 和 S 的面积的关系.设 $\boldsymbol{X}=(x_1, x_2)^{\mathrm{T}}$, 而 $\boldsymbol{Y}=(y_1, y_2)^{\mathrm{T}}=\boldsymbol{AX}$, 则

$$y_1=a_1x_1+a_2x_2, \quad y_2=a_3x_1+a_4x_2.$$

于是(可参看参考文献[1])

$$\mathrm{d}y_1=a_1\mathrm{d}x_1+a_2\mathrm{d}x_2, \quad \mathrm{d}y_2=a_3\mathrm{d}x_1+a_4\mathrm{d}x_2.$$

得到

$$\begin{aligned}\mathrm{d}y_1\wedge\mathrm{d}y_2&=(a_1\mathrm{d}x_1+a_2\mathrm{d}x_2)\wedge(a_3\mathrm{d}x_1+a_4\mathrm{d}x_2)\\&=a_1a_4\mathrm{d}x_1\wedge\mathrm{d}x_2+a_2a_3\mathrm{d}x_2\wedge\mathrm{d}x_1\\&=(a_1a_4-a_2a_3)\mathrm{d}x_1\wedge\mathrm{d}x_2=|A|\,\mathrm{d}x_1\wedge\mathrm{d}x_2,\end{aligned}$$

这里应用了性质

$$\mathrm{d}x_1\wedge\mathrm{d}x_1=0, \quad \mathrm{d}x_2\wedge\mathrm{d}x_2=0, \quad \mathrm{d}x_1\wedge\mathrm{d}x_2=-\mathrm{d}x_2\wedge\mathrm{d}x_1.$$

进而有

$$(P\text{ 的面积})=\int_P\mathrm{d}y_1\wedge\mathrm{d}y_2=\int_S|\boldsymbol{A}|\,\mathrm{d}x_1\wedge\mathrm{d}x_2=|\boldsymbol{A}|\cdot(S\text{ 的面积}).$$

于是可以看到,$|\boldsymbol{A}|$ 是线性变换 $\mathscr{A}$ 下面积的伸缩比.

更一般地,设矩阵 $\boldsymbol{A}\in\mathbb{R}^{n\times n}$, 则 $\boldsymbol{A}$ 导出线性变换 $\mathscr{A}$: $\mathbb{R}^n\longrightarrow\mathbb{R}^n$; $\boldsymbol{X}\mapsto\boldsymbol{AX}$. 于是 $\boldsymbol{A}$ 的行列式表示线性变换 $\mathscr{A}$ 下"体积"的伸缩比.即如果 V 是 $\mathbb{R}^n$ 中的有界区域,则

$$(\mathscr{A}(V)\text{ 的体积})=|\boldsymbol{A}|\cdot(V\text{ 的体积}).$$

补充题

A1. 设有 n 阶方阵

$$\boldsymbol{A}=(a_{ij})_{n\times n},$$

$$B=\begin{pmatrix} a_{11}b_1^2 & a_{12}b_1b_2 & \cdots & a_{1n}b_1b_n \\ a_{21}b_2b_1 & a_{22}b_2^2 & \cdots & a_{2n}b_2b_n \\ \vdots & \vdots & & \vdots \\ a_{n1}b_nb_1 & a_{n2}b_nb_2 & \cdots & a_{nn}b_n^2 \end{pmatrix},$$

其中 $b_1, b_2, \cdots, b_n$ 为常数.如果 $\det(\boldsymbol{A})=c$,求 $\det(\boldsymbol{B})$.

A2. 求下列行列式的值:

(1) $\begin{vmatrix} x & y & z & w \\ y & x & w & z \\ z & y & x & w \\ w & z & y & x \end{vmatrix}$; (2) $\begin{vmatrix} (a+b)^2 & c^2 & c^2 \\ a^2 & (b+c)^2 & a^2 \\ b^2 & b^2 & (c+a)^2 \end{vmatrix}$.

A3. 求下列行列式的值:

(1) $\begin{vmatrix} 1 & a_1 & a_2 & \cdots & a_n \\ 1 & a_1+b_1 & a_2 & \cdots & a_n \\ 1 & a_1 & a_2+b_2 & \cdots & a_n \\ \vdots & \vdots & \vdots & & \vdots \\ 1 & a_1 & a_2 & \cdots & a_n+b_n \end{vmatrix}$; (2) $\begin{vmatrix} 1 & 1 & \cdots & 1 \\ 1 & \binom{2}{1} & \cdots & \binom{n}{1} \\ 1 & \binom{3}{2} & \cdots & \binom{n+1}{2} \\ \vdots & \vdots & & \vdots \\ 1 & \binom{n}{n-1} & \cdots & \binom{2n-2}{n-1} \end{vmatrix}$;

(3) $\begin{vmatrix} a_1^{n-1} & a_1^{n-2}b_1 & \cdots & a_1b_1^{n-2} & b_1^{n-1} \\ a_2^{n-1} & a_2^{n-2}b_2 & \cdots & a_2b_2^{n-2} & b_2^{n-1} \\ \vdots & \vdots & & \vdots & \vdots \\ a_n^{n-1} & a_n^{n-2}b_n & \cdots & a_nb_n^{n-2} & b_n^{n-1} \end{vmatrix}$;

(4) $\begin{vmatrix} 1-a_1 & a_2 & & & & \\ -1 & 1-a_2 & a_3 & & & \\ & -1 & 1-a_3 & a_4 & & \\ & & \ddots & \ddots & \ddots & \\ & & & -1 & 1-a_{n-1} & a_n \\ & & & & -1 & 1-a_n \end{vmatrix}$;

(5) $\begin{vmatrix} a_0+a_1 & a_1 & & & & \\ a_1 & a_1+a_2 & a_2 & & & \\ & a_2 & a_2+a_3 & a_3 & & \\ & & \ddots & \ddots & \ddots & \\ & & & a_{n-2} & a_{n-2}+a_{n-1} & a_{n-1} \\ & & & & a_{n-1} & a_{n-1}+a_n \end{vmatrix}$;

(6) $\begin{vmatrix} a_1-b_1 & a_1-b_2 & \cdots & a_1-b_n \\ a_2-b_1 & a_2-b_2 & \cdots & a_2-b_n \\ \vdots & \vdots & & \vdots \\ a_n-b_1 & a_n-b_2 & \cdots & a_n-b_n \end{vmatrix}$.

A4. 计算行列式

$$\begin{vmatrix} s_0 & s_1 & s_2 & \cdots & s_{n-1} \\ s_1 & s_2 & s_3 & \cdots & s_n \\ s_2 & s_3 & s_4 & \cdots & s_{n+1} \\ \vdots & \vdots & \vdots & & \vdots \\ s_{n-1} & s_n & s_{n+1} & \cdots & s_{2n-2} \end{vmatrix},$$

其中等幂和 $s_k = x_1^k + x_2^k + \cdots + x_n^k$, $k = 1, 2, \cdots$.

A5. 设矩阵 $\boldsymbol{A}$, $\boldsymbol{B} \in \mathbb{F}^{n\times n}$, 整数 r 满足 $1 \leqslant r < n$, 证明: $\boldsymbol{AB}$ 和 $\boldsymbol{BA}$ 的所有 r 阶主子式之和相等.

A6. 设 $f_k(x) = x^k + a_{k1}x^{k-1} + a_{k2}x^{k-2} + \cdots + a_{kk}$, 求下列行列式的值:

$$\begin{vmatrix} 1 & f_1(x_1) & f_2(x_1) & \cdots & f_{n-1}(x_1) \\ 1 & f_1(x_2) & f_2(x_2) & \cdots & f_{n-1}(x_2) \\ \vdots & \vdots & \vdots & & \vdots \\ 1 & f_1(x_n) & f_2(x_n) & \cdots & f_{n-1}(x_n) \end{vmatrix}.$$

A7. 设 $\boldsymbol{A}$ 是奇数阶矩阵, $|\boldsymbol{A}| > 0$, 且 $\boldsymbol{AA}^{\mathrm{T}} = \boldsymbol{E}_n$, 证明: $\boldsymbol{E}_n - \boldsymbol{A}$ 不可逆.

A8. 设同阶方阵 $\boldsymbol{A}$ 和 $\boldsymbol{B}$ 满足 $\boldsymbol{A}^2 = \boldsymbol{B}^2 = \boldsymbol{E}$ 且 $|\boldsymbol{A}| + |\boldsymbol{B}| = 0$, 证明: $\boldsymbol{A} + \boldsymbol{B}$ 不可逆.

A9. 设 $\boldsymbol{A}$ 是非零实矩阵且 $\mathrm{adj}(\boldsymbol{A}) = \boldsymbol{A}^{\mathrm{T}}$, 证明: $\boldsymbol{A}$ 可逆.

A10. 已知 $\mathrm{adj}(\boldsymbol{A}) = \begin{pmatrix} 1 & -2 & 1 \\ 0 & 2 & -2 \\ -1 & 2 & 1 \end{pmatrix}$, 求矩阵 $\boldsymbol{A}$.

A11. (1) 设 a, $b \in \mathbb{Q}$ 不全为零, 证明: $\dfrac{1}{a + b\sqrt{2}} = \dfrac{\begin{vmatrix} 1 & b \\ \sqrt{2} & a \end{vmatrix}}{\begin{vmatrix} a & b \\ 2b & a \end{vmatrix}}$;

(2) 设 a, b, $c \in \mathbb{Q}$ 不全为零, 证明: $\dfrac{1}{a + b\sqrt[3]{2} + c\sqrt[3]{4}} = \dfrac{\begin{vmatrix} 1 & b & c \\ \sqrt[3]{2} & a & b \\ \sqrt[3]{4} & 2c & a \end{vmatrix}}{\begin{vmatrix} a & b & c \\ 2c & a & b \\ 2b & 2c & a \end{vmatrix}}$;

(3) 将 $\dfrac{1}{1 - 3\sqrt[3]{2} - 2\sqrt[3]{4}}$ 分母有理化.

A12. 证明: (1) 平面上互不相同的三点 (x_1, y_1), (x_2, y_2), (x_3, y_3) 共线的充分必要条件是

$$\begin{vmatrix} 1 & x_1 & y_1 \\ 1 & x_2 & y_2 \\ 1 & x_3 & y_3 \end{vmatrix} = 0;$$

(2) 平面上不共线的四点 (x_1, y_1), (x_2, y_2), (x_3, y_3), (x_4, y_4) 在同一个圆上的充分必要条件是

$$\begin{vmatrix} 1 & x_1 & y_1 & x_1^2+y_1^2 \\ 1 & x_2 & y_2 & x_2^2+y_2^2 \\ 1 & x_3 & y_3 & x_3^2+y_3^2 \\ 1 & x_4 & y_4 & x_4^2+y_4^2 \end{vmatrix}=0.$$

A13. 证明:(1) 空间中互不相同的三点 (x_i, y_i, z_i), $i=1, 2, 3$ 共线的充分必要条件是

$$\begin{vmatrix} 1 & y_1 & z_1 \\ 1 & y_2 & z_2 \\ 1 & y_3 & z_3 \end{vmatrix}=\begin{vmatrix} 1 & x_1 & z_1 \\ 1 & x_2 & z_2 \\ 1 & x_3 & z_3 \end{vmatrix}=\begin{vmatrix} 1 & x_1 & y_1 \\ 1 & x_2 & y_2 \\ 1 & x_3 & y_3 \end{vmatrix}=0;$$

(2) 空间中不共线的四点 (x_i, y_i, z_i), $i=1, 2, 3, 4$ 共面的充分必要条件是

$$\begin{vmatrix} 1 & x_1 & y_1 & z_1 \\ 1 & x_2 & y_2 & z_2 \\ 1 & x_3 & y_3 & z_3 \\ 1 & x_4 & y_4 & z_4 \end{vmatrix}=0;$$

(3) 空间中不共面的五点 (x_i, y_i, z_i), $i=1, 2, 3, 4, 5$ 在同一个球面上的充分必要条件是

$$\begin{vmatrix} 1 & x_1 & y_1 & z_1 & x_1^2+y_1^2+z_1^2 \\ 1 & x_2 & y_2 & z_2 & x_2^2+y_2^2+z_2^2 \\ 1 & x_3 & y_3 & z_3 & x_3^2+y_3^2+z_3^2 \\ 1 & x_4 & y_4 & z_4 & x_4^2+y_4^2+z_4^2 \\ 1 & x_5 & y_5 & z_5 & x_5^2+y_5^2+z_5^2 \end{vmatrix}=0;$$

(4) 两空间直线

$$L_1:\begin{cases} A_1x+B_1y+C_1z+D_1=0, \\ A_2x+B_2y+C_2z+D_2=0, \end{cases} \quad L_2:\begin{cases} A_3x+B_3y+C_3z+D_3=0, \\ A_4x+B_4y+C_4z+D_4=0 \end{cases}$$

共面的充分必要条件是

$$\begin{vmatrix} A_1 & B_1 & C_1 & D_1 \\ A_2 & B_2 & C_2 & D_2 \\ A_3 & B_3 & C_3 & D_3 \\ A_4 & B_4 & C_4 & D_4 \end{vmatrix}=0.$$

B1. 设函数 $f:\mathbb{F}^{n\times n}\longrightarrow\mathbb{F}$ 满足

(i) $f(\boldsymbol{E}_n)=1$;

(ii) 对任意 $\boldsymbol{A}\in\mathbb{F}^{n\times n}$,调换 $\boldsymbol{A}$ 的某两列得到 $\boldsymbol{B}$,则 $f(\boldsymbol{B})=-f(\boldsymbol{A})$;

(iii) 对任意 $\boldsymbol{A}\in\mathbb{F}^{n\times n}$,将 $\boldsymbol{A}$ 的某一列乘以数 $c\in\mathbb{F}$ 得到 $\boldsymbol{B}$,则 $f(\boldsymbol{B})=cf(\boldsymbol{A})$;

(iv) 如果 $\boldsymbol{A}, \boldsymbol{B}, \boldsymbol{C}\in\mathbb{F}^{n\times n}$ 满足 $\boldsymbol{A}$ 的第 i 列为 $\boldsymbol{B}$ 和 $\boldsymbol{C}$ 的第 i 列之和,而 $\boldsymbol{B}$ 和 $\boldsymbol{C}$ 的其它列都和 $\boldsymbol{A}$ 的相应列相同,这里 $1\leqslant i\leqslant n$,则 $f(\boldsymbol{A})=f(\boldsymbol{B})+f(\boldsymbol{C})$.

证明:对任意 $\boldsymbol{A}\in\mathbb{F}^{n\times n}$,有 $f(\boldsymbol{A})=\det(\boldsymbol{A})$.

B2. 设 $\boldsymbol{A}$, $\boldsymbol{B}$, $\boldsymbol{C}$, $\boldsymbol{D}$ 都是 n 阶方阵,令 $\boldsymbol{M}=\begin{pmatrix}\boldsymbol{A}&\boldsymbol{B}&\boldsymbol{C}&\boldsymbol{D}\\\boldsymbol{B}&\boldsymbol{A}&\boldsymbol{D}&\boldsymbol{C}\\\boldsymbol{C}&\boldsymbol{D}&\boldsymbol{A}&\boldsymbol{B}\\\boldsymbol{D}&\boldsymbol{C}&\boldsymbol{B}&\boldsymbol{A}\end{pmatrix}$,证明:

$$|\boldsymbol{M}|=|\boldsymbol{A}+\boldsymbol{B}+\boldsymbol{C}+\boldsymbol{D}||\boldsymbol{A}+\boldsymbol{B}-\boldsymbol{C}-\boldsymbol{D}||\boldsymbol{A}-\boldsymbol{B}+\boldsymbol{C}-\boldsymbol{D}||\boldsymbol{A}-\boldsymbol{B}-\boldsymbol{C}+\boldsymbol{D}|.$$

B3. 设 $\boldsymbol{A}$ 是 n 阶可逆阵,证明:经有限步第三类初等变换,可将 $\boldsymbol{A}$ 化为 $\mathrm{diag}(1,\cdots,1,|\boldsymbol{A}|)$.

B4. 设 $n>2$, n 阶方阵 $\boldsymbol{A}$ 的所有元素为 1 或者 -1,证明: $|\det(\boldsymbol{A})|\leqslant(n-1)!\,(n-1)$.

B5. 设多项式 $f_1(x), f_2(x), \cdots, f_n(x)\in\mathbb{F}[x]$ 的次数都不超过 $n-2$,其中 $n\geqslant 2$,证明:对任意 $a_1, a_2, \cdots, a_n\in\mathbb{F}$,有

$$\begin{vmatrix}f_1(a_1)&f_1(a_2)&\cdots&f_1(a_n)\\f_2(a_1)&f_2(a_2)&\cdots&f_2(a_n)\\\vdots&\vdots&&\vdots\\f_n(a_1)&f_n(a_2)&\cdots&f_n(a_n)\end{vmatrix}=0.$$

B6. 求下列行列式的值:

(1) $\begin{vmatrix}(x-a_1)^2&a_2^2&\cdots&a_n^2\\a_1^2&(x-a_2)^2&\cdots&a_n^2\\\vdots&\vdots&&\vdots\\a_1^2&a_2^2&\cdots&(x-a_n)^2\end{vmatrix}$;

(2) $\begin{vmatrix}\cos\theta&\cos 2\theta&\cos 3\theta&\cdots&\cos n\theta\\\cos n\theta&\cos\theta&\cos 2\theta&\cdots&\cos(n-1)\theta\\\cos(n-1)\theta&\cos n\theta&\cos\theta&\cdots&\cos(n-2)\theta\\\vdots&\vdots&\vdots&&\vdots\\\cos 2\theta&\cos 3\theta&\cos 4\theta&\cdots&\cos\theta\end{vmatrix}$;

(3) $\begin{vmatrix}1&x_1^2&x_1^3&\cdots&x_1^n\\1&x_2^2&x_2^3&\cdots&x_2^n\\\vdots&\vdots&\vdots&&\vdots\\1&x_n^2&x_n^3&\cdots&x_n^n\end{vmatrix}$.

B7. 设 $\boldsymbol{A}, \boldsymbol{B}\in\mathbb{R}^{m\times n}$,证明:

$$|\boldsymbol{A}\boldsymbol{A}^{\mathrm{T}}||\boldsymbol{B}\boldsymbol{B}^{\mathrm{T}}|\geqslant|\boldsymbol{A}\boldsymbol{B}^{\mathrm{T}}|^2.$$

B8. 设 $\boldsymbol{A}, \boldsymbol{B}\in\mathbb{R}^{n\times n}$,满足 $\boldsymbol{A}^2+\boldsymbol{B}^2=\boldsymbol{A}\boldsymbol{B}$, $\boldsymbol{A}\boldsymbol{B}-\boldsymbol{B}\boldsymbol{A}$ 可逆,证明: $3\mid n$.

B9. 设整数 $n\geqslant 2$, $\boldsymbol{A}$ 和 $\boldsymbol{B}$ 为 n 阶可逆实矩阵, $\boldsymbol{A}+\boldsymbol{B}$ 可逆且 $(\boldsymbol{A}+\boldsymbol{B})^{-1}=\boldsymbol{A}^{-1}+\boldsymbol{B}^{-1}$.

(1) 证明: $\det(\boldsymbol{A})=\det(\boldsymbol{B})$;

(2) 如果 $\boldsymbol{A}$ 和 $\boldsymbol{B}$ 为 n 阶复矩阵,结论(1)是否还成立? 若成立,给出证明;若不成立,给出反例.

B10. 对 n 阶方阵 $\boldsymbol{A}$,约定 $|\boldsymbol{A}|$ 的零阶子式只有 1,其代数余子式为 $|\boldsymbol{A}|$,再约定 $|\boldsymbol{A}|$ 的代数余子式为 1. 证明:对 n 阶方阵 $\boldsymbol{A}$ 和 $\boldsymbol{B}$,它们的和 $\boldsymbol{A}+\boldsymbol{B}$ 的行列式等于 $|\boldsymbol{A}|$ 的所有子式和 $|\boldsymbol{B}|$ 中相同位置的子式的代数余子式乘积之和,即

$$|\boldsymbol{A}+\boldsymbol{B}|=\sum_{k=0}^{n}\sum_{\substack{1\leqslant i_1<i_2<\cdots<i_k\leqslant n\\1\leqslant j_1<j_2<\cdots<j_k\leqslant n}}\boldsymbol{A}\begin{pmatrix}i_1&i_2&\cdots&i_k\\j_1&j_2&\cdots&j_k\end{pmatrix}\hat{B}\begin{pmatrix}i_1&i_2&\cdots&i_k\\j_1&j_2&\cdots&j_k\end{pmatrix}.$$

第 5 章　向量组与矩阵的秩

本章的主题是数数：数线性方程组中真正方程的个数，数线性方程组解的个数，数矩阵真正的行(列)数.而这些都可以统一为数向量组中向量的个数.于是我们开始进入线性代数的几何理论.从数线性方程组中真正方程个数出发，引入向量组的线性表示、线性相关、极大无关组以及秩等概念；并由此定义矩阵的秩，研究线性方程组的解的个数与真正方程个数的关系.我们还研究最简单的线性空间：向量空间.

本章中 $\mathbb{F}$ 表示任意一个数域.

§5.1　向量与向量组

我们的故事——线性方程组的求解之旅，已经快要结束了，但是还有若干情节需要一定的笔墨.一个是一个线性方程组有几个方程？好像这不该成为问题，数一下不就得出方程的个数了吗？看下面的线性方程组

$$\begin{cases} x+y=1, & (1)\\ x-2y=2, & (2)\\ 3x-3y=5. & (3)\end{cases}$$

这里，方程(3)等于方程(1)和方程(2)的两倍之和，所以它是多余的，可以删去.于是上面的方程组与

$$\begin{cases} x+y=1,\\ x-2y=2\end{cases}$$

是同解的.新的方程组中不能再删去任意一个方程，否则就不同解了.那么从原来的方程组中我们应该数出的方程个数是 3 还是 2 呢？我想读者应该会同意数出的方程个数是 2 这个结论吧，毕竟这可以看成真正方程的个数.回想 Gauss 消元法，其在化简的过程中就把多余的方程(全零行对应的方程)去掉了，最后由剩下的方程(非零行对应的方程)得出解，所以剩下的方程才是本质的.

另一个问题是线性方程组解的个数.这个问题我们不是有答案了吗？解的个数是 0，1 或者无穷.但是在我们的理解中，无穷解可能并不完全一样.比如下面两个三元线性方程组

$$\text{(A)}\ x=0,\quad \text{(B)}\begin{cases} x=0,\\ y=0.\end{cases}$$

从几何上看，方程组 (A) 的解是 yz 坐标平面，而方程组 (B) 的解则是该坐标平面上的直线 z 轴.所以直观上看，方程组 (A) 应该比 (B) 更多解.那么，如何理解这种多少呢？即如何在这两个无穷中合理数出可以比较的两个数？

因此我们需要数两种数，一个是在有限个方程中合理地数出一个数，另一个是在无限个解中合理地数出一个有限数.如果可以统一处理它们就好了！方程本质上对应到行向量，比如方程组 $\begin{cases}x+y=1,\\ x-2y=2,\\ 3x-3y=5\end{cases}$ 对应到三个行向量 $(1, 1, 1)$，$(1, -2, 2)$，$(3, -3, 5)$，我们相当于要数这三个行向量的数目.方程组的解也对应到向量，比如三元线性方程组 $\begin{cases}x=0,\\ y=0\end{cases}$ 的解可以写为

$$\begin{pmatrix}x\\ y\\ z\end{pmatrix}=\begin{pmatrix}0\\ 0\\ c\end{pmatrix}, c\in\mathbb{F},$$

需要数这无限个三维列向量的数目.因此，我们的任务是数若干个(可以有限个，也可以无限个)行(或列)向量的个数.在分析如何合理地数前，我们先给向量以几何意义，把它们看成我们生活的三维空间中向量的推广.这样读者可以用三维空间中的向量来思考数数问题，从而更好地理解我们的想法.

5.1.1　多维向量

1. 空间向量

力、位移等许多物理量都是向量，空间中的向量指的是有大小和方向的量.可以用一个有向线段来表示向量，其中线段的长度表示向量的大小，线段的方向表示向量的方向，图 5.1(a)表示一个向量 $\vec{a}$.

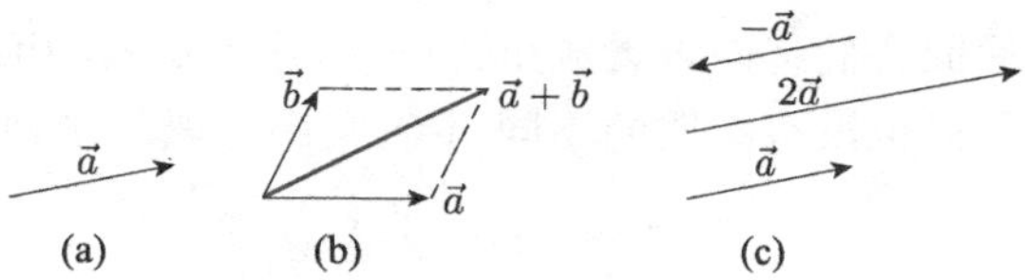

图 5.1　向量和向量的运算

我们知道，力可以进行累加，这对应到向量的加法.向量的加法按照平行四边形法则进行，如图 5.1(b)所示.向量还可以进行数乘，如果用 0 乘 $\vec{a}$，则得到零向量(大小为零的向量)；如果用正数 a 乘 $\vec{a}$，则向量的方向不变，长度变为原长度的 a 倍；如果用负数 $-a$ 乘 $\vec{a}$，则向量的方向反向，长度变为原长度的 a 倍，如图 5.1(c)所示.我们还可以考虑向量间的夹角，这就有向量的内积的概念；还可以定义向量的外积，等等.

2. 高维向量

虽然我们生活在三维空间，但是我们也可以考虑四维、五维等高维空间的物理现象，考虑高维空间的向量.那么如何自然地定义高维空间的向量呢？由于我们的脑中并无高维空间的图像，所以很难想象何为高维空间中有大小和方向的量.但可以换一个角度来看问题.解析几何告诉我们，在三维空间建立了直角坐标系后，将向量的起点移到坐标原点，那么向量就与终点的坐标一一对应，如图 5.2 所示.

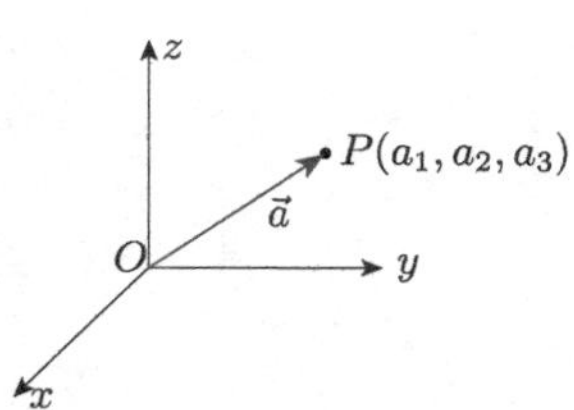

图 5.2　向量与三元有序数组的对应

于是，三维空间中的向量集合就和所有的三元有序数组所组

成的集合

$$\mathbb{R}^3=\{(a_1,a_2,a_3)\mid a_1,a_2,a_3\in\mathbb{R}\}$$

一一对应,而后者是一个代数对象.向量的运算对应到代数运算,例如如果向量 a 对应到 (a_1,a_2,a_3),向量 $\vec{b}$ 对应到 (b_1,b_2,b_3),那么 $\vec{a}+\vec{b}$ 就对应到 $(a_1+b_1,a_2+b_2,a_3+b_3)$;数乘向量 $a\vec{a}$ 对应到 (aa_1,aa_2,aa_3);向量的内积 $\vec{a}\cdot\vec{b}$ 等于 $a_1b_1+a_2b_2+a_3b_3$;等等.于是要考虑几何上三维空间的向量集合,在代数上只要考虑集合 $\mathbb{R}^3$ 及其上的运算

$$\begin{aligned}&(a_1,a_2,a_3)+(b_1,b_2,b_3)=(a_1+b_1,a_2+b_2,a_3+b_3),\\&a(a_1,a_2,a_3)=(aa_1,aa_2,aa_3),\\&(a_1,a_2,a_3)\cdot(b_1,b_2,b_3)=a_1b_1+a_2b_2+a_3b_3,\\&\quad\vdots\end{aligned}$$

可以看到,向量的这种代数化很容易进行高维推广.空间向量(即三维向量)代数上就是三元有序数组,那么四维向量代数上不就是四元有序数组吗?一般的,我们有下面的定义.

定义 5.1 称数域 $\mathbb{F}$ 中的 n 元有序数组为数域 $\mathbb{F}$ 上的一个 n 维**向量**.数域 $\mathbb{F}$ 上所有的 n 维向量所组成的集合记为 $\mathbb{F}^n$.

如果将 n 维向量写成行的形式,则称为**行向量**,例如 $(a_1,a_2,\cdots,a_n)$;如果写成列的形式,则称为**列向量**,例如 $\begin{pmatrix}a_1\\a_2\\\vdots\\a_n\end{pmatrix}$. 这里行向量和列向量只是向量的不同表示形式,并无差别.后面我们将向量看成矩阵,这时作为矩阵的话,行向量和列向量是不同的,但由于互为转置,所以也没有本质的不同.本讲义中习惯使用列向量,所以记

$$\mathbb{F}^n=\left\{\begin{pmatrix}a_1\\a_2\\\vdots\\a_n\end{pmatrix}\middle|\,a_1,a_2,\cdots,a_n\in\mathbb{F}\right\},$$

称其为 n **维(列)向量空间**.将向量看成矩阵,就有 $\mathbb{F}^n=\mathbb{F}^{n\times1}$.

这里,我们只考虑向量的加法和数乘这两种运算(后面的章节将考虑向量的内积):

$$\text{加法:}\begin{pmatrix}a_1\\a_2\\\vdots\\a_n\end{pmatrix}+\begin{pmatrix}b_1\\b_2\\\vdots\\b_n\end{pmatrix}=\begin{pmatrix}a_1+b_1\\a_2+b_2\\\vdots\\a_n+b_n\end{pmatrix};$$

$$\text{数乘:}a\begin{pmatrix}a_1\\a_2\\\vdots\\a_n\end{pmatrix}=\begin{pmatrix}aa_1\\aa_2\\\vdots\\aa_n\end{pmatrix},\quad a\in\mathbb{F}.$$

注意到这事实上就是矩阵的加法和数乘，于是我们可以自由地应用矩阵运算的性质，例如 $\mathbb{F}^n$ 中的零元是 $\mathbf{0}=\begin{pmatrix}0\\ \vdots\\ 0\end{pmatrix}$，而对于 $\boldsymbol{\alpha}=\begin{pmatrix}a_1\\ a_2\\ \vdots\\ a_n\end{pmatrix}\in\mathbb{F}^n$，其负元是 $-\boldsymbol{\alpha}=\begin{pmatrix}-a_1\\ -a_2\\ \vdots\\ -a_n\end{pmatrix}$.

称一组同类（类别指行向量还是列向量）和同维的向量为**向量组**.为了应用，我们这里并未要求向量组中的向量两两不同，所以 $\boldsymbol{\alpha}$，$\boldsymbol{\alpha}$ 也是一个向量组.而且向量组与表示时向量的顺序无关，例如，$\boldsymbol{\alpha}$，$\boldsymbol{\beta}$ 和 $\boldsymbol{\beta}$，$\boldsymbol{\alpha}$ 是同一个向量组.

5.1.2　向量组

1. 有限向量组与矩阵

当向量组所含向量个数有限时，称其为有限向量组.我们有下面的对应

$$\boxed{\text{有限向量组}}\longleftrightarrow\boxed{\text{矩阵}}.$$

这是我们最早遇到的几何和代数的对应.例如，列向量组 $\boldsymbol{\beta}_1, \boldsymbol{\beta}_2, \cdots, \boldsymbol{\beta}_m\in\mathbb{F}^n$ 对应到矩阵①

$$(\boldsymbol{\beta}_1, \boldsymbol{\beta}_2, \cdots, \boldsymbol{\beta}_m)\in\mathbb{F}^{n\times m},$$

而行向量组 $\boldsymbol{\alpha}_1, \boldsymbol{\alpha}_2, \cdots, \boldsymbol{\alpha}_n\in\mathbb{F}^m$ 则对应到矩阵

$$\begin{pmatrix}\boldsymbol{\alpha}_1\\ \boldsymbol{\alpha}_2\\ \vdots\\ \boldsymbol{\alpha}_n\end{pmatrix}\in\mathbb{F}^{n\times m}.$$

反之，如果给定矩阵 $\boldsymbol{A}\in\mathbb{F}^{n\times m}$，设

$$\boldsymbol{A}=\begin{pmatrix}\boldsymbol{\alpha}_1\\ \boldsymbol{\alpha}_2\\ \vdots\\ \boldsymbol{\alpha}_n\end{pmatrix}=(\boldsymbol{\beta}_1, \boldsymbol{\beta}_2, \cdots, \boldsymbol{\beta}_m),$$

则我们得到 m 维行向量组 $\boldsymbol{\alpha}_1, \boldsymbol{\alpha}_2, \cdots, \boldsymbol{\alpha}_n$ 和 n 维列向量组 $\boldsymbol{\beta}_1, \boldsymbol{\beta}_2, \cdots, \boldsymbol{\beta}_m$，前者称为 $\boldsymbol{A}$ 的行向量组，后者称为 $\boldsymbol{A}$ 的列向量组②.

2. 线性方程组与向量组

线性方程组也对应到向量组.具体的，设有线性方程组

---

① 将有限向量组对应到矩阵，就可以用矩阵这个代数工具来解决某些关于向量的几何问题.这个对应并不唯一，例如列向量组 $\boldsymbol{\alpha}$，$\boldsymbol{\beta}$ 对应到矩阵 $(\boldsymbol{\alpha}, \boldsymbol{\beta})$，也对应到矩阵 $(\boldsymbol{\beta}, \boldsymbol{\alpha})$，我们可以根据需要选取.

② 考虑矩阵的行（列）向量组这一几何对象，有时可以利用几何讨论来解决一些关于矩阵的问题.

$$\begin{cases}a_{11}x_1+a_{12}x_2+\cdots+a_{1n}x_n=b_1,\\a_{21}x_1+a_{22}x_2+\cdots+a_{2n}x_n=b_2,\\\qquad\qquad\vdots\\a_{m1}x_1+a_{m2}x_2+\cdots+a_{mn}x_n=b_m,\end{cases}$$

记第 i 个方程对应的向量为

$$\boldsymbol{\alpha}_i=(a_{i1},a_{i2},\cdots,a_{in},b_i),\quad i=1,2,\cdots,m,$$

则得到行向量组 $\boldsymbol{\alpha}_1,\boldsymbol{\alpha}_2,\cdots,\boldsymbol{\alpha}_m$，它是该线性方程组的增广矩阵的行向量组.某两方程相加,对应到向量做加法;用数乘方程,则对应到向量的数乘.

另外,线性方程组有矩阵形式 $\boldsymbol{AX}=\boldsymbol{\beta}$，其中

$$\boldsymbol{A}=(a_{ij})_{m\times n},\quad \boldsymbol{X}=\begin{pmatrix}x_1\\\vdots\\x_n\end{pmatrix},\quad \boldsymbol{\beta}=\begin{pmatrix}b_1\\\vdots\\b_m\end{pmatrix}.$$

如果 $\begin{cases}x_1=a_1,\\x_2=a_2,\\\quad\vdots\\x_n=a_n\end{cases}$ 是一个解,则称 $\begin{pmatrix}a_1\\a_2\\\vdots\\a_n\end{pmatrix}\in\mathbb{F}^n$ 为一个**解向量**.这相当于在 $\mathbb{F}^n$ 中求解矩阵方程 $\boldsymbol{AX}=\boldsymbol{\beta}$.所有解向量所组成的集合是一个向量组,称为解集合.后面我们通常将线性方程组的解写成解向量的形式.

下面回到本节开头提的数数问题.数线性方程组所含方程的个数时,我们考查了线性方程组

$$\begin{cases}x+y=1,\\x-2y=2,\\3x-3y=5.\end{cases}$$

这里第三个方程为第一个方程和第二个方程的两倍之和,用对应的行向量表示就是

$$(3,-3,5)=(1,1,1)+2(1,-2,2),$$

称第三个方程是前两个方程的线性组合.于是对数方程组中所含方程的个数要进行“打假”,如果某个方程是其余方程的线性组合,那么这个方程是多余的,要去掉;而且要将“打假”进行到底,即最后剩下的方程组中所有的方程都不是多余的,一个都不能少,这就得到极大无关组.所以方程组中所含方程的真正个数,就是它的极大无关组所含向量的个数.我们要数出这个数.

数线性方程组解的个数时,我们考查了两个三元齐次线性方程组

$$\text{(A)}\ x=0,\quad \text{(B)}\begin{cases}x=0,\\y=0,\end{cases}$$

则(A)的解集合为

$$S_1=\{(0,b,c)^{\mathrm{T}}\mid b,c\in\mathbb{F}\}=\{b(0,1,0)^{\mathrm{T}}+c(0,0,1)^{\mathrm{T}}\mid b,c\in\mathbb{F}\},$$

而 (B) 的解集合为

$$S_2=\{(0,0,c)^{\mathrm{T}} \mid c\in\mathbb{F}\}=\{c(0,0,1)^{\mathrm{T}} \mid c\in\mathbb{F}\}.$$

所以 S_1 是由 $(0,1,0)^{\mathrm{T}}$ 和 $(0,0,1)^{\mathrm{T}}$ 通过加法和数乘生成，但这两个向量不能互相生成.此时，S_1 中每个向量都是 $(0,1,0)^{\mathrm{T}}$ 和 $(0,0,1)^{\mathrm{T}}$ 的线性组合，而 $(0,1,0)^{\mathrm{T}}$，$(0,0,1)^{\mathrm{T}}$ 则是生成 S_1 的基础向量，称为基(当然也是极大无关组).类似地，S_2 中的向量都是 $(0,0,1)^{\mathrm{T}}$ 的线性组合，$(0,0,1)^{\mathrm{T}}$ 是基.于是齐次线性方程组解集合的基所含向量个数可以用来衡量解集合的大小，称其为维数.我们要数出这个维数.

因此，本章中我们要定义向量组的极大无关组，它是向量组中的若干向量，这些向量可以产生其余向量，而且它们不能再减少(即任意一个不能由其余向量产生).这里产生向量的机制就是加法和数乘，称其为线性组合，所以需要定义线性组合的概念.极大无关组中任意一个向量不能由其余向量产生，称极大无关组中向量没有关系，所以需要定义线性无关的概念.有了这些必要的准备，就可以定义极大无关组的概念，并合理地数出向量组所含向量的个数.最后，将这些用到矩阵的行(列)向量组以及线性方程组对应的行向量组和解集合上，即可得出数数问题的一个合理的解答.

在后面的章节中，我们将考虑更一般的空间和其中的向量.和解析几何一样，为了得到代数对应，我们的主要任务是建立空间的(直角)坐标系(即(标准正交)基)，该空间的每个向量就对应到它在这个坐标系中的坐标.从这个观点看，线性代数就是高维解析几何.

§5.2　向量组的线性组合

如前预告，我们要定义向量组的线性组合.

定义 5.2　设 $\boldsymbol{S}$ 是 $\mathbb{F}^n$ 中的列向量组 $\boldsymbol{\alpha}_1, \boldsymbol{\alpha}_2, \cdots, \boldsymbol{\alpha}_s$，而向量 $\boldsymbol{\beta}\in\mathbb{F}^n$，如果存在 $c_1, c_2, \cdots, c_s\in\mathbb{F}$，使得

$$\boldsymbol{\beta}=c_1\boldsymbol{\alpha}_1+c_2\boldsymbol{\alpha}_2+\cdots+c_s\boldsymbol{\alpha}_s,$$

则称 $\boldsymbol{\beta}$ 是向量组 $\boldsymbol{S}$ 的**线性组合**，也称 $\boldsymbol{\beta}$ 可由 $\boldsymbol{S}$ **线性表示**.称 $c_1, c_2, \cdots, c_s$ 为**组合系数**.

设 $\boldsymbol{\alpha}_1, \boldsymbol{\alpha}_2, \cdots, \boldsymbol{\alpha}_s$ 是 $\mathbb{F}^n$ 中的任意向量组，对于 $\mathbf{0}\in\mathbb{F}^n$ 有

$$\mathbf{0}=0\cdot\boldsymbol{\alpha}_1+0\cdot\boldsymbol{\alpha}_2+\cdots+0\cdot\boldsymbol{\alpha}_s,$$

即 $\mathbf{0}$ 是该向量组的线性组合.称这个组合为**平凡的组合**.又因为

$$\boldsymbol{\alpha}_i=0\cdot\boldsymbol{\alpha}_1+\cdots+0\cdot\boldsymbol{\alpha}_{i-1}+1\cdot\boldsymbol{\alpha}_i+0\cdot\boldsymbol{\alpha}_{i+1}+\cdots+0\cdot\boldsymbol{\alpha}_s,$$

所以 $\boldsymbol{\alpha}_i(1\leqslant i\leqslant s)$ 也是该向量组的线性组合.

例 5.1　设 $\boldsymbol{e}_1=\begin{pmatrix}1\\0\\0\end{pmatrix}$，$\boldsymbol{e}_2=\begin{pmatrix}0\\1\\0\end{pmatrix}$，$\boldsymbol{e}_3=\begin{pmatrix}0\\0\\1\end{pmatrix}$，$\boldsymbol{\alpha}=\begin{pmatrix}3\\4\\5\end{pmatrix}\in\mathbb{F}^3$，则

$$\boldsymbol{\alpha}=3\boldsymbol{e}_1+4\boldsymbol{e}_2+5\boldsymbol{e}_3,$$

即 $\boldsymbol{\alpha}$ 是 $\boldsymbol{e}_1, \boldsymbol{e}_2, \boldsymbol{e}_3$ 的线性组合.

线性组合

$$\boldsymbol{\beta}=c_1\boldsymbol{\alpha}_1+c_2\boldsymbol{\alpha}_2+\cdots+c_s\boldsymbol{\alpha}_s$$

用矩阵表示为

$$\boldsymbol{\beta}=(\boldsymbol{\alpha}_1, \boldsymbol{\alpha}_2, \cdots, \boldsymbol{\alpha}_s)\begin{pmatrix}c_1\\c_2\\\vdots\\c_s\end{pmatrix}.$$

于是我们得到以下命题.

命题 5.1 设 $\boldsymbol{\alpha}_1, \boldsymbol{\alpha}_2, \cdots, \boldsymbol{\alpha}_s, \boldsymbol{\beta}\in\mathbb{F}^n$,记 $\boldsymbol{A}=(\boldsymbol{\alpha}_1, \boldsymbol{\alpha}_2, \cdots, \boldsymbol{\alpha}_s)\in\mathbb{F}^{n\times s}$,则 $\boldsymbol{\beta}$ 是 $\boldsymbol{\alpha}_1, \boldsymbol{\alpha}_2, \cdots,\boldsymbol{\alpha}_s$ 的线性组合当且仅当线性方程组 $\boldsymbol{AX}=\boldsymbol{\beta}$ 有解,且任意解都是组合系数.

例 5.2 设 $\boldsymbol{\alpha}_1=\begin{pmatrix}1\\2\\3\end{pmatrix}$, $\boldsymbol{\alpha}_2=\begin{pmatrix}4\\5\\6\end{pmatrix}$, $\boldsymbol{\beta}=\begin{pmatrix}9\\12\\15\end{pmatrix}$, $\boldsymbol{\beta}$ 是否可由 $\boldsymbol{\alpha}_1, \boldsymbol{\alpha}_2$ 线性表示?

☞ **解** 由于

$$(\boldsymbol{\alpha}_1, \boldsymbol{\alpha}_2, \boldsymbol{\beta})=\begin{pmatrix}1&4&9\\2&5&12\\3&6&15\end{pmatrix}\xrightarrow[r_3-3r_1]{r_2-2r_1}\begin{pmatrix}1&4&9\\0&-3&-6\\0&-6&-12\end{pmatrix}\xrightarrow[-\frac{1}{3}r_2]{r_3-2r_2}\begin{pmatrix}1&4&9\\0&1&2\\0&0&0\end{pmatrix}\xrightarrow{r_1-4r_2}\begin{pmatrix}1&0&1\\0&1&2\\0&0&0\end{pmatrix},$$

所以等价的线性方程组 $(\boldsymbol{\alpha}_1, \boldsymbol{\alpha}_2)\boldsymbol{X}=\boldsymbol{\beta}$ 有唯一解 $\boldsymbol{X}=\begin{pmatrix}1\\2\end{pmatrix}$,则 $\boldsymbol{\beta}=\boldsymbol{\alpha}_2+2\boldsymbol{\alpha}_2$ 可由 $\boldsymbol{\alpha}_1, \boldsymbol{\alpha}_2$ 线性表示.

命题 5.1 本质上给出了线性方程组有解的几何解释.线性方程组

$$\begin{cases}a_{11}x_1+a_{12}x_2+\cdots+a_{1n}x_n=b_1,\\a_{21}x_1+a_{22}x_2+\cdots+a_{2n}x_n=b_2,\\\qquad\qquad\vdots\\a_{m1}x_1+a_{m2}x_2+\cdots+a_{mn}x_n=b_m,\end{cases}$$

有矩阵形式 $\boldsymbol{AX}=\boldsymbol{\beta}$,其中系数矩阵 $\boldsymbol{A}=(a_{ij})_{m\times n}$,未知数向量 $\boldsymbol{X}=(x_1, x_2, \cdots, x_n)^{\mathrm{T}}$,常数项列向量 $\boldsymbol{\beta}=(b_1, b_2, \cdots, b_m)^{\mathrm{T}}$. 记 $\boldsymbol{A}$ 的列分块为 $\boldsymbol{A}=(\boldsymbol{\alpha}_1, \boldsymbol{\alpha}_2, \cdots, \boldsymbol{\alpha}_n)$,其中

$$\boldsymbol{\alpha}_j=\begin{pmatrix}a_{1j}\\a_{2j}\\\vdots\\a_{mj}\end{pmatrix}.$$

则线性方程组 $\boldsymbol{AX}=\boldsymbol{\beta}$ 有向量形式

$$x_1\boldsymbol{\alpha}_1+x_2\boldsymbol{\alpha}_2+\cdots+x_n\boldsymbol{\alpha}_n=\boldsymbol{\beta}.$$

由此看出，线性方程组 $\boldsymbol{AX}=\boldsymbol{\beta}$ 有解当且仅当 $\boldsymbol{\beta}$ 是 $\boldsymbol{\alpha}_1,\ \boldsymbol{\alpha}_2,\ \cdots,\ \boldsymbol{\alpha}_n$ 的线性组合.这就是命题 5.1.例如，线性方程组 $\begin{cases}x+2y=1,\\2x+4y=3\end{cases}$ 的向量形式是

$$x\begin{pmatrix}1\\2\end{pmatrix}+y\begin{pmatrix}2\\4\end{pmatrix}=\begin{pmatrix}1\\3\end{pmatrix}.$$

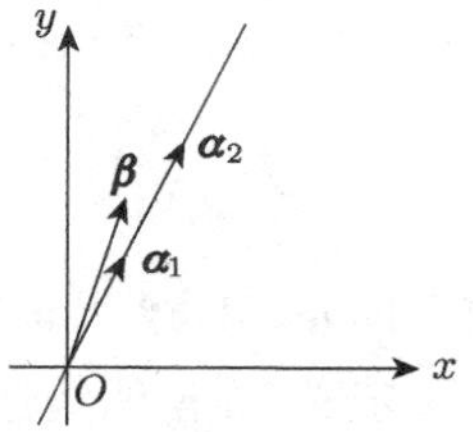

图 5.3　线性方程组的几何解释

记 $\boldsymbol{\alpha}_1=(1,\ 2)^{\mathrm{T}}$，$\boldsymbol{\alpha}_2=(2,\ 4)^{\mathrm{T}}$，$\boldsymbol{\beta}=(1,\ 3)^{\mathrm{T}}$，从几何上看，$\boldsymbol{\alpha}_1$ 和 $\boldsymbol{\alpha}_2$ 所有的线性组合是它们所在的直线，而 $\boldsymbol{\beta}$ 不在这条直线上（图 5.3），所以这个线性方程组无解.

习题 5.2

A1. 将向量 $\boldsymbol{\beta}$ 写成向量组 $\boldsymbol{\alpha}_1,\ \boldsymbol{\alpha}_2,\ \boldsymbol{\alpha}_3,\ \boldsymbol{\alpha}_4$ 的线性组合，其中

(1) $\boldsymbol{\beta}=(0,\ 0,\ 0,\ 1)^{\mathrm{T}}$，$\boldsymbol{\alpha}_1=(1,\ 1,\ 0,\ 1)^{\mathrm{T}}$，$\boldsymbol{\alpha}_2=(2,\ 1,\ 3,\ 1)^{\mathrm{T}}$，$\boldsymbol{\alpha}_3=(1,\ 1,\ 0,\ 0)^{\mathrm{T}}$，$\boldsymbol{\alpha}_4=(0,\ 1,\ -1,\ -1)^{\mathrm{T}}$；

(2) $\boldsymbol{\beta}=(1,\ 2,\ 1,\ 1)$，$\boldsymbol{\alpha}_1=(1,\ 1,\ 1,\ 1)$，$\boldsymbol{\alpha}_2=(1,\ 1,\ -1,\ -1)$，$\boldsymbol{\alpha}_3=(1,\ -1,\ 1,\ -1)$，$\boldsymbol{\alpha}_4=(1,\ -1,\ -1,\ 1)$.

A2. 把线性方程组 $\begin{cases}3x_1+5x_2-x_3=2,\\x_1+7x_2-x_3=0,\\4x_1-6x_2=1\end{cases}$ 改写成向量形式.

A3. 如果一个线性方程组的向量形式是 $x_1\boldsymbol{\alpha}_1+x_2\boldsymbol{\alpha}_2+x_3\boldsymbol{\alpha}_3=\boldsymbol{\beta}$，其中 $\boldsymbol{\alpha}_1=(1,\ 2,\ 6)^{\mathrm{T}}$，$\boldsymbol{\alpha}_2=(3,\ -1,\ 7)^{\mathrm{T}}$，$\boldsymbol{\alpha}_3=(-1,\ 2,\ 5)^{\mathrm{T}}$，$\boldsymbol{\beta}=(1,\ 0,\ 3)^{\mathrm{T}}$，试写出该线性方程组.

§5.3　向量组的线性相关性

5.3.1　线性相关的定义

数线性方程组中方程的真正个数，需要将可以用其他方程线性表示的方程去掉，当方程组中所有的方程都不能由其他的方程线性表示时，方程组中的方程之间没有关系，都是真正需要的方程.即数方程的个数时，要将原来线性方程组中多余的有关系的方程去掉，直到得到方程间没有关系的同解线性方程组.将有关系和没关系严格化，就是下面向量组的线性相关和线性无关的概念.

定义 5.3　设 $s\geqslant 2$，$\boldsymbol{\alpha}_1,\ \boldsymbol{\alpha}_2,\ \cdots,\ \boldsymbol{\alpha}_s\in\mathbb{F}^n$，如果存在 $\boldsymbol{\alpha}_i(1\leqslant i\leqslant s)$，使得 $\boldsymbol{\alpha}_i$ 可由 $\boldsymbol{\alpha}_1,\ \cdots,\boldsymbol{\alpha}_{i-1},\ \boldsymbol{\alpha}_{i+1},\ \cdots,\ \boldsymbol{\alpha}_s$ 线性表示，则称向量组 $\boldsymbol{\alpha}_1,\ \boldsymbol{\alpha}_2,\ \cdots,\ \boldsymbol{\alpha}_s$ **线性相关**.否则，如果 $\boldsymbol{\alpha}_1,\ \boldsymbol{\alpha}_2,\ \cdots,\boldsymbol{\alpha}_s$ 中任意一个向量都不能由其余向量线性表示，则称向量组 $\boldsymbol{\alpha}_1,\ \boldsymbol{\alpha}_2,\ \cdots,\ \boldsymbol{\alpha}_s$ **线性无关**.

设 $\boldsymbol{\alpha},\ \boldsymbol{\beta},\ \boldsymbol{\gamma}\in\mathbb{F}^n$，则

$$\boldsymbol{\alpha},\ \boldsymbol{\beta}\ \text{线性相关}\Longleftrightarrow\boldsymbol{\alpha}=a\boldsymbol{\beta}(\exists a\in\mathbb{F}),\ \text{或者}\ \boldsymbol{\beta}=b\boldsymbol{\alpha}\ (\exists b\in\mathbb{F}),$$

几何上即 $\boldsymbol{\alpha}$ 和 $\boldsymbol{\beta}$ 共线;而

$$\begin{aligned}\boldsymbol{\alpha},\boldsymbol{\beta},\boldsymbol{\gamma}\text{ 线性相关}\Longleftrightarrow\ &\boldsymbol{\alpha}=a_1\boldsymbol{\beta}+b_1\boldsymbol{\gamma}(\exists a_1,b_1\in\mathbb{F}),\\&\text{或者 }\boldsymbol{\beta}=a_2\boldsymbol{\alpha}+b_2\boldsymbol{\gamma}(\exists a_2,b_2\in\mathbb{F}),\\&\text{或者 }\boldsymbol{\gamma}=a_3\boldsymbol{\alpha}+b_3\boldsymbol{\beta}(\exists a_3,b_3\in\mathbb{F}),\end{aligned}$$

几何上即 $\boldsymbol{\alpha},\boldsymbol{\beta},\boldsymbol{\gamma}$ 共面.所以线性相关是几何上共线和共面概念的推广.

由定义,要说明线性相关,需要强调某个向量.例如,考查向量组 $\boldsymbol{\alpha},\boldsymbol{\beta}$,其中 $\boldsymbol{\beta}=2\boldsymbol{\alpha}$.可以利用 $\boldsymbol{\beta}=2\boldsymbol{\alpha}$ 得出这个向量组线性相关,也可以利用 $\boldsymbol{\alpha}=\frac{1}{2}\boldsymbol{\beta}$ 得到同样的结论.强调某个向量会对另一个向量不公平,不公平的原因是一个在左边另一个在右边.消除这种不公平性,可以将上面的关系改写为

$$2\boldsymbol{\alpha}-\boldsymbol{\beta}=\mathbf{0},$$

此时两个向量都在左边,它们非平凡地产生了零向量,这就是一种关系.一般地,为了公平和方便,我们更常用这种等价定义(不再强调某个向量).

命题 5.2 设 $\boldsymbol{\alpha}_1,\boldsymbol{\alpha}_2,\cdots,\boldsymbol{\alpha}_s\in\mathbb{F}^n$,其中 $s\geqslant 2$.则

(1) 向量组 $\boldsymbol{\alpha}_1,\boldsymbol{\alpha}_2,\cdots,\boldsymbol{\alpha}_s$ 线性相关的充分必要条件是存在 $c_1,c_2,\cdots,c_s\in\mathbb{F}$ **不全为零**,使得

$$c_1\boldsymbol{\alpha}_1+c_2\boldsymbol{\alpha}_2+\cdots+c_s\boldsymbol{\alpha}_s=\mathbf{0},$$

即 $\mathbf{0}$ 为 $\boldsymbol{\alpha}_1,\boldsymbol{\alpha}_2,\cdots,\boldsymbol{\alpha}_s$ 的非平凡线性组合;

(2) 向量组 $\boldsymbol{\alpha}_1,\boldsymbol{\alpha}_2,\cdots,\boldsymbol{\alpha}_s$ 线性无关的充分必要条件是对任意 $c_1,c_2,\cdots,c_s\in\mathbb{F}$,如果

$$c_1\boldsymbol{\alpha}_1+c_2\boldsymbol{\alpha}_2+\cdots+c_s\boldsymbol{\alpha}_s=\mathbf{0},$$

那么必有 $c_1=c_2=\cdots=c_s=0$,即 $\mathbf{0}$ 只能为 $\boldsymbol{\alpha}_1,\boldsymbol{\alpha}_2,\cdots,\boldsymbol{\alpha}_s$ 的平凡线性组合.

☞ **证明** (1) 设 $\boldsymbol{\alpha}_1,\boldsymbol{\alpha}_2,\cdots,\boldsymbol{\alpha}_s$ 线性相关,则存在 $\boldsymbol{\alpha}_i(1\leqslant i\leqslant s)$,使得

$$\boldsymbol{\alpha}_i=b_1\boldsymbol{\alpha}_1+\cdots+b_{i-1}\boldsymbol{\alpha}_{i-1}+b_{i+1}\boldsymbol{\alpha}_{i+1}+\cdots+b_s\boldsymbol{\alpha}_s,\quad\exists b_j\in\mathbb{F}.$$

所以

$$b_1\boldsymbol{\alpha}_1+\cdots+b_{i-1}\boldsymbol{\alpha}_{i-1}+(-1)\boldsymbol{\alpha}_i+b_{i+1}\boldsymbol{\alpha}_{i+1}+\cdots+b_s\boldsymbol{\alpha}_s=\mathbf{0}.$$

反之,设存在不全为零的 $c_1,c_2,\cdots,c_s\in\mathbb{F}$,使得

$$c_1\boldsymbol{\alpha}_1+c_2\boldsymbol{\alpha}_2+\cdots+c_s\boldsymbol{\alpha}_s=\mathbf{0}.$$

设 $c_i\neq 0\ (1\leqslant i\leqslant s)$,则

$$\boldsymbol{\alpha}_i=\frac{-c_1}{c_i}\boldsymbol{\alpha}_1+\cdots+\frac{-c_{i-1}}{c_i}\boldsymbol{\alpha}_{i-1}+\frac{-c_{i+1}}{c_i}\boldsymbol{\alpha}_{i+1}+\cdots+\frac{-c_s}{c_i}\boldsymbol{\alpha}_s.$$

所以 $\boldsymbol{\alpha}_1,\boldsymbol{\alpha}_2,\cdots,\boldsymbol{\alpha}_s$ 线性相关.

(2) 是(1)的逆否命题.

这个等价定义可以用来定义含一个向量的向量组的线性相关性.设 $\boldsymbol{\alpha} \in \mathbb{F}^n$,则

$$\boldsymbol{\alpha} \text{ 线性相关} \Longleftrightarrow \boldsymbol{\alpha} = \mathbf{0}.$$

由于

$$c_1\boldsymbol{\alpha}_1 + c_2\boldsymbol{\alpha}_2 + \cdots + c_s\boldsymbol{\alpha}_s = \mathbf{0} \Longleftrightarrow (\boldsymbol{\alpha}_1, \boldsymbol{\alpha}_2, \cdots, \boldsymbol{\alpha}_s)\begin{pmatrix} c_1 \\ c_2 \\ \vdots \\ c_s \end{pmatrix} = \mathbf{0},$$

所以又得到可以用齐次线性方程组有无非零解来判别线性相关性,这也给出了齐次线性方程组有无非零解的一种几何解释.

命题 5.3　设 $\boldsymbol{\alpha}_1, \boldsymbol{\alpha}_2, \cdots, \boldsymbol{\alpha}_s \in \mathbb{F}^n$, $\boldsymbol{A} = (\boldsymbol{\alpha}_1, \boldsymbol{\alpha}_2, \cdots, \boldsymbol{\alpha}_s) \in \mathbb{F}^{n\times s}$,则

(1) $\boldsymbol{\alpha}_1, \boldsymbol{\alpha}_2, \cdots, \boldsymbol{\alpha}_s$ 线性相关 $\Longleftrightarrow$ 齐次线性方程组 $\boldsymbol{AX} = \mathbf{0}$ 有非零解;

(2) $\boldsymbol{\alpha}_1, \boldsymbol{\alpha}_2, \cdots, \boldsymbol{\alpha}_s$ 线性无关 $\Longleftrightarrow$ 齐次线性方程组 $\boldsymbol{AX} = \mathbf{0}$ 只有零解.

结合推论 2.5 和推论 4.13,我们得到以下推论.

推论 5.4　设 $\boldsymbol{\alpha}_1, \boldsymbol{\alpha}_2, \cdots, \boldsymbol{\alpha}_s \in \mathbb{F}^n$, $\boldsymbol{A} = (\boldsymbol{\alpha}_1, \boldsymbol{\alpha}_2, \cdots, \boldsymbol{\alpha}_s) \in \mathbb{F}^{n\times s}$,则

(1) 当 $s > n$ (即:向量个数 > 向量维数)时, $\boldsymbol{\alpha}_1, \boldsymbol{\alpha}_2, \cdots, \boldsymbol{\alpha}_s$ 线性相关;

(2) 当 $s = n$ 时,有

$$\boldsymbol{\alpha}_1, \boldsymbol{\alpha}_2, \cdots, \boldsymbol{\alpha}_s \text{ 线性相关} \Longleftrightarrow \boldsymbol{A} \text{ 不可逆} \Longleftrightarrow |\boldsymbol{A}| = 0,$$
$$\boldsymbol{\alpha}_1, \boldsymbol{\alpha}_2, \cdots, \boldsymbol{\alpha}_s \text{ 线性无关} \Longleftrightarrow \boldsymbol{A} \text{ 可逆} \Longleftrightarrow |\boldsymbol{A}| \neq 0.$$

上面推论中的(1)提到当向量比较多时应该有关系,这也符合我们的直观感觉.而(2)说明当向量组中向量的个数恰为向量的维数时,可以用对应方阵的行列式是否为零来判别有无关系,这看上去挺神奇的.

5.3.2　例子

我们看一些例子.

例 5.3　设 $\boldsymbol{\alpha}_1 = \begin{pmatrix} 1 \\ 1 \\ 0 \end{pmatrix}$, $\boldsymbol{\alpha}_2 = \begin{pmatrix} 2 \\ -1 \\ 1 \end{pmatrix}$, $\boldsymbol{\alpha}_3 = \begin{pmatrix} 3 \\ 0 \\ 1 \end{pmatrix}$, $\boldsymbol{\alpha}_4 = \begin{pmatrix} 1 \\ 2 \\ -1 \end{pmatrix}$,问它们是否线性相关?

☞ **解**　由于向量个数为 4,大于向量的维数 3,所以线性相关(事实上, $\boldsymbol{\alpha}_3 = \boldsymbol{\alpha}_1 + \boldsymbol{\alpha}_2$).

例 5.4　设 $\boldsymbol{\alpha}_1 = \begin{pmatrix} 1 \\ 2 \\ -1 \\ 3 \end{pmatrix}$, $\boldsymbol{\alpha}_2 = \begin{pmatrix} 0 \\ 4 \\ -1 \\ 3 \end{pmatrix}$, $\boldsymbol{\alpha}_3 = \begin{pmatrix} 0 \\ 0 \\ 5 \\ 4 \end{pmatrix}$, $\boldsymbol{\alpha}_4 = \begin{pmatrix} 0 \\ 0 \\ 0 \\ 1 \end{pmatrix}$,问它们是否线性相关?

☞ **解**　由于行列式

$$|\boldsymbol{\alpha}_1,\boldsymbol{\alpha}_2,\boldsymbol{\alpha}_3,\boldsymbol{\alpha}_4|=\begin{vmatrix}1&0&0&0\\2&4&0&0\\-1&-1&5&0\\3&3&4&1\end{vmatrix}=20\neq 0,$$

所以线性无关.

例 5.5 设 $\boldsymbol{\alpha}_1=\begin{pmatrix}1\\2\\-1\\3\end{pmatrix}$, $\boldsymbol{\alpha}_2=\begin{pmatrix}-1\\2\\-1\\4\end{pmatrix}$, $\boldsymbol{\alpha}_3=\begin{pmatrix}0\\4\\3\\1\end{pmatrix}$,问它们是否线性相关?

☞ **解** 由于

$$(\boldsymbol{\alpha}_1,\boldsymbol{\alpha}_2,\boldsymbol{\alpha}_3)=\begin{pmatrix}1&-1&0\\2&2&4\\-1&-1&3\\3&4&1\end{pmatrix}\xrightarrow[r_4-3r_1]{\substack{r_2-2r_1\\r_3+r_1}}\begin{pmatrix}1&-1&0\\0&4&4\\0&-2&3\\0&7&1\end{pmatrix}\xrightarrow{\frac{1}{4}r_2}\begin{pmatrix}1&-1&0\\0&1&1\\0&-2&3\\0&7&1\end{pmatrix}$$

$$\xrightarrow[r_4-7r_2]{r_3+2r_2}\begin{pmatrix}1&-1&0\\0&1&1\\0&0&5\\0&0&-6\end{pmatrix}\xrightarrow{r_4+\frac{6}{5}r_3}\begin{pmatrix}1&-1&0\\0&1&1\\0&0&5\\0&0&0\end{pmatrix},$$

所以齐次线性方程组 $(\boldsymbol{\alpha}_1,\boldsymbol{\alpha}_2,\boldsymbol{\alpha}_3)\boldsymbol{X}=\boldsymbol{0}$ 只有零解,线性无关.

例 5.6 设 $\boldsymbol{e}_1=\begin{pmatrix}1\\0\\\vdots\\0\end{pmatrix}$, $\boldsymbol{e}_2=\begin{pmatrix}0\\1\\0\\\vdots\\0\end{pmatrix}$, $\cdots$, $\boldsymbol{e}_n=\begin{pmatrix}0\\\vdots\\0\\1\end{pmatrix}\in\mathbb{F}^n$,证明: $\boldsymbol{e}_1,\boldsymbol{e}_2,\cdots,\boldsymbol{e}_n$ 线性无关.

☞ **证明** 由于 $(\boldsymbol{e}_1,\boldsymbol{e}_2,\cdots,\boldsymbol{e}_n)=\boldsymbol{E}_n$ 可逆,所以 $\boldsymbol{e}_1,\boldsymbol{e}_2,\cdots,\boldsymbol{e}_n$ 线性无关.

称 $\boldsymbol{e}_1,\boldsymbol{e}_2,\cdots,\boldsymbol{e}_n$ 为单位坐标向量.当 $n=3$ 时,可以看成通常的三维空间中直角坐标系的三个坐标方向向量,它们当然不共面,没有关系.

例 5.7 设 $\boldsymbol{\alpha}_1,\boldsymbol{\alpha}_2,\boldsymbol{\alpha}_3\in\mathbb{F}^n$,证明:

(1) $\boldsymbol{\alpha}_1-\boldsymbol{\alpha}_2,\boldsymbol{\alpha}_2-\boldsymbol{\alpha}_3,\boldsymbol{\alpha}_3-\boldsymbol{\alpha}_1$ 线性相关;

(2) $\boldsymbol{\alpha}_1,\boldsymbol{\alpha}_2,\boldsymbol{\alpha}_3$ 线性无关 $\Longleftrightarrow$ $\boldsymbol{\alpha}_1+\boldsymbol{\alpha}_2,\boldsymbol{\alpha}_2+\boldsymbol{\alpha}_3,\boldsymbol{\alpha}_3+\boldsymbol{\alpha}_1$ 线性无关.

☞ **证明** 这里给出几何(定义)证明,后面会给出代数证明.

(1) 由于

$$(\boldsymbol{\alpha}_1-\boldsymbol{\alpha}_2)+(\boldsymbol{\alpha}_2-\boldsymbol{\alpha}_3)+(\boldsymbol{\alpha}_3-\boldsymbol{\alpha}_1)=\boldsymbol{0},$$

所以线性相关.

(2) 设 $\boldsymbol{\alpha}_1, \boldsymbol{\alpha}_2, \boldsymbol{\alpha}_3$ 线性无关.如果

$$c_1(\boldsymbol{\alpha}_1+\boldsymbol{\alpha}_2)+c_2(\boldsymbol{\alpha}_2+\boldsymbol{\alpha}_3)+c_3(\boldsymbol{\alpha}_3+\boldsymbol{\alpha}_1)=\mathbf{0},\quad c_1, c_2, c_3 \in \mathbb{F},$$

则有

$$(c_1+c_3)\boldsymbol{\alpha}_1+(c_1+c_2)\boldsymbol{\alpha}_2+(c_2+c_3)\boldsymbol{\alpha}_3=\mathbf{0}.$$

因为 $\boldsymbol{\alpha}_1, \boldsymbol{\alpha}_2, \boldsymbol{\alpha}_3$ 线性无关,所以得到

$$\begin{cases} c_1+c_3=0, \\ c_1+c_2=0, \\ c_2+c_3=0. \end{cases}$$

三个方程相加得到 $c_1+c_2+c_3=0$,进而可得 $c_1=c_2=c_3=0$(也可以算出系数矩阵的行列式为 2,得只有零解).于是 $\boldsymbol{\alpha}_1+\boldsymbol{\alpha}_2, \boldsymbol{\alpha}_2+\boldsymbol{\alpha}_3, \boldsymbol{\alpha}_3+\boldsymbol{\alpha}_1$ 线性无关.

反之,设 $\boldsymbol{\alpha}_1+\boldsymbol{\alpha}_2, \boldsymbol{\alpha}_2+\boldsymbol{\alpha}_3, \boldsymbol{\alpha}_3+\boldsymbol{\alpha}_1$ 线性无关.如果

$$b_1\boldsymbol{\alpha}_1+b_2\boldsymbol{\alpha}_2+b_3\boldsymbol{\alpha}_3=\mathbf{0},\quad b_1, b_2, b_3 \in \mathbb{F},$$

则①

$$\begin{aligned}&(b_1+b_2-b_3)(\boldsymbol{\alpha}_1+\boldsymbol{\alpha}_2)+(-b_1+b_2+b_3)(\boldsymbol{\alpha}_2+\boldsymbol{\alpha}_3)+(b_1-b_2+b_3)(\boldsymbol{\alpha}_3+\boldsymbol{\alpha}_1)\\ =\ &2b_1\boldsymbol{\alpha}_1+2b_2\boldsymbol{\alpha}_2+2b_3\boldsymbol{\alpha}_3=\mathbf{0}.\end{aligned}$$

所以有

$$\begin{cases} b_1+b_2-b_3=0, \\ -b_1+b_2+b_3=0, \\ b_1-b_2+b_3=0. \end{cases}$$

三个方程相加得到 $b_1+b_2+b_3=0$,进而可得 $b_1=b_2=b_3=0$(也可以算出系数矩阵的行列式为 4,得只有零解).于是 $\boldsymbol{\alpha}_1, \boldsymbol{\alpha}_2, \boldsymbol{\alpha}_3$ 线性无关.

---

① 如何想到这个等式?事实上,由

$$(\boldsymbol{\alpha}_1+\boldsymbol{\alpha}_2, \boldsymbol{\alpha}_2+\boldsymbol{\alpha}_3, \boldsymbol{\alpha}_3+\boldsymbol{\alpha}_1)=(\boldsymbol{\alpha}_1, \boldsymbol{\alpha}_2, \boldsymbol{\alpha}_3)\begin{pmatrix}1&0&1\\1&1&0\\0&1&1\end{pmatrix},$$

求上式右边矩阵的逆后可得

$$(\boldsymbol{\alpha}_1, \boldsymbol{\alpha}_2, \boldsymbol{\alpha}_3)=\frac{1}{2}(\boldsymbol{\alpha}_1+\boldsymbol{\alpha}_2, \boldsymbol{\alpha}_2+\boldsymbol{\alpha}_3, \boldsymbol{\alpha}_3+\boldsymbol{\alpha}_1)\begin{pmatrix}1&1&-1\\-1&1&1\\1&-1&1\end{pmatrix}.$$

再代入

$$(\boldsymbol{\alpha}_1, \boldsymbol{\alpha}_2, \boldsymbol{\alpha}_3)\begin{pmatrix}b_1\\b_2\\b_3\end{pmatrix}=\mathbf{0}$$

即可.

5.3.3 性质

下面介绍后面需要用到的一些性质,从逻辑上看应该是在考虑想做的问题时发现需要研究这些性质是否成立才去研究它们的,但为了不让书中的陈述显得杂乱,我们先讲述这些性质,请读者相信它们是必要的.

首先,如果原来一个向量组已经有关系了,再加一些向量上去,原来的关系当然还在.也就是下面结论应该成立.

命题 5.5 (1) 设 $\boldsymbol{\alpha}_1, \boldsymbol{\alpha}_2, \cdots, \boldsymbol{\alpha}_s \in \mathbb{F}^n$ 线性相关,则对任意 $\boldsymbol{\alpha}_{s+1}, \cdots, \boldsymbol{\alpha}_r \in \mathbb{F}^n$,有 $\boldsymbol{\alpha}_1, \cdots, \boldsymbol{\alpha}_s, \boldsymbol{\alpha}_{s+1}, \cdots, \boldsymbol{\alpha}_r$ 也线性相关;

(2) 设 $\boldsymbol{\alpha}_1, \boldsymbol{\alpha}_2, \cdots, \boldsymbol{\alpha}_s \in \mathbb{F}^n$ 线性无关,则 $\boldsymbol{\alpha}_1, \boldsymbol{\alpha}_2, \cdots, \boldsymbol{\alpha}_s$ 的任一子向量组也线性无关.

☞ **证明** (1) 由于 $\boldsymbol{\alpha}_1, \boldsymbol{\alpha}_2, \cdots, \boldsymbol{\alpha}_s$ 线性相关,所以存在不全为零的 $c_1, c_2, \cdots, c_s \in \mathbb{F}$,使得

$$c_1\boldsymbol{\alpha}_1 + c_2\boldsymbol{\alpha}_2 + \cdots + c_s\boldsymbol{\alpha}_s = \mathbf{0}.$$

于是得到

$$c_1\boldsymbol{\alpha}_1 + c_2\boldsymbol{\alpha}_2 + \cdots + c_s\boldsymbol{\alpha}_s + 0 \cdot \boldsymbol{\alpha}_{s+1} + \cdots + 0 \cdot \boldsymbol{\alpha}_r = \mathbf{0},$$

即得 $\boldsymbol{\alpha}_1, \cdots, \boldsymbol{\alpha}_s, \boldsymbol{\alpha}_{s+1}, \cdots, \boldsymbol{\alpha}_r$ 线性相关.

由于 $\mathbf{0}$ 线性相关,所以含有零向量的向量组必线性相关;由于 $\boldsymbol{\alpha}, \boldsymbol{\alpha}$ 线性相关,所以含有重复向量的向量组也线性相关.于是,如果一个向量组线性无关,则该向量组必无零向量,且该向量组的向量必两两不同.

线性无关和线性组合还有下面的关系.

命题 5.6 设 $\boldsymbol{\alpha}_1, \boldsymbol{\alpha}_2, \cdots, \boldsymbol{\alpha}_s \in \mathbb{F}^n$.

(1) 向量组 $\boldsymbol{\alpha}_1, \boldsymbol{\alpha}_2, \cdots, \boldsymbol{\alpha}_s$ 线性无关的充分必要条件是,对任意 $\boldsymbol{\beta} \in \mathbb{F}^n$,若 $\boldsymbol{\beta}$ 可由 $\boldsymbol{\alpha}_1, \boldsymbol{\alpha}_2, \cdots, \boldsymbol{\alpha}_s$ 线性表示,则表示方式唯一;

(2) 设 $\boldsymbol{\beta} \in \mathbb{F}^n$,如果 $\boldsymbol{\alpha}_1, \boldsymbol{\alpha}_2, \cdots, \boldsymbol{\alpha}_s$ 线性无关,而 $\boldsymbol{\alpha}_1, \boldsymbol{\alpha}_2, \cdots, \boldsymbol{\alpha}_s, \boldsymbol{\beta}$ 线性相关,则 $\boldsymbol{\beta}$ 可由 $\boldsymbol{\alpha}_1, \boldsymbol{\alpha}_2, \cdots, \boldsymbol{\alpha}_s$ 唯一地线性表示.

☞ **证明** (1) 设 $\boldsymbol{\alpha}_1, \boldsymbol{\alpha}_2, \cdots, \boldsymbol{\alpha}_s$ 线性无关.如果

$$\boldsymbol{\beta} = b_1\boldsymbol{\alpha}_1 + b_2\boldsymbol{\alpha}_2 + \cdots + b_s\boldsymbol{\alpha}_s = c_1\boldsymbol{\alpha}_1 + c_2\boldsymbol{\alpha}_2 + \cdots + c_s\boldsymbol{\alpha}_s, \quad b_i, c_j \in \mathbb{F},$$

则有

$$(b_1 - c_1)\boldsymbol{\alpha}_1 + (b_2 - c_2)\boldsymbol{\alpha}_2 + \cdots + (b_s - c_s)\boldsymbol{\alpha}_s = \mathbf{0}.$$

由于 $\boldsymbol{\alpha}_1, \boldsymbol{\alpha}_2, \cdots, \boldsymbol{\alpha}_s$ 线性无关,所以

$$b_1 - c_1 = b_2 - c_2 = \cdots = b_s - c_s = 0,$$

即得 $b_1 = c_1, b_2 = c_2, \cdots, b_s = c_s$.

反之,设对任意 $\boldsymbol{\beta} \in \mathbb{F}^n$,若 $\boldsymbol{\beta}$ 可由 $\boldsymbol{\alpha}_1, \boldsymbol{\alpha}_2, \cdots, \boldsymbol{\alpha}_s$ 线性表示,则表示方式唯一.如果 $s = 1$,而 $\boldsymbol{\alpha}_1$ 线性相关,则 $\boldsymbol{\alpha}_1 = \mathbf{0}$. 于是

$$\boldsymbol{\alpha}_1=\boldsymbol{\alpha}_1=0\times\boldsymbol{\alpha}_1.$$

则 $\boldsymbol{\alpha}_1$ 由 $\boldsymbol{\alpha}_1$ 线性表示的方式不唯一，矛盾.如果 $s\geqslant 2$，设 $\boldsymbol{\alpha}_1,\boldsymbol{\alpha}_2,\cdots,\boldsymbol{\alpha}_s$ 线性相关，则存在 i，使得

$$\boldsymbol{\alpha}_i=c_1\boldsymbol{\alpha}_1+\cdots+c_{i-1}\boldsymbol{\alpha}_{i-1}+c_{i+1}\boldsymbol{\alpha}_{i+1}+\cdots+c_s\boldsymbol{\alpha}_s,\quad \exists c_1,\cdots,c_s\in\mathbb{F}.$$

而 $\boldsymbol{\alpha}_i=\boldsymbol{\alpha}_i$，所以 $\boldsymbol{\alpha}_1=\boldsymbol{\alpha}_2=\cdots=\boldsymbol{\alpha}_s=\boldsymbol{\alpha}_i$. 此时，

$$1\times\boldsymbol{\alpha}_1=2\times\boldsymbol{\alpha}_1+(-1)\times\boldsymbol{\alpha}_2,$$

线性表示的方式不唯一，矛盾.

(2) 由于 $\boldsymbol{\alpha}_1,\boldsymbol{\alpha}_2,\cdots,\boldsymbol{\alpha}_s,\boldsymbol{\beta}$ 线性相关，所以存在不全为零的 $a_1,a_2,\cdots,a_s,a\in\mathbb{F}$，使得

$$a_1\boldsymbol{\alpha}_1+a_2\boldsymbol{\alpha}_2+\cdots+a_s\boldsymbol{\alpha}_s+a\boldsymbol{\beta}=\mathbf{0}.$$

若 $a=0$，则 $a_1,a_2,\cdots,a_s$ 不全为零，且

$$a_1\boldsymbol{\alpha}_1+a_2\boldsymbol{\alpha}_2+\cdots+a_s\boldsymbol{\alpha}_s=\mathbf{0}.$$

这得到 $\boldsymbol{\alpha}_1,\boldsymbol{\alpha}_2,\cdots,\boldsymbol{\alpha}_s$ 线性相关，矛盾.所以 $a\neq 0$. 进而

$$\boldsymbol{\beta}=\frac{-a_1}{a}\boldsymbol{\alpha}_1+\frac{-a_2}{a}\boldsymbol{\alpha}_2+\cdots+\frac{-a_s}{a}\boldsymbol{\alpha}_s,$$

即 $\boldsymbol{\beta}$ 可由 $\boldsymbol{\alpha}_1,\boldsymbol{\alpha}_2,\cdots,\boldsymbol{\alpha}_s$ 线性表示.表示的唯一性由(1)可知.

最后，如果将一个向量组的每个向量都取出同样位置的几个分量，得到维数更小的一个向量组，是否改变线性无关性？如果考虑有限行向量组，用对应的线性方程组来看，这相当于删去几个未知数(假设向量组的最后一个分量不删去).如果原来方程组中有某个方程多余，则在删去了几个未知数的新的方程组中对应的方程也多余.即如果原来的方程组线性相关，则新的方程组也线性相关.

命题 5.7　设

$$\boldsymbol{\alpha}_1=\begin{pmatrix}a_{11}\\ \vdots\\ a_{n1}\end{pmatrix},\ \boldsymbol{\alpha}_2=\begin{pmatrix}a_{12}\\ \vdots\\ a_{n2}\end{pmatrix},\ \cdots,\ \boldsymbol{\alpha}_s=\begin{pmatrix}a_{1s}\\ \vdots\\ a_{ns}\end{pmatrix}\in\mathbb{F}^n$$

是 n 维列向量组，对正整数 $m<n$ 和 $1\leqslant i_1<i_2<\cdots<i_m\leqslant n$，定义 m 维列向量组

$$\boldsymbol{\beta}_1=\begin{pmatrix}a_{i_11}\\ a_{i_21}\\ \vdots\\ a_{i_m1}\end{pmatrix},\ \boldsymbol{\beta}_2=\begin{pmatrix}a_{i_12}\\ a_{i_22}\\ \vdots\\ a_{i_m2}\end{pmatrix},\ \cdots,\ \boldsymbol{\beta}_s=\begin{pmatrix}a_{i_1s}\\ a_{i_2s}\\ \vdots\\ a_{i_ms}\end{pmatrix}\in\mathbb{F}^m.$$

称 $\boldsymbol{\beta}_1,\boldsymbol{\beta}_2,\cdots,\boldsymbol{\beta}_s$ 为向量组 $\boldsymbol{\alpha}_1,\boldsymbol{\alpha}_2,\cdots,\boldsymbol{\alpha}_s$ 的 m 维缩短向量组.则

(1) $\boldsymbol{\alpha}_1,\boldsymbol{\alpha}_2,\cdots,\boldsymbol{\alpha}_s$ 线性相关 $\Longrightarrow$ $\boldsymbol{\beta}_1,\boldsymbol{\beta}_2,\cdots,\boldsymbol{\beta}_s$ 线性相关；

(2) $\boldsymbol{\beta}_1, \boldsymbol{\beta}_2, \cdots, \boldsymbol{\beta}_s$ 线性无关 $\Longrightarrow \boldsymbol{\alpha}_1, \boldsymbol{\alpha}_2, \cdots, \boldsymbol{\alpha}_s$ 线性无关.

☞ **证明** (1) 简单起见,不妨设 $i_1=1, i_2=2, \cdots, i_m=m$. 记 $\boldsymbol{\gamma}_j=\begin{pmatrix} a_{m+1,j} \\ \vdots \\ a_{nj} \end{pmatrix}$,则 $\boldsymbol{\alpha}_j=\begin{pmatrix} \boldsymbol{\beta}_j \\ \boldsymbol{\gamma}_j \end{pmatrix}$, $j=1, 2, \cdots, s$. 由于 $\boldsymbol{\alpha}_1, \boldsymbol{\alpha}_2, \cdots, \boldsymbol{\alpha}_s$ 线性相关,所以存在不全为零的 $c_1, c_2, \cdots, c_s \in \mathbb{F}$,使得

$$c_1\boldsymbol{\alpha}_1+c_2\boldsymbol{\alpha}_2+\cdots+c_s\boldsymbol{\alpha}_s=\mathbf{0}.$$

则有

$$c_1\begin{pmatrix} \boldsymbol{\beta}_1 \\ \boldsymbol{\gamma}_1 \end{pmatrix}+c_2\begin{pmatrix} \boldsymbol{\beta}_2 \\ \boldsymbol{\gamma}_2 \end{pmatrix}+\cdots+c_s\begin{pmatrix} \boldsymbol{\beta}_s \\ \boldsymbol{\gamma}_s \end{pmatrix}=\mathbf{0},$$

得到

$$c_1\boldsymbol{\beta}_1+c_2\boldsymbol{\beta}_2+\cdots+c_s\boldsymbol{\beta}_s=\mathbf{0}.$$

于是 $\boldsymbol{\beta}_1, \boldsymbol{\beta}_2, \cdots, \boldsymbol{\beta}_s$ 线性相关.

习题 5.3

A1. 举例说明下列各命题是错误的.

(1) 如果向量组 $\boldsymbol{\alpha}_1, \boldsymbol{\alpha}_2, \cdots, \boldsymbol{\alpha}_s$ 线性相关,则 $\boldsymbol{\alpha}_1$ 可由 $\boldsymbol{\alpha}_2, \cdots, \boldsymbol{\alpha}_s$ 线性表示;

(2) 如果 $\boldsymbol{\alpha}_1, \boldsymbol{\alpha}_2$ 线性无关, $\boldsymbol{\alpha}_2, \boldsymbol{\alpha}_3$ 线性无关, $\boldsymbol{\alpha}_3, \boldsymbol{\alpha}_1$ 线性无关,则 $\boldsymbol{\alpha}_1, \boldsymbol{\alpha}_2, \boldsymbol{\alpha}_3$ 也线性无关;

(3) 如果有不全为零的数 $c_1, c_2, \cdots, c_s$,使得

$$c_1\boldsymbol{\alpha}_1+c_2\boldsymbol{\alpha}_2+\cdots+c_s\boldsymbol{\alpha}_s+c_1\boldsymbol{\beta}_1+c_2\boldsymbol{\beta}_2+\cdots+c_s\boldsymbol{\beta}_s=\mathbf{0}$$

成立,则向量组 $\boldsymbol{\alpha}_1, \boldsymbol{\alpha}_2, \cdots, \boldsymbol{\alpha}_s$ 线性相关,向量组 $\boldsymbol{\beta}_1, \boldsymbol{\beta}_2, \cdots, \boldsymbol{\beta}_s$ 也线性相关;

(4) 如果只有当 $c_1, c_2, \cdots, c_s$ 全为零时,等式

$$c_1\boldsymbol{\alpha}_1+c_2\boldsymbol{\alpha}_2+\cdots+c_s\boldsymbol{\alpha}_s+c_1\boldsymbol{\beta}_1+c_2\boldsymbol{\beta}_2+\cdots+c_s\boldsymbol{\beta}_s=\mathbf{0}$$

才能成立,则向量组 $\boldsymbol{\alpha}_1, \boldsymbol{\alpha}_2, \cdots, \boldsymbol{\alpha}_s$ 线性无关,向量组 $\boldsymbol{\beta}_1, \boldsymbol{\beta}_2, \cdots, \boldsymbol{\beta}_s$ 也线性无关.

A2. 判别下列向量组是否线性相关:

(1) $\boldsymbol{\alpha}_1=(1, 2, 3)^{\mathrm{T}}, \boldsymbol{\alpha}_2=(2, 3, 4)^{\mathrm{T}}$;

(2) $\boldsymbol{\alpha}_1=(1, 2, 3)^{\mathrm{T}}, \boldsymbol{\alpha}_2=(2, -1, 1)^{\mathrm{T}}, \boldsymbol{\alpha}_3=(-1, 3, 2)^{\mathrm{T}}$;

(3) $\boldsymbol{\alpha}_1=(1, 2, 3, 4)^{\mathrm{T}}, \boldsymbol{\alpha}_2=(2, 0, 1, 2)^{\mathrm{T}}, \boldsymbol{\alpha}_3=(3, -2, -3, -1)^{\mathrm{T}}$.

A3. 设 $\boldsymbol{\alpha}_1, \boldsymbol{\alpha}_2, \boldsymbol{\alpha}_3 \in \mathbb{F}^n$,证明:

(1) 向量组 $\boldsymbol{\alpha}_1-\boldsymbol{\alpha}_2, \boldsymbol{\alpha}_2+\boldsymbol{\alpha}_3, \boldsymbol{\alpha}_3+\boldsymbol{\alpha}_1$ 线性相关;

(2) 如果 $\boldsymbol{\alpha}_1, \boldsymbol{\alpha}_2, \boldsymbol{\alpha}_3$ 线性无关,则向量组 $\boldsymbol{\alpha}_1+2\boldsymbol{\alpha}_2, \boldsymbol{\alpha}_2+2\boldsymbol{\alpha}_3, \boldsymbol{\alpha}_3+2\boldsymbol{\alpha}_1$ 也线性无关.

A4. 设向量组 $\boldsymbol{\alpha}_1, \boldsymbol{\alpha}_2, \cdots, \boldsymbol{\alpha}_s$ 线性无关,其中 $s \geqslant 2$,证明:

(1) 向量组 $\boldsymbol{\alpha}_1-\boldsymbol{\alpha}_2, \boldsymbol{\alpha}_2-\boldsymbol{\alpha}_3, \cdots, \boldsymbol{\alpha}_{s-1}-\boldsymbol{\alpha}_s$ 也线性无关;

(2) 向量组 $\boldsymbol{\alpha}_1-\boldsymbol{\alpha}_2, \boldsymbol{\alpha}_1-\boldsymbol{\alpha}_3, \cdots, \boldsymbol{\alpha}_1-\boldsymbol{\alpha}_s$ 也线性无关.

A5. 设向量 $\boldsymbol{\beta}$ 可由向量组 $\boldsymbol{\alpha}_1, \boldsymbol{\alpha}_2, \cdots, \boldsymbol{\alpha}_s$ 线性表示,但是不能由该向量组的任意一个个数少于 s 的子向量组线性表示,证明:向量组 $\boldsymbol{\alpha}_1, \boldsymbol{\alpha}_2, \cdots, \boldsymbol{\alpha}_s$ 线性无关.

A6. 设 $\boldsymbol{A}$ 是 n 阶方阵,$\boldsymbol{\alpha}_1, \boldsymbol{\alpha}_2, \cdots, \boldsymbol{\alpha}_s$ 是 n 维列向量组.

(1) 证明:如果 $\boldsymbol{\alpha}_1, \boldsymbol{\alpha}_2, \cdots, \boldsymbol{\alpha}_s$ 线性相关,则 $\boldsymbol{A\alpha}_1, \boldsymbol{A\alpha}_2, \cdots, \boldsymbol{A\alpha}_s$ 也线性相关;

(2) 证明:如果 $\boldsymbol{A}$ 可逆,则(1)的逆命题也成立;

(3) 如果 $\boldsymbol{A}$ 不可逆,(1)的逆命题是否还成立?成立时给出证明,不成立时给出反例;

(4) 如果 $\boldsymbol{A}$ 不可逆,是否 $\boldsymbol{A\alpha}_1, \boldsymbol{A\alpha}_2, \cdots, \boldsymbol{A\alpha}_s$ 一定线性相关?肯定时给出证明,否定时给出反例.

B1. 设 $s \geqslant 2$,证明:向量组 $\boldsymbol{\alpha}_1, \boldsymbol{\alpha}_2, \cdots, \boldsymbol{\alpha}_s$(其中 $\boldsymbol{\alpha}_1 \neq \boldsymbol{0}$)线性相关的充分必要条件是存在 i $(1 < i \leqslant s)$,使得 $\boldsymbol{\alpha}_i$ 可由 $\boldsymbol{\alpha}_1, \boldsymbol{\alpha}_2, \cdots, \boldsymbol{\alpha}_{i-1}$ 线性表示.

B2. 设 $a_1, a_2, \cdots, a_s \in \mathbb{F}$是两两不同的数,取 $n \geqslant s$,令 $\boldsymbol{\alpha}_i = (1, a_i, a_i^2, \cdots, a_i^{n-1})^{\mathrm{T}} \in \mathbb{F}^n$, $i = 1, 2, \cdots, s$,证明:向量组 $\boldsymbol{\alpha}_1, \boldsymbol{\alpha}_2, \cdots, \boldsymbol{\alpha}_s$ 线性无关.

B3. 设 $\mathbb{F}^n$ 中的向量组 $\boldsymbol{\alpha}_1, \boldsymbol{\alpha}_2, \cdots, \boldsymbol{\alpha}_s$ 线性相关,其中 $s \geqslant 2$,设 $\boldsymbol{\beta} \in \mathbb{F}^n$,证明:存在不全为零的数 $c_1, c_2, \cdots, c_s \in \mathbb{F}$,使得向量组 $\boldsymbol{\alpha}_1 + c_1\boldsymbol{\beta}, \boldsymbol{\alpha}_2 + c_2\boldsymbol{\beta}, \cdots, \boldsymbol{\alpha}_s + c_s\boldsymbol{\beta}$ 线性相关.

§5.4 向量组间的等价

5.4.1 定义

在删去线性方程组中“假”的方程时,不同的人可能删去的方程会不一样.例如,考察线性方程组

$$\begin{cases} x + y + z = 1, & (1) \\ 2x + y - 2z = 3, & (2) \\ 3x + 2y - z = 4. & (3) \end{cases}$$

如果注意到方程(3)是方程(1)和(2)的和,则可以将(3)去掉,得到同解方程组

$$\text{(A)} \quad \begin{cases} x + y + z = 1, & (1) \\ 2x + y - 2z = 3. & (2) \end{cases}$$

也可以注意到方程(2)是方程(3)和(1)之差,所以可以去掉(2),得到

$$\text{(B)} \quad \begin{cases} x + y + z = 1, & (1) \\ 3x + 2y - z = 4. & (3) \end{cases}$$

还可以注意到方程(1)是方程(3)和(2)之差,所以可以去掉(1),得到

$$\text{(C)} \quad \begin{cases} 2x + y - 2z = 3, & (2) \\ 3x + 2y - z = 4. & (3) \end{cases}$$

这里的方程组 (A), (B), (C) 都可以代表原方程组,原来方程组的每个方程都可以分别由它们产生,即是它们的线性组合.特别地,(A), (B), (C) 中任两个方程组中的方程可以相互线性表示,称它们是等价的.

一般地,将给定向量组的多余向量删去时,不同的人最后删剩下的子向量组可能不同,

但这些不同组之间的向量可以相互线性表示.我们把这些严格化,引入下面的定义.

定义 5.4 设有 $\mathbb{F}^n$ 中的向量组

$$S: \boldsymbol{\alpha}_1, \boldsymbol{\alpha}_2, \cdots, \boldsymbol{\alpha}_s, \quad T: \boldsymbol{\beta}_1, \boldsymbol{\beta}_2, \cdots, \boldsymbol{\beta}_t.$$

(1) 如果任意的 $\boldsymbol{\beta}_j (1 \leqslant j \leqslant t)$ 都可由 $\boldsymbol{S}$ 线性表示,则称 $\boldsymbol{T}$ 可由 $\boldsymbol{S}$ 线性表示,记为 $\boldsymbol{T} \leftarrow \boldsymbol{S}$,也记为 $\boldsymbol{S} \rightarrow \boldsymbol{T}$;

(2) 如果 $\boldsymbol{S}$ 和 $\boldsymbol{T}$ 可以相互线性表示,即 $\boldsymbol{S} \leftarrow \boldsymbol{T}$ 且 $\boldsymbol{T} \leftarrow \boldsymbol{S}$,则称 $\boldsymbol{S}$ 与 $\boldsymbol{T}$ **等价**,记为 $\boldsymbol{S} \leftrightarrow \boldsymbol{T}$.

和前面一样,利用矩阵表示,有

$$\boldsymbol{T} \leftarrow \boldsymbol{S} \Longleftrightarrow \begin{cases} \boldsymbol{\beta}_1 = c_{11}\boldsymbol{\alpha}_1 + c_{21}\boldsymbol{\alpha}_2 + \cdots + c_{s1}\boldsymbol{\alpha}_s, \\ \boldsymbol{\beta}_2 = c_{12}\boldsymbol{\alpha}_1 + c_{22}\boldsymbol{\alpha}_2 + \cdots + c_{s2}\boldsymbol{\alpha}_s, \\ \qquad \vdots \\ \boldsymbol{\beta}_t = c_{1t}\boldsymbol{\alpha}_1 + c_{2t}\boldsymbol{\alpha}_2 + \cdots + c_{st}\boldsymbol{\alpha}_s, \end{cases} \quad \exists c_{ij} \in \mathbb{F}$$

$$\Longleftrightarrow (\boldsymbol{\beta}_1, \boldsymbol{\beta}_2, \cdots, \boldsymbol{\beta}_t) = (\boldsymbol{\alpha}_1, \boldsymbol{\alpha}_2, \cdots, \boldsymbol{\alpha}_s)\begin{pmatrix} c_{11} & c_{12} & \cdots & c_{1t} \\ c_{21} & c_{22} & \cdots & c_{2t} \\ \vdots & \vdots & & \vdots \\ c_{s1} & c_{s2} & \cdots & c_{st} \end{pmatrix}, \quad \exists c_{ij} \in \mathbb{F}.$$

得到下面的等价刻画,也给出矩阵方程 $\boldsymbol{AX} = \boldsymbol{B}$ 有解的一种几何解释.

命题 5.8 设有 $\mathbb{F}^n$ 中的向量组 $\boldsymbol{S}: \boldsymbol{\alpha}_1, \boldsymbol{\alpha}_2, \cdots, \boldsymbol{\alpha}_s$ 和 $\boldsymbol{T}: \boldsymbol{\beta}_1, \boldsymbol{\beta}_2, \cdots, \boldsymbol{\beta}_t$,记矩阵 $\boldsymbol{A} = (\boldsymbol{\alpha}_1, \boldsymbol{\alpha}_2, \cdots, \boldsymbol{\alpha}_s) \in \mathbb{F}^{n\times s}$, $\boldsymbol{B} = (\boldsymbol{\beta}_1, \boldsymbol{\beta}_2, \cdots, \boldsymbol{\beta}_t) \in \mathbb{F}^{n\times t}$,则下面命题等价

(i) $\boldsymbol{T} \leftarrow \boldsymbol{S}$;

(ii) 存在矩阵 $\boldsymbol{C} \in \mathbb{F}^{s\times t}$,使得 $\boldsymbol{B} = \boldsymbol{AC}$;

(iii) 矩阵方程 $\boldsymbol{AX} = \boldsymbol{B}$ 有解.

有下面重要的例子.

例 5.8 设 $\boldsymbol{A} \in \mathbb{F}^{n\times s}$, $\boldsymbol{C} \in \mathbb{F}^{s\times t}$,记 $\boldsymbol{B} = \boldsymbol{AC}$,则有

(1) ($\boldsymbol{B}$ 的列向量组) $\leftarrow$ ($\boldsymbol{A}$ 的列向量组);

(2) ($\boldsymbol{B}$ 的行向量组) $\leftarrow$ ($\boldsymbol{C}$ 的行向量组).

☞ **证明** 用命题 5.8 可得(1),对 $\boldsymbol{B}^{\mathrm{T}} = \boldsymbol{C}^{\mathrm{T}}\boldsymbol{A}^{\mathrm{T}}$ 用(1)可得(2).

● 矩阵等价与向量组等价

我们学过两种等价,一种是矩阵的(行、列)等价,另一种是向量组的等价.为什么用一样的名字?它们有什么关系?具体的,每个矩阵都带有两个向量组:行向量组和列向量组,那么两个矩阵等价与其对应的向量组等价之间有什么关系呢?有了思考的方向,那么离结论就不远了.

命题 5.9 设 $\boldsymbol{A}, \boldsymbol{B} \in \mathbb{F}^{m\times n}$,则

(1) $\boldsymbol{A} \overset{c}{\sim} \boldsymbol{B} \Longleftrightarrow \boldsymbol{A}$ 和 $\boldsymbol{B}$ 的列向量组等价;

(2) $\boldsymbol{A} \overset{r}{\sim} \boldsymbol{B} \Longleftrightarrow \boldsymbol{A}$ 和 $\boldsymbol{B}$ 的行向量组等价;

(3) 如果 $\boldsymbol{A} \sim \boldsymbol{B}$,则 $\boldsymbol{A}$ 和 $\boldsymbol{B}$ 的(行)列向量组不一定等价.

☞ **证明** (1) 设 $\boldsymbol{A} \overset{c}{\sim} \boldsymbol{B}$,则存在 n 阶可逆阵 $\boldsymbol{Q}$,使得 $\boldsymbol{AQ} = \boldsymbol{B}$.由此得

$$(\boldsymbol{B}\text{ 的列向量组})\leftarrow(\boldsymbol{A}\text{ 的列向量组}).$$

又有 $\boldsymbol{BQ}^{-1}=\boldsymbol{A}$，所以

$$(\boldsymbol{A}\text{ 的列向量组})\leftarrow(\boldsymbol{B}\text{ 的列向量组}).$$

就得到 $\boldsymbol{A}$ 和 $\boldsymbol{B}$ 的列向量组等价.

我们将在下节中证明充分性.

(2) 对 $\boldsymbol{A}^{\mathrm{T}}$ 和 $\boldsymbol{B}^{\mathrm{T}}$ 用(1).

(3) 例如，取 $\boldsymbol{A}=\begin{pmatrix}1&0\\0&0\end{pmatrix}$，$\boldsymbol{B}=\begin{pmatrix}0&0\\0&1\end{pmatrix}$，则由

$$\boldsymbol{A}\overset{r_1\leftrightarrow r_2}{\sim}\begin{pmatrix}0&0\\1&0\end{pmatrix}\overset{c_1\leftrightarrow c_2}{\sim}\boldsymbol{B}$$

得 $\boldsymbol{A}\sim\boldsymbol{B}$. 而 $\boldsymbol{A}$ 的列向量组 $\begin{pmatrix}1\\0\end{pmatrix}$，$\begin{pmatrix}0\\0\end{pmatrix}$ 与 $\boldsymbol{B}$ 的列向量组 $\begin{pmatrix}0\\0\end{pmatrix}$，$\begin{pmatrix}0\\1\end{pmatrix}$ 不等价，$\boldsymbol{A}$ 的行向量组 $(1,0)$，$(0,0)$ 与 $\boldsymbol{B}$ 的行向量组 $(0,0)$，$(0,1)$ 也不等价.

我们先证明在一定条件下命题 5.9(1)的充分性成立.

例 5.9　设 $\boldsymbol{A},\boldsymbol{B}\in\mathbb{F}^{m\times n}$，如果它们的列向量组都线性无关，证明：

$$\boldsymbol{A}\text{ 和 }\boldsymbol{B}\text{ 列向量组等价}\Longrightarrow\boldsymbol{A}\overset{c}{\sim}\boldsymbol{B}.$$

☞ **证明**　由条件，存在 n 阶方阵 $\boldsymbol{P}$ 和 $\boldsymbol{Q}$，使得

$$\boldsymbol{A}=\boldsymbol{BP},\quad \boldsymbol{B}=\boldsymbol{AQ}.$$

得到

$$\boldsymbol{B}=(\boldsymbol{BP})\boldsymbol{Q}=\boldsymbol{B}(\boldsymbol{PQ}),$$

即

$$\boldsymbol{B}(\boldsymbol{PQ}-\boldsymbol{E}_n)=\boldsymbol{O}.$$

但是 $\boldsymbol{B}$ 的列向量组线性无关导出线性方程组 $\boldsymbol{BX}=\boldsymbol{0}$ 只有零解，这得到 $\boldsymbol{PQ}=\boldsymbol{E}_n$. 所以 $\boldsymbol{P}$ 是可逆方阵，于是 $\boldsymbol{A}\overset{c}{\sim}\boldsymbol{B}$.

5.4.2　性质

同样地，我们给出一些后面要用到的性质，它们在数数问题中是必要的.

首先，向量组之间的表示关系有自然的传递性.

命题 5.10　(1)（表示的传递性）设有 $\mathbb{F}^n$ 中的有限向量组 $\boldsymbol{S}_1$，$\boldsymbol{S}_2$ 和 $\boldsymbol{S}_3$，则

$$\boldsymbol{S}_1\leftarrow\boldsymbol{S}_2,\ \boldsymbol{S}_2\leftarrow\boldsymbol{S}_3\Longrightarrow\boldsymbol{S}_1\leftarrow\boldsymbol{S}_3;$$

(2) 设 $\boldsymbol{S}$，$\boldsymbol{T}$，$\boldsymbol{R}$ 为 $\mathbb{F}^n$ 中任意的有限向量组，则有①

① 即向量组之间的等价为 $\mathbb{F}^n$ 中的有限向量组所组成之集合的等价关系.

(i)(自反性)$S \leftrightarrow S$;

(ii)(对称性)$S \leftrightarrow T \Longrightarrow T \leftrightarrow S$;

(iii)(传递性)$S \leftrightarrow T$, $T \leftrightarrow R \Longrightarrow S \leftrightarrow R$.

☞ **证明** (1) 设 S_1: $\alpha_1, \alpha_2, \cdots, \alpha_r$, S_2: $\beta_1, \beta_2, \cdots, \beta_s$, S_3: $\gamma_1, \gamma_2, \cdots, \gamma_t$, 记矩阵

$$A=(\alpha_1, \alpha_2, \cdots, \alpha_r) \in \mathbb{F}^{n\times r},\ B=(\beta_1, \beta_2, \cdots, \beta_s) \in \mathbb{F}^{n\times s},$$
$$C=(\gamma_1, \gamma_2, \cdots, \gamma_t) \in \mathbb{F}^{n\times t}.$$

由于 $S_1 \leftarrow S_2$ 且 $S_2 \leftarrow S_3$, 所以存在 $C_1 \in \mathbb{F}^{s\times r}$ 和 $C_2 \in \mathbb{F}^{t\times s}$, 使得

$$A=BC_1, \quad B=CC_2.$$

于是

$$A=(CC_2)C_1=C(C_2C_1),$$

这得到 $S_1 \leftarrow S_3$.

(2) 自反性和对称性由定义,而传递性由(1)得到.

其次,我们知道向量个数比较多的向量组是线性相关的.于是,如果一个向量组产生的新的向量组的向量个数很多时,很有可能这个新的向量组是线性相关的.这个确实是一般规律.

定理 5.11 设有 $\mathbb{F}^n$ 中的向量组 S: $\alpha_1, \alpha_2, \cdots, \alpha_s$ 和 T: $\beta_1, \beta_2, \cdots, \beta_t$, 则

(1) $T \leftarrow S$ 且 $t > s \Longrightarrow T$ 线性相关;

(2) $T \leftarrow S$ 且 T 线性无关 $\Longrightarrow t \leqslant s$;

(3) $S \leftrightarrow T$ 且 S 与 T 均线性无关 $\Longrightarrow s=t$.

☞ **证明** (1) 记矩阵 $A=(\alpha_1, \alpha_2, \cdots, \alpha_s) \in \mathbb{F}^{n\times s}$, $B=(\beta_1, \beta_2, \cdots, \beta_t) \in \mathbb{F}^{n\times t}$. 因为 $T \leftarrow S$, 所以存在矩阵 $C \in \mathbb{F}^{s\times t}$, 使得 $B=AC$. 而 $t > s$, 所以齐次线性方程组 $CX=0$ 有非零解.这得到 $ACX=0$ 有非零解.于是齐次线性方程组 $BX=0$ 有非零解,所以 T 线性相关.

(2) 由(1)可知.

(3) 由(2)可知.

习题 5.4

A1. 设 $s \geqslant 2$, $\alpha_1, \alpha_2, \cdots, \alpha_s \in \mathbb{F}^n$, 定义 $\beta_1=\alpha_2+\alpha_3+\cdots+\alpha_s$, $\beta_2=\alpha_1+\alpha_3+\cdots+\alpha_s$, $\cdots$, $\beta_s=\alpha_1+\alpha_2+\cdots+\alpha_{s-1}$, 证明:向量组 $\beta_1, \beta_2, \cdots, \beta_s$ 与向量组 $\alpha_1, \alpha_2, \cdots, \alpha_s$ 等价.

A2. 设 $\alpha_1, \alpha_2, \cdots, \alpha_s$ 是 $\mathbb{F}^n$ 中的向量组(其中 $s \leqslant n$), 如果向量组 $\beta_1, \beta_2, \cdots, \beta_s$ 线性无关且可以由 $\alpha_1, \alpha_2, \cdots, \alpha_s$ 线性表示,证明:向量组 $\alpha_1, \alpha_2, \cdots, \alpha_s$ 和向量组 $\beta_1, \beta_2, \cdots, \beta_s$ 等价.

B1. (**斯泰尼茨(Steinitz)替换定理**)设向量组 $\alpha_1, \alpha_2, \cdots, \alpha_r$ 是线性无关的,且可由向量组 $\beta_1, \beta_2, \cdots, \beta_s$ 线性表示($r \leqslant s$), 证明:可用 $\alpha_1, \alpha_2, \cdots, \alpha_r$ 替换 $\beta_1, \beta_2, \cdots, \beta_s$ 中的 r 个向量,不妨设替换了 $\beta_1, \beta_2, \cdots, \beta_r$, 使得向量组 $\alpha_1, \cdots, \alpha_r, \beta_{r+1}, \cdots, \beta_s$ 和向量组 $\beta_1, \beta_2, \cdots, \beta_s$ 等价.

§5.5　向量组的秩

要删去线性方程组中多余的方程，对线性方程组进行“打假”，最后剩下的方程组中的方程没有多余的，即它是线性无关的；最后剩下的方程要能代表原方程组，即原方程组的每个方程都可以由剩下的方程组线性表示.我们称进行完全“打假”后剩下的方程所组成的方程组为原方程组的一个极大无关组.考查线性方程组，本质上只要考查它的任意一个极大无关组就可以了.不同的人进行“打假”后得到的极大无关组可能不同，但是每个极大无关组所含方程的个数是相同的[可由定理 5.11(3)导出].这个相同的数称为原方程组的秩，这就是原方程组真正方程的个数，数线性方程组中真正方程的个数就是要得到它的秩.

下面我们将讨论一般化情况.

5.5.1　极大无关组

引理 5.12　设 $\boldsymbol{S}$ 为 $\mathbb{F}^n$ 中的向量组(所含向量个数可能无穷)，$\boldsymbol{\alpha}_1, \boldsymbol{\alpha}_2, \cdots, \boldsymbol{\alpha}_r \in \boldsymbol{S}$ 满足

(i) $\boldsymbol{\alpha}_1, \boldsymbol{\alpha}_2, \cdots, \boldsymbol{\alpha}_r$ 线性无关.

则下面等价：

(ii) 任意 $\boldsymbol{\alpha} \in \boldsymbol{S}$，$\boldsymbol{\alpha}$ 可由 $\boldsymbol{\alpha}_1, \boldsymbol{\alpha}_2, \cdots, \boldsymbol{\alpha}_r$ 线性表示；

(ii)$'$ $\boldsymbol{S}$ 中任意 $r+1$ 个向量线性相关；

(ii)$''$ 任意 $\boldsymbol{\alpha} \in \boldsymbol{S}$，$\boldsymbol{\alpha}_1, \boldsymbol{\alpha}_2, \cdots, \boldsymbol{\alpha}_r, \boldsymbol{\alpha}$ 线性相关.

定义 5.5　设 $\boldsymbol{S}$ 为 $\mathbb{F}^n$ 中的向量组(所含向量个数可能无穷)，$\boldsymbol{\alpha}_1, \boldsymbol{\alpha}_2, \cdots, \boldsymbol{\alpha}_r \in \boldsymbol{S}$，如果向量组 $\boldsymbol{\alpha}_1, \boldsymbol{\alpha}_2, \cdots, \boldsymbol{\alpha}_r$ 满足(i)和(ii)($\Longleftrightarrow$ 满足(i)和(ii)$'$ $\Longleftrightarrow$ 满足(i)和(ii)$''$)，则称 $\boldsymbol{\alpha}_1, \boldsymbol{\alpha}_2, \cdots, \boldsymbol{\alpha}_r$ 是 $\boldsymbol{S}$ 的一个**极大无关组**(**极大线性无关组**).

于是，极大无关组是可表示原向量组[①]的线性无关子组，可以代表原向量组；也是所含向量个数最多的线性无关子组；还是不能再线性无关扩充的无关子组.从后两个刻画可以看出用“极大”这个定语的原因.

引理 5.12 的证明　“(ii) $\Longrightarrow$ (ii)$'$”：设(ii)成立，任取 $\boldsymbol{\beta}_1, \boldsymbol{\beta}_2, \cdots, \boldsymbol{\beta}_{r+1} \in \boldsymbol{S}$，则由(ii)得对 $i=1, 2, \cdots, r+1$，$\boldsymbol{\beta}_i$ 可由 $\boldsymbol{\alpha}_1, \boldsymbol{\alpha}_2, \cdots, \boldsymbol{\alpha}_r$ 线性表示.因此

$$\boldsymbol{\beta}_1, \boldsymbol{\beta}_2, \cdots, \boldsymbol{\beta}_{r+1} \leftarrow \boldsymbol{\alpha}_1, \boldsymbol{\alpha}_2, \cdots, \boldsymbol{\alpha}_r.$$

由定理 5.11(1)就得 $\boldsymbol{\beta}_1, \boldsymbol{\beta}_2, \cdots, \boldsymbol{\beta}_{r+1}$ 线性相关.

“(ii)$'$ $\Longrightarrow$ (ii)$''$”：显然.

“(ii)$''$ $\Longrightarrow$ (ii)”：由命题 5.6(2)可知.

我们看几个例子.

例 5.10　设 $\boldsymbol{\alpha}_1=\begin{pmatrix}9\\12\\15\end{pmatrix}$，$\boldsymbol{\alpha}_2=\begin{pmatrix}1\\2\\3\end{pmatrix}$，$\boldsymbol{\alpha}_3=\begin{pmatrix}4\\5\\6\end{pmatrix}$，证明：$\boldsymbol{\alpha}_2, \boldsymbol{\alpha}_3$；$\boldsymbol{\alpha}_1, \boldsymbol{\alpha}_3$ 和 $\boldsymbol{\alpha}_1, \boldsymbol{\alpha}_2$ 都是向量

---

① 即和原向量组等价.这里可以自然地将线性表示的概念推广到含有无穷个向量的向量组，参看下一章.

组 $\boldsymbol{\alpha}_1, \boldsymbol{\alpha}_2, \boldsymbol{\alpha}_3$ 的极大无关组.

☞ **证明** 由于

$$|\boldsymbol{\alpha}_1, \boldsymbol{\alpha}_2, \boldsymbol{\alpha}_3| = \begin{vmatrix} 9 & 1 & 4 \\ 12 & 2 & 5 \\ 15 & 3 & 6 \end{vmatrix} \xlongequal[r_3-3r_1]{r_2-2r_1} \begin{vmatrix} 9 & 1 & 4 \\ -6 & 0 & -3 \\ -12 & 0 & -6 \end{vmatrix} = 0,$$

所以 $\boldsymbol{\alpha}_1, \boldsymbol{\alpha}_2, \boldsymbol{\alpha}_3$ 线性相关(或者有:$\boldsymbol{\alpha}_1 = \boldsymbol{\alpha}_2 + 2\boldsymbol{\alpha}_3$).而 $\boldsymbol{\alpha}_2, \boldsymbol{\alpha}_3$ 不成比例,所以 $\boldsymbol{\alpha}_2, \boldsymbol{\alpha}_3$ 线性无关.这得到 $\boldsymbol{\alpha}_2, \boldsymbol{\alpha}_3$ 是 $\boldsymbol{\alpha}_1, \boldsymbol{\alpha}_2, \boldsymbol{\alpha}_3$ 的极大无关组.

类似可证,$\boldsymbol{\alpha}_1, \boldsymbol{\alpha}_3$ 和 $\boldsymbol{\alpha}_1, \boldsymbol{\alpha}_2$ 均是向量组 $\boldsymbol{\alpha}_1, \boldsymbol{\alpha}_2, \boldsymbol{\alpha}_3$ 的极大无关组.

例 5.11 证明:$\boldsymbol{e}_1, \boldsymbol{e}_2, \cdots, \boldsymbol{e}_n$ 是 $\mathbb{F}^n$ 的极大无关组.

☞ **证明** 我们已经证明过 $\boldsymbol{e}_1, \boldsymbol{e}_2, \cdots, \boldsymbol{e}_n$ 线性无关,而任意 $n+1$ 个 n 维向量必线性相关,所以 $\boldsymbol{e}_1, \boldsymbol{e}_2, \cdots, \boldsymbol{e}_n$ 是 $\mathbb{F}^n$ 的极大无关组.

由例 5.10,极大无关组不唯一,但是每个极大无关组所含向量的个数是唯一的.

命题 5.13 设 $\boldsymbol{S}$ 为 $\mathbb{F}^n$ 中的向量组,$\boldsymbol{\alpha}_1, \boldsymbol{\alpha}_2, \cdots, \boldsymbol{\alpha}_r$ 和 $\boldsymbol{\beta}_1, \boldsymbol{\beta}_2, \cdots, \boldsymbol{\beta}_s$ 都是 $\boldsymbol{S}$ 的极大无关组,则 $r=s$.

☞ **证明** 由于 $\boldsymbol{\alpha}_1, \boldsymbol{\alpha}_2, \cdots, \boldsymbol{\alpha}_r$ 是极大无关组,所以 $\boldsymbol{\beta}_1, \boldsymbol{\beta}_2, \cdots, \boldsymbol{\beta}_s$ 可由 $\boldsymbol{\alpha}_1, \boldsymbol{\alpha}_2, \cdots, \boldsymbol{\alpha}_r$ 线性表示.类似有,$\boldsymbol{\alpha}_1, \boldsymbol{\alpha}_2, \cdots, \boldsymbol{\alpha}_r$ 可由 $\boldsymbol{\beta}_1, \boldsymbol{\beta}_2, \cdots, \boldsymbol{\beta}_s$ 线性表示.即得

$$\boldsymbol{\alpha}_1, \boldsymbol{\alpha}_2, \cdots, \boldsymbol{\alpha}_r \leftrightarrow \boldsymbol{\beta}_1, \boldsymbol{\beta}_2, \cdots, \boldsymbol{\beta}_s.$$

而 $\boldsymbol{\alpha}_1, \boldsymbol{\alpha}_2, \cdots, \boldsymbol{\alpha}_r$ 和 $\boldsymbol{\beta}_1, \boldsymbol{\beta}_2, \cdots, \boldsymbol{\beta}_s$ 都线性无关,所以由定理 5.11(3)推出 $r=s$.

最后,对于 $\mathbb{F}^n$ 中的任意向量组 $\boldsymbol{S}$, $\boldsymbol{S}$ 是否一定有极大无关组?这个问题必须回答,否则我们可能在讨论一个不一定存在的对象.可以用进行线性无关扩充来讨论这个问题.如果一个线性无关子组不能再进行线性无关扩充,就是极大无关组;否则可以线性无关扩充,此时对该更大的线性无关子组继续线性无关扩充,直到不能再扩充为止.而这个过程有限步后必将停止,因为线性无关的向量不能太多!于是,我们得到下面的存在性定理,特别有用的是线性无关扩充定理.

命题 5.14 设 $\boldsymbol{S}$ 为 $\mathbb{F}^n$ 中的任意向量组.

(1)(线性无关扩充定理)如果 $\boldsymbol{\alpha}_1, \boldsymbol{\alpha}_2, \cdots, \boldsymbol{\alpha}_s \in \boldsymbol{S}$ 是线性无关子组,则存在 $\boldsymbol{\alpha}_{s+1}, \cdots, \boldsymbol{\alpha}_r \in \boldsymbol{S}$ $(r \geqslant s)$,使得 $\boldsymbol{\alpha}_1, \cdots, \boldsymbol{\alpha}_s, \boldsymbol{\alpha}_{s+1}, \cdots, \boldsymbol{\alpha}_r$ 是 $\boldsymbol{S}$ 的极大无关组;

(2) 如果 $\boldsymbol{S}$ 中有非零向量,则 $\boldsymbol{S}$ 有极大无关组.

☞ **证明** (1) 如果对任意的 $\boldsymbol{\alpha} \in \boldsymbol{S}$,有 $\boldsymbol{\alpha}_1, \cdots, \boldsymbol{\alpha}_s, \boldsymbol{\alpha}$ 线性相关,则 $\boldsymbol{\alpha}_1, \cdots, \boldsymbol{\alpha}_s$ 为 $\boldsymbol{S}$ 的极大无关组.否则,存在 $\boldsymbol{\alpha}_{s+1} \in \boldsymbol{S}$,使得 $\boldsymbol{\alpha}_1, \cdots, \boldsymbol{\alpha}_s, \boldsymbol{\alpha}_{s+1}$ 线性无关.如果对任意的 $\boldsymbol{\alpha} \in \boldsymbol{S}$,有 $\boldsymbol{\alpha}_1, \cdots, \boldsymbol{\alpha}_s, \boldsymbol{\alpha}_{s+1}, \boldsymbol{\alpha}$ 线性相关,则 $\boldsymbol{\alpha}_1, \cdots, \boldsymbol{\alpha}_{s+1}$ 为 $\boldsymbol{S}$ 的极大无关组.否则,存在 $\boldsymbol{\alpha}_{s+2} \in \boldsymbol{S}$,使得 $\boldsymbol{\alpha}_1, \cdots, \boldsymbol{\alpha}_{s+1}, \boldsymbol{\alpha}_{s+2}$ 线性无关.继续下去,该过程必有限步后停止($\mathbb{F}^n$ 中任意 $n+1$ 个向量必相关),即可得到 $\boldsymbol{S}$ 的极大无关组 $\boldsymbol{\alpha}_1, \cdots, \boldsymbol{\alpha}_s, \boldsymbol{\alpha}_{s+1}, \cdots, \boldsymbol{\alpha}_r$.

(2) 取 $\boldsymbol{\alpha} \in \boldsymbol{S}$, $\boldsymbol{\alpha} \neq \mathbf{0}$. 则向量组 $\boldsymbol{\alpha}$ 线性无关,将它进行线性无关扩充,就可得 $\boldsymbol{S}$ 的极大无关组.

5.5.2　向量组的秩

下面可以定义向量组所含向量的真正个数.

定义 5.6　设 $\boldsymbol{S}$ 是 $\mathbb{F}^n$ 中的向量组,定义 $\boldsymbol{S}$ 的**秩** $R(\boldsymbol{S})$ 为①

$$R(\boldsymbol{S}):=\begin{cases}0, & \boldsymbol{S}\text{ 只含零向量},\\ \boldsymbol{S}\text{ 的任意极大无关组所含向量的个数}, & \boldsymbol{S}\text{ 中有非零向量}.\end{cases}$$

例如,设 $\boldsymbol{\alpha}_1=\begin{pmatrix}9\\12\\15\end{pmatrix}$, $\boldsymbol{\alpha}_2=\begin{pmatrix}1\\2\\3\end{pmatrix}$, $\boldsymbol{\alpha}_3=\begin{pmatrix}4\\5\\6\end{pmatrix}$, 则由例 5.10, $R(\boldsymbol{\alpha}_1, \boldsymbol{\alpha}_2, \boldsymbol{\alpha}_3)=2$.

我们看一些例子.

例 5.12　(1) $R(\mathbb{F}^n)=n$, 且对于 $\mathbb{F}^n$ 中任意向量组 $\boldsymbol{S}$, 有 $R(\boldsymbol{S})\leqslant n$;

(2) 设 $\boldsymbol{T}$ 是 $\boldsymbol{S}$ 的子向量组,则 $R(\boldsymbol{T})\leqslant R(\boldsymbol{S})$.

极大无关组是可表示原向量组的线性无关子组.如果已知一个向量组的秩为 r, 那么这个向量组中的 r 个向量成为极大无关组只需要满足一半条件即可,即或者线性无关,或者可表示原向量组.

例 5.13　设 $\boldsymbol{S}$ 是 $\mathbb{F}^n$ 中的向量组,且 $R(\boldsymbol{S})=r$, 其中 $r>0$. 设 $\boldsymbol{\alpha}_1, \boldsymbol{\alpha}_2, \cdots, \boldsymbol{\alpha}_r\in\boldsymbol{S}$, 证明:下面各项等价

(i) $\boldsymbol{\alpha}_1, \boldsymbol{\alpha}_2, \cdots, \boldsymbol{\alpha}_r$ 是 $\boldsymbol{S}$ 的极大无关组;

(ii) $\boldsymbol{\alpha}_1, \boldsymbol{\alpha}_2, \cdots, \boldsymbol{\alpha}_r$ 线性无关;

(iii) 对任意 $\boldsymbol{\alpha}\in\boldsymbol{S}$, $\boldsymbol{\alpha}$ 可由 $\boldsymbol{\alpha}_1, \boldsymbol{\alpha}_2, \cdots, \boldsymbol{\alpha}_r$ 线性表示.

☞ **证明**　"(i) $\Longrightarrow$ (ii)":已知.

"(ii) $\Longrightarrow$ (iii)":如果存在 $\boldsymbol{\alpha}\in\boldsymbol{S}$, 使得 $\boldsymbol{\alpha}$ 不能由 $\boldsymbol{\alpha}_1, \boldsymbol{\alpha}_2, \cdots, \boldsymbol{\alpha}_r$ 线性表示,则由 $\boldsymbol{\alpha}_1, \boldsymbol{\alpha}_2, \cdots, \boldsymbol{\alpha}_r$ 线性无关可得 $\boldsymbol{\alpha}_1, \boldsymbol{\alpha}_2, \cdots, \boldsymbol{\alpha}_r, \boldsymbol{\alpha}$ 线性无关.得到 $R(\boldsymbol{S})\geqslant r+1$, 矛盾.

"(iii) $\Longrightarrow$ (i)":易知, $\boldsymbol{\alpha}_1, \boldsymbol{\alpha}_2, \cdots, \boldsymbol{\alpha}_r$ 含有非零向量.任取 $\boldsymbol{\alpha}_1, \boldsymbol{\alpha}_2, \cdots, \boldsymbol{\alpha}_r$ 的一个极大无关组 $\boldsymbol{T}$. 由于任意的 $\boldsymbol{\alpha}\in\boldsymbol{S}$, $\boldsymbol{\alpha}$ 可由 $\boldsymbol{\alpha}_1, \boldsymbol{\alpha}_2, \cdots, \boldsymbol{\alpha}_r$ 线性表示,且 $\boldsymbol{\alpha}_1, \boldsymbol{\alpha}_2, \cdots, \boldsymbol{\alpha}_r$ 可由 $\boldsymbol{T}$ 线性表示,所以 $\boldsymbol{\alpha}$ 可由 $\boldsymbol{T}$ 线性表示.而 $\boldsymbol{T}$ 线性无关,所以 $\boldsymbol{T}$ 就是 $\boldsymbol{S}$ 的极大无关组.得到

$$R(\boldsymbol{\alpha}_1, \boldsymbol{\alpha}_2, \cdots, \boldsymbol{\alpha}_r)=R(\boldsymbol{S})=r.$$

所以 $\boldsymbol{\alpha}_1, \boldsymbol{\alpha}_2, \cdots, \boldsymbol{\alpha}_r$ 线性无关是 $\boldsymbol{S}$ 的极大无关组.

下面例子可视为命题 5.13 的推广.

例 5.14　设 $\boldsymbol{S}$ 和 $\boldsymbol{T}$ 为 $\mathbb{F}^n$ 中等价的有限向量组,证明: $R(\boldsymbol{S})=R(\boldsymbol{T})$.

☞ **证明**　可以不妨设 $\boldsymbol{S}$ 和 $\boldsymbol{T}$ 均含非零向量.取 $\boldsymbol{S}$ 的极大无关组 $\boldsymbol{\alpha}_1, \boldsymbol{\alpha}_2, \cdots, \boldsymbol{\alpha}_r$, 取 $\boldsymbol{T}$ 的极大无关组 $\boldsymbol{\beta}_1, \boldsymbol{\beta}_2, \cdots, \boldsymbol{\beta}_s$, 则有如下等价

$$\boldsymbol{S}\leftrightarrow\boldsymbol{\alpha}_1, \boldsymbol{\alpha}_2, \cdots, \boldsymbol{\alpha}_r, \quad \boldsymbol{T}\leftrightarrow\boldsymbol{\beta}_1, \boldsymbol{\beta}_2, \cdots, \boldsymbol{\beta}_s.$$

而 $\boldsymbol{S}\leftrightarrow\boldsymbol{T}$, 所以得到等价

---

① 有的书上记向量组 $\boldsymbol{S}$ 的秩为 $r(\boldsymbol{S})$, 或者 rank ($\boldsymbol{S}$), 或者 Rank ($\boldsymbol{S}$).

$$\boldsymbol{\alpha}_1, \boldsymbol{\alpha}_2, \cdots, \boldsymbol{\alpha}_r \leftrightarrow \boldsymbol{\beta}_1, \boldsymbol{\beta}_2, \cdots, \boldsymbol{\beta}_s.$$

因为 $\boldsymbol{\alpha}_1, \boldsymbol{\alpha}_2, \cdots, \boldsymbol{\alpha}_r$ 和 $\boldsymbol{\beta}_1, \boldsymbol{\beta}_2, \cdots, \boldsymbol{\beta}_s$ 都线性无关,所以有 $r=s$, 即 $R(\boldsymbol{S})=R(\boldsymbol{T})$.

5.5.3 线性表示,线性相关与向量组的秩

极大无关组在某种程度上可以代表(替代)原向量组,我们用这个观点重新认识一下线性表示.设有向量组 $\boldsymbol{S}$, 我们用它的极大无关组 $\boldsymbol{\alpha}_1, \boldsymbol{\alpha}_2, \cdots, \boldsymbol{\alpha}_r$ 替代它.任意给定向量 $\boldsymbol{\beta}$,如果 $\boldsymbol{\beta}$ 可由 $\boldsymbol{S}$ 线性表示,则 $\boldsymbol{\alpha}_1, \cdots, \boldsymbol{\alpha}_r, \boldsymbol{\beta}$ 线性相关,此时有 $R(\boldsymbol{S}, \boldsymbol{\beta})=r$;如果 $\boldsymbol{\beta}$ 不能由 $\boldsymbol{S}$ 线性表示,则 $\boldsymbol{\alpha}_1, \cdots, \boldsymbol{\alpha}_r, \boldsymbol{\beta}$ 线性无关,于是把 $\boldsymbol{\beta}$ 加入到 $\boldsymbol{S}$ 后的向量组有极大无关组 $\boldsymbol{\alpha}_1, \cdots, \boldsymbol{\alpha}_r, \boldsymbol{\beta}$, 即得到 $R(\boldsymbol{S}, \boldsymbol{\beta})=r+1$. 所以 $\boldsymbol{\beta}$ 是否可以由 $\boldsymbol{S}$ 线性表示可以用 $\boldsymbol{S}$ 加入 $\boldsymbol{\beta}$ 后的向量组的秩是否还是 r 来判别,数数就可以判别线性表示!类似地,向量组是否可以由另一个向量组线性表示,向量组是否线性无关都可以用数数来判别.所以,线性表示,线性相关,除了线性方程组解的情况判别法外,还有下面秩的判别法.

命题 5.15 设 $\boldsymbol{\alpha}_1, \cdots, \boldsymbol{\alpha}_s, \boldsymbol{\beta}_1, \cdots, \boldsymbol{\beta}_t, \boldsymbol{\beta} \in \mathbb{F}^n$, 记如下向量组

$$\boldsymbol{S}: \boldsymbol{\alpha}_1, \cdots, \boldsymbol{\alpha}_s, \qquad \boldsymbol{T}: \boldsymbol{\beta}_1, \cdots, \boldsymbol{\beta}_t,$$
$$\boldsymbol{S}, \boldsymbol{\beta}: \boldsymbol{\alpha}_1, \cdots, \boldsymbol{\alpha}_s, \boldsymbol{\beta}, \quad \boldsymbol{S}, \boldsymbol{T}: \boldsymbol{\alpha}_1, \cdots, \boldsymbol{\alpha}_s, \boldsymbol{\beta}_1, \cdots, \boldsymbol{\beta}_t.$$

则

(1) $\boldsymbol{\beta}$ 可由 $\boldsymbol{S}$ 线性表示 $\Longleftrightarrow R(\boldsymbol{S})=R(\boldsymbol{S}, \boldsymbol{\beta})$, 且

(i) $\boldsymbol{\beta}$ 可由 $\boldsymbol{S}$ 唯一地线性表示 $\Longleftrightarrow R(\boldsymbol{S})=R(\boldsymbol{S}, \boldsymbol{\beta})=s$;

(ii) $\boldsymbol{\beta}$ 可由 $\boldsymbol{S}$ 不唯一地线性表示 $\Longleftrightarrow R(\boldsymbol{S})=R(\boldsymbol{S}, \boldsymbol{\beta})<s$;

(2) $\boldsymbol{T} \leftarrow \boldsymbol{S} \Longleftrightarrow R(\boldsymbol{S})=R(\boldsymbol{S}, \boldsymbol{T})$;

(3) $\boldsymbol{T} \leftarrow \boldsymbol{S} \Longrightarrow R(\boldsymbol{T}) \leqslant R(\boldsymbol{S})$;

(4) $\boldsymbol{S} \leftrightarrow \boldsymbol{T} \Longleftrightarrow R(\boldsymbol{S})=R(\boldsymbol{T})=R(\boldsymbol{S}, \boldsymbol{T})$;

(5) $\boldsymbol{S}$ 线性相关 $\Longleftrightarrow R(\boldsymbol{S})<s$;

(6) $\boldsymbol{S}$ 线性无关 $\Longleftrightarrow R(\boldsymbol{S})=s$.

☞ **证明** (1) 由(2)和(5), (6)可知.

(2) 设 $\boldsymbol{T} \leftarrow \boldsymbol{S}$. 记 $R(\boldsymbol{S})=r$. 如果 $r=0$, 则 $\boldsymbol{\alpha}_1=\boldsymbol{\alpha}_2=\cdots=\boldsymbol{\alpha}_s=\mathbf{0}$, 进而 $\boldsymbol{\beta}_1=\boldsymbol{\beta}_2=\boldsymbol{\beta}_t=\mathbf{0}$. 所以此时 $R(\boldsymbol{S}, \boldsymbol{T})=0=R(\boldsymbol{S})$. 下设 $r>0$, 必要时重新下标,可以不妨设 $\boldsymbol{\alpha}_1, \cdots, \boldsymbol{\alpha}_r$ 是 $\boldsymbol{S}$ 的极大无关组.下面证明 $\boldsymbol{\alpha}_1, \cdots, \boldsymbol{\alpha}_r$ 也是 $\boldsymbol{S}, \boldsymbol{T}$ 的极大无关组.事实上,由假设和条件

$$\boldsymbol{S} \leftarrow \boldsymbol{\alpha}_1, \cdots, \boldsymbol{\alpha}_r, \quad \boldsymbol{T} \leftarrow \boldsymbol{S},$$

得到

$$\boldsymbol{T} \leftarrow \boldsymbol{\alpha}_1, \cdots, \boldsymbol{\alpha}_r \Longrightarrow \boldsymbol{S}, \boldsymbol{T} \leftarrow \boldsymbol{\alpha}_1, \cdots, \boldsymbol{\alpha}_r.$$

又 $\boldsymbol{\alpha}_1, \cdots, \boldsymbol{\alpha}_r$ 线性无关,所以 $\boldsymbol{\alpha}_1, \cdots, \boldsymbol{\alpha}_r$ 是 $\boldsymbol{S}, \boldsymbol{T}$ 的极大无关组.因此 $R(\boldsymbol{S}, \boldsymbol{T})=r=R(\boldsymbol{S})$.

反之,设 $R(\boldsymbol{S})=R(\boldsymbol{S}, \boldsymbol{T})=r$. 当 $r=0$ 时,有 $\boldsymbol{\alpha}_1=\cdots=\boldsymbol{\alpha}_s=\boldsymbol{\beta}_1=\cdots=\boldsymbol{\beta}_t=0$. 这得到 $\boldsymbol{T} \leftarrow \boldsymbol{S}$. 如果 $r>0$, 不妨设 $\boldsymbol{\alpha}_1, \cdots, \boldsymbol{\alpha}_r$ 是 $\boldsymbol{S}$ 的极大无关组,则 $\boldsymbol{\alpha}_1, \cdots, \boldsymbol{\alpha}_r$ 也是 $\boldsymbol{S}, \boldsymbol{T}$ 的极大无关组.于是

$$\boldsymbol{T} \leftarrow \boldsymbol{\alpha}_1, \cdots, \boldsymbol{\alpha}_r.$$

又显然

$$\boldsymbol{\alpha}_1, \cdots, \boldsymbol{\alpha}_r \leftarrow \boldsymbol{S},$$

所以就有 $\boldsymbol{T} \leftarrow \boldsymbol{S}$.

(3) 由(2)得 $R(\boldsymbol{S}) = R(\boldsymbol{S}, \boldsymbol{T})$. 而 $R(\boldsymbol{T}) \leqslant R(\boldsymbol{S}, \boldsymbol{T})$，所以 $R(\boldsymbol{T}) \leqslant R(\boldsymbol{S})$.

(4) 由(2)得

$$\boldsymbol{S} \leftrightarrow \boldsymbol{T} \iff R(\boldsymbol{S}) = R(\boldsymbol{S}, \boldsymbol{T}),\ R(\boldsymbol{T}) = R(\boldsymbol{T}, \boldsymbol{S}).$$

但是 $R(\boldsymbol{S}, \boldsymbol{T}) = R(\boldsymbol{T}, \boldsymbol{S})$，所以上面等价于 $R(\boldsymbol{S}) = R(\boldsymbol{T}) = R(\boldsymbol{S}, \boldsymbol{T})$.

(5) 由(6)可知.

(6) 如果 $\boldsymbol{S}$ 线性无关，则 $\boldsymbol{S}$ 为 $\boldsymbol{S}$ 的极大无关组，所以 $R(\boldsymbol{S}) = s$.

反之，显然任意 $\boldsymbol{\alpha} \in \boldsymbol{S}$，$\boldsymbol{\alpha}$ 可由 $\boldsymbol{S}$ 线性表示. 又 $R(\boldsymbol{S}) = s$，则 $\boldsymbol{S}$ 是 $\boldsymbol{S}$ 的极大无关组. 特别地，$\boldsymbol{S}$ 线性无关.

现在我们可以给出命题 5.9(1)充分性的证明.

命题 5.9(1)充分性的证明　要证：对任意 $\boldsymbol{A}, \boldsymbol{B} \in \mathbb{F}^{m\times n}$，如果 $\boldsymbol{A}$ 和 $\boldsymbol{B}$ 的列向量组等价，则 $\boldsymbol{A} \overset{c}{\sim} \boldsymbol{B}$.

由于 $\boldsymbol{A}$ 和 $\boldsymbol{B}$ 的列向量组等价，所以 $\boldsymbol{A}$ 和 $\boldsymbol{B}$ 的列向量组的秩相等，记为 r. 当 $r = 0$ 时，有 $\boldsymbol{A} = \boldsymbol{O} = \boldsymbol{B}$. 此时显然 $\boldsymbol{A} \overset{c}{\sim} \boldsymbol{B}$. 下设 $r > 0$，设 $\boldsymbol{\alpha}_1, \boldsymbol{\alpha}_2, \cdots, \boldsymbol{\alpha}_r$ 是 $\boldsymbol{A}$ 的列向量组的极大无关组，$\boldsymbol{\beta}_1, \boldsymbol{\beta}_2, \cdots, \boldsymbol{\beta}_r$ 是 $\boldsymbol{B}$ 的列向量组的极大无关组. 于是

$$\boldsymbol{\alpha}_1, \boldsymbol{\alpha}_2, \cdots, \boldsymbol{\alpha}_r \leftrightarrow \boldsymbol{A}\ \text{的列向量组},\quad \boldsymbol{\beta}_1, \boldsymbol{\beta}_2, \cdots, \boldsymbol{\beta}_r \leftrightarrow \boldsymbol{B}\ \text{的列向量组}.$$

又 $\boldsymbol{A}$ 和 $\boldsymbol{B}$ 的列向量组等价，所以

$$\boldsymbol{\alpha}_1, \boldsymbol{\alpha}_2, \cdots, \boldsymbol{\alpha}_r \leftrightarrow \boldsymbol{\beta}_1, \boldsymbol{\beta}_2, \cdots, \boldsymbol{\beta}_r.$$

再利用 $\boldsymbol{\alpha}_1, \boldsymbol{\alpha}_2, \cdots, \boldsymbol{\alpha}_r$ 和 $\boldsymbol{\beta}_1, \boldsymbol{\beta}_2, \cdots, \boldsymbol{\beta}_r$ 都线性无关，例 5.9 推出

$$(\boldsymbol{\alpha}_1, \boldsymbol{\alpha}_2, \cdots, \boldsymbol{\alpha}_r) \overset{c}{\sim} (\boldsymbol{\beta}_1, \boldsymbol{\beta}_2, \cdots, \boldsymbol{\beta}_r).$$

进而有

$$(\boldsymbol{\alpha}_1, \boldsymbol{\alpha}_2, \cdots, \boldsymbol{\alpha}_r, \underbrace{\boldsymbol{0}, \cdots, \boldsymbol{0}}_{n-r}) \overset{c}{\sim} (\boldsymbol{\beta}_1, \boldsymbol{\beta}_2, \cdots, \boldsymbol{\beta}_r, \underbrace{\boldsymbol{0}, \cdots, \boldsymbol{0}}_{n-r}).$$

设 $\boldsymbol{A}$ 的其他列向量是 $\boldsymbol{\alpha}_{r+1}, \cdots, \boldsymbol{\alpha}_n$，$\boldsymbol{B}$ 的其他列向量是 $\boldsymbol{\beta}_{r+1}, \cdots, \boldsymbol{\beta}_n$，用调列变换可得

$$\boldsymbol{A} \overset{c}{\sim} (\boldsymbol{\alpha}_1, \cdots, \boldsymbol{\alpha}_r, \boldsymbol{\alpha}_{r+1}, \cdots, \boldsymbol{\alpha}_n),\quad \boldsymbol{B} \overset{c}{\sim} (\boldsymbol{\beta}_1, \cdots, \boldsymbol{\beta}_r, \boldsymbol{\beta}_{r+1}, \cdots, \boldsymbol{\beta}_n).$$

又

$$\boldsymbol{\alpha}_{r+1}, \cdots, \boldsymbol{\alpha}_n \leftarrow \boldsymbol{\alpha}_1, \cdots, \boldsymbol{\alpha}_r,\quad \boldsymbol{\beta}_{r+1}, \cdots, \boldsymbol{\beta}_n \leftarrow \boldsymbol{\beta}_1, \cdots, \boldsymbol{\beta}_r,$$

所以可用列消去变换得

$$\boldsymbol{A} \overset{c}{\sim} (\boldsymbol{\alpha}_1, \cdots, \boldsymbol{\alpha}_r, \underbrace{\boldsymbol{0}, \cdots, \boldsymbol{0}}_{n-r}),\quad \boldsymbol{B} \overset{c}{\sim} (\boldsymbol{\beta}_1, \cdots, \boldsymbol{\beta}_r, \underbrace{\boldsymbol{0}, \cdots, \boldsymbol{0}}_{n-r})$$

所以由列等价的对称性和传递性得 $\boldsymbol{A} \overset{c}{\sim} \boldsymbol{B}$.

习题 5.5

A1. 求下列向量组的极大无关组与秩：

(1) $\boldsymbol{\alpha}_1=(1,1,1)^{\mathrm{T}}$, $\boldsymbol{\alpha}_2=(1,-2,0)^{\mathrm{T}}$, $\boldsymbol{\alpha}_3=(-2,3,1)^{\mathrm{T}}$;

(2) $\boldsymbol{\alpha}_1=(1,3,-1)^{\mathrm{T}}$, $\boldsymbol{\alpha}_2=(2,1,1)^{\mathrm{T}}$, $\boldsymbol{\alpha}_3=(0,5,-3)^{\mathrm{T}}$.

A2. 已知两个有限向量组有相同的秩，且其中一个可以由另一个线性表示，证明：这两个向量组等价.

A3. 设有向量 $\boldsymbol{\alpha}_1=\begin{pmatrix}1\\2-a\\3-2a\end{pmatrix}$, $\boldsymbol{\alpha}_2=\begin{pmatrix}1\\2-a\\2-a\end{pmatrix}$, $\boldsymbol{\alpha}_3=\begin{pmatrix}2-a\\1\\1\end{pmatrix}$, $\boldsymbol{\beta}=\begin{pmatrix}1\\1\\a\end{pmatrix}$，对 a 的不同取值，讨论 $\boldsymbol{\beta}$ 由 $\boldsymbol{\alpha}_1,\boldsymbol{\alpha}_2,\boldsymbol{\alpha}_3$ 线性表示的情况. 当 $\boldsymbol{\beta}$ 可由 $\boldsymbol{\alpha}_1,\boldsymbol{\alpha}_2,\boldsymbol{\alpha}_3$ 不唯一线性表示时，求出具体的表示式.

§5.6 矩阵的秩——定义与计算

前面我们已经介绍了如何数向量组所含向量的真正个数，从本节开始我们来数一些特殊的向量组的向量个数. 我们的目的是数线性方程组中所含方程的个数和数线性方程组解的个数. 前者可以认为是数线性方程组的增广矩阵的行数，后者在一定程度上可以认为是数由解向量构成的一类特殊的空间的向量个数. 于是一般地，我们来数矩阵所含行(列)的个数，以及数由向量构成的一类特殊的空间的向量个数，然后再应用到线性方程组上.

本节的任务是数矩阵中真正行(列)的数目.

5.6.1 秩的定义

定义 5.7 设 $\boldsymbol{A}\in\mathbb{F}^{m\times n}$.

(1) $\boldsymbol{A}$ 的行向量组的秩称为 $\boldsymbol{A}$ 的**行秩**，记为 $R_r(\boldsymbol{A})$;

(2) $\boldsymbol{A}$ 的列向量组的秩称为 $\boldsymbol{A}$ 的**列秩**，记为 $R_c(\boldsymbol{A})$.

由定义，$R_r(\boldsymbol{A})\leqslant m$, $R_c(\boldsymbol{A})\leqslant n$. 如果 $R_r(\boldsymbol{A})=m$，即 $\boldsymbol{A}$ 的行向量组线性无关，则称 $\boldsymbol{A}$ **行满秩**；如果 $R_c(\boldsymbol{A})=n$，即 $\boldsymbol{A}$ 的列向量组线性无关，则称 $\boldsymbol{A}$ **列满秩**.

同一个矩阵有两个秩，这看上去比较奇怪. 它们会不会相等呢? 我们看二阶方阵 $\boldsymbol{A}=\begin{pmatrix}a & b\\ c & d\end{pmatrix}$. 如果 $R_r(\boldsymbol{A})=0$，则 $\boldsymbol{A}$ 的行向量组只有零向量，即有 $\boldsymbol{A}=\boldsymbol{O}$. 所以 $\boldsymbol{A}$ 的列向量组也只有零向量，$R_c(\boldsymbol{A})=0$. 如果 $R_r(\boldsymbol{A})=1$，则可以不妨设

$$(a,b)\neq\boldsymbol{0},\quad (c,d)=t(a,b),\quad \exists t\in\mathbb{F}.$$

如果 $a\neq 0$，则 $(a,c)^{\mathrm{T}}\neq\boldsymbol{0}$，且

$$\frac{b}{a}\begin{pmatrix}a\\c\end{pmatrix}=\begin{pmatrix}b\\ \dfrac{bc}{a}\end{pmatrix}=\begin{pmatrix}b\\tb\end{pmatrix}=\begin{pmatrix}b\\d\end{pmatrix}.$$

于是 $R_c(\boldsymbol{A})=1$. 类似地，当 $b\neq 0$ 时，也可得 $R_c(\boldsymbol{A})=1$. 最后，如果 $R_r(\boldsymbol{A})=2$，则 $\boldsymbol{A}$ 的行向量组线性无关，得到 $\boldsymbol{A}^{\mathrm{T}}$ 的列向量组线性无关. 于是 $|\boldsymbol{A}^{\mathrm{T}}|\neq 0$，进而 $|\boldsymbol{A}|\neq 0$. 所以 $\boldsymbol{A}$ 的列向量组线性无关，$R_c(\boldsymbol{A})=2$. 因此，总有 $R_r(\boldsymbol{A})=R_c(\boldsymbol{A})$，即行秩和列秩相等. 于是我们不要怀疑数学的美，大胆地写下下面的结论.

定理 5.16　对任意 $\boldsymbol{A}\in\mathbb{F}^{m\times n}$，有 $R_r(\boldsymbol{A})=R_c(\boldsymbol{A})$.

既然行秩和列秩一致，我们就可以统称为秩.

定义 5.8　设 $\boldsymbol{A}\in\mathbb{F}^{m\times n}$，$\boldsymbol{A}$ 的**秩** $R(\boldsymbol{A})$ 定义[①]为

$$R(\boldsymbol{A}) := R_r(\boldsymbol{A})=R_c(\boldsymbol{A}).$$

下面想办法证明定理 5.16. 先证明下面的结论，请注意如何行列互换.

引理 5.17　对 $\boldsymbol{A}\in\mathbb{F}^{m\times n}$，有

(1) $R_r(\boldsymbol{A})=R_c(\boldsymbol{A}^{\mathrm{T}})$，$R_c(\boldsymbol{A})=R_r(\boldsymbol{A}^{\mathrm{T}})$；

(2) $R_r(\boldsymbol{A})\leqslant R_c(\boldsymbol{A})$.

☞ **证明**　(1) $\boldsymbol{A}$ 的行(列)向量组就是 $\boldsymbol{A}^{\mathrm{T}}$ 的列(行)向量组.

(2) 设 $R_c(\boldsymbol{A})=r$. 如果 $r=0$，则 $\boldsymbol{A}=\boldsymbol{O}$，于是 $R_r(\boldsymbol{A})=0\leqslant R_c(\boldsymbol{A})$. 下设 $r>0$，于是存在 $\boldsymbol{A}$ 的 $m\times r$ 子阵 $\boldsymbol{A}_1$，使得 $\boldsymbol{A}_1$ 的 r 个列是 $\boldsymbol{A}$ 的列向量组的极大无关组. 因为 $\boldsymbol{A}$ 的列向量组可以由 $\boldsymbol{A}_1$ 的列向量组线性表示，所以

$$\boldsymbol{A}=\boldsymbol{A}_1\boldsymbol{C},\quad \exists \boldsymbol{C}\in\mathbb{F}^{r\times n}.$$

由此又得 $\boldsymbol{A}$ 的行向量组可由 $\boldsymbol{C}$ 的行向量组线性表示，所以

$$R_r(\boldsymbol{A})\leqslant R_r(\boldsymbol{C})\leqslant r=R_c(\boldsymbol{A}).$$

证毕.

☞ **定理 5.16 的证明**　对 $\boldsymbol{A}$ 和 $\boldsymbol{A}^{\mathrm{T}}$ 用引理 5.17(2)，得

$$R_r(\boldsymbol{A})\leqslant R_c(\boldsymbol{A}),\quad R_r(\boldsymbol{A}^{\mathrm{T}})\leqslant R_c(\boldsymbol{A}^{\mathrm{T}}).$$

再利用引理 5.17(1)可知第二个不等式即 $R_c(\boldsymbol{A})\leqslant R_r(\boldsymbol{A})$. 于是 $R_r(\boldsymbol{A})=R_c(\boldsymbol{A})$.

推论 5.18　设 $\boldsymbol{A}\in\mathbb{F}^{m\times n}$，$\boldsymbol{B}\in\mathbb{F}^{n\times s}$，则

(1) $0\leqslant R(\boldsymbol{A})\leqslant\min\{m,n\}$，且有

$$R(\boldsymbol{A})=0\Longleftrightarrow \boldsymbol{A}=\boldsymbol{O};$$

(2) $R(\boldsymbol{A}^{\mathrm{T}})=R(\boldsymbol{A})$；

(3) $R(\boldsymbol{AB})\leqslant\min\{R(\boldsymbol{A}),R(\boldsymbol{B})\}$.

☞ **证明**　(3)由于 $\boldsymbol{AB}$ 的列向量组可由 $\boldsymbol{A}$ 的列向量组线性表示，所以 $R(\boldsymbol{AB})\leqslant R(\boldsymbol{A})$. 又

$$R(\boldsymbol{AB})=R((\boldsymbol{AB})^{\mathrm{T}})=R(\boldsymbol{B}^{\mathrm{T}}\boldsymbol{A}^{\mathrm{T}})\leqslant R(\boldsymbol{B}^{\mathrm{T}})=R(\boldsymbol{B}).$$

证毕.

---

① 矩阵 $\boldsymbol{A}$ 的秩也用记号 $\operatorname{rank}(\boldsymbol{A})$ 或 $r(\boldsymbol{A})$ 表示.

5.6.2 秩的等价定义

前面给出了矩阵秩的几何定义:行(列)向量组的秩.向量组的秩就是极大无关组所含向量的个数,而线性无关性又与方阵的行列式有关系.设 $\boldsymbol{\alpha}_1, \cdots, \boldsymbol{\alpha}_n$ 是 $\mathbb{F}^n$ 中的向量组,记矩阵 $\boldsymbol{A}=(\boldsymbol{\alpha}_1, \cdots, \boldsymbol{\alpha}_n) \in \mathbb{F}^{n\times n}$. 则

$$\boldsymbol{\alpha}_1, \cdots, \boldsymbol{\alpha}_n \text{ 线性无关} \Longleftrightarrow |\boldsymbol{A}| \neq 0.$$

于是线性无关对应到行列式非零,下面证明一般情况下线性无关的向量组对应到矩阵的非零子式.

定理 5.19 设 $\boldsymbol{\alpha}_1, \boldsymbol{\alpha}_2, \cdots, \boldsymbol{\alpha}_r$ 是 $\mathbb{F}^n$ 中的向量组,其中 $r \leqslant n$. 记矩阵 $\boldsymbol{A}=(\boldsymbol{\alpha}_1, \boldsymbol{\alpha}_2, \cdots, \boldsymbol{\alpha}_r) \in \mathbb{F}^{n\times r}$,则

$$\boldsymbol{\alpha}_1, \boldsymbol{\alpha}_2, \cdots, \boldsymbol{\alpha}_r \text{ 线性无关} \Longleftrightarrow \boldsymbol{A} \text{ 有 } r \text{ 阶非零子式}.$$

☞ **证明** 设 $\boldsymbol{\alpha}_1, \boldsymbol{\alpha}_2, \cdots, \boldsymbol{\alpha}_r$ 线性无关,则 $R(\boldsymbol{A})=r$. 于是 $\boldsymbol{A}$ 的行向量组的秩也是 r, 得到存在 $\boldsymbol{A}$ 的 r 个行为 $\boldsymbol{A}$ 的行向量组的极大无关组.这 r 个行按照相对次序排成的子阵记为 $\boldsymbol{A}_1$, 则 $\boldsymbol{A}_1$ 是 r 阶方阵,且 $R(\boldsymbol{A}_1)=r$. 因此 $\boldsymbol{A}_1$ 的列向量组线性无关,得到 $|\boldsymbol{A}_1| \neq 0$, 即 $\boldsymbol{A}$ 有 r 阶非零子式 $|\boldsymbol{A}_1|$.

反之,设 $\boldsymbol{A}$ 有 r 阶非零子式 $\boldsymbol{A}\begin{pmatrix} i_1 & i_2 & \cdots & i_r \\ 1 & 2 & \cdots & r \end{pmatrix}$. 这个子式对应的 r 阶方阵记为 $\boldsymbol{A}_2$, 则 $\boldsymbol{A}_2$ 的列向量组线性无关.而 $\boldsymbol{A}_2$ 的列向量组是 $\boldsymbol{A}$ 的列向量组的缩短向量组,于是 $\boldsymbol{A}$ 的列向量组也线性无关,即 $\boldsymbol{\alpha}_1, \boldsymbol{\alpha}_2, \cdots, \boldsymbol{\alpha}_r$ 线性无关.

矩阵的秩等于它的行(列)向量组的极大无关组所含向量的个数,极大无关组应该对应到矩阵的最大阶的非零子式.于是下面秩的等价刻画成立也就不奇怪了.

定理 5.20 设 $\boldsymbol{A} \in \mathbb{F}^{m\times n}$, 则 $R(\boldsymbol{A})$ 等于 $\boldsymbol{A}$ 的非零子式的最大阶数.

☞ **证明** 设 $R(\boldsymbol{A})=r$, $\boldsymbol{A}$ 的非零子式的最大阶数是 s. 如果 $r=0$, 则 $\boldsymbol{A}=\boldsymbol{O}$, 于是 $s=0=r$.

下设 $r>0$. 由定义, $\boldsymbol{A}$ 有 r 个列向量线性无关,引理 5.19 推出 $\boldsymbol{A}$ 有 r 阶非零子式,所以 $s \geqslant r > 0$. 又 $\boldsymbol{A}$ 有 s 阶非零子式,引理 5.19 推出 $\boldsymbol{A}$ 有 s 个列向量线性无关,所以 $r \geqslant s$. 最后得 $r=s$.

由于 n 阶方阵的 n 阶子式只有一个: $\boldsymbol{A}$ 的行列式 $|\boldsymbol{A}|$, 所以定理 5.20 有下面的推论,给出了矩阵可逆更多的刻画.

推论 5.21 设 $\boldsymbol{A} \in \mathbb{F}^{n\times n}$, 则下面命题等价:

(i) $\boldsymbol{A}$ 可逆;

(ii) $|\boldsymbol{A}| \neq 0$;

(iii) $R(\boldsymbol{A})=n$ (此时称 $\boldsymbol{A}$ **满秩**);

(iv) $\boldsymbol{A}$ 的行向量组线性无关;

(v) $\boldsymbol{A}$ 的列向量组线性无关.

例 5.15 设 $\boldsymbol{A} \in \mathbb{F}^{m\times n}$, 证明:

(1) 如果 $\boldsymbol{A}$ 有 r 阶非零子式,则 $R(\boldsymbol{A}) \geqslant r$;

(2) 如果 $\boldsymbol{A}$ 的所有 s 阶子式为零,则 $R(\boldsymbol{A}) < s$.

☞ **证明**　(1) 由秩的等价定义得到.

(2) 任取 k $(s<k\leqslant\min\{m,n\})$，考查 $\boldsymbol{A}$ 的一个 k 阶子式.将这个 k 阶子式按照前 s 行 Laplace 展开，其值为

$$\sum(\pm 1)(s\text{ 阶子式})(k-s\text{ 阶子式})=0.$$

所以 $\boldsymbol{A}$ 的非零子式的最大阶数一定小于 s，即 $R(\boldsymbol{A})<s$.

由秩的代数定义，还容易得到：

$$R(a\boldsymbol{A})=R(\boldsymbol{A}),\quad \forall \boldsymbol{A}\in\mathbb{F}^{m\times n},\ 0\neq\forall a\in\mathbb{F}.$$

5.6.3　初等变换与矩阵的秩

下面我们的首要任务是给出秩的有效计算方法，我们先看矩阵的秩.矩阵的秩在几何上可以看成其行(列)向量组的秩，在代数上是其非零子式的最大阶数.于是按照定义来计算，可以看下面的例子.

例 5.16　设 $\boldsymbol{A}=\begin{pmatrix}2&4&3&3\\1&2&1&1\\1&2&3&3\end{pmatrix}$，求 $R(\boldsymbol{A})$.

☞ **解**　记 $\boldsymbol{\alpha}_1=\begin{pmatrix}2\\1\\1\end{pmatrix}$，$\boldsymbol{\alpha}_2=\begin{pmatrix}4\\2\\2\end{pmatrix}$，$\boldsymbol{\alpha}_3=\begin{pmatrix}3\\1\\3\end{pmatrix}$，则 $\boldsymbol{A}=(\boldsymbol{\alpha}_1,\boldsymbol{\alpha}_2,\boldsymbol{\alpha}_3,\boldsymbol{\alpha}_3)$. 于是 $R(\boldsymbol{A})$ 等于向量组 $\boldsymbol{\alpha}_1,\boldsymbol{\alpha}_2,\boldsymbol{\alpha}_3$ 的秩.而 $\boldsymbol{\alpha}_2=2\boldsymbol{\alpha}_1$，所以 $\boldsymbol{\alpha}_1,\boldsymbol{\alpha}_2,\boldsymbol{\alpha}_3$ 线性相关.又由于 $\boldsymbol{\alpha}_1,\boldsymbol{\alpha}_3$ 不成比例，所以 $\boldsymbol{\alpha}_1,\boldsymbol{\alpha}_3$ 线性无关.于是 $\boldsymbol{\alpha}_1,\boldsymbol{\alpha}_3$ 是 $\boldsymbol{\alpha}_1,\boldsymbol{\alpha}_2,\boldsymbol{\alpha}_3$ 的极大无关组.所以 $R(\boldsymbol{A})=2$.

也可以计算 $\boldsymbol{A}$ 的非零子式的最大阶数.先看最高阶子式：三阶子式，共有 4 个.由于

$$\boldsymbol{A}\begin{pmatrix}1&2&3\\1&2&3\end{pmatrix}=\begin{vmatrix}2&4&3\\1&2&1\\1&2&3\end{vmatrix}=0,\quad \boldsymbol{A}\begin{pmatrix}1&2&3\\1&2&4\end{pmatrix}=\begin{vmatrix}2&4&3\\1&2&1\\1&2&3\end{vmatrix}=0,$$

$$\boldsymbol{A}\begin{pmatrix}1&2&3\\1&3&4\end{pmatrix}=\begin{vmatrix}2&3&3\\1&1&1\\1&3&3\end{vmatrix}=0,\quad \boldsymbol{A}\begin{pmatrix}1&2&3\\2&3&4\end{pmatrix}=\begin{vmatrix}4&3&3\\2&1&1\\2&3&3\end{vmatrix}=0,$$

所以 $R(\boldsymbol{A})<3$. 而二阶子式

$$\boldsymbol{A}\begin{vmatrix}1&2\\1&3\end{vmatrix}=\begin{vmatrix}2&3\\1&1\end{vmatrix}=-1\neq 0,$$

所以 $R(\boldsymbol{A})=2$.

上面例子的第一种解法有很大的随机性，当矩阵改变时就比较难求列向量组的极大无关组(事实上我们后面要介绍求法)；第二种解法虽然原则上都可以算出秩，但是当矩阵的行和列都很多时，需要算很多高阶行列式，计算量会非常大.于是我们必须寻找其他方法来计算矩阵的秩.按照我们解决问题(解线性方程组、判别可逆性、计算行列式等等)的经验，可以

尝试考虑初等变换.

$$\boxed{\text{矩阵}} \xrightarrow{\text{行初等变换}} \boxed{\text{(简化)阶梯形阵}}$$

于是需要考虑:

(i) 在初等变换下矩阵的秩如何改变?

(ii) (简化)阶梯形阵的秩是否可以快速给出?

这两个问题.先考虑问题(i).我们知道等价的向量组的秩相等,而矩阵等价基本等同于向量组等价,于是可以得到初等变换下矩阵的秩不改变.具体地,设 $\boldsymbol{A}, \boldsymbol{B} \in \mathbb{F}^{m\times n}$. 如果 $\boldsymbol{A} \overset{r}{\sim} \boldsymbol{B}$, 则 $\boldsymbol{A}$ 和 $\boldsymbol{B}$ 的行向量组等价.于是 $R(\boldsymbol{A})=R_r(\boldsymbol{A})=R_r(\boldsymbol{B})=R(\boldsymbol{B})$. 类似的,如果 $\boldsymbol{A} \overset{c}{\sim} \boldsymbol{B}$, 则 $\boldsymbol{A}$ 和 $\boldsymbol{B}$ 的列向量组等价.于是 $R(\boldsymbol{A})=R_c(\boldsymbol{A})=R_c(\boldsymbol{B})=R(\boldsymbol{B})$. 特别的,对矩阵施行一次初等变换不改变秩.于是由 $\boldsymbol{A} \sim \boldsymbol{B}$ 可得 $R(\boldsymbol{A})=R(\boldsymbol{B})$. 进而我们得到下面的定理.

定理 5.22 设 $\boldsymbol{A}, \boldsymbol{B} \in \mathbb{F}^{m\times n}$, 则

(1) $\boldsymbol{A} \sim \boldsymbol{B} \Longleftrightarrow R(\boldsymbol{A})=R(\boldsymbol{B})$;

(2) 如果 $\boldsymbol{A}$ 的初等变换标准形是 $\begin{pmatrix} \boldsymbol{E}_r & \boldsymbol{O} \\ \boldsymbol{O} & \boldsymbol{O} \end{pmatrix}_{m\times n}$, 那么 $r=R(\boldsymbol{A})$.

☞ **证明** (1)的必要性已证,下面先证(2),再证(1)的充分性.

(2)由条件, $\boldsymbol{A} \sim \begin{pmatrix} \boldsymbol{E}_r & \boldsymbol{O} \\ \boldsymbol{O} & \boldsymbol{O} \end{pmatrix}=\boldsymbol{F}$. 利用(1)的必要性就得 $R(\boldsymbol{A})=R(\boldsymbol{F})$. 但是 $\boldsymbol{F}$ 有 r 阶子式

$$\boldsymbol{F}\begin{pmatrix} 1 & 2 & \cdots & r \\ 1 & 2 & \cdots & r \end{pmatrix}=|\boldsymbol{E}_r|=1 \neq 0,$$

且 $\boldsymbol{F}$ 的任意 $r+1$ 阶子式必有全零行,为零.这得到 $R(\boldsymbol{F})=r$, 进而 $r=R(\boldsymbol{A})$.

(1) "$\Longleftarrow$": 设 $R(\boldsymbol{A})=R(\boldsymbol{B})=r$, 则由(2)得

$$\boldsymbol{A} \sim \begin{pmatrix} \boldsymbol{E}_r & \boldsymbol{O} \\ \boldsymbol{O} & \boldsymbol{O} \end{pmatrix}_{m\times n}, \quad \boldsymbol{B} \sim \begin{pmatrix} \boldsymbol{E}_r & \boldsymbol{O} \\ \boldsymbol{O} & \boldsymbol{O} \end{pmatrix}_{m\times n}.$$

再利用矩阵等价的对称性和传递性(引理 2.2),得 $\boldsymbol{A} \sim \boldsymbol{B}$.

注意由 $R(\boldsymbol{A})=R(\boldsymbol{B})$ 不能得到 $\boldsymbol{A}$ 和 $\boldsymbol{B}$ 等价,这由于不同型的矩阵的秩可以相等,而矩阵等价必须同型.例如 $\boldsymbol{A}=\begin{pmatrix} 1 \\ 1 \end{pmatrix}$ 和 $\boldsymbol{B}=\begin{pmatrix} 1 & 0 \\ 1 & 0 \end{pmatrix}$ 的秩都是 1,但它们不等价.

由于矩阵等价相当于可逆阵做乘法,所以可得乘以可逆阵不改变矩阵的秩,进而可知在分块矩阵的初等变换下,矩阵的秩也不改变.

推论 5.23 设 $\boldsymbol{A}, \boldsymbol{B} \in \mathbb{F}^{m\times n}$, 则

(1) 如果 $\boldsymbol{P}$ 是 m 阶可逆方阵, $\boldsymbol{Q}$ 是 n 阶可逆方阵,那么 $R(\boldsymbol{PAQ})=R(\boldsymbol{A})$;

(2) 如果 $\boldsymbol{A}$ 可用分块阵的初等变换变为 $\boldsymbol{B}$, 那么 $R(\boldsymbol{A})=R(\boldsymbol{B})$.

☞ **证明** (1) 由于 $\boldsymbol{PAQ} \sim \boldsymbol{A}$, 再用定理 5.22 得.

(2) 存在分块初等阵 $\boldsymbol{P}_1, \cdots, \boldsymbol{P}_s$ 和 $\boldsymbol{Q}_1, \cdots, \boldsymbol{Q}_r$, 使得

$$\boldsymbol{P}_s \cdots \boldsymbol{P}_1 \boldsymbol{A} \boldsymbol{Q}_1 \cdots \boldsymbol{Q}_r=\boldsymbol{B}.$$

再利用分块初等阵都可逆和(1)得.

现在我们已经非常清楚矩阵等价的标准形以及两个同型的矩阵等价的充分必要条件：

(i) 设 $\boldsymbol{A} \in \mathbb{F}^{m\times n}$，则 $\boldsymbol{A} \sim \begin{bmatrix} \boldsymbol{E}_r & \boldsymbol{O} \\ \boldsymbol{O} & \boldsymbol{O} \end{bmatrix}_{m\times n}$，其中 $r=R(\boldsymbol{A})$；

(ii) 设 $\boldsymbol{A}, \boldsymbol{B} \in \mathbb{F}^{m\times n}$，则 $\boldsymbol{A} \sim \boldsymbol{B} \Longleftrightarrow R(\boldsymbol{A})=R(\boldsymbol{B})$.

这事实上解决了矩阵等价分类的两个基本问题.在我们看来，矩阵的分类是认识该课程的一个重要观点，所以下面花费些笔墨来阐述这个观点.

1. 等价关系和集合的分类

这里简单介绍一下等价关系和集合的分类.设 X 是一个集合，$\sim$是 X 上的一个二元关系.如果$\sim$满足

(i) (自反性)对任意 $a \in X$，有 $a \sim a$；

(ii) (对称性)对任意 $a, b \in X$，如果 $a \sim b$，那么 $b \sim a$；

(iii) (传递性)对任意 $a, b, c \in X$，如果 $a \sim b$ 且 $b \sim c$，那么 $a \sim c$，

则称$\sim$是 X 上的一个**等价关系**.

例 5.17　(1) 整除关系不是 $\mathbb{Z}$ 上的等价关系(不满足对称性)；

(2) 设 $m \in \mathbb{N}$，对任意 $a, b \in \mathbb{Z}$，如果 $m \mid a-b$，则称 a 和 b 模 m 同余，记为 $a \equiv b(\operatorname{mod} m)$. 容易证明，模 m 同余关系是 $\mathbb{Z}$ 上的等价关系；

(3) 矩阵的(行、列)等价关系是 $\mathbb{F}^{m\times n}$ 上的等价关系(引理 2.2).

设$\sim$是集合 X 上的等价关系，任意的 $a \in X$，记

$$[a] := \{x \in X \mid x \sim a\} \subset X.$$

由自反性，$a \in [a]$. 称 $[a]$ 为 a 所在的**等价类**，而 a 称为 $[a]$ 的一个**代表元**，$[a]$ 中的任意元素都是它的代表元，所以通常代表元不唯一.由对称和传递性，等价类中的元素两两等价.任取 $a, b \in X$，如果 $[a] \cap [b] \neq \varnothing$，则存在 $x \in X$，使得 $x \sim a$ 且 $x \sim b$. 于是 $a \sim b$，进而容易得到 $[a]=[b]$. 于是两个等价类或者相等，或者交为空集；不同的等价类之间的元素必不等价.又 X 中的每个元素一定属于某个等价类，所以 X 等于其所有等价类的无交并

$$X = \bigcup_a [a].$$

这就给出了集合 X 的一个分类.

反之，如果集合 X 有一个分类，即有无交并

$$X = \bigcup_{i\in I} X_i,$$

其中 I 是下标集，$X_i \subset X$，则可如下定义 X 上的等价关系$\sim$：对任意 $a, b \in X$，如果存在 $i \in I$，使得 $a, b \in X_i$，则定义 $a \sim b$. 这个等价关系给出的 X 的等价类分类恰好是开始给出的分类.

将所有等价类组成的集合记为 $X/\sim$，即

$$X/\sim := \{[a] \mid a \in X\}.$$

称 $X/\sim$ 为集合 X 关于等价关系$\sim$的**商集**.由定义,商集中的元素是 X 的子集.可以看到,通常商集比原来的集合简单.

例 5.18 我们看 $\mathbb{Z}$ 在模 2 同余关系下的分类.这时有两个等价类:

$$[0]=\{n\in\mathbb{Z}\mid n\equiv 0\pmod 2\}=\{偶数\},$$
$$[1]=\{n\in\mathbb{Z}\mid n\equiv 1\pmod 2\}=\{奇数\}.$$

所以模 2 同余关系恰好给出了整数的奇、偶分类.此时商集是

$$\{[0],[1]\},$$

它是二元集,通常记为 $\mathbb{Z}/2\mathbb{Z}$.

2. 矩阵的等价分类

分类问题是数学的一个基本问题,线性代数从代数的观点来看就是研究矩阵在各种等价关系下的分类问题.设$\equiv$是矩阵集合 $\mathbb{F}^{m\times n}$ 上的一个等价关系,则有 $\mathbb{F}^{m\times n}$ 关于关系$\equiv$的等价类分类.我们要解决两个基本问题:

(i) 全系不变量问题:如果一个量为等价类中每个矩阵所共有,则称这个量为矩阵在关系$\equiv$下的**不变量**.如果一组$\equiv$下的不变量足以区分不同的等价类,而且当这组不变量缺少某一个就不能区分不同的等价类,那么这组不变量就称为矩阵在关系$\equiv$下的**全系不变量**.判定两个矩阵是否属于同一个等价类的问题,就是寻求$\equiv$下的全系不变量;

(ii) 标准形问题:在每个等价类中选取代表元,使它具有最简单的形式,而且从它容易读出全系不变量.

由引理 2.2,矩阵等价是矩阵集合 $\mathbb{F}^{m\times n}$ 上的等价关系,于是得到 $\mathbb{F}^{m\times n}$ 的等价分类.定理 5.22 解决了矩阵在矩阵等价下的分类问题,等价标准形可以取成初等变换标准形,而秩是矩阵在矩阵等价下的全系不变量,如图 5.4 所示.我们有商集合

$$\mathbb{F}^{m\times n}/\sim=\{\{秩\ r\ 的矩阵\in\mathbb{F}^{m\times n}\}\mid 0\leqslant r\leqslant\min\{m,n\}\}.$$

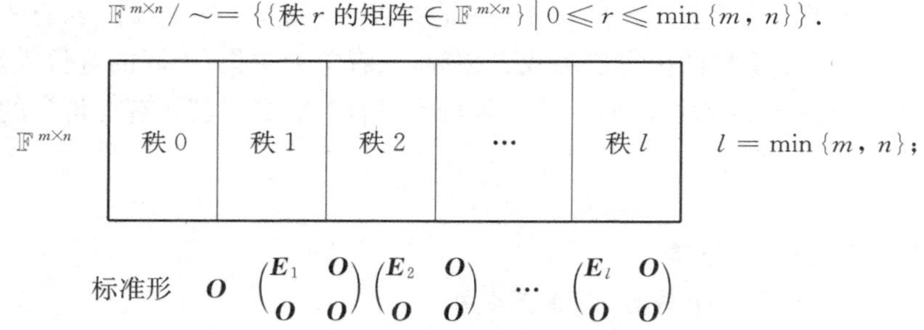

图 5.4 矩阵集合 $\mathbb{F}^{m\times n}$ 在矩阵等价下的分类

在处理许多矩阵问题时,常常可以先考虑矩阵在某种分类下的标准形(这通常比较简单),然后再考虑一般情形.这种解决矩阵问题的方法称为标准形方法.

例 5.19 设 $\boldsymbol{A}\in\mathbb{F}^{m\times n}$,证明:

$$R(\boldsymbol{A})=1\iff \boldsymbol{0}\neq\exists\boldsymbol{\alpha}\in\mathbb{F}^m,\ \boldsymbol{0}\neq\exists\boldsymbol{\beta}\in\mathbb{F}^n,使得\ \boldsymbol{A}=\boldsymbol{\alpha}\boldsymbol{\beta}^{\mathrm{T}}.$$

☞ **证明** 设 $\boldsymbol{A}=\boldsymbol{\alpha}\boldsymbol{\beta}^{\mathrm{T}}$,其中 $\boldsymbol{\alpha}\in\mathbb{F}^m$, $\boldsymbol{\beta}\in\mathbb{F}^n$ 都非零.于是

$$R(\boldsymbol{A}) \leqslant R(\boldsymbol{\alpha}) = 1$$

而 $\boldsymbol{A} \neq \boldsymbol{O}$, 所以 $R(\boldsymbol{A}) \geqslant 1$. 得到 $R(\boldsymbol{A}) = 1$.

反之,设 $R(\boldsymbol{A}) = 1$, 则存在 m 阶可逆阵 $\boldsymbol{P}$ 和 n 阶可逆阵 $\boldsymbol{Q}$, 使得

$$\boldsymbol{A} = \boldsymbol{P} \begin{pmatrix} \boldsymbol{E}_1 & \boldsymbol{O} \\ \boldsymbol{O} & \boldsymbol{O} \end{pmatrix}_{m \times n} \boldsymbol{Q}.$$

注意到分解(先考虑等价标准形)

$$\begin{pmatrix} \boldsymbol{E}_1 & \boldsymbol{O} \\ \boldsymbol{O} & \boldsymbol{O} \end{pmatrix}_{m \times n} = \begin{pmatrix} 1 \\ 0 \\ \vdots \\ 0 \end{pmatrix}_{m \times 1} (1, 0, \cdots, 0)_{1 \times n},$$

所以记

$$\boldsymbol{\alpha} = \boldsymbol{P} \begin{pmatrix} 1 \\ 0 \\ \vdots \\ 0 \end{pmatrix}_{m \times 1} \in \mathbb{F}^m, \quad \boldsymbol{\beta}^{\mathrm{T}} = (1, 0, \cdots, 0)_{1 \times n} \boldsymbol{Q} \ (\boldsymbol{\beta} \in \mathbb{F}^n),$$

则 $\boldsymbol{\alpha}$, $\boldsymbol{\beta}$ 非零,且 $\boldsymbol{A} = \boldsymbol{\alpha}\boldsymbol{\beta}^{\mathrm{T}}$.

5.6.4 秩的计算

定理 5.22 告诉我们,初等变换不改变矩阵的秩.于是应该可以利用初等变换来求矩阵的秩,进一步可以利用初等变换来求有限向量组的秩.有时候我们需要求向量组的一个极大无关组,所以需要考虑初等变换是否改变极大无关组.分析发现,确实**行**初等变换不改变矩阵的**列**向量组的线性关系,进而不改变极大无关组.

引理 5.24　设 $\boldsymbol{A}, \boldsymbol{B} \in \mathbb{F}^{m \times n}$, 且 $\boldsymbol{A} \overset{r}{\sim} \boldsymbol{B}$, 则 $\boldsymbol{A}$ 和 $\boldsymbol{B}$ 的列向量组间有相同的线性关系.即若 $\boldsymbol{A} = (\boldsymbol{\alpha}_1, \boldsymbol{\alpha}_2, \cdots, \boldsymbol{\alpha}_n)$, $\boldsymbol{B} = (\boldsymbol{\beta}_1, \boldsymbol{\beta}_2, \cdots, \boldsymbol{\beta}_n)$, 则对于 $c_1, c_2, \cdots, c_n \in \mathbb{F}$, 有

$$c_1\boldsymbol{\alpha}_1 + c_2\boldsymbol{\alpha}_2 + \cdots + c_n\boldsymbol{\alpha}_n = \boldsymbol{0} \Longleftrightarrow c_1\boldsymbol{\beta}_1 + c_2\boldsymbol{\beta}_2 + \cdots + c_n\boldsymbol{\beta}_n = \boldsymbol{0}.$$

☞ **证明**　由于 $\boldsymbol{A} \overset{r}{\sim} \boldsymbol{B}$, 所以存在 m 阶可逆阵 $\boldsymbol{P}$, 使得 $\boldsymbol{PA} = \boldsymbol{B}$. 于是得到

$$c_1\boldsymbol{\alpha}_1 + c_2\boldsymbol{\alpha}_2 + \cdots + c_n\boldsymbol{\alpha}_n = \boldsymbol{0} \Longleftrightarrow \boldsymbol{A} \begin{pmatrix} c_1 \\ c_2 \\ \vdots \\ c_n \end{pmatrix} = \boldsymbol{0}$$

$$\Longleftrightarrow \boldsymbol{PA} \begin{pmatrix} c_1 \\ c_2 \\ \vdots \\ c_n \end{pmatrix} = \boldsymbol{0} \Longleftrightarrow \boldsymbol{B} \begin{pmatrix} c_1 \\ c_2 \\ \vdots \\ c_n \end{pmatrix} = \boldsymbol{0}$$

$$\Longleftrightarrow c_1\boldsymbol{\beta}_1 + c_2\boldsymbol{\beta}_2 + \cdots + c_n\boldsymbol{\beta}_n = \boldsymbol{0}.$$

证毕.

最后剩下的任务就是看如何求(简化)阶梯形阵的秩和其列向量组的一个极大无关组，这个并不困难.

例 5.20 设 $\boldsymbol{B}=(\boldsymbol{\beta}_1, \boldsymbol{\beta}_2, \cdots, \boldsymbol{\beta}_n)\in\mathbb{F}^{m\times n}$ 是阶梯形矩阵,其首元列是第 $j_1<j_2<\cdots<j_r$ 列.证明:

(1) $R(\boldsymbol{B})=r$;

(2) $\boldsymbol{\beta}_{j_1}, \boldsymbol{\beta}_{j_2}, \cdots, \boldsymbol{\beta}_{j_r}$ 是 $\boldsymbol{B}$ 的列向量组的一个极大无关组;

(3) 如果 $\boldsymbol{B}$ 还是简化阶梯形阵,且 $\boldsymbol{\beta}_j=(b_{1j}, b_{2j}, \cdots, b_{rj}, 0, \cdots, 0)^{\mathrm{T}}$,则

$$\boldsymbol{\beta}_j=b_{1j}\boldsymbol{\beta}_{j_1}+b_{2j}\boldsymbol{\beta}_{j_2}+\cdots+b_{rj}\boldsymbol{\beta}_{j_r},\quad j=1, 2, \cdots, n.$$

☞ **证明** 记 $\boldsymbol{B}=(b_{ij})$,则 $\boldsymbol{B}$ 的 r 个首元从左到右为 $b_{1j_1}, b_{2j_2}, \cdots, b_{rj_r}$. 于是 $\boldsymbol{B}$ 有 r 阶子式

$$\boldsymbol{B}\begin{pmatrix}1 & 2 & \cdots & r\\ j_1 & j_2 & \cdots & j_r\end{pmatrix}=\begin{vmatrix}b_{1j_1} & * & \cdots & *\\ & b_{2j_2} & \cdots & *\\ & & \ddots & \vdots\\ & & & b_{rj_r}\end{vmatrix}=b_{1j_1}b_{2j_2}\cdots b_{rj_r}\neq 0.$$

而 $\boldsymbol{B}$ 的任意阶数大于 r 的子式一定有全零行,进而为零.这得到 $R(\boldsymbol{B})=r$,且 $\boldsymbol{\beta}_{j_1}, \boldsymbol{\beta}_{j_2}, \cdots, \boldsymbol{\beta}_{j_r}$ 线性无关,是 $\boldsymbol{B}$ 的列向量组的极大无关组.

当 $\boldsymbol{B}$ 是简化阶梯形阵时,有

$$\boldsymbol{\beta}_{j_i}=(0, \cdots, 0, \underset{i}{1}, 0, \cdots, 0)^{\mathrm{T}}=\boldsymbol{e}_i,\quad i=1, 2, \cdots, r.$$

于是有

$$\boldsymbol{\beta}_j=b_{1j}\boldsymbol{\beta}_{j_1}+b_{2j}\boldsymbol{\beta}_{j_2}+\cdots+b_{rj}\boldsymbol{\beta}_{j_r}.$$

证毕.

利用例 5.20 和引理 5.24,可得到矩阵的秩,其列向量的一个极大无关组,以及用该极大无关组表示其余列向量的行初等变换的方法.

推论 5.25 设 $\boldsymbol{A}=(\boldsymbol{\alpha}_1, \boldsymbol{\alpha}_2, \cdots, \boldsymbol{\alpha}_n)\in\mathbb{F}^{m\times n}$,而 $\boldsymbol{B}=(\boldsymbol{\beta}_1, \boldsymbol{\beta}_2, \cdots, \boldsymbol{\beta}_n)$ 是与 $\boldsymbol{A}$ 行等价的阶梯形阵,首元列为第 $j_1<j_2<\cdots<j_r$ 列,则

(1) $R(\boldsymbol{A})=r$;

(2) $\boldsymbol{\alpha}_{j_1}, \boldsymbol{\alpha}_{j_2}, \cdots, \boldsymbol{\alpha}_{j_r}$ 为 $\boldsymbol{A}$ 的列向量组的一个极大无关组;

(3) 如果 $\boldsymbol{B}$ 为简化阶梯形阵,且 $\boldsymbol{\beta}_j=(b_{1j}, b_{2j}, \cdots, b_{rj}, 0, \cdots, 0)^{\mathrm{T}}$,那么

$$\boldsymbol{\alpha}_j=b_{1j}\boldsymbol{\alpha}_{j_1}+b_{2j}\boldsymbol{\alpha}_{j_2}+\cdots+b_{rj}\boldsymbol{\alpha}_{j_r},\quad j=1, 2, \cdots, n.$$

总结一下秩的计算.首先,对于矩阵的秩.

算法 5.1 矩阵 $\boldsymbol{A}$ 的秩的计算方法:

(1) $\boldsymbol{A}\sim\boldsymbol{B}$: 阶梯形阵;

(2) $R(\boldsymbol{A})$ 等于 $\boldsymbol{B}$ 中非零行的数目.

例 5.21(同例 5.16) 设 $\boldsymbol{A}=\begin{pmatrix}2&4&3&3\\1&2&1&1\\1&2&3&3\end{pmatrix}$，求 $R(\boldsymbol{A})$.

☞ **解** 进行行初等变换

$$\boldsymbol{A}\xrightarrow{r_1\leftrightarrow r_2}\begin{pmatrix}1&2&1&1\\2&4&3&3\\1&2&3&3\end{pmatrix}\xrightarrow[r_3-r_1]{r_2-2r_1}\begin{pmatrix}1&2&1&1\\0&0&1&1\\0&0&2&2\end{pmatrix}\xrightarrow{r_3-2r_2}\begin{pmatrix}1&2&1&1\\0&0&1&1\\0&0&0&0\end{pmatrix},$$

于是 $R(\boldsymbol{A})=2$.

其次,对于有限向量组的秩的计算和极大无关组的寻找.

算法 5.2 有限(列)向量组的秩和极大无关组的计算步骤:设有 $\mathbb{F}^n$ 中的向量组 $\boldsymbol{\alpha}_1,\boldsymbol{\alpha}_2,\cdots,\boldsymbol{\alpha}_m$.

(1) 作矩阵 $\boldsymbol{A}=(\boldsymbol{\alpha}_1,\boldsymbol{\alpha}_2,\cdots,\boldsymbol{\alpha}_m)\in\mathbb{F}^{n\times m}$;

(2) $\boldsymbol{A}\overset{r}{\sim}\boldsymbol{B}$:阶梯形阵;

(3) 秩等于 $\boldsymbol{B}$ 中非零行的数目;

(4) 如果 $\boldsymbol{B}$ 的首元列为第 $j_1<\cdots<j_r$ 列,则 $\boldsymbol{\alpha}_{j_1},\cdots,\boldsymbol{\alpha}_{j_r}$ 为极大无关组;

(5) 若要将其余向量用 $\boldsymbol{\alpha}_{j_1},\cdots,\boldsymbol{\alpha}_{j_r}$ 线性表示,

(i) $\boldsymbol{B}\overset{r}{\sim}\boldsymbol{R}$:简化阶梯形阵;

(ii) 设 $\boldsymbol{R}=(\boldsymbol{\beta}_1,\boldsymbol{\beta}_2,\cdots,\boldsymbol{\beta}_m)$,而 $\boldsymbol{\beta}_j=(b_{1j},b_{2j},\cdots,b_{rj},0,\cdots,0)^{\mathrm{T}}$,则

$$\boldsymbol{\alpha}_j=b_{1j}\boldsymbol{\alpha}_{j_1}+b_{2j}\boldsymbol{\alpha}_{j_2}+\cdots+b_{rj}\boldsymbol{\alpha}_{j_r}.$$

如果问题中给出的是行向量组怎么办?当然是取转置转化为列向量组处理了.

例 5.22 求向量组 $\boldsymbol{\alpha}_1=(1,0,2,1)$,$\boldsymbol{\alpha}_2=(1,2,0,1)$,$\boldsymbol{\alpha}_3=(2,1,3,0)$,$\boldsymbol{\alpha}_4=(2,5,-1,4)$,$\boldsymbol{\alpha}_5=(1,-1,3,-1)$ 的秩和一个极大无关组,并用这个极大无关组表示其余向量.

☞ **解** 由于

$$(\boldsymbol{\alpha}_1^{\mathrm{T}},\boldsymbol{\alpha}_2^{\mathrm{T}},\boldsymbol{\alpha}_3^{\mathrm{T}},\boldsymbol{\alpha}_4^{\mathrm{T}},\boldsymbol{\alpha}_5^{\mathrm{T}})=\begin{pmatrix}1&1&2&2&1\\0&2&1&5&-1\\2&0&3&-1&3\\1&1&0&4&-1\end{pmatrix}\xrightarrow[r_4-r_1]{r_3-2r_1}\begin{pmatrix}1&1&2&2&1\\0&2&1&5&-1\\0&-2&-1&-5&1\\0&0&-2&2&-2\end{pmatrix}$$

$$\xrightarrow[r_3\leftrightarrow r_4]{\substack{-\frac{1}{2}r_4\\ r_3+r_2}}\begin{pmatrix}1&1&2&2&1\\0&2&1&5&-1\\0&0&1&-1&1\\0&0&0&0&0\end{pmatrix}\xrightarrow[r_2-r_3]{r_1-2r_3}\begin{pmatrix}1&1&0&4&-1\\0&2&0&6&-2\\0&0&1&-1&1\\0&0&0&0&0\end{pmatrix}$$

$$\xrightarrow[r_1-r_2]{\frac{1}{2}r_2}\begin{pmatrix}1&0&0&1&0\\0&1&0&3&-1\\0&0&1&-1&1\\0&0&0&0&0\end{pmatrix},$$

所以向量组的秩是 3，有极大无关组 $\boldsymbol{\alpha}_1, \boldsymbol{\alpha}_2, \boldsymbol{\alpha}_3$，且

$$\boldsymbol{\alpha}_4=\boldsymbol{\alpha}_1+3\boldsymbol{\alpha}_2-\boldsymbol{\alpha}_3, \quad \boldsymbol{\alpha}_5=-\boldsymbol{\alpha}_2+\boldsymbol{\alpha}_3.$$

解毕.

习题 5.6

A1. 计算下列矩阵的秩：

(1) $\begin{pmatrix}2&-1&3&-2&4\\4&-2&5&1&7\\2&-1&1&8&2\end{pmatrix}$；　(2) $\begin{pmatrix}1&-1&2&1&0\\2&-2&4&-2&0\\3&0&6&-1&1\\0&0&0&0&1\end{pmatrix}$；

(3) $\boldsymbol{A}=(a_{ij})\in\mathbb{F}^{n\times n}$ 是对称阵，并且当 $1\leqslant i<j\leqslant n$ 时，$a_{ij}=j$，而当 $1\leqslant i\leqslant n$ 时，$a_{ii}=i$；

(4) $\boldsymbol{A}=(a_{ij})\in\mathbb{F}^{n\times n}$ 是反对称阵，并且当 $1\leqslant i<j\leqslant n$ 时，$a_{ij}=i$.

A2. 设矩阵 $\boldsymbol{A}=\begin{pmatrix}3&1&1&4\\a&4&10&1\\1&7&17&3\\2&2&4&3\end{pmatrix}$，求使得 $\boldsymbol{A}$ 的秩最小的 a 值.

A3. 求下列向量组的秩和一个极大无关组，并把向量组中其余向量用极大无关组线性表示.

(1) $\boldsymbol{\alpha}_1=(6,4,1,-1,2)^{\mathrm{T}}$，$\boldsymbol{\alpha}_2=(1,0,2,3,-4)^{\mathrm{T}}$，$\boldsymbol{\alpha}_3=(1,4,-9,-6,22)^{\mathrm{T}}$，$\boldsymbol{\alpha}_4=(7,1,0,-1,3)^{\mathrm{T}}$；

(2) $\boldsymbol{\alpha}_1=(1,-1,2,4)$，$\boldsymbol{\alpha}_2=(2,-1,1,0)$，$\boldsymbol{\alpha}_3=(-1,0,1,4)$，$\boldsymbol{\alpha}_4=(1,-2,-1,1)$，$\boldsymbol{\alpha}_5=(1,2,5,2)$.

A4. 在秩是 r 的矩阵中是否可能有等于 0 的 $r-1$ 阶子式？是否可能有等于 0 的 r 阶子式？是否可能有不等于 0 的 $r+1$ 阶子式？如果有，请举个具体的例子；如果没有，请给出证明.

A5. 证明：任意一个秩为 r 的矩阵可以表为 r 个秩为 1 的矩阵之和.

§5.7　矩阵的秩——性质与应用

在结束秩的讨论，转到线性方程组的两个数数问题前，我们还有些意犹未尽.让我们再说说矩阵的秩.

5.7.1　矩阵的满秩分解

把上节的讨论矩阵化，会得到什么呢？设矩阵 $\boldsymbol{A}\in\mathbb{F}^{m\times n}$ 的秩 $R(\boldsymbol{A})=r$，$\boldsymbol{A}$ 有列分块 $\boldsymbol{A}=(\boldsymbol{\alpha}_1, \boldsymbol{\alpha}_2, \cdots, \boldsymbol{\alpha}_n)$，其中 $\boldsymbol{\alpha}_j\in\mathbb{F}^m$.如果 $\boldsymbol{B}=(\boldsymbol{\beta}_1, \boldsymbol{\beta}_2, \cdots, \boldsymbol{\beta}_n)$ 是与 $\boldsymbol{A}$ 行等价的简化阶梯形阵，则 $\boldsymbol{B}$ 有 r 个非零行，所以可设 $\boldsymbol{\beta}_j=\begin{pmatrix}b_{1j}\\\vdots\\b_{rj}\\0\\\vdots\\0\end{pmatrix}$.设 $\boldsymbol{B}$ 的首元列为第 $j_1<j_2<\cdots<j_r$ 列，则

对 $j=1, 2, \cdots, n$ 有

$$\boldsymbol{\alpha}_j=b_{1j}\boldsymbol{\alpha}_{j_1}+b_{2j}\boldsymbol{\alpha}_{j_2}+\cdots+b_{rj}\boldsymbol{\alpha}_{j_r}=(\boldsymbol{\alpha}_{j_1}, \boldsymbol{\alpha}_{j_2}, \cdots, \boldsymbol{\alpha}_{j_r})\begin{pmatrix}b_{1j}\\b_{2j}\\\vdots\\b_{rj}\end{pmatrix}.$$

这得到

$$\boldsymbol{A}=(\boldsymbol{\alpha}_1, \boldsymbol{\alpha}_2, \cdots, \boldsymbol{\alpha}_n)=(\boldsymbol{\alpha}_{j_1}, \boldsymbol{\alpha}_{j_2}, \cdots, \boldsymbol{\alpha}_{j_r})\begin{pmatrix}b_{11}&b_{12}&\cdots&b_{1n}\\b_{21}&b_{22}&\cdots&b_{2n}\\\vdots&\vdots&&\vdots\\b_{r1}&b_{r2}&\cdots&b_{rn}\end{pmatrix}.$$

注意到上式最右边相乘的两个矩阵的秩都是 r，所以 $\boldsymbol{A}$ 就写成了一个列满秩阵和一个行满秩阵的乘积.这个结论就是所谓的满秩分解，它是“秩为 1 的矩阵 $\boldsymbol{A}$ 为非零列向量和非零行向量的乘积(例 5.19)”这一结论的一般化.

命题 5.26　设 $\boldsymbol{A}\in\mathbb{F}^{m\times n}$，$R(\boldsymbol{A})=r$，则存在 $\boldsymbol{H}\in\mathbb{F}^{m\times r}$，$\boldsymbol{L}\in\mathbb{F}^{r\times n}$，使得 $\boldsymbol{H}$ 列满秩，$\boldsymbol{L}$ 行满秩(即 $R(\boldsymbol{H})=R(\boldsymbol{L})=r$)，且 $\boldsymbol{A}=\boldsymbol{HL}$. 称这个为 $\boldsymbol{A}$ 的**满秩分解**.

☞ **证明**　也可以如同例 5.19 一样，利用初等变换标准形证明.存在 m 阶可逆阵 $\boldsymbol{P}$ 和 n 阶可逆阵 $\boldsymbol{Q}$，使得

$$\boldsymbol{A}=\boldsymbol{P}\begin{pmatrix}\boldsymbol{E}_r&\boldsymbol{O}\\\boldsymbol{O}&\boldsymbol{O}\end{pmatrix}_{m\times n}\boldsymbol{Q}.$$

而

$$\begin{pmatrix}\boldsymbol{E}_r&\boldsymbol{O}\\\boldsymbol{O}&\boldsymbol{O}\end{pmatrix}_{m\times n}=\begin{pmatrix}\boldsymbol{E}_r\\\boldsymbol{O}\end{pmatrix}_{m\times r}(\boldsymbol{E}_r, \boldsymbol{O})_{r\times n},$$

所以令 $\boldsymbol{H}=\boldsymbol{P}\begin{pmatrix}\boldsymbol{E}_r\\\boldsymbol{O}\end{pmatrix}_{m\times r}\in\mathbb{F}^{m\times r}$，$\boldsymbol{L}=(\boldsymbol{E}_r, \boldsymbol{O})_{r\times n}\boldsymbol{Q}\in\mathbb{F}^{r\times n}$，则有 $\boldsymbol{A}=\boldsymbol{HL}$，且

$$R(\boldsymbol{H})=R\begin{pmatrix}\boldsymbol{E}_r\\\boldsymbol{O}\end{pmatrix}=r,\quad R(\boldsymbol{L})=R(\boldsymbol{E}_r, \boldsymbol{O})=r.$$

证毕.

很遗憾的是，矩阵的满秩分解不唯一.例如，如果 $\boldsymbol{A}=\boldsymbol{HL}$ 为 $\boldsymbol{A}$ 的一个满秩分解，设 $R(\boldsymbol{A})=r$，则任取 r 阶可逆阵 $\boldsymbol{P}$，有 $\boldsymbol{A}=(\boldsymbol{HP})(\boldsymbol{P}^{-1}\boldsymbol{L})$ 也是 $\boldsymbol{A}$ 的满秩分解.但我们总可以如下求出一个满秩分解.

算法 5.3　矩阵的满秩分解的求法步骤：

设 $\boldsymbol{A}=(\boldsymbol{\alpha}_1, \boldsymbol{\alpha}_2, \cdots, \boldsymbol{\alpha}_n)\in\mathbb{F}^{m\times n}$.

(1) $\boldsymbol{A}\overset{r}{\sim}\boldsymbol{B}$：简化阶梯形阵；

(2) 设 $\boldsymbol{B}$ 的首元列为第 $j_1<j_2<\cdots<j_r$ 列，令 $\boldsymbol{H}=(\boldsymbol{\alpha}_{j_1}, \boldsymbol{\alpha}_{j_2}, \cdots, \boldsymbol{\alpha}_{j_r})$；

(3) 令 $\boldsymbol{L}$ 为 $\boldsymbol{B}$ 的前 r 行所组成的矩阵(即去掉全零行后的矩阵),则得到 $\boldsymbol{A}$ 的满秩分解 $\boldsymbol{A}=\boldsymbol{HL}$.

例 5.23 设 $\boldsymbol{A}=\begin{pmatrix}1&1&2&2&1\\0&2&1&5&-1\\2&0&3&-1&3\\1&1&0&4&-1\end{pmatrix}$,求 $\boldsymbol{A}$ 的一个满秩分解.

☞ **证明** 由例 5.22 的计算,得

$$\boldsymbol{A}\overset{r}{\sim}\begin{pmatrix}1&0&0&1&0\\0&1&0&3&-1\\0&0&1&-1&1\\0&0&0&0&0\end{pmatrix}.$$

令 $\boldsymbol{H}=\begin{pmatrix}1&1&2\\0&2&1\\2&0&3\\1&1&0\end{pmatrix}$, $\boldsymbol{L}=\begin{pmatrix}1&0&0&1&0\\0&1&0&3&-1\\0&0&1&-1&1\end{pmatrix}$,则 $\boldsymbol{A}=\boldsymbol{HL}$ 是 $\boldsymbol{A}$ 的一个满秩分解.

如果矩阵 $\boldsymbol{A}$ 的秩比较小,利用 $\boldsymbol{A}$ 的满秩分解,有时可以简化问题.

例 5.24 计算 $\boldsymbol{A}^n$,其中 $\boldsymbol{A}=\begin{pmatrix}2&-1&0\\2&-3&-4\\-1&2&3\end{pmatrix}$.

☞ **解** 进行行初等变换

$$\boldsymbol{A}\overset{r_1\leftrightarrow r_3}{\sim}\begin{pmatrix}-1&2&3\\2&-3&-4\\2&-1&0\end{pmatrix}\underset{r_2+2r_1}{\overset{r_3-r_2}{\sim}}\begin{pmatrix}-1&2&3\\0&1&2\\0&2&4\end{pmatrix}\underset{r_3-2r_2}{\overset{r_1-2r_2}{\sim}}\begin{pmatrix}-1&0&-1\\0&1&2\\0&0&0\end{pmatrix}\overset{-r_1}{\sim}\begin{pmatrix}1&0&1\\0&1&2\\0&0&0\end{pmatrix},$$

于是 $\boldsymbol{A}$ 有满秩分解 $\boldsymbol{A}=\boldsymbol{HL}$,其中

$$\boldsymbol{H}=\begin{pmatrix}2&-1\\2&-3\\-1&2\end{pmatrix},\quad \boldsymbol{L}=\begin{pmatrix}1&0&1\\0&1&2\end{pmatrix}.$$

我们有

$$\boldsymbol{A}^n=(\boldsymbol{HL})^n=\boldsymbol{H}(\boldsymbol{LH})^{n-1}\boldsymbol{L}.$$

由于

$$\boldsymbol{LH}=\begin{pmatrix}1&1\\0&1\end{pmatrix},$$

所以

$$(\boldsymbol{LH})^{n-1}=\begin{pmatrix}1&1\\0&1\end{pmatrix}^{n-1}=\begin{pmatrix}1&n-1\\0&1\end{pmatrix}.$$

这得到

$$A^n=\begin{pmatrix}2&-1\\2&-3\\-1&2\end{pmatrix}\begin{pmatrix}1&n-1\\0&1\end{pmatrix}\begin{pmatrix}1&0&1\\0&1&2\end{pmatrix}=\begin{pmatrix}2&2n-3&4n-4\\2&2n-5&4n-8\\-1&-n+3&-2n+5\end{pmatrix},$$

解毕.

为什么我们要讲满秩分解呢？当然是因为满秩阵有好的性质，容易处理.事实上，满秩阵很像可逆阵，只是满秩阵只有行(或列)满秩，所以类似的性质可能只成立一半.例如，对于 n 阶方阵 $\boldsymbol{A}$，有

$$\boldsymbol{A}\text{ 可逆}\iff\boldsymbol{A}\text{ 的行向量组线性无关}\iff\boldsymbol{A}\text{ 的列向量组线性无关}.$$

而当 $\boldsymbol{A}$ 为任意矩阵时，有

$$\boldsymbol{A}\text{ 行满秩}\iff\boldsymbol{A}\text{ 的行向量组线性无关},\quad\boldsymbol{A}\text{ 列满秩}\iff\boldsymbol{A}\text{ 的列向量组线性无关}.$$

可逆阵还成立如下性质：设 $\boldsymbol{A}$ 是 n 阶方阵，则

$$\begin{aligned}\boldsymbol{A}\text{ 可逆}\iff&\quad\exists\boldsymbol{B}\in\mathbb{F}^{n\times n},\text{使得 }\boldsymbol{AB}=\boldsymbol{E}_n\\\iff&\quad\exists\boldsymbol{B}\in\mathbb{F}^{n\times n},\text{使得 }\boldsymbol{BA}=\boldsymbol{E}_n\\\iff&\quad\boldsymbol{A}\overset{r}{\sim}\boldsymbol{E}_n\\\iff&\quad\boldsymbol{A}\overset{c}{\sim}\boldsymbol{E}_n.\end{aligned}$$

且当 $\boldsymbol{A}$ 可逆时，有

$$\boldsymbol{AB}_1=\boldsymbol{AB}_2\implies\boldsymbol{B}_1=\boldsymbol{B}_2,$$
$$\boldsymbol{C}_1\boldsymbol{A}=\boldsymbol{C}_2\boldsymbol{A}\implies\boldsymbol{C}_1=\boldsymbol{C}_2,$$
$$R(\boldsymbol{AB})=R(\boldsymbol{B}),\quad R(\boldsymbol{CA})=R(\boldsymbol{C}).$$

作为满秩方阵的推广，列满秩矩阵成立类似的性质(转置后读者应该可以写出行满秩阵的类似结论).

例 5.25　设 $\boldsymbol{A}\in\mathbb{F}^{m\times n}$，则下面命题等价

(i) $\boldsymbol{A}$ 列满秩，即 $R(\boldsymbol{A})=n$；

(ii) 存在 $\boldsymbol{B}\in\mathbb{F}^{n\times m}$，使得 $\boldsymbol{BA}=\boldsymbol{E}_n$；

(iii) $\boldsymbol{A}\overset{r}{\sim}\begin{pmatrix}\boldsymbol{E}_n\\\boldsymbol{O}\end{pmatrix}$.

进而，如果 $\boldsymbol{A}$ 列满秩，则

(1) (左消去)对任意 $\boldsymbol{B},\boldsymbol{C}\in\mathbb{F}^{n\times s}$，若 $\boldsymbol{AB}=\boldsymbol{AC}$，那么 $\boldsymbol{B}=\boldsymbol{C}$；

(2) (左乘不改变秩)对任意 $\boldsymbol{B}\in\mathbb{F}^{n\times s}$，有 $R(\boldsymbol{AB})=R(\boldsymbol{B})$.

☞ **证明**　“(i) $\implies$ (ii)，(iii)”：存在 m 阶可逆阵 $\boldsymbol{P}$ 和 n 阶可逆阵 $\boldsymbol{Q}$，使得 $\boldsymbol{A}=\boldsymbol{P}\begin{pmatrix}\boldsymbol{E}_n\\\boldsymbol{O}\end{pmatrix}\boldsymbol{Q}$. 取

$$\boldsymbol{B}=\boldsymbol{Q}^{-1}(\boldsymbol{E}_n,\boldsymbol{O})_{n\times m}\boldsymbol{P}^{-1}\in\mathbb{F}^{n\times m},$$

则有

$$BA=Q^{-1}(E_n, O)\begin{pmatrix}E_n\\ O\end{pmatrix}Q=Q^{-1}E_nQ=E_n.$$

又由于

$$\begin{pmatrix}E_n\\ O\end{pmatrix}Q=\begin{pmatrix}Q\\ O\end{pmatrix}=\begin{pmatrix}Q & O\\ O & E_{m-n}\end{pmatrix}\begin{pmatrix}E_n\\ O\end{pmatrix},$$

所以取 $P_1=P\begin{pmatrix}Q & O\\ O & E_{m-n}\end{pmatrix}\in\mathbb{F}^{m\times m}$，则 P_1 可逆，且 $A=P_1\begin{pmatrix}E_n\\ O\end{pmatrix}$，得 $A\overset{r}{\sim}\begin{pmatrix}E_n\\ O\end{pmatrix}$.

"(ii) $\Longrightarrow$ (i)"：由于 $A\in\mathbb{F}^{m\times n}$，所以 $R(A)\leqslant n$. 另外，如果存在矩阵 B，使得 $BA=E_n$，则

$$n=R(E_n)=R(BA)\leqslant R(A).$$

所以 $R(A)=n$.

"(iii) $\Longrightarrow$ (i)"：由于 $A\overset{r}{\sim}\begin{pmatrix}E_n\\ O\end{pmatrix}$，所以 $R(A)=R\begin{pmatrix}E_n\\ O\end{pmatrix}=n$.

"(ii) $\Longrightarrow$ (1)"：由(ii)，存在矩阵 B_1，使得 $B_1A=E_n$. 于是

$$B=E_nB=(B_1A)B=B_1(AB)=B_1(AC)=(B_1A)C=E_nC=C.$$

"(ii) $\Longrightarrow$ (2)"：由(ii)，存在矩阵 B_1，使得 $B_1A=E_n$. 于是

$$R(B)=R(E_nB)=R(B_1(AB))\leqslant R(AB).$$

又 $R(AB)\leqslant R(B)$，所以 $R(B)=R(AB)$.

由于列满秩矩阵左乘不改变秩，所以如果 $A=HL\in\mathbb{F}^{m\times n}$，其中 $H\in\mathbb{F}^{m\times r}$，$L\in\mathbb{F}^{r\times n}$，且 $R(H)=R(L)=r$，则

$$R(A)=R(L)=r.$$

即满秩分解的逆命题也成立.

下面我们看应用矩阵的满秩分解的一个例子，为此引入一个重要概念.设 $A=(a_{ij})\in\mathbb{F}^{n\times n}$，定义 A 的**迹** $\mathrm{Tr}(A)$ 为

$$\mathrm{Tr}(A):=a_{11}+a_{22}+\cdots+a_{nn}\in\mathbb{F}.$$

于是得到**迹函数**

$$\mathrm{Tr}:\mathbb{F}^{n\times n}\longrightarrow\mathbb{F};\ A\mapsto\mathrm{Tr}(A).$$

矩阵的迹有性质：对任意 $A, B\in\mathbb{F}^{n\times n}$ 和 $a, b\in\mathbb{F}$，有

$$\mathrm{Tr}(aA+bB)=a\mathrm{Tr}(A)+b\mathrm{Tr}(B),\quad \mathrm{Tr}(AB)=\mathrm{Tr}(BA).$$

事实上，设 $A=(a_{ij})_{n\times n}$，$B=(b_{ij})_{n\times n}$，则 $aA+bB=(aa_{ij}+bb_{ij})$. 得到

$$\mathrm{Tr}(a\boldsymbol{A}+b\boldsymbol{B})=\sum_{i=1}^{n}(aa_{ii}+bb_{ii})=a\sum_{i=1}^{n}a_{ii}+b\sum_{i=1}^{n}b_{ii}=a\mathrm{Tr}(\boldsymbol{A})+b\mathrm{Tr}(\boldsymbol{B}).$$

设 $\boldsymbol{AB}=(c_{ij})_{n\times n}$，$\boldsymbol{BA}=(d_{ij})_{n\times n}$，则有

$$c_{ii}=\sum_{k=1}^{n}a_{ik}b_{ki},\quad d_{ii}=\sum_{k=1}^{n}b_{ik}a_{ki}.$$

得到

$$\mathrm{Tr}(\boldsymbol{AB})=\sum_{i=1}^{n}c_{ii}=\sum_{i=1}^{n}\sum_{k=1}^{n}a_{ik}b_{ki},$$

$$\mathrm{Tr}(\boldsymbol{BA})=\sum_{i=1}^{n}d_{ii}=\sum_{i=1}^{n}\sum_{k=1}^{n}b_{ik}a_{ki}=\sum_{i=1}^{n}\sum_{k=1}^{n}a_{ik}b_{ki},$$

即有 $\mathrm{Tr}(\boldsymbol{AB})=\mathrm{Tr}(\boldsymbol{BA})$.

类似地，可以证明：对于 $\boldsymbol{A}\in\mathbb{F}^{m\times n}$ 和 $\boldsymbol{B}\in\mathbb{F}^{n\times m}$（这里 m 和 n 不一定相等），有 $\mathrm{Tr}(\boldsymbol{AB})=\mathrm{Tr}(\boldsymbol{BA})$.

例 5.26　设 $\boldsymbol{A}\in\mathbb{F}^{n\times n}$ 是幂等阵，即有 $\boldsymbol{A}^2=\boldsymbol{A}$，证明：$R(\boldsymbol{A})=\mathrm{Tr}(\boldsymbol{A})$.

☞ **证明**　设 $R(\boldsymbol{A})=r$，则 $\boldsymbol{A}$ 有满秩分解 $\boldsymbol{A}=\boldsymbol{HL}$，其中 $\boldsymbol{H}\in\mathbb{F}^{n\times r}$，$\boldsymbol{L}\in\mathbb{F}^{r\times n}$，且 $R(\boldsymbol{H})=R(\boldsymbol{L})=r$. 由于 $\boldsymbol{A}^2=\boldsymbol{A}$，所以 $\boldsymbol{HLHL}=\boldsymbol{HL}$. 由于 $\boldsymbol{H}$ 列满秩，所以可左消去；由于 $\boldsymbol{L}$ 行满秩，所以可以右消去.这得到 $\boldsymbol{LH}=\boldsymbol{E}_r$，进而

$$\mathrm{Tr}(\boldsymbol{A})=\mathrm{Tr}(\boldsymbol{HL})=\mathrm{Tr}(\boldsymbol{LH})=\mathrm{Tr}(\boldsymbol{E}_r)=r=R(\boldsymbol{A}).$$

上面使用矩阵的满秩分解的证明有一定的技巧性，我们通常使用初等变换标准形来证明这个结论.设 $R(\boldsymbol{A})=r$，则存在 n 阶可逆阵 $\boldsymbol{P}$ 和 $\boldsymbol{Q}$，使得 $\boldsymbol{A}=\boldsymbol{P}\begin{pmatrix}\boldsymbol{E}_r & \boldsymbol{O}\\ \boldsymbol{O} & \boldsymbol{O}\end{pmatrix}\boldsymbol{Q}$. 由于 $\boldsymbol{A}^2=\boldsymbol{A}$，所以

$$\boldsymbol{P}\begin{pmatrix}\boldsymbol{E}_r & \boldsymbol{O}\\ \boldsymbol{O} & \boldsymbol{O}\end{pmatrix}\boldsymbol{QP}\begin{pmatrix}\boldsymbol{E}_r & \boldsymbol{O}\\ \boldsymbol{O} & \boldsymbol{O}\end{pmatrix}\boldsymbol{Q}=\boldsymbol{P}\begin{pmatrix}\boldsymbol{E}_r & \boldsymbol{O}\\ \boldsymbol{O} & \boldsymbol{O}\end{pmatrix}\boldsymbol{Q},$$

即

$$\begin{pmatrix}\boldsymbol{E}_r & \boldsymbol{O}\\ \boldsymbol{O} & \boldsymbol{O}\end{pmatrix}\boldsymbol{QP}\begin{pmatrix}\boldsymbol{E}_r & \boldsymbol{O}\\ \boldsymbol{O} & \boldsymbol{O}\end{pmatrix}=\begin{pmatrix}\boldsymbol{E}_r & \boldsymbol{O}\\ \boldsymbol{O} & \boldsymbol{O}\end{pmatrix}.$$

做分块 $\boldsymbol{QP}=\begin{pmatrix}\boldsymbol{R}_1 & \boldsymbol{R}_2\\ \boldsymbol{R}_3 & \boldsymbol{R}_4\end{pmatrix}$，其中 $\boldsymbol{R}_1\in\mathbb{F}^{r\times r}$，则

$$\begin{pmatrix}\boldsymbol{E}_r & \boldsymbol{O}\\ \boldsymbol{O} & \boldsymbol{O}\end{pmatrix}=\begin{pmatrix}\boldsymbol{E}_r & \boldsymbol{O}\\ \boldsymbol{O} & \boldsymbol{O}\end{pmatrix}\begin{pmatrix}\boldsymbol{R}_1 & \boldsymbol{R}_2\\ \boldsymbol{R}_3 & \boldsymbol{R}_4\end{pmatrix}\begin{pmatrix}\boldsymbol{E}_r & \boldsymbol{O}\\ \boldsymbol{O} & \boldsymbol{O}\end{pmatrix}=\begin{pmatrix}\boldsymbol{R}_1 & \boldsymbol{O}\\ \boldsymbol{O} & \boldsymbol{O}\end{pmatrix}.$$

得到 $\boldsymbol{R}_1=\boldsymbol{E}_r$，进而

$$\boldsymbol{A}=\boldsymbol{P}\begin{pmatrix}\boldsymbol{E}_r & \boldsymbol{O}\\ \boldsymbol{O} & \boldsymbol{O}\end{pmatrix}(\boldsymbol{QP})\boldsymbol{P}^{-1}=\boldsymbol{P}\begin{pmatrix}\boldsymbol{E}_r & \boldsymbol{O}\\ \boldsymbol{O} & \boldsymbol{O}\end{pmatrix}\begin{pmatrix}\boldsymbol{E}_r & \boldsymbol{R}_2\\ \boldsymbol{R}_3 & \boldsymbol{R}_4\end{pmatrix}\boldsymbol{P}^{-1}=\boldsymbol{P}\begin{pmatrix}\boldsymbol{E}_r & \boldsymbol{R}_2\\ \boldsymbol{O} & \boldsymbol{O}\end{pmatrix}\boldsymbol{P}^{-1}.$$

所以有

$$\operatorname{Tr}(\boldsymbol{A})=\operatorname{Tr}\left[\boldsymbol{P}\begin{pmatrix}\boldsymbol{E}_r & \boldsymbol{R}_2\\ \boldsymbol{O} & \boldsymbol{O}\end{pmatrix}\boldsymbol{P}^{-1}\right]=\operatorname{Tr}\left[\boldsymbol{P}^{-1}\boldsymbol{P}\begin{pmatrix}\boldsymbol{E}_r & \boldsymbol{R}_2\\ \boldsymbol{O} & \boldsymbol{O}\end{pmatrix}\right]$$

$$=\operatorname{Tr}\begin{pmatrix}\boldsymbol{E}_r & \boldsymbol{R}_2\\ \boldsymbol{O} & \boldsymbol{O}\end{pmatrix}=r=R(\boldsymbol{A}).$$

事实上,上面证明了 $\boldsymbol{A}$ 和 $\begin{pmatrix}\boldsymbol{E}_r & \boldsymbol{R}_2\\ \boldsymbol{O} & \boldsymbol{O}\end{pmatrix}$ 相似①.再利用

$$\begin{pmatrix}\boldsymbol{E}_r & -\boldsymbol{R}_2\\ \boldsymbol{O} & \boldsymbol{E}_{n-r}\end{pmatrix}\begin{pmatrix}\boldsymbol{E}_r & \boldsymbol{O}\\ \boldsymbol{O} & \boldsymbol{O}\end{pmatrix}\begin{pmatrix}\boldsymbol{E}_r & \boldsymbol{R}_2\\ \boldsymbol{O} & \boldsymbol{E}_{n-r}\end{pmatrix}=\begin{pmatrix}\boldsymbol{E}_r & \boldsymbol{R}_2\\ \boldsymbol{O} & \boldsymbol{O}\end{pmatrix},$$

可知幂等阵 $\boldsymbol{A}$ 与 $\begin{pmatrix}\boldsymbol{E}_r & \boldsymbol{O}\\ \boldsymbol{O} & \boldsymbol{O}\end{pmatrix}$ 相似②,其中 $r=R(\boldsymbol{A})$.

5.7.2 秩的一些关系式

我们已经知道下面关于秩的关系式成立:

- $0\leqslant R(\boldsymbol{A}_{m\times n})\leqslant \min\{m, n\}$;
- $R(\boldsymbol{A}^{\mathrm{T}})=R(\boldsymbol{A})$;
- $R(c\boldsymbol{A})=R(\boldsymbol{A})$, $(\forall c\neq 0)$;
- 如果 $\boldsymbol{B}$ 是 $\boldsymbol{A}$ 的子阵,则 $R(\boldsymbol{B})\leqslant R(\boldsymbol{A})$;
- 当 $\boldsymbol{P}$ 和 $\boldsymbol{Q}$ 是可逆方阵时, $R(\boldsymbol{PAQ})=R(\boldsymbol{A})$;
- $R(\boldsymbol{AB})\leqslant \min\{R(\boldsymbol{A}), R(\boldsymbol{B})\}$.

下面证明更多的关于秩的关系式,有些关系式很神奇,是前人努力的结果,请读者欣赏其中的美.我们还要说明的是,由于矩阵的秩有几何和代数的不同定义(后面还有更几何的刻画——对应的线性映射的像空间的维数),所以这些关系式通常有许多不同的证明,请读者尝试给出自己的证明.

命题 5.27 (1) 设 $\boldsymbol{A}\in\mathbb{F}^{m\times n}$, $\boldsymbol{B}\in\mathbb{F}^{m\times s}$, 则 $\max\{R(\boldsymbol{A}), R(\boldsymbol{B})\}\leqslant R(\boldsymbol{A}, \boldsymbol{B})\leqslant R(\boldsymbol{A})+R(\boldsymbol{B})$;

(2) 设 $\boldsymbol{A}, \boldsymbol{B}\in\mathbb{F}^{m\times n}$, 则 $R(\boldsymbol{A}+\boldsymbol{B})\leqslant R(\boldsymbol{A})+R(\boldsymbol{B})$.

☞ **证明** (1) 只需要证第二个不等号成立.设 $R(\boldsymbol{A})=r$, $R(\boldsymbol{B})=s$. 如果 $r=0$, 则 $\boldsymbol{A}=\boldsymbol{O}$. 于是

$$R(\boldsymbol{A}, \boldsymbol{B})=R(\boldsymbol{B})=R(\boldsymbol{A})+R(\boldsymbol{B})$$

类似的,当 $s=0$ 时也有 $R(\boldsymbol{A}, \boldsymbol{B})=R(\boldsymbol{A})+R(\boldsymbol{B})$.

下设 $r>0$, $s>0$. 取 A 的列向量组的极大无关组 $\boldsymbol{\alpha}_1, \cdots, \boldsymbol{\alpha}_r$, $\boldsymbol{B}$ 的列向量组的极大无

① 矩阵相似的概念参看第 7 章.

② 在下册第 7 章我们将给出这一结论的另一个证明.

关组 $\boldsymbol{\beta}_1, \cdots, \boldsymbol{\beta}_s$，则 $(\boldsymbol{A}, \boldsymbol{B})$ 的列向量组与 $\boldsymbol{\alpha}_1, \cdots, \boldsymbol{\alpha}_r, \boldsymbol{\beta}_1, \cdots, \boldsymbol{\beta}_s$ 等价.得到

$$R(\boldsymbol{A}, \boldsymbol{B})=R(\boldsymbol{\alpha}_1, \cdots, \boldsymbol{\alpha}_r, \boldsymbol{\beta}_1, \cdots, \boldsymbol{\beta}_s) \leqslant r+s=R(\boldsymbol{A})+R(\boldsymbol{B}).$$

(2) 注意到分块矩阵的列变换

$$(\boldsymbol{A}+\boldsymbol{B}, \boldsymbol{B}) \xrightarrow{c_1-c_2} (\boldsymbol{A}, \boldsymbol{B}),$$

所以

$$R(\boldsymbol{A}+\boldsymbol{B}) \leqslant R(\boldsymbol{A}+\boldsymbol{B}, \boldsymbol{B})=R(\boldsymbol{A}, \boldsymbol{B}) \overset{(1)}{\leqslant} R(\boldsymbol{A})+R(\boldsymbol{B}).$$

证毕.

下面给出两矩阵乘积的秩的一个下界.

命题 5.28[西尔维斯特(Sylvester)秩不等式]　设 $\boldsymbol{A} \in \mathbb{F}^{m\times n}$，$\boldsymbol{B} \in \mathbb{F}^{n\times s}$，则

$$R(\boldsymbol{AB}) \geqslant R(\boldsymbol{A})+R(\boldsymbol{B})-n.$$

特别地，如果 $\boldsymbol{AB}=\boldsymbol{O}$，则有

$$R(\boldsymbol{A})+R(\boldsymbol{B}) \leqslant n.$$

为了证明 Sylvester 秩不等式，我们证明下面更一般的结论.

命题 5.29[弗罗贝尼乌斯(Frobenius)秩不等式]　设 $\boldsymbol{A} \in \mathbb{F}^{m\times n}$，$\boldsymbol{B} \in \mathbb{F}^{n\times s}$，$\boldsymbol{C} \in \mathbb{F}^{s\times t}$，则

$$R(\boldsymbol{ABC})+R(\boldsymbol{B}) \geqslant R(\boldsymbol{AB})+R(\boldsymbol{BC}).$$

☞ **命题 5.28 的证明**　由 Frobenius 秩不等式，有

$$R(\boldsymbol{AB})+n=R(\boldsymbol{AE}_n\boldsymbol{B})+R(\boldsymbol{E}_n) \geqslant R(\boldsymbol{AE}_n)+R(\boldsymbol{E}_n\boldsymbol{B})=R(\boldsymbol{A})+R(\boldsymbol{B})$$

得证.

下面的任务是证明 Frobenius 秩不等式.我们采用分块矩阵的初等变换的技巧，为此，先考虑分块对角和分块(上)下三角阵的秩与对角块秩的和的关系.

引理 5.30　设 $\boldsymbol{A}, \boldsymbol{B}, \boldsymbol{C}$ 是矩阵，则

(1) $R\begin{pmatrix}\boldsymbol{A} & \boldsymbol{O}\\ \boldsymbol{O} & \boldsymbol{B}\end{pmatrix}=R(\boldsymbol{A})+R(\boldsymbol{B})$;

(2) $R\begin{pmatrix}\boldsymbol{A} & \boldsymbol{O}\\ \boldsymbol{C} & \boldsymbol{B}\end{pmatrix}\geqslant R(\boldsymbol{A})+R(\boldsymbol{B})$.

☞ **证明**　设 $R(\boldsymbol{A})=r$，$R(\boldsymbol{B})=s$，则存在可逆方阵 $\boldsymbol{P}_1, \boldsymbol{Q}_1, \boldsymbol{P}_2, \boldsymbol{Q}_2$，使得

$$\boldsymbol{P}_1\boldsymbol{A}\boldsymbol{Q}_1=\begin{pmatrix}\boldsymbol{E}_r & \boldsymbol{O}\\ \boldsymbol{O} & \boldsymbol{O}\end{pmatrix}, \quad \boldsymbol{P}_2\boldsymbol{B}\boldsymbol{Q}_2=\begin{pmatrix}\boldsymbol{E}_s & \boldsymbol{O}\\ \boldsymbol{O} & \boldsymbol{O}\end{pmatrix}.$$

令 $\boldsymbol{P}=\begin{pmatrix}\boldsymbol{P}_1 & \boldsymbol{O}\\ \boldsymbol{O} & \boldsymbol{P}_2\end{pmatrix}$，$\boldsymbol{Q}=\begin{pmatrix}\boldsymbol{Q}_1 & \boldsymbol{O}\\ \boldsymbol{O} & \boldsymbol{Q}_2\end{pmatrix}$，则 $\boldsymbol{P}$ 和 $\boldsymbol{Q}$ 是可逆方阵.

(1) 由于

$$\boldsymbol{P}\begin{pmatrix}\boldsymbol{A} & \boldsymbol{O}\\ \boldsymbol{O} & \boldsymbol{B}\end{pmatrix}\boldsymbol{Q}=\begin{pmatrix}\boldsymbol{P}_1\boldsymbol{A}\boldsymbol{Q}_1 & \boldsymbol{O}\\ \boldsymbol{O} & \boldsymbol{P}_2\boldsymbol{B}\boldsymbol{Q}_2\end{pmatrix}=\begin{pmatrix}\begin{matrix}\boldsymbol{E}_r & \boldsymbol{O}\\ \boldsymbol{O} & \boldsymbol{O}\end{matrix} & \boldsymbol{O}\\ \boldsymbol{O} & \begin{matrix}\boldsymbol{E}_s & \boldsymbol{O}\\ \boldsymbol{O} & \boldsymbol{O}\end{matrix}\end{pmatrix}\sim\begin{pmatrix}\boldsymbol{E}_r & & \\ & \boldsymbol{E}_s & \\ & & \boldsymbol{O}\end{pmatrix},$$

所以有

$$R\begin{pmatrix}\boldsymbol{A} & \boldsymbol{O}\\ \boldsymbol{O} & \boldsymbol{B}\end{pmatrix}=r+s=R(\boldsymbol{A})+R(\boldsymbol{B}).$$

(2) 类似地,由于

$$\begin{aligned}\boldsymbol{P}\begin{pmatrix}\boldsymbol{A} & \boldsymbol{O}\\ \boldsymbol{C} & \boldsymbol{B}\end{pmatrix}\boldsymbol{Q}&=\begin{pmatrix}\boldsymbol{P}_1\boldsymbol{A}\boldsymbol{Q}_1 & \boldsymbol{O}\\ \boldsymbol{P}_2\boldsymbol{C}\boldsymbol{Q}_1 & \boldsymbol{P}_2\boldsymbol{B}\boldsymbol{Q}_2\end{pmatrix}\\ &=\begin{pmatrix}\boldsymbol{E}_r & \boldsymbol{O} & \boldsymbol{O} & \boldsymbol{O}\\ \boldsymbol{O} & \boldsymbol{O} & \boldsymbol{O} & \boldsymbol{O}\\ \boldsymbol{C}_{11} & \boldsymbol{C}_{12} & \boldsymbol{E}_s & \boldsymbol{O}\\ \boldsymbol{C}_{21} & \boldsymbol{C}_{22} & \boldsymbol{O} & \boldsymbol{O}\end{pmatrix}\sim\begin{pmatrix}\boldsymbol{E}_r & \boldsymbol{O} & \boldsymbol{O} & \boldsymbol{O}\\ \boldsymbol{O} & \boldsymbol{O} & \boldsymbol{O} & \boldsymbol{O}\\ \boldsymbol{O} & \boldsymbol{O} & \boldsymbol{E}_s & \boldsymbol{O}\\ \boldsymbol{O} & \boldsymbol{C}_{22} & \boldsymbol{O} & \boldsymbol{O}\end{pmatrix}\sim\begin{pmatrix}\boldsymbol{E}_r & \boldsymbol{O} & \boldsymbol{O} & \boldsymbol{O}\\ \boldsymbol{O} & \boldsymbol{E}_s & \boldsymbol{O} & \boldsymbol{O}\\ \boldsymbol{O} & \boldsymbol{O} & \boldsymbol{C}_{22} & \boldsymbol{O}\\ \boldsymbol{O} & \boldsymbol{O} & \boldsymbol{O} & \boldsymbol{O}\end{pmatrix},\end{aligned}$$

所以,$R\begin{pmatrix}\boldsymbol{A} & \boldsymbol{O}\\ \boldsymbol{C} & \boldsymbol{B}\end{pmatrix}\geqslant r+s=R(\boldsymbol{A})+R(\boldsymbol{B})$.

当然,上面证明过程也可以都改写为分块阵的初等变换.

引理 5.30(2)有可能取等号,例如有下面的例子.

例 5.27 (1) 设 $\boldsymbol{A}$ 是可逆方阵,证明:$R\begin{pmatrix}\boldsymbol{A} & \boldsymbol{O}\\ \boldsymbol{C} & \boldsymbol{B}\end{pmatrix}=R(\boldsymbol{A})+R(\boldsymbol{B})$;

(2) 设 $\boldsymbol{B}$ 是可逆方阵,证明:$R\begin{pmatrix}\boldsymbol{A} & \boldsymbol{O}\\ \boldsymbol{C} & \boldsymbol{B}\end{pmatrix}=R(\boldsymbol{A})+R(\boldsymbol{B})$.

☞ **证明** (1) 当 $\boldsymbol{A}$ 可逆时,有

$$\begin{pmatrix}\boldsymbol{A} & \boldsymbol{O}\\ \boldsymbol{C} & \boldsymbol{B}\end{pmatrix}\xrightarrow{r_2-\boldsymbol{C}\boldsymbol{A}^{-1}r_1}\begin{pmatrix}\boldsymbol{A} & \boldsymbol{O}\\ \boldsymbol{O} & \boldsymbol{B}\end{pmatrix}.$$

再由引理 5.30(1)得结论.

为了体会用引理 5.30 证明 Frobenius 秩不等式的矩阵技巧,我们先用它来重新证明命题 5.27.

例 5.28 用引理 5.30 重新证明命题 5.27.

☞ **证明** (1) 由于

$$\begin{pmatrix}\boldsymbol{A} & \boldsymbol{O}\\ \boldsymbol{O} & \boldsymbol{B}\end{pmatrix}\xrightarrow{r_1+r_2}\begin{pmatrix}\boldsymbol{A} & \boldsymbol{B}\\ \boldsymbol{O} & \boldsymbol{B}\end{pmatrix},$$

所以

$$R(\boldsymbol{A},\boldsymbol{B})\leqslant R\begin{bmatrix}\boldsymbol{A}&\boldsymbol{B}\\\boldsymbol{O}&\boldsymbol{B}\end{bmatrix}=R\begin{bmatrix}\boldsymbol{A}&\boldsymbol{O}\\\boldsymbol{O}&\boldsymbol{B}\end{bmatrix}\xlongequal{\text{引理 }5.30}R(\boldsymbol{A})+R(\boldsymbol{B}).$$

(2) 由于

$$\begin{bmatrix}\boldsymbol{A}&\boldsymbol{O}\\\boldsymbol{O}&\boldsymbol{B}\end{bmatrix}\xrightarrow{r_2+r_1}\begin{bmatrix}\boldsymbol{A}&\boldsymbol{O}\\\boldsymbol{A}&\boldsymbol{B}\end{bmatrix}\xrightarrow{c_1+c_2}\begin{bmatrix}\boldsymbol{A}&\boldsymbol{O}\\\boldsymbol{A}+\boldsymbol{B}&\boldsymbol{B}\end{bmatrix},$$

所以

$$R(\boldsymbol{A}+\boldsymbol{B})\leqslant \begin{bmatrix}\boldsymbol{A}&\boldsymbol{O}\\\boldsymbol{A}+\boldsymbol{B}&\boldsymbol{B}\end{bmatrix}=R\begin{bmatrix}\boldsymbol{A}&\boldsymbol{O}\\\boldsymbol{O}&\boldsymbol{B}\end{bmatrix}\xlongequal{\text{引理 }5.30}R(\boldsymbol{A})+R(\boldsymbol{B}).$$

证毕.

☞ **命题 5.29**(Frobenius 秩不等式)的证明　我们有下面的分块矩阵的初等变换

$$\begin{bmatrix}\boldsymbol{AB}&\boldsymbol{O}\\\boldsymbol{B}&\boldsymbol{BC}\end{bmatrix}\xrightarrow{r_1-\boldsymbol{A}r_2}\begin{bmatrix}\boldsymbol{O}&-\boldsymbol{ABC}\\\boldsymbol{B}&\boldsymbol{BC}\end{bmatrix}\xrightarrow{c_2-c_1\boldsymbol{C}}\begin{bmatrix}\boldsymbol{O}&-\boldsymbol{ABC}\\\boldsymbol{B}&\boldsymbol{O}\end{bmatrix}\xrightarrow{c_1\leftrightarrow c_2}\begin{bmatrix}-\boldsymbol{ABC}&\boldsymbol{O}\\\boldsymbol{O}&\boldsymbol{B}\end{bmatrix},$$

于是有

$$\begin{aligned}R(\boldsymbol{AB})+R(\boldsymbol{BC})&\overset{\text{引理}5.30}{\leqslant}R\begin{bmatrix}\boldsymbol{AB}&\boldsymbol{O}\\\boldsymbol{B}&\boldsymbol{BC}\end{bmatrix}=R\begin{bmatrix}-\boldsymbol{ABC}&\boldsymbol{O}\\\boldsymbol{O}&\boldsymbol{B}\end{bmatrix}\\&\xlongequal{\text{引理 }5.30}R(-\boldsymbol{ABC})+R(\boldsymbol{B})=R(\boldsymbol{ABC})+R(\boldsymbol{B}),\end{aligned}$$

得证.

Sylvester 秩不等式有许多的证明方法.除了可以利用 Frobenius 秩不等式证明外①,还可以用初等变换标准形如下证明.

☞ **命题 5.28**(Sylvester 秩不等式)的另证　设 $R(\boldsymbol{A})=r$,则存在 m 阶可逆阵 $\boldsymbol{P}$ 和 n 阶可逆阵 $\boldsymbol{Q}$,使得 $\boldsymbol{A}=\boldsymbol{P}\begin{bmatrix}\boldsymbol{E}_r&\boldsymbol{O}\\\boldsymbol{O}&\boldsymbol{O}\end{bmatrix}\boldsymbol{Q}$. 做分块,$\boldsymbol{QB}=\begin{bmatrix}\boldsymbol{B}_1&\boldsymbol{B}_2\\\boldsymbol{B}_3&\boldsymbol{B}_4\end{bmatrix}$,其中 $\boldsymbol{B}_1\in\mathbb{F}^{r\times r}$,则

$$\boldsymbol{AB}=\boldsymbol{P}\begin{bmatrix}\boldsymbol{E}_r&\boldsymbol{O}\\\boldsymbol{O}&\boldsymbol{O}\end{bmatrix}\boldsymbol{QB}=\boldsymbol{P}\begin{bmatrix}\boldsymbol{B}_1&\boldsymbol{B}_2\\\boldsymbol{O}&\boldsymbol{O}\end{bmatrix}.$$

所以

$$\begin{aligned}R(\boldsymbol{B})=R(\boldsymbol{QB})=R\begin{bmatrix}\boldsymbol{B}_1&\boldsymbol{B}_2\\\boldsymbol{B}_3&\boldsymbol{B}_4\end{bmatrix}&\leqslant R(\boldsymbol{B}_1,\boldsymbol{B}_2)+R(\boldsymbol{B}_3,\boldsymbol{B}_4)=R\left[\boldsymbol{P}\begin{bmatrix}\boldsymbol{B}_1&\boldsymbol{B}_2\\\boldsymbol{O}&\boldsymbol{O}\end{bmatrix}\right]+R(\boldsymbol{B}_3,\boldsymbol{B}_4)\\&=R(\boldsymbol{AB})+R(\boldsymbol{B}_3,\boldsymbol{B}_4)\leqslant R(\boldsymbol{AB})+(n-r),\end{aligned}$$

---

① 当然,也可用上面给出的证明 Frobenius 秩不等式的方法,比如利用如下的初等变换

$$\begin{pmatrix}\boldsymbol{AB}&\boldsymbol{O}\\\boldsymbol{O}&\boldsymbol{E}_n\end{pmatrix}\xrightarrow{r_1+\boldsymbol{A}r_2}\begin{pmatrix}\boldsymbol{AB}&\boldsymbol{A}\\\boldsymbol{O}&\boldsymbol{E}_n\end{pmatrix}\xrightarrow{c_1-c_2\boldsymbol{B}}\begin{pmatrix}\boldsymbol{O}&\boldsymbol{A}\\-\boldsymbol{B}&\boldsymbol{E}_n\end{pmatrix}\xrightarrow{c_1\leftrightarrow c_2}\begin{pmatrix}\boldsymbol{A}&\boldsymbol{O}\\\boldsymbol{E}_n&-\boldsymbol{B}\end{pmatrix}$$

来证明.

整理得到 Sylvester 秩不等式.

我们后面还会给出 Sylvester 秩不等式的其他一些证明.

5.7.3 线性表示、线性相关和矩阵的秩

本节最后,我们将命题 5.15 用矩阵的秩重新表述一下.

定理 5.31 设 $\boldsymbol{A}\in\mathbb{F}^{m\times n}$, $\boldsymbol{B}\in\mathbb{F}^{m\times l}$, $\boldsymbol{\beta}\in\mathbb{F}^{m}$, 记 $\boldsymbol{S}$ 为 $\boldsymbol{A}$ 的列向量组, $\boldsymbol{T}$ 为 $\boldsymbol{B}$ 的列向量组,则

(1) $\boldsymbol{\beta}$ 可由 $\boldsymbol{S}$ 线性表示 $\Longleftrightarrow$ $\boldsymbol{AX}=\boldsymbol{\beta}$ 有解 $\Longleftrightarrow$ $R(\boldsymbol{A})=R(\boldsymbol{A},\boldsymbol{\beta})$. 特别有

(i) $\boldsymbol{\beta}$ 不能由 $\boldsymbol{S}$ 线性表示 $\Longleftrightarrow$ $\boldsymbol{AX}=\boldsymbol{\beta}$ 无解 $\Longleftrightarrow$ $R(\boldsymbol{A})<R(\boldsymbol{A},\boldsymbol{\beta})$;

(ii) $\boldsymbol{\beta}$ 可由 $\boldsymbol{S}$ 唯一线性表示 $\Longleftrightarrow$ $\boldsymbol{AX}=\boldsymbol{\beta}$ 有唯一解 $\Longleftrightarrow$ $R(\boldsymbol{A})=R(\boldsymbol{A},\boldsymbol{\beta})=n$;

(iii) $\boldsymbol{\beta}$ 可由 $\boldsymbol{S}$ 不唯一地线性表示 $\Longleftrightarrow$ $\boldsymbol{AX}=\boldsymbol{\beta}$ 有无穷多解 $\Longleftrightarrow$ $R(\boldsymbol{A})=R(\boldsymbol{A},\boldsymbol{\beta})<n$;

(2) $\boldsymbol{T}\leftarrow\boldsymbol{S}$ $\Longleftrightarrow$ $\boldsymbol{AX}=\boldsymbol{B}$ 有解 $\Longleftrightarrow$ $R(\boldsymbol{A})=R(\boldsymbol{A},\boldsymbol{B})$;

(3) $\boldsymbol{S}\leftrightarrow\boldsymbol{T}$ $\Longleftrightarrow$ $\boldsymbol{AX}=\boldsymbol{B}$ 和 $\boldsymbol{BY}=\boldsymbol{A}$ 都有解 $\Longleftrightarrow$ $R(\boldsymbol{A})=R(\boldsymbol{B})=R(\boldsymbol{A},\boldsymbol{B})$;

(4) $\boldsymbol{S}$ 线性相关 $\Longleftrightarrow$ $\boldsymbol{AX}=\boldsymbol{0}$ 有非零解 $\Longleftrightarrow$ $R(\boldsymbol{A})<n$;

(5) $\boldsymbol{S}$ 线性无关 $\Longleftrightarrow$ $\boldsymbol{AX}=\boldsymbol{0}$ 只有零解 $\Longleftrightarrow$ $R(\boldsymbol{A})=n$.

因此,可以用矩阵的秩来判别向量组的线性相关性,来判别线性方程组(矩阵方程)解的情况,这种判别法是我们所喜欢的.我们看几个例子.

例 5.29 设有向量 $\boldsymbol{\alpha}_1=\begin{pmatrix}1\\1-\lambda\\5-3\lambda\end{pmatrix}$, $\boldsymbol{\alpha}_2=\begin{pmatrix}1\\1-\lambda\\1-\lambda\end{pmatrix}$, $\boldsymbol{\alpha}_3=\begin{pmatrix}1-\lambda\\1\\1\end{pmatrix}$, $\boldsymbol{\beta}=\begin{pmatrix}1\\1\\\lambda\end{pmatrix}$, 其中 λ 是参数.试讨论向量 $\boldsymbol{\beta}$ 由向量组 $\boldsymbol{\alpha}_1,\boldsymbol{\alpha}_2,\boldsymbol{\alpha}_3$ 线性表示的情况.当 $\boldsymbol{\beta}$ 可由向量组 $\boldsymbol{\alpha}_1,\boldsymbol{\alpha}_2,\boldsymbol{\alpha}_3$ 不唯一线性表示时,求出一般的表达式.

☞ **解** 设 $\boldsymbol{A}=(\boldsymbol{\alpha}_1,\boldsymbol{\alpha}_2,\boldsymbol{\alpha}_3)$,则问题等价于讨论线性方程组 $\boldsymbol{AX}=\boldsymbol{\beta}$ 解的情况.对增广矩阵进行行初等变换

$$(\boldsymbol{A},\boldsymbol{\beta})=\begin{pmatrix}1&1&1-\lambda&1\\1-\lambda&1-\lambda&1&1\\5-3\lambda&1-\lambda&1&\lambda\end{pmatrix}\xrightarrow[r_3-(5-3\lambda)r_1]{r_2-(1-\lambda)r_1}\begin{pmatrix}1&1&1-\lambda&1\\0&0&\lambda(2-\lambda)&\lambda\\0&2(\lambda-2)&(2-3\lambda)(\lambda-2)&4\lambda-5\end{pmatrix}$$

$$\xrightarrow{r_2\leftrightarrow r_3}\begin{pmatrix}1&1&1-\lambda&1\\0&2(\lambda-2)&(2-3\lambda)(\lambda-2)&4\lambda-5\\0&0&\lambda(2-\lambda)&\lambda\end{pmatrix}.$$

于是当 $\lambda\neq0$ 且 $\lambda\neq2$ 时,有 $R(\boldsymbol{A})=R(\boldsymbol{A},\boldsymbol{\beta})=3$,得到线性方程组 $\boldsymbol{AX}=\boldsymbol{\beta}$ 有唯一解.所以当 $\lambda\neq0$ 且 $\lambda\neq2$ 时, $\boldsymbol{\beta}$ 可由向量组 $\boldsymbol{\alpha}_1,\boldsymbol{\alpha}_2,\boldsymbol{\alpha}_3$ 唯一地线性表示.

当 $\lambda=2$ 时,有 $R(\boldsymbol{A})=1$ 而 $R(\boldsymbol{A},\boldsymbol{\beta})=2$,得到线性方程组 $\boldsymbol{AX}=\boldsymbol{\beta}$ 无解.所以当 $\lambda=2$ 时, $\boldsymbol{\beta}$ 不能由向量组 $\boldsymbol{\alpha}_1,\boldsymbol{\alpha}_2,\boldsymbol{\alpha}_3$ 线性表示.

当 $\lambda=0$ 时,有 $R(\boldsymbol{A})=R(\boldsymbol{A},\boldsymbol{\beta})=2$,得到线性方程组 $\boldsymbol{AX}=\boldsymbol{\beta}$ 有无穷多解.所以当 $\lambda=0$ 时, $\boldsymbol{\beta}$ 可由向量组 $\boldsymbol{\alpha}_1,\boldsymbol{\alpha}_2,\boldsymbol{\alpha}_3$ 不唯一地线性表示.此时,由

$$(\boldsymbol{A},\boldsymbol{\beta})\overset{r}{\sim}\begin{pmatrix}1&1&1&1\\0&-4&-4&-5\\0&0&0&0\end{pmatrix}\overset{r}{\sim}\begin{pmatrix}1&0&0&-\dfrac{1}{4}\\0&1&1&\dfrac{5}{4}\\0&0&0&0\end{pmatrix},$$

得到 $\boldsymbol{AX}=\boldsymbol{\beta}$ 的通解为

$$\boldsymbol{X}=\begin{pmatrix}-\dfrac{1}{4}\\\dfrac{5}{4}-c\\c\end{pmatrix},$$

其中，c 为任意常数.于是

$$\boldsymbol{\beta}=-\frac{1}{4}\boldsymbol{\alpha}_1+\left(\frac{5}{4}-c\right)\boldsymbol{\alpha}_2+c\boldsymbol{\alpha}_3,$$

其中，c 为任意常数.

由于矩阵 $\boldsymbol{A}$ 是方阵，也可先利用行列式如下讨论.由于

$$|\boldsymbol{A}|\xlongequal{r_1-r_2}\begin{vmatrix}\lambda&\lambda&-\lambda\\1-\lambda&1-\lambda&1\\5-3\lambda&1-\lambda&1\end{vmatrix}\xlongequal[c_3+c_1]{c_2-c_1}\begin{vmatrix}\lambda&0&0\\1-\lambda&0&2-\lambda\\5-3\lambda&2\lambda-4&6-3\lambda\end{vmatrix}=-2\lambda(2-\lambda)^2,$$

所以当 $|\boldsymbol{A}|\neq0$，即 $\lambda\neq0$ 且 $\lambda\neq2$ 时，$\boldsymbol{AX}=\boldsymbol{\beta}$ 有唯一解.于是当 $\lambda\neq0$ 且 $\lambda\neq2$ 时，$\boldsymbol{\beta}$ 可由向量组 $\boldsymbol{\alpha}_1,\boldsymbol{\alpha}_2,\boldsymbol{\alpha}_3$ 唯一地线性表示.

再用行初等变换分别讨论 $\lambda=2$ 和 $\lambda=0$ 时系数矩阵和增广矩阵的秩的关系，这里省略.

例 5.30(同例 5.7) 设 $\boldsymbol{\alpha}_1,\boldsymbol{\alpha}_2,\boldsymbol{\alpha}_3\in\mathbb{F}^n$，证明：

(1) $\boldsymbol{\alpha}_1-\boldsymbol{\alpha}_2,\boldsymbol{\alpha}_2-\boldsymbol{\alpha}_3,\boldsymbol{\alpha}_3-\boldsymbol{\alpha}_1$ 线性相关；

(2) $\boldsymbol{\alpha}_1,\boldsymbol{\alpha}_2,\boldsymbol{\alpha}_3$ 线性无关 $\Longleftrightarrow$ $\boldsymbol{\alpha}_1+\boldsymbol{\alpha}_2,\boldsymbol{\alpha}_2+\boldsymbol{\alpha}_3,\boldsymbol{\alpha}_3+\boldsymbol{\alpha}_1$ 线性无关.

☞ **证明** 前面给出了该例的几何证明，这里给出代数证明.

(1) 由于

$$(\boldsymbol{\alpha}_1-\boldsymbol{\alpha}_2,\boldsymbol{\alpha}_2-\boldsymbol{\alpha}_3,\boldsymbol{\alpha}_3-\boldsymbol{\alpha}_1)=(\boldsymbol{\alpha}_1,\boldsymbol{\alpha}_2,\boldsymbol{\alpha}_3)\begin{pmatrix}1&0&-1\\-1&1&0\\0&-1&1\end{pmatrix},$$

而

$$\boldsymbol{C}=\begin{pmatrix}1&0&-1\\-1&1&0\\0&-1&1\end{pmatrix}\overset{r_2+r_1}{\sim}\begin{pmatrix}1&0&-1\\0&1&-1\\0&-1&1\end{pmatrix}\overset{r_3+r_2}{\sim}\begin{pmatrix}1&0&-1\\0&1&-1\\0&0&0\end{pmatrix},$$

所以

$R(\boldsymbol{\alpha}_1-\boldsymbol{\alpha}_2, \boldsymbol{\alpha}_2-\boldsymbol{\alpha}_3, \boldsymbol{\alpha}_3-\boldsymbol{\alpha}_1) \leqslant R(\boldsymbol{C})=2$[也可计算 $\boldsymbol{C}$ 的行列式得到 $R(\boldsymbol{C})<3$],于是 $\boldsymbol{\alpha}_1-\boldsymbol{\alpha}_2, \boldsymbol{\alpha}_2-\boldsymbol{\alpha}_3, \boldsymbol{\alpha}_3-\boldsymbol{\alpha}_1$ 线性相关.

(2) 由于

$$(\boldsymbol{\alpha}_1+\boldsymbol{\alpha}_2, \boldsymbol{\alpha}_2+\boldsymbol{\alpha}_3, \boldsymbol{\alpha}_3+\boldsymbol{\alpha}_1)=(\boldsymbol{\alpha}_1, \boldsymbol{\alpha}_2, \boldsymbol{\alpha}_3)\begin{pmatrix}1&0&1\\1&1&0\\0&1&1\end{pmatrix},$$

而

$$\boldsymbol{P}=\begin{pmatrix}1&0&1\\1&1&0\\0&1&1\end{pmatrix}\xrightarrow{r_2-r_1}\begin{pmatrix}1&0&1\\0&1&-1\\0&1&1\end{pmatrix}\xrightarrow{r_3-r_2}\begin{pmatrix}1&0&1\\0&1&-1\\0&0&2\end{pmatrix},$$

所以 $\boldsymbol{P}$ 可逆(也可计算 $\boldsymbol{P}$ 的行列式得到 $\boldsymbol{P}$ 可逆),进而

$$R(\boldsymbol{\alpha}_1, \boldsymbol{\alpha}_2, \boldsymbol{\alpha}_3)=R(\boldsymbol{\alpha}_1+\boldsymbol{\alpha}_2, \boldsymbol{\alpha}_2+\boldsymbol{\alpha}_3, \boldsymbol{\alpha}_3+\boldsymbol{\alpha}_1).$$

由此得结论.

例 5.31 设 $\boldsymbol{\alpha}_1=\begin{pmatrix}0\\1\\1\end{pmatrix}, \boldsymbol{\alpha}_2=\begin{pmatrix}1\\1\\0\end{pmatrix}, \boldsymbol{\beta}_1=\begin{pmatrix}-1\\0\\1\end{pmatrix}, \boldsymbol{\beta}_2=\begin{pmatrix}1\\2\\1\end{pmatrix}, \boldsymbol{\beta}_3=\begin{pmatrix}3\\2\\-1\end{pmatrix}$,证明:$\boldsymbol{\alpha}_1, \boldsymbol{\alpha}_2$ 和 $\boldsymbol{\beta}_1, \boldsymbol{\beta}_2, \boldsymbol{\beta}_3$ 等价.

☞ **证明** 由于

$$(\boldsymbol{\alpha}_1, \boldsymbol{\alpha}_2, \boldsymbol{\beta}_1, \boldsymbol{\beta}_2, \boldsymbol{\beta}_3)=\begin{pmatrix}0&1&-1&1&3\\1&1&0&2&2\\1&0&1&1&-1\end{pmatrix}\xrightarrow[r_2-r_1]{r_1\leftrightarrow r_3}\begin{pmatrix}1&0&1&1&-1\\0&1&-1&1&3\\0&1&-1&1&3\end{pmatrix}$$

$$\xrightarrow{r_3-r_2}\begin{pmatrix}1&0&1&1&-1\\0&1&-1&1&3\\0&0&0&0&0\end{pmatrix},$$

所以 $R(\boldsymbol{\alpha}_1, \boldsymbol{\alpha}_2)=R(\boldsymbol{\alpha}_1, \boldsymbol{\alpha}_2, \boldsymbol{\beta}_1, \boldsymbol{\beta}_2, \boldsymbol{\beta}_3)=2$. 而

$$(\boldsymbol{\beta}_1, \boldsymbol{\beta}_2, \boldsymbol{\beta}_3)\stackrel{r}{\sim}\begin{pmatrix}1&1&-1\\-1&1&3\\0&0&0\end{pmatrix}\xrightarrow{r_2+r_1}\begin{pmatrix}1&1&-1\\0&2&2\\0&0&0\end{pmatrix},$$

所以 $R(\boldsymbol{\beta}_1, \boldsymbol{\beta}_2, \boldsymbol{\beta}_3)=2$. 于是 $\boldsymbol{\alpha}_1, \boldsymbol{\alpha}_2$ 和 $\boldsymbol{\beta}_1, \boldsymbol{\beta}_2, \boldsymbol{\beta}_3$ 等价.

例 5.32 [例 5.25 中的(i) $\Longleftrightarrow$ (ii)]设 $\boldsymbol{A}\in\mathbb{F}^{m\times n}$,证明:$R(\boldsymbol{A})=n$ 当且仅当存在 $\boldsymbol{B}\in\mathbb{F}^{n\times m}$,使得 $\boldsymbol{BA}=\boldsymbol{E}_n$.

☞ **证明** 由于 $R(\boldsymbol{A}^{\mathrm{T}})=R(\boldsymbol{A})$,所以只要证:$R(\boldsymbol{A}^{\mathrm{T}})=n \Longleftrightarrow$ 存在矩阵 $\boldsymbol{C}$,使得 $\boldsymbol{A}^{\mathrm{T}}\boldsymbol{C}=\boldsymbol{E}_n$. 考虑矩阵方程 $\boldsymbol{A}^{\mathrm{T}}\boldsymbol{X}=\boldsymbol{E}_n$. 由于

$$R(\boldsymbol{A}^{\mathrm{T}}, \boldsymbol{E}_n) \geqslant R(\boldsymbol{E}_n) = n,$$

且 $(\boldsymbol{A}^{\mathrm{T}}, \boldsymbol{E}_n)$ 为 $n \times (n+m)$ 矩阵推出 $R(\boldsymbol{A}^{\mathrm{T}}, \boldsymbol{E}_n) \leqslant n$. 所以得 $R(\boldsymbol{A}^{\mathrm{T}}, \boldsymbol{E}_n) = n$. 于是 $\boldsymbol{A}^{\mathrm{T}}\boldsymbol{X} = \boldsymbol{E}_n$ 有解的充分必要条件是 $R(\boldsymbol{A}^{\mathrm{T}}) = R(\boldsymbol{A}^{\mathrm{T}}, \boldsymbol{E}_n) = n$.

习题 5.7

A1. 设矩阵 $\boldsymbol{A} = \begin{pmatrix} 1 & 0 & -1 \\ 2 & 1 & 2 \\ 0 & 1 & 4 \end{pmatrix}$.

(1) 求 $\boldsymbol{A}$ 的一个满秩分解 $\boldsymbol{A} = \boldsymbol{H}\boldsymbol{L}$；

(2) 求矩阵 $\boldsymbol{H}_1$ 和 $\boldsymbol{L}_1$，使得 $\boldsymbol{H}_1\boldsymbol{H} = \boldsymbol{L}\boldsymbol{L}_1 = \boldsymbol{E}_2$；

(3) 求矩阵 $\boldsymbol{X}$，使得 $\boldsymbol{A}\boldsymbol{X}\boldsymbol{A} = \boldsymbol{A}$.

A2. 是否存在 n 阶方阵 $\boldsymbol{A}$ 和 $\boldsymbol{B}$，使得

(1) $[\boldsymbol{A}, \boldsymbol{B}] = \boldsymbol{E}_n$；　　(2) $[\boldsymbol{A}, \boldsymbol{B}]$ 可逆，

并说明理由.

A3. 设有线性方程组 $\begin{cases} (2-a)x_1 + 2x_2 - 2x_3 = 1, \\ 2x_1 + (5-a)x_2 - 4x_3 = 2, \\ -2x_1 - 4x_2 + (5-a)x_3 = -a-1, \end{cases}$ 问 a 分别取何值时，该方程组有唯一解，无解或有无穷多解？并在有无穷多解时求其通解.

A4. 设矩阵 $\boldsymbol{A} \in \mathbb{F}^{m\times n}$，$\boldsymbol{B} \in \mathbb{F}^{n\times m}$，证明：

(1) $R(\boldsymbol{A}) = R(\boldsymbol{A}\boldsymbol{B}, \boldsymbol{A})$；

(2) $R(\boldsymbol{A}\boldsymbol{B}) = R(\boldsymbol{A})$ 的充分必要条件是，存在 $\boldsymbol{C} \in \mathbb{F}^{m\times n}$，使得 $\boldsymbol{A} = \boldsymbol{A}\boldsymbol{B}\boldsymbol{C}$.

A5. 设 $\boldsymbol{A}$ 是 n 阶方阵 $(n \geqslant 2)$，证明：

(1) $R(\mathrm{adj}\,(\boldsymbol{A})) = \begin{cases} n, & R(\boldsymbol{A}) = n, \\ 1, & R(\boldsymbol{A}) = n-1, \\ 0, & R(\boldsymbol{A}) < n-1; \end{cases}$

(2) $\mathrm{adj}\,(\mathrm{adj}\,(\boldsymbol{A})) = \begin{cases} \boldsymbol{A}, & n = 2, \\ (\det \boldsymbol{A})^{n-2}\boldsymbol{A}, & n > 2. \end{cases}$

A6. 设 $\boldsymbol{A}$ 是 n 阶方阵，证明：

(1) 如果 $\boldsymbol{A}^2 = \boldsymbol{E}$，则 $R(\boldsymbol{A}+\boldsymbol{E}) + R(\boldsymbol{A}-\boldsymbol{E}) = n$；

(2) 如果 $\boldsymbol{A}^2 = \boldsymbol{A}$，则 $R(\boldsymbol{A}) + R(\boldsymbol{A}-\boldsymbol{E}) = n$.

A7. 设 n 阶方阵 $\boldsymbol{A}$ 有分块 $\boldsymbol{A} = \begin{pmatrix} \boldsymbol{A}_{11} & \boldsymbol{A}_{12} \\ \boldsymbol{A}_{21} & \boldsymbol{A}_{22} \end{pmatrix}$，其中 $\boldsymbol{A}_{11}$ 是 r 阶可逆矩阵，证明：$R(\boldsymbol{A}) = r$ 的充分必要条件是 $\boldsymbol{A}_{22} = \boldsymbol{A}_{21}\boldsymbol{A}_{11}^{-1}\boldsymbol{A}_{12}$.

A8. 设 $\boldsymbol{A}$ 是 n 阶方阵，$k \in \mathbb{N}$ 满足 $R(\boldsymbol{A}^k) = R(\boldsymbol{A}^{k+1})$，证明：

$$R(\boldsymbol{A}^k) = R(\boldsymbol{A}^{k+1}) = R(\boldsymbol{A}^{k+2}) = \cdots.$$

A9. 设 k 是正整数，$\boldsymbol{A}_1, \boldsymbol{A}_2, \cdots, \boldsymbol{A}_k$ 是 n 阶方阵，证明①：

---

① 下册的习题 8.1 中有一般化证明方法.

$$R(\boldsymbol{A}_1)+R(\boldsymbol{A}_2)+\cdots+R(\boldsymbol{A}_k)\leqslant R(\boldsymbol{A}_1\boldsymbol{A}_2\cdots\boldsymbol{A}_k)+(k-1)n.$$

特别地,当 $\boldsymbol{A}_1\boldsymbol{A}_2\cdots\boldsymbol{A}_k=\boldsymbol{O}$ 时,有 $R(\boldsymbol{A}_1)+R(\boldsymbol{A}_2)+\cdots+R(\boldsymbol{A}_k)\leqslant(k-1)n$.

B1. 设 $\boldsymbol{A}$ 和 $\boldsymbol{B}$ 为 n 阶方阵,证明:

$$R(\boldsymbol{AB}-\boldsymbol{E}_n)\leqslant R(\boldsymbol{A}-\boldsymbol{E}_n)+R(\boldsymbol{B}-\boldsymbol{E}_n).$$

B2. 设 k 是正整数, $\boldsymbol{B}_1$, $\boldsymbol{B}_2$, $\cdots$, $\boldsymbol{B}_k$ 都是 n 阶幂等阵.记 $\boldsymbol{A}=\boldsymbol{B}_1\boldsymbol{B}_2\cdots\boldsymbol{B}_k$,证明:

$$R(\boldsymbol{E}_n-\boldsymbol{A})\leqslant k[n-R(\boldsymbol{A})].$$

B3. 设 $\boldsymbol{A}$ 为 n 阶方阵,证明:

(1) $R(\boldsymbol{A}^2-\boldsymbol{E}_n)=R(\boldsymbol{A}+\boldsymbol{E}_n)+R(\boldsymbol{A}-\boldsymbol{E}_n)-n$,进而

$$\boldsymbol{A}^2=\boldsymbol{E}_n\iff R(\boldsymbol{A}+\boldsymbol{E}_n)+R(\boldsymbol{A}-\boldsymbol{E}_n)=n;$$

(2) $R(\boldsymbol{A}^2-\boldsymbol{A})=R(\boldsymbol{A})+R(\boldsymbol{A}-\boldsymbol{E}_n)-n$,进而

$$\boldsymbol{A}^2=\boldsymbol{A}\iff R(\boldsymbol{A})+R(\boldsymbol{A}-\boldsymbol{E}_n)=n.$$

B4. 设 $\boldsymbol{A}_1$, $\boldsymbol{A}_2$, $\cdots$, $\boldsymbol{A}_k$ 都是 n 阶方阵,其中 $k\geqslant 2$,且满足 $\boldsymbol{A}_1+\boldsymbol{A}_2+\cdots+\boldsymbol{A}_k=\boldsymbol{E}_n$.证明: $\boldsymbol{A}_1$, $\boldsymbol{A}_2$, $\cdots$, $\boldsymbol{A}_k$ 都是幂等阵的充分且必要条件是, $\boldsymbol{R}(\boldsymbol{A}_1)+R(\boldsymbol{A}_2)+\cdots+R(\boldsymbol{A}_k)=n$.

B5. 设 $\boldsymbol{A}$ 是 n 阶实对称阵,证明:如果 $R(\boldsymbol{A})=r$,则 $\boldsymbol{A}$ 至少有一个 r 阶主子式非零,同时所有的 r 阶非零主子式都同号.

B6. 设 $\boldsymbol{A}$ 是 n 阶实反对称阵,证明: $R(\boldsymbol{A})$ 一定是偶数,并且如果 $R(\boldsymbol{A})=r$,则 A 至少有一个 r 阶主子式非零,同时所有的 r 阶非零主子式都同号.

B7. 设 $\boldsymbol{A}$ 和 $\boldsymbol{B}$ 是 n 阶方阵,满足 $\boldsymbol{AB}=\boldsymbol{BA}=\boldsymbol{O}$,证明:

(1) 如果 $R(\boldsymbol{A}^2)=R(\boldsymbol{A})$,那么 $R(\boldsymbol{A}+\boldsymbol{B})=R(\boldsymbol{A})+R(\boldsymbol{B})$;

(2) 存在正整数 k,使得 $R(\boldsymbol{A}^k+\boldsymbol{B}^k)=R(\boldsymbol{A}^k)+R(\boldsymbol{B}^k)$.

§5.8 向量空间

本节数由向量构成的一类特殊的空间的向量个数,这类空间我们称为向量空间.顾名思义,向量空间就是向量生活的空间,向量在该空间中可以自由地进行一切活动.而向量可以进行的活动就是加法和数乘,可以自由地进行加法和数乘就是指进行加法和数乘后产生的向量仍在这个空间中.

定义 5.9 设 $V\subset\mathbb{F}^n$ 是非空子集,如果 V 对向量的加法和数乘封闭,即

(i) $\forall\boldsymbol{\alpha},\boldsymbol{\beta}\in V$,有 $\boldsymbol{\alpha}+\boldsymbol{\beta}\in V$;

(ii) $\forall c\in\mathbb{F}$, $\forall\boldsymbol{\alpha}\in V$,有 $c\boldsymbol{\alpha}\in V$,

则称 V 是**向量空间**.

由定义,我们可以自由地在向量空间中进行向量的加法和数乘,进而进行线性组合.而且容易知道,对向量的加法和数乘封闭等价于对向量的线性组合封闭: $\forall c_1,\cdots,c_s\in\mathbb{F}$, $\forall\boldsymbol{\alpha}_1,\cdots,\boldsymbol{\alpha}_s\in V$,有

$$c_1\boldsymbol{\alpha}_1+\cdots+c_s\boldsymbol{\alpha}_s\in V.$$

设 V 是向量空间,任取 $\boldsymbol{\alpha}\in V$,则 $\boldsymbol{0}=0\cdot\boldsymbol{\alpha}\in V$,即向量空间中一定有零向量.又 $-\boldsymbol{\alpha}=(-1)\cdot\boldsymbol{\alpha}\in V$,进而可知 V 对向量的减法封闭.如果 $V\neq\{\boldsymbol{0}\}$,任取非零的 $\boldsymbol{\alpha}\in V$,则

$$\boldsymbol{\alpha},\ 2\boldsymbol{\alpha},\ 3\boldsymbol{\alpha},\ \cdots \in V$$

为无穷个互不相同的向量，特别地 V 是无限集.

例 5.33　(1) $\{\mathbf{0}\}$ 是向量空间，称为**零向量空间**；$\mathbb{F}^n$ 也是向量空间，称为 n **维(列)向量空间**；

(2) $V=\{(0,\ x_2,\ \cdots,\ x_n)^{\mathrm{T}} \mid x_2,\ \cdots,\ x_n \in \mathbb{F}\}$ 是向量空间；

(3) $W=\{(1,\ x_2,\ \cdots,\ x_n)^{\mathrm{T}} \mid x_2,\ \cdots,\ x_n \in \mathbb{F}\}$ 不是向量空间(比如 $\mathbf{0} \notin W$).

例 5.34　设 $\mathbb{F}=\mathbb{R}$，$n=3$，则 $\mathbb{R}^3$ 中过原点的直线和过原点的平面都是向量空间.除了这些和 $\{\mathbf{0}\}$ 以及 $\mathbb{R}^3$ 外，$\mathbb{R}^3$ 中是否还有其他的向量空间？

非零的向量空间都含有无限个向量，但其所含向量的真正个数(秩)却是有限数.由于其重要性，我们对向量空间的秩和极大无关组给以新的名称：维数和基.而称向量在极大无关组下的表示系数为坐标.具体地，我们给出下面的定义.

定义 5.10　设 V 是向量空间.

(1) V 的**维数**定义为

$$\dim V=\dim_{\mathbb{F}} V := R(V);$$

(2) 当 $V \neq \{\mathbf{0}\}$ 时，V 的极大无关组称为 V 的**基**；

(3) 设 $\dim V=r>0$，$\boldsymbol{\alpha}_1,\ \boldsymbol{\alpha}_2,\ \cdots,\ \boldsymbol{\alpha}_r$ 是 V 的一组(有序)基，则任意 $\boldsymbol{\alpha} \in V$，$\boldsymbol{\alpha}$ 可唯一表示为

$$\boldsymbol{\alpha}=c_1\boldsymbol{\alpha}_1+c_2\boldsymbol{\alpha}_2+\cdots+c_r\boldsymbol{\alpha}_r,\ c_1,\ c_2,\ \cdots,\ c_r \in \mathbb{F}.$$

称 $\begin{pmatrix} c_1 \\ c_2 \\ \vdots \\ c_r \end{pmatrix} \in \mathbb{F}^r$ 为 $\boldsymbol{\alpha}$ 在基 $\boldsymbol{\alpha}_1,\ \boldsymbol{\alpha}_2,\ \cdots,\ \boldsymbol{\alpha}_r$ 下的**坐标**.

于是，可以理解为在向量空间中建立坐标系，即我们在做高维的解析几何.基就是向量空间的坐标系，基中每个向量代表一个坐标轴；维数就是坐标系中坐标轴的个数；而某个向量的坐标则是它在这个坐标系中的坐标.设 $\boldsymbol{\alpha}_1,\ \boldsymbol{\alpha}_2,\ \cdots,\ \boldsymbol{\alpha}_r$ 是向量空间 V 的一组基，则有

$$V=\{c_1\boldsymbol{\alpha}_1+c_2\boldsymbol{\alpha}_2+\cdots+c_r\boldsymbol{\alpha}_r \mid c_1,\ c_2,\ \cdots,\ c_r \in \mathbb{F}\},$$

且对应

$$V \longrightarrow \mathbb{F}^r;\ \boldsymbol{\alpha}=c_1\boldsymbol{\alpha}_1+c_2\boldsymbol{\alpha}_2+\cdots+c_r\boldsymbol{\alpha}_r \mapsto \begin{pmatrix} c_1 \\ c_2 \\ \vdots \\ c_r \end{pmatrix}$$

是双射.于是 V 可等同于 r 元有序数组.

例 5.35　(1) $\dim \mathbb{F}^n=n$，有自然基：$\boldsymbol{e}_1,\ \boldsymbol{e}_2,\ \cdots,\ \boldsymbol{e}_n$；

(2) 设 $V=\{(0,\ x_2,\ \cdots,\ x_n)^{\mathrm{T}} \mid x_2,\ \cdots,\ x_n \in \mathbb{F}\}$，则 V 有基 $\boldsymbol{e}_2,\ \boldsymbol{e}_3,\ \cdots,\ \boldsymbol{e}_n$，所

以 $\dim V = n-1$.

例 5.36 在 $\mathbb{R}^3$ 中,

(1) 设 L 为过原点的直线,取定 L 上的一个非零向量 $\boldsymbol{\alpha}$,则 L 上任意向量可表示为 $c\boldsymbol{\alpha}$,其中 $c \in \mathbb{R}$. 于是 $\boldsymbol{\alpha}$ 是 L 的基, $\dim L = 1$, 即直线是一维的;

(2) 设 P 为过原点的平面,取定 P 上不共线的两个向量 $\boldsymbol{\beta}, \boldsymbol{\gamma}$, 则 P 上任意向量可以表示为 $a\boldsymbol{\beta}+b\boldsymbol{\gamma}$, 其中 $a, b \in \mathbb{R}$. 于是 $\boldsymbol{\beta}, \boldsymbol{\gamma}$ 是 P 的基, $\dim P = 2$, 即平面是二维的.

习题 5.8

A1. 下面的向量集合 V 是否是向量空间?请给出理由.如果 V 是向量空间,求 V 的维数和 V 的一组基.

(1) $V = \{(x_1, x_2, \cdots, x_n)^{\mathrm{T}} \mid x_1, x_2, \cdots, x_n \in \mathbb{F}$ 满足 $x_1+x_2+\cdots+x_n = 0\}$;

(2) $V = \{(x_1, x_2, \cdots, x_n)^{\mathrm{T}} \mid x_1, x_2, \cdots, x_n \in \mathbb{F}$ 满足 $x_1+x_2+\cdots+x_n = 1\}$.

A2. 证明: $\boldsymbol{\alpha}_1 = (1, -1, 0)^{\mathrm{T}}$, $\boldsymbol{\alpha}_2 = (2, 1, 3)^{\mathrm{T}}$, $\boldsymbol{\alpha}_3 = (3, 1, 2)^{\mathrm{T}}$ 是 $\mathbb{F}^3$ 的一组基,并求向量 $\boldsymbol{\alpha} = (5, 0, 7)^{\mathrm{T}}$ 在这组基下的坐标.

§5.9 线性方程组解的结构

最后来数线性方程组的解集合所含向量的真正个数.设有线性方程组

$$\begin{cases} a_{11}x_1 + a_{12}x_2 + \cdots + a_{1n}x_n = b_1, \\ a_{21}x_1 + a_{22}x_2 + \cdots + a_{2n}x_n = b_2, \\ \qquad\qquad \vdots \\ a_{m1}x_1 + a_{m2}x_2 + \cdots + a_{mn}x_n = b_m. \end{cases}$$

它的矩阵形式为 $\boldsymbol{AX} = \boldsymbol{\beta}$, 其中

$$\boldsymbol{A} = (a_{ij})_{m\times n}, \quad \boldsymbol{X} = \begin{pmatrix} x_1 \\ \vdots \\ x_n \end{pmatrix}, \quad \boldsymbol{\beta} = \begin{pmatrix} b_1 \\ \vdots \\ b_m \end{pmatrix}.$$

该线性方程组的解集合记为 S, 即

$$S = \{\boldsymbol{\eta} \in \mathbb{F}^n \mid \boldsymbol{A\eta} = \boldsymbol{\beta}\}.$$

本节的主要目的是研究 S 的结构,数向量组 S 的真正数目,即求 S 的秩.我们分齐次和非齐次两种情形讨论.

5.9.1 齐次线性方程组解的结构

当 $b_1 = b_2 = \cdots = b_m = 0$ 时得到齐次线性方程组,此时的矩阵形式为 $\boldsymbol{AX} = \boldsymbol{0}$. 我们知道,齐次线性方程组一定有零解 $\boldsymbol{X} = \boldsymbol{0}$, 即解集合过原点.于是,从几何上看,当 $\mathbb{F} = \mathbb{R}$ 时,三元线性方程组的解集合或者是原点,或者是过原点的直线,或者是过原点的平面,或者是整个 $\mathbb{R}^3$. 总之,解集合为 $\mathbb{R}^3$ 中的向量空间.那么,是否任意的齐次线性方程组的解集合都是向量空间呢?

我们来考查齐次线性方程组 $\boldsymbol{AX}=\boldsymbol{0}$ 的解集合 S. 如果 $\boldsymbol{\alpha}, \boldsymbol{\beta} \in S$，则 $\boldsymbol{A\alpha}=\boldsymbol{0}$, $\boldsymbol{A\beta}=\boldsymbol{0}$. 得到

$$\boldsymbol{A}(\boldsymbol{\alpha}+\boldsymbol{\beta})=\boldsymbol{A\alpha}+\boldsymbol{A\beta}=\boldsymbol{0}+\boldsymbol{0}=\boldsymbol{0},$$

即 $\boldsymbol{\alpha}+\boldsymbol{\beta} \in S$. 又对 $c \in \mathbb{F}$，有

$$A(c\boldsymbol{\alpha})=c\boldsymbol{A\alpha}=c\boldsymbol{0}=\boldsymbol{0},$$

即 $c\boldsymbol{\alpha} \in S$. 所以 S 确实是向量空间.

命题 5.32 齐次线性方程组 $\boldsymbol{AX}=\boldsymbol{0}$ 的解集合 S 关于向量的加法和数乘封闭，即

(i) $\forall \boldsymbol{\alpha}, \boldsymbol{\beta} \in S \Longrightarrow \boldsymbol{\alpha}+\boldsymbol{\beta} \in S$；

(ii) $\forall \boldsymbol{\alpha} \in S$, $\forall c \in \mathbb{F} \Longrightarrow c\boldsymbol{\alpha} \in S$.

进而，S 为向量空间，称为 $\boldsymbol{AX}=\boldsymbol{0}$ 的**解空间**.

定义 5.11 当 $S \neq \{\boldsymbol{0}\}$（即 $\boldsymbol{AX}=\boldsymbol{0}$ 有非零解）时，S 的基称为 $\boldsymbol{AX}=\boldsymbol{0}$ 的**基础解系**.

于是，要比较齐次线性方程组解的多少，我们只要比较解空间维数的大小就好了.那么解空间的维数如何计算呢？例如，三元齐次线性方程组

$$\begin{cases} x=0, \\ y=0 \end{cases}$$

的解空间为

$$S=\{(0,\ 0,\ z)^{\mathrm{T}} \in \mathbb{F}^3 \,|\, z \in \mathbb{F}\}.$$

于是 $\dim S=1$. 我们看到原来向量 $(x,\ y,\ z)^{\mathrm{T}} \in \mathbb{F}^3$ 中的 x, y, z 可以任取，有 3 个自由度；当这个向量在 S 中时，要满足两个方程，这相当于给了两个约束条件，于是解的自由度就成为 $3-2=1$，也即解空间维数为 1.用这种朴素的想法，n 元齐次线性方程组 $\boldsymbol{AX}=\boldsymbol{0}$ 的解空间 S 的维数应该等于原来的自由度 n 减去方程组给出的约束条件个数，而约束条件的个数就是方程组中真正方程的个数，即方程组的秩，也就是 $R(\boldsymbol{A})$. 最后我们发现，n 元齐次线性方程组 $AX=\boldsymbol{0}$ 的解空间 S 的维数应该等于 $n-R(\boldsymbol{A})$，即解的自由度等于未知数个数与真正方程个数之差.

定理 5.33 设 S 是 n 元齐次线性方程组 $\boldsymbol{AX}=\boldsymbol{0}$ 的解空间，则

$$\dim S=n-R(\boldsymbol{A}).$$

☞ **证明** 如果 $R(\boldsymbol{A})=n$，则 $\boldsymbol{AX}=\boldsymbol{0}$ 只有零解，即 $S=\{\boldsymbol{0}\}$. 所以 $\dim S=0=n-R(\boldsymbol{A})$.

下设 $R(\boldsymbol{A})=r<n$. 设 $\boldsymbol{R}$ 是与 $\boldsymbol{A}$ 行等价的简化阶梯形阵，则 $\boldsymbol{R}$ 有 r 个非零行.必要时重新下标未知量，不妨设

$$\boldsymbol{R}=\begin{pmatrix} 1 & 0 & \cdots & 0 & c_{1,\,r+1} & \cdots & c_{1n} \\ 0 & 1 & \cdots & 0 & c_{2,\,r+1} & \cdots & c_{2n} \\ \vdots & \vdots & & \vdots & \vdots & & \vdots \\ 0 & 0 & \cdots & 1 & c_{r,\,r+1} & \cdots & c_{rn} \\ 0 & 0 & \cdots & 0 & 0 & \cdots & 0 \\ \vdots & \vdots & & \vdots & \vdots & & \vdots \\ 0 & 0 & \cdots & 0 & 0 & \cdots & 0 \end{pmatrix}.$$

这得到同解方程组

$$(\clubsuit)\begin{cases} x_1 = -c_{1,r+1}x_{r+1} - c_{1,r+2}x_{r+2} - \cdots - c_{1n}x_n, \\ x_2 = -c_{2,r+1}x_{r+1} - c_{2,r+2}x_{r+2} - \cdots - c_{2n}x_n, \\ \vdots \\ x_r = -c_{r,r+1}x_{r+1} - c_{r,r+2}x_{r+2} - \cdots - c_{rn}x_n. \end{cases}$$

取定 $\mathbb{F}^{n-r}$ 的一组基 $\boldsymbol{\beta}_1, \boldsymbol{\beta}_2, \cdots, \boldsymbol{\beta}_{n-r}$. 令自由未知数向量 $\begin{pmatrix} x_{r+1} \\ x_{r+2} \\ \vdots \\ x_n \end{pmatrix} = \boldsymbol{\beta}_1$, 代入方程组(♣)得非自由未知数向量 $\begin{pmatrix} x_1 \\ x_2 \\ \vdots \\ x_r \end{pmatrix} = \boldsymbol{\alpha}_1 \in \mathbb{F}^r$, 进而得 $\boldsymbol{\eta}_1 = \begin{pmatrix} \boldsymbol{\alpha}_1 \\ \boldsymbol{\beta}_1 \end{pmatrix} \in S$. 类似的,对 $i=1, 2, \cdots, n-r$, 令 $\begin{pmatrix} x_{r+1} \\ x_{r+2} \\ \vdots \\ x_n \end{pmatrix} = \boldsymbol{\beta}_i$, 代入方程组(♣)得 $\begin{pmatrix} x_1 \\ x_2 \\ \vdots \\ x_r \end{pmatrix} = \boldsymbol{\alpha}_i \in \mathbb{F}^r$, 进而得 $\boldsymbol{\eta}_i = \begin{pmatrix} \boldsymbol{\alpha}_i \\ \boldsymbol{\beta}_i \end{pmatrix} \in S$. 下证: $\boldsymbol{\eta}_1, \boldsymbol{\eta}_2, \cdots, \boldsymbol{\eta}_{n-r}$ 是 $\boldsymbol{AX} = \boldsymbol{0}$ 的一个基础解系.

首先,由于 $\boldsymbol{\beta}_1, \boldsymbol{\beta}_2, \cdots, \boldsymbol{\beta}_{n-r}$ 线性无关,所以 $\boldsymbol{\eta}_1, \boldsymbol{\eta}_2, \cdots, \boldsymbol{\eta}_{n-r}$ 线性无关.其次,设 $\boldsymbol{\eta} = \begin{pmatrix} \boldsymbol{\alpha} \\ \boldsymbol{\beta} \end{pmatrix} \in S$, 其中 $\boldsymbol{\alpha} \in \mathbb{F}^r$, $\boldsymbol{\beta} \in \mathbb{F}^{n-r}$, 则存在 $a_1, a_2, \cdots, a_{n-r} \in \mathbb{F}$, 使得

$$\boldsymbol{\beta} = a_1\boldsymbol{\beta}_1 + a_2\boldsymbol{\beta}_2 + \cdots + a_{n-r}\boldsymbol{\beta}_{n-r}.$$

于是

$$\boldsymbol{\eta} - (a_1\boldsymbol{\eta}_1 + a_2\boldsymbol{\eta}_2 + \cdots + a_{n-r}\boldsymbol{\eta}_{n-r}) = \begin{pmatrix} \boldsymbol{\alpha}' \\ \boldsymbol{0} \end{pmatrix} \in S,$$

其中 $\boldsymbol{\alpha}' = \boldsymbol{\alpha} - (a_1\boldsymbol{\alpha}_1 + a_2\boldsymbol{\alpha}_2 + \cdots + a_{n-r}\boldsymbol{\alpha}_{n-r})$. 代入方程组(♣)就得 $\boldsymbol{\alpha}' = \boldsymbol{0}$, 所以

$$\boldsymbol{\eta} = a_1\boldsymbol{\eta}_1 + a_2\boldsymbol{\eta}_2 + \cdots + a_{n-r}\boldsymbol{\eta}_{n-r}.$$

这就证明了 $\boldsymbol{\eta}_1, \boldsymbol{\eta}_2, \cdots, \boldsymbol{\eta}_{n-r}$ 是 S 的基,是 $\boldsymbol{AX} = \boldsymbol{0}$ 的一个基础解系.于是

$$\dim S = n - r = n - R(\boldsymbol{A}).$$

通常取 $\boldsymbol{\beta}_1, \boldsymbol{\beta}_2, \cdots, \boldsymbol{\beta}_{n-r}$ 为 $\mathbb{F}^{n-r}$ 的自然基 $\boldsymbol{e}_1, \boldsymbol{e}_2, \cdots, \boldsymbol{e}_{n-r}$. 此时,对 $i=1, 2, \cdots, n-r$, 令 $\begin{pmatrix} x_{r+1} \\ x_{r+2} \\ \vdots \\ x_n \end{pmatrix} = \boldsymbol{e}_i$, 得 $\begin{pmatrix} x_1 \\ x_2 \\ \vdots \\ x_r \end{pmatrix} = \begin{pmatrix} -c_{1,r+i} \\ -c_{2,r+i} \\ \vdots \\ -c_{r,r+i} \end{pmatrix} \in \mathbb{F}^r$.

上面的证明过程事实上给出了求齐次线性方程组 $\boldsymbol{AX}=\boldsymbol{0}$ 的基础解系的方法.

算法 5.4　n 元齐次线性方程组 $\boldsymbol{AX}=\boldsymbol{0}$ 的基础解系的求解步骤：

(1) $\boldsymbol{A}\overset{r}{\sim}\boldsymbol{R}$：简化阶梯形阵；

(2) 写出同解方程组；

(3) 设 $\boldsymbol{R}$ 的首元列为第 $j_1<j_2<\cdots<j_r$ 列，非首元列为第 $j_{r+1}<\cdots<j_n$ 列，令自由未知数向量 $\begin{pmatrix} x_{j_{r+1}} \\ \vdots \\ x_{j_n} \end{pmatrix}$ 分别取 $\mathbb{F}^{n-r}$ 的某一组基中的 $n-r$ 个向量(通常取自然基 $\boldsymbol{e}_1,\ \boldsymbol{e}_2,\ \cdots,\ \boldsymbol{e}_{n-r}$)，代入同解方程组得到非自由未知数 $x_{j_1},\ \cdots,\ x_{j_r}$，从而得到解 $\boldsymbol{\eta}_1,\ \boldsymbol{\eta}_2,\ \cdots,\ \boldsymbol{\eta}_{n-r}$，这就是 $\boldsymbol{AX}=\boldsymbol{0}$ 的基础解系.

如果 $\boldsymbol{\eta}_1,\ \boldsymbol{\eta}_2,\ \cdots,\ \boldsymbol{\eta}_{n-r}$ 是 $\boldsymbol{AX}=\boldsymbol{0}$ 的一个基础解系，则

$$\boldsymbol{S}=\{c_1\boldsymbol{\eta}_1+c_2\boldsymbol{\eta}_2+\cdots+c_{n-r}\boldsymbol{\eta}_{n-r}\mid c_1,\ c_2,\ \cdots,\ c_{n-r}\in\mathbb{F}\}.$$

于是 $\boldsymbol{AX}=\boldsymbol{0}$ 的通解是

$$\boldsymbol{X}=c_1\boldsymbol{\eta}_1+c_2\boldsymbol{\eta}_2+\cdots+c_{n-r}\boldsymbol{\eta}_{n-r},\quad c_1,\ c_2,\ \cdots,\ c_{n-r}\in\mathbb{F}.$$

由于基础解系不唯一，所以通解形式也不唯一.反之，如果 n 元线性方程组 $\boldsymbol{AX}=\boldsymbol{0}$ 的通解是

$$\boldsymbol{X}=c_1\boldsymbol{\eta}_1+c_2\boldsymbol{\eta}_2+\cdots+c_{n-r}\boldsymbol{\eta}_{n-r},\quad c_1,\ c_2,\ \cdots,\ c_{n-r}\in\mathbb{F},$$

其中 $R(\boldsymbol{A})=r$，则 $\boldsymbol{\eta}_1,\ \boldsymbol{\eta}_2,\ \cdots,\ \boldsymbol{\eta}_{n-r}$ 是 $\boldsymbol{AX}=\boldsymbol{0}$ 的一个基础解系.另外，n 元线性方程组 $\boldsymbol{AX}=\boldsymbol{0}$ 的任意 $n-R(\boldsymbol{A})$ 个线性无关的解是 $\boldsymbol{AX}=\boldsymbol{0}$ 的一个基础解系.

例 5.37　求解方程组 $\begin{cases} x_1+x_2+x_3+x_4=0, \\ x_1+x_2+2x_3-x_4=0, \\ x_1+x_2-x_3+5x_4=0, \\ 3x_1+3x_2+2x_3+5x_4=0. \end{cases}$

☞ **解**　由于系数矩阵

$$\boldsymbol{A}=\begin{pmatrix} 1 & 1 & 1 & 1 \\ 1 & 1 & 2 & -1 \\ 1 & 1 & -1 & 5 \\ 3 & 3 & 2 & 5 \end{pmatrix}\underset{r_4-3r_1}{\overset{\substack{r_2-r_1 \\ r_3-r_1}}{\sim}}\begin{pmatrix} 1 & 1 & 1 & 1 \\ 0 & 0 & 1 & -2 \\ 0 & 0 & -2 & 4 \\ 0 & 0 & -1 & 2 \end{pmatrix}\underset{r_4+r_2}{\overset{\substack{r_1-r_2 \\ r_3+2r_2}}{\sim}}\begin{pmatrix} 1 & 1 & 0 & 3 \\ 0 & 0 & 1 & -2 \\ 0 & 0 & 0 & 0 \\ 0 & 0 & 0 & 0 \end{pmatrix},$$

得同解方程组 $\begin{cases} x_1+x_2+3x_4=0, \\ x_3-2x_4=0, \end{cases}$ 其中 $x_2,\ x_4$ 是自由未知数.

一方面，可以令 $x_2=c_1,\ x_4=c_2$ 得通解

$$\begin{pmatrix} x_1 \\ x_2 \\ x_3 \\ x_4 \end{pmatrix}=\begin{pmatrix} -c_1-3c_2 \\ c_1 \\ 2c_2 \\ c_2 \end{pmatrix}=c_1\begin{pmatrix} -1 \\ 1 \\ 0 \\ 0 \end{pmatrix}+c_2\begin{pmatrix} -3 \\ 0 \\ 2 \\ 1 \end{pmatrix},\quad c_1,\ c_2\in\mathbb{F}.$$

另一方面,也可以分别令 $\begin{pmatrix}x_2\\x_4\end{pmatrix}=\begin{pmatrix}1\\0\end{pmatrix}$, $\begin{pmatrix}0\\1\end{pmatrix}$, 得到 $\begin{pmatrix}x_1\\x_3\end{pmatrix}=\begin{pmatrix}-1\\0\end{pmatrix}$, $\begin{pmatrix}-3\\2\end{pmatrix}$. 于是有基础解系

$\boldsymbol{\eta}_1=\begin{pmatrix}-1\\1\\0\\0\end{pmatrix}$, $\boldsymbol{\eta}_2=\begin{pmatrix}-3\\0\\2\\1\end{pmatrix}$, 进而通解为

$$\begin{pmatrix}x_1\\x_2\\x_3\\x_4\end{pmatrix}=c_1\boldsymbol{\eta}_1+c_2\boldsymbol{\eta}_2,\quad c_1,\ c_2\in\mathbb{F}.$$

解毕.

可以利用定理 5.33 来证明关于矩阵秩的一些关系式,例如我们可以重新证明 Sylvester 秩不等式(命题 5.28).

例 5.38(Sylvester 秩不等式) 设 $\boldsymbol{A}\in\mathbb{F}^{m\times n}$, $\boldsymbol{B}\in\mathbb{F}^{n\times s}$, 证明:

$$R(\boldsymbol{AB})\geqslant R(\boldsymbol{A})+R(\boldsymbol{B})-n.$$

☞ **证明** 记 $\boldsymbol{AX}=\mathbf{0}$ 的解空间为 $V_{\boldsymbol{A}}\subset\mathbb{F}^n$, $\boldsymbol{BX}=\mathbf{0}$ 的解空间为 $V_{\boldsymbol{B}}\subset\mathbb{F}^s$, $\boldsymbol{ABX}=\mathbf{0}$ 的解空间为 $V_{\boldsymbol{AB}}\subset\mathbb{F}^s$, 则有 $V_{\boldsymbol{B}}\subset V_{\boldsymbol{AB}}$. 再定义

$$W=\{\boldsymbol{BX}\mid\boldsymbol{X}\in V_{\boldsymbol{AB}}\}\subset\mathbb{F}^n,$$

则 W 是向量空间,且 $W\subset V_{\boldsymbol{A}}$. 特别有 $\dim W\leqslant\dim V_{\boldsymbol{A}}$.

取 $V_{\boldsymbol{B}}$ 的基 $\boldsymbol{\alpha}_1,\ \cdots,\ \boldsymbol{\alpha}_r$, 其中 $r=\dim V_{\boldsymbol{B}}$, 将其扩充为 $V_{\boldsymbol{AB}}$ 的基 $\boldsymbol{\alpha}_1,\ \cdots,\ \boldsymbol{\alpha}_r,\ \boldsymbol{\alpha}_{r+1},\ \cdots,\ \boldsymbol{\alpha}_t$, 其中 $t=\dim V_{\boldsymbol{AB}}$. 下面证明 $\boldsymbol{B\alpha}_{r+1},\ \cdots,\ \boldsymbol{B\alpha}_t$ 是 W 的一组基.

事实上,设

$$c_{r+1}\boldsymbol{B\alpha}_{r+1}+\cdots+c_t\boldsymbol{B\alpha}_t=\mathbf{0},\quad c_{r+1},\ \cdots,\ c_t\in\mathbb{F},$$

则

$$\boldsymbol{B}(c_{r+1}\boldsymbol{\alpha}_{r+1}+\cdots+c_t\boldsymbol{\alpha}_t)=\mathbf{0}.$$

得到 $c_{r+1}\boldsymbol{\alpha}_{r+1}+\cdots+c_t\boldsymbol{\alpha}_t\in V_{\boldsymbol{B}}$, 进而

$$c_{r+1}\boldsymbol{\alpha}_{r+1}+\cdots+c_t\boldsymbol{\alpha}_t=c_1\boldsymbol{\alpha}_1+\cdots+c_r\boldsymbol{\alpha}_r,\quad\exists c_1,\ \cdots,\ c_r\in\mathbb{F}.$$

利用 $\boldsymbol{\alpha}_1,\ \boldsymbol{\alpha}_2,\ \cdots,\ \boldsymbol{\alpha}_t$ 线性无关,就得到 $c_1=c_2=\cdots=c_t=0$. 特别有 $\boldsymbol{B\alpha}_{r+1},\ \cdots,\ \boldsymbol{B\alpha}_t$ 线性无关.

再任取 $\boldsymbol{BX}\in W$, 其中 $\boldsymbol{X}\in V_{\boldsymbol{AB}}$. 于是

$$\boldsymbol{X}=x_1\boldsymbol{\alpha}_1+\cdots+x_r\boldsymbol{\alpha}_r+x_{r+1}\boldsymbol{\alpha}_{r+1}+\cdots+x_t\boldsymbol{\alpha}_t,\quad\exists x_i\in\mathbb{F},$$

进而

$$\boldsymbol{BX}=x_1\boldsymbol{B\alpha}_1+\cdots+x_r\boldsymbol{B\alpha}_r+x_{r+1}\boldsymbol{B\alpha}_{r+1}+\cdots+x_t\boldsymbol{B\alpha}_t=x_{r+1}\boldsymbol{B\alpha}_{r+1}+\cdots+x_t\boldsymbol{B\alpha}_t.$$

这就证明了 $\boldsymbol{B\alpha}_{r+1}$，…，$\boldsymbol{B\alpha}_t$ 是 W 的一组基.

所以有

$$\dim V_{\boldsymbol{AB}} = \dim V_{\boldsymbol{B}} + \dim W \leqslant \dim V_{\boldsymbol{B}} + \dim V_{\boldsymbol{A}}.$$

代入解空间维数公式

$$\dim V_{\boldsymbol{A}} = n - R(\boldsymbol{A}),\quad \dim V_{\boldsymbol{B}} = s - R(\boldsymbol{B}),\quad \dim V_{\boldsymbol{AB}} = s - R(\boldsymbol{AB}),$$

就得到所需证明的 Sylvester 秩不等式.

5.9.2　非齐次线性方程组解的结构

当线性方程组的常数项 b_1，b_2，…，b_m 不全为零时，得到非齐次线性方程组，其矩阵形式是 $\boldsymbol{AX}=\boldsymbol{\beta}$，其中 $\boldsymbol{\beta}\neq\boldsymbol{0}$. 假设这个线性方程组有解，其解集合记为 S. 由于 $\boldsymbol{0}\notin S$，所以 S 不是向量空间.那么如何研究 S 呢？

设 $\mathbb{F}=\mathbb{R}$，考察二元线性方程组

$$x-y=-1.$$

几何上它是平面上的一条直线，并且不过原点.我们把常数项改成零，得到齐次线性方程组

$$x-y=0.$$

几何上，上面的齐次线性方程组是过原点的直线，而非齐次线性方程组对应的直线可以由齐次的直线平移得到，如图 5.5 所示.

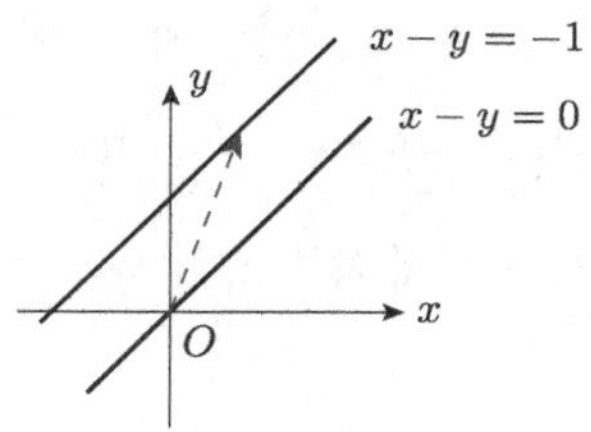

图 5.5　非齐次线性方程组的解集和导出组的解空间的关系

那么这是一般现象吗？对非齐次线性方程组 $\boldsymbol{AX}=\boldsymbol{\beta}$，称齐次线性方程组 $\boldsymbol{AX}=\boldsymbol{0}$ 为该线性方程组的**导出组**，它的解空间记为 S'. 我们看 S 和 S' 的关系.设 $\boldsymbol{\gamma}_1$，$\boldsymbol{\gamma}_2\in S$，则 $\boldsymbol{A\gamma}_1=\boldsymbol{\beta}$，$\boldsymbol{A\gamma}_2=\boldsymbol{\beta}$. 于是

$$\boldsymbol{A}(\boldsymbol{\gamma}_1-\boldsymbol{\gamma}_2)=\boldsymbol{A\gamma}_1-\boldsymbol{A\gamma}_2=\boldsymbol{\beta}-\boldsymbol{\beta}=\boldsymbol{0},$$

即有 $\boldsymbol{\gamma}_1-\boldsymbol{\gamma}_2\in S'$，非齐次的两个解之差为齐次的解.又设 $\boldsymbol{\gamma}\in S$，$\boldsymbol{\eta}\in S'$，则 $\boldsymbol{A\gamma}=\boldsymbol{\beta}$，$\boldsymbol{A\eta}=\boldsymbol{0}$. 于是

$$\boldsymbol{A}(\boldsymbol{\gamma}+\boldsymbol{\eta})=\boldsymbol{A\gamma}+\boldsymbol{A\eta}=\boldsymbol{\beta}+\boldsymbol{0}=\boldsymbol{\beta},$$

即有 $\boldsymbol{\gamma}+\boldsymbol{\eta}\in S$，非齐次和齐次的解之和为非齐次的解.

命题 5.34　(1) $\forall\boldsymbol{\gamma}_1$，$\boldsymbol{\gamma}_2\in S\Longrightarrow\boldsymbol{\gamma}_1-\boldsymbol{\gamma}_2\in S'$；

(2) $\forall \boldsymbol{\gamma} \in S, \forall \boldsymbol{\eta} \in S' \Longrightarrow \boldsymbol{\gamma}+\boldsymbol{\eta} \in S$.

由此立刻可得

定理 5.35 设 S 为 n 元线性方程组 $\boldsymbol{AX}=\boldsymbol{\beta}$ 的解集合且 $S \neq \varnothing$，令 S' 为导出组 $\boldsymbol{AX}=\boldsymbol{0}$ 的解空间.

(1) 任取 $\boldsymbol{\gamma}_0 \in S$(称 $\boldsymbol{\gamma}_0$ 为**特解**)，则

$$S=\boldsymbol{\gamma}_0+S'=\{\boldsymbol{\gamma}_0+\boldsymbol{\eta} \mid \boldsymbol{\eta} \in S'\};$$

(2) 若导出组 $\boldsymbol{AX}=\boldsymbol{0}$ 的基础解系为 $\boldsymbol{\eta}_1, \boldsymbol{\eta}_2, \cdots, \boldsymbol{\eta}_{n-r}$，$\boldsymbol{\gamma}_0$ 为 $\boldsymbol{AX}=\boldsymbol{\beta}$ 的特解，则 $\boldsymbol{AX}=\boldsymbol{\beta}$ 的通解是

$$\boldsymbol{X}=\boldsymbol{\gamma}_0+c_1\boldsymbol{\eta}_1+c_2\boldsymbol{\eta}_2+\cdots+c_{n-r}\boldsymbol{\eta}_{n-r}, \quad c_1, c_2, \cdots, c_{n-r} \in \mathbb{F}.$$

在定理 5.35 中，我们并未要求 $\boldsymbol{\beta} \neq \boldsymbol{0}$，它对齐次和非齐次线性方程组都成立.当 $\boldsymbol{\beta} \neq \boldsymbol{0}$ 时，定理 5.35 表明非齐次线性方程组的解集合是它的导出组的平移，如图 5.5 所示.

定理 5.35 的证明 (1) 任意的 $\boldsymbol{\gamma} \in S$，有 $\boldsymbol{\gamma}-\boldsymbol{\gamma}_0 \in S'$，即存在 $\boldsymbol{\eta} \in S'$，使得 $\boldsymbol{\gamma}-\boldsymbol{\gamma}_0=\boldsymbol{\eta}$. 得到

$$\boldsymbol{\gamma}=\boldsymbol{\gamma}_0+\boldsymbol{\eta} \in \boldsymbol{\gamma}_0+S'.$$

反之，任意的 $\boldsymbol{\gamma}_0+\boldsymbol{\eta} \in \boldsymbol{\gamma}_0+S'$，有 $\boldsymbol{\gamma}_0+\boldsymbol{\eta} \in S$. 所以 $S=\boldsymbol{\gamma}_0+S'$.

(2) 由(1)可知.

可以用(非齐次)线性方程组解的结构证明关于矩阵秩的一些关系式，例如我们可以如下再次证明 Sylvester 秩不等式.

例 5.39(Sylvester 秩不等式) 设 $\boldsymbol{A} \in \mathbb{F}^{m\times n}$，$\boldsymbol{B} \in \mathbb{F}^{n\times s}$，证明：

$$R(\boldsymbol{AB}) \geqslant R(\boldsymbol{A})+R(\boldsymbol{B})-n.$$

☞ **证明** 设 $R(\boldsymbol{A})=r$，取 $\boldsymbol{AX}=\boldsymbol{0}$ 的基础解系 $\boldsymbol{\eta}_1, \boldsymbol{\eta}_2, \cdots, \boldsymbol{\eta}_{n-r}$. 记 $\boldsymbol{B}=(\boldsymbol{\beta}_1, \boldsymbol{\beta}_2, \cdots, \boldsymbol{\beta}_s)$，其中 $\boldsymbol{\beta}_i \in \mathbb{F}^n$，则

$$\boldsymbol{AB}=(\boldsymbol{A\beta}_1, \boldsymbol{A\beta}_2, \cdots, \boldsymbol{A\beta}_s).$$

设 $\boldsymbol{AB}$ 的列向量组的一个极大无关组为 $\boldsymbol{A\beta}_{i_1}, \boldsymbol{A\beta}_{i_2}, \cdots, \boldsymbol{A\beta}_{i_t}$，这里 $t=R(\boldsymbol{AB})$.

取定整数 i，使得 $1 \leqslant i \leqslant s$，考察线性方程组 $\boldsymbol{AX}=\boldsymbol{A\beta}_i$. 由于存在 $a_1, a_2, \cdots, a_t \in \mathbb{F}$，使得

$$\boldsymbol{A\beta}_i=a_1\boldsymbol{A\beta}_{i_1}+a_2\boldsymbol{A\beta}_{i_2}+\cdots+a_t\boldsymbol{A\beta}_{i_t}=\boldsymbol{A}(a_1\boldsymbol{\beta}_{i_1}+a_2\boldsymbol{\beta}_{i_2}+\cdots+a_t\boldsymbol{\beta}_{i_t}),$$

所以 $a_1\boldsymbol{\beta}_{i_1}+a_2\boldsymbol{\beta}_{i_2}+\cdots+a_t\boldsymbol{\beta}_{i_t}$ 为 $\boldsymbol{AX}=\boldsymbol{A\beta}_i$ 的一个特解，进而 $\boldsymbol{AX}=\boldsymbol{A\beta}_i$ 的通解为

$$\boldsymbol{X}=a_1\boldsymbol{\beta}_{i_1}+a_2\boldsymbol{\beta}_{i_2}+\cdots+a_t\boldsymbol{\beta}_{i_t}+c_1\boldsymbol{\eta}_1+c_2\boldsymbol{\eta}_2+\cdots+c_{n-r}\boldsymbol{\eta}_{n-r}, \quad c_1, c_2, \cdots, c_{n-r} \in \mathbb{F}.$$

而 $\boldsymbol{\beta}_i$ 为 $\boldsymbol{AX}=\boldsymbol{A\beta}_i$ 的一个解，所以存在 $c_1, c_2, \cdots, c_{n-r} \in \mathbb{F}$，使得

$$\boldsymbol{\beta}_i=a_1\boldsymbol{\beta}_{i_1}+a_2\boldsymbol{\beta}_{i_2}+\cdots+a_t\boldsymbol{\beta}_{i_t}+c_1\boldsymbol{\eta}_1+c_2\boldsymbol{\eta}_2+\cdots+c_{n-r}\boldsymbol{\eta}_{n-r}.$$

这就证明了 $\boldsymbol{\beta}_i$ 可由 $\boldsymbol{\beta}_{i_1}, \cdots, \boldsymbol{\beta}_{i_t}, \boldsymbol{\eta}_1, \cdots, \boldsymbol{\eta}_{n-r}$ 线性表示.

所以，$\boldsymbol{B}$ 的列向量组可由 $\boldsymbol{\beta}_{i_1}, \cdots, \boldsymbol{\beta}_{i_t}, \boldsymbol{\eta}_1, \cdots, \boldsymbol{\eta}_{n-r}$ 线性表示，进而得

$$R(\boldsymbol{B}) \leqslant R(\boldsymbol{\beta}_{i_1}, \cdots, \boldsymbol{\beta}_{i_t}, \boldsymbol{\eta}_1, \cdots, \boldsymbol{\eta}_{n-r}) \leqslant t+n-r,$$

此即 Sylvester 秩不等式.

作为向量组，非齐次线性方程组的解集合 S 的秩是多少呢？当 $\boldsymbol{AX}=\boldsymbol{0}$ 只有零解时，如果 $\boldsymbol{AX}=\boldsymbol{\beta}$ 有解，则有唯一解，于是 $R(S)=1=\dim S'+1$. 这是一般规律，即有下面结论.

命题 5.36 设 S 是 n 元非齐次线性方程组 $\boldsymbol{AX}=\boldsymbol{\beta}$ 的解集合，则当 $S \neq \varnothing$ 时，

(1) $R(S)=n-R(\boldsymbol{A})+1$；

(2) 对任意线性无关的 $\boldsymbol{\gamma}_1, \boldsymbol{\gamma}_2, \cdots, \boldsymbol{\gamma}_{n-r+1} \in S$，其中 $r=R(\boldsymbol{A})$，有 $\boldsymbol{AX}=\boldsymbol{\beta}$ 的通解是

$$\boldsymbol{X}=c_1\boldsymbol{\gamma}_1+c_2\boldsymbol{\gamma}_2+\cdots+c_{n-r+1}\boldsymbol{\gamma}_{n-r+1},$$

其中 $c_1, c_2, \cdots, c_{n-r+1} \in \mathbb{F}$，满足 $c_1+c_2+\cdots+c_{n-r+1}=1$.

☞ **证明** (1) 记 $R(\boldsymbol{A})=r$，不妨设 $r<n$. 取 $\boldsymbol{AX}=\boldsymbol{0}$ 的基础解系 $\boldsymbol{\eta}_1, \boldsymbol{\eta}_2, \cdots, \boldsymbol{\eta}_{n-r}$ 和 $\boldsymbol{AX}=\boldsymbol{\beta}$ 的特解 $\boldsymbol{\gamma}_0$. 于是 $\boldsymbol{\gamma}_0+\boldsymbol{\eta}_i \in S$.

下面证明：$\boldsymbol{\gamma}_0, \boldsymbol{\gamma}_0+\boldsymbol{\eta}_1, \boldsymbol{\gamma}_0+\boldsymbol{\eta}_2, \cdots, \boldsymbol{\gamma}_0+\boldsymbol{\eta}_{n-r}$ 是 S 的极大无关组.

事实上，如果

$$c\boldsymbol{\gamma}_0+c_1(\boldsymbol{\gamma}_0+\boldsymbol{\eta}_1)+c_2(\boldsymbol{\gamma}_0+\boldsymbol{\eta}_2)+\cdots+c_{n-r}(\boldsymbol{\gamma}_0+\boldsymbol{\eta}_{n-r})=\boldsymbol{0},$$

则

$$(c+c_1+c_2+\cdots+c_{n-r})\boldsymbol{\gamma}_0+c_1\boldsymbol{\eta}_1+c_2\boldsymbol{\eta}_2+\cdots+c_{n-r}\boldsymbol{\eta}_{n-r}=\boldsymbol{0}.$$

两边同时用 $\boldsymbol{A}$ 左乘，利用 $\boldsymbol{A\gamma}_0=\boldsymbol{\beta}$, $\boldsymbol{A\eta}_i=\boldsymbol{0}$ 得

$$(c+c_1+c_2+\cdots+c_{n-r})\boldsymbol{\beta}=0.$$

而 $\boldsymbol{\beta} \neq \boldsymbol{0}$，所以有

$$c+c_1+c_2+\cdots+c_{n-r}=0.$$

这得到

$$c_1\boldsymbol{\eta}_1+c_2\boldsymbol{\eta}_2+\cdots+c_{n-r}\boldsymbol{\eta}_{n-r}=\boldsymbol{0}.$$

因为 $\boldsymbol{\eta}_1, \boldsymbol{\eta}_2, \cdots, \boldsymbol{\eta}_{n-r}$ 线性无关，所以有 $c_1=c_2=\cdots=c_{n-r}=0$. 进而 $c=0$，即有 $\boldsymbol{\gamma}_0, \boldsymbol{\gamma}_0+\boldsymbol{\eta}_1, \boldsymbol{\gamma}_0+\boldsymbol{\eta}_2, \cdots, \boldsymbol{\gamma}_0+\boldsymbol{\eta}_{n-r}$ 线性无关.

另外，任意 $\boldsymbol{\gamma} \in S$，有 $a_1, a_2, \cdots, a_{n-r} \in \mathbb{F}$，使得

$$\boldsymbol{\gamma}=\boldsymbol{\gamma}_0+a_1\boldsymbol{\eta}_1+a_2\boldsymbol{\eta}_2+\cdots+a_{n-r}\boldsymbol{\eta}_{n-r}.$$

得到

$$\boldsymbol{\gamma}=(1-a_1-a_2-\cdots-a_{n-r})\boldsymbol{\gamma}_0+a_1(\boldsymbol{\gamma}_0+\boldsymbol{\eta}_1)+a_2(\boldsymbol{\gamma}_0+\boldsymbol{\eta}_2)+\cdots+a_{n-r}(\boldsymbol{\gamma}_0+\boldsymbol{\eta}_{n-r}).$$

由此得 $\boldsymbol{\gamma}_0, \boldsymbol{\gamma}_0+\boldsymbol{\eta}_1, \boldsymbol{\gamma}_0+\boldsymbol{\eta}_2, \cdots, \boldsymbol{\gamma}_0+\boldsymbol{\eta}_{n-r}$ 是 S 的极大无关组，进而 $R(S)=n-r+1$.

(2) 由(1)，$\boldsymbol{\gamma}_1, \boldsymbol{\gamma}_2, \cdots, \boldsymbol{\gamma}_{n-r+1}$ 是 S 的极大无关组，所以任意 $\boldsymbol{\gamma} \in S$ 有

$$\boldsymbol{\gamma}=c_1\boldsymbol{\gamma}_1+c_2\boldsymbol{\gamma}_2+\cdots+c_{n-r+1}\boldsymbol{\gamma}_{n-r+1}, \quad c_1, c_2, \cdots, c_{n-r+1} \in \mathbb{F}.$$

于是

$$\boldsymbol{\beta}=\boldsymbol{A\gamma}=c_1\boldsymbol{A\gamma}_1+c_2\boldsymbol{A\gamma}_2+\cdots+c_{n-r+1}\boldsymbol{A\gamma}_{n-r+1}=(c_1+c_2+\cdots+c_{n-r+1})\boldsymbol{\beta},$$

得到 $c_1+c_2+\cdots+c_{n-r+1}=1$.

反之,如果 $c_1+c_2+\cdots+c_{n-r+1}=1$, 则

$$\begin{aligned}&\boldsymbol{A}(c_1\boldsymbol{\gamma}_1+c_2\boldsymbol{\gamma}_2+\cdots+c_{n-r+1}\boldsymbol{\gamma}_{n-r+1})\\=&c_1\boldsymbol{A\gamma}_1+c_2\boldsymbol{A\gamma}_2+\cdots+c_{n-r+1}\boldsymbol{A\gamma}_{n-r+1}\\=&(c_1+c_2+\cdots+c_{n-r+1})\boldsymbol{\beta}=\boldsymbol{\beta}.\end{aligned}$$

证毕.

上面关于线性方程组解的结构的讨论可以归结于表 5.1.

表 5.1 线性方程组解的结构

n 元线性方程组	$\boldsymbol{AX}=\boldsymbol{0}$	$\boldsymbol{AX}=\boldsymbol{\beta}\ (\boldsymbol{\beta}\neq\boldsymbol{0})$
S 是否向量空间	是	否
S 或通解	基础解系	特解+导出组的基础解系
$R(S)$	$n-R(\boldsymbol{A})$	$n-R(\boldsymbol{A})+1$

例 5.40 解方程组 $\begin{cases}x_1+x_2-3x_3-x_4=1,\\3x_1-x_2-3x_3+4x_4=4,\\x_1+5x_2-9x_3-8x_4=0.\end{cases}$

☞ **解** 由于增广矩阵

$$\widetilde{\boldsymbol{A}}=\begin{pmatrix}1&1&-3&-1&1\\3&-1&-3&4&4\\1&5&-9&-8&0\end{pmatrix}\xrightarrow[r_3-r_1]{r_2-3r_1}\begin{pmatrix}1&1&-3&-1&1\\0&-4&6&7&1\\0&4&-6&-7&-1\end{pmatrix}$$

$$\xrightarrow[-\frac{1}{4}r_2]{r_3+r_2}\begin{pmatrix}1&1&-3&-1&1\\0&1&-\frac{3}{2}&-\frac{7}{4}&-\frac{1}{4}\\0&0&0&0&0\end{pmatrix}\xrightarrow{r_1-r_2}\begin{pmatrix}1&0&-\frac{3}{2}&\frac{3}{4}&\frac{5}{4}\\0&1&-\frac{3}{2}&-\frac{7}{4}&-\frac{1}{4}\\0&0&0&0&0\end{pmatrix},$$

得同解方程组 $\begin{cases}x_1-\dfrac{3}{2}x_3+\dfrac{3}{4}x_4=\dfrac{5}{4},\\x_2-\dfrac{3}{2}x_3-\dfrac{7}{4}x_4=-\dfrac{1}{4}.\end{cases}$ 于是 x_3, x_4 是自由未知数.令 $\begin{pmatrix}x_3\\x_4\end{pmatrix}=\begin{pmatrix}0\\0\end{pmatrix}$, 得

$\begin{pmatrix}x_1\\x_2\end{pmatrix}=\begin{pmatrix}\frac{5}{4}\\-\frac{1}{4}\end{pmatrix}$, 即有特解 $\boldsymbol{\gamma}_0=\begin{pmatrix}\frac{5}{4}\\-\frac{1}{4}\\0\\0\end{pmatrix}$.

又导出组的同解方程组是 $\begin{cases} x_1 - \dfrac{3}{2}x_3 + \dfrac{3}{4}x_4 = 0, \\ x_2 - \dfrac{3}{2}x_3 - \dfrac{7}{4}x_4 = 0. \end{cases}$ 令 $\begin{pmatrix} x_3 \\ x_4 \end{pmatrix} = \begin{pmatrix} 2 \\ 0 \end{pmatrix}$, $\begin{pmatrix} 0 \\ 4 \end{pmatrix}$, 得 $\begin{pmatrix} x_1 \\ x_2 \end{pmatrix} = \begin{pmatrix} 3 \\ 3 \end{pmatrix}$, $\begin{pmatrix} -3 \\ 7 \end{pmatrix}$. 于是得到基础解系 $\boldsymbol{\eta}_1 = \begin{pmatrix} 3 \\ 3 \\ 2 \\ 0 \end{pmatrix}$, $\boldsymbol{\eta}_2 = \begin{pmatrix} -3 \\ 7 \\ 0 \\ 4 \end{pmatrix}$. 最后,原方程组的通解是

$$\boldsymbol{X} = \boldsymbol{\gamma}_0 + c_1\boldsymbol{\eta}_1 + c_2\boldsymbol{\eta}_2, \quad c_1, c_2 \in \mathbb{F}.$$

解毕.

例 5.41 设 $\boldsymbol{\alpha}_1, \boldsymbol{\alpha}_2, \boldsymbol{\alpha}_3, \boldsymbol{\alpha}_4, \boldsymbol{\beta} \in \mathbb{F}^n$ 满足: $\boldsymbol{\alpha}_2, \boldsymbol{\alpha}_3, \boldsymbol{\alpha}_4$ 线性无关, $\boldsymbol{\alpha}_1 = 2\boldsymbol{\alpha}_2 - \boldsymbol{\alpha}_3$, $\boldsymbol{\beta} = \boldsymbol{\alpha}_1 + \boldsymbol{\alpha}_2 + \boldsymbol{\alpha}_3 + \boldsymbol{\alpha}_4$, 令 $\boldsymbol{A} = (\boldsymbol{\alpha}_1, \boldsymbol{\alpha}_2, \boldsymbol{\alpha}_3, \boldsymbol{\alpha}_4)$, 求线性方程组 $\boldsymbol{AX} = \boldsymbol{\beta}$ 的通解.

☞ **解** 因为 $\boldsymbol{\alpha}_2, \boldsymbol{\alpha}_3, \boldsymbol{\alpha}_4$ 线性无关, $\boldsymbol{\alpha}_1 = 2\boldsymbol{\alpha}_2 - \boldsymbol{\alpha}_3$, 所以 $\boldsymbol{\alpha}_2, \boldsymbol{\alpha}_3, \boldsymbol{\alpha}_4$ 是 $\boldsymbol{\alpha}_1, \boldsymbol{\alpha}_2, \boldsymbol{\alpha}_3, \boldsymbol{\alpha}_4$ 的极大无关组.得到 $R(\boldsymbol{A}) = 3$, 导出线性方程组 $\boldsymbol{AX} = \boldsymbol{0}$ 的基础解系含一个向量.

由于 $\boldsymbol{\alpha}_1 = 2\boldsymbol{\alpha}_2 - \boldsymbol{\alpha}_3$, 所以

$$(\boldsymbol{\alpha}_1, \boldsymbol{\alpha}_2, \boldsymbol{\alpha}_3, \boldsymbol{\alpha}_4)\begin{pmatrix} 1 \\ -2 \\ 1 \\ 0 \end{pmatrix} = \boldsymbol{0}.$$

这得到 $\boldsymbol{\eta} = \begin{pmatrix} 1 \\ -2 \\ 1 \\ 0 \end{pmatrix}$ 是导出组的基础解系.

由于 $\boldsymbol{\beta} = \boldsymbol{\alpha}_1 + \boldsymbol{\alpha}_2 + \boldsymbol{\alpha}_3 + \boldsymbol{\alpha}_4$, 所以

$$(\boldsymbol{\alpha}_1, \boldsymbol{\alpha}_2, \boldsymbol{\alpha}_3, \boldsymbol{\alpha}_4)\begin{pmatrix} 1 \\ 1 \\ 1 \\ 1 \end{pmatrix} = \boldsymbol{\beta}.$$

即 $\boldsymbol{\gamma}_0 = \begin{pmatrix} 1 \\ 1 \\ 1 \\ 1 \end{pmatrix}$ 是特解.

最后得 $\boldsymbol{AX} = \boldsymbol{\beta}$ 的通解是

$$\boldsymbol{X} = \boldsymbol{\gamma}_0 + c\boldsymbol{\eta} = \begin{pmatrix} 1 \\ 1 \\ 1 \\ 1 \end{pmatrix} + c\begin{pmatrix} 1 \\ -2 \\ 1 \\ 0 \end{pmatrix} \quad (c \in \mathbb{F}).$$

解毕.

习题 5.9

A1. 求下列齐次线性方程组的一个基础解系：

(1) $\begin{cases} x_1 - 8x_2 + 10x_3 + 2x_4 = 0, \\ 2x_1 + 4x_2 + 5x_3 - x_4 = 0, \\ 3x_1 + 8x_2 + 6x_3 - 2x_4 = 0; \end{cases}$ (2) $\begin{cases} x_1 + x_2 + x_3 + x_4 + x_5 = 0, \\ 3x_1 + 2x_2 + x_3 + x_4 - 3x_5 = 0, \\ x_2 + 2x_3 + 2x_4 + 6x_5 = 0, \\ 5x_1 + 4x_2 + 3x_3 + 3x_4 - x_5 = 0. \end{cases}$

A2. 解下列线性方程组：

(1) $\begin{cases} x_1 + x_2 = 5, \\ 2x_1 + x_2 + x_3 + 2x_4 = 1, \\ 5x_1 + 3x_2 + 2x_3 + 2x_4 = 3; \end{cases}$ (2) $\begin{cases} x_1 - 5x_2 + 2x_3 - 3x_4 = 11, \\ 5x_1 + 3x_2 + 6x_3 - x_4 = -1, \\ 2x_1 + 4x_2 + 2x_3 + x_4 = -6. \end{cases}$

A3. 设 $\boldsymbol{A}$ 是 $m \times n$ 矩阵，$\boldsymbol{\alpha}_i$ 是 $\boldsymbol{A}$ 的第 i 个行向量，$\boldsymbol{\beta} = (b_1, b_2, \cdots, b_n)$. 如果齐次线性方程组 $\boldsymbol{AX} = \boldsymbol{0}$ 的解全是方程 $b_1x_1 + b_2x_2 + \cdots + b_nx_n = 0$ 的解，证明：$\boldsymbol{\beta}$ 是 $\boldsymbol{\alpha}_1, \boldsymbol{\alpha}_2, \cdots, \boldsymbol{\alpha}_m$ 的线性组合.

A4. 设四元非齐次线性方程组的系数矩阵的秩为 3，已知 $\boldsymbol{\gamma}_1, \boldsymbol{\gamma}_2, \boldsymbol{\gamma}_3$ 是它的三个解向量，且

$$\boldsymbol{\gamma}_1 = \begin{pmatrix} 2 \\ 3 \\ 4 \\ 5 \end{pmatrix}, \quad \boldsymbol{\gamma}_2 + \boldsymbol{\gamma}_3 = \begin{pmatrix} 1 \\ 2 \\ 3 \\ 4 \end{pmatrix},$$

求该方程组的通解.

A5. 设 $\boldsymbol{\alpha}_1, \boldsymbol{\alpha}_2, \boldsymbol{\alpha}_3, \boldsymbol{\alpha}_4$ 是非齐次线性方程组 $\boldsymbol{AX} = \boldsymbol{\beta}$ 的 4 个解，且

$$(\boldsymbol{\alpha}_1 + 2\boldsymbol{\alpha}_2, \boldsymbol{\alpha}_2 - 2\boldsymbol{\alpha}_3, 3\boldsymbol{\alpha}_3 + 2\boldsymbol{\alpha}_4) = \begin{pmatrix} 1 & 1 & 0 \\ 1 & 0 & 1 \\ 0 & 1 & 1 \end{pmatrix},$$

求该线性方程组 $\boldsymbol{AX} = \boldsymbol{\beta}$ 的通解.

A6. 设 n 阶方阵 $\boldsymbol{A}$ 的 (i, j) 位置的代数余子式为 A_{ij}，证明：如果 $\boldsymbol{A}$ 不可逆且 $A_{11} \neq 0$，则齐次线性方程组 $\boldsymbol{AX} = \boldsymbol{0}$ 的所有解有形式

$$c \begin{pmatrix} A_{11} \\ A_{12} \\ \vdots \\ A_{1n} \end{pmatrix}.$$

A7. 设 $\boldsymbol{A}$ 是复矩阵，证明：$R(\boldsymbol{AA}^*) = R(\boldsymbol{A}^*\boldsymbol{A}) = R(\boldsymbol{A})$，其中 $\boldsymbol{A}^* = \bar{\boldsymbol{A}}^{\mathrm{T}}$ 是 $\boldsymbol{A}$ 的共轭转置.特别地，当 $\boldsymbol{A}$ 是实矩阵时，成立 $R(\boldsymbol{AA}^{\mathrm{T}}) = R(\boldsymbol{A}^{\mathrm{T}}\boldsymbol{A}) = R(\boldsymbol{A})$.

B1. 设 $\boldsymbol{A} \in \mathbb{C}^{m \times n}$，证明：对任意 $\boldsymbol{\beta} \in \mathbb{C}^m$，线性方程组 $\boldsymbol{A}^*\boldsymbol{AX} = \boldsymbol{A}^*\boldsymbol{\beta}$ 一定有解.特别地，当 $\boldsymbol{A} \in \mathbb{R}^{m \times n}$ 时，对任意 $\boldsymbol{\beta} \in \mathbb{R}^m$，线性方程组 $\boldsymbol{A}^{\mathrm{T}}\boldsymbol{AX} = \boldsymbol{A}^{\mathrm{T}}\boldsymbol{\beta}$ 一定有解.

B2. 是否存在非齐次线性方程组 $\boldsymbol{AX} = \boldsymbol{\beta}$，使得 $\boldsymbol{\alpha}_1, \boldsymbol{\alpha}_2, \boldsymbol{\alpha}_3, \boldsymbol{\alpha}_4, \boldsymbol{\alpha}_5$ 是方程组的解，且方程组的解都可以由向量组 $\boldsymbol{\alpha}_1, \boldsymbol{\alpha}_2, \boldsymbol{\alpha}_3, \boldsymbol{\alpha}_4, \boldsymbol{\alpha}_5$ 线性表示？如果有，请给出一个这样的方程组；如果没有，请说明理由.其中

(1) $\boldsymbol{\alpha}_1=\begin{pmatrix}1\\1\\1\\0\end{pmatrix}$, $\boldsymbol{\alpha}_2=\begin{pmatrix}1\\2\\0\\1\end{pmatrix}$, $\boldsymbol{\alpha}_3=\begin{pmatrix}1\\3\\-1\\2\end{pmatrix}$, $\boldsymbol{\alpha}_4=\begin{pmatrix}1\\1\\-1\\2\end{pmatrix}$, $\boldsymbol{\alpha}_5=\begin{pmatrix}6\\8\\-2\\8\end{pmatrix}$;

(2) $\boldsymbol{\alpha}_1=\begin{pmatrix}1\\1\\1\\0\end{pmatrix}$, $\boldsymbol{\alpha}_2=\begin{pmatrix}1\\1\\0\\1\end{pmatrix}$, $\boldsymbol{\alpha}_3=\begin{pmatrix}1\\1\\-1\\2\end{pmatrix}$, $\boldsymbol{\alpha}_4=\begin{pmatrix}1\\0\\1\\1\end{pmatrix}$, $\boldsymbol{\alpha}_5=\begin{pmatrix}1\\2\\2\\-2\end{pmatrix}$.

B3. Cramer 法则的推广.设有 n 元线性方程组 $\boldsymbol{AX}=\boldsymbol{\beta}$，其中 $\boldsymbol{A}=(a_{ij})_{m\times n}$，$\boldsymbol{X}=(x_1, \cdots, x_n)^{\mathrm{T}}$，$\boldsymbol{\beta}=(b_1, \cdots, b_m)^{\mathrm{T}}$. 设 $R(\boldsymbol{A})=R(\boldsymbol{A}, \boldsymbol{\beta})=r$，$\boldsymbol{A}$ 的 r 阶子式 $D=\boldsymbol{A}\begin{pmatrix}i_1 & i_2 & \cdots & i_r\\ j_1 & j_2 & \cdots & j_r\end{pmatrix}\neq 0$. 记 $\{1, 2, \cdots, n\}-\{j_1, j_2, \cdots, j_r\}=\{j_{r+1}<j_{r+2}<\cdots<j_n\}$. 对 $1\leqslant k\leqslant r$ 和 $r+1\leqslant l\leqslant n$，记 D_k 为将 D 的第 k 列用 $(b_{i_1}, b_{i_2}, \cdots, b_{i_r})^{\mathrm{T}}$ 替换所得 r 阶行列式，记 D_{kl} 为将 D 的第 k 列用 $(a_{i_1j_l}, a_{i_2j_l}, \cdots, a_{i_rj_l})^{\mathrm{T}}$ 替换所得 r 阶行列式.证明：该线性方程组的通解是

$$\begin{cases}x_{j_k}=\dfrac{D_k}{D}-\displaystyle\sum_{l=r+1}^{n}a_l\dfrac{D_{kl}}{D}, & k=1, 2, \cdots, r,\\ x_{j_l}=a_l, & l=r+1, r+2, \cdots, n,\end{cases}$$

其中，a_{r+1}，a_{r+2}，$\cdots$，a_n 是独立常数.

B4. 设 $\boldsymbol{A}$ 为 n 阶方阵，其中 $n\geqslant 2$. 如果 $\boldsymbol{A}$ 的每行之和都为 0，每列之和也都为 0，证明：$\boldsymbol{A}$ 的伴随矩阵 adj ($\boldsymbol{A}$) 的所有位置的元素都相同.

*§ 5.10　线性方程组和初等变换标准形

前面我们利用 Gauss 消元法和几何讨论给出了线性方程组解的相容性定理和解的结构定理，这里我们利用矩阵的初等变换标准形重新讨论.这是一种比较狠的方法，我们相当于解系数矩阵很简单的矩阵方程.

首先考虑齐次线性方程组 $\boldsymbol{AX}=\boldsymbol{0}$，其中 $\boldsymbol{A}\in\mathbb{F}^{m\times n}$，且 $R(\boldsymbol{A})=r$. 如果 $r=n$，即 $\boldsymbol{A}$ 列满秩.前面利用初等变换标准形已经知道列满秩阵可以左消去，所以

$$\boldsymbol{AX}=\boldsymbol{0}\iff\boldsymbol{X}=\boldsymbol{0},$$

即 $\boldsymbol{AX}=\boldsymbol{0}$ 只有零解.

如果 $r<n$，存在 m 阶可逆阵 $\boldsymbol{P}$ 和 n 阶可逆阵 $\boldsymbol{Q}$，使得 $\boldsymbol{A}=\boldsymbol{P}\begin{pmatrix}\boldsymbol{E}_r & \boldsymbol{O}\\ \boldsymbol{O} & \boldsymbol{O}\end{pmatrix}\boldsymbol{Q}$. 于是

$$\boldsymbol{AX}=\boldsymbol{0}\iff\begin{pmatrix}\boldsymbol{E}_r & \boldsymbol{O}\\ \boldsymbol{O} & \boldsymbol{O}\end{pmatrix}\boldsymbol{QX}=\boldsymbol{0}.$$

记 $\boldsymbol{QX}=\boldsymbol{Y}=\begin{pmatrix}\boldsymbol{Y}_1\\ \boldsymbol{Y}_2\end{pmatrix}$，其中 $\boldsymbol{Y}_1\in\mathbb{F}^r$，则

$$\boldsymbol{AX}=\boldsymbol{0} \iff \begin{pmatrix}\boldsymbol{Y}_1\\ \boldsymbol{0}\end{pmatrix}=\boldsymbol{0} \iff \boldsymbol{Y}_1=\boldsymbol{0}.$$

所以 $\boldsymbol{AX}=\boldsymbol{0}$ 的解为

$$\boldsymbol{X}=\boldsymbol{Q}^{-1}\begin{pmatrix}\boldsymbol{0}\\ \boldsymbol{Y}_2\end{pmatrix}, \quad \boldsymbol{Y}_2\in\mathbb{F}^{n-r}.$$

于是重新得到以下定理.

定理 5.37(齐次线性方程组解的结构定理) 设 $\boldsymbol{A}\in\mathbb{F}^{m\times n}$ 的秩 $R(\boldsymbol{A})=r$,则

(1) 当 $r=n$ 时,齐次线性方程组 $\boldsymbol{AX}=\boldsymbol{0}$ 只有零解;

(2) 当 $r<n$ 时,$\boldsymbol{AX}=\boldsymbol{0}$ 有非零解,且其通解依赖于 $n-r$ 个独立参数.具体地,设 $\boldsymbol{A}=\boldsymbol{P}\begin{pmatrix}\boldsymbol{E}_r & \boldsymbol{O}\\ \boldsymbol{O} & \boldsymbol{O}\end{pmatrix}\boldsymbol{Q}$,其中 $\boldsymbol{P}$ 和 $\boldsymbol{Q}$ 分别是取定的 m 阶和 n 阶可逆阵,则 $\boldsymbol{AX}=\boldsymbol{0}$ 的通解是

$$\boldsymbol{X}=c_{r+1}\boldsymbol{Q}^{-1}\boldsymbol{e}_{r+1}+c_{r+2}\boldsymbol{Q}^{-1}\boldsymbol{e}_{r+2}+\cdots+c_n\boldsymbol{Q}^{-1}\boldsymbol{e}_n,$$

其中 $c_{r+1}, c_{r+2}, \cdots, c_n\in\mathbb{F}$ 是任意常数.

下面再讨论非齐次线性方程组 $\boldsymbol{AX}=\boldsymbol{\beta}$,其中 $\boldsymbol{A}\in\mathbb{F}^{m\times n}$,$\boldsymbol{\beta}\in\mathbb{F}^m$,且 $R(\boldsymbol{A})=r$. 取定 m 阶可逆阵 $\boldsymbol{P}$ 和 n 阶可逆阵 $\boldsymbol{Q}$,使得 $\boldsymbol{A}=\boldsymbol{P}\begin{pmatrix}\boldsymbol{E}_r & \boldsymbol{O}\\ \boldsymbol{O} & \boldsymbol{O}\end{pmatrix}\boldsymbol{Q}$,于是

$$\boldsymbol{AX}=\boldsymbol{\beta} \iff \begin{pmatrix}\boldsymbol{E}_r & \boldsymbol{O}\\ \boldsymbol{O} & \boldsymbol{O}\end{pmatrix}\boldsymbol{QX}=\boldsymbol{P}^{-1}\boldsymbol{\beta}.$$

记 $\boldsymbol{QX}=\begin{pmatrix}\boldsymbol{Y}_1\\ \boldsymbol{Y}_2\end{pmatrix}$ 和 $\boldsymbol{P}^{-1}\boldsymbol{\beta}=\begin{pmatrix}\boldsymbol{Z}_1\\ \boldsymbol{Z}_2\end{pmatrix}$,其中 $\boldsymbol{Y}_1, \boldsymbol{Z}_1\in\mathbb{F}^r$,则

$$\boldsymbol{AX}=\boldsymbol{\beta} \iff \begin{pmatrix}\boldsymbol{Y}_1\\ \boldsymbol{0}\end{pmatrix}=\begin{pmatrix}\boldsymbol{Z}_1\\ \boldsymbol{Z}_2\end{pmatrix} \iff \boldsymbol{Y}_1=\boldsymbol{Z}_1, \boldsymbol{Z}_2=\boldsymbol{0}.$$

得到 $\boldsymbol{AX}=\boldsymbol{\beta}$ 有解的充分和必要条件是 $\boldsymbol{Z}_2=\boldsymbol{0}$;且当 $Z_2=0$ 时,$\boldsymbol{AX}=\boldsymbol{\beta}$ 的解为

$$\begin{aligned}\boldsymbol{X}&=\boldsymbol{Q}^{-1}\begin{pmatrix}\boldsymbol{Z}_1\\ \boldsymbol{Y}_2\end{pmatrix}=\boldsymbol{Q}^{-1}\begin{pmatrix}\boldsymbol{Z}_1\\ \boldsymbol{0}\end{pmatrix}+\boldsymbol{Q}^{-1}\begin{pmatrix}\boldsymbol{0}\\ \boldsymbol{Y}_2\end{pmatrix}\\ &=\boldsymbol{Q}^{-1}\begin{pmatrix}\boldsymbol{E}_r & \boldsymbol{O}\\ \boldsymbol{O} & \boldsymbol{O}\end{pmatrix}_{n\times m}\boldsymbol{P}^{-1}\boldsymbol{\beta}+\boldsymbol{Q}^{-1}\begin{pmatrix}\boldsymbol{0}\\ \boldsymbol{Y}_2\end{pmatrix}, \quad \boldsymbol{Y}_2\in\mathbb{F}^{n-r}.\end{aligned}$$

下面来计算增广矩阵的秩.有

$$\begin{aligned}R(\boldsymbol{A}, \boldsymbol{\beta})&=R\left(\boldsymbol{P}\left[\begin{pmatrix}\boldsymbol{E}_r & \boldsymbol{O}\\ \boldsymbol{O} & \boldsymbol{O}\end{pmatrix}\boldsymbol{Q}, \boldsymbol{P}^{-1}\boldsymbol{\beta}\right]\right)=R\left(\begin{pmatrix}\boldsymbol{E}_r & \boldsymbol{O}\\ \boldsymbol{O} & \boldsymbol{O}\end{pmatrix}\boldsymbol{Q}, \begin{pmatrix}\boldsymbol{Z}_1\\ \boldsymbol{Z}_2\end{pmatrix}\right)\\ &=R\left[\begin{pmatrix}\boldsymbol{E}_r & \boldsymbol{O} & \boldsymbol{Z}_1\\ \boldsymbol{O} & \boldsymbol{O} & \boldsymbol{Z}_2\end{pmatrix}\begin{pmatrix}\boldsymbol{Q} & \boldsymbol{O}\\ \boldsymbol{O} & 1\end{pmatrix}\right]=R\begin{pmatrix}\boldsymbol{E}_r & \boldsymbol{O} & \boldsymbol{Z}_1\\ \boldsymbol{O} & \boldsymbol{O} & \boldsymbol{Z}_2\end{pmatrix},\end{aligned}$$

所以

$$R(\boldsymbol{A},\boldsymbol{\beta})=r=R(\boldsymbol{A})\Longleftrightarrow \boldsymbol{Z}_2=\boldsymbol{0}.$$

结合上面的讨论，就得到 $\boldsymbol{AX}=\boldsymbol{\beta}$ 有解的充分必要条件是 $R(\boldsymbol{A})=R(\boldsymbol{A},\boldsymbol{\beta})$. 于是我们重新得到以下定理.

定理 5.38(非齐次线性方程组的相容性定理)　非齐次线性方程组 $\boldsymbol{AX}=\boldsymbol{\beta}$ 有解的充分和必要条件是它的系数矩阵和增广矩阵的秩相等.

定理 5.39(非齐次线性方程组解的结构定理)　设非齐次线性方程组 $\boldsymbol{AX}=\boldsymbol{\beta}$ 有解，且 $R(\boldsymbol{A})=r$. 则

(1) 当 $r=n$ 时，方程组的解唯一；

(2) 当 $r<n$ 时，方程组的通解依赖于 $n-r$ 个独立参数，且它的通解由其一个特解和对应的齐次线性方程组 $\boldsymbol{AX}=\boldsymbol{0}$ 的通解构成. 具体地，设 $\boldsymbol{A}=\boldsymbol{P}\begin{pmatrix}\boldsymbol{E}_r & \boldsymbol{O}\\ \boldsymbol{O} & \boldsymbol{O}\end{pmatrix}\boldsymbol{Q}$，其中 $\boldsymbol{P}$ 和 $\boldsymbol{Q}$ 分别是取定的 m 阶和 n 阶可逆阵，则方程组 $\boldsymbol{AX}=\boldsymbol{\beta}$ 的通解为

$$\boldsymbol{X}=\boldsymbol{Q}^{-1}\begin{pmatrix}\boldsymbol{E}_r & \boldsymbol{O}\\ \boldsymbol{O} & \boldsymbol{O}\end{pmatrix}_{n\times m}\boldsymbol{P}^{-1}\boldsymbol{\beta}+c_{r+1}\boldsymbol{Q}^{-1}\boldsymbol{e}_{r+1}+c_{r+2}\boldsymbol{Q}^{-1}\boldsymbol{e}_{r+2}+\cdots+c_n\boldsymbol{Q}^{-1}\boldsymbol{e}_n,$$

其中，$c_{r+1}, c_{r+2}, \cdots, c_n\in\mathbb{F}$ 是任意常数.

我们最后用这种方法再看几个例子.

例 5.42　求解矩阵方程 $\boldsymbol{A}^{\mathrm{T}}\boldsymbol{X}=\boldsymbol{X}^{\mathrm{T}}\boldsymbol{A}$.

☞ **解**　设 $R(\boldsymbol{A})=r$，取定 m 阶可逆阵 $\boldsymbol{P}$ 和 n 阶可逆阵 $\boldsymbol{Q}$，使得 $\boldsymbol{A}=\boldsymbol{P}\begin{pmatrix}\boldsymbol{E}_r & \boldsymbol{O}\\ \boldsymbol{O} & \boldsymbol{O}\end{pmatrix}\boldsymbol{Q}$，则

$$\begin{aligned}\boldsymbol{A}^{\mathrm{T}}\boldsymbol{X}=\boldsymbol{X}^{\mathrm{T}}\boldsymbol{A}&\Longleftrightarrow \boldsymbol{Q}^{\mathrm{T}}\begin{pmatrix}\boldsymbol{E}_r & \boldsymbol{O}\\ \boldsymbol{O} & \boldsymbol{O}\end{pmatrix}\boldsymbol{P}^{\mathrm{T}}\boldsymbol{X}=\boldsymbol{X}^{\mathrm{T}}\boldsymbol{P}\begin{pmatrix}\boldsymbol{E}_r & \boldsymbol{O}\\ \boldsymbol{O} & \boldsymbol{O}\end{pmatrix}\boldsymbol{Q}\\ &\Longleftrightarrow \begin{pmatrix}\boldsymbol{E}_r & \boldsymbol{O}\\ \boldsymbol{O} & \boldsymbol{O}\end{pmatrix}\boldsymbol{P}^{\mathrm{T}}\boldsymbol{X}\boldsymbol{Q}^{-1}=(\boldsymbol{P}^{\mathrm{T}}\boldsymbol{X}\boldsymbol{Q}^{-1})^{\mathrm{T}}\begin{pmatrix}\boldsymbol{E}_r & \boldsymbol{O}\\ \boldsymbol{O} & \boldsymbol{O}\end{pmatrix}.\end{aligned}$$

设 $\boldsymbol{P}^{\mathrm{T}}\boldsymbol{X}\boldsymbol{Q}^{-1}=\begin{pmatrix}\boldsymbol{Y}_1 & \boldsymbol{Y}_2\\ \boldsymbol{Y}_3 & \boldsymbol{Y}_4\end{pmatrix}$，其中 $\boldsymbol{Y}_1\in\mathbb{F}^{r\times r}$，则

$$\boldsymbol{A}^{\mathrm{T}}\boldsymbol{X}=\boldsymbol{X}^{\mathrm{T}}\boldsymbol{A}\Longleftrightarrow\begin{pmatrix}\boldsymbol{Y}_1 & \boldsymbol{Y}_2\\ \boldsymbol{O} & \boldsymbol{O}\end{pmatrix}=\begin{pmatrix}\boldsymbol{Y}_1^{\mathrm{T}} & \boldsymbol{O}\\ \boldsymbol{Y}_2^{\mathrm{T}} & \boldsymbol{O}\end{pmatrix}\Longleftrightarrow \boldsymbol{Y}_1^{\mathrm{T}}=\boldsymbol{Y}_1,\ \boldsymbol{Y}_2=\boldsymbol{O}.$$

得到所求解的矩阵方程的解为

$$\boldsymbol{X}=(\boldsymbol{P}^{\mathrm{T}})^{-1}\begin{pmatrix}\boldsymbol{Y}_1 & \boldsymbol{O}\\ \boldsymbol{Y}_3 & \boldsymbol{Y}_4\end{pmatrix}\boldsymbol{Q},$$

其中，$\boldsymbol{Y}_1\in\mathbb{F}^{r\times r}$，$\boldsymbol{Y}_3\in\mathbb{F}^{(m-r)\times r}$，$\boldsymbol{Y}_4\in\mathbb{F}^{(m-r)\times(n-r)}$，且 $\boldsymbol{Y}_1$ 是对称阵.

例 5.43[罗思(Roth)，1952]　设矩阵 $\boldsymbol{A}\in\mathbb{F}^{m\times n}$，$\boldsymbol{B}\in\mathbb{F}^{p\times q}$，$\boldsymbol{C}\in\mathbb{F}^{m\times q}$，证明：关于未知

矩阵 $\boldsymbol{X}$ 和 $\boldsymbol{Y}$ 的矩阵方程 $\boldsymbol{AX}-\boldsymbol{YB}=\boldsymbol{C}$ 有解的充分必要条件是矩阵 $\begin{pmatrix}\boldsymbol{A} & \boldsymbol{O}\\ \boldsymbol{O} & \boldsymbol{B}\end{pmatrix}$ 和矩阵 $\begin{pmatrix}\boldsymbol{A} & \boldsymbol{C}\\ \boldsymbol{O} & \boldsymbol{B}\end{pmatrix}$ 等价.

☞ **证明** 假设存在矩阵 $\boldsymbol{X}$ 和 $\boldsymbol{Y}$, 使得 $\boldsymbol{AX}-\boldsymbol{YB}=\boldsymbol{C}$, 则

$$\begin{pmatrix}\boldsymbol{A} & \boldsymbol{C}\\ \boldsymbol{O} & \boldsymbol{B}\end{pmatrix}=\begin{pmatrix}\boldsymbol{A} & \boldsymbol{AX}-\boldsymbol{YB}\\ \boldsymbol{O} & \boldsymbol{B}\end{pmatrix}\xrightarrow{r_1+\boldsymbol{Y}r_2}\begin{pmatrix}\boldsymbol{A} & \boldsymbol{AX}\\ \boldsymbol{O} & \boldsymbol{B}\end{pmatrix}\xrightarrow{c_2-c_1\boldsymbol{X}}\begin{pmatrix}\boldsymbol{A} & \boldsymbol{O}\\ \boldsymbol{O} & \boldsymbol{B}\end{pmatrix}.$$

反之,假设 $\begin{pmatrix}\boldsymbol{A} & \boldsymbol{O}\\ \boldsymbol{O} & \boldsymbol{B}\end{pmatrix}$ 和 $\begin{pmatrix}\boldsymbol{A} & \boldsymbol{C}\\ \boldsymbol{O} & \boldsymbol{B}\end{pmatrix}$ 等价.设 $R(\boldsymbol{A})=r$, $R(\boldsymbol{B})=s$, 则存在可逆阵 $\boldsymbol{P}_1\in\mathbb{F}^{m\times m}$, $\boldsymbol{Q}_1\in\mathbb{F}^{n\times n}$, $\boldsymbol{P}_2\in\mathbb{F}^{p\times p}$, $\boldsymbol{Q}_2\in\mathbb{F}^{q\times q}$, 使得

$$\boldsymbol{P}_1\boldsymbol{AQ}_1=\begin{pmatrix}\boldsymbol{E}_r & \boldsymbol{O}\\ \boldsymbol{O} & \boldsymbol{O}\end{pmatrix},\quad \boldsymbol{P}_2\boldsymbol{BQ}_2=\begin{pmatrix}\boldsymbol{E}_s & \boldsymbol{O}\\ \boldsymbol{O} & \boldsymbol{O}\end{pmatrix}.$$

得到

$$\begin{pmatrix}\boldsymbol{P}_1 & \boldsymbol{O}\\ \boldsymbol{O} & \boldsymbol{P}_2\end{pmatrix}\begin{pmatrix}\boldsymbol{A} & \boldsymbol{O}\\ \boldsymbol{O} & \boldsymbol{B}\end{pmatrix}\begin{pmatrix}\boldsymbol{Q}_1 & \boldsymbol{O}\\ \boldsymbol{O} & \boldsymbol{Q}_2\end{pmatrix}=\begin{pmatrix}\boldsymbol{E}_r & \boldsymbol{O} & \boldsymbol{O} & \boldsymbol{O}\\ \boldsymbol{O} & \boldsymbol{O} & \boldsymbol{O} & \boldsymbol{O}\\ \boldsymbol{O} & \boldsymbol{O} & \boldsymbol{E}_s & \boldsymbol{O}\\ \boldsymbol{O} & \boldsymbol{O} & \boldsymbol{O} & \boldsymbol{O}\end{pmatrix}$$

和

$$\begin{pmatrix}\boldsymbol{P}_1 & \boldsymbol{O}\\ \boldsymbol{O} & \boldsymbol{P}_2\end{pmatrix}\begin{pmatrix}\boldsymbol{A} & \boldsymbol{C}\\ \boldsymbol{O} & \boldsymbol{B}\end{pmatrix}\begin{pmatrix}\boldsymbol{Q}_1 & \boldsymbol{O}\\ \boldsymbol{O} & \boldsymbol{Q}_2\end{pmatrix}=\begin{pmatrix}\boldsymbol{E}_r & \boldsymbol{O} & \boldsymbol{C}_{11} & \boldsymbol{C}_{12}\\ \boldsymbol{O} & \boldsymbol{O} & \boldsymbol{C}_{21} & \boldsymbol{C}_{22}\\ \boldsymbol{O} & \boldsymbol{O} & \boldsymbol{E}_s & \boldsymbol{O}\\ \boldsymbol{O} & \boldsymbol{O} & \boldsymbol{O} & \boldsymbol{O}\end{pmatrix},$$

其中, $\boldsymbol{P}_1\boldsymbol{CQ}_2=\begin{pmatrix}\boldsymbol{C}_{11} & \boldsymbol{C}_{12}\\ \boldsymbol{C}_{21} & \boldsymbol{C}_{22}\end{pmatrix}\in\mathbb{F}^{m\times q}$, 而 $\boldsymbol{C}_{11}\in\mathbb{F}^{r\times s}$. 由于

$$\begin{pmatrix}\boldsymbol{E}_r & \boldsymbol{O} & \boldsymbol{C}_{11} & \boldsymbol{C}_{12}\\ \boldsymbol{O} & \boldsymbol{O} & \boldsymbol{C}_{21} & \boldsymbol{C}_{22}\\ \boldsymbol{O} & \boldsymbol{O} & \boldsymbol{E}_s & \boldsymbol{O}\\ \boldsymbol{O} & \boldsymbol{O} & \boldsymbol{O} & \boldsymbol{O}\end{pmatrix}\sim\begin{pmatrix}\boldsymbol{E}_r & \boldsymbol{O} & \boldsymbol{O} & \boldsymbol{O}\\ \boldsymbol{O} & \boldsymbol{O} & \boldsymbol{O} & \boldsymbol{C}_{22}\\ \boldsymbol{O} & \boldsymbol{O} & \boldsymbol{E}_s & \boldsymbol{O}\\ \boldsymbol{O} & \boldsymbol{O} & \boldsymbol{O} & \boldsymbol{O}\end{pmatrix},$$

所以

$$\begin{pmatrix}\boldsymbol{E}_r & \boldsymbol{O} & \boldsymbol{O} & \boldsymbol{O}\\ \boldsymbol{O} & \boldsymbol{O} & \boldsymbol{O} & \boldsymbol{O}\\ \boldsymbol{O} & \boldsymbol{O} & \boldsymbol{E}_s & \boldsymbol{O}\\ \boldsymbol{O} & \boldsymbol{O} & \boldsymbol{O} & \boldsymbol{O}\end{pmatrix}\sim\begin{pmatrix}\boldsymbol{E}_r & \boldsymbol{O} & \boldsymbol{O} & \boldsymbol{O}\\ \boldsymbol{O} & \boldsymbol{O} & \boldsymbol{O} & \boldsymbol{C}_{22}\\ \boldsymbol{O} & \boldsymbol{O} & \boldsymbol{E}_s & \boldsymbol{O}\\ \boldsymbol{O} & \boldsymbol{O} & \boldsymbol{O} & \boldsymbol{O}\end{pmatrix}.$$

考虑秩得到 $C_{22}=O$. 于是

$$C=P_1^{-1}\begin{pmatrix}C_{11} & C_{12}\\ C_{21} & O\end{pmatrix}Q_2^{-1}=P_1^{-1}\begin{pmatrix}O & C_{12}\\ O & O\end{pmatrix}Q_2^{-1}+P_1^{-1}\begin{pmatrix}C_{11} & O\\ C_{21} & O\end{pmatrix}Q_2^{-1}$$

$$=P_1^{-1}\begin{pmatrix}E_r & O\\ O & O\end{pmatrix}Q_1^{-1}Q_1\begin{pmatrix}O & C_{12}\\ O & O\end{pmatrix}_{n\times q}Q_2^{-1}+P_1^{-1}\begin{pmatrix}C_{11} & O\\ C_{21} & O\end{pmatrix}_{m\times p}P_2P_2^{-1}\begin{pmatrix}E_s & O\\ O & O\end{pmatrix}Q_2^{-1}$$

$$=AQ_1\begin{pmatrix}O & C_{12}\\ O & O\end{pmatrix}_{n\times q}Q_2^{-1}+P_1^{-1}\begin{pmatrix}C_{11} & O\\ C_{21} & O\end{pmatrix}_{m\times p}P_2B.$$

得到解 $X=Q_1\begin{pmatrix}O & C_{12}\\ O & O\end{pmatrix}_{n\times q}Q_2^{-1}$, $Y=-P_1^{-1}\begin{pmatrix}C_{11} & O\\ C_{21} & O\end{pmatrix}_{m\times p}P_2$.

*§5.11　矩阵的广义逆

设 A 是方阵,则当 A 可逆时,线性方程组 $AX=\beta$ 有唯一解,而且解为 $X=A^{-1}\beta$. 下面利用矩阵的初等变换标准形,将上面的结果推广到任意矩阵.

5.11.1　广义逆

如果方阵 A 可逆,则有 $AA^{-1}=E$, 进而

$$AA^{-1}A=A,$$

即 A^{-1} 为矩阵方程 $AXA=A$ 的(唯一)解.一般的,对任意 $A\in\mathbb{F}^{m\times n}$, 我们考查矩阵方程 $AXA=A$.

定理 5.40　设 $A\in\mathbb{F}^{m\times n}$, 则矩阵方程 $AXA=A$ 恒有解.具体地,设 $R(A)=r$, 且

$$A=P\begin{pmatrix}E_r & O\\ O & O\end{pmatrix}Q,$$

其中,P 和 Q 分别是取定的 m 阶和 n 阶可逆阵,则矩阵方程 $AXA=A$ 的通解是

$$X=Q^{-1}\begin{pmatrix}E_r & B\\ C & D\end{pmatrix}P^{-1},$$

其中,$B\in\mathbb{F}^{r\times(m-r)}$, $C\in\mathbb{F}^{(n-r)\times r}$, $D\in\mathbb{F}^{(n-r)\times(m-r)}$ 是任意矩阵.

定义 5.12　设 $A\in\mathbb{F}^{m\times n}$, 矩阵方程 $AXA=A$ 的每一个解都称为矩阵 A 的**广义逆**,记为 A^-.

由定义,对于 $A\in\mathbb{F}^{m\times n}$, 有

$$A^-\in\{X\in\mathbb{F}^{n\times m}\mid AXA=A\}.$$

当 A 为可逆方阵时,$A^-=A^{-1}$, 唯一.而一般的,A^- 不唯一.事实上,由于

$$A^-=Q^{-1}\begin{pmatrix}E_r & B\\ C & D\end{pmatrix}P^{-1},$$

所以

$$R(\boldsymbol{A}^-)=R\begin{pmatrix}\boldsymbol{E}_r & \boldsymbol{B}\\ \boldsymbol{C} & \boldsymbol{D}\end{pmatrix}\geqslant R(\boldsymbol{E}_r)=r,$$

即

$$r\leqslant R(\boldsymbol{A}^-)\leqslant \min\{m,n\}$$

反之,设整数 k 满足 $r\leqslant k\leqslant \min\{m,n\}$,取 $\boldsymbol{D}\in\mathbb{F}^{(n-r)\times(m-r)}$,使得 $R(\boldsymbol{D})=k-r$,则

$$\boldsymbol{A}^-=\boldsymbol{Q}^{-1}\begin{pmatrix}\boldsymbol{E}_r & \boldsymbol{O}\\ \boldsymbol{O} & \boldsymbol{D}\end{pmatrix}\boldsymbol{P}^{-1}$$

的秩 $R(\boldsymbol{A}^-)=k$.

☞ **定理 5.40 的证明** 任取 $\boldsymbol{B}\in\mathbb{F}^{r\times(m-r)}$, $\boldsymbol{C}\in\mathbb{F}^{(n-r)\times r}$, $\boldsymbol{D}\in\mathbb{F}^{(n-r)\times(m-r)}$,则

$$\boldsymbol{A}\cdot\boldsymbol{Q}^{-1}\begin{pmatrix}\boldsymbol{E}_r & \boldsymbol{B}\\ \boldsymbol{C} & \boldsymbol{D}\end{pmatrix}\boldsymbol{P}^{-1}\cdot\boldsymbol{A}=\boldsymbol{P}\begin{pmatrix}\boldsymbol{E}_r & \boldsymbol{O}\\ \boldsymbol{O} & \boldsymbol{O}\end{pmatrix}\begin{pmatrix}\boldsymbol{E}_r & \boldsymbol{B}\\ \boldsymbol{C} & \boldsymbol{D}\end{pmatrix}\begin{pmatrix}\boldsymbol{E}_r & \boldsymbol{O}\\ \boldsymbol{O} & \boldsymbol{O}\end{pmatrix}\boldsymbol{Q}=\boldsymbol{P}\begin{pmatrix}\boldsymbol{E}_r & \boldsymbol{O}\\ \boldsymbol{O} & \boldsymbol{O}\end{pmatrix}\boldsymbol{Q}=\boldsymbol{A},$$

即矩阵 $\boldsymbol{Q}^{-1}\begin{pmatrix}\boldsymbol{E}_r & \boldsymbol{B}\\ \boldsymbol{C} & \boldsymbol{D}\end{pmatrix}\boldsymbol{P}^{-1}$ 是矩阵方程 $\boldsymbol{AXA}=\boldsymbol{A}$ 的解.

反之,设 $\boldsymbol{X}$ 是 $\boldsymbol{AXA}=\boldsymbol{A}$ 的一个解,则

$$\boldsymbol{P}\begin{pmatrix}\boldsymbol{E}_r & \boldsymbol{O}\\ \boldsymbol{O} & \boldsymbol{O}\end{pmatrix}\boldsymbol{QXP}\begin{pmatrix}\boldsymbol{E}_r & \boldsymbol{O}\\ \boldsymbol{O} & \boldsymbol{O}\end{pmatrix}\boldsymbol{Q}=\boldsymbol{P}\begin{pmatrix}\boldsymbol{E}_r & \boldsymbol{O}\\ \boldsymbol{O} & \boldsymbol{O}\end{pmatrix}\boldsymbol{Q},$$

进而有

$$\begin{pmatrix}\boldsymbol{E}_r & \boldsymbol{O}\\ \boldsymbol{O} & \boldsymbol{O}\end{pmatrix}\boldsymbol{QXP}\begin{pmatrix}\boldsymbol{E}_r & \boldsymbol{O}\\ \boldsymbol{O} & \boldsymbol{O}\end{pmatrix}=\begin{pmatrix}\boldsymbol{E}_r & \boldsymbol{O}\\ \boldsymbol{O} & \boldsymbol{O}\end{pmatrix}.$$

将 $\boldsymbol{QXP}$ 分块

$$\boldsymbol{QXP}=\begin{pmatrix}\boldsymbol{F} & \boldsymbol{B}\\ \boldsymbol{C} & \boldsymbol{D}\end{pmatrix},\quad \boldsymbol{F}\in\mathbb{F}^{r\times r},$$

则有

$$\begin{pmatrix}\boldsymbol{E}_r & \boldsymbol{O}\\ \boldsymbol{O} & \boldsymbol{O}\end{pmatrix}=\begin{pmatrix}\boldsymbol{E}_r & \boldsymbol{O}\\ \boldsymbol{O} & \boldsymbol{O}\end{pmatrix}\begin{pmatrix}\boldsymbol{F} & \boldsymbol{B}\\ \boldsymbol{C} & \boldsymbol{D}\end{pmatrix}\begin{pmatrix}\boldsymbol{E}_r & \boldsymbol{O}\\ \boldsymbol{O} & \boldsymbol{O}\end{pmatrix}=\begin{pmatrix}\boldsymbol{F} & \boldsymbol{O}\\ \boldsymbol{O} & \boldsymbol{O}\end{pmatrix},$$

进而得 $\boldsymbol{F}=\boldsymbol{E}_r$. 于是

$$\boldsymbol{X}=\boldsymbol{Q}^{-1}\begin{pmatrix}\boldsymbol{E}_r & \boldsymbol{B}\\ \boldsymbol{C} & \boldsymbol{D}\end{pmatrix}\boldsymbol{P}^{-1},$$

证毕.

设 $\boldsymbol{A}\in\mathbb{F}^{m\times n}$,于是 $\boldsymbol{AA}^-\boldsymbol{A}=\boldsymbol{A}$. 如果 $\boldsymbol{A}$ 列满秩,则可左消去,即得 $\boldsymbol{A}^-\boldsymbol{A}=\boldsymbol{E}_n$. 反之,如果

$\boldsymbol{B} \in \mathbb{F}^{n\times m}$，使得 $\boldsymbol{BA}=\boldsymbol{E}_n$，则有 $\boldsymbol{ABA}=\boldsymbol{A}$，即 $\boldsymbol{B}$ 为 $\boldsymbol{A}$ 的广义逆.于是列满秩矩阵 $\boldsymbol{A}$ 的广义逆也就是矩阵方程 $\boldsymbol{XA}=\boldsymbol{E}_n$ 的解.此时，矩阵方程 $\boldsymbol{YA}=\boldsymbol{B}$ 一定有解，比如 $\boldsymbol{Y}=\boldsymbol{BA}^-$ 就是一个解.读者可以类似写出行满秩阵的相应结论.

下面利用矩阵的广义逆重新叙述线性方程组解的相容性定理和结构定理.

定理 5.41（线性方程组解的相容性定理）　线性方程组 $\boldsymbol{AX}=\boldsymbol{\beta}$ 有解的充分和必要条件是，$\boldsymbol{\beta}=\boldsymbol{AA}^-\boldsymbol{\beta}$.

☞ **证明**　设 $\boldsymbol{\alpha}$ 是解，则

$$\boldsymbol{\beta}=\boldsymbol{A\alpha}=\boldsymbol{AA}^-\boldsymbol{A\alpha}=\boldsymbol{AA}^-\boldsymbol{\beta}.$$

反之，设 $\boldsymbol{\beta}=\boldsymbol{AA}^-\boldsymbol{\beta}$，则 $\boldsymbol{A}^-\boldsymbol{\beta}$ 是一个解.

定理 5.42（线性方程组解的结构定理）　设 n 元线性方程组 $\boldsymbol{AX}=\boldsymbol{\beta}$ 有解，则它的通解是

$$\boldsymbol{X}=\boldsymbol{A}^-\boldsymbol{\beta}+(\boldsymbol{E}_n-\boldsymbol{A}^-\boldsymbol{A})\boldsymbol{Z},$$

其中，$\boldsymbol{A}^-$ 是 $\boldsymbol{A}$ 的某个取定的广义逆，$\boldsymbol{Z}\in\mathbb{F}^n$ 任意.进而，当 $\boldsymbol{\beta}\neq 0$ 时，$\boldsymbol{AX}=\boldsymbol{\beta}$ 的通解是

$$\boldsymbol{X}=\boldsymbol{A}^-\boldsymbol{\beta},$$

其中，$\boldsymbol{A}^-$ 是 $\boldsymbol{A}$ 的任意一个广义逆.

☞ **证明**　由于线性方程组 $\boldsymbol{AX}=\boldsymbol{\beta}$ 有解，所以 $\boldsymbol{\beta}=\boldsymbol{AA}^-\boldsymbol{\beta}$. 任取 $\boldsymbol{Z}\in\mathbb{F}^n$，有

$$\boldsymbol{A}[\boldsymbol{A}^-\boldsymbol{\beta}+(\boldsymbol{E}_n-\boldsymbol{A}^-\boldsymbol{A})\boldsymbol{Z}]=\boldsymbol{AA}^-\boldsymbol{\beta}+(\boldsymbol{A}-\boldsymbol{AA}^-\boldsymbol{A})\boldsymbol{Z}=\boldsymbol{\beta}.$$

反之，设 $\boldsymbol{\alpha}$ 是 $\boldsymbol{AX}=\boldsymbol{\beta}$ 的一个解.任取 $\boldsymbol{A}$ 的广义逆 $\boldsymbol{A}^-$. 取 $\boldsymbol{Z}=\boldsymbol{\alpha}\in\mathbb{F}^n$，则

$$\boldsymbol{A}^-\boldsymbol{\beta}+(\boldsymbol{E}_n-\boldsymbol{A}^-\boldsymbol{A})\boldsymbol{Z}=\boldsymbol{A}^-\boldsymbol{\beta}+\boldsymbol{\alpha}-\boldsymbol{A}^-\boldsymbol{A\alpha}=\boldsymbol{A}^-\boldsymbol{\beta}+\boldsymbol{\alpha}-\boldsymbol{A}^-\boldsymbol{\beta}=\boldsymbol{\alpha}.$$

下证：当 $\boldsymbol{\beta}\neq\boldsymbol{0}$ 时，可取一个 $\boldsymbol{A}$ 的广义逆 $\boldsymbol{A}^-$，使得 $\boldsymbol{\alpha}=\boldsymbol{A}^-\boldsymbol{\beta}$.

事实上，设 $R(\boldsymbol{A})=r$，且 $\boldsymbol{A}=\boldsymbol{P}\begin{pmatrix}\boldsymbol{E}_r & \boldsymbol{O}\\ \boldsymbol{O} & \boldsymbol{O}\end{pmatrix}\boldsymbol{Q}$，其中 $\boldsymbol{P}$, $\boldsymbol{Q}$ 为可逆方阵，则由 $\boldsymbol{A\alpha}=\boldsymbol{\beta}$ 得

$$\begin{pmatrix}\boldsymbol{E}_r & \boldsymbol{O}\\ \boldsymbol{O} & \boldsymbol{O}\end{pmatrix}\boldsymbol{Q\alpha}=\boldsymbol{P}^{-1}\boldsymbol{\beta}.$$

分块

$$\boldsymbol{Q\alpha}=\begin{pmatrix}\boldsymbol{\alpha}_1\\ \boldsymbol{\alpha}_2\end{pmatrix},\quad \boldsymbol{P}^{-1}\boldsymbol{\beta}=\begin{pmatrix}\boldsymbol{\beta}_1\\ \boldsymbol{\beta}_2\end{pmatrix},$$

其中 $\boldsymbol{\alpha}_1$, $\boldsymbol{\beta}_1\in\mathbb{F}^r$，则有

$$\begin{pmatrix}\boldsymbol{\alpha}_1\\ \boldsymbol{0}\end{pmatrix}=\begin{pmatrix}\boldsymbol{\beta}_1\\ \boldsymbol{\beta}_2\end{pmatrix},$$

得到

$$\boldsymbol{\alpha}_1=\boldsymbol{\beta}_1,\quad \boldsymbol{\beta}_2=\boldsymbol{0}.$$

由于 $\boldsymbol{\beta}\neq\mathbf{0}$, 所以 $\boldsymbol{P}^{-1}\boldsymbol{\beta}\neq\mathbf{0}$, 进而 $\boldsymbol{\beta}_1\neq\mathbf{0}$. 记

$$\boldsymbol{\alpha}_1=\boldsymbol{\beta}_1=(b_1, \cdots, b_r)^{\mathrm{T}},$$

其中, $b_i\neq 0$.

任取 $\boldsymbol{A}$ 的广义逆 $\boldsymbol{A}^{-}$, 则存在 $\boldsymbol{B}, \boldsymbol{C}, \boldsymbol{D}$, 使得

$$\boldsymbol{A}^{-}=\boldsymbol{Q}^{-1}\begin{pmatrix}\boldsymbol{E}_r & \boldsymbol{B}\\ \boldsymbol{C} & \boldsymbol{D}\end{pmatrix}\boldsymbol{P}^{-1}.$$

于是

$$\boldsymbol{Q}\boldsymbol{A}^{-}\boldsymbol{\beta}=\begin{pmatrix}\boldsymbol{E}_r & \boldsymbol{B}\\ \boldsymbol{C} & \boldsymbol{D}\end{pmatrix}\boldsymbol{P}^{-1}\boldsymbol{\beta}=\begin{pmatrix}\boldsymbol{E}_r & \boldsymbol{B}\\ \boldsymbol{C} & \boldsymbol{D}\end{pmatrix}\begin{pmatrix}\boldsymbol{\beta}_1\\ \mathbf{0}\end{pmatrix}=\begin{pmatrix}\boldsymbol{\beta}_1\\ \boldsymbol{C}\boldsymbol{\beta}_1\end{pmatrix}=\begin{pmatrix}\boldsymbol{\alpha}_1\\ \boldsymbol{C}\boldsymbol{\beta}_1\end{pmatrix}.$$

取矩阵 $\boldsymbol{C}\in\mathbb{F}^{(n-r)\times r}$, 使其第 i 列为 $\dfrac{1}{b_i}\boldsymbol{\alpha}_2$, 其他列为零,则

$$\boldsymbol{C}\boldsymbol{\beta}_1=\boldsymbol{\alpha}_2.$$

此时,有 $\boldsymbol{Q}\boldsymbol{A}^{-}\boldsymbol{\beta}=\boldsymbol{Q}\boldsymbol{\alpha}$, 即 $\boldsymbol{A}^{-}\boldsymbol{\beta}=\boldsymbol{\alpha}$. 所以取 $\boldsymbol{A}$ 的广义逆

$$\boldsymbol{A}^{-}=\boldsymbol{Q}^{-1}\begin{pmatrix}\boldsymbol{E}_r & \boldsymbol{O}\\ \boldsymbol{C} & \boldsymbol{O}\end{pmatrix}\boldsymbol{P}^{-1},$$

其中, C 的第 i 列为 $\dfrac{1}{b_i}\boldsymbol{\alpha}_2$, 其他列为零,则有 $\boldsymbol{\alpha}=\boldsymbol{A}^{-}\boldsymbol{\beta}$.

5.11.2 Moore-Penrose 广义逆

下面介绍一种特殊的广义逆,它是唯一的.设 $\boldsymbol{A}\in\mathbb{C}^{m\times n}$, 考虑矩阵方程组

$$\begin{cases}\boldsymbol{AXA}=\boldsymbol{A}, & (\mathrm{P}_1)\\ \boldsymbol{XAX}=\boldsymbol{X}, & (\mathrm{P}_2)\\ \overline{(\boldsymbol{AX})^{\mathrm{T}}}=\boldsymbol{AX}, & (\mathrm{P}_3)\\ \overline{(\boldsymbol{XA})^{\mathrm{T}}}=\boldsymbol{XA}. & (\mathrm{P}_4)\end{cases}$$

称该方程组为**彭若斯(Penrose)方程组.**

我们先证明:如果 Penrose 方程组有解,那么解唯一.事实上,设 $\boldsymbol{X}_1$ 和 $\boldsymbol{X}_2$ 是两个解,则

$$\begin{aligned}\boldsymbol{X}_1 &\xlongequal{(\mathrm{P}_2)}\boldsymbol{X}_1\boldsymbol{A}\boldsymbol{X}_1\xlongequal{(\mathrm{P}_1)}\boldsymbol{X}_1\boldsymbol{A}\boldsymbol{X}_2\boldsymbol{A}\boldsymbol{X}_1\xlongequal{(\mathrm{P}_3)}\boldsymbol{X}_1\overline{(\boldsymbol{A}\boldsymbol{X}_2)^{\mathrm{T}}}\,\overline{(\boldsymbol{A}\boldsymbol{X}_1)^{\mathrm{T}}}\\ &=\boldsymbol{X}_1\overline{(\boldsymbol{A}\boldsymbol{X}_1\boldsymbol{A}\boldsymbol{X}_2)^{\mathrm{T}}}\xlongequal{(\mathrm{P}_1)}\boldsymbol{X}_1\overline{(\boldsymbol{A}\boldsymbol{X}_2)^{\mathrm{T}}}\xlongequal{(\mathrm{P}_3)}\boldsymbol{X}_1\boldsymbol{A}\boldsymbol{X}_2\\ &\xlongequal{(\mathrm{P}_1)}\boldsymbol{X}_1\boldsymbol{A}\boldsymbol{X}_2\boldsymbol{A}\boldsymbol{X}_2\xlongequal{(\mathrm{P}_4)}\overline{(\boldsymbol{X}_1\boldsymbol{A})^{\mathrm{T}}}\,\overline{(\boldsymbol{X}_2\boldsymbol{A})^{\mathrm{T}}}\boldsymbol{X}_2\\ &=\overline{(\boldsymbol{X}_2\boldsymbol{A}\boldsymbol{X}_1\boldsymbol{A})^{\mathrm{T}}}\boldsymbol{X}_2\xlongequal{(\mathrm{P}_1)}\overline{(\boldsymbol{X}_2\boldsymbol{A})^{\mathrm{T}}}\boldsymbol{X}_2\xlongequal{(\mathrm{P}_4)}\boldsymbol{X}_2\boldsymbol{A}\boldsymbol{X}_2\xlongequal{(\mathrm{P}_2)}\boldsymbol{X}_2.\end{aligned}$$

下面再找 Penrose 方程组的解.设 $R(\boldsymbol{A})=r$，且

$$\boldsymbol{A}=\boldsymbol{P}\begin{pmatrix}\boldsymbol{E}_r & \boldsymbol{O}\\ \boldsymbol{O} & \boldsymbol{O}\end{pmatrix}\boldsymbol{Q},$$

其中，$\boldsymbol{P}$ 和 $\boldsymbol{Q}$ 分别是 m 阶和 n 阶可逆阵.由定理 5.40,方程 (P_1) 的解是

$$\boldsymbol{X}=\boldsymbol{Q}^{-1}\begin{pmatrix}\boldsymbol{E}_r & \boldsymbol{B}\\ \boldsymbol{C} & \boldsymbol{D}\end{pmatrix}\boldsymbol{P}^{-1},$$

其中，$\boldsymbol{B}\in\mathbb{C}^{r\times(m-r)}$，$\boldsymbol{C}\in\mathbb{C}^{(n-r)\times r}$，$\boldsymbol{D}\in\mathbb{C}^{(n-r)\times(m-r)}$. 代入方程 ($\mathrm{P}_2$)，得

$$\begin{pmatrix}\boldsymbol{E}_r & \boldsymbol{B}\\ \boldsymbol{C} & \boldsymbol{D}\end{pmatrix}\begin{pmatrix}\boldsymbol{E}_r & \boldsymbol{O}\\ \boldsymbol{O} & \boldsymbol{O}\end{pmatrix}\begin{pmatrix}\boldsymbol{E}_r & \boldsymbol{B}\\ \boldsymbol{C} & \boldsymbol{D}\end{pmatrix}=\begin{pmatrix}\boldsymbol{E}_r & \boldsymbol{B}\\ \boldsymbol{C} & \boldsymbol{D}\end{pmatrix},$$

即

$$\begin{pmatrix}\boldsymbol{E}_r & \boldsymbol{B}\\ \boldsymbol{C} & \boldsymbol{CB}\end{pmatrix}=\begin{pmatrix}\boldsymbol{E}_r & \boldsymbol{B}\\ \boldsymbol{C} & \boldsymbol{D}\end{pmatrix}.$$

于是 $\boldsymbol{D}=\boldsymbol{CB}$，进而

$$\boldsymbol{X}=\boldsymbol{Q}^{-1}\begin{pmatrix}\boldsymbol{E}_r & \boldsymbol{B}\\ \boldsymbol{C} & \boldsymbol{CB}\end{pmatrix}\boldsymbol{P}^{-1}.$$

由此得

$$\boldsymbol{AX}=\boldsymbol{P}\begin{pmatrix}\boldsymbol{E}_r & \boldsymbol{B}\\ \boldsymbol{O} & \boldsymbol{O}\end{pmatrix}\boldsymbol{P}^{-1},\quad \boldsymbol{XA}=\boldsymbol{Q}^{-1}\begin{pmatrix}\boldsymbol{E}_r & \boldsymbol{O}\\ \boldsymbol{C} & \boldsymbol{O}\end{pmatrix}\boldsymbol{Q}.$$

代入方程 (P_3) 和(P_4)，得到

$$\begin{pmatrix}\boldsymbol{E}_r & \boldsymbol{O}\\ \overline{\boldsymbol{B}^{\mathrm{T}}} & \boldsymbol{O}\end{pmatrix}\overline{\boldsymbol{P}^{\mathrm{T}}}\boldsymbol{P}=\overline{\boldsymbol{P}^{\mathrm{T}}}\boldsymbol{P}\begin{pmatrix}\boldsymbol{E}_r & \boldsymbol{B}\\ \boldsymbol{O} & \boldsymbol{O}\end{pmatrix},$$

$$\begin{pmatrix}\boldsymbol{E}_r & \boldsymbol{O}\\ \boldsymbol{C} & \boldsymbol{O}\end{pmatrix}\boldsymbol{Q}\,\overline{\boldsymbol{Q}^{\mathrm{T}}}=\boldsymbol{Q}\,\overline{\boldsymbol{Q}^{\mathrm{T}}}\begin{pmatrix}\boldsymbol{E}_r & \overline{\boldsymbol{C}^{\mathrm{T}}}\\ \boldsymbol{O} & \boldsymbol{O}\end{pmatrix}.$$

做分块

$$\overline{\boldsymbol{P}^{\mathrm{T}}}\boldsymbol{P}=\begin{pmatrix}\boldsymbol{R}_{11} & \boldsymbol{R}_{12}\\ \boldsymbol{R}_{21} & \boldsymbol{R}_{22}\end{pmatrix},\quad \boldsymbol{Q}\,\overline{\boldsymbol{Q}^{\mathrm{T}}}=\begin{pmatrix}\boldsymbol{S}_{11} & \boldsymbol{S}_{12}\\ \boldsymbol{S}_{21} & \boldsymbol{S}_{22}\end{pmatrix},$$

其中，$\boldsymbol{R}_{11}$，$\boldsymbol{S}_{11}\in\mathbb{C}^{r\times r}$，则可得

$$\boldsymbol{R}_{12}=\boldsymbol{R}_{11}\boldsymbol{B},\quad \boldsymbol{S}_{21}=\boldsymbol{CS}_{11}.$$

由 Binet-Cauchy 公式,可得

$$\det(\boldsymbol{R}_{11})=(\overline{\boldsymbol{P}^{\mathrm{T}}}\boldsymbol{P})\begin{pmatrix}1&2&\cdots&r\\1&2&\cdots&r\end{pmatrix}$$
$$=\sum_{1\leqslant i_1<i_2<\cdots<i_r\leqslant m}\overline{\boldsymbol{P}^{\mathrm{T}}}\begin{pmatrix}1&2&\cdots&r\\i_1&i_2&\cdots&i_r\end{pmatrix}\boldsymbol{P}\begin{pmatrix}i_1&i_2&\cdots&i_r\\1&2&\cdots&r\end{pmatrix}$$
$$=\sum_{1\leqslant i_1<i_2<\cdots<i_r\leqslant m}\left|\boldsymbol{P}\begin{pmatrix}i_1&i_2&\cdots&i_r\\1&2&\cdots&r\end{pmatrix}\right|^2\geqslant 0.$$

如果对任意 $1\leqslant i_1<i_2<\cdots<i_r\leqslant m$，有 $\boldsymbol{P}\begin{pmatrix}i_1&i_2&\cdots&i_r\\1&2&\cdots&r\end{pmatrix}=\boldsymbol{0}$，则 $\det(\boldsymbol{P})$ 按照前 r 列展开，可得 $\det(\boldsymbol{P})=0$，与 $\boldsymbol{P}$ 可逆矛盾.所以 $\det(\boldsymbol{R}_{11})>0$，即 $\boldsymbol{R}_{11}$ 可逆(也可以从 $\boldsymbol{P}$ 可逆得出 $\overline{\boldsymbol{P}^{\mathrm{T}}}\boldsymbol{P}$ 是正定的埃尔米特(Hermite)阵，从而其 r 阶主子式大于零).类似可证 $\boldsymbol{S}_{11}$ 可逆.于是

$$\boldsymbol{B}=\boldsymbol{R}_{11}^{-1}\boldsymbol{R}_{12},\quad \boldsymbol{C}=\boldsymbol{S}_{21}\boldsymbol{S}_{11}^{-1}.$$

最后得到

$$\boldsymbol{X}=\boldsymbol{Q}^{-1}\begin{pmatrix}\boldsymbol{E}_r&\boldsymbol{B}\\\boldsymbol{C}&\boldsymbol{CB}\end{pmatrix}\boldsymbol{P}^{-1}=\boldsymbol{Q}^{-1}\begin{pmatrix}\boldsymbol{E}_r\\\boldsymbol{C}\end{pmatrix}(\boldsymbol{E}_r,\boldsymbol{B})\boldsymbol{P}^{-1}$$
$$=\boldsymbol{Q}^{-1}\begin{pmatrix}\boldsymbol{E}_r\\\boldsymbol{S}_{21}\boldsymbol{S}_{11}^{-1}\end{pmatrix}(\boldsymbol{E}_r,\boldsymbol{R}_{11}^{-1}\boldsymbol{R}_{12})\boldsymbol{P}^{-1}$$
$$=\boldsymbol{Q}^{-1}\begin{pmatrix}\boldsymbol{S}_{11}&\boldsymbol{S}_{12}\\\boldsymbol{S}_{21}&\boldsymbol{S}_{22}\end{pmatrix}\begin{pmatrix}\boldsymbol{S}_{11}^{-1}\\\boldsymbol{O}\end{pmatrix}(\boldsymbol{R}_{11}^{-1},\boldsymbol{O})\begin{pmatrix}\boldsymbol{R}_{11}&\boldsymbol{R}_{12}\\\boldsymbol{R}_{21}&\boldsymbol{R}_{22}\end{pmatrix}\boldsymbol{P}^{-1}$$
$$=\overline{\boldsymbol{Q}^{\mathrm{T}}}\begin{pmatrix}\boldsymbol{E}_r\\\boldsymbol{O}\end{pmatrix}\boldsymbol{S}_{11}^{-1}\boldsymbol{R}_{11}^{-1}(\boldsymbol{E}_r,\boldsymbol{O})\,\overline{\boldsymbol{P}^{\mathrm{T}}}.$$

令

$$\boldsymbol{H}=\boldsymbol{P}\begin{pmatrix}\boldsymbol{E}_r\\\boldsymbol{O}\end{pmatrix},\quad \boldsymbol{L}=(\boldsymbol{E}_r,\boldsymbol{O})\boldsymbol{Q},$$

则 $\boldsymbol{A}=\boldsymbol{HL}$ 为满秩分解，且有

$$\boldsymbol{R}_{11}=\overline{\boldsymbol{H}^{\mathrm{T}}}\boldsymbol{H},\quad \boldsymbol{S}_{11}=\boldsymbol{L}\,\overline{\boldsymbol{L}^{\mathrm{T}}}.$$

于是得到

$$\boldsymbol{X}=\overline{\boldsymbol{L}^{\mathrm{T}}}(\boldsymbol{L}\,\overline{\boldsymbol{L}^{\mathrm{T}}})^{-1}(\overline{\boldsymbol{H}^{\mathrm{T}}}\boldsymbol{H})^{-1}\,\overline{\boldsymbol{H}^{\mathrm{T}}}.$$

定理 5.43 设 $\boldsymbol{A}\in\mathbb{C}^{m\times n}$，则 Penrose 方程组有唯一解.具体地，设 $\boldsymbol{A}=\boldsymbol{HL}$ 是 $\boldsymbol{A}$ 的一个满秩分解，则 Penrose 方程组的唯一解为

$$\boldsymbol{X}=\overline{\boldsymbol{L}^{\mathrm{T}}}(\boldsymbol{L}\,\overline{\boldsymbol{L}^{\mathrm{T}}})^{-1}(\overline{\boldsymbol{H}^{\mathrm{T}}}\boldsymbol{H})^{-1}\,\overline{\boldsymbol{H}^{\mathrm{T}}}.$$

☞ **证明** 唯一性已证，下面只要验证所给为解即可.对于方程 (P_1)，有

$$\boldsymbol{AXA}=\boldsymbol{HL}[\overline{\boldsymbol{L}^{\mathrm{T}}}(\boldsymbol{L}\,\overline{\boldsymbol{L}^{\mathrm{T}}})^{-1}(\overline{\boldsymbol{H}^{\mathrm{T}}}\boldsymbol{H})^{-1}\,\overline{\boldsymbol{H}^{\mathrm{T}}}]\boldsymbol{HL}=\boldsymbol{HL}=\boldsymbol{A};$$

对于方程 (P_2)，有

$$XAX=[\overline{L^{\mathrm{T}}}(L\overline{L^{\mathrm{T}}})^{-1}(\overline{H^{\mathrm{T}}}H)^{-1}\overline{H^{\mathrm{T}}}]HL[\overline{L^{\mathrm{T}}}(L\overline{L^{\mathrm{T}}})^{-1}(\overline{H^{\mathrm{T}}}H)^{-1}\overline{H^{\mathrm{T}}}]=X;$$

对于方程 (P_3)，有

$$\overline{(AX)^{\mathrm{T}}}=\overline{(H(\overline{H^{\mathrm{T}}}H)^{-1}\overline{H^{\mathrm{T}}})^{\mathrm{T}}}=H(\overline{H^{\mathrm{T}}}H)^{-1}\overline{H^{\mathrm{T}}}=AX;$$

对于方程 (P_4)，有

$$\overline{(XA)^{\mathrm{T}}}=\overline{(\overline{L^{\mathrm{T}}}(L\overline{L^{\mathrm{T}}})^{-1}L)^{\mathrm{T}}}=\overline{L^{\mathrm{T}}}(L\overline{L^{\mathrm{T}}})^{-1}L=XA.$$

证毕.

定义 5.13　设 $A\in\mathbb{C}^{m\times n}$，称 A 对应的 Penrose 方程组的唯一解为矩阵 A 的**摩尔-彭若斯(Moore-Penrose)广义逆**，记为 A^+.

例 5.44　(1) 如果 A 为可逆方阵，则 $A^+=A^-=A^{-1}$. 特别地，对 $a\in\mathbb{C}^\times$，有 $a^+=\dfrac{1}{a}$；

(2) 零矩阵的 Moore-Penrose 广义逆为零矩阵. 具体有 $O_{m\times n}^+=O_{n\times m}$.

例 5.45　设 $A\in\mathbb{C}^{m\times n}$，$a\in\mathbb{C}^\times$，证明：

$$(A^+)^+=A,\quad (\overline{A^{\mathrm{T}}})^+=\overline{(A^+)^{\mathrm{T}}},\quad (aA)^+=a^+A^+.$$

☞ **证明**　由 Penrose 方程组中 A 和 X 的对称性，可得 $X^+=A$，即 $(A^+)^+=A$. 将 Penrose 方程组的每个方程同时取转置共轭，可得 $\overline{X^{\mathrm{T}}}=(\overline{A^{\mathrm{T}}})^+$，即有

$$\overline{(A^+)^{\mathrm{T}}}=(\overline{A^{\mathrm{T}}})^+.$$

最后利用数和矩阵可交换，容易得到最后一个等式.

由上面例子可以看出，Moore-Penrose 广义逆与可逆阵的逆有一些类似的性质，但是逆矩阵的穿脱原理对 Moore-Penrose 广义逆并不成立.

例 5.46　设

$$A=\begin{pmatrix}1&1\\0&0\end{pmatrix}=\begin{pmatrix}1\\0\end{pmatrix}(1,\ 1)\quad B=\begin{pmatrix}0&0\\1&1\end{pmatrix}=\begin{pmatrix}0\\1\end{pmatrix}(1,\ 1),$$

则

$$A^+=\frac{1}{2}\begin{pmatrix}1\\1\end{pmatrix}(1,\ 0)=\frac{1}{2}\begin{pmatrix}1&0\\1&0\end{pmatrix},\quad B^+=\frac{1}{2}\begin{pmatrix}1\\1\end{pmatrix}(0,\ 1)=\frac{1}{2}\begin{pmatrix}0&1\\0&1\end{pmatrix}.$$

由于 $AB=A$，所以

$$(AB)^+=A^+=\frac{1}{2}\begin{pmatrix}1&0\\1&0\end{pmatrix}.$$

而

$$A^+B^+=\frac{1}{4}\begin{pmatrix}0&1\\0&1\end{pmatrix},\quad B^+A^+=\frac{1}{4}\begin{pmatrix}1&0\\1&0\end{pmatrix},$$

所以

$$(AB)^{+}\neq A^{+}B^{+},\quad (AB)^{+}\neq B^{+}A^{+}.$$

习题 5.11

A1. 设 $A\in\mathbb{F}^{m\times n}$, $B\in\mathbb{F}^{m\times p}$,证明:矩阵方程 $AX=B$ 有解的充分必要条件是 $B=AA^{-}B$,而且在有解时,通解为

$$X=A^{-}B+(E_n-A^{-}A)W,$$

其中,$W\in\mathbb{F}^{n\times p}$.

A2. 设 $A\in\mathbb{F}^{m\times n}$, $B\in\mathbb{F}^{p\times q}$, $C\in\mathbb{F}^{m\times q}$,证明:矩阵方程 $AXB=C$ 有解的充分必要条件是

$$(E_m-AA^{-})C=C(E_q-B^{-}B)=O,$$

而且在有解时,通解为

$$X=A^{-}CB^{-}+(E_n-A^{-}A)Y+Z(E_p-BB^{-})+(E_n-A^{-}A)W(E_p-BB^{-}),$$

其中,$Y, Z, W\in\mathbb{F}^{n\times p}$.

A3. 设 $A\in\mathbb{F}^{m\times p}$, $B\in\mathbb{F}^{q\times n}$, $C\in\mathbb{F}^{m\times n}$,证明:关于未知矩阵 X 和 Y 的矩阵方程 $AX-YB=C$ 有解的充分必要条件是

$$(E_m-AA^{-})C(E_n-B^{-}B)=O,$$

而且在有解时,通解为

$$\begin{aligned}X&=A^{-}C+A^{-}ZB+(E_p-A^{-}A)W,\\ Y&=-(E_m-AA^{-})CB^{-}+Z-(E_m-AA^{-})ZBB^{-},\end{aligned}$$

其中,$W\in\mathbb{F}^{p\times n}$, $Z\in\mathbb{F}^{m\times q}$.

A4. 设 $A\in\mathbb{F}^{m\times n}$, $B\in\mathbb{F}^{p\times q}$, $C\in\mathbb{F}^{m\times q}$,证明:存在 A 的广义逆 A^{-} 和 B 的广义逆 B^{-},使得

$$R\begin{pmatrix}A & C\\ O & B\end{pmatrix}=R(A)+R(B)+R[(E_m-AA^{-})C(E_q-B^{-}B)].$$

补充题

A1. 设 A 是 n 阶方阵,$R(A)=r$. 证明:A 是幂等阵的充分必要条件是存在秩等于 r 的 $n\times r$ 阶矩阵 H 和秩等于 r 的 $r\times n$ 阶矩阵 L,使得 $A=HL$, $LH=E_r$.

A2. 设 $A\in\mathbb{F}^{m\times n}$, $B\in\mathbb{F}^{m\times k}$, B 有列分块 $B=(\beta_1, \beta_2, \cdots, \beta_k)$,证明:如果对 $1\leqslant j\leqslant k$,都有 $R(A)=R(A, \beta_j)$,则 $R(A)=R(A, B)$.

A3. 设整数 $k\geqslant 3$,矩阵 $A_i\in\mathbb{F}^{n_i\times n_{i+1}}$,其中 $i=1, 2, \cdots, k$,证明:

(1) $R(A_1A_2\cdots A_k)+R(A_2\cdots A_{k-1})\geqslant R(A_1\cdots A_{k-1})+R(A_2\cdots A_k)$;

(2) $R(A_1A_2\cdots A_k)+\sum\limits_{i=2}^{k-1}R(A_i)\geqslant\sum\limits_{i=1}^{k-1}R(A_iA_{i+1})$;

(3) $R(A_1A_2\cdots A_k)\geqslant\sum\limits_{i=1}^{k}R(A_i)-\sum\limits_{i=2}^{k}n_i$.

A4. 设 n 元非齐次线性方程组 $\boldsymbol{AX}=\boldsymbol{\beta}$ 有解，取定整数 k，$1\leqslant k\leqslant n$，将 $\boldsymbol{A}$ 的第 k 列划去后得到的矩阵记为 $\boldsymbol{B}$，证明：如果 $\boldsymbol{AX}=\boldsymbol{\beta}$ 的每个解向量的第 k 个分量都等于零，那么 $R(\boldsymbol{B})<R(\boldsymbol{A})$.

A5. 证明：线性方程组

$$\begin{cases}a_{11}x_1+a_{12}x_2+\cdots+a_{1n}x_n=b_1,\\ a_{21}x_1+a_{22}x_2+\cdots+a_{2n}x_n=b_2,\\ \qquad\vdots\\ a_{m1}x_1+a_{m2}x_2+\cdots+a_{mn}x_n=b_m\end{cases}$$

有解的充分必要条件是线性方程组

$$\begin{cases}a_{11}x_1+a_{21}x_2+\cdots+a_{m1}x_m=0,\\ a_{12}x_1+a_{22}x_2+\cdots+a_{m2}x_m=0,\\ \qquad\vdots\\ a_{1n}x_1+a_{2n}x_2+\cdots+a_{mn}x_m=0,\\ b_1x_1+b_2x_2+\cdots+b_mx_m=1\end{cases}$$

无解.

A6. 设矩阵 $\boldsymbol{A}\in\mathbb{F}^{m\times n}$，其中 $m<n$. 若齐次线性方程组 $\boldsymbol{AX}=\boldsymbol{0}$ 的基础解系为 $\boldsymbol{\eta}_i=(b_{i1},b_{i2},\cdots,b_{in})^{\mathrm{T}}$，$i=1,2,\cdots,n-m$，求齐次线性方程组

$$\begin{cases}b_{11}y_1+b_{12}y_2+\cdots+b_{1n}y_n=0,\\ b_{21}y_1+b_{22}y_2+\cdots+b_{2n}y_n=0,\\ \qquad\vdots\\ b_{n-m,1}y_1+b_{n-m,2}y_2+\cdots+b_{n-m,n}y_n=0\end{cases}$$

的基础解系.

A7. 设两个非齐次线性方程组的通解分别为

$$\boldsymbol{\gamma}+c_1\boldsymbol{\eta}_1+c_2\boldsymbol{\eta}_2,\quad \boldsymbol{\delta}+a_1\boldsymbol{\xi}_1+a_2\boldsymbol{\xi}_2,$$

其中

$$\boldsymbol{\gamma}=\begin{pmatrix}5\\-3\\0\\0\end{pmatrix},\ \boldsymbol{\eta}_1=\begin{pmatrix}-6\\5\\1\\0\end{pmatrix},\ \boldsymbol{\eta}_2=\begin{pmatrix}-5\\4\\0\\1\end{pmatrix};\ \boldsymbol{\delta}=\begin{pmatrix}-11\\3\\0\\0\end{pmatrix},\ \boldsymbol{\xi}_1=\begin{pmatrix}8\\-1\\1\\0\end{pmatrix},\ \boldsymbol{\xi}_2=\begin{pmatrix}10\\-2\\0\\1\end{pmatrix}.$$

求这两个方程组的公共解.

A8. 设非齐次线性方程组 $\begin{cases}7x_1-6x_2+3x_3=a,\\ 8x_1-9x_2+bx_4=7\end{cases}$ 和通解为

$$(1,1,0,0)^{\mathrm{T}}+c_1(1,0,-1,0)^{\mathrm{T}}+c_2(2,3,0,1)^{\mathrm{T}}$$

的非齐次线性方程组有无穷多组公共解，求 a，b 的值，并求出公共解.

A9. 证明：实平面上 3 条不同的直线

$$\begin{cases}L_1:\ ax+by+c=0,\\ L_2:\ bx+cy+a=0,\\ L_3:\ cx+ay+b=0\end{cases}$$

相交于一点的充分必要条件是 $a+b+c=0$.

A10. 设 $V\subset\mathbb{F}^n$ 是向量空间,证明:存在矩阵 $\boldsymbol{A}$,使得 V 是 n 元齐次线性方程组 $\boldsymbol{AX}=\boldsymbol{0}$ 的解空间.

A11. 设 $\boldsymbol{A}$ 和 $\boldsymbol{B}$ 是 n 阶方阵,齐次线性方程组 $\boldsymbol{AX}=\boldsymbol{0}$ 和 $\boldsymbol{BX}=\boldsymbol{0}$ 同解,且每个方程组的基础解系含有 m 个向量,证明:$R(\boldsymbol{A}-\boldsymbol{B})\leqslant n-m$.

A12. 设 $\boldsymbol{A}\in\mathbb{F}^{m\times n}$, $\boldsymbol{B}\in\mathbb{F}^{n\times k}$,证明:齐次线性方程组 $\boldsymbol{ABX}=\boldsymbol{0}$ 和 $\boldsymbol{BX}=\boldsymbol{0}$ 同解的充分必要条件是 $R(\boldsymbol{AB})=R(\boldsymbol{B})$.

A13. 设 $\boldsymbol{A}=(a_{ij})$ 和 $\boldsymbol{B}=(b_{ij})$ 是 n 阶方阵,且 $b_{ij}=(-1)^{i+j}a_{ij}$, $i, j=1, 2, \cdots, n$,证明:$R(\boldsymbol{B})=R(\boldsymbol{A})$.

B1. 设有 $n+1$ 个人及供他们阅读的 n 本不同的书,假设每人至少读了一本书,证明:在这 $n+1$ 个人中一定存在甲乙两组,使得甲组读过书的种类与乙组读过书的种类相同.

B2. 设矩阵 $\boldsymbol{A}\in\mathbb{F}^{m\times n}$ 的行分块和列分块分别为

$$\boldsymbol{A}=\begin{pmatrix}\boldsymbol{\alpha}_1\\ \boldsymbol{\alpha}_2\\ \vdots\\ \boldsymbol{\alpha}_m\end{pmatrix}=(\boldsymbol{\beta}_1, \boldsymbol{\beta}_2, \cdots, \boldsymbol{\beta}_n),$$

且 $\boldsymbol{\alpha}_{i_1}, \boldsymbol{\alpha}_{i_2}, \cdots, \boldsymbol{\alpha}_{i_r}$ 和$\boldsymbol{\beta}_{j_1}, \boldsymbol{\beta}_{j_2}, \cdots, \boldsymbol{\beta}_{j_r}$ 分别是$\boldsymbol{A}$ 的行向量组和列向量组的极大无关组,其中 $1\leqslant i_1<i_2<\cdots<i_r\leqslant m$, $1\leqslant j_1<j_2<\cdots<j_r\leqslant n$,证明:$\boldsymbol{A}$ 的 r 阶子式 $\boldsymbol{A}\begin{pmatrix}i_1 & i_2 & \cdots & i_r\\ j_1 & j_2 & \cdots & j_r\end{pmatrix}\neq 0$.

B3. 设有 $\boldsymbol{\alpha}_i=(a_{i1}, a_{i2},\cdots, a_{in})\in\mathbb{C}^n$,其中 $i=1, 2, \cdots, t$,而 $t\leqslant n$.假设对 $i=1, 2, \cdots, t$,成立

$$2\mid a_{ii}\mid>\sum_{k=1}^{n}\mid a_{ik}\mid,$$

证明:向量组 $\boldsymbol{\alpha}_1, \boldsymbol{\alpha}_2, \cdots, \boldsymbol{\alpha}_t$ 线性无关.

B4. 设矩阵 $\boldsymbol{A}, \boldsymbol{B}\in\mathbb{F}^{m\times n}$,证明:$R(\boldsymbol{A}\circ\boldsymbol{B})\leqslant R(\boldsymbol{A})R(\boldsymbol{B})$.

B5. 设矩阵 $\boldsymbol{A}, \boldsymbol{B}\in\mathbb{F}^{m\times n}$,证明:$R(\boldsymbol{A}, \boldsymbol{B})+R\begin{pmatrix}\boldsymbol{A}\\ \boldsymbol{B}\end{pmatrix}\leqslant R(\boldsymbol{A})+R(\boldsymbol{B})+R(\boldsymbol{A}+\boldsymbol{B})$.

B6. 设 $\boldsymbol{A}\in\mathbb{F}^{m\times n}$, $\boldsymbol{B}\in\mathbb{F}^{n\times k}$,且 $R(\boldsymbol{AB})=R(\boldsymbol{B})$.证明:对任意 $\boldsymbol{C}\in\mathbb{F}^{k\times l}$,有 $R(\boldsymbol{ABC})=R(\boldsymbol{BC})$.

B7. 证明:线性方程组 $\boldsymbol{AX}=\boldsymbol{\beta}$ 有解的充分必要条件是,齐次线性方程组 $\boldsymbol{A}^{\mathrm{T}}\boldsymbol{Y}=\boldsymbol{0}$ 的任一解 $\boldsymbol{\alpha}$ 均满足 $\boldsymbol{\alpha}^{\mathrm{T}}\boldsymbol{\beta}=\boldsymbol{0}$.

B8. 设矩阵方程 $\boldsymbol{AX}=\boldsymbol{B}$ 有解,其中 $\boldsymbol{A}\in\mathbb{F}^{m\times n}$, $\boldsymbol{B}\in\mathbb{F}^{m\times l}$.证明:

(1) 存在 $\boldsymbol{AX}=\boldsymbol{B}$ 的解 X_0,使得 $R(\boldsymbol{X}_0)=R(\boldsymbol{B})$.称 $\boldsymbol{X}_0$ 为 $\boldsymbol{AX}=\boldsymbol{B}$ 的秩最小的解;

(2) 若 $\boldsymbol{X}_0$ 为 $\boldsymbol{AX}=\boldsymbol{B}$ 的秩最小的解,则存在 $\boldsymbol{M}\in\mathbb{F}^{n\times m}$,使得 $\boldsymbol{X}_0=\boldsymbol{MB}$.

B9. 设矩阵 $\boldsymbol{A}\in\mathbb{F}^{m\times n}$, $\boldsymbol{B}\in\mathbb{F}^{p\times q}$, $\boldsymbol{C}\in\mathbb{F}^{m\times q}$,证明:矩阵方程 $\boldsymbol{AXB}=\boldsymbol{C}$ 有解的充分必要条件是,矩阵方程 $\boldsymbol{AY}=\boldsymbol{C}$ 和 $\boldsymbol{ZB}=\boldsymbol{C}$ 都有解.

B10. 设 $n\in\mathbb{N}$ 给定.若有 k 个 n 阶实矩阵 $\boldsymbol{A}_1, \cdots, \boldsymbol{A}_k$ 满足

(i) $\boldsymbol{A}_i{}^2\neq\boldsymbol{O}$, $1\leqslant i\leqslant k$;

(ii) $\boldsymbol{A}_i\boldsymbol{A}_j=\boldsymbol{O}$, $1\leqslant i\neq j\leqslant k$,

证明:$k\leqslant n$.等号是否可以取到?请证明你的结论.

第6章 线性空间

从几何上看，线性代数主要研究线性空间及其上的线性变换，本章介绍线性空间的方方面面.线性空间是几何空间的抽象，是一种最简单的代数结构，其基本模型是上一章介绍的向量空间，所以我们应该用具体的几何模型(例如我们生活的三维空间)来理解抽象的概念.所谓代数结构就是具有“好的”性质的运算的非空集合，我们抽象地研究这些代数结构的性质，然后将研究得到的结果用到具体的例子上.考察一个对象时，一方面可以研究它的内部结构和表象，另一方面还可以研究这个对象和其他对象的关系.我们通常也按照这两个方面来研究一个代数结构，前者比如子结构、商结构，是否可以用最单纯的结构分解等；后者考虑关系，在数学上就是研究具有“好的”性质的映射.对于线性空间这一代数结构，我们在本章先考虑其内部结构，比如子空间、商空间和直和分解等；在下章我们考虑线性空间之间的关系，即考虑线性映射.

另一个看待线性代数几何理论的观点是当成在做解析几何.所以首先要在空间中建立坐标系，将空间中每个元素用对应于坐标系的坐标表示；然后利用建立的坐标系来研究空间之间的变换.本章的一个主要任务是建立坐标系，每个坐标轴可以用其上的一个非零向量代表，于是建立坐标系等价于找到没有关系的一组元素，使其可以表示空间中的任意一个元素，在线性代数里称其为基(我们在向量空间中已经这么做了).当有了基后，就可以用代数工具来研究几何空间了.

本章中 $\mathbb{F}$ 表示任意一个数域.

§6.1 线性空间

前面我们讲了线性方程组的求解之旅，其实前面的故事仅仅是前传，正式的故事才刚刚开始.

上一章研究了向量空间，它是对向量的加法和数乘封闭的 $\mathbb{F}^n$ 的非空子集.除向量外，还有许多对象有加法和数乘，比如矩阵、多项式、函数等.这些对象上的加法和数乘都满足一些共同的性质，比如加法都是交换和结合的，加法都有零元和负元等.忘记这些对象具体的身份(向量、矩阵、多项式、函数)，将其抽象，抓住本质：有两个运算，满足性质，就能得到线性空间的概念.我们抽象地研究线性空间的性质，然后再用到各个具体的例子上，一方面使得应用范围非常之广，不拘泥于向量、矩阵、多项式或者函数，另一方面，忘记对象的身份常常可以发现一些本质的东西.需要提醒读者的是，在学习或者思考抽象概念时，不能只靠记忆，而应该用具体的例子来理解抽象概念为何如此以及结论成立的本质原因.毕竟抽象源于实例，好的抽象不是无源之水，而一定是自然和必要的.

下面是线性空间的抽象定义.

定义 6.1 设 V 是非空集合,如果

(i) 在 V 中有二元运算,称为**加法**.对任意 $\boldsymbol{\alpha}, \boldsymbol{\beta} \in V$, 存在唯一的 $\boldsymbol{\gamma} \in V$ 与之对应,称为 $\boldsymbol{\alpha}$ 与 $\boldsymbol{\beta}$ 的和,记为 $\boldsymbol{\gamma}=\boldsymbol{\alpha}+\boldsymbol{\beta}$. 加法满足下面公理:

(A1) (加法结合律) $(\boldsymbol{\alpha}+\boldsymbol{\beta})+\boldsymbol{\gamma}=\boldsymbol{\alpha}+(\boldsymbol{\beta}+\boldsymbol{\gamma}), \quad \forall \boldsymbol{\alpha}, \boldsymbol{\beta}, \boldsymbol{\gamma} \in V$;

(A2) (加法交换律) $\boldsymbol{\alpha}+\boldsymbol{\beta}=\boldsymbol{\beta}+\boldsymbol{\alpha}, \quad \forall \boldsymbol{\alpha}, \boldsymbol{\beta} \in V$;

(A3) (零元存在性) $\exists \mathbf{0} \in V$, 使得: $\forall \boldsymbol{\alpha} \in V$ 有 $\boldsymbol{\alpha}+\mathbf{0}=\boldsymbol{\alpha}$. 称 $\mathbf{0}$ 为 V 的**零元素**;

(A4) (负元存在性) $\forall \boldsymbol{\alpha} \in V$, $\exists \boldsymbol{\beta} \in V$, 使得 $\boldsymbol{\alpha}+\boldsymbol{\beta}=\mathbf{0}$. 称 $\boldsymbol{\beta}$ 为 $\boldsymbol{\alpha}$ 的**负元**;

(ii) 在 $\mathbb{F}$ 和 V 之间有运算,称为**数乘**.对任意 $c \in \mathbb{F}$, 任意 $\boldsymbol{\alpha} \in V$, 存在唯一的 $\boldsymbol{\delta} \in V$ 与之对应,称为 c 与 $\boldsymbol{\alpha}$ 的数乘,记为 $\boldsymbol{\delta}=c\boldsymbol{\alpha}=c \cdot \boldsymbol{\alpha}$. 数乘满足下面公理:

(M1) (二次数乘律) $a(b\boldsymbol{\alpha})=(ab)\boldsymbol{\alpha}, \quad \forall a, b \in \mathbb{F}, \forall \boldsymbol{\alpha} \in V$;

(M2) (单位数乘律) $1 \cdot \boldsymbol{\alpha}=\boldsymbol{\alpha}, \quad \forall \boldsymbol{\alpha} \in V$;

(iii) 加法和数乘还满足公理:

(D1) (数对元的分配律) $c(\boldsymbol{\alpha}+\boldsymbol{\beta})=c\boldsymbol{\alpha}+c\boldsymbol{\beta}, \quad \forall c \in \mathbb{F}, \forall \boldsymbol{\alpha}, \boldsymbol{\beta} \in V$;

(D2) (元对数的分配律) $(a+b)\boldsymbol{\alpha}=a\boldsymbol{\alpha}+b\boldsymbol{\alpha}, \quad \forall a, b \in \mathbb{F}, \forall \boldsymbol{\alpha} \in V$,

则称 V 是数域 $\mathbb{F}$ 上的**线性空间**.有时也称 V 为数域 $\mathbb{F}$ 上的**向量空间**,线性空间 V 中的任意元素 $\boldsymbol{\alpha}$ 称为**向量**.当 $\mathbb{F}=\mathbb{R}$ 时,称 V 是**实线性空间**;当 $\mathbb{F}=\mathbb{C}$ 时,称 V 是**复线性空间**.

设 V 是 $\mathbb{F}$ 上的线性空间.由定义可知 V 中的零元素是唯一的.事实上,如果 V 有两个零元素 $\mathbf{0}_1$ 和 $\mathbf{0}_2$, 则有

$$\mathbf{0}_1=\mathbf{0}_1+\mathbf{0}_2=\mathbf{0}_2+\mathbf{0}_1=\mathbf{0}_2.$$

类似的,对任意 $\boldsymbol{\alpha} \in V$, $\boldsymbol{\alpha}$ 的负元素也是唯一的,我们将这唯一的负元素记为 $-\boldsymbol{\alpha}$. 事实上,如果 $\boldsymbol{\beta}, \boldsymbol{\gamma} \in V$ 都是 $\boldsymbol{\alpha}$ 的负元素,则 $\boldsymbol{\alpha}+\boldsymbol{\beta}=\mathbf{0}$, $\boldsymbol{\alpha}+\boldsymbol{\gamma}=\mathbf{0}$. 于是有

$$\boldsymbol{\beta}=\boldsymbol{\beta}+\mathbf{0}=\boldsymbol{\beta}+(\boldsymbol{\alpha}+\boldsymbol{\gamma})=(\boldsymbol{\beta}+\boldsymbol{\alpha})+\boldsymbol{\gamma}=(\boldsymbol{\alpha}+\boldsymbol{\beta})+\boldsymbol{\gamma}=\mathbf{0}+\boldsymbol{\gamma}=\boldsymbol{\gamma}+\mathbf{0}=\boldsymbol{\gamma}.$$

利用元素的负元素,可以定义 V 中的减法: $\forall \boldsymbol{\alpha}, \boldsymbol{\beta} \in V$, 有

$$\boldsymbol{\alpha}-\boldsymbol{\beta} := \boldsymbol{\alpha}+(-\boldsymbol{\beta}).$$

下面我们看一些线性空间的例子.

例 6.1 (1) 数域 $\mathbb{F}$ 关于 $\mathbb{F}$ 的加法和乘法成为 $\mathbb{F}$ 上的线性空间;

(2) 由(1), $\mathbb{C}$ 关于复数的加法和乘法成为复线性空间.类似的, $\mathbb{C}$ 关于复数的加法和实数与复数的乘法成为实线性空间;

(3) 如果 $\mathbb{K}$ 是数域,且 $\mathbb{F} \subset \mathbb{K}$, 则类似于(2), $\mathbb{K}$ 成为 $\mathbb{F}$ 上的线性空间.

例 6.2 (1) n 维(列)向量空间

$$\mathbb{F}^n=\{(a_1, a_2, \cdots, a_n)^{\mathrm{T}} \mid a_1, a_2, \cdots, a_n \in \mathbb{F}\}$$

关于向量的加法和向量的数乘成为 $\mathbb{F}$ 上的线性空间.其中,零元为零向量 $\mathbf{0}=(\underbrace{0, \cdots, 0}_{n})^{\mathrm{T}}$, 而任意 $\boldsymbol{\alpha}=(a_1, a_2, \cdots, a_n)^{\mathrm{T}} \in \mathbb{F}^n$ 的负元 $-\boldsymbol{\alpha}=(-a_1, -a_2, \cdots, -a_n)$;

(2) 类似地, $\mathbb{F}$ 上所有 $m \times n$ 矩阵所成集合

$$\mathbb{F}^{m\times n}=\{(a_{ij})_{m\times n}\,|\,a_{ij}\in\mathbb{F},\ \forall i,j\}$$

关于矩阵的加法和矩阵的数乘成为 $\mathbb{F}$ 上的线性空间.其中,零元为 $m\times n$ 的零矩阵 $\boldsymbol{O}=(0)_{m\times n}$,而矩阵 $\boldsymbol{A}=(a_{ij})_{m\times n}\in\mathbb{F}^{m\times n}$ 的负元为 $-\boldsymbol{A}=(-a_{ij})_{m\times n}$.

例 6.3 数域 $\mathbb{F}$ 上所有数列构成的集合记为

$$\mathbb{F}^{\infty}:=\{(a_1,a_2,\cdots)\,|\,a_j\in\mathbb{F},\ j=1,2,\cdots,\},$$

定义如下的加法和数乘

$$(a_1,a_2,\cdots)+(b_1,b_2,\cdots):=(a_1+b_1,a_2+b_2,\cdots),$$
$$c(a_1,a_2,\cdots):=(ca_1,ca_2,\cdots),$$

则 $\mathbb{F}^{\infty}$ 在这两个运算下成为 $\mathbb{F}$ 上的线性空间,其中零元是零数列 $0=(0,0,\cdots)$.

例 6.4 数域 $\mathbb{F}$ 上所有的一元多项式构成的集合 $\mathbb{F}[x]$ 关于多项式的加法和多项式的数乘成为 $\mathbb{F}$ 上的线性空间,其中零元是零多项式,而对 $f(x)=a_nx^n+a_{n-1}x^{n-1}+\cdots+a_1x+a_0\in\mathbb{F}[x]$,$f(x)$ 的负元是 $-f(x)=-a_nx^n-a_{n-1}x^{n-1}-\cdots-a_1x-a_0$.

例 6.5 设 V 是闭区间 $[a,b]$ 上所有的实值函数构成的集合,则 V 关于函数的加法和实数对函数的乘法成为实线性空间.

例 6.6 设 $V=\mathbb{R}_{>0}$ 是所有正实数所成的集合.

(1) V 关于实数的加法和实数乘法不成为实线性空间,比如数乘不封闭;

(2) 定义 V 中如下的加法和数乘:$\forall a,b\in V$,$\forall\lambda\in\mathbb{R}$

$$a\oplus b:=ab,\quad \lambda\circ a:=a^{\lambda},$$

则 V 在这两个运算下成为实线性空间.其中零元为 1,而对于 $a\in V$,a 的负元是 a^{-1}.

从上面的例子可以看出,许多数学对象都可以看成线性空间.抽象地研究线性空间,一定程度上相当于同时研究这些数学对象.由此可预见抽象的威力和魅力,请读者往后欣赏.

设 V 是数域 $\mathbb{F}$ 上的线性空间,由于 V 中每个元素都有负元,所以加法消去律成立.例如,如果 $\boldsymbol{\alpha},\boldsymbol{\beta},\boldsymbol{\gamma}\in V$ 满足 $\boldsymbol{\alpha}+\boldsymbol{\beta}=\boldsymbol{\alpha}+\boldsymbol{\gamma}$,则有 $\boldsymbol{\beta}=\boldsymbol{\gamma}$. 由于

$$\begin{aligned}\boldsymbol{\beta}&=\boldsymbol{0}+\boldsymbol{\beta}=(-\boldsymbol{\alpha}+\boldsymbol{\alpha})+\boldsymbol{\beta}=-\boldsymbol{\alpha}+(\boldsymbol{\alpha}+\boldsymbol{\beta})\\&=-\boldsymbol{\alpha}+(\boldsymbol{\alpha}+\boldsymbol{\gamma})=(-\boldsymbol{\alpha}+\boldsymbol{\alpha})+\boldsymbol{\gamma}=\boldsymbol{0}+\boldsymbol{\gamma}=\boldsymbol{\gamma}.\end{aligned}$$

进而对于 V 中向量的等式,移项法则成立.例如,如果 $\boldsymbol{\alpha}+\boldsymbol{\beta}=\boldsymbol{\gamma}$,则有 $\boldsymbol{\alpha}+\boldsymbol{\beta}=\boldsymbol{\gamma}-\boldsymbol{\beta}+\boldsymbol{\beta}$,进而 $\boldsymbol{\alpha}=\boldsymbol{\gamma}-\boldsymbol{\beta}$,将 $\boldsymbol{\beta}$ 移到右边,取其负元.在 V 中下面简单的性质还成立.

性质 1 $0\boldsymbol{\alpha}=\boldsymbol{0},\quad\forall\boldsymbol{\alpha}\in V$.

性质 2 $c\boldsymbol{0}=\boldsymbol{0},\quad\forall c\in\mathbb{F}$.

性质 3 设 $c\in\mathbb{F}$,$\boldsymbol{\alpha}\in V$,则:$c\boldsymbol{\alpha}=\boldsymbol{0}\Longrightarrow c=0$ 或者 $\boldsymbol{\alpha}=\boldsymbol{0}$.

性质 4 $(-1)\boldsymbol{\alpha}=-\boldsymbol{\alpha},\quad\forall\boldsymbol{\alpha}\in V$.

☞ **证明** 由于

$$0\boldsymbol{\alpha}=(0+0)\boldsymbol{\alpha}=0\boldsymbol{\alpha}+0\boldsymbol{\alpha},$$

所以由消去律得 $0\boldsymbol{\alpha}=\mathbf{0}$, 性质 1 成立.

对于性质 2,由于

$$c\mathbf{0}=c(\mathbf{0}+\mathbf{0})=c\mathbf{0}+c\mathbf{0},$$

得 $c\mathbf{0}=\mathbf{0}$.

设 $c\boldsymbol{\alpha}=\mathbf{0}$, 而 $c\neq 0$. 则有

$$c^{-1}(c\boldsymbol{\alpha})=c^{-1}\mathbf{0}=\mathbf{0}\Longrightarrow(c^{-1}c)\boldsymbol{\alpha}=\mathbf{0}\Longrightarrow 1\boldsymbol{\alpha}=\mathbf{0}\Longrightarrow\boldsymbol{\alpha}=\mathbf{0},$$

即性质 3 成立.

最后,由于

$$\boldsymbol{\alpha}+(-1)\boldsymbol{\alpha}=(1-1)\boldsymbol{\alpha}=0\boldsymbol{\alpha}=\mathbf{0},$$

得 $-\boldsymbol{\alpha}=(-1)\boldsymbol{\alpha}$.

习题 6.1

A1. 以下的集合 V 关于所规定的运算是否成为数域 $\mathbb{F}$ 上的线性空间?

(1) 设 $A\in\mathbb{F}^{n\times n}$, V 为 A 的矩阵多项式全体所组成的集合,关于矩阵的加法和数乘;

(2) V 为 $\mathbb{F}$ 上可逆的 n 阶方阵全体所组成的集合,关于矩阵的加法和数乘;

(3) 设 $A\in\mathbb{F}^{n\times n}$, V 为与 A 可交换的矩阵全体所组成的集合,关于矩阵的加法和数乘;

(4) 取 $\mathbb{F}=\mathbb{R}$, 取 V 为所有平面向量所组成的集合,关于向量的加法和如下定义的数乘

$$c\boldsymbol{\alpha}=\mathbf{0},\quad\forall c\in\mathbb{R},\ \forall\boldsymbol{\alpha}\in V;$$

(5) 取 $\mathbb{F}=\mathbb{R}$, 取 V 为所有平面向量所组成的集合,关于向量的加法和如下定义的数乘

$$c\boldsymbol{\alpha}=\boldsymbol{\alpha},\quad\forall c\in\mathbb{R},\ \forall\boldsymbol{\alpha}\in V;$$

(6) 取 $\mathbb{F}=\mathbb{R}$, 取 V 为不平行于已知向量 $\boldsymbol{\alpha}$ 的所有平面向量所组成的集合,关于向量的加法和数乘;

(7) $V=\mathbb{F}^2$, 定义加法和数乘为

$$(x_1,\ x_2)^{\mathrm{T}}+(y_1,\ y_2)^{\mathrm{T}}=(x_1+y_1,\ x_2+y_2+x_1y_1)^{\mathrm{T}},$$
$$a(x_1,\ x_2)^{\mathrm{T}}=\left(ax_1,\ ax_2+\frac{a(a-1)}{2}x_1^2\right)^{\mathrm{T}};$$

(8) 取 $\mathbb{F}=\mathbb{R}$, V 是满足 $f(x^2)=f(x)^2$ 的实值函数 $f(x)$ 全体构成的集合,关于函数的加法和数乘;

(9) 取 $\mathbb{F}=\mathbb{R}$, V 是满足 $f(-1)=0$ 的实值函数 $f(x)$ 全体构成的集合,关于函数的加法和数乘.

§6.2 子 空 间

在建立线性空间的坐标系前,我们给出更多的例子.可以看到,线性空间的某些子集关于该空间的运算仍然为线性空间,这就是子空间的概念.

6.2.1 子空间的定义和例

何谓线性空间,简单地讲,就是一些向量生活的空间,它们自由地生活,即它们可以自由

地做空间中的两个运算.如果这个空间的一部分也可以自由地做两个运算,做运算得到的向量仍在这部分内,不需要求助这部分外面的世界就可以认识它们,则这个部分也成为一个线性空间,这就是子空间.严格地,设 V 是 $\mathbb{F}$ 上的线性空间.

定义 6.2 设 W 是 V 的非空子集,如果 W 对 V 中的加法和数乘运算封闭,即

(i) $\forall \boldsymbol{\alpha}, \boldsymbol{\beta} \in W$, 有 $\boldsymbol{\alpha}+\boldsymbol{\beta} \in W$;

(ii) $\forall \boldsymbol{\alpha} \in W$, $\forall c \in \mathbb{F}$, 有 $c\boldsymbol{\alpha} \in W$,

则称 W 是 V 的一个**子空间**.

确实子空间是线性空间.

引理 6.1 设 W 是 V 的非空子集,则

(1) W 是 V 的子空间 $\Longleftrightarrow$ $\forall \boldsymbol{\alpha}, \boldsymbol{\beta} \in W$, $\forall a, b \in \mathbb{F}$, 有 $a\boldsymbol{\alpha}+b\boldsymbol{\beta} \in W$;

(2) 如果 W 是 V 的子空间,则 W 在 V 的向量加法和数乘下成为 $\mathbb{F}$ 上的线性空间.

☞ **证明** (1) 设 W 是 V 的子空间,则由定义 6.2(ii)得 $a\boldsymbol{\alpha}$, $b\boldsymbol{\beta} \in W$; 再由定义 6.2(i)得 $a\boldsymbol{\alpha}+b\boldsymbol{\beta} \in W$.

反之,如果对任意 $\boldsymbol{\alpha}, \boldsymbol{\beta} \in W$ 和 $a, b \in \mathbb{F}$, 有 $a\boldsymbol{\alpha}+b\boldsymbol{\beta} \in W$, 则有

$$\boldsymbol{\alpha}+\boldsymbol{\beta}=1\boldsymbol{\alpha}+1\boldsymbol{\beta} \in W, \quad c\boldsymbol{\alpha}=c\boldsymbol{\alpha}+0\boldsymbol{\alpha} \in W.$$

即 W 是子空间.

(2) 由子空间定义, W 中有封闭的加法和数乘.于是只要验证线性空间定义的八条公理成立.因为 V 满足定义 6.1(A1), (A2), (M1), (M2) 和(D1), (D2),所以在 W 中这些也成立,最后需要证明定义 6.1(A3) 和(A4) 在 W 中成立.事实上,设 $\boldsymbol{\alpha} \in W$, 则

$$-\boldsymbol{\alpha}=(-1)\boldsymbol{\alpha} \in W,$$

进而

$$\mathbf{0}=\boldsymbol{\alpha}+(-\boldsymbol{\alpha}) \in W,$$

于是定义 6.1(A3) 和(A4) 成立.

任意线性空间 V 都有子空间:零子空间 $\{\mathbf{0}\}$ 和 V, 称它们为 V 的**平凡子空间**,其余的子空间称为**非平凡子空间**;称不等于 V 的 V 的子空间为 V 的**真子空间**.

下面举一些子空间的例子,由此可以看到更多有意思的线性空间.

例 6.7 实线性空间 $\mathbb{C}$ 有子空间 $\mathbb{R}$.

例 6.8 设 $V=\mathbb{F}^n$, 则 V 的子空间就是我们前面定义的向量空间.例如,对矩阵 $\boldsymbol{A} \in \mathbb{F}^{m\times n}$, 齐次线性方程组 $\boldsymbol{AX}=\mathbf{0}$ 的解空间就是 $\mathbb{F}^n$ 的子空间.

例 6.9 设 $V=\mathbb{F}^{n\times n}$, 则 V 中所有 n 阶对角阵所成的子集是 V 的子空间,所有 n 阶上(下)三角阵所成的子集也是 V 的子空间.

例 6.10 设 $V=\mathbb{F}^{n\times n}$, 定义子集 $\mathfrak{sl}(n, \mathbb{F})=\{\boldsymbol{A} \in V \mid \mathrm{Tr}(\boldsymbol{A})=0\}$ [①].证明: W 是 V 的子空间.

① $\mathfrak{sl}(n, \mathbb{F})$ 不但是线性空间,还是单李代数.

☞ **证明** 由于 $\mathrm{Tr}(\boldsymbol{O})=0$，所以 $\boldsymbol{O}\in\mathfrak{sl}(n,\mathbb{F})$，$\mathfrak{sl}(n,\mathbb{F})\neq\varnothing$. 任取 $\boldsymbol{A},\boldsymbol{B}\in\mathfrak{sl}(n,\mathbb{F})$，则 $\mathrm{Tr}(\boldsymbol{A})=\mathrm{Tr}(\boldsymbol{B})=0$. 于是对任意 $a,b\in\mathbb{F}$，有

$$\mathrm{Tr}(a\boldsymbol{A}+b\boldsymbol{B})=a\,\mathrm{Tr}(\boldsymbol{A})+b\,\mathrm{Tr}(\boldsymbol{B})=a0+b0=0.$$

得到 $a\boldsymbol{A}+b\boldsymbol{B}\in\mathfrak{sl}(n,\mathbb{F})$. 所以 $\mathfrak{sl}(n,\mathbb{F})$ 是 V 的子空间.

例 6.11 设 $V=\mathbb{F}[x]$，对于 $n\in\mathbb{N}$，记 $\mathbb{F}_n[x]$ 为 $\mathbb{F}[x]$ 中所有次数不超过 n 的多项式所成的集合，即

$$\mathbb{F}_n[x]:=\{f(x)\in\mathbb{F}[x]\mid\deg(f(x))\leqslant n\},$$

则 $\mathbb{F}_n[x]$ 是 $\mathbb{F}[x]$ 的子空间.

上例中，如果取

$$W=\{f(x)\in\mathbb{F}[x]\mid\deg(f(x))=n\},$$

则 W 不是 $\mathbb{F}[x]$ 的子空间.这可从 $\boldsymbol{0}\notin W$ 得出.

例 6.12 设 V 是闭区间 $[a,b]$ 上所有实值函数构成的实线性空间，则

$$C[a,b]:=\{f(x)\in V\mid f(x)\text{ 连续}\}$$

和

$$C^1[a,b]:=\{f(x)\in V\mid f(x)\text{ 可导}\}$$

都是 V 的子空间.

例 6.13 (1) 设 $V=\mathbb{R}^2$ 是 Euclid 平面，则 $\mathbb{R}^2$ 的非平凡子空间恰为所有过原点的直线；不过原点的直线不是 V 的子空间；

(2) 设 $V=\mathbb{R}^3$ 是 Euclid 三维空间，则 $\mathbb{R}^3$ 的非平凡子空间恰为所有过原点的直线和平面；不过原点的直线和平面不是 V 的子空间.

☞ **证明** (1) 容易验证过原点的直线是 V 的子空间.反之，如果 W 是 V 的非平凡子空间，则存在 $\boldsymbol{0}\neq\boldsymbol{\alpha}\in W$. 令 W' 为 $\boldsymbol{\alpha}$ 所在的过原点的直线，则 $W'\subset W$. 若存在 $\boldsymbol{\beta}\in W$，而 $\boldsymbol{\beta}\notin W'$，则 $\boldsymbol{\beta}\neq\boldsymbol{0}$，且对任意 $\boldsymbol{0}\neq\boldsymbol{\gamma}\in\mathbb{R}^2$，从 $\boldsymbol{\gamma}$ 的终点分别做 W' 和 $\boldsymbol{\beta}$ 所在直线的平行线，可知(请画图)

$$\boldsymbol{\gamma}=a\boldsymbol{\alpha}+b\boldsymbol{\beta}\in W,\quad\exists\,a,b\in\mathbb{R}.$$

于是得到 $W=V$，矛盾.所以 $W=W'$ 是过原点的直线①.

(2) 容易验证过原点的直线和平面是 V 的子空间.反之，如果 W 是 V 的非平凡子空间，则存在 $\boldsymbol{0}\neq\boldsymbol{\alpha}\in W$. 如果 W 等于 $\boldsymbol{\alpha}$ 所在的过原点的直线，则证明结束.否则，存在 $\boldsymbol{\beta}\in W$，而 $\boldsymbol{\beta}$ 不在 $\boldsymbol{\alpha}$ 所在的过原点的直线上.如果 W 等于 $\boldsymbol{\alpha}$ 和 $\boldsymbol{\beta}$ 所在的过原点的平面，则证明结束.否则存在这个平面外的 W 的向量 $\boldsymbol{\gamma}$. 此时容易证明 $\mathbb{R}^3=W$，矛盾.

① 也可以用维数证明.

6.2.2 子空间的运算

子空间作为集合，当然可以做交和并运算，我们来研究在这些运算下其是否还是子空间，由此可以得到更多的子空间.

1. 子空间的交

设 V 是线性空间，$W_i(i \in I)$是 V 的子空间，其中 I 是指标集(可能为无限集)，则有这些子空间的交

$$\bigcap_{i\in I} W_i = \{\boldsymbol{\alpha} \in V \mid \boldsymbol{\alpha} \in W_i,\ \forall i \in I\}.$$

当 I 为有限集，比如 $I=\{1, 2, \cdots, m\}$ 时，记

$$\bigcap_{i\in I} W_i = \bigcap_{i=1}^{m} W_i = W_1 \cap W_2 \cap \cdots \cap W_m.$$

子空间的交是否还是子空间呢? 用几何例子想一下，考查 Eucild 平面 $\mathbb{R}^2$ 的子空间的交.此时，非平凡的子空间是过原点的直线，若干个不同的过原点的直线的交是原点，是子空间.类似地，容易得到 Eucild 三维空间 $\mathbb{R}^3$ 的任意子空间的交仍是子空间.所以我们猜想子空间的交仍是子空间.事实上，设 $W_i(i \in I)$是 V 的子空间，记 $W=\bigcap\limits_{i\in I} W_i$.

由于 $\forall i \in I$, $\mathbf{0} \in W_i$，所以 $\mathbf{0} \in W$，即 $W \neq \varnothing$.

又设 $\boldsymbol{\alpha}, \boldsymbol{\beta} \in W$, $a, b \in \mathbb{F}$，则对任意 $i \in I$，有 $\boldsymbol{\alpha}, \boldsymbol{\beta} \in W_i$. 由于 W_i 是子空间，所以

$$a\boldsymbol{\alpha} + b\boldsymbol{\beta} \in W_i, \quad \forall i \in I.$$

于是有 $a\boldsymbol{\alpha} + b\boldsymbol{\beta} \in W$. 所以 W 是 V 的子空间.

命题 6.2 任意多个子空间的交仍是子空间.

例如，设 $W_1 \subset \mathbb{F}^n$ 为齐次线性方程组 $\begin{cases} a_{11}x_1 + a_{12}x_2 + \cdots + a_{1n}x_n = 0, \\ a_{21}x_1 + a_{22}x_2 + \cdots + a_{2n}x_n = 0, \\ \qquad \vdots \\ a_{m1}x_1 + a_{m2}x_2 + \cdots + a_{mn}x_n = 0 \end{cases}$ 的解空间，$W_2 \subset \mathbb{F}^n$ 是齐次线性方程组 $\begin{cases} b_{11}x_1 + b_{12}x_2 + \cdots + b_{1n}x_n = 0, \\ b_{21}x_1 + b_{22}x_2 + \cdots + b_{2n}x_n = 0, \\ \qquad \vdots \\ b_{l1}x_1 + b_{l2}x_2 + \cdots + b_{ln}x_n = 0 \end{cases}$ 的解空间，则 $W_1 \cap W_2$ 是齐次线性方程组 $\begin{cases} a_{11}x_1 + a_{12}x_2 + \cdots + a_{1n}x_n = 0, \\ \qquad \vdots \\ a_{m1}x_1 + a_{m2}x_2 + \cdots + a_{mn}x_n = 0, \\ b_{11}x_1 + b_{12}x_2 + \cdots + b_{1n}x_n = 0, \\ \qquad \vdots \\ b_{l1}x_1 + b_{l2}x_2 + \cdots + b_{ln}x_n = 0 \end{cases}$ 的解空间.

2. 子空间的并

设 W_1, W_2 是线性空间 V 的子空间,则有集合并

$$W_1 \cup W_2 = \{\boldsymbol{\alpha} \in V \mid \boldsymbol{\alpha} \in W_1 \quad \text{或} \quad \boldsymbol{\alpha} \in W_2\}.$$

那么,$W_1 \cup W_2$ 是否还是 V 的子空间? 还是用几何例子想一下,取 $V=\mathbb{R}^2$, W_1 为 x 轴,W_2 为 y 轴(图 6.1).由于 $W_1 \cup W_2$ 不是过原点的直线,所以不是 $\mathbb{R}^2$ 的子空间(也可如下证明:$(1, 0)^{\mathrm{T}}$, $(0, 1)^{\mathrm{T}} \in W_1 \cup W_2$,但是 $(1, 0)^{\mathrm{T}}+(0, 1)^{\mathrm{T}}=(1, 1)^{\mathrm{T}} \notin W_1 \cup W_2$).于是,子空间的并通常不再是子空间.

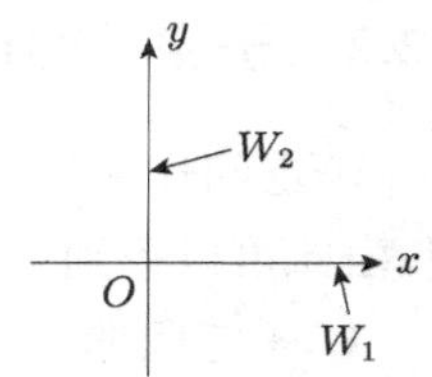

图 6.1 x 轴和 y 轴的并不是子空间

3. 子空间的和

上面 $V=\mathbb{R}^2$ 的子空间 W_1 和 W_2 的并 $W_1 \cup W_2$ 不是子空间,是由于存在 $\boldsymbol{\alpha} \in W_1$ 和 $\boldsymbol{\beta} \in W_2$,使得 $\boldsymbol{\alpha}+\boldsymbol{\beta} \notin W_1 \cup W_2$. 为了得到子空间,我们应该把这些不认识的向量也加进去,于是需要考虑子空间的和.

定义 6.3 设 W_1, W_2, …, W_m 是线性空间 V 的子空间,定义子空间 W_1, W_2, …, W_m 的**和**为

$$W_1+W_2+\cdots+W_m := \{\boldsymbol{\alpha}_1+\boldsymbol{\alpha}_2+\cdots+\boldsymbol{\alpha}_m \mid \boldsymbol{\alpha}_1 \in W_1, \boldsymbol{\alpha}_2 \in W_2, \cdots, \boldsymbol{\alpha}_m \in W_m\}.$$

记 $W=W_1+W_2+\cdots+W_m$,由于

$$\mathbf{0}=\mathbf{0}+\mathbf{0}+\cdots+\mathbf{0} \in W,$$

所以 $W \neq \varnothing$. 又设 $\boldsymbol{\alpha}$, $\boldsymbol{\beta} \in W$, a, $b \in \mathbb{F}$,则

$$\boldsymbol{\alpha}=\boldsymbol{\alpha}_1+\boldsymbol{\alpha}_2+\cdots+\boldsymbol{\alpha}_m, \boldsymbol{\beta}=\boldsymbol{\beta}_1+\boldsymbol{\beta}_2+\cdots+\boldsymbol{\beta}_m, \quad \exists \boldsymbol{\alpha}_i, \boldsymbol{\beta}_i \in W_i, i=1, 2, \cdots, m.$$

所以

$$a\boldsymbol{\alpha}+b\boldsymbol{\beta}=(a\boldsymbol{\alpha}_1+b\boldsymbol{\beta}_1)+(a\boldsymbol{\alpha}_2+b\boldsymbol{\beta}_2)+\cdots+(a\boldsymbol{\alpha}_m+b\boldsymbol{\beta}_m).$$

因为 W_i 是子空间,$\boldsymbol{\alpha}_i$, $\boldsymbol{\beta}_i \in W_i$,所以 $a\boldsymbol{\alpha}_i+b\boldsymbol{\beta}_i \in W_i$. 因此 $a\boldsymbol{\alpha}+b\boldsymbol{\beta} \in W$,即得 W 是子空间.这得到子空间的和还是子空间.

命题 6.3 设 W_1, W_2, …, W_m 是线性空间 V 的子空间,则 $W_1+W_2+\cdots+W_m$ 是 V 的子空间,且是 V 中包含 W_1, W_2, …, W_m 的最小子空间.

☞ **证明** 记 $W=W_1+W_2+\cdots+W_m$,则只要证 W 的最小性.设 U 是 V 的子空间,且 W_1, W_2, …, $W_m \subset U$. 任取 $\boldsymbol{\alpha} \in W$,则

$$\boldsymbol{\alpha}=\boldsymbol{\alpha}_1+\boldsymbol{\alpha}_2+\cdots+\boldsymbol{\alpha}_m, \quad \exists \boldsymbol{\alpha}_i \in W_i, i=1, 2, \cdots, m.$$

因为 $W_i \subset U$,所以 $\boldsymbol{\alpha}_i \in U$. 而 U 是子空间,所以

$$\boldsymbol{\alpha}=\boldsymbol{\alpha}_1+\boldsymbol{\alpha}_2+\cdots+\boldsymbol{\alpha}_m \in U.$$

这就得到 $W \subset U$.

最后看一个例子.

例 6.14 设 $V=\mathbb{R}^3$，取 W_1 为过原点的直线，W_2 为过原点的平面，且设直线 W_1 不在平面 W_2 上(图 6.2)，则有

$$W_1 \cap W_2=\{\mathbf{0}\}, \quad W_1+W_2=\mathbb{R}^3.$$

☞ **证明** 由条件可得 $W_1 \cap W_2=\{\mathbf{0}\}$. 任取 $\alpha \in \mathbb{R}^3$，如图 6.2 所示，过 $\boldsymbol{\alpha}$ 的终点作 W_1 的平行线得 $\boldsymbol{\alpha}_2 \in W_2$；过 $\boldsymbol{\alpha}$ 的终点作与 $\boldsymbol{\alpha}_2$ 平行且与 W_1 相交的直线，得 $\boldsymbol{\alpha}_1 \in W_1$. 由平行四边形法则，得 $\boldsymbol{\alpha}=\boldsymbol{\alpha}_1+\boldsymbol{\alpha}_2$. 于是 $\mathbb{R}^3=W_1+W_2$.

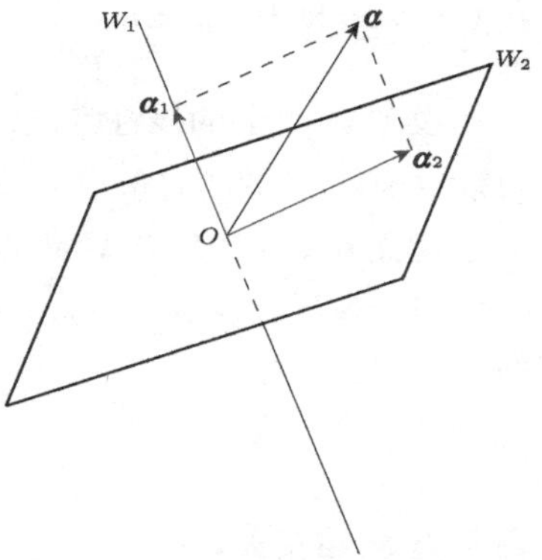

图 6.2 直线和平面的交与和

习题 6.2

A1. 下列 $\mathbb{F}^n$ 的子集 W 是否是 $\mathbb{F}^n$ 的子空间？请给出理由.

(1) $W=\{(a_1, a_2, \cdots, a_n)^{\mathrm{T}} \in \mathbb{F}^n \mid a_1+a_2+\cdots+a_n=0\}$；

(2) $W=\{(a_1, a_2, \cdots, a_n)^{\mathrm{T}} \in \mathbb{F}^n \mid a_1+a_2+\cdots+a_n=1\}$；

(3) $W=\{(a_1, a_2, \cdots, a_n)^{\mathrm{T}} \in \mathbb{F}^n \mid a_1, a_2, \cdots, a_n$ 不同时大于零且不同时小于零$\}$，这里 $n \geqslant 2$；

(4) $W=\{(a_1, a_2, \cdots, a_n)^{\mathrm{T}} \in \mathbb{F}^n \mid$ 存在某个 i，使得 $a_i>0\}$.

A2. 设 L_1, L_2 和 L_3 是 $\mathbb{R}^3$ 中过原点的三条直线，它们都是 $\mathbb{R}^3$ 的子空间. 问 L_1+L_2 和 $L_1+L_2+L_3$ 可能构成 $\mathbb{R}^3$ 的哪些类型的子空间？

A3. 设 U, W_1, W_2 是线性空间 V 的子空间，证明①：

(1) $U \cap (W_1+W_2) \supset U \cap W_1+U \cap W_2$；

(2) $U \cap (W_1+U \cap W_2)=U \cap W_1+U \cap W_2$；

(3) $(U+W_1) \cap (U+W_2)=U+(U+W_1) \cap W_2$.

举例说明(1)中的等号不一定成立.

A4. 设 W_1 和 W_2 是线性空间 V 的子空间，证明下列命题等价：

(i) $W_1 \cup W_2$ 是 V 的子空间；

(ii) $W_1 \cup W_2=W_1+W_2$；

(iii) $W_1 \subset W_2$ 或 $W_2 \subset W_1$.

B1. 证明：数域 $\mathbb{F}$ 上的线性空间 V $(V \neq \{\mathbf{0}\})$ 不能被它的有限个真子空间所覆盖，即设 $W_1, W_2, \cdots, W_k$ 是 V 的真子空间，则存在 $\boldsymbol{\alpha} \in V$，使得 $\boldsymbol{\alpha} \notin W_1 \cup W_2 \cup \cdots \cup W_k$.

§6.3 线性相关性

现在我们的脑子里已经有了许多具体的线性空间的例子，线性空间已经不那么抽象了. 因此可以开始建立线性空间的坐标系. 要建立坐标系，首先各坐标轴应该没有关系，且个数不能再少，于是就需要线性无关和极大无关组的概念；其次，坐标系当然需要可以表示出空间中的每一个向量，于是需要线性表示的概念. 这些概念是上一章特殊的线性空间——向量空间中的相应概念的推广. 本节先做这些建立坐标系的准备，而把建立坐标系的任务留待下节.

① 如果没有括号，则集合运算次序是：先算交和并，再算加法.

6.3.1 线性相关性

设 V 是 $\mathbb{F}$ 上的线性空间.下面定义 V 中线性无关的概念.和向量空间 $\mathbb{F}^n$ 不同的是,V 中可能会有无穷多个向量没有关系.

定义 6.4 设 S 是 V 的非空子集(可能为无限集).

(1) 如果存在 $\boldsymbol{\alpha}_1, \boldsymbol{\alpha}_2, \cdots, \boldsymbol{\alpha}_s \in S(\exists s \in \mathbb{N})$,存在不全为零的 $c_1, c_2, \cdots, c_s \in \mathbb{F}$,使得

$$c_1\boldsymbol{\alpha}_1 + c_2\boldsymbol{\alpha}_2 + \cdots + c_s\boldsymbol{\alpha}_s = \mathbf{0},$$

则称 S **线性相关**;

(2) 如果 S 非线性相关,即对任意 $s \in \mathbb{N}$,任意 $\boldsymbol{\alpha}_1, \boldsymbol{\alpha}_2, \cdots, \boldsymbol{\alpha}_s \in S$,若

$$c_1\boldsymbol{\alpha}_1 + c_2\boldsymbol{\alpha}_2 + \cdots + c_s\boldsymbol{\alpha}_s = \mathbf{0}, \quad c_1, c_2, \cdots, c_s \in \mathbb{F},$$

那么有 $c_1 = c_2 = \cdots = c_s = 0$,则称 S **线性无关**.

如果 $S = \{\boldsymbol{\alpha}_1, \boldsymbol{\alpha}_2, \cdots, \boldsymbol{\alpha}_m\} \subset V$ 是有限集,则容易证明:

(i) S 线性相关 $\Longleftrightarrow$ 存在不全为零的 $c_1, c_2, \cdots, c_m \in \mathbb{F}$,使得

$$c_1\boldsymbol{\alpha}_1 + c_2\boldsymbol{\alpha}_2 + \cdots + c_m\boldsymbol{\alpha}_m = \mathbf{0}.$$

(ii) S 线性无关 $\Longleftrightarrow$ 如果有 $c_1, c_2, \cdots, c_m \in \mathbb{F}$,使得

$$c_1\boldsymbol{\alpha}_1 + c_2\boldsymbol{\alpha}_2 + \cdots + c_m\boldsymbol{\alpha}_m = \mathbf{0},$$

那么 $c_1 = c_2 = \cdots = c_m = 0$.

看一个线性无关的无限集.

例 6.15 设 $V = \mathbb{F}[x]$, $S = \{x^i \mid i = 0, 1, 2, \cdots\} \subset V$. 证明:$S$ 线性无关.

☞ **证明** 任意 $s \in \mathbb{N}$,任意 $x^{i_1}, x^{i_2}, \cdots, x^{i_s} \in S$,其中 $0 \leqslant i_1 < i_2 < \cdots < i_s$,如果

$$a_1x^{i_1} + a_2x^{i_2} + \cdots + a_sx^{i_s} = 0, \quad a_1, a_2, \cdots, a_s \in \mathbb{F},$$

则由多项式相等的定义得 $a_1 = a_2 = \cdots = a_s = 0$. 所以 S 线性无关.

由定义容易证明下面性质成立.

性质 1 若 $\mathbf{0} \in S \subset V$, 则 S 线性相关.

性质 2 若 $\varnothing \neq S_1 \subset S_2 \subset V$, 则

$$S_1 \text{ 线性相关} \Longrightarrow S_2 \text{ 线性相关},$$
$$S_2 \text{ 线性无关} \Longrightarrow S_1 \text{ 线性无关}.$$

6.3.2 线性表示

设 V 是 $\mathbb{F}$ 上的线性空间,我们来定义线性表示的概念.首先是一个向量由某个向量集线性表示的概念.

定义 6.5 设 S 是 V 的非空子集,$\boldsymbol{\alpha} \in V$. 如果存在 $\boldsymbol{\alpha}_1, \boldsymbol{\alpha}_2, \cdots, \boldsymbol{\alpha}_s \in S\ (\exists s \in \mathbb{N})$,存

在 $c_1, c_2, \cdots, c_s \in \mathbb{F}$，使得

$$\boldsymbol{\alpha}=c_1\boldsymbol{\alpha}_1+c_2\boldsymbol{\alpha}_2+\cdots+c_s\boldsymbol{\alpha}_s,$$

则称 $\boldsymbol{\alpha}$ 是 S 的**线性组合**，或称 $\boldsymbol{\alpha}$ 可由 S **线性表示**.

如果 $S=\{\boldsymbol{\alpha}_1, \boldsymbol{\alpha}_2, \cdots, \boldsymbol{\alpha}_m\}\subset V$ 是有限集，容易证明：$\boldsymbol{\alpha}\in V$ 是 S 的线性组合当且仅当存在 $c_1, c_2, \cdots, c_m \in \mathbb{F}$，使得

$$\boldsymbol{\alpha}=c_1\boldsymbol{\alpha}_1+c_2\boldsymbol{\alpha}_2+\cdots+c_m\boldsymbol{\alpha}_m.$$

下面是两个向量集之间线性表示的概念.

定义 6.6 设 S_1, S_2 是 V 的非空子集.

(1) 如果对任意 $\boldsymbol{\alpha}\in S_1$，$\boldsymbol{\alpha}$ 可由 S_2 线性表示，则称 S_1 可由 S_2 **线性表示**，记为 $S_1\leftarrow S_2$；

(2) 如果 $S_1\leftarrow S_2$ 且 $S_2\leftarrow S_1$，则称 S_1 和 S_2 **等价**，记为 $S_1\leftrightarrow S_2$.

容易证明，V 的非空子集之间的 $\leftrightarrow$ 关系为等价关系(我们把传递性留作练习)，即满足

(i) (自反性) $\varnothing\neq\forall S\subset V$，有 $S\leftrightarrow S$；

(ii) (对称性) $\varnothing\neq\forall S_1, S_2\subset V$，若 $S_1\leftrightarrow S_2$，则 $S_2\leftrightarrow S_1$；

(iii) (传递性) $\varnothing\neq\forall S_1, S_2, S_3\subset V$，若 $S_1\leftrightarrow S_2$ 且 $S_2\leftrightarrow S_3$，则 $S_1\leftrightarrow S_3$.

类似于向量空间，可以证明下面性质(请读者想一下这些性质的证明)：

性质 1 如果 S 是 V 的至少含两个元素的子集，则

$$S\text{ 线性相关}\iff \exists\boldsymbol{\alpha}\in S\text{，使得 }\boldsymbol{\alpha}\text{ 可由 }S-\{\boldsymbol{\alpha}\}\text{ 线性表示.}$$

性质 2 如果 S 是 V 的线性无关子集，$\boldsymbol{\alpha}\in V$ 可由 S 线性表示，则 $\boldsymbol{\alpha}$ 由 S 线性表示的方式唯一.

性质 3 设 S 是 V 的线性无关子集，$\boldsymbol{\alpha}\in V$. 如果 $S\cup\{\boldsymbol{\alpha}\}$ 线性相关，则 $\boldsymbol{\alpha}$ 可由 S (唯一)线性表示.

性质 4 设 S_1, S_2 是 V 的非空有限子集，则

(1) $S_1\leftarrow S_2$ 且[①] $|S_1|>|S_2|\implies S_1$ 线性相关；

(2) S_1 线性无关，$S_1\leftarrow S_2\implies |S_1|\leqslant|S_2|$；

(3) S_1 和 S_2 都线性无关，$S_1\leftrightarrow S_2\implies |S_1|=|S_2|$.

6.3.3 向量集生成的子空间

设 V 是 $\mathbb{F}$ 上的线性空间，我们希望 V 中的坐标系可以线性表示 V 中的每一个向量，所以对于 V 的非空子集 S，我们要考虑 S 的所有线性组合所成的集合. 我们将这个集合记为 $\mathrm{Span}(S)$[②]，有时也记为 $\mathrm{Span}_{\mathbb{F}}(S)$. 于是

$$\mathrm{Span}(S)=\{c_1\boldsymbol{\alpha}_1+\cdots+c_s\boldsymbol{\alpha}_s \mid s\geqslant 1, \boldsymbol{\alpha}_1, \cdots, \boldsymbol{\alpha}_s\in S, c_1, \cdots, c_s\in\mathbb{F}\}.$$

---

① 当 S_1 是有限集时，$|S_1|$ 表示集合 S_1 所含元素的个数；当 S_1 是无限集时，$|S_1|$ 表示集合 S_1 的势. 注意无限集的势不一定相同，例如，$\mathbb{Z}$ 的势是可数无穷，而 $\mathbb{R}$ 的势是不可数无穷，我们有 $|\mathbb{Z}|<|\mathbb{R}|$.

② 也记为 $\langle S\rangle$.

称 Span (S) 为**由 S 生成的子空间**, S 称为**生成元集**.当 $S=\{\boldsymbol{\alpha}_1, \boldsymbol{\alpha}_2, \cdots, \boldsymbol{\alpha}_m\}$ 时,有

$$\operatorname{Span}(S)=\{c_1\boldsymbol{\alpha}_1+c_2\boldsymbol{\alpha}_2+\cdots+c_m\boldsymbol{\alpha}_m \mid c_1, c_2, \cdots, c_m \in \mathbb{F}\}.$$

如果 $S=\{\boldsymbol{\alpha}\}$, 有时也记 Span $(S)=\mathbb{F}\boldsymbol{\alpha}$, 于是

$$\operatorname{Span}(\{\boldsymbol{\alpha}_1, \boldsymbol{\alpha}_2, \cdots, \boldsymbol{\alpha}_m\})=\mathbb{F}\boldsymbol{\alpha}_1+\mathbb{F}\boldsymbol{\alpha}_2+\cdots+\mathbb{F}\boldsymbol{\alpha}_m$$

成立.我们还约定,对于 $S=\varnothing$, 有

$$\operatorname{Span}(S)=\{\mathbf{0}\}.$$

直观地想, Span (S) 就是 S 生活的世界,而且这是最小的世界.

命题 6.4 设 S 是 V 的子集,则 Span (S) 是 V 的子空间,且为 V 中包含 S 的最小子空间.

☞ **证明** 可以不妨设 $S \neq \varnothing$. 此时,容易证明 Span (S) 是 V 的子空间,这里省略.任取 V 的子空间 U, 使得 $S \subset U$, 我们要证明 Span $(S) \subset U$.

事实上,任意的 $\boldsymbol{\alpha} \in$ Span (S) 有

$$\boldsymbol{\alpha}=c_1\boldsymbol{\alpha}_1+c_2\boldsymbol{\alpha}_2+\cdots+c_s\boldsymbol{\alpha}_s, \quad \exists \boldsymbol{\alpha}_1, \boldsymbol{\alpha}_2, \cdots, \boldsymbol{\alpha}_s \in S, \exists c_1, c_2, \cdots, c_s \in \mathbb{F}.$$

因为 $S \subset U$, 所以 $\boldsymbol{\alpha}_1, \boldsymbol{\alpha}_2, \cdots, \boldsymbol{\alpha}_s \in U$. 而 U 是子空间,所以

$$c_1\boldsymbol{\alpha}_1+c_2\boldsymbol{\alpha}_2+\cdots+c_s\boldsymbol{\alpha}_s \in U,$$

即 $\boldsymbol{\alpha} \in U$. 于是 Span $(S) \subset U$.

最后,我们说明线性表示也可以用向量组生成的子空间来描述.

命题 6.5 设 S, S_1, S_2 是 V 的非空子集, $\boldsymbol{\alpha} \in V$, 则

(1) $\boldsymbol{\alpha}$ 可由 S 线性表示 $\Longleftrightarrow \boldsymbol{\alpha} \in$ Span (S);

(2) $S_1 \leftarrow S_2 \Longleftrightarrow$ Span $(S_1) \subset$ Span (S_2);

(3) $S_1 \leftrightarrow S_2 \Longleftrightarrow$ Span $(S_1)=$ Span (S_2).

☞ **证明** (1) 就是定义,(3)由(2)导出,下证(2).如果 $S_1 \leftarrow S_2$, 则 $\forall \boldsymbol{\alpha} \in S_1$, $\boldsymbol{\alpha}$ 可由 S_2 表示,于是 $\boldsymbol{\alpha} \in$ Span (S_2). 这得到 $S_1 \subset$ Span (S_2). 由于 Span (S_2) 是子空间, Span (S_1) 是包含 S_1 的最小子空间(命题 6.4),所以 Span $(S_1) \subset$ Span (S_2). 反之,如果 Span $(S_1) \subset$ Span (S_2), 则 $\forall \boldsymbol{\alpha} \in S_1 \subset$ Span (S_1), 有 $\boldsymbol{\alpha} \in$ Span (S_2), 即 $\boldsymbol{\alpha}$ 可由 S_2 线性表示.于是 $S_1 \leftarrow S_2$.

习题 6.3

A1. 设 S_1, S_2, S_3 为线性空间 V 的非空子集,如果 S_1 可由 S_2 线性表示, S_2 可由 S_3 线性表示,证明: S_1 可由 S_3 线性表示.

A2. 设 S_1 和 S_2 是线性空间 V 的两个非空子集,证明:

(1) 如果 $S_1 \subset S_2$, 则 Span $(S_1) \subset$ Span (S_2);

(2) Span $(S_1 \cup S_2)=$ Span $(S_1)+$ Span (S_2);

(3) $\mathrm{Span}(S_1 \cap S_2) \subset \mathrm{Span}(S_1) \cap \mathrm{Span}(S_2)$，举例说明等号不一定成立.

A3. 设 V 是所有实值函数构成的实数域 $\mathbb{R}$ 上的线性空间，判断 V 中的下列向量组的线性相关性，并证明你的结论.

(1) $1, \sin^2 x, \cos^2 x$；　(2) xe^x, e^{2x}；　(3) $\sin x, e^x$.

A4. 设 $V = \mathbb{F}[x]$，$f_1(x), f_2(x), f_3(x) \in V$ 满足：这三个多项式互素，但是其中任意两个都不互素.证明：$f_1(x), f_2(x), f_3(x)$ 线性无关.

A5. 取集合 V 为实数域 $\mathbb{R}$，数域为有理数域 $\mathbb{Q}$. 集合 V 的向量加法规定为实数的加法，纯量与向量的乘法规定为有理数与实数的乘法，则 V 成为有理数域 $\mathbb{Q}$ 上的线性空间.证明：在线性空间 V 中，实数 1 与 $\boldsymbol{\alpha}$ 线性无关的必要且充分条件是，$\boldsymbol{\alpha}$ 为无理数.

B1. 设 V 是所有连续实值函数构成的实数域 $\mathbb{R}$ 上的线性空间，证明：

(1) 向量 $\sin x, \sin 2x, \cdots, \sin nx, \cdots$ 线性无关；

(2) 向量 $1, \cos x, \cos 2x, \cdots, \cos nx, \cdots$ 线性无关；

(3) 向量 $1, \sin x, \cos x, \sin 2x, \cos 2x, \cdots, \sin nx, \cos nx, \cdots$ 线性无关.

B2. 设 V 是闭区间 $[0, 1]$ 上的全体实值函数构成的实线性空间，$f_1, f_2, \cdots, f_n \in V$，证明：$f_1, f_2, \cdots, f_n$ 线性无关的充分和必要条件是，存在 $a_1, a_2, \cdots, a_n \in [0, 1]$，使得 $\det(f_i(a_j)) \neq 0$.

§6.4 基与维数

现在我们来建立任意线性空间的坐标系.

6.4.1 基与维数

设 V 是 $\mathbb{F}$ 上的线性空间，V 的坐标系即基的定义是自然的：坐标轴向量应该没有关系，可以表示空间中每个向量.

定义 6.7 设 B 是 V 的非空子集，满足

(i) B 线性无关；

(ii) $\mathrm{Span}(B) = V$ ($\Longleftrightarrow B \leftrightarrow V \Longleftrightarrow \forall \boldsymbol{\alpha} \in V$，$\boldsymbol{\alpha}$ 可由 B 线性表示)，

则称 B 是 V 的一个(一组)**基**.

由定义，V 的非空子集 B 是 V 的基的充分必要条件是：$\forall \boldsymbol{\alpha} \in V$，$\boldsymbol{\alpha}$ 可由 B 唯一地线性表示.我们将其证明留作练习.

我们要解决的第一个基本问题是：线性空间是否都有基？当然，当 $V = \{\mathbf{0}\}$ 时，V 没有基；那么 $V \neq \{\mathbf{0}\}$ 时呢？结论自然应该是存在基.让我们回忆一下在向量空间是如何证明极大无关组的存在性的.假设已经有一个线性无关的子向量组，把它进行线性无关扩充，直到不能再线性无关扩充为止；由于 $\mathbb{F}^n$ 中任意 $n+1$ 个向量一定有关系，所以线性无关扩充的过程有限步后一定停止，就得到一个极大无关组.类似地，对于线性空间 V，假设已有一个线性无关的子集，对它进行线性无关扩充；但这时和向量空间不一样，会遇到有无穷多个向量的线性无关子集(例 6.15)，所以这个线性无关扩充的过程可能会一直进行下去，停不下来！怎么办呢？

为了克服停不下来的困难，数学家们给出了办法.下面介绍集合论中的**佐恩(Zorn)引**

理,它与选择公理等价.

设 S 是一个集合,如果 S 上有二元关系 $\leqslant$,满足性质:

(i)(自反性)$\forall a \in S$,有 $a \leqslant a$;

(ii)(反对称性)$\forall a, b \in S$, $a \leqslant b$ 且 $b \leqslant a \Longrightarrow a = b$;

(iii)(传递性)$\forall a, b, c \in S$, $a \leqslant b$ 且 $b \leqslant c \Longrightarrow a \leqslant c$,

则称 $(S, \leqslant)$ 是**偏序集**,简称 S 是偏序集;称关系 $\leqslant$ 为 S 上的**偏序关系**.例如,集合的包含关系 $\subset$ 是偏序关系.

设 S 是一个偏序集.元素 $a, b \in S$ 称为是**可比较的**,如果 $a \leqslant b$ 或者 $b \leqslant a$.设 $a \in S$, T 是 S 的非空子集,我们定义

(1) 如果 $a \in T$,且对每个与 a 可比较的 $b \in T$,必有 $b \leqslant a$,则称 a 为 T 中的**极大元**;

(2) 如果对任意 $b \in T$ 有 $b \leqslant a$,则称 a 是 T 的**上界**;

(3) 如果 T 中任意两个元素都可比较,则称 T 是 S 中的一个**链**.

下面陈述 Zorn 引理.

定理 6.6 (Zorn 引理) 设 S 是偏序集,如果 S 的每个链都有上界,则 S 有极大元.

利用 Zorn 引理就可以证明非零线性空间基的存在性,事实上我们证明更重要的基扩充定理.

定理 6.7 (基扩充定理) 设 B 是线性空间 V 的线性无关子集,则存在 V 的基 B_1,使得 $B \subset B_1$.特别的,当 V 非零时,V 一定有基.

☞ **证明** 记 S 为 V 中所有包含 B 的线性无关子集所成的集合,即

$$S = \{B' \subset V \mid B' \text{ 线性无关且 } B \subset B'\}.$$

由于 $B \in S$,所以 $S \neq \varnothing$.集合 S 关于集合的包含关系成为偏序集,任取 S 的一个链 T,令

$$B_2 = \bigcup_{X \in T} X \subset V.$$

由于 $\forall X \in T$,有 $B \subset X$,所以 $B \subset B_2$.如果 B_2 线性相关,则存在 $\boldsymbol{\alpha}_1, \boldsymbol{\alpha}_2, \cdots, \boldsymbol{\alpha}_m \in B_2$,存在不全为零的 $c_1, c_2, \cdots, c_m \in \mathbb{F}$,使得

$$c_1\boldsymbol{\alpha}_1 + c_2\boldsymbol{\alpha}_2 + \cdots + c_m\boldsymbol{\alpha}_m = \mathbf{0}.$$

因为 $\boldsymbol{\alpha}_i \in B_2$,所以存在 $X_i \in T$,使得 $\boldsymbol{\alpha}_i \in X_i$, $i = 1, 2, \cdots, m$.而 T 是 S 中的链,所以必要时可以重新下标,不妨设

$$X_1 \subset X_2 \subset \cdots \subset X_m.$$

这得到 $\boldsymbol{\alpha}_1, \boldsymbol{\alpha}_2, \cdots, \boldsymbol{\alpha}_m \in X_m$,所以 X_m 线性相关,矛盾于 $X_m \in S$.于是 B_2 线性无关,即有 $B_2 \in S$.因此 B_2 是 T 的上界.所以 S 的每个链都有上界,由 Zorn 引理,S 有极大元 B_1.

因为 $B_1 \in S$,所以 B_1 线性无关.如果存在 $\boldsymbol{\alpha} \in V$,使得 $\boldsymbol{\alpha}$ 不能用 B_1 线性表示,则 $B_1 \cup \{\boldsymbol{\alpha}\}$ 线性无关.于是

$$B \subset B_1 \subsetneqq B_1 \cup \{\boldsymbol{\alpha}\} \in S,$$

这矛盾于 B_1 的极大性.所以 V 中任意向量可由 B_1 线性表示,即 B_1 是包含 B 的 V 的基.

当 $V\neq\{\mathbf{0}\}$ 时,任取 $\mathbf{0}\neq\boldsymbol{\alpha}\in V$,则 $\{\boldsymbol{\alpha}\}$ 是 V 的线性无关子集,可扩充成 V 的基,即 V 有基.

和向量空间一样,非零线性空间的基不唯一,但是基所含向量"个数"是唯一的.

引理 6.8 设 B_1, B_2 是向量空间 V 的任意两组基,则 $|B_1|=|B_2|$.

☞ **证明** 首先,我们证明如下事实:如果 V 有有限基 B,则对于 V 的任意线性无关子集 S,有 $|S|\leqslant|B|$.

事实上,记 $|B|=n$. 如果存在 V 的线性无关子集 S,使得 $|S|>|B|=n$,则 S 有子集 S_1,使得 $|S_1|=n+1$. 因为 S 线性无关,所以 S_1 也线性无关.而 B 是基,所以 $S_1\leftarrow B$. 这得到

$$n+1=|S_1|\leqslant|B|=n,$$

矛盾.

下面回到引理的证明.如果 B_1 或者 B_2 是有限集,则由上面的事实,B_1 和 B_2 都是有限集.因为 B_1 和 B_2 都是基,所以 $B_1\leftrightarrow B_2$. 这得到 $|B_1|=|B_2|$.

无限势相等

如果 B_1 和 B_2 都是无限集,则也可证明它们的势相等,这里省略.

于是可以定义线性空间的维数.

定义 6.8 设 V 是 $\mathbb{F}$ 上的线性空间,则 V 的**维数**定义为

$$\dim V=\dim_{\mathbb{F}} V:=\begin{cases}0, & V=\{\mathbf{0}\},\\ |B|, & V\text{ 有基 }B.\end{cases}$$

当 $\dim V<\infty$ 时,称 V 是**有限维线性空间**;否则,称 V 是**无限维线性空间**,这时也简单记 $\dim V=\infty$.

如果无特别说明,我们都约定 $\dim V>0$,即 V 有基.和向量空间一样,如果 $\dim V=n$,则有

(1) V 中任意 $n+1$ 个向量线性相关;

(2) 对任意 $\boldsymbol{\alpha}_1, \boldsymbol{\alpha}_2, \cdots, \boldsymbol{\alpha}_n\in V$,下面等价

(i) $\boldsymbol{\alpha}_1, \boldsymbol{\alpha}_2, \cdots, \boldsymbol{\alpha}_n$ 是 V 的基①;

(ii) $\boldsymbol{\alpha}_1, \boldsymbol{\alpha}_2, \cdots, \boldsymbol{\alpha}_n$ 线性无关;

(iii) $\forall\boldsymbol{\alpha}\in V$, $\boldsymbol{\alpha}$ 可由 $\boldsymbol{\alpha}_1, \boldsymbol{\alpha}_2, \cdots, \boldsymbol{\alpha}_n$ 线性表示

最后,我们定义坐标的概念.

定义 6.9 设 $\boldsymbol{\alpha}_1, \boldsymbol{\alpha}_2, \cdots, \boldsymbol{\alpha}_n$ 是 n 维线性空间 V 的基,$\boldsymbol{\alpha}\in V$,则 $\boldsymbol{\alpha}$ 可唯一写为

$$\alpha=c_1\boldsymbol{\alpha}_1+c_2\boldsymbol{\alpha}_2+\cdots+c_n\boldsymbol{\alpha}_n,\quad c_1, c_2, \cdots, c_n\in\mathbb{F}.$$

称 $\begin{pmatrix}c_1\\c_2\\\vdots\\c_n\end{pmatrix}\in\mathbb{F}^n$ 为 $\boldsymbol{\alpha}$ 在 V 的(有序)基 $\boldsymbol{\alpha}_1, \boldsymbol{\alpha}_2, \cdots, \boldsymbol{\alpha}_n$ 下的**坐标**.

---

① 写基时常常省略集合记号的大括号.

设 $\dim V=n$, $\boldsymbol{\alpha}_1, \boldsymbol{\alpha}_2, \cdots, \boldsymbol{\alpha}_n$ 是 V 的基,则有双射

$$\varphi: V \longrightarrow \mathbb{F}^n; \quad \boldsymbol{\alpha}=c_1\boldsymbol{\alpha}_1+c_2\boldsymbol{\alpha}_2+\cdots+c_n\boldsymbol{\alpha}_n \mapsto \begin{pmatrix} c_1 \\ c_2 \\ \vdots \\ c_n \end{pmatrix}.$$

而且容易证明,对任意 $\boldsymbol{\alpha}, \boldsymbol{\beta} \in V$ 和 $c \in \mathbb{F}$,有

$$\varphi(\boldsymbol{\alpha}+\boldsymbol{\beta})=\varphi(\boldsymbol{\alpha})+\varphi(\boldsymbol{\beta}), \quad \varphi(c\boldsymbol{\alpha})=c\varphi(\boldsymbol{\alpha}),$$

即向量和的坐标等于坐标的和,而向量数乘的坐标等于坐标的数乘.于是取了基后,n 维线性空间 V 可以等同于 $\mathbb{F}^n$,即我们在做解系几何.

我们看一些具体的线性空间的维数以及常取的基.

例 6.16 复数域 $\mathbb{C}$ 作为复线性空间有基 1,维数 $\dim_{\mathbb{C}} \mathbb{C}=1$;而作为实线性空间有基 1, i,维数 $\dim_{\mathbb{R}} \mathbb{C}=2$.

例 6.17 n 维列向量空间 $\mathbb{F}^n$ 有自然基 $\boldsymbol{e}_1, \boldsymbol{e}_2, \cdots, \boldsymbol{e}_n$,维数 $\dim \mathbb{F}^n=n$.

例 6.18 设 $\boldsymbol{E}_{ij}$ 是 (i, j) 位置为 1,其余位置为 0 的 $m\times n$ 矩阵,证明:矩阵空间 $\mathbb{F}^{m\times n}$ 有自然基

$$\{\boldsymbol{E}_{ij} \mid 1\leqslant i\leqslant m, 1\leqslant j\leqslant n\},$$

进而维数 $\dim \mathbb{F}^{m\times n}=mn$.

☞ **证明** 如果数 $a_{ij}\in\mathbb{F}(1\leqslant i\leqslant m, 1\leqslant j\leqslant n)$ 使得

$$\sum_{i, j} a_{ij}\boldsymbol{E}_{ij}=\boldsymbol{O},$$

则

$$\begin{pmatrix} a_{11} & \cdots & a_{1n} \\ \vdots & & \vdots \\ a_{m1} & \cdots & a_{mn} \end{pmatrix}=\boldsymbol{O}.$$

于是 $a_{ij}=0, (\forall i, j)$.这得到 $\{\boldsymbol{E}_{ij} \mid 1\leqslant i\leqslant m, 1\leqslant j\leqslant n\}$ 线性无关.这组向量生成 $\mathbb{F}^{m\times n}$,是由于对任意 $\boldsymbol{A}=(a_{ij})\in\mathbb{F}^{m\times n}$ 有

$$\boldsymbol{A}=\sum_{i, j} a_{ij}\boldsymbol{E}_{ij}.$$

所以 $\{\boldsymbol{E}_{ij} \mid 1\leqslant i\leqslant m, 1\leqslant j\leqslant n\}$ 是 $\mathbb{F}^{m\times n}$ 的基.

例 6.19 证明:

(1) 多项式空间 $\mathbb{F}[x]$ 有自然基

$$\{x^i \mid i=0, 1, 2, \cdots\},$$

于是维数 $\dim \mathbb{F}[x]=\infty$;

(2) $\mathbb{F}[x]$ 的子空间 $\mathbb{F}_n[x]=\{f(x)\in\mathbb{F}[x]\mid\deg(f(x))\leqslant n\}$ 有自然基

$$1,\ x,\ x^2,\ \cdots,\ x^n,$$

于是维数 $\dim\ \mathbb{F}_n[x]=n+1$. 任意 $f(x)=b_0+b_1x+\cdots+b_nx^n\in\mathbb{F}_n[x]$ 在自然基下的坐标是 $(b_0,\ b_1,\ \cdots,\ b_n)^{\mathrm{T}}$. 注意到

$$b_i=\frac{f^{(i)}(0)}{i!}.$$

☞ **证明** (1) 已证 $B=\{x^i\mid i=0,\ 1,\ 2,\ \cdots\}$ 线性无关,而任意 $f(x)=a_nx^n+a_{n-1}x^{n-1}+\cdots+a_1x+a_0\in\mathbb{F}[x]$, 有 $f(x)\in\mathrm{Span}(B)$. 于是 B 是 $\mathbb{F}[x]$ 的基.

例 6.20 设 $V=\mathbb{F}_n[x]$. 取两两不相等的数 $a_0,\ a_1,\ \cdots,\ a_n\in\mathbb{F}$, 对 $i=0,\ 1,\ \cdots,\ n$ 定义

$$\begin{aligned}f_i(x)&=\frac{(x-a_0)\cdots(x-a_{i-1})(x-a_{i+1})\cdots(x-a_n)}{(a_i-a_0)\cdots(a_i-a_{i-1})(a_i-a_{i+1})\cdots(a_i-a_n)}\\&=\prod_{\substack{j=0\\j\neq i}}^{n}\frac{x-a_j}{a_i-a_j},\end{aligned}$$

称为 **Lagrange 多项式**. 证明: $f_0(x),\ f_1(x),\ \cdots,\ f_n(x)$ 是 $\mathbb{F}_n[x]$ 的基,且任意 $f(x)\in\mathbb{F}_n[x]$ 在这组基下的坐标是

$$(f(a_0),\ f(a_1),\ \cdots,\ f(a_n))^{\mathrm{T}}.$$

☞ **证明** 首先注意到

$$f_i(a_j)=\delta_{ij}=\begin{cases}1, & i=j,\\0, & i\neq j.\end{cases}$$

如果

$$c_0f_0(x)+c_1f_1(x)+\cdots+c_nf_n(x)=0,\quad c_0,\ c_1,\ \cdots,\ c_n\in\mathbb{F},$$

则令 $x=a_i$, 就得 $c_i=0$. 于是 $f_0(x),\ f_1(x),\ \cdots,\ f_n(x)$ 线性无关. 又 $\dim\ \mathbb{F}_n[x]=n+1$, 所以 $f_0(x),\ f_1(x),\ \cdots,\ f_n(x)$ 是 $\mathbb{F}_n[x]$ 的基.

设

$$f(x)=c_0f_0(x)+c_1f_1(x)+\cdots+c_nf_n(x),$$

令 $x=a_i$, 得 $f(a_i)=c_i$. 所以 $f(x)$ 在这组基下的坐标是 $(f(a_0),\ f(a_1),\ \cdots,\ f(a_n))^{\mathrm{T}}$.

所谓的**插值问题**是:任给互不相同的 $a_0,\ a_1,\ \cdots,\ a_n\in\mathbb{F}$, 任给 $b_0,\ b_1,\ \cdots,\ b_n\in\mathbb{F}$, 寻找 $f(x)\in\mathbb{F}_n[x]$, 使得

$$f(a_i)=b_i,\quad i=0,\ 1,\ 2\cdots,\ n.$$

容易知道,这样的 $f(x)\in\mathbb{F}_n[x]$ 是唯一的,由例 6.20 得

$$f(x)=\sum_{i=0}^{n}b_if_i(x),$$

称这个公式为 **Lagrange 插值公式**.

例 6.21 设 $\boldsymbol{\alpha}_1=\begin{pmatrix}1\\1\\1\\1\end{pmatrix}$, $\boldsymbol{\alpha}_2=\begin{pmatrix}1\\1\\-1\\-1\end{pmatrix}$, $\boldsymbol{\alpha}_3=\begin{pmatrix}1\\-1\\1\\-1\end{pmatrix}$, $\boldsymbol{\alpha}_4=\begin{pmatrix}1\\-1\\-1\\1\end{pmatrix}$, 证明: $\boldsymbol{\alpha}_1,\boldsymbol{\alpha}_2,\boldsymbol{\alpha}_3,\boldsymbol{\alpha}_4$ 是 $\mathbb{R}^4$ 的基, 并求 $\boldsymbol{\xi}=\begin{pmatrix}1\\2\\1\\1\end{pmatrix}$ 在这组基下的坐标.

☞ **解** 由于

$$(\boldsymbol{\alpha}_1,\boldsymbol{\alpha}_2,\boldsymbol{\alpha}_3,\boldsymbol{\alpha}_4,\boldsymbol{\xi})=\begin{pmatrix}1&1&1&1&1\\1&1&-1&-1&2\\1&-1&1&-1&1\\1&-1&-1&1&1\end{pmatrix}\xrightarrow[r_4-r_1]{\substack{r_2-r_1\\r_3-r_1}}\begin{pmatrix}1&1&1&1&1\\0&0&-2&-2&1\\0&-2&0&-2&0\\0&-2&-2&0&0\end{pmatrix}$$

$$\xrightarrow[-\frac{1}{2}r_4]{\substack{-\frac{1}{2}r_2\\-\frac{1}{2}r_3}}\begin{pmatrix}1&1&1&1&1\\0&0&1&1&-\frac{1}{2}\\0&1&0&1&0\\0&1&1&0&0\end{pmatrix}\xrightarrow[r_2\leftrightarrow r_3]{\substack{r_1-r_3\\r_4-r_3}}\begin{pmatrix}1&0&1&0&1\\0&1&0&1&0\\0&0&1&1&-\frac{1}{2}\\0&0&1&-1&0\end{pmatrix}\xrightarrow[r_4-r_3]{r_1-r_3}$$

$$\begin{pmatrix}1&0&0&-1&\frac{3}{2}\\0&1&0&1&0\\0&0&1&1&-\frac{1}{2}\\0&0&0&-2&\frac{1}{2}\end{pmatrix}\xrightarrow{-\frac{1}{2}r_4}\begin{pmatrix}1&0&0&-1&\frac{3}{2}\\0&1&0&1&0\\0&0&1&1&-\frac{1}{2}\\0&0&0&1&-\frac{1}{4}\end{pmatrix}\xrightarrow[r_3-r_4]{\substack{r_1+r_4\\r_2-r_4}}\begin{pmatrix}1&0&0&0&\frac{5}{4}\\0&1&0&0&\frac{1}{4}\\0&0&1&0&-\frac{1}{4}\\0&0&0&1&-\frac{1}{4}\end{pmatrix},$$

所以 $R(\boldsymbol{\alpha}_1,\boldsymbol{\alpha}_2,\boldsymbol{\alpha}_3,\boldsymbol{\alpha}_4)=4$, 且

$$(\boldsymbol{\alpha}_1,\boldsymbol{\alpha}_2,\boldsymbol{\alpha}_3,\boldsymbol{\alpha}_4)^{-1}\boldsymbol{\xi}=\begin{pmatrix}\frac{5}{4}\\\frac{1}{4}\\-\frac{1}{4}\\-\frac{1}{4}\end{pmatrix}.$$

于是 $\boldsymbol{\alpha}_1, \boldsymbol{\alpha}_2, \boldsymbol{\alpha}_3, \boldsymbol{\alpha}_4$ 线性无关，是 $\mathbb{R}^4$ 的基，且 ξ 在这组基下的坐标是 $\begin{pmatrix} \frac{5}{4} \\ \frac{1}{4} \\ -\frac{1}{4} \\ -\frac{1}{4} \end{pmatrix}$.

注意到这四个向量的特殊形式，也可如下解.记 $\boldsymbol{A}=(\boldsymbol{\alpha}_1, \boldsymbol{\alpha}_2, \boldsymbol{\alpha}_3, \boldsymbol{\alpha}_4)$，则有 $\boldsymbol{A}^2=4\boldsymbol{E}$，于是 $\boldsymbol{A}$ 可逆，且 $\boldsymbol{A}^{-1}=\frac{1}{4}\boldsymbol{A}$. 得到 $\boldsymbol{\alpha}_1, \boldsymbol{\alpha}_2, \boldsymbol{\alpha}_3, \boldsymbol{\alpha}_4$ 线性无关，是 $\mathbb{R}^4$ 的基.且 $\boldsymbol{\xi}$ 在这组基下的坐标是

$$\boldsymbol{A}^{-1}\boldsymbol{\xi}=\frac{1}{4}\boldsymbol{A}\boldsymbol{\xi}=\frac{1}{4}\begin{pmatrix} 5 \\ 1 \\ -1 \\ -1 \end{pmatrix}.$$

解毕.

6.4.2　维数公式

设 V 是 $\mathbb{F}$ 上的线性空间，本节最后，我们讨论 V 的子空间的维数计算.我们学过构造子空间的几种方法，一个是对子空间进行交与和运算得到新的子空间；另一个是非空子集可以生成子空间.对前者，我们看子空间的交与和的维数和原子空间维数的关系；对后者，我们看非空子集生成的子空间的维数如何计算.

我们先考虑后面一个问题.设 S 是线性空间 V 的非空子集，如何计算 dim Span (S)，并找 Span (S) 的一个自然基？维数本质上是数向量的个数，数向量的个数时，多余的向量要删去.于是本质上只要数 S 中有几个真正的向量，即 S 的极大无关组所含向量的个数.当然，我们还没有定义非空向量集的极大无关组的概念，这里定义一下，这是向量空间中相应概念的自然推广.

定义 6.10　设 S 是 V 的非空子集.

(1) 如果 S 的非空子集 S_1 满足：

(i) S_1 线性无关；

(ii) $S_1 \leftrightarrow S$（$\Longleftrightarrow$ $\forall \boldsymbol{\alpha} \in S$，$\boldsymbol{\alpha}$ 可由 S_1 线性表示），

则称 S_1 是 S 的一个**极大无关组**；

(2) S 的**秩**定义为

$$R(S)=\begin{cases} 0, & S=\{\boldsymbol{0}\}, \\ |S_1|, & S \text{ 有极大无关组 } S_1. \end{cases}$$

类似于向量空间，利用 Zorn 引理可以证明当 $S \neq \{\boldsymbol{0}\}$ 时一定有极大无关组；且如果 S 有两

个极大无关组 S_1 和 S_2，则必有 $|S_1|=|S_2|$. 当极大无关组含无穷多个向量时，也简单记 $R(S)=\infty$.

极大无关组是 S 中真正的向量，于是下面关于线性空间 $\mathrm{Span}\,(S)$ 的结论是自然的.

命题 6.9 设 $S\neq\{\mathbf{0}\}$ 是 V 的非空子集，则 S 的极大无关组为 $\mathrm{Span}\,(S)$ 的基，且

$$\dim\mathrm{Span}\,(S)=R(S).$$

☞ **证明** 任取 S 的极大无关组 S_1，则 $S_1\leftrightarrow S$. 于是 $\mathrm{Span}\,(S)=\mathrm{Span}\,(S_1)$. 因为 S_1 线性无关，所以 S_1 是 $\mathrm{Span}\,(S)$ 的基.

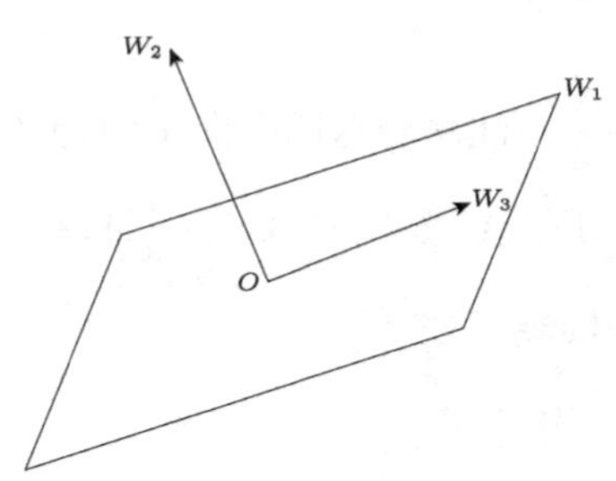

图 6.3 子空间的交与和的维数

我们再考虑前一个问题.设 W_1 和 W_2 都是 V 的子空间，那么

$$\dim(W_1\cap W_2),\quad \dim(W_1+W_2),\quad \dim W_1,\quad \dim W_2$$

有什么关系？我们还是考查一个具体的几何例子.设 $V=\mathbb{R}^3$，取 W_1 为 Oxy 坐标平面，W_2 为 Oz 轴，W_3 为 Oy 轴(图 6.3).由于

$$W_1\cap W_2=\{0\},\quad W_1+W_2=\mathbb{R}^3,\quad W_1\cap W_3=W_3,\quad W_1+W_3=W_1,$$

所以

$$\dim(W_1\cap W_2)=0,\quad \dim(W_1+W_2)=3,\quad \dim(W_1\cap W_3)=1,\quad \dim(W_1+W_3)=2.$$

可见，子空间的交与和的维数和它们的位置关系有关，好像没有统一的公式.但上面例子中交与和的维数之和都等于 3，是原来两个子空间的维数之和.

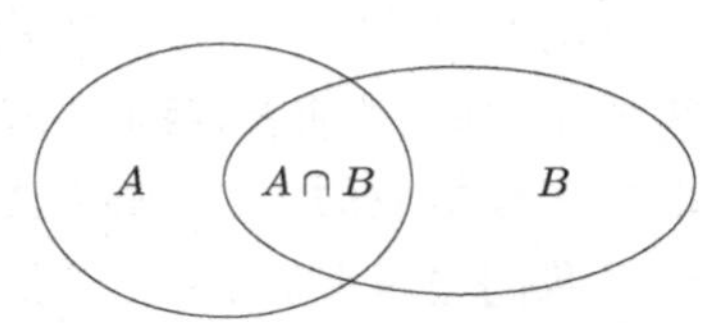

图 6.4 集合的交与并

我们知道，如果 A 和 B 都是有限集(图 6.4)，那么有下面的公式

$$|A\cup B|=|A|+|B|-|A\cap B|.$$

如果用基来替代每个子空间，则上面例子得到的结论有点像这个公式.这个公式对任意有限集成立，于是我们有理由相信下面的维数公式成立，它是该公式在线性空间上的类比.

定理 6.10 (维数公式) 设 W_1 和 W_2 是线性空间 V 的有限维子空间，则

$$\dim(W_1+W_2)=\dim W_1+\dim W_2-\dim(W_1\cap W_2).$$

☞ **证明** 请注意这里的基扩充的证明方法.设 $\dim W_1\cap W_2=t$，取 $W_1\cap W_2$ 的基 $\boldsymbol{\alpha}_1$，$\boldsymbol{\alpha}_2$，…，$\boldsymbol{\alpha}_t$. 由于 $W_1\cap W_2\subset W_1$，所以可将 $W_1\cap W_2$ 的基 $\boldsymbol{\alpha}_1,\boldsymbol{\alpha}_2,\cdots,\boldsymbol{\alpha}_t$ 扩充成 W_1 的基

$$\boldsymbol{\alpha}_1,\cdots,\boldsymbol{\alpha}_t,\boldsymbol{\beta}_1,\cdots,\boldsymbol{\beta}_r.$$

于是，$\dim W_1=t+r$. 类似地，可得 W_2 的基

$$\boldsymbol{\alpha}_1,\cdots,\boldsymbol{\alpha}_t,\boldsymbol{\gamma}_1,\cdots,\boldsymbol{\gamma}_s.$$

于是 $\dim W_2 = t+s$. 下证：$\boldsymbol{\alpha}_1, \cdots, \boldsymbol{\alpha}_t, \boldsymbol{\beta}_1, \cdots, \boldsymbol{\beta}_r, \boldsymbol{\gamma}_1, \cdots, \boldsymbol{\gamma}_s$ 是 W_1+W_2 的基.

首先,这些向量都属于 W_1+W_2.

其次,如果

$$a_1\boldsymbol{\alpha}_1+\cdots+a_t\boldsymbol{\alpha}_t+b_1\boldsymbol{\beta}_1+\cdots+b_r\boldsymbol{\beta}_r+c_1\boldsymbol{\gamma}_1+\cdots+c_s\boldsymbol{\gamma}_s=\mathbf{0},$$

其中 $a_1, \cdots, a_t, b_1, \cdots, b_r, c_1, \cdots, c_s \in \mathbb{F}$，则有

$$a_1\boldsymbol{\alpha}_1+\cdots+a_t\boldsymbol{\alpha}_t+b_1\boldsymbol{\beta}_1+\cdots+b_r\boldsymbol{\beta}_r=-(c_1\boldsymbol{\gamma}_1+\cdots+c_s\boldsymbol{\gamma}_s)\in W_1\cap W_2.$$

于是

$$-(c_1\boldsymbol{\gamma}_1+\cdots+c_s\boldsymbol{\gamma}_s)=d_1\boldsymbol{\alpha}_1+\cdots+d_t\boldsymbol{\alpha}_t,\quad \exists d_1, \cdots, d_t\in\mathbb{F},$$

即

$$c_1\boldsymbol{\gamma}_1+\cdots+c_s\boldsymbol{\gamma}_s+d_1\boldsymbol{\alpha}_1+\cdots+d_t\boldsymbol{\alpha}_t=\mathbf{0}.$$

因为 $\boldsymbol{\alpha}_1, \cdots, \boldsymbol{\alpha}_t, \boldsymbol{\gamma}_1, \cdots, \boldsymbol{\gamma}_s$ 线性无关,所以 $c_1=\cdots=c_s=0$. 进而有

$$a_1\boldsymbol{\alpha}_1+\cdots+a_t\boldsymbol{\alpha}_t+b_1\boldsymbol{\beta}_1+\cdots+b_r\boldsymbol{\beta}_r=\mathbf{0}.$$

因为 $\boldsymbol{\alpha}_1, \cdots, \boldsymbol{\alpha}_t, \boldsymbol{\beta}_1, \cdots, \boldsymbol{\beta}_r$ 线性无关,所以 $a_1=\cdots=a_t=b_1=\cdots=b_r=0$. 因此 $\boldsymbol{\alpha}_1, \cdots, \boldsymbol{\alpha}_t, \boldsymbol{\beta}_1, \cdots, \boldsymbol{\beta}_r, \boldsymbol{\gamma}_1, \cdots, \boldsymbol{\gamma}_s$ 线性无关.

最后,任意 $\boldsymbol{\alpha}\in W_1+W_2$，有 $\boldsymbol{\alpha}=\boldsymbol{\beta}+\boldsymbol{\gamma}$，其中 $\boldsymbol{\beta}\in W_1$，$\boldsymbol{\gamma}\in W_2$. 而

$$\boldsymbol{\beta}=a_1\boldsymbol{\alpha}_1+\cdots+a_t\boldsymbol{\alpha}_t+b_1\boldsymbol{\beta}_1+\cdots+b_r\boldsymbol{\beta}_r,\quad \exists a_1, \cdots, a_t, b_1, \cdots, b_r\in\mathbb{F},$$
$$\boldsymbol{\gamma}=c_1\boldsymbol{\alpha}_1+\cdots+c_t\boldsymbol{\alpha}_t+d_1\boldsymbol{\gamma}_1+\cdots+d_s\boldsymbol{\gamma}_s,\quad \exists c_1, \cdots, c_t, d_1, \cdots, d_s\in\mathbb{F},$$

所以

$$\boldsymbol{\alpha}=(a_1+c_1)\boldsymbol{\alpha}_1+\cdots+(a_t+c_t)\boldsymbol{\alpha}_t+b_1\boldsymbol{\beta}_1+\cdots+b_r\boldsymbol{\beta}_r+d_1\boldsymbol{\gamma}_1+\cdots+d_s\boldsymbol{\gamma}_s.$$

这得到 W_1+W_2 可由 $\boldsymbol{\alpha}_1, \cdots, \boldsymbol{\alpha}_t, \boldsymbol{\beta}_1, \cdots, \boldsymbol{\beta}_r, \boldsymbol{\gamma}_1, \cdots, \boldsymbol{\gamma}_s$ 线性表示.所以这组向量是 W_1+W_2 的基.

于是

$$\begin{aligned}\dim(W_1+W_2)&=t+r+s=(t+r)+(t+s)-t\\&=\dim W_1+\dim W_2-\dim(W_1\cap W_2),\end{aligned}$$

证毕.

定理 6.10 有下面显然的推论.

推论 6.11 设 W_1 和 W_2 是线性空间 V 的有限维子空间,则

(1) $\dim(W_1+W_2)\leqslant\dim W_1+\dim W_2$；

进而,若 V 是有限维的,则

(2) $\dim(W_1\cap W_2)\geqslant\dim W_1+\dim W_2-\dim V$；

(3) 若 $\dim W_1+\dim W_2>\dim V$，则 $\{0\}\subsetneqq W_1\cap W_2$.

我们最后看一个具体的例子.

例 6.22 设 $W_1=\mathrm{Span}(\{\boldsymbol{\alpha}_1,\boldsymbol{\alpha}_2\})$，$W_2=\mathrm{Span}(\{\boldsymbol{\beta}_1,\boldsymbol{\beta}_2,\boldsymbol{\beta}_3\})$，其中 $\boldsymbol{\alpha}_1=\begin{pmatrix}1\\2\\1\\0\end{pmatrix}$，$\boldsymbol{\alpha}_2=\begin{pmatrix}-1\\1\\1\\1\end{pmatrix}$，$\boldsymbol{\beta}_1=\begin{pmatrix}2\\1\\0\\-1\end{pmatrix}$，$\boldsymbol{\beta}_2=\begin{pmatrix}1\\-1\\0\\1\end{pmatrix}$，$\boldsymbol{\beta}_3=\begin{pmatrix}4\\-1\\0\\1\end{pmatrix}$. 求 W_1+W_2 和 $W_1\cap W_2$ 的基及其维数.

☞ **解** 有

$$W_1+W_2=\mathrm{Span}(\{\boldsymbol{\alpha}_1,\boldsymbol{\alpha}_2,\boldsymbol{\beta}_1,\boldsymbol{\beta}_2,\boldsymbol{\beta}_3\}),$$

而

$$(\boldsymbol{\alpha}_1,\boldsymbol{\alpha}_2,\boldsymbol{\beta}_1,\boldsymbol{\beta}_2,\boldsymbol{\beta}_3)=\begin{pmatrix}1&-1&2&1&4\\2&1&1&-1&-1\\1&1&0&0&0\\0&1&-1&1&1\end{pmatrix}\xrightarrow[r_3-r_1]{r_2-2r_1}\begin{pmatrix}1&-1&2&1&4\\0&3&-3&-3&-9\\0&2&-2&-1&-4\\0&1&-1&1&1\end{pmatrix}$$

$$\xrightarrow[\substack{r_3-2r_4\\r_2\leftrightarrow r_4}]{\substack{r_1+r_4\\r_2-3r_4}}\begin{pmatrix}1&0&1&2&5\\0&1&-1&1&1\\0&0&0&-3&-6\\0&0&0&-6&-12\end{pmatrix}\xrightarrow[-\frac{1}{3}r_3]{r_4-2r_3}\begin{pmatrix}1&0&1&2&5\\0&1&-1&1&1\\0&0&0&1&2\\0&0&0&0&0\end{pmatrix}$$

$$\xrightarrow[r_2-r_3]{r_1-2r_3}\begin{pmatrix}1&0&1&0&1\\0&1&-1&0&-1\\0&0&0&1&2\\0&0&0&0&0\end{pmatrix},$$

所以 $\boldsymbol{\alpha}_1,\boldsymbol{\alpha}_2,\boldsymbol{\beta}_2$ 为 $\boldsymbol{\alpha}_1,\boldsymbol{\alpha}_2,\boldsymbol{\beta}_1,\boldsymbol{\beta}_2,\boldsymbol{\beta}_3$ 的极大无关组，且

$$\boldsymbol{\beta}_1=\boldsymbol{\alpha}_1-\boldsymbol{\alpha}_2,\quad \boldsymbol{\beta}_3=\boldsymbol{\alpha}_1-1\boldsymbol{\alpha}_2+2\boldsymbol{\beta}_2.$$

于是 W_1+W_2 有基 $\boldsymbol{\alpha}_1,\boldsymbol{\alpha}_2,\boldsymbol{\beta}_2$，且 $\dim(W_1+W_2)=3$.

由于

$$(\boldsymbol{\alpha}_1,\boldsymbol{\alpha}_2)\overset{r}{\sim}\begin{pmatrix}1&0\\0&1\\0&0\\0&0\end{pmatrix},$$

所以 $\boldsymbol{\alpha}_1,\boldsymbol{\alpha}_2$ 是 W_1 的基，$\dim W_1=2$. 由于

$$(\boldsymbol{\beta}_1,\boldsymbol{\beta}_2,\boldsymbol{\beta}_3)\overset{r}{\sim}\begin{pmatrix}1&0&1\\-1&0&-1\\0&1&2\\0&0&0\end{pmatrix}\xrightarrow[r_2\leftrightarrow r_3]{r_2+r_1}\begin{pmatrix}1&0&1\\0&1&2\\0&0&0\\0&0&0\end{pmatrix},$$

所以 $\boldsymbol{\beta}_1$，$\boldsymbol{\beta}_2$ 是 W_2 的基，$\dim W_2=2$. 由维数公式给出

$$\dim(W_1\cap W_2)=\dim W_1+\dim W_2-\dim(W_1+W_2)=2+2-3=1.$$

因为 $\boldsymbol{\beta}_1=\boldsymbol{\alpha}_1-\boldsymbol{\alpha}_2\in W_1\cap W_2$，所以 $W_1\cap W_2$ 有基 $\boldsymbol{\beta}_1$.

习题 6.4

A1. 求下列线性空间 V 的维数和一组基：

(1) V 为数域 $\mathbb{F}$ 上所有 n 阶对称(反对称,上三角)矩阵构成的 $\mathbb{F}$ 上的线性空间；

(2) V 为矩阵 $\boldsymbol{A}$ 的全体实系数多项式组成的实线性空间,其中

$$\boldsymbol{A}=\begin{pmatrix}1&0&0\\0&\omega&0\\0&0&\omega^2\end{pmatrix},\quad \omega=\mathrm{e}^{\frac{2\pi\mathrm{i}}{3}}=-\frac{1}{2}+\frac{\sqrt{3}}{2}i.$$

A2. 证明:线性空间 V 为无穷维线性空间,其中

(1) $V=\mathbb{F}^{\infty}$；

(2) V 为闭区间 $[0,1]$ 上所有连续实值函数构成的实线性空间.

A3. 在实线性空间 $\mathbb{R}^4$ 中,求向量 $\boldsymbol{\xi}$ 在基 $\boldsymbol{\alpha}_1$，$\boldsymbol{\alpha}_2$，$\boldsymbol{\alpha}_3$，$\boldsymbol{\alpha}_4$ 下的坐标,其中

(1) $\boldsymbol{\alpha}_1=(1,1,1,1)^{\mathrm{T}}$，$\boldsymbol{\alpha}_2=(1,1,1,0)^{\mathrm{T}}$，$\boldsymbol{\alpha}_3=(1,1,0,0)^{\mathrm{T}}$，$\boldsymbol{\alpha}_4=(1,0,0,0)^{\mathrm{T}}$，$\xi=(1,2,1,1)^{\mathrm{T}}$；

(2) $\boldsymbol{\alpha}_1=(1,1,0,1)^{\mathrm{T}}$，$\boldsymbol{\alpha}_2=(2,1,2,1)^{\mathrm{T}}$，$\boldsymbol{\alpha}_3=(1,1,0,0)^{\mathrm{T}}$，$\boldsymbol{\alpha}_4=(0,1,-1,-1)^{\mathrm{T}}$，$\xi=(1,2,3,4)^{\mathrm{T}}$.

A4. 求一个次数不超过 2 的实系数多项式 $\varphi(x)$，使得 $\varphi(1)=8$，$\varphi(2)=5$，$\varphi(3)=-4$.

A5. 设 W 是实线性空间 $\mathbb{R}^4$ 中由向量 $\boldsymbol{\alpha}_1$，$\boldsymbol{\alpha}_2$，$\boldsymbol{\alpha}_3$，$\boldsymbol{\alpha}_4$ 所生成的子空间,其中

$$\boldsymbol{\alpha}_1=(2,1,3,1)^{\mathrm{T}},\ \boldsymbol{\alpha}_2=(1,2,0,1)^{\mathrm{T}},\ \boldsymbol{\alpha}_3=(-1,1,-3,0)^{\mathrm{T}},\ \boldsymbol{\alpha}_4=(1,1,1,1)^{\mathrm{T}},$$

求 W 的维数与一组基.

A6. 设 W_1 和 W_2 是 $\mathbb{F}^9$ 的子空间,且 $\dim W_1=\dim W_2=5$，证明：$W_1\cap W_2\neq\{0\}$.

A7. 设 $\boldsymbol{\alpha}_1=(1,2,-1,-2)^{\mathrm{T}}$，$\boldsymbol{\alpha}_2=(3,1,1,1)^{\mathrm{T}}$，$\boldsymbol{\alpha}_3=(-1,0,1,-1)^{\mathrm{T}}$，$\boldsymbol{\beta}_1=(2,5,-6,-5)^{\mathrm{T}}$，$\boldsymbol{\beta}_2=(-1,2,-7,3)^{\mathrm{T}}$，而 $W_1=\mathrm{Span}(\{\boldsymbol{\alpha}_1,\boldsymbol{\alpha}_2,\boldsymbol{\alpha}_3\})$，$W_2=\mathrm{Span}(\{\boldsymbol{\beta}_1,\boldsymbol{\beta}_2\})$，求 W_1+W_2 和 $W_1\cap W_2$ 的维数与一组基.

A8. 设 V 是数域 $\mathbb{F}$ 上的线性空间，B 是 V 的非空子集，证明：B 是 V 的基的充分和必要条件是，对任意 $\boldsymbol{\alpha}\in V$，$\boldsymbol{\alpha}$ 可由 B 唯一地线性表示.

A9. 设 W 是有限维线性空间 V 的子空间，证明：$\dim W\leqslant\dim V$，且 $\dim W=\dim V$ 的充分必要条件是 $W=V$.

A10. 设多项式 $f_0(x)$，$f_1(x)$，…，$f_n(x)\in\mathbb{F}_n[x]$ 满足 $f_j(2)=0$，其中 $j=0,1,\cdots,n$，证明：$f_0(x)$，$f_1(x)$，…，$f_n(x)$ 线性相关.

A11. 类比于三个有限集的并所含元素个数公式，猜想对于有限维线性空间 V 的三个子空间 W_1，W_2，W_3，成立

$$\dim(W_1+W_2+W_3)=\dim W_1+\dim W_2+\dim W_3-\dim(W_1\cap W_2)-\dim(W_1\cap W_3)-\dim(W_2\cap W_3)+\dim(W_1\cap W_2\cap W_3).$$

该猜想是否成立？成立时给出证明，不成立时举出反例.

A12. 证明：数域 $\mathbb{F}$ 上的无限维线性空间 V 一定有无限维真子空间.

A13. 设 $\mathbb{F}$ 和 $\mathbb{K}$ 都是数域，且 $\mathbb{F}\subset\mathbb{K}$，则 $\mathbb{K}$ 是 $\mathbb{F}$ 上的线性空间，将 $\dim_{\mathbb{F}}\mathbb{K}$ 记为 $[\mathbb{K}:\mathbb{F}]$. 设 $\mathbb{E}$ 也是数域，且 $\mathbb{K}\subset\mathbb{E}$. 证明：如果 $[\mathbb{E}:\mathbb{K}]<\infty$ 且 $[\mathbb{K}:\mathbb{F}]<\infty$，那么 $[\mathbb{E}:\mathbb{F}]=[\mathbb{E}:\mathbb{K}][\mathbb{K}:\mathbb{F}]$.

B1. 设 W 是 $\mathbb{F}^{n\times n}$ 中所有形如 $[\boldsymbol{A},\boldsymbol{B}]$，$\boldsymbol{A},\boldsymbol{B}\in\mathbb{F}^{n\times n}$ 的矩阵所生成的子空间.证明：

(1) $W=\{\boldsymbol{A}\in\mathbb{F}^{n\times n}\mid \operatorname{Tr}(\boldsymbol{A})=0\}$；

(2) $\dim W=n^2-1$.

B2. 证明：实数集 $\mathbb{R}$ 作为有理数域 $\mathbb{Q}$ 上的线性空间是无限维的.(**提示**：实数集 $\mathbb{R}$ 的势是不可数无穷或者利用超越数.)

B3. 设 S 是非空集合，$\mathbb{F}$ 是数域，定义集合

$$F(S)=\{f:S\longrightarrow\mathbb{F}\mid 存在\ S\ 的有限子集\ T_f\ 使得对任意\ x\in S-T_f，有\ f(x)=0\}.$$

证明：

(1) 集合 $F(S)$ 在函数的加法和数乘下成为 $\mathbb{F}$ 上的线性空间，称其为由集合 S 生成的**自由线性空间**；

(2) 对任意 $s\in S$，定义函数 $\delta_s:S\longrightarrow\mathbb{F}$，使得对任意 $x\in S$，有

$$\delta_s(x)=\begin{cases}1, & x=s,\\ 0, & x\neq s,\end{cases}$$

则 $\delta_s\in F(S)$，且 $\{\delta_s\mid s\in S\}$ 是 $F(S)$ 的一组基.(于是，由 S 生成的自由线性空间也可以看成是以 S 为基的线性空间，即将 S 中的元素看成没有关系的形式记号，且

$$F(S)=\Big\{\sum_{s\in S}c_s s\mid c_s\in\mathbb{F}，只有有限个\ c_s\neq 0\Big\},$$

而加法和数乘为

$$\sum_{s\in S}a_s s+\sum_{s\in S}b_s s=\sum_{s\in S}(a_s+b_s)s,\quad a\sum_{s\in S}c_s s=\sum_{s\in S}(ac_s)s.$$

应用时通常用这种观点.)

§6.5 基变换与坐标变换

现在对每个非零线性空间，都有了坐标系.如果用解析几何解决问题，要取一个坐标系，将问题“翻译”到这个坐标系上.坐标系通常不唯一(想想三维 Euclid 空间)，同一个问题在不同的坐标系中的“翻译”应该不一样，有些坐标系显得复杂，有些坐标系显得简单.我们当然希望找到“翻译”形式最简单的坐标系.这其实就是本故事所要讲述的，对要考虑的问题找其合适的坐标系.如果取了不满意的坐标系，那么我们要换坐标系.在这之前，当然希望知道不同的坐标系之间的关系，以及同一个向量在不同的坐标系中的坐标关系.本节将回答这些问题，为此先引入形式矩阵记号.

设 V 是 $\mathbb{F}$ 上的线性空间，$\boldsymbol{\alpha}_1,\boldsymbol{\alpha}_2,\cdots,\boldsymbol{\alpha}_m\in V$，对 $c_1,c_2,\cdots,c_m\in\mathbb{F}$，常常形式上记

$$c_1\boldsymbol{\alpha}_1+c_2\boldsymbol{\alpha}_2+\cdots+c_m\boldsymbol{\alpha}_m=:(\boldsymbol{\alpha}_1,\boldsymbol{\alpha}_2,\cdots,\boldsymbol{\alpha}_m)\begin{pmatrix}c_1\\c_2\\\vdots\\c_m\end{pmatrix},$$

即将 $(\boldsymbol{\alpha}_1, \boldsymbol{\alpha}_2, \cdots, \boldsymbol{\alpha}_m)$ 看成行向量，右边理解成矩阵的乘法.类似的，对于矩阵 $\boldsymbol{A}=(a_{ij})_{m\times s}$，记

$$(\boldsymbol{\alpha}_1, \boldsymbol{\alpha}_2, \cdots, \boldsymbol{\alpha}_m)\boldsymbol{A}=\left(\sum_{i=1}^{m} a_{i1}\boldsymbol{\alpha}_i, \sum_{i=1}^{m} a_{i2}\boldsymbol{\alpha}_i, \cdots, \sum_{i=1}^{m} a_{is}\boldsymbol{\alpha}_i\right),$$

即上面看成两个行向量相等，而左边理解成矩阵乘法.还可以定义 V 中同维数的形式行向量的加法以及形式行向量的数乘：

$$\begin{aligned}&(\boldsymbol{\alpha}_1, \boldsymbol{\alpha}_2, \cdots, \boldsymbol{\alpha}_m)+(\boldsymbol{\beta}_1, \boldsymbol{\beta}_2, \cdots, \boldsymbol{\beta}_m):=(\boldsymbol{\alpha}_1+\boldsymbol{\beta}_1, \boldsymbol{\alpha}_2+\boldsymbol{\beta}_2, \cdots, \boldsymbol{\alpha}_m+\boldsymbol{\beta}_m),\\ &c(\boldsymbol{\alpha}_1, \boldsymbol{\alpha}_2, \cdots, \boldsymbol{\alpha}_m):=(c\boldsymbol{\alpha}_1, c\boldsymbol{\alpha}_2, \cdots, c\boldsymbol{\alpha}_m), \quad c\in\mathbb{F}.\end{aligned}$$

容易证明，

$$\begin{aligned}&(\boldsymbol{\alpha}_1, \boldsymbol{\alpha}_2, \cdots, \boldsymbol{\alpha}_m)(\boldsymbol{A}+\boldsymbol{B})=(\boldsymbol{\alpha}_1, \boldsymbol{\alpha}_2, \cdots, \boldsymbol{\alpha}_m)\boldsymbol{A}+(\boldsymbol{\alpha}_1, \boldsymbol{\alpha}_2, \cdots, \boldsymbol{\alpha}_m)\boldsymbol{B},\\ &((\boldsymbol{\alpha}_1, \boldsymbol{\alpha}_2, \cdots, \boldsymbol{\alpha}_m)+(\boldsymbol{\beta}_1, \boldsymbol{\beta}_2, \cdots, \boldsymbol{\beta}_m))\boldsymbol{A}=(\boldsymbol{\alpha}_1, \boldsymbol{\alpha}_2, \cdots, \boldsymbol{\alpha}_m)\boldsymbol{A}+(\boldsymbol{\beta}_1, \boldsymbol{\beta}_2, \cdots, \boldsymbol{\beta}_m)\boldsymbol{A},\\ &(c(\boldsymbol{\alpha}_1, \boldsymbol{\alpha}_2, \cdots, \boldsymbol{\alpha}_m))\boldsymbol{A}=(\boldsymbol{\alpha}_1, \boldsymbol{\alpha}_2, \cdots, \boldsymbol{\alpha}_m)(c\boldsymbol{A})=c((\boldsymbol{\alpha}_1, \boldsymbol{\alpha}_2, \cdots, \boldsymbol{\alpha}_m)\boldsymbol{A}),\\ &((\boldsymbol{\alpha}_1, \boldsymbol{\alpha}_2, \cdots, \boldsymbol{\alpha}_m)\boldsymbol{A})\boldsymbol{C}=(\boldsymbol{\alpha}_1, \boldsymbol{\alpha}_2, \cdots, \boldsymbol{\alpha}_m)(\boldsymbol{A}\boldsymbol{C})\end{aligned}$$

成立(假设运算都可进行).

于是采用矩阵记号后，就可以像矩阵一样自由进行运算了.

作为应用，线性无关的矩阵结论为如下常用的结果.

引理 6.12 设 $\boldsymbol{\alpha}_1, \boldsymbol{\alpha}_2, \cdots, \boldsymbol{\alpha}_m\in V$ 线性无关，$\boldsymbol{A}, \boldsymbol{B}\in\mathbb{F}^{m\times s}$，满足

$$(\boldsymbol{\alpha}_1, \boldsymbol{\alpha}_2, \cdots, \boldsymbol{\alpha}_m)\boldsymbol{A}=(\boldsymbol{\alpha}_1, \boldsymbol{\alpha}_2, \cdots, \boldsymbol{\alpha}_m)\boldsymbol{B},$$

则 $\boldsymbol{A}=\boldsymbol{B}$.

☞ **证明** 记 $\boldsymbol{A}=(a_{ij})$，$\boldsymbol{B}=(b_{ij})$，由上面的记号说明，所给的等式即

$$\sum_{i=1}^{m} a_{ij}\boldsymbol{\alpha}_i=\sum_{i=1}^{m} b_{ij}\boldsymbol{\alpha}_i, \quad j=1, 2, \cdots, s.$$

因为 $\boldsymbol{\alpha}_1, \boldsymbol{\alpha}_2, \cdots, \boldsymbol{\alpha}_m$ 线性无关，所以有

$$a_{ij}=b_{ij}, \quad 1\leqslant i\leqslant m, 1\leqslant j\leqslant s,$$

即 $\boldsymbol{A}=\boldsymbol{B}$.

下面回到我们的主题：研究 V 的不同基之间的关系.设 $\dim V=n>0$，而

$$\{\boldsymbol{\alpha}_1, \boldsymbol{\alpha}_2, \cdots, \boldsymbol{\alpha}_n\} \quad \text{和} \quad \{\boldsymbol{\beta}_1, \boldsymbol{\beta}_2, \cdots, \boldsymbol{\beta}_n\}$$

是 V 的两组基.因为前者是基，所以存在 $a_{1j}, a_{2j}, \cdots, a_{nj}\in\mathbb{F}$，使得

$$\boldsymbol{\beta}_j=a_{1j}\boldsymbol{\alpha}_1+a_{2j}\boldsymbol{\alpha}_2+\cdots+a_{nj}\boldsymbol{\alpha}_n, \quad j=1, 2, \cdots, n.$$

将上面 n 个等式用矩阵记号表示就是

$$(\boldsymbol{\beta}_1, \boldsymbol{\beta}_2, \cdots, \boldsymbol{\beta}_n)=(\boldsymbol{\alpha}_1, \boldsymbol{\alpha}_2, \cdots, \boldsymbol{\alpha}_n)\begin{pmatrix} a_{11} & a_{12} & \cdots & a_{1n} \\ a_{21} & a_{22} & \cdots & a_{2n} \\ \vdots & \vdots & & \vdots \\ a_{n1} & a_{n2} & \cdots & a_{nn} \end{pmatrix}. \tag{6.1}$$

称矩阵 $\boldsymbol{P}=(a_{ij})\in\mathbb{F}^{n\times n}$ 为从基 $\boldsymbol{\alpha}_1, \boldsymbol{\alpha}_2, \cdots, \boldsymbol{\alpha}_n$ 到基 $\boldsymbol{\beta}_1, \boldsymbol{\beta}_2, \cdots, \boldsymbol{\beta}_n$ 的**过渡矩阵**.注意到 $\boldsymbol{P}$ 的第 j 列就是 $\boldsymbol{\beta}_j$ 在基 $\boldsymbol{\alpha}_1, \boldsymbol{\alpha}_2, \cdots, \boldsymbol{\alpha}_n$ 下的坐标.式 6.1 给出了 V 的两组基 $\boldsymbol{\alpha}_1, \boldsymbol{\alpha}_2, \cdots, \boldsymbol{\alpha}_n$ 和 $\boldsymbol{\beta}_1, \boldsymbol{\beta}_2, \cdots, \boldsymbol{\beta}_n$ 之间的关系,称式(6.1)为从基 $\boldsymbol{\alpha}_1, \boldsymbol{\alpha}_2, \cdots, \boldsymbol{\alpha}_n$ 到基 $\boldsymbol{\beta}_1, \boldsymbol{\beta}_2, \cdots, \boldsymbol{\beta}_n$ 的**基变换公式**.

上面考虑过渡矩阵和基变换公式是从 $\boldsymbol{\alpha}_1, \boldsymbol{\alpha}_2, \cdots, \boldsymbol{\alpha}_n$ 是基得到的,但是 $\boldsymbol{\beta}_1, \boldsymbol{\beta}_2, \cdots, \boldsymbol{\beta}_n$ 也是基,于是可设

$$(\boldsymbol{\alpha}_1, \boldsymbol{\alpha}_2, \cdots, \boldsymbol{\alpha}_n)=(\boldsymbol{\beta}_1, \boldsymbol{\beta}_2, \cdots, \boldsymbol{\beta}_n)\boldsymbol{Q}, \quad \boldsymbol{Q}\in\mathbb{F}^{n\times n},$$

即 $\boldsymbol{Q}$ 是从基 $\boldsymbol{\beta}_1, \boldsymbol{\beta}_2, \cdots, \boldsymbol{\beta}_n$ 到基 $\boldsymbol{\alpha}_1, \boldsymbol{\alpha}_2, \cdots, \boldsymbol{\alpha}_n$ 的过渡矩阵.则有

$$(\boldsymbol{\beta}_1, \boldsymbol{\beta}_2, \cdots, \boldsymbol{\beta}_n)=(\boldsymbol{\beta}_1, \boldsymbol{\beta}_2, \cdots, \boldsymbol{\beta}_n)\boldsymbol{QP},$$

由引理 6.12 得 $\boldsymbol{QP}=\boldsymbol{E}_n$, 于是 $\boldsymbol{P}$ 可逆,且 $\boldsymbol{P}^{-1}=\boldsymbol{Q}$.

所以下面关于过渡矩阵的性质成立.

命题 6.13 设 $\{\boldsymbol{\alpha}_1, \boldsymbol{\alpha}_2, \cdots, \boldsymbol{\alpha}_n\}$ 和 $\{\boldsymbol{\beta}_1, \boldsymbol{\beta}_2, \cdots, \boldsymbol{\beta}_n\}$ 是 V 的两组基, $\boldsymbol{P}\in\mathbb{F}^{n\times n}$ 是从基 $\boldsymbol{\alpha}_1, \boldsymbol{\alpha}_2, \cdots, \boldsymbol{\alpha}_n$ 到基 $\boldsymbol{\beta}_1, \boldsymbol{\beta}_2, \cdots, \boldsymbol{\beta}_n$ 的过渡矩阵,则 $\boldsymbol{P}$ 可逆,且 $\boldsymbol{P}^{-1}$ 是从基 $\boldsymbol{\beta}_1, \boldsymbol{\beta}_2, \cdots, \boldsymbol{\beta}_n$ 到基 $\boldsymbol{\alpha}_1, \boldsymbol{\alpha}_2, \cdots, \boldsymbol{\alpha}_n$ 的过渡矩阵.

事实上,容易证明:对于线性空间 V 的一组基 $\boldsymbol{\alpha}_1, \boldsymbol{\alpha}_2, \cdots, \boldsymbol{\alpha}_n$, 和矩阵 $\boldsymbol{P}\in\mathbb{F}^{n\times n}$, 由

$$(\boldsymbol{\beta}_1, \boldsymbol{\beta}_2, \cdots, \boldsymbol{\beta}_n)=(\boldsymbol{\alpha}_1, \boldsymbol{\alpha}_2, \cdots, \boldsymbol{\alpha}_n)\boldsymbol{P}$$

得到的向量组 $\boldsymbol{\beta}_1, \boldsymbol{\beta}_2, \cdots, \boldsymbol{\beta}_n$ 是 V 的基的充分必要条件是矩阵 $\boldsymbol{P}$ 可逆.我们将其证明留作练习.

下面考虑坐标之间的关系.设 V 有两组基 $\{\boldsymbol{\alpha}_1, \boldsymbol{\alpha}_2, \cdots, \boldsymbol{\alpha}_n\}$ 和 $\{\boldsymbol{\beta}_1, \boldsymbol{\beta}_2, \cdots, \boldsymbol{\beta}_n\}$, 基变换公式是

$$(\boldsymbol{\beta}_1, \boldsymbol{\beta}_2, \cdots, \boldsymbol{\beta}_n)=(\boldsymbol{\alpha}_1, \boldsymbol{\alpha}_2, \cdots, \boldsymbol{\alpha}_n)\boldsymbol{P}.$$

任取 $\boldsymbol{\alpha}\in V$, 设

$$\boldsymbol{\alpha}=x_1\boldsymbol{\alpha}_1+x_2\boldsymbol{\alpha}_2+\cdots+x_n\boldsymbol{\alpha}_n=(\boldsymbol{\alpha}_1, \boldsymbol{\alpha}_2, \cdots, \boldsymbol{\alpha}_n)\begin{pmatrix} x_1 \\ x_2 \\ \vdots \\ x_n \end{pmatrix},$$

$$\boldsymbol{\alpha}=y_1\boldsymbol{\beta}_1+y_2\boldsymbol{\beta}_2+\cdots+y_n\boldsymbol{\beta}_n=(\boldsymbol{\beta}_1, \boldsymbol{\beta}_2, \cdots, \boldsymbol{\beta}_n)\begin{pmatrix} y_1 \\ y_2 \\ \vdots \\ y_n \end{pmatrix},$$

于是有

$$(\boldsymbol{\alpha}_1, \boldsymbol{\alpha}_2, \cdots, \boldsymbol{\alpha}_n)\boldsymbol{P}\begin{pmatrix} y_1 \\ y_2 \\ \vdots \\ y_n \end{pmatrix} = (\boldsymbol{\alpha}_1, \boldsymbol{\alpha}_2, \cdots, \boldsymbol{\alpha}_n)\begin{pmatrix} x_1 \\ x_2 \\ \vdots \\ x_n \end{pmatrix},$$

就得到

$$\begin{pmatrix} x_1 \\ x_2 \\ \vdots \\ x_n \end{pmatrix} = \boldsymbol{P}\begin{pmatrix} y_1 \\ y_2 \\ \vdots \\ y_n \end{pmatrix}, \quad \begin{pmatrix} y_1 \\ y_2 \\ \vdots \\ y_n \end{pmatrix} = \boldsymbol{P}^{-1}\begin{pmatrix} x_1 \\ x_2 \\ \vdots \\ x_n \end{pmatrix},$$

这就是**坐标变换公式**.

所以,不同的基以及同一向量的不同坐标之间的关系都差一个可逆矩阵,从一个坐标系到另一个坐标系,要用一个可逆矩阵(通过乘法)过渡.

我们最后看几个例子.

例 6.23 设 $V=\mathbb{R}^4$, $\boldsymbol{\alpha}_1=\begin{pmatrix} 1 \\ -1 \\ 1 \\ 1 \end{pmatrix}$, $\boldsymbol{\alpha}_2=\begin{pmatrix} 0 \\ -1 \\ 2 \\ -2 \end{pmatrix}$, $\boldsymbol{\alpha}_3=\begin{pmatrix} 1 \\ 0 \\ 1 \\ 0 \end{pmatrix}$, $\boldsymbol{\alpha}_4=\begin{pmatrix} 1 \\ 1 \\ 0 \\ 1 \end{pmatrix}$, $\boldsymbol{\beta}_1=\begin{pmatrix} 1 \\ 1 \\ 1 \\ 1 \end{pmatrix}$, $\boldsymbol{\beta}_2=\begin{pmatrix} 1 \\ -1 \\ -1 \\ 1 \end{pmatrix}$, $\boldsymbol{\beta}_3=\begin{pmatrix} 1 \\ -1 \\ 1 \\ -1 \end{pmatrix}$, $\boldsymbol{\beta}_4=\begin{pmatrix} 1 \\ 1 \\ -1 \\ -1 \end{pmatrix}$, 求从基 $\boldsymbol{\alpha}_1, \boldsymbol{\alpha}_2, \boldsymbol{\alpha}_3, \boldsymbol{\alpha}_4$ 到基 $\boldsymbol{\beta}_1, \boldsymbol{\beta}_2, \boldsymbol{\beta}_3, \boldsymbol{\beta}_4$ 的过渡矩阵.

☞ **解** 设所求过渡矩阵为 $\boldsymbol{P}$, 则

$$(\boldsymbol{\beta}_1, \boldsymbol{\beta}_2, \boldsymbol{\beta}_3, \boldsymbol{\beta}_4) = (\boldsymbol{\alpha}_1, \boldsymbol{\alpha}_2, \boldsymbol{\alpha}_3, \boldsymbol{\alpha}_4)\boldsymbol{P},$$

于是

$$\boldsymbol{P} = (\boldsymbol{\alpha}_1, \boldsymbol{\alpha}_2, \boldsymbol{\alpha}_3, \boldsymbol{\alpha}_4)^{-1}(\boldsymbol{\beta}_1, \boldsymbol{\beta}_2, \boldsymbol{\beta}_3, \boldsymbol{\beta}_4).$$

由于

$$(\boldsymbol{\alpha}_1, \boldsymbol{\alpha}_2, \boldsymbol{\alpha}_3, \boldsymbol{\alpha}_4, \boldsymbol{\beta}_1, \boldsymbol{\beta}_2, \boldsymbol{\beta}_3, \boldsymbol{\beta}_4) = \begin{pmatrix} 1 & 0 & 1 & 1 & 1 & 1 & 1 & 1 \\ -1 & -1 & 0 & 1 & 1 & -1 & -1 & 1 \\ 1 & 2 & 1 & 0 & 1 & -1 & 1 & -1 \\ 1 & -2 & 0 & 1 & 1 & 1 & -1 & -1 \end{pmatrix}$$

$$\xrightarrow[r_4-r_1]{\substack{r_2+r_1 \\ r_3-r_1}} \begin{pmatrix} 1 & 0 & 1 & 1 & 1 & 1 & 1 & 1 \\ 0 & -1 & 1 & 2 & 2 & 0 & 0 & 2 \\ 0 & 2 & 0 & -1 & 0 & -2 & 0 & -2 \\ 0 & -2 & -1 & 0 & 0 & 0 & -2 & -2 \end{pmatrix} \xrightarrow[r_3+2r_2]{r_4+r_3} \begin{pmatrix} 1 & 0 & 1 & 1 & 1 & 1 & 1 & 1 \\ 0 & -1 & 1 & 2 & 2 & 0 & 0 & 2 \\ 0 & 0 & 2 & 3 & 4 & -2 & 0 & 2 \\ 0 & 0 & -1 & -1 & 0 & -2 & -2 & -4 \end{pmatrix}$$

$$\xrightarrow[\substack{r_3+2r_4\\ r_3\leftrightarrow r_4}]{\substack{r_1+r_4\\ r_2+r_4}}\begin{pmatrix}1&0&0&0&1&-1&-1&-3\\0&-1&0&1&2&-2&-2&-2\\0&0&-1&-1&0&-2&-2&-4\\0&0&0&1&4&-6&-4&-6\end{pmatrix}\xrightarrow[r_3+r_4]{r_2-r_4}\begin{pmatrix}1&0&0&0&1&-1&-1&-3\\0&-1&0&0&-2&4&2&4\\0&0&-1&0&4&-8&-6&-10\\0&0&0&1&4&-6&-4&-6\end{pmatrix}$$

$$\xrightarrow[-r_3]{-r_2}\begin{pmatrix}1&0&0&0&1&-1&-1&-3\\0&1&0&0&2&-4&-2&-4\\0&0&1&0&-4&8&6&10\\0&0&0&1&4&-6&-4&-6\end{pmatrix},$$

所以 $\boldsymbol{P}=\begin{pmatrix}1&-1&-1&-3\\2&-4&-2&-4\\-4&8&6&10\\4&-6&-4&-6\end{pmatrix}$.

例 6.24 设 $V=\mathbb{F}_2[x]$，求从自然基 $1, x, x^2$ 到基 $1, x-1, (x-1)^2$ 的过渡矩阵，并求 $f(x)=1+2x+3x^2$ 在基 $1, x-1, (x-1)^2$ 下的坐标.

☞ **解** 由于

$$1=1,\quad x-1=-1+x,\quad (x-1)^2=1-2x+x^2,$$

所以所求的过渡矩阵为

$$\boldsymbol{P}=\begin{pmatrix}1&-1&1\\0&1&-2\\0&0&1\end{pmatrix}.$$

因为

$$\begin{pmatrix}1&-1&1&1\\0&1&-2&2\\0&0&1&3\end{pmatrix}\xrightarrow{r_1+r_2}\begin{pmatrix}1&0&-1&3\\0&1&-2&2\\0&0&1&3\end{pmatrix}\xrightarrow[r_2+2r_3]{r_1+r_3}\begin{pmatrix}1&0&0&6\\0&1&0&8\\0&0&1&3\end{pmatrix},$$

所以 $f(x)$ 在基 $1, x-1, (x-1)^2$ 下的坐标是 $\begin{pmatrix}6\\8\\3\end{pmatrix}$.

也可利用 Taylor 展开

$$f(x)=f(1)+f'(1)(x-1)+\frac{f''(1)}{2}(x-1)^2$$

求坐标.有

$$f(1)=6,\quad f'(x)=2+6x,\ f'(1)=8,\quad f''(x)=6,$$

于是所求坐标是 $(6, 8, 3)^{\mathrm{T}}$.

例 6.25 设 $V=\mathbb{F}_2[x]$，求从基 $1+x, 1-x, 1+x^2$ 到基 $1-x^2, x+x^2, x-x^2$ 的过

渡矩阵.

☞ **解** 利用自然基过渡,由于

$$(1+x, 1-x, 1+x^2)=(1, x, x^2)\begin{pmatrix}1&1&1\\1&-1&0\\0&0&1\end{pmatrix},$$

所以得到

$$(1-x^2, x+x^2, x-x^2)=(1, x, x^2)\begin{pmatrix}1&0&0\\0&1&1\\-1&1&-1\end{pmatrix}$$
$$=(1+x, 1-x, 1+x^2)\begin{pmatrix}1&1&1\\1&-1&0\\0&0&1\end{pmatrix}^{-1}\begin{pmatrix}1&0&0\\0&1&1\\-1&1&-1\end{pmatrix}.$$

由于

$$\begin{pmatrix}1&1&1&1&0&0\\1&-1&0&0&1&1\\0&0&1&-1&1&-1\end{pmatrix}\xrightarrow{r_2-r_1}\begin{pmatrix}1&1&1&1&0&0\\0&-2&-1&-1&1&1\\0&0&1&-1&1&-1\end{pmatrix}\xrightarrow[r_2+r_3]{r_1-r_3}$$
$$\begin{pmatrix}1&1&0&2&-1&1\\0&-2&0&-2&2&0\\0&0&1&-1&1&-1\end{pmatrix}\xrightarrow{-\frac{1}{2}r_2}\begin{pmatrix}1&1&0&2&-1&1\\0&1&0&1&-1&0\\0&0&1&-1&1&-1\end{pmatrix}\xrightarrow{r_1-r_2}$$
$$\begin{pmatrix}1&0&0&1&0&1\\0&1&0&1&-1&0\\0&0&1&-1&1&-1\end{pmatrix},$$

所以所求过渡矩阵为 $\begin{pmatrix}1&0&1\\1&-1&0\\-1&1&-1\end{pmatrix}$.

上例本质上就是求 $\mathbb{F}^3$ 的从基 $\begin{pmatrix}1\\1\\0\end{pmatrix}$, $\begin{pmatrix}1\\-1\\0\end{pmatrix}$, $\begin{pmatrix}1\\0\\1\end{pmatrix}$ 到基 $\begin{pmatrix}1\\0\\-1\end{pmatrix}$, $\begin{pmatrix}0\\1\\1\end{pmatrix}$, $\begin{pmatrix}0\\1\\-1\end{pmatrix}$ 的过渡矩阵.

参看下节.

习题 6.5

A1. 设 V 是 n 维线性空间,有三组基 $\{\boldsymbol{\alpha}_1, \boldsymbol{\alpha}_2, \cdots, \boldsymbol{\alpha}_n\}$, $\{\boldsymbol{\beta}_1, \boldsymbol{\beta}_2, \cdots, \boldsymbol{\beta}_n\}$ 和$\{\boldsymbol{\gamma}_1, \boldsymbol{\gamma}_2, \cdots, \boldsymbol{\gamma}_n\}$,设从基 $\boldsymbol{\alpha}_1, \boldsymbol{\alpha}_2, \cdots, \boldsymbol{\alpha}_n$ 到基$\boldsymbol{\beta}_1, \boldsymbol{\beta}_2, \cdots, \boldsymbol{\beta}_n$ 的过渡矩阵是$\boldsymbol{P}$,从基$\boldsymbol{\beta}_1, \boldsymbol{\beta}_2, \cdots, \boldsymbol{\beta}_n$ 到基$\boldsymbol{\gamma}_1, \boldsymbol{\gamma}_2, \cdots, \boldsymbol{\gamma}_n$ 的过渡矩阵是$\boldsymbol{Q}$,求从基$\boldsymbol{\alpha}_1, \boldsymbol{\alpha}_2, \cdots, \boldsymbol{\alpha}_n$ 到基$\boldsymbol{\gamma}_1, \boldsymbol{\gamma}_2, \cdots, \boldsymbol{\gamma}_n$ 的过渡矩阵.

A2. 求四维实向量空间 $\mathbb{R}^4$ 中,从基 $\{\boldsymbol{\alpha}_1, \boldsymbol{\alpha}_2, \boldsymbol{\alpha}_3, \boldsymbol{\alpha}_4\}$ 到基 $\{\boldsymbol{\beta}_1, \boldsymbol{\beta}_2, \boldsymbol{\beta}_3, \boldsymbol{\beta}_4\}$ 的过渡矩阵,其中

$$\begin{aligned} \boldsymbol{\alpha}_1 &= (1, 2, -1, 0)^{\mathrm{T}}, & \boldsymbol{\beta}_1 &= (2, 1, 0, 1)^{\mathrm{T}}, \\ \boldsymbol{\alpha}_2 &= (1, -1, 1, 1)^{\mathrm{T}}, & \boldsymbol{\beta}_2 &= (0, 1, 2, 2)^{\mathrm{T}}, \\ \boldsymbol{\alpha}_3 &= (-1, 2, 1, 1)^{\mathrm{T}}, & \boldsymbol{\beta}_3 &= (-2, 1, 1, 2)^{\mathrm{T}}, \\ \boldsymbol{\alpha}_4 &= (-1, -1, 0, 1)^{\mathrm{T}}, & \boldsymbol{\beta}_4 &= (1, 3, 1, 2)^{\mathrm{T}}. \end{aligned}$$

并求向量 $\boldsymbol{\alpha} = (1, 0, 0, 0)^{\mathrm{T}}$ 在基 $\{\boldsymbol{\alpha}_1, \boldsymbol{\alpha}_2, \boldsymbol{\alpha}_3, \boldsymbol{\alpha}_4\}$ 下的坐标.

A3. 在四维实线性空间 $\mathbb{R}^4$ 的自然基 $\{\boldsymbol{e}_1, \boldsymbol{e}_2, \boldsymbol{e}_3, \boldsymbol{e}_4\}$ 下,超球面方程为 $x_1^2 + x_2^2 + x_3^2 + x_4^2 = 4$. 设 $\boldsymbol{\alpha}_1 = (1, 1, 1, 1)^{\mathrm{T}}$, $\boldsymbol{\alpha}_2 = (1, 1, -1, -1)^{\mathrm{T}}$, $\boldsymbol{\alpha}_3 = (1, -1, 1, -1)^{\mathrm{T}}$, $\boldsymbol{\alpha}_4 = (1, -1, -1, 1)^{\mathrm{T}}$,求该超球面在基 $\{\boldsymbol{\alpha}_1, \boldsymbol{\alpha}_2, \boldsymbol{\alpha}_3, \boldsymbol{\alpha}_4\}$ 下的方程.

A4. 设 $\boldsymbol{\alpha}_1, \boldsymbol{\alpha}_2, \cdots, \boldsymbol{\alpha}_n$ 是线性空间 V 的一组基,矩阵 $\boldsymbol{P} \in \mathbb{F}^{n\times n}$,由

$$(\boldsymbol{\beta}_1, \boldsymbol{\beta}_2, \cdots, \boldsymbol{\beta}_n) = (\boldsymbol{\alpha}_1, \boldsymbol{\alpha}_2, \cdots, \boldsymbol{\alpha}_n)\boldsymbol{P}$$

得到向量 $\boldsymbol{\beta}_1, \boldsymbol{\beta}_2, \cdots, \boldsymbol{\beta}_n \in V$. 证明:$\boldsymbol{\beta}_1, \boldsymbol{\beta}_2, \cdots, \boldsymbol{\beta}_n$ 是 V 的基的充分必要条件是矩阵 $\boldsymbol{P}$ 可逆.

A5. 设 $a_1, a_2, \cdots, a_n \in \mathbb{F}$ 互不相同,对 $i = 1, 2, \cdots, n$ 定义

$$f_i(x) = (x - a_1)\cdots(x - a_{i-1})(x - a_{i+1})\cdots(x - a_n) \in \mathbb{F}_{n-1}[x].$$

(1) 证明:$\{f_1(x), f_2(x), \cdots, f_n(x)\}$ 是 $\mathbb{F}_{n-1}[x]$ 的一组基;

(2) 设 $\mathbb{F} = \mathbb{C}$,取 $a_1, a_2, \cdots, a_n$ 为全体 n 次单位根,求 $\mathbb{F}_{n-1}[x]$ 中从基 $\{1, x, x^2, \cdots, x^{n-1}\}$ 到基 $\{f_1(x), f_2(x), \cdots, f_n(x)\}$ 的过渡矩阵.

§6.6 同　　构

对于非零线性空间,我们已经有了坐标系,而且知道了不同坐标系之间的变换关系,下面考虑空间的相等,这个可以认为是线性空间之间最简单的关系.完全相同的两个线性空间当然相等;有些线性空间的表现形式可能不一样,但是它们中的向量一一对应,加法和数乘也一一对应,作为线性空间应该可以看成是一样的,也应该认为相等(线性空间的公理化定义时,我们忘掉了对象的具体表现形式,而只关注对象所成的集合,以及加法和数乘两个运算).所以,在这里我们认为平行的两个空间是一样的.

下面我们要严格定义何谓向量一一对应,何谓运算一一对应.

6.6.1 双射与可逆映射

为了说明两个向量空间的向量一一对应,我们回忆一下集合论中的双射和可逆映射的概念和关系.

定义 6.11 设 $\varphi: A \longrightarrow B$ 是集合间的映射.

(1) 如果对任意 $a_1 \neq a_2 \in A$,有 $\varphi(a_1) \neq \varphi(a_2)$,则称 φ 是**单射**;

(2) 如果对任意 $b \in B$,存在 $a \in A$,使得 $\varphi(a) = b$,则称 φ 是**满射**;

(3) 如果 φ 既是满射又是单射,则称 φ 是**双射**.

由定义可得,$\varphi: A \longrightarrow B$ 是单射当且仅当:$\forall a_1, a_2 \in A$,若 $\varphi(a_1) = \varphi(a_2)$,则 $a_1 = a_2$. 满射还有另一种描述方式.设 S 是 A 的(非空)子集,定义 S 在 φ 下的**像集**为

$$\varphi(S) := \{\varphi(a) \mid a \in S\} \subset B.$$

特别地，称

$$\varphi(A) = \{\varphi(a) \mid a \in A\} \subset B$$

为映射 φ 的像.于是

$$\varphi \text{ 为满射} \Longleftrightarrow \varphi(A) = B.$$

可以定义 φ 在 S 上的**限制映射**

$$\varphi|_S: S \longrightarrow \varphi(S) \subset B;\ a \mapsto \varphi|_S(a) := \varphi(a).$$

下面定义可逆映射.

定义 6.12 (1) 对集合 A，记映射 $\mathrm{id}_A: A \longrightarrow A;\ a \mapsto a$，称 id_A 为 A 的**恒等映射**；

(2) 如果 $\varphi: A \longrightarrow B$ 和 $\psi: B \longrightarrow C$ 是两个映射，定义它们的**复合**为

$$\psi \circ \varphi: A \longrightarrow C;\ a \mapsto (\psi \circ \varphi)(a) = \psi(\varphi(a));$$

(3) 设 $\varphi: A \longrightarrow B$ 是映射，如果存在映射 $\psi: B \longrightarrow A$，使得 $\psi \circ \varphi = \mathrm{id}_A$，$\varphi \circ \psi = \mathrm{id}_B$，则称 φ 是**可逆映射**.此时，ψ 是唯一的，称为 φ 的**逆映射**，记为 φ^{-1}.

可以将可逆映射的概念类比于可逆矩阵的定义.下面证明一个映射可逆的充分必要条件是它是双射.

引理 6.14 设 $\varphi: A \longrightarrow B$ 是映射，则

$$\varphi \text{ 是双射} \Longleftrightarrow \varphi \text{ 是可逆映射}.$$

☞ **证明** 设 φ 是双射.对任意 $b \in B$，由于 φ 是满射，所以存在 $a \in A$，使得 $\varphi(a) = b$. 因为 φ 是单射，所以 a 唯一.于是得到映射

$$\psi: B \longrightarrow A;\ b \mapsto a,\quad a \text{ 是满足 } \varphi(a) = b \text{ 的唯一元} \in A.$$

于是对任意 $a \in A$，有

$$(\psi \circ \varphi)(a) = \psi(\varphi(a)) = a,$$

得到 $\psi \circ \varphi = \mathrm{id}_A$. 类似地，对任意 $b \in B$，有

$$(\varphi \circ \psi)(b) = \varphi(\psi(b)) = b,$$

即有 $\varphi \circ \psi = \mathrm{id}_B$. 所以 φ 是可逆映射.

反之，设 φ 是可逆映射.如果 $a_1, a_2 \in A$，满足 $\varphi(a_1) = \varphi(a_2)$. 两边用 φ^{-1} 作用得

$$\varphi^{-1}(\varphi(a_1)) = \varphi^{-1}(\varphi(a_2)) \Longrightarrow a_1 = a_2,$$

于是 φ 是单射.又任意 $b \in B$，有 $\varphi^{-1}(b) \in A$ 且

$$\varphi(\varphi^{-1}(b)) = b,$$

于是 φ 是满射.因此 φ 是双射.

6.6.2 线性映射

为了说明加法和数乘的对应,我们引入重要的线性映射的概念,这是下册相关章研究的重点.

定义 6.13 设 V 和 W 是 $\mathbb{F}$ 上的线性空间,如果映射 $\varphi: V \longrightarrow W$ 满足

(i)(保加法)$\varphi(\boldsymbol{\alpha}+\boldsymbol{\beta})=\varphi(\boldsymbol{\alpha})+\varphi(\boldsymbol{\beta})$, $\forall \boldsymbol{\alpha}, \boldsymbol{\beta} \in V$;

(ii)(保数乘)$\varphi(c\boldsymbol{\alpha})=c\varphi(\boldsymbol{\alpha})$, $\forall \boldsymbol{\alpha} \in V$, $\forall c \in \mathbb{F}$,

则称 φ 是 V 到 W 的**线性映射**.称线性映射 $\varphi: V \longrightarrow V$ 为 V 上的**线性变换**,称线性映射 $\varphi: V \longrightarrow \mathbb{F}$ 为 V 上的**线性函数**.

例 6.26 设 $\dim V=n$, $\boldsymbol{\alpha}_1, \boldsymbol{\alpha}_2, \cdots, \boldsymbol{\alpha}_n$ 是 V 的基,则映射

$$\varphi: V \longrightarrow \mathbb{F}^n;\ \alpha=c_1\boldsymbol{\alpha}_1+\cdots+c_n\boldsymbol{\alpha}_n \mapsto \begin{pmatrix} c_1 \\ \vdots \\ c_n \end{pmatrix}$$

既是双射,也是线性映射.

线性映射满足下面的性质.设 $\varphi: V \longrightarrow W$ 是线性映射,则

(i)(保零元)$\varphi(\mathbf{0})=\mathbf{0}$;

(ii)(保负元)$\varphi(-\boldsymbol{\alpha})=-\varphi(\boldsymbol{\alpha})$, $\forall \boldsymbol{\alpha} \in V$;

(iii)(保线性组合)$\forall \boldsymbol{\alpha}_1, \boldsymbol{\alpha}_2, \cdots, \boldsymbol{\alpha}_s \in V$, $\forall c_1, c_2, \cdots, c_s \in \mathbb{F}$,有

$$\varphi(c_1\boldsymbol{\alpha}_1+c_2\boldsymbol{\alpha}_2+\cdots+c_s\boldsymbol{\alpha}_s)=c_1\varphi(\boldsymbol{\alpha}_1)+c_2\varphi(\boldsymbol{\alpha}_2)+\cdots+c_s\varphi(\boldsymbol{\alpha}_s);$$

(iv)(保线性相关性)$\forall \boldsymbol{\alpha}_1, \boldsymbol{\alpha}_2, \cdots, \boldsymbol{\alpha}_s \in V$ 线性相关 $\Longrightarrow \varphi(\boldsymbol{\alpha}_1), \varphi(\boldsymbol{\alpha}_2), \cdots, \varphi(\boldsymbol{\alpha}_s) \in W$ 线性相关;

(v)(保子空间)对 V 的任意子空间 U,有 $\varphi(U)$ 是 W 的子空间,且限制映射 $\varphi|_U: U \longrightarrow \varphi(U) \subset W$ 也是线性映射.

☞ **证明** (i) 由于

$$\varphi(\mathbf{0})=\varphi(\mathbf{0}+\mathbf{0})=\varphi(\mathbf{0})+\varphi(\mathbf{0}),$$

所以 $\varphi(\mathbf{0})=\mathbf{0}$.

(ii) 有

$$\varphi(-\boldsymbol{\alpha})=\varphi((-1)\boldsymbol{\alpha})=(-1)\varphi(\boldsymbol{\alpha})=-\varphi(\boldsymbol{\alpha}).$$

(iii) 对 s 归纳.当 $s=1$ 时,由 φ 保数乘知成立.设 $s>1$,且结论对 $s-1$ 成立,则有

$$\varphi(c_1\boldsymbol{\alpha}_1+\cdots+c_{s-1}\boldsymbol{\alpha}_{s-1})=c_1\varphi(\boldsymbol{\alpha}_1)+\cdots+c_{s-1}\varphi(\boldsymbol{\alpha}_{s-1}).$$

于是

$$\begin{aligned}&\varphi(c_1\boldsymbol{\alpha}_1+\cdots+c_{s-1}\boldsymbol{\alpha}_{s-1}+c_s\boldsymbol{\alpha}_s)\\ =&\varphi(c_1\boldsymbol{\alpha}_1+\cdots+c_{s-1}\boldsymbol{\alpha}_{s-1})+\varphi(c_s\boldsymbol{\alpha}_s)\\ =&c_1\varphi(\boldsymbol{\alpha}_1)+\cdots+c_{s-1}\varphi(\boldsymbol{\alpha}_{s-1})+c_s\varphi(\boldsymbol{\alpha}_s).\end{aligned}$$

(iv) 由(iii)和(i)可知.

(v) 由于 $\mathbf{0}=\varphi(\mathbf{0})\in\varphi(U)$，所以 $\varphi(U)\neq\varnothing$. 对任意 $\varphi(\boldsymbol{\alpha})$，$\varphi(\boldsymbol{\beta})\in\varphi(U)$，其中 $\boldsymbol{\alpha}$，$\boldsymbol{\beta}\in U$，有

$$\varphi(\boldsymbol{\alpha})+\varphi(\boldsymbol{\beta})=\varphi(\boldsymbol{\alpha}+\boldsymbol{\beta})\in\varphi(U).$$

又若 $a\in\mathbb{F}$，则

$$a\varphi(\boldsymbol{\alpha})=\varphi(a\boldsymbol{\alpha})\in\varphi(U).$$

于是 $\varphi(U)$ 是 W 的子空间.进而由 φ 线性,可得 $\varphi|_U$ 线性.

6.6.3 同构与可逆线性映射

现在可以定义线性空间之间的同构映射.

定义 6.14 设 V 和 W 是线性空间，$\varphi\colon V\longrightarrow W$ 是映射.

(1) 如果 φ 满足

(i) φ 为线性映射;

(ii) φ 为双射,

则称 φ 是**同构映射**,简称为**同构**.此时称 V 和 W **同构**,记为 $V\cong W$;

(2) 如果 φ 满足

(i) φ 为线性映射;

(ii) φ 为可逆映射,

则称 φ 是**可逆线性映射**.

引理 6.14 表明

$$\varphi\text{ 是同构}\Longleftrightarrow\varphi\text{ 是可逆线性映射}.$$

我们看几个例子.

例 6.27 设 V 是 n 维线性空间，$\boldsymbol{\alpha}_1$，$\boldsymbol{\alpha}_2$，…，$\boldsymbol{\alpha}_n$ 是 V 的基,则映射

$$\varphi\colon V\longrightarrow\mathbb{F}^n;\quad \boldsymbol{\alpha}=c_1\boldsymbol{\alpha}_1+\cdots+c_n\boldsymbol{\alpha}_n\mapsto\begin{pmatrix}c_1\\ \vdots\\ c_n\end{pmatrix}$$

是同构映射,进而 $V\cong\mathbb{F}^n$.

例 6.28 设线性空间

$$V_1=\{\boldsymbol{A}\in\mathbb{F}^{n\times n}\mid\boldsymbol{A}\text{ 是下三角阵}\},\quad V_2=\{\boldsymbol{A}\in\mathbb{F}^{n\times n}\mid\boldsymbol{A}^{\mathrm{T}}=\boldsymbol{A}\},$$

证明: $V_1\cong V_2$.

☞ **证明** 定义映射 $\varphi\colon V_1\longrightarrow V_2$，使得 $\forall\boldsymbol{A}\in V_1$，有

$$\varphi(\boldsymbol{A})=\frac{1}{2}(\boldsymbol{A}+\boldsymbol{A}^{\mathrm{T}})\in V_2.$$

对任意$\boldsymbol{A},\boldsymbol{B}\in V_1$和$a\in\mathbb{F}$，有

$$\varphi(\boldsymbol{A}+\boldsymbol{B})=\frac{1}{2}[(\boldsymbol{A}+\boldsymbol{B})+(\boldsymbol{A}+\boldsymbol{B})^{\mathrm{T}}]=\frac{1}{2}(\boldsymbol{A}+\boldsymbol{A}^{\mathrm{T}})+\frac{1}{2}(\boldsymbol{B}+\boldsymbol{B}^{\mathrm{T}})=\varphi(\boldsymbol{A})+\varphi(\boldsymbol{B}),$$

$$\varphi(a\boldsymbol{A})=\frac{1}{2}[a\boldsymbol{A}+(a\boldsymbol{A})^{\mathrm{T}}]=\frac{1}{2}a(\boldsymbol{A}+\boldsymbol{A}^{\mathrm{T}})=a\varphi(\boldsymbol{A}),$$

于是φ是线性映射.

注意到,如果$\boldsymbol{A}=(a_{ij})\in V_1$，记$\varphi(\boldsymbol{A})=(b_{ij})$，则

$$b_{ij}=\begin{cases}a_{ii}, & i=j,\\ \frac{1}{2}(a_{ij}+a_{ji}), & i\neq j.\end{cases}$$

于是映射$\psi: V_2\longrightarrow V_1$，使得$\forall\boldsymbol{B}=(b_{ij})\in V_2$有$\psi(\boldsymbol{B})=(a_{ij})$，其中

$$a_{ij}=\begin{cases}0, & 1\leqslant i<j\leqslant n,\\ b_{ii}, & 1\leqslant i=j\leqslant n,\\ 2b_{ij}, & 1\leqslant j<i\leqslant n,\end{cases}$$

满足$\psi\circ\varphi=\mathrm{id}_{V_1}$和$\varphi\circ\psi=\mathrm{id}_{V_2}$. 即$\varphi$是双射.

因此,φ是同构,$V_1\cong V_2$.

事实上,可以利用$\dim V_1=\dim V_2$和定理6.16直接得到同构.

设$\varphi:V\longrightarrow W$是同构映射,则下面的性质成立:

(i) $\forall\boldsymbol{\alpha}\in V$，有

$$\varphi(\boldsymbol{\alpha})=\mathbf{0}\iff\boldsymbol{\alpha}=\mathbf{0};$$

(ii) 设$\boldsymbol{\alpha}_1,\cdots,\boldsymbol{\alpha}_s\in V$，数$c_1,\cdots,c_s\in\mathbb{F}$，则

$$c_1\boldsymbol{\alpha}_1+\cdots+c_s\boldsymbol{\alpha}_s=\mathbf{0}\iff c_1\varphi(\boldsymbol{\alpha}_1)+\cdots+c_s\varphi(\boldsymbol{\alpha}_s)=\mathbf{0}.$$

即$\boldsymbol{\alpha}_1,\cdots,\boldsymbol{\alpha}_s$和$\varphi(\boldsymbol{\alpha}_1),\cdots,\varphi(\boldsymbol{\alpha}_s)$有相同的线性关系;

(iii) 对任意$\varnothing\neq S\subset V$，有

$$S\subset V\text{ 线性相关}\iff\varphi(S)\subset W\text{ 线性相关},$$

和

$$S\text{ 是 }V\text{ 的基}\iff\varphi(S)\text{ 是 }W\text{ 的基};$$

(iv) 对V的任意子空间U，限制映射

$$\varphi|_U:U\to\varphi(U)$$

也是同构.

于是我们可以将同构的线性空间等同,认为它们本质上就是同一个线性空间.

6.6.4 (有限维)线性空间在同构下的分类

我们定义了线性空间之间的同构关系,它是等价关系,即满足

(i) (自反性) $V\cong V$;

(ii)(对称性)$V \cong W \Longrightarrow W \cong V$;

(iii)(传递性)$V \cong W$ 且 $W \cong U \Longrightarrow V \cong U$.

上面的对称性和传递性是下面引理的直接推论.

引理 6.15 设 $\varphi: V \longrightarrow W$ 和 $\psi: W \longrightarrow U$ 是线性空间的同构映射,则

(1) $\varphi^{-1}: W \longrightarrow V$ 是同构映射;

(2) $\psi \circ \varphi: V \longrightarrow U$ 是同构映射.

☞ **证明** 容易证明所需证明为同构的映射是双射①,下面我们验证它们是线性映射.

(1) 对任意 $\boldsymbol{\alpha}, \boldsymbol{\beta} \in W$ 和 $c \in \mathbb{F}$,有

$$\begin{aligned}\varphi(\varphi^{-1}(\boldsymbol{\alpha})+\varphi^{-1}(\boldsymbol{\beta}))=\varphi(\varphi^{-1}(\boldsymbol{\alpha}))+\varphi(\varphi^{-1}(\boldsymbol{\beta}))=\boldsymbol{\alpha}+\boldsymbol{\beta}\\ \Longrightarrow \varphi^{-1}(\boldsymbol{\alpha}+\boldsymbol{\beta})=\varphi^{-1}(\boldsymbol{\alpha})+\varphi^{-1}(\boldsymbol{\beta}),\\ \varphi(c\varphi^{-1}(\boldsymbol{\alpha}))=c\varphi(\varphi^{-1}(\boldsymbol{\alpha}))=c\boldsymbol{\alpha} \Longrightarrow \varphi^{-1}(c\boldsymbol{\alpha})=c\varphi^{-1}(\boldsymbol{\alpha}),\end{aligned}$$

于是 φ^{-1} 是线性映射.

(2) 对任意 $\boldsymbol{\alpha}, \boldsymbol{\beta} \in V$ 和 $c \in \mathbb{F}$,有

$$\begin{aligned}(\psi \circ \varphi)(\boldsymbol{\alpha}+\boldsymbol{\beta})&=\psi(\varphi(\boldsymbol{\alpha}+\boldsymbol{\beta}))=\psi(\varphi(\boldsymbol{\alpha})+\varphi(\boldsymbol{\beta}))=\psi(\varphi(\boldsymbol{\alpha}))+\psi(\varphi(\boldsymbol{\beta}))\\ &=(\psi \circ \varphi)(\boldsymbol{\alpha})+(\psi \circ \varphi)(\boldsymbol{\beta}),\\ (\psi \circ \varphi)(c\boldsymbol{\alpha}))&=\psi(\varphi(c\boldsymbol{\alpha}))=\psi(c\varphi(\boldsymbol{\alpha}))=c\psi(\varphi(\boldsymbol{\alpha}))=c(\psi \circ \varphi)(\boldsymbol{\alpha}),\end{aligned}$$

于是 $\psi \circ \varphi$ 是线性映射.

由于线性空间的同构是等价关系,它给出了线性空间在同构下的分类.于是我们希望解决关于这个分类的基本问题:(i)同构的全系不变量;(ii)同构标准形.我们对有限维线性空间来回答这两个问题.对于第(ii)个问题,当 $\dim V=n$ 时,有 $V \cong \mathbb{F}^n$. 下面的定理回答了第(i)个问题.

定理 6.16 设 V 和 W 是数域 $\mathbb{F}$ 上的有限维线性空间,则

$$V \cong W \Longleftrightarrow \dim V=\dim W.$$

☞ **证明** 设 $\varphi: V \longrightarrow W$ 是同构映射,任取 V 的基 $\boldsymbol{\alpha}_1, \boldsymbol{\alpha}_2, \cdots, \boldsymbol{\alpha}_n$,则 $\varphi(\boldsymbol{\alpha}_1), \varphi(\boldsymbol{\alpha}_2), \cdots, \varphi(\boldsymbol{\alpha}_n) \in W$ 是 W 的基.得到 $\dim V=\dim W$.

反之,设 $\dim V=\dim W=n$,则 $V \cong \mathbb{F}^n$, $W \cong \mathbb{F}^n$. 于是 $V \cong W$.

于是我们完全解决了有限维线性空间在同构下的分类问题:维数是有限维线性空间同构的全系不变量,列向量空间 $\mathbb{F}^n$ 是同构标准形.如图 6.5 所示.

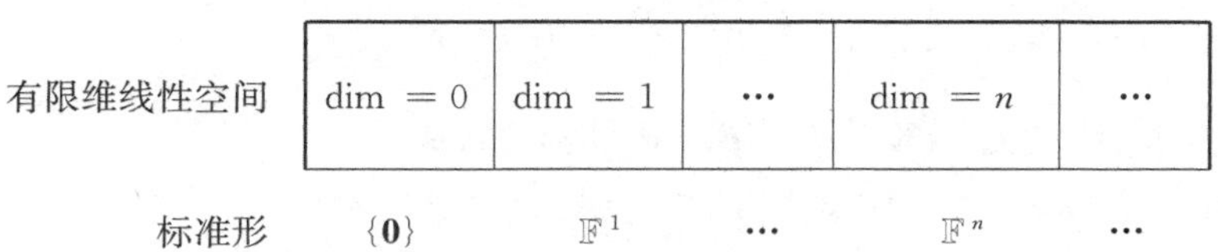

有限维线性空间
dim = 0
dim = 1
…
dim = n
…
标准形
{0}
F^1
…
F^n
…

图 6.5 有限维线性空间在同构下的分类

① 参看本节习题.

最后看几个例子.

例 6.29 设 $f_1(x)=x^3-x^2-x+1$, $f_2(x)=x^3+x^2-x+1$, $f_3(x)=-x^3-x^2+x+1$, $g_1(x)=2x^3-2x+2$, $g_2(x)=x^3-3x^2-x+3$, $g_3(x)=2x^3+2x^2-2x$, 令 $V=\mathrm{Span}(\{f_1(x), f_2(x), f_3(x)\})\subset\mathbb{F}_3[x]$, 证明: $g_1(x)$, $g_2(x)$, $g_3(x)$ 是 V 的一组基.

☞ **证明** 取 $\mathbb{F}_3[x]$ 的自然基 $1, x, x^2, x^3$, 则有同构映射 $\varphi:\mathbb{F}_3[x]\longrightarrow\mathbb{F}^4$. 有

$$\varphi(f_1(x))=\boldsymbol{\alpha}_1=\begin{pmatrix}1\\-1\\-1\\1\end{pmatrix}, \varphi(f_2(x))=\boldsymbol{\alpha}_2=\begin{pmatrix}1\\-1\\1\\1\end{pmatrix}, \varphi(f_3(x))=\boldsymbol{\alpha}_3=\begin{pmatrix}1\\1\\-1\\-1\end{pmatrix},$$

$$\varphi(g_1(x))=\boldsymbol{\beta}_1=\begin{pmatrix}2\\-2\\0\\2\end{pmatrix}, \varphi(g_2(x))=\boldsymbol{\beta}_2=\begin{pmatrix}3\\-1\\-3\\1\end{pmatrix}, \varphi(g_3(x))=\boldsymbol{\beta}_3=\begin{pmatrix}0\\-2\\2\\2\end{pmatrix},$$

于是问题转化为证明: $\boldsymbol{\beta}_1, \boldsymbol{\beta}_2, \boldsymbol{\beta}_3$ 是 $W=\mathrm{Span}(\{\boldsymbol{\alpha}_1, \boldsymbol{\alpha}_2, \boldsymbol{\alpha}_3\})$ 的一组基.

由于

$$(\boldsymbol{\alpha}_1, \boldsymbol{\alpha}_2, \boldsymbol{\alpha}_3, \boldsymbol{\beta}_1, \boldsymbol{\beta}_2, \boldsymbol{\beta}_3)=\begin{pmatrix}1&1&1&2&3&0\\-1&-1&1&-2&-1&-2\\-1&1&-1&0&-3&2\\1&1&-1&2&1&2\end{pmatrix}\xrightarrow[r_4-r_1]{\substack{r_2+r_1\\r_3+r_1}}\begin{pmatrix}1&1&1&2&3&0\\0&0&2&0&2&-2\\0&2&0&2&0&2\\0&0&-2&0&-2&2\end{pmatrix}$$

$$\xrightarrow[\substack{\frac{1}{2}r_3\\r_2\leftrightarrow r_3}]{\substack{r_4+r_2\\\frac{1}{2}r_2}}\begin{pmatrix}1&1&1&2&3&0\\0&1&0&1&0&1\\0&0&1&0&1&-1\\0&0&0&0&0&0\end{pmatrix}\xrightarrow[r_1-r_3]{r_1-r_2}\begin{pmatrix}1&0&0&1&2&0\\0&1&0&1&0&1\\0&0&1&0&1&-1\\0&0&0&0&0&0\end{pmatrix},$$

所以 $\boldsymbol{\alpha}_1, \boldsymbol{\alpha}_2, \boldsymbol{\alpha}_3$ 线性无关,且 $\boldsymbol{\beta}_1, \boldsymbol{\beta}_2, \boldsymbol{\beta}_3$ 可由 $\boldsymbol{\alpha}_1, \boldsymbol{\alpha}_2, \boldsymbol{\alpha}_3$ 线性表示.于是 $\dim W=3$, 且 $\boldsymbol{\beta}_1, \boldsymbol{\beta}_2, \boldsymbol{\beta}_3\in W$. 又

$$(\boldsymbol{\beta}_1, \boldsymbol{\beta}_2, \boldsymbol{\beta}_3)\overset{r}{\sim}\begin{pmatrix}1&2&0\\1&0&1\\0&1&-1\\0&0&0\end{pmatrix}\xrightarrow{r_2-r_1}\begin{pmatrix}1&2&0\\0&-2&1\\0&1&-1\\0&0&0\end{pmatrix}\xrightarrow[r_2\leftrightarrow r_3]{r_2+2r_3}\begin{pmatrix}1&2&0\\0&1&-1\\0&0&-1\\0&0&0\end{pmatrix},$$

所以 $\boldsymbol{\beta}_1, \boldsymbol{\beta}_2, \boldsymbol{\beta}_3$ 线性无关.于是 $\boldsymbol{\beta}_1, \boldsymbol{\beta}_2, \boldsymbol{\beta}_3$ 是 W 的基.

例 6.30 设 $V=\mathbb{R}^{2\times2}$, W 是 V 的子空间,它有两组基

$$\boldsymbol{A}_1=\begin{pmatrix}0&-2\\2&2\end{pmatrix}, \quad \boldsymbol{A}_2=\begin{pmatrix}1&-1\\1&1\end{pmatrix}, \quad \boldsymbol{A}_3=\begin{pmatrix}3&-1\\-3&1\end{pmatrix}$$

和

$$\boldsymbol{B}_1=\begin{pmatrix}2&-2\\0&2\end{pmatrix},\quad \boldsymbol{B}_2=\begin{pmatrix}1&1\\-1&-1\end{pmatrix},\quad \boldsymbol{B}_3=\begin{pmatrix}1&-1\\-1&1\end{pmatrix},$$

求从基 $\boldsymbol{A}_1,\boldsymbol{A}_2,\boldsymbol{A}_3$ 到基 $\boldsymbol{B}_1,\boldsymbol{B}_2,\boldsymbol{B}_3$ 的过渡矩阵.

☞ **解** 取 $\mathbb{R}^{2\times2}$ 的自然基 $\boldsymbol{E}_{11},\boldsymbol{E}_{12},\boldsymbol{E}_{21},\boldsymbol{E}_{22}$，则有同构映射 $\varphi:\mathbb{R}^{2\times2}\longrightarrow\mathbb{R}^4$. 由于

$$\varphi(\boldsymbol{A}_1)=\boldsymbol{\alpha}_1=\begin{pmatrix}0\\-2\\2\\2\end{pmatrix},\quad \varphi(\boldsymbol{A}_2)=\boldsymbol{\alpha}_2=\begin{pmatrix}1\\-1\\1\\1\end{pmatrix},\quad \varphi(\boldsymbol{A}_3)=\boldsymbol{\alpha}_3=\begin{pmatrix}3\\-1\\-3\\1\end{pmatrix},$$

$$\varphi(\boldsymbol{B}_1)=\boldsymbol{\beta}_1=\begin{pmatrix}2\\-2\\0\\2\end{pmatrix},\quad \varphi(\boldsymbol{B}_2)=\boldsymbol{\beta}_2=\begin{pmatrix}1\\1\\-1\\-1\end{pmatrix},\quad \varphi(\boldsymbol{B}_3)=\boldsymbol{\beta}_3=\begin{pmatrix}1\\-1\\-1\\1\end{pmatrix},$$

问题转化为求 $\mathbb{R}^4$ 的子空间 $\mathrm{Span}(\{\boldsymbol{\alpha}_1,\boldsymbol{\alpha}_2,\boldsymbol{\alpha}_3\})$ $(\cong W)$ 中从基 $\boldsymbol{\alpha}_1,\boldsymbol{\alpha}_2,\boldsymbol{\alpha}_3$ 到基 $\boldsymbol{\beta}_1,\boldsymbol{\beta}_2,\boldsymbol{\beta}_3$ 的过渡矩阵.有

$$(\boldsymbol{\alpha}_1,\boldsymbol{\alpha}_2,\boldsymbol{\alpha}_3,\boldsymbol{\beta}_1,\boldsymbol{\beta}_2,\boldsymbol{\beta}_3)=\begin{pmatrix}0&1&3&2&1&1\\-2&-1&-1&-2&1&-1\\2&1&-3&0&-1&-1\\2&1&1&2&-1&1\end{pmatrix}\xrightarrow[r_1\leftrightarrow r_2]{\substack{r_3+r_2\\r_4+r_2}}$$

$$\begin{pmatrix}-2&-1&-1&-2&1&-1\\0&1&3&2&1&1\\0&0&-4&-2&0&-2\\0&0&0&0&0&0\end{pmatrix}\xrightarrow[-\frac{1}{4}r_3]{r_1+r_2}\begin{pmatrix}-2&0&2&0&2&0\\0&1&3&2&1&1\\0&0&1&\frac{1}{2}&0&\frac{1}{2}\\0&0&0&0&0&0\end{pmatrix}\xrightarrow[r_2-3r_3]{-\frac{1}{2}r_1}$$

$$\begin{pmatrix}1&0&-1&0&-1&0\\0&1&0&\frac{1}{2}&1&-\frac{1}{2}\\0&0&1&\frac{1}{2}&0&\frac{1}{2}\\0&0&0&0&0&0\end{pmatrix}\xrightarrow{r_1+r_3}\begin{pmatrix}1&0&0&\frac{1}{2}&-1&\frac{1}{2}\\0&1&0&\frac{1}{2}&1&-\frac{1}{2}\\0&0&1&\frac{1}{2}&0&\frac{1}{2}\\0&0&0&0&0&0\end{pmatrix},$$

于是

$$(\boldsymbol{\beta}_1,\boldsymbol{\beta}_2,\boldsymbol{\beta}_3)=(\boldsymbol{\alpha}_1,\boldsymbol{\alpha}_2,\boldsymbol{\alpha}_3)\begin{pmatrix}\frac{1}{2}&-1&\frac{1}{2}\\\frac{1}{2}&1&-\frac{1}{2}\\\frac{1}{2}&0&\frac{1}{2}\end{pmatrix},$$

即所求的过渡矩阵是 $\begin{pmatrix} \frac{1}{2} & -1 & \frac{1}{2} \\ \frac{1}{2} & 1 & -\frac{1}{2} \\ \frac{1}{2} & 0 & \frac{1}{2} \end{pmatrix}$.

习题 6.6

A1. 设 $\varphi: A \longrightarrow B$ 是非空集合之间的映射.证明下面命题等价:

(i) φ 是单射;

(ii) (存在左逆)存在映射 $\psi: B \longrightarrow A$, 使得 $\psi \circ \varphi = \mathrm{id}_A$;

(iii) (可左消去)对任意非空集合 C 和映射 $\psi_1, \psi_2: C \longrightarrow A$, 如果 $\varphi \circ \psi_1 = \varphi \circ \psi_2$, 则 $\psi_1 = \psi_2$.

A2. 设 $\varphi: A \longrightarrow B$ 是非空集合之间的映射.证明下面命题等价:

(i) φ 是满射;

(ii) (存在右逆)存在映射 $\psi: B \longrightarrow A$, 使得 $\varphi \circ \psi = \mathrm{id}_B$;

(iii) (可右消去)对任意非空集合 C 和映射 $\psi_1, \psi_2: B \longrightarrow C$, 如果 $\psi_1 \circ \varphi = \psi_2 \circ \varphi$, 则 $\psi_1 = \psi_2$.

A3. 设 $\varphi: A \longrightarrow B$ 和 $\psi: B \longrightarrow C$ 是非空集合之间的可逆映射,证明:

(1) $\varphi^{-1}: B \longrightarrow A$ 也可逆,且 $(\varphi^{-1})^{-1} = \varphi$;

(2) $\psi \circ \varphi: A \longrightarrow C$ 也可逆,且 $(\psi \circ \varphi)^{-1} = \varphi^{-1} \circ \psi^{-1}$.

A4. 设有多项式

$$\begin{aligned} f_1(x) &= x^3 + x^2 + x + 1, & g_1(x) &= 2x^3 + 2x^2 - 3, \\ f_2(x) &= x^3 + x + 2, & g_2(x) &= 2x^3 + x^2 + 2x + 3, \\ f_3(x) &= 2x^3 + x^2 - 2, & g_3(x) &= x^3 + x^2 - 3x - 9, \end{aligned}$$

令 $V = \mathrm{Span}(\{f_1(x), f_2(x), f_3(x)\}) \subset \mathbb{F}_3[x]$, 证明: $f_1(x)$, $f_2(x)$, $f_3(x)$ 和 $g_1(x)$, $g_2(x)$, $g_3(x)$ 都是 V 的基,并求从基 $f_1(x)$, $f_2(x)$, $f_3(x)$ 到基 $g_1(x)$, $g_2(x)$, $g_3(x)$ 的过渡矩阵.

A5. 设 $\mathbb{R}_{>0}$ 是所有正实数组成的集合,它在如下的加法和数乘下成为实线性空间:

$$a \oplus b = ab, \quad \lambda \circ a = a^{\lambda}, \quad \forall a, b \in \mathbb{R}_{>0}, \forall \lambda \in \mathbb{R}.$$

证明:实数域作为实线性空间与实线性空间 $\mathbb{R}_{>0}$ 同构,并给出一个具体的同构映射.

A6. 设 $V = \left\{ \begin{pmatrix} a & b \\ -b & a \end{pmatrix} \middle| a, b \in \mathbb{R} \right\}$, 则 V 关于矩阵的加法和数乘成为实线性空间,将 $\mathbb{C}$ 看成实线性空间,定义映射 $\varphi: \mathbb{C} \longrightarrow V$, 使得对任意 $\boldsymbol{\alpha} = a + b\mathrm{i} \in \mathbb{C}$, $a, b \in \mathbb{R}$, 有

$$\varphi(\boldsymbol{\alpha}) = \begin{pmatrix} a & b \\ -b & a \end{pmatrix}.$$

证明: φ 是线性空间之间的同构,且对任意 $\boldsymbol{\alpha}, \boldsymbol{\beta} \in \mathbb{C}$, 有

$$\varphi(\boldsymbol{\alpha\beta}) = \varphi(\boldsymbol{\alpha})\varphi(\boldsymbol{\beta}).$$

A7. 设 $\boldsymbol{\alpha}_1, \boldsymbol{\alpha}_2, \cdots, \boldsymbol{\alpha}_n$ 是 n 维线性空间 V 的一组基, $\boldsymbol{A} \in \mathbb{F}^{n\times m}$, 由

$$(\boldsymbol{\beta}_1, \boldsymbol{\beta}_2, \cdots, \boldsymbol{\beta}_m) = (\boldsymbol{\alpha}_1, \boldsymbol{\alpha}_2, \cdots, \boldsymbol{\alpha}_n)\boldsymbol{A}$$

得到向量 $\boldsymbol{\beta}_1, \boldsymbol{\beta}_2, \cdots, \boldsymbol{\beta}_m \in V$, 令 $W = \mathrm{Span}(\{\boldsymbol{\beta}_1, \boldsymbol{\beta}_2, \cdots, \boldsymbol{\beta}_m\})$, 证明: $\dim W = R(\boldsymbol{A})$.

§6.7 直 和

数学中常常将一个对象分解成更简单的对象，利用更简单的对象来研究一般对象.例如，将一个大于1的整数分解成素数的乘积，就可以先研究素数；将一个次数大于0的一元多项式分解为不可约多项式的乘积，就可以先研究不可约多项式.将这个想法用到线性空间上，我们想用更简单的线性空间来分解一个线性空间，于是自然就是用子空间来分解.那么这里的分解是子空间的何种运算呢？我们只学了子空间的交与和运算，由于交运算的空间不会变大，所以比较好的选择是和运算，即我们希望把线性空间分解为一些子空间的和.

例如，设V是线性空间，它分解为子空间$W_1, W_2, \cdots, W_r$的和

$$V=W_1+W_2+\cdots+W_r.$$

我们可以先研究$W_1, W_2, \cdots, W_r$，然后再回到V.回到V时自然要考虑这些W_i之间公共的部分，它们会对最后V的性质有影响.如果这些子空间的公共部分很小，比如就是零，那么就不需要考虑公共部分，直接将相互独立的$W_1, W_2, \cdots, W_r$的性质合起来就得到V的性质.于是，在应用上，我们应该考虑这种分解：将V分解为相互独立的子空间的和，我们称这种和为直和.下面就按照这种想法来定义直和.

设V是数域$\mathbb{F}$上的线性空间.

6.7.1 两个子空间的直和

如果$W_1, W_2\subset V$为子空间，则对任意$\boldsymbol{\alpha}\in W_1+W_2$，有

$$\boldsymbol{\alpha}=\boldsymbol{\alpha}_1+\boldsymbol{\alpha}_2,\quad \exists\boldsymbol{\alpha}_1\in W_1, \exists\boldsymbol{\alpha}_2\in W_2.$$

一般情况下$\boldsymbol{\alpha}_1$和$\boldsymbol{\alpha}_2$不唯一；如果唯一，称为直和.

定义 6.15 设$W_1, W_2\subset V$是子空间，如果对任意$\boldsymbol{\alpha}\in W_1+W_2$，$\boldsymbol{\alpha}$可唯一写为

$$\boldsymbol{\alpha}=\boldsymbol{\alpha}_1+\boldsymbol{\alpha}_2,\quad \boldsymbol{\alpha}_1\in W_1, \boldsymbol{\alpha}_2\in W_2,$$

则称和W_1+W_2为**直和**，记为$W_1\oplus W_2$.

关于直和，有下面的等价刻画，其中可以认为定理6.17(iii)等价于W_1和W_2相互独立.

定理 6.17 设$W_1, W_2\subset V$是子空间，则下面的命题等价

(i) W_1+W_2是直和；

(ii) $\mathbf{0}\in W_1+W_2$的分解式唯一：$\mathbf{0}=\mathbf{0}+\mathbf{0}$；

(iii) $W_1\cap W_2=\{\mathbf{0}\}$；

(iv) 任取W_i的基$B_i(i=1, 2)$，有$B_1\cap B_2=\varnothing$，且$B_1\cup B_2$为W_1+W_2的基；

(v) 存在W_i的基$B_i(i=1, 2)$，使得$B_1\cap B_2=\varnothing$，且$B_1\cup B_2$为W_1+W_2的基.

进而，当W_1和W_2是有限维子空间时，上面还等价于

(vi) $\dim(W_1+W_2)=\dim W_1+\dim W_2$.

☞ **证明** “(i) $\Longrightarrow$ (ii)”: 显然.

“(ii) $\Longrightarrow$ (iii)”: 假设(ii)成立,任取 $\boldsymbol{\alpha} \in W_1 \cap W_2$,则 $\boldsymbol{\alpha} \in W_1$ 且 $\boldsymbol{\alpha} \in W_2$. 因为 W_2 是子空间,所以 $-\boldsymbol{\alpha} \in W_2$. 由于

$$\mathbf{0} = \boldsymbol{\alpha} + (-\boldsymbol{\alpha})$$

为 $0 \in W_1 + W_2$ 的分解,所以由(ii)推出 $\boldsymbol{\alpha} = \mathbf{0}$. 即有 $W_1 \cap W_2 = \{\mathbf{0}\}$.

“(iii) $\Longrightarrow$ (iv)”假设(iii)成立.任取 W_i 的基 B_i, $i=1, 2$. 首先,如果 $\exists \boldsymbol{\alpha} \in B_1 \cap B_2$,则 $\mathbf{0} \neq \boldsymbol{\alpha} \in W_1 \cap W_2$,矛盾于(iii),所以 $B_1 \cap B_2 = \varnothing$. 其次,如果存在 $\boldsymbol{\alpha}_1, \cdots, \boldsymbol{\alpha}_r \in B_1$ 和 $\boldsymbol{\beta}_1, \cdots, \boldsymbol{\beta}_s \in B_2$,使得

$$a_1\boldsymbol{\alpha}_1 + \cdots + a_r\boldsymbol{\alpha}_r + b_1\boldsymbol{\beta}_1 + \cdots + b_s\boldsymbol{\beta}_s = \mathbf{0}, \quad a_1, \cdots, a_r, b_1, \cdots, b_s \in \mathbb{F},$$

则

$$a_1\boldsymbol{\alpha}_1 + \cdots + a_r\boldsymbol{\alpha}_r = -(b_1\boldsymbol{\beta}_1 + \cdots + b_s\boldsymbol{\beta}_s) \in W_1 \cap W_2.$$

于是有

$$a_1\boldsymbol{\alpha}_1 + \cdots + a_r\boldsymbol{\alpha}_r = \mathbf{0}, \quad b_1\boldsymbol{\beta}_1 + \cdots + b_s\boldsymbol{\beta}_s = \mathbf{0}.$$

因为 B_1 和 B_2 都线性无关,所以 $a_1 = \cdots = a_r = 0$, $b_1 = \cdots = b_s = 0$,即 $B_1 \cup B_2$ 线性无关.最后,有

$$W_1 + W_2 = \mathrm{Span}\,(B_1) + \mathrm{Span}\,(B_2) = \mathrm{Span}\,(B_1 \cup B_2).$$

所以 $B_1 \cup B_2$ 是 $W_1 + W_2$ 的基.

“(iv) $\Longrightarrow$ (v)”: 显然.

“(v) $\Longrightarrow$ (iii)”: 假设(v)成立.对任意 $\boldsymbol{\alpha} \in W_1 \cap W_2$,则存在 $\boldsymbol{\alpha}_1, \boldsymbol{\alpha}_2, \cdots, \boldsymbol{\alpha}_r \in B_1$ 和 $\boldsymbol{\beta}_1, \boldsymbol{\beta}_2, \cdots, \boldsymbol{\beta}_s \in B_2$,使得

$$\begin{aligned} \boldsymbol{\alpha} &= a_1\boldsymbol{\alpha}_1 + a_2\boldsymbol{\alpha}_2 + \cdots + a_r\boldsymbol{\alpha}_r \\ &= b_1\boldsymbol{\beta}_1 + b_2\boldsymbol{\beta}_2 + \cdots + b_s\boldsymbol{\beta}_s, \quad \exists a_1, a_2, \cdots, a_r \in \mathbb{F}, \exists b_1, b_2, \cdots, b_s \in \mathbb{F}. \end{aligned}$$

于是

$$a_1\boldsymbol{\alpha}_1 + a_2\boldsymbol{\alpha}_2 + \cdots + a_r\boldsymbol{\alpha}_r - b_1\boldsymbol{\beta}_1 - b_2\boldsymbol{\beta}_2 - \cdots - b_s\boldsymbol{\beta}_s = \mathbf{0}.$$

由条件 $\boldsymbol{\alpha}_1, \cdots, \boldsymbol{\alpha}_r, \boldsymbol{\beta}_1, \cdots, \boldsymbol{\beta}_s$ 线性无关,所以 $a_1 = \cdots = a_r = 0$. 这得到 $\boldsymbol{\alpha} = \mathbf{0}$,即 $W_1 \cap W_2 = \{\mathbf{0}\}$.

“(iii) $\Longrightarrow$ (i)”假设(iii)成立,任取 $\boldsymbol{\alpha} \in W_1 + W_2$,设

$$\boldsymbol{\alpha} = \boldsymbol{\alpha}_1 + \boldsymbol{\alpha}_2 = \boldsymbol{\beta}_1 + \boldsymbol{\beta}_2, \quad \boldsymbol{\alpha}_1, \boldsymbol{\beta}_1 \in W_1, \boldsymbol{\alpha}_2, \boldsymbol{\beta}_2 \in W_2,$$

则有

$$\boldsymbol{\alpha}_1 - \boldsymbol{\beta}_1 = \boldsymbol{\beta}_2 - \boldsymbol{\alpha}_2 \in W_1 \cap W_2 = \{\mathbf{0}\}.$$

于是 $\boldsymbol{\alpha}_1 = \boldsymbol{\beta}_1$ 且 $\boldsymbol{\alpha}_2 = \boldsymbol{\beta}_2$,即 $W_1 + W_2$ 是直和.

下设 W_1 和 W_2 均为有限维子空间.

"(iv) $\Longrightarrow$ (vi)": 显然.

"(vi) $\Longrightarrow$ (iii)": 假设(v)成立,由维数公式

$$\dim(W_1 \cap W_2) = \dim W_1 + \dim W_2 - \dim(W_1 + W_2) = 0.$$

所以 $W_1 \cap W_2 = \{\mathbf{0}\}$.

我们看一个几何例子.

例 6.31 设 $V = \mathbb{R}^3$.

(1) 如图 6.6(a)所示,取 W_1 为 xOy 坐标平面, W_2 为 Oz 轴,则

$$\mathbb{R}^3 = W_1 + W_2 = W_1 \oplus W_2;$$

(2) 如图 6.6(b)所示,取 W_1 为 xOy 坐标平面, W_3 为 xOz 坐标平面,则

$$\mathbb{R}^3 = W_1 + W_3,$$

不是直和.事实上, $W_1 \cap W_3$ 为 Ox 轴.

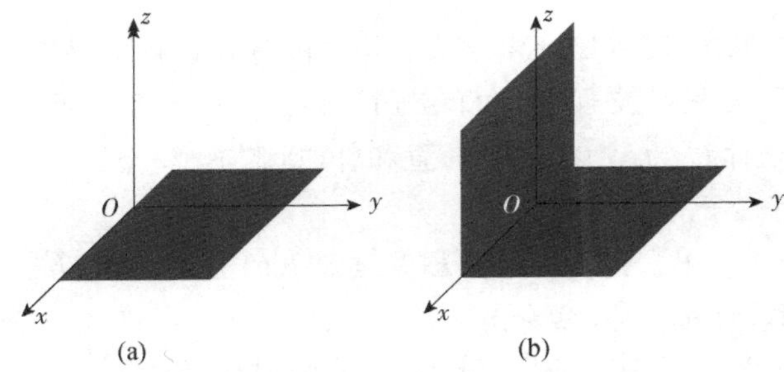

图 6.6 子空间的和与直和

下面这个例子表明研究方阵时,某种程度上只需要研究对称和反对称阵即可.

例 6.32 设 $V = \mathbb{F}^{n\times n}$,定义

$$W_1 = \{\boldsymbol{A} \in \mathbb{F}^{n\times n} \mid \boldsymbol{A}^{\mathrm{T}} = \boldsymbol{A}\}, \quad W_2 = \{\boldsymbol{A} \in \mathbb{F}^{n\times n} \mid \boldsymbol{A}^{\mathrm{T}} = -\boldsymbol{A}\},$$

证明: W_1 和 W_2 是 V 的子空间,且 $V = W_1 \oplus W_2$.

☞ **证明** 由于 $\boldsymbol{O} \in W_1$,所以 $W_1 \neq \varnothing$.任取 $\boldsymbol{A}, \boldsymbol{B} \in W_1$ 和 $a, b \in \mathbb{F}$,有

$$(a\boldsymbol{A} + b\boldsymbol{B})^{\mathrm{T}} = a\boldsymbol{A}^{\mathrm{T}} + b\boldsymbol{B}^{\mathrm{T}} = a\boldsymbol{A} + b\boldsymbol{B} \Longrightarrow a\boldsymbol{A} + b\boldsymbol{B} \in W_1.$$

于是 W_1 是 V 的子空间.类似可证 W_2 是 V 的子空间.

如果 $\boldsymbol{A} \in W_1 \cap W_2$,则 $\boldsymbol{A} \in W_1$ 且 $\boldsymbol{A} \in W_2$,得到

$$\boldsymbol{A} = \boldsymbol{A}^{\mathrm{T}} = -\boldsymbol{A} \Longrightarrow \boldsymbol{A} = \boldsymbol{O} \Longrightarrow W_1 \cap W_2 = \{\boldsymbol{O}\},$$

即 $W_1 + W_2$ 是直和.

最后,任取 $\boldsymbol{A} \in V$,有

$$A=\frac{A+A^{\mathrm{T}}}{2}+\frac{A-A^{\mathrm{T}}}{2}.$$

因为

$$\left(\frac{A+A^{\mathrm{T}}}{2}\right)^{\mathrm{T}}=\frac{A+A^{\mathrm{T}}}{2}\Longrightarrow\frac{A+A^{\mathrm{T}}}{2}\in W_1,$$
$$\left(\frac{A-A^{\mathrm{T}}}{2}\right)^{\mathrm{T}}=\frac{A^{\mathrm{T}}-A}{2}\Longrightarrow\frac{A-A^{\mathrm{T}}}{2}\in W_2,$$

所以 $A\in W_1+W_2$. 于是 $V=W_1+W_2$，进而 $V=W_1\oplus W_2$.

整数 $n>1$ 进行素分解时，我们先找 n 的一个素因子 p，进行分解 $n=pm$，然后继续对 m 进行分解即可.类似地，给定线性空间 V，我们先找一个子空间(后面章节会讲类似于整数的素因子找好的子空间) W，是否存在子空间 U，使得 $V=W\oplus U$？在整数世界问题很简单，做除法 $m=n/p$ 即可;在线性空间的世界呢①？可以用基来如下得到:任取 W 的基 B_1，将其扩充为 V 的基 B. 令 $B_2=B-B_1$ 和 $U=\mathrm{Span}\,(B_2)$，则 U 是 V 的子空间，且

$$V=\mathrm{Span}\,(B)=\mathrm{Span}\,(B_1\cup B_2)=\mathrm{Span}\,(B_1)+\mathrm{Span}\,(B_2)=W+U.$$

进而由定理 6.17 的(v)知，$W+U=W\oplus U$. 由 U 的寻找过程可以看出，通常 U 不唯一.

推论 6.18 设 W 是线性空间 V 的子空间，则存在 V 的子空间 U，使得 $V=W\oplus U$. 称 U 为 W 在 V 中的**直和补**(通常不唯一).

我们看一个几何例子.

例 6.33 取 $V=\mathbb{R}^2$，W 为 Ox 轴，设 L 是过原点的直线，则当 L 不等于 W 时，L 是 W 的直和补，参看图 6.7.

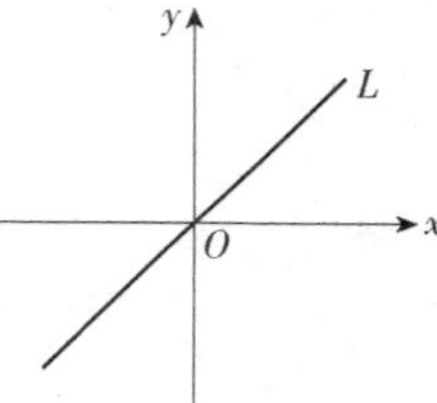

图 6.7 子空间的直和补

我们最后做一个注记.设 W_1，W_2，$U\subset V$ 是子空间，其中 $W_1+W_2=W_1\oplus W_2$，则有 $(W_1\cap U)+(W_2\cap U)$ 是直和，且

$$(W_1\cap U)\oplus(W_2\cap U)\subset(W_1\oplus W_2)\cap U. \qquad (6.2)$$

事实上，由

$$(W_1\cap U)\cap(W_2\cap U)\subset W_1\cap W_2=\{\mathbf{0}\},$$

可知式(6.2)左边为直和;由 $W_i\cap U\subset(W_1\oplus W_2)\cap U$，$i=1, 2$，得式(6.2)成立.要注意的是，式(6.2)的等号一般不成立.例如，取 $V=\mathbb{R}^2$，W_1 为 Ox 轴，W_2 为 Oy 轴，U 为过原点的直线 L，但是 L 不是坐标轴(图 6.7)，于是 $(W_1\oplus W_2)\cap U=U$，但是 $W_1\cap U=\{\mathbf{0}\}$，$W_2\cap U=\{\mathbf{0}\}$，得 $(W_1\cap U)\oplus(W_2\cap U)=\{\mathbf{0}\}$.

6.7.2 几个子空间的直和

现在我们考虑几个子空间的直和.

定义 6.16 设 W_1，W_2，$\cdots$，$W_r\subset V$ 是子空间($r\geqslant 2$)，如果对任意 $\boldsymbol{\alpha}\in W_1+W_2+\cdots$

① 从下节可以看出本质上我们也是将 V 除以 W 得到 U.

$+W_r$，$\boldsymbol{\alpha}$ 可唯一写为

$$\boldsymbol{\alpha}=\boldsymbol{\alpha}_1+\boldsymbol{\alpha}_2+\cdots+\boldsymbol{\alpha}_r,\quad \boldsymbol{\alpha}_i\in W_i,\ i=1,2,\cdots,r,$$

则称和 $W_1+W_2+\cdots+W_r$ 是**直和**，记为 $W_1\oplus W_2\oplus\cdots\oplus W_r$.

类似于定理 6.17，我们有以下定理.

定理 6.19 设 $W_1, W_2, \cdots, W_r\subset V$ 是子空间 $(r\geqslant 2)$，则下面命题等价：

(i) $W_1+W_2+\cdots+W_r$ 是直和；

(ii) $\mathbf{0}\in W_1+W_2+\cdots+W_r$ 的分解式唯一：$\mathbf{0}=\mathbf{0}+\mathbf{0}+\cdots+\mathbf{0}$；

(iii) 将 $W_1, W_2, \cdots, W_r$ 任意分成两组：$W_{i_1}, \cdots, W_{i_s}$ 和 $W_{j_1}, \cdots, W_{j_t}$ $(s, t>0, s+t=r)$，有

$$(W_{i_1}+\cdots+W_{i_s})\cap(W_{j_1}+\cdots+W_{j_t})=\{\mathbf{0}\};$$

(iii)$'$ 对 $i=1, 2, \cdots, r$，有

$$W_i\cap\sum_{\substack{j=1\\ j\neq i}}^{r}W_j=\{\mathbf{0}\};$$

(iv) 任取 W_i 的基 B_i，$i=1, 2, \cdots, r$，有 $i\neq j$ 时 $B_i\cap B_j=\varnothing$，且 $\bigcup\limits_{i=1}^{r}B_i$ 为 $W_1+W_2+\cdots+W_r$ 的基；

(v) 存在 W_i 的基 B_i，$i=1, 2, \cdots, r$，使得 $i\neq j$ 时 $B_i\cap B_j=\varnothing$，且 $\bigcup\limits_{i=1}^{r}B_i$ 为 $W_1+W_2+\cdots+W_r$ 的基.

进而，若 $W_1, W_2, \cdots, W_r$ 均为有限维子空间，则上面还等价于

$\dim(W_1+W_2+\cdots+W_r)=\dim W_1+\dim W_2+\cdots+\dim W_r$.

与两个子空间的直和不同，如果只满足任意两个子空间 W_i 和 W_j 的交为零，则不能得到 $W_1+W_2+\cdots+W_r$ 是直和.例如，取 $V=\mathbb{R}^2$，W_1 为 Ox 轴，W_2 为 Oy 轴，W_3 为直线 $y=x$（图 6.7），则这三条直线都只交于原点，但是 $W_1+W_2+W_3$ 不是直和.

☞ **定理 6.19 的证明** “(i) $\Longrightarrow$ (ii)”：显然.

“(ii) $\Longrightarrow$ (iii)”：假设(ii)成立，任取 $\boldsymbol{\alpha}\in(W_{i_1}+\cdots+W_{i_s})\cap(W_{j_1}+\cdots+W_{j_t})$，有

$$\boldsymbol{\alpha}=\boldsymbol{\alpha}_{i_1}+\cdots+\boldsymbol{\alpha}_{i_s}=\boldsymbol{\alpha}_{j_1}+\cdots+\boldsymbol{\alpha}_{j_t},\quad \exists\,\boldsymbol{\alpha}_{i_k}\in W_{i_k},\ \boldsymbol{\alpha}_{j_l}\in W_{j_l}.$$

于是

$$\boldsymbol{\alpha}_{i_1}+\cdots+\boldsymbol{\alpha}_{i_s}-\boldsymbol{\alpha}_{j_1}-\cdots-\boldsymbol{\alpha}_{j_t}=\mathbf{0}.$$

由(ii)，得 $\boldsymbol{\alpha}_{i_1}=\cdots=\boldsymbol{\alpha}_{i_s}=\mathbf{0}$，所以 $\boldsymbol{\alpha}=\mathbf{0}$，即(iii)成立.

“(iii) $\Longrightarrow$ (iii)$'$”：显然.

“(iii)$'$ $\Longrightarrow$ (iv)”：假设(iii)$'$成立.如果存在 $i\neq j$，使得 $\exists\,\boldsymbol{\alpha}\in B_i\cap B_j$，则有

$$\mathbf{0}\neq\boldsymbol{\alpha}\in W_i\cap\sum_{k\neq i}W_k=\{\mathbf{0}\},$$

矛盾.所以对任意 $i \neq j$，有 $B_i \cap B_j = \varnothing$.

如果存在 $\boldsymbol{\alpha}_{i1}, \cdots, \boldsymbol{\alpha}_{it_i} \in B_i$，使得

$$\sum_{i=1}^{r}(a_{i1}\boldsymbol{\alpha}_{i1} + \cdots + a_{it_i}\boldsymbol{\alpha}_{it_i}) = \mathbf{0}, \quad a_{ij} \in \mathbb{F},$$

则对固定 i，由于

$$a_{i1}\boldsymbol{\alpha}_{i1} + \cdots + a_{it_i}\boldsymbol{\alpha}_{it_i} = -\sum_{\substack{j=1 \\ j\neq i}}^{r}(a_{j1}\boldsymbol{\alpha}_{j1} + \cdots + a_{jt_j}\boldsymbol{\alpha}_{jt_j}),$$

所以有

$$a_{i1}\boldsymbol{\alpha}_{i1} + \cdots + a_{it_i}\boldsymbol{\alpha}_{it_i} \in W_i \cap \sum_{j\neq i} W_j = \{\mathbf{0}\}.$$

因此

$$a_{i1}\boldsymbol{\alpha}_{i1} + \cdots + a_{it_i}\boldsymbol{\alpha}_{it_i} = \mathbf{0},$$

再利用 B_i 是基就得 $a_{i1} = \cdots = a_{it_i} = 0$. 于是 $B_1 \cup B_2 \cup \cdots \cup B_r$ 线性无关.

最后,归纳可证

$$W_1 + W_2 + \cdots + W_r = \mathrm{Span}(B_1 \cup B_2 \cup \cdots \cup B_r).$$

于是 $B_1 \cup B_2 \cup \cdots \cup B_r$ 是 $W_1 + W_2 + \cdots + W_r$ 的基.

"(iv) $\Longrightarrow$ (v)"：显然.

"(v) $\Longrightarrow$ (i)"：设(v)成立,即存在 W_i 的基 B_i，使得对任意 $i \neq j$，有 $B_i \cap B_j = \varnothing$，且

$$B = \bigcup_{i=1}^{r} B_i$$

是 $W_1 + W_2 + \cdots + W_r$ 的基.任取 $\boldsymbol{\alpha} \in W_1 + W_2 + \cdots + W_r$，如果

$$\boldsymbol{\alpha} = \boldsymbol{\alpha}_1 + \boldsymbol{\alpha}_2 + \cdots + \boldsymbol{\alpha}_r = \boldsymbol{\beta}_1 + \boldsymbol{\beta}_2 + \cdots + \boldsymbol{\beta}_r, \quad \boldsymbol{\alpha}_i, \boldsymbol{\beta}_i \in W_i,$$

则

$$(\boldsymbol{\alpha}_1 - \boldsymbol{\beta}_1) + (\boldsymbol{\alpha}_2 - \boldsymbol{\beta}_2) + \cdots + (\boldsymbol{\alpha}_r - \boldsymbol{\beta}_r) = \mathbf{0}.$$

因为 $\boldsymbol{\alpha}_i - \boldsymbol{\beta}_i \in W_i$，所以存在 $\boldsymbol{\alpha}_{i1}, \cdots, \boldsymbol{\alpha}_{it_i} \in B_i$ 和 $b_{ij} \in \mathbb{F}$，使得

$$\boldsymbol{\alpha}_i - \boldsymbol{\beta}_i = \sum_{j=1}^{t_i} b_{ij}\boldsymbol{\alpha}_{ij}.$$

得到

$$\sum_{i=1}^{r}\sum_{j=1}^{t_i} b_{ij}\boldsymbol{\alpha}_{ij} = \mathbf{0},$$

而 B 是基,所以 $b_{ij} = 0$, $\forall i, j$. 于是 $\boldsymbol{\alpha}_i = \boldsymbol{\beta}_i$, $\forall i$，即 $W_1 + W_2 + \cdots + W_r$ 是直和.

下设 $W_1, W_2, \cdots, W_r$ 均是有限维的.

“(iv) $\Longrightarrow$ (vi)”：显然.

“(vi) $\Longrightarrow$ (iv)”：设(v)成立.任取 W_i 的基 B_i，其中 $i=1, 2, \cdots, r$，于是有

$$W_1+W_2+\cdots+W_r=\mathrm{Span}\,(B_1\cup B_2\cup\cdots\cup B_r).$$

得到

$$\dim\,(W_1+W_2+\cdots+W_r)\leqslant|\,B_1\cup B_2\cup\cdots\cup B_r\,|.$$

进而利用(v)，就有

$$\dim W_1+\dim W_2+\cdots+\dim W_r\leqslant|\,B_1\cup B_2\cup\cdots\cup B_r\,|,$$

也就是

$$|\,B_1\,|+|\,B_2\,|+\cdots+|\,B_r\,|\leqslant|\,B_1\cup B_2\cup\cdots\cup B_r\,|.$$

于是，对任意 $i\neq j$，有 $B_i\cap B_j=\varnothing$，且 $B_1\cup B_2\cup\cdots\cup B_r$ 是 $W_1+W_2+\cdots+W_r$ 的基.

习题 6.7

A1. 设 $\boldsymbol{\alpha}_1, \boldsymbol{\alpha}_2, \boldsymbol{\alpha}_3, \boldsymbol{\alpha}_4\in\mathbb{F}^4$，$W_1=\mathrm{Span}(\{\boldsymbol{\alpha}_1, \boldsymbol{\alpha}_2\})$ 和 $W_2=\mathrm{Span}(\{\boldsymbol{\alpha}_3, \boldsymbol{\alpha}_4\})$ 是 $\mathbb{F}^4$ 的子空间，试判断 $\mathbb{F}^4=W_1\oplus W_2$ 是否成立，并给出理由.其中

(1) $\boldsymbol{\alpha}_1=(0, 1, 0, 1)^{\mathrm{T}}$，$\boldsymbol{\alpha}_2=(0, 0, 1, 0)^{\mathrm{T}}$，$\boldsymbol{\alpha}_3=(1, 0, 1, 0)^{\mathrm{T}}$，$\boldsymbol{\alpha}_4=(1, 1, 0, 0)^{\mathrm{T}}$；

(2) $\boldsymbol{\alpha}_1=(1, 0, 0, 1)^{\mathrm{T}}$，$\boldsymbol{\alpha}_2=(0, 1, 1, 0)^{\mathrm{T}}$，$\boldsymbol{\alpha}_3=(1, 0, 1, 0)^{\mathrm{T}}$，$\boldsymbol{\alpha}_4=(0, 1, 0, 1)^{\mathrm{T}}$.

A2. 设 W_1 和 W_2 分别是齐次线性方程组 $x_1+x_2+\cdots+x_n=0$ 和 $x_1=x_2=\cdots=x_n$ 在 $\mathbb{R}^n$ 中的解空间，证明：$\mathbb{R}^n=W_1\oplus W_2$.

A3. 设 V 是 $\mathbb{R}$ 上所有实值函数组成的实线性空间，W_1 是全体偶函数组成的子集，W_2 是全体奇函数组成的子集，证明：W_1 和 W_2 都是 V 的子空间，且 $V=W_1\oplus W_2$.

A4. 设 V 是数域 $\mathbb{F}$ 上的线性空间，W_1 和 W_2 是 V 的子空间，且 $V=W_1\oplus W_2$. 又设 U_1 和 U_2 是 W_2 的子空间，且有 $W_2=U_1\oplus U_2$. 证明：U_1 和 U_2 也是 V 的子空间，且有 $V=W_1\oplus U_1\oplus U_2$.

A5. 设 U 和 V 是数域 $\mathbb{F}$ 上的线性空间，它们的**笛卡尔积(Cartesian 积)**

$$U\times V:=\{(\boldsymbol{\alpha}, \boldsymbol{\beta})\,|\,\boldsymbol{\alpha}\in U, \boldsymbol{\beta}\in V\}$$

在如下的加法和数乘下成为 $\mathbb{F}$ 上的线性空间：

$$(\boldsymbol{\alpha}_1, \boldsymbol{\beta}_1)+(\boldsymbol{\alpha}_2, \boldsymbol{\beta}_2):=(\boldsymbol{\alpha}_1+\boldsymbol{\alpha}_2, \boldsymbol{\beta}_1+\boldsymbol{\beta}_2),\quad \boldsymbol{\alpha}_1, \boldsymbol{\alpha}_2\in U, \boldsymbol{\beta}_1, \boldsymbol{\beta}_2\in V,$$
$$c(\boldsymbol{\alpha}, \boldsymbol{\beta}):=(c\boldsymbol{\alpha}, c\boldsymbol{\beta}),\quad c\in\mathbb{F}, \boldsymbol{\alpha}\in U, \boldsymbol{\beta}\in V.$$

定义子集

$$\widetilde{U}:=\{(\boldsymbol{\alpha}, \mathbf{0})\in U\times V\,|\,\boldsymbol{\alpha}\in U\}\subset U\times V,$$
$$\widetilde{V}:=\{(\mathbf{0}, \boldsymbol{\beta})\in U\times V\,|\,\boldsymbol{\beta}\in V\}\subset U\times V,$$

和映射

$$\phi_1: U\longrightarrow\widetilde{U};\ \boldsymbol{\alpha}\mapsto(\boldsymbol{\alpha}, \mathbf{0}),$$
$$\phi_2: V\longrightarrow\widetilde{V};\ \boldsymbol{\beta}\mapsto(\mathbf{0}, \boldsymbol{\beta}),$$

证明：

(1) $\widetilde{U}$ 和 $\widetilde{V}$ 是 $U\times V$ 的子空间，并且 $U\times V=\widetilde{U}\oplus\widetilde{V}$；

(2) ϕ_1 和 ϕ_2 是同构①.

§6.8 商 空 间

设 V 是 $\mathbb{F}$ 上的线性空间，W 是 V 的子空间.如果我们对 W 不感兴趣，考查问题时想将 W 去掉，如何实现呢？一种办法是取集合的差 $V-W$，此时由于 $\mathbf{0}\notin V-W$，所以 $V-W$ 不是线性空间，似乎这不是一个好的选择.数学家们想出了另一种办法：用 V“去除”W，得到一个比 V 更简单的线性空间.本节介绍这个空间的构造和基本性质.

定义 6.17 设 $\boldsymbol{\alpha},\boldsymbol{\beta}\in V$，如果 $\boldsymbol{\alpha}-\boldsymbol{\beta}\in W$，则称 $\boldsymbol{\alpha}$ 与 $\boldsymbol{\beta}$ **模 W 同余**，记为

$$\boldsymbol{\alpha}\equiv\boldsymbol{\beta}\ (\mathrm{mod}\,W).$$

容易证明模 W 同余是 V 中的等价关系，即满足

(i)（自反性）$\forall\boldsymbol{\alpha}\in V$，有 $\boldsymbol{\alpha}\equiv\boldsymbol{\alpha}\ (\mathrm{mod}\,W)$；

(ii)（对称性）$\forall\boldsymbol{\alpha},\boldsymbol{\beta}\in V$，$\boldsymbol{\alpha}\equiv\boldsymbol{\beta}\ (\mathrm{mod}\,W)\Longrightarrow\boldsymbol{\beta}\equiv\boldsymbol{\alpha}\ (\mathrm{mod}\,W)$；

(iii)（传递性）$\forall\boldsymbol{\alpha},\boldsymbol{\beta},\boldsymbol{\gamma}\in V$，$\boldsymbol{\alpha}\equiv\boldsymbol{\beta}\ (\mathrm{mod}\,W)$ 且 $\boldsymbol{\beta}\equiv\boldsymbol{\gamma}(\mathrm{mod}\,W)\Longrightarrow\boldsymbol{\alpha}\equiv\boldsymbol{\gamma}(\mathrm{mod}\,W)$.

于是模 W 同余给出了 V 的一种分类.对任意 $\boldsymbol{\alpha}\in V$，记 $\boldsymbol{\alpha}$ 所在的模 W 同余类为 $\bar{\boldsymbol{\alpha}}$，即

$$\bar{\boldsymbol{\alpha}}=\{\boldsymbol{\beta}\in V\,|\,\boldsymbol{\beta}\equiv\boldsymbol{\alpha}(\mathrm{mod}\,W)\}\subset V.$$

于是对 $\boldsymbol{\alpha},\boldsymbol{\beta}\in V$，有

$$\bar{\boldsymbol{\alpha}}=\bar{\boldsymbol{\beta}}\Longleftrightarrow\boldsymbol{\alpha}\equiv\boldsymbol{\beta}(\mathrm{mod}\,W).$$

模 W 同余类还有下面的刻画.

引理 6.20 设 $\boldsymbol{\alpha}\in V$，则

$$\bar{\boldsymbol{\alpha}}=\boldsymbol{\alpha}+W:=\{\boldsymbol{\alpha}+\boldsymbol{\beta}\,|\,\boldsymbol{\beta}\in W\}.$$

☞ **证明** 任取 $\boldsymbol{\beta}\in W$，则

$$(\boldsymbol{\alpha}+\boldsymbol{\beta})-\boldsymbol{\alpha}=\boldsymbol{\beta}\in W\Longrightarrow\boldsymbol{\alpha}+\boldsymbol{\beta}\equiv\boldsymbol{\alpha}(\mathrm{mod}\,W)\Longrightarrow\boldsymbol{\alpha}+\boldsymbol{\beta}\in\bar{\boldsymbol{\alpha}}.$$

于是 $\boldsymbol{\alpha}+W\subset\bar{\boldsymbol{\alpha}}$.

反之，任取 $\boldsymbol{\gamma}\in\bar{\boldsymbol{\alpha}}$，则 $\boldsymbol{\gamma}\equiv\boldsymbol{\alpha}(\mathrm{mod}\,W)$，即有 $\boldsymbol{\gamma}-\boldsymbol{\alpha}\in W$，所以

$$\boldsymbol{\gamma}=\boldsymbol{\alpha}+(\boldsymbol{\gamma}-\boldsymbol{\alpha})\in\boldsymbol{\alpha}+W.$$

这得到 $\bar{\boldsymbol{\alpha}}\subset\boldsymbol{\alpha}+W$.

将 V 对模 W 同余这一等价关系的商集合记为 V/W，即 V/W 是所有模 W 的同余类所成的集合，也即

---

① 于是在同构意义下，$U\times V$ 是 U 和 V 的直和，可以记为 $U\times V=U\oplus V$，称这种直和为**外直和**.而本节中线性空间为其若干子空间的直和也称为**内直和**.

$$V/W=\{\bar{\boldsymbol{\alpha}} \mid \boldsymbol{\alpha} \in V\}.$$

请注意 V/W 中的元素都是 V 的子集.由于 $\bar{\mathbf{0}} \in V/W$，所以 $V/W \neq \varnothing$. 定义 V/W 中的加法和数乘为

加法 $\bar{\boldsymbol{\alpha}}+\bar{\boldsymbol{\beta}}:=\overline{\boldsymbol{\alpha}+\boldsymbol{\beta}}$；

数乘 $c\bar{\boldsymbol{\alpha}}:=\overline{c\boldsymbol{\alpha}}$.

需要说明上面定义与同余类中代表元的选取无关.设 $\bar{\boldsymbol{\alpha}}_1=\bar{\boldsymbol{\alpha}}$，$\bar{\boldsymbol{\beta}}_1=\bar{\boldsymbol{\beta}}$，则

$$\boldsymbol{\alpha}_1 \equiv \boldsymbol{\alpha}(\bmod W), \quad \boldsymbol{\beta}_1 \equiv \boldsymbol{\beta}(\bmod W).$$

得到 $\boldsymbol{\alpha}_1-\boldsymbol{\alpha}$，$\boldsymbol{\beta}_1-\boldsymbol{\beta} \in W$. 但是 W 是子空间，所以

$$(\boldsymbol{\alpha}_1+\boldsymbol{\beta}_1)-(\boldsymbol{\alpha}+\boldsymbol{\beta})=(\boldsymbol{\alpha}_1-\boldsymbol{\alpha})+(\boldsymbol{\beta}_1-\boldsymbol{\beta}) \in W,$$
$$c\boldsymbol{\alpha}_1-c\boldsymbol{\alpha}=c(\boldsymbol{\alpha}_1-\boldsymbol{\alpha}) \in W.$$

得到

$$\overline{\boldsymbol{\alpha}_1+\boldsymbol{\beta}_1}=\overline{\boldsymbol{\alpha}+\boldsymbol{\beta}}, \quad \overline{c\boldsymbol{\alpha}_1}=\overline{c\boldsymbol{\alpha}},$$

即与同余类中代表元的选取无关.

可以验证集合 V/W 在上面定义的加法和数乘下成为 $\mathbb{F}$ 上的线性空间，称其为 V 关于 W 的**商空间**.商空间 V/W 的零元是 $\mathbf{0}=\bar{\mathbf{0}}=W$，而 $\bar{\boldsymbol{\alpha}} \in V/W$ 的负元是 $-\bar{\boldsymbol{\alpha}}=\overline{-\boldsymbol{\alpha}}$.

我们看一个具体的几何例子.

例 6.34 设 $V=\mathbb{R}^2$，W 为 Ox 轴，即

$$W=\{(x,\ 0)^{\mathrm{T}} \mid x \in \mathbb{R}\}.$$

设 $\boldsymbol{\alpha}=(x_0,\ y_0)^{\mathrm{T}} \in \mathbb{R}^2$，有

$$\bar{\boldsymbol{\alpha}}=\boldsymbol{\alpha}+W=\{(x_0+x,\ y_0)^{\mathrm{T}} \mid x \in \mathbb{R}\}.$$

于是 $\bar{\boldsymbol{\alpha}}$ 是 y 坐标为 y_0 的平行于 Ox 轴的直线，而商空间 V/W 就是所有平行于 Ox 轴的直线做成的集合.参看图 6.8.

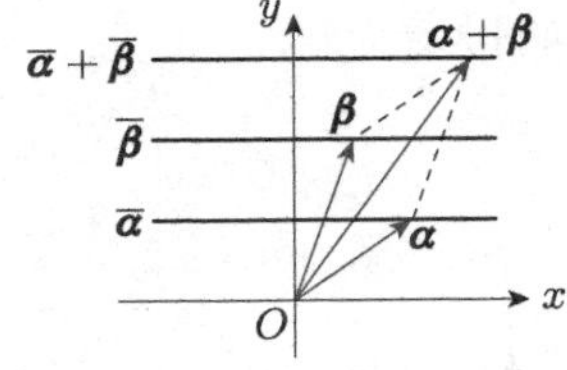

图 6.8 商空间

下面通过所谓的典范同构来计算商空间的维数和找商空间的基，并且可以看出直和补本质上是做除法得到的.设 W 是 V 的子空间，而 U 是 W 在 V 中的直和补，于是 $V=W \oplus U$. 定义映射

$$\phi: U \longrightarrow V/W;\ \boldsymbol{\alpha} \mapsto \bar{\boldsymbol{\alpha}},$$

来证明 ϕ 是同构，称 ϕ 是**典范同构**.

首先，对任意 $\bar{\boldsymbol{\alpha}} \in V/W$，其中 $\boldsymbol{\alpha} \in V$，有

$$\boldsymbol{\alpha}=\boldsymbol{\beta}+\boldsymbol{\gamma}, \quad \boldsymbol{\beta} \in W, \quad \boldsymbol{\gamma} \in U.$$

于是 $\boldsymbol{\alpha}-\boldsymbol{\gamma}=\boldsymbol{\beta} \in W$，即 $\bar{\boldsymbol{\alpha}}=\bar{\boldsymbol{\gamma}}$. 因此 $\phi(\boldsymbol{\gamma})=\bar{\boldsymbol{\gamma}}=\bar{\boldsymbol{\alpha}}$，即 ϕ 是满射.其次，如果 $\boldsymbol{\alpha}_1$，$\boldsymbol{\alpha}_2 \in U$ 满足 $\phi(\boldsymbol{\alpha}_1)=\phi(\boldsymbol{\alpha}_2)$，则 $\bar{\boldsymbol{\alpha}}_1=\bar{\boldsymbol{\alpha}}_2$. 得到 $\boldsymbol{\alpha}_1-\boldsymbol{\alpha}_2 \in W$，进而有

$$\boldsymbol{\alpha}_1-\boldsymbol{\alpha}_2 \in W \cap U=\{\mathbf{0}\},$$

推出 $\boldsymbol{\alpha}_1=\boldsymbol{\alpha}_2$，即 ϕ 是单射.最后，任意 $\boldsymbol{\alpha}_1, \boldsymbol{\alpha}_2 \in U$ 和 $c \in \mathbb{F}$，有

$$\phi(\boldsymbol{\alpha}_1+\boldsymbol{\alpha}_2)=\overline{\boldsymbol{\alpha}_1+\boldsymbol{\alpha}_2}=\bar{\boldsymbol{\alpha}}_1+\bar{\boldsymbol{\alpha}}_2=\phi(\boldsymbol{\alpha}_1)+\phi(\boldsymbol{\alpha}_2),$$
$$\phi(c\boldsymbol{\alpha}_1)=\overline{c\boldsymbol{\alpha}_1}=c\bar{\boldsymbol{\alpha}}_1=c\phi(\boldsymbol{\alpha}_1),$$

即 ϕ 是线性映射.这就证明了 ϕ 是同构.

定理 6.21 设 W 是线性空间 V 的子空间.

(1) 设 U 是 W 在 V 中的任意直和补，则典范映射

$$\phi: U \longrightarrow V/W; \quad \boldsymbol{\alpha} \mapsto \bar{\boldsymbol{\alpha}}$$

是同构，$U \cong V/W$；

(2) 任取 W 的基 B_1，扩充为 V 的基 B，令 $B_2=B-B_1$，则对任意 $\boldsymbol{\alpha} \neq \boldsymbol{\beta} \in B_2$ 有 $\bar{\alpha} \neq \bar{\beta}$，且

$$\bar{B}_2=\{\bar{\boldsymbol{\alpha}} \mid \boldsymbol{\alpha} \in B_2\}$$

是 V/W 的基；

(3) 设 $\dim V<\infty$，则

$$\dim(V/W)=\dim V-\dim W.$$

☞ **证明** (1) 已证.

(2) 令 $U=\operatorname{Span}(B_2)$，则 U 是 W 在 V 中的直和补.同构

$$\phi: U \longrightarrow V/W; \quad \boldsymbol{\alpha} \mapsto \bar{\boldsymbol{\alpha}}$$

将 U 的基 B_2 映为 V/W 的基即 $\bar{B}_2$ 是 V/W 的基.

(3) 任取 W 在 V 中的直和补 U，则有 $V=W \oplus U$，$U \cong V/W$. 得到

$$\dim V=\dim W+\dim U, \quad \dim U=\dim V/W,$$

进而得结论.

习题 6.8

A1. 设 $V=\mathbb{F}[x]$，取 V 的子空间

$$W_1=\mathbb{F}_n[x]=\{f(x) \in \mathbb{F}[x] \mid \deg(f(x)) \leqslant n\},$$
$$W_2=\{f(x) \in \mathbb{F}[x] \mid f(-x)=f(x)\}.$$

证明：商空间 V/W_1 和 V/W_2 都是无限维的.

A2. 设矩阵 $\boldsymbol{A} \in \mathbb{F}^{m \times n}$，向量 $\boldsymbol{\beta} \in \mathbb{F}^m$，满足 $\boldsymbol{AX}=\boldsymbol{\beta}$ 有解.记齐次线性方程组 $\boldsymbol{AX}=\boldsymbol{0}$ 的解空间为 W，任取 $\boldsymbol{AX}=\boldsymbol{\beta}$ 的一个特解 $\boldsymbol{\gamma}$，证明：线性方程组 $\boldsymbol{AX}=\boldsymbol{\beta}$ 的解集合恰为 $\mathbb{F}^n$ 中向量 $\boldsymbol{\gamma}$ 所在的模 W 同余类.

B1. 设 V 和 W 是数域 $\mathbb{F}$ 上的线性空间，$F(V \times W)$ 是由 Cartesian 积 $V \times W$ 生成的自由线性空间，令 N 是由下面所有的元素生成的 $F(V \times W)$ 的子空间：

(i) $(\boldsymbol{\alpha}_1+\boldsymbol{\alpha}_2, \boldsymbol{\beta})-(\boldsymbol{\alpha}_1, \boldsymbol{\beta})-(\boldsymbol{\alpha}_2, \boldsymbol{\beta})$，$\forall \boldsymbol{\alpha}_1, \boldsymbol{\alpha}_2 \in V$，$\forall \boldsymbol{\beta} \in W$；

(ii) $(c\boldsymbol{\alpha}, \boldsymbol{\beta}) - c(\boldsymbol{\alpha}, \boldsymbol{\beta})$, $\forall \boldsymbol{\alpha} \in V$, $\forall \boldsymbol{\beta} \in W$, $\forall c \in \mathbb{F}$;

(iii) $(\boldsymbol{\alpha}, \boldsymbol{\beta}_1 + \boldsymbol{\beta}_2) - (\boldsymbol{\alpha}, \boldsymbol{\beta}_1) - (\boldsymbol{\alpha}, \boldsymbol{\beta}_2)$, $\forall \boldsymbol{\alpha} \in V$, $\forall \boldsymbol{\beta}_1, \boldsymbol{\beta}_2 \in W$;

(iv) $(\boldsymbol{\alpha}, c\boldsymbol{\beta}) - c(\boldsymbol{\alpha}, \boldsymbol{\beta})$, $\forall \boldsymbol{\alpha} \in V$, $\forall \boldsymbol{\beta} \in W$, $\forall c \in \mathbb{F}$.

记商空间 $F(V\times W)/N$ 为 $V\otimes W$,称其为线性空间 V 和 W 的**张量积**.

(1) 对 $\boldsymbol{\alpha} \in V$ 和 $\boldsymbol{\beta} \in W$,记 $\overline{(\boldsymbol{\alpha}, \boldsymbol{\beta})} \in V\otimes W$ 为 $\boldsymbol{\alpha}\otimes\boldsymbol{\beta}$,$V\otimes W$ 中的每个元素是否一定有形式 $\boldsymbol{\alpha}\otimes\boldsymbol{\beta}$?说明理由;

(2) 定义映射

$$\varphi: V\times W \longrightarrow V\otimes W; \quad (\boldsymbol{\alpha}, \boldsymbol{\beta}) \mapsto \varphi(\boldsymbol{\alpha}, \boldsymbol{\beta}) = \boldsymbol{\alpha}\otimes\boldsymbol{\beta},$$

其中这里只把 $V\times W$ 看成集合.证明:φ 是双线性映射,即对任意 $\boldsymbol{\alpha}, \boldsymbol{\alpha}_1, \boldsymbol{\alpha}_2 \in V$,任意 $\boldsymbol{\beta}, \boldsymbol{\beta}_1, \boldsymbol{\beta}_2 \in W$ 和任意 $c \in \mathbb{F}$,有

$$\begin{aligned}
\varphi(\boldsymbol{\alpha}_1 + \boldsymbol{\alpha}_2, \boldsymbol{\beta}) &= \varphi(\boldsymbol{\alpha}_1, \boldsymbol{\beta}) + \varphi(\boldsymbol{\alpha}_2, \boldsymbol{\beta}),\\
\varphi(\boldsymbol{\alpha}, \boldsymbol{\beta}_1 + \boldsymbol{\beta}_2) &= \varphi(\boldsymbol{\alpha}, \boldsymbol{\beta}_1) + \varphi(\boldsymbol{\alpha}, \boldsymbol{\beta}_2),\\
\varphi(c\boldsymbol{\alpha}, \boldsymbol{\beta}) &= c\varphi(\boldsymbol{\alpha}, \boldsymbol{\beta}) = \varphi(\boldsymbol{\alpha}, c\boldsymbol{\beta});
\end{aligned}$$

(3) 证明:如果 B_1 是 V 的基,B_2 是 W 的基,则 $\{\boldsymbol{\alpha}\otimes\boldsymbol{\beta} \mid \boldsymbol{\alpha} \in B_1, \boldsymbol{\beta} \in B_2\}$ 是 $V\otimes W$ 的基.进而,如果 $\dim V < \infty$ 且 $\dim W < \infty$,则 $\dim V\otimes W = \dim V \dim W$;

(4) 证明:$\mathbb{F}^m \otimes \mathbb{F}^n \cong \mathbb{F}^{mn}$.

B2. 设 V 和 W 是数域 $\mathbb{F}$ 上的线性空间,$V\otimes W$ 是 V 和 W 的张量积.证明:对任意线性空间 U 和任意双线性映射 $\psi: V\times W \longrightarrow U$,存在唯一的线性映射 $\tilde{\psi}_1: V\otimes W \longrightarrow U$,使得 $\psi = \tilde{\psi}_1 \circ \varphi$,即有如下交换

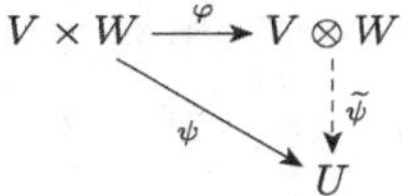

其中 $\varphi: V\times W \longrightarrow V\otimes W$ 是双线性映射

$$\varphi(\boldsymbol{\alpha}, \boldsymbol{\beta}) = \boldsymbol{\alpha}\otimes\boldsymbol{\beta}, \quad \forall \boldsymbol{\alpha} \in V, \forall \boldsymbol{\beta} \in W.$$

称该性质为**张量积的泛性质**.

B3. 设 V, W, U 是数域 $\mathbb{F}$ 上的线性空间,证明:

(1) $V\otimes W \cong W\otimes V$;

(2) $(V\otimes W)\otimes U \cong V\otimes(W\otimes U)$.

*§6.9 Fibonacci 数列和幻方

本节介绍线性空间的两个简单应用.

6.9.1 Fibonacci 数列

斐波那契(Fibonacci)数列的定义者,是意大利数学家列奥纳多·斐波那契(Leonardo Fibonacci).该数列指的是这样一个数列:

1, 1, 2, 3, 5, 8, 13, 21, 34, 55, 89, 144, 233, 377, 610, 987, 1 597, 2 584, …

这个数列从第 3 项开始，每一项都等于前两项之和.于是记 F_n 为该数列的第 n 项，则有

$$F_1=F_2=1,\quad F_n=F_{n-1}+F_{n-2}\quad (n\geqslant 3).$$

下面的任务是求出该数列的通项公式.

可以按照第 4 章中利用递归公式的特征方程计算，也可以利用线性空间来计算.设 $n\geqslant 3$ 固定，定义 $\mathbb{C}^n$ 的一个子空间

$$V=\{(a_1,\ a_2,\ \cdots,\ a_n)^{\mathrm{T}}\in\mathbb{C}^n\,|\,a_i=a_{i-1}+a_{i-2},\ i=3,\ \cdots,\ n\}.$$

于是有

$$(F_1,\ F_2,\ \cdots,\ F_n)^{\mathrm{T}}\in V.$$

下面我们具体求出 V 的维数和一组基.由于对任意的 $(a_1,\ \cdots,\ a_n)^{\mathrm{T}}\in V$，有 $a_3,\ \cdots,\ a_n$ 可由 $a_1,\ a_2$ 确定，所以可以想象 V 中向量的自由度是 2，即 V 的维数是 2.事实上，定义映射

$$\varphi:\mathbb{C}^2\longrightarrow V;\ \begin{pmatrix}a_1\\a_2\end{pmatrix}\mapsto\begin{pmatrix}a_1\\a_2\\a_3\\\vdots\\a_n\end{pmatrix},\ a_i=a_{i-1}+a_{i-2},\quad \forall i\geqslant 3,$$

则容易验证 φ 是线性空间之间的同构.得到

$$\dim V=\dim\ \mathbb{C}^2=2,$$

且对 $\mathbb{C}^2$ 的任意基 $\boldsymbol{\alpha}_1,\ \boldsymbol{\alpha}_2$，有 $\varphi(\boldsymbol{\alpha}_1),\ \varphi(\boldsymbol{\alpha}_2)$ 是 V 的基.进而如果

$$\begin{pmatrix}F_1\\F_2\end{pmatrix}=c_1\boldsymbol{\alpha}_1+c_2\boldsymbol{\alpha}_2,$$

则用 φ 作用得到

$$\begin{pmatrix}F_1\\\vdots\\F_n\end{pmatrix}=c_1\varphi(\boldsymbol{\alpha}_1)+c_2\varphi(\boldsymbol{\alpha}_2).$$

于是就可以得到 F_n 的通项公式.所以我们现在的目标是

(i) 找 $\mathbb{C}^2$ 的基 $\boldsymbol{\alpha}_1,\ \boldsymbol{\alpha}_2$，使得 $\varphi(\boldsymbol{\alpha}_1),\ \varphi(\boldsymbol{\alpha}_2)$ 容易确定；

(ii) 求 $c_1,\ c_2$.

当 $\boldsymbol{\alpha}_1,\ \boldsymbol{\alpha}_2$ 确定后，容易得到 $c_1,\ c_2$. 于是我们的主要任务是找合适的 $\boldsymbol{\alpha}_1,\ \boldsymbol{\alpha}_2$. 先看 V 中可能有哪些数列.最简单的数列当然是等差和等比数列了.设

$$\boldsymbol{\alpha}=\begin{pmatrix}a\\a+d\\a+2d\\\vdots\\a+(n-1)d\end{pmatrix}$$

是等差数列，则 $\boldsymbol{\alpha} \in V$ 的充分和必要条件是

$$a+(i-1)d=a+(i-2)d+a+(i-3)d, \quad i=3, \cdots, n.$$

而后者又等价于

$$a+(i-4)d=0, \quad i=3, \cdots, n.$$

得到 $\boldsymbol{\alpha} \in V$ 当且仅当 $n=3$ 时 $a=d$，而当 $n \geqslant 4$ 时，$a=d=0$. 所以当 $n \geqslant 4$ 时，V 中只有平凡的等差数列.

再看等比数列.设

$$\boldsymbol{\alpha}=\begin{pmatrix} a \\ aq \\ \vdots \\ aq^{n-1} \end{pmatrix}, \quad a, q \neq 0$$

是非平凡的等比数列，则 $\boldsymbol{\alpha} \in V$ 的充分和必要条件是

$$aq^{i-1}=aq^{i-2}+aq^{i-3}, \quad i=3, \cdots, n.$$

而后者又等价于

$$q^2=q+1,$$

即 $q=\dfrac{1 \pm \sqrt{5}}{2}$. 令

$$q_1=\frac{1+\sqrt{5}}{2}, \quad q_2=\frac{1-\sqrt{5}}{2},$$

则 $\mathbb{C}^2$ 有基

$$\boldsymbol{\alpha}_1=\begin{pmatrix} 1 \\ q_1 \end{pmatrix}, \quad \boldsymbol{\alpha}_2=\begin{pmatrix} 1 \\ q_2 \end{pmatrix},$$

而

$$\varphi(\boldsymbol{\alpha}_1)=\begin{pmatrix} 1 \\ q_1 \\ \vdots \\ q_1^{n-1} \end{pmatrix}, \quad \varphi(\boldsymbol{\alpha}_2)=\begin{pmatrix} 1 \\ q_2 \\ \vdots \\ q_2^{n-1} \end{pmatrix}$$

是 V 的基.

设

$$\begin{pmatrix} F_1 \\ F_2 \end{pmatrix}=c_1\boldsymbol{\alpha}_1+c_2\boldsymbol{\alpha}_2,$$

则可得

$$c_1=\frac{q_1}{q_1-q_2}, \quad c_2=\frac{-q_2}{q_1-q_2}.$$

于是

$$F_n = c_1 q_1^{n-1} + c_2 q_2^{n-1} = \frac{q_1^n - q_2^n}{q_1 - q_2} = \frac{\left(\frac{1+\sqrt{5}}{2}\right)^n - \left(\frac{1-\sqrt{5}}{2}\right)^n}{\sqrt{5}}.$$

在下册相关章节中,我们会给出另一种计算 F_n 的通项公式的线性代数办法.

6.9.2 幻方

将数字安排在正方形格子中,使每行、每列和每条对角线上的数字和都相等,所得到者称之为**幻方**.具体的,在 $n \times n$ 的方格中填入正整数 $1, 2, \cdots, n^2$,使得每行,每列和每条对角线上的 n 个数字之和都相等,就得到一个 n 阶幻方.例如,下面就是一个 3 阶幻方:

6	1	8
7	5	3
2	9	4

下面以 $n=3$ 为例,给出构造 n 阶幻方的一种方法.

可以将幻方看成方阵,于是我们要找 3 阶方阵,使得它的 9 个元素恰好为 $1, 2, \cdots, 9$,且这个方阵的三个行、三个列、两条对角线上的 3 个元之和都相等(等于 15).定义

$$V = \{\boldsymbol{A} \in \mathbb{R}^{3\times3} \mid \boldsymbol{A} \text{ 的每行、每列、每条对角线上三个数之和相等}\} \subset \mathbb{R}^{3\times3},$$

则三阶幻方是 V 中特殊的矩阵.容易验证 V 是 $\mathbb{R}^{3\times3}$ 的子空间,且零矩阵和

$$\boldsymbol{H} = \begin{pmatrix} 1 & 1 & 1 \\ 1 & 1 & 1 \\ 1 & 1 & 1 \end{pmatrix}$$

都属于 V. 如果 $\boldsymbol{A}$ 是一个三阶幻方,则 $\boldsymbol{A}-\boldsymbol{H} \in V$,且 $\boldsymbol{A}-\boldsymbol{H}$ 的 9 个元为 $0, 1, \cdots, 8$.而这 9 个数字可由

$$a = 3q + r, \quad 0 \leqslant q, r \leqslant 2$$

得到,所以我们考虑每行、每列的三个元都为 0, 1, 2 的 V 中的矩阵.这样的矩阵有

$$\boldsymbol{A}_1 = \begin{pmatrix} 1 & 2 & 0 \\ 0 & 1 & 2 \\ 2 & 0 & 1 \end{pmatrix}, \quad \boldsymbol{A}_2 = \begin{pmatrix} 1 & 0 & 2 \\ 2 & 1 & 0 \\ 0 & 2 & 1 \end{pmatrix}$$

和

$$\boldsymbol{B}_1 = \begin{pmatrix} 0 & 2 & 1 \\ 2 & 1 & 0 \\ 1 & 0 & 2 \end{pmatrix}, \quad \boldsymbol{B}_2 = \begin{pmatrix} 2 & 0 & 1 \\ 0 & 1 & 2 \\ 1 & 2 & 0 \end{pmatrix}.$$

计算

$$3\boldsymbol{A}_i+\boldsymbol{B}_j+\boldsymbol{H},\quad i,j=1,2$$

和

$$3\boldsymbol{B}_j+\boldsymbol{A}_i+\boldsymbol{H},\quad i,j=1,2,$$

就得到如下8个三阶幻方

4	9	2
3	5	7
8	1	6

6	7	2
1	5	9
8	3	4

4	3	8
9	5	1
2	7	6

6	1	8
7	5	3
2	9	4

2	9	4
7	5	3
6	1	8

2	7	6
9	5	1
4	3	8

8	3	4
1	5	9
6	7	2

8	1	6
3	5	7
4	9	2

事实上,从上面的某一个三阶幻方出发,通过绕中心逆(顺)时针旋转 $\frac{\pi}{2}$, π, $\frac{3\pi}{2}$, 以及相应于垂直(水平)中位线做反射,可以得到其他的7个三阶幻方.

*§6.10 模

6.10.1 模

线性空间是最简单的模.

定义6.18 设 R 是环,则**左 R-模**是一个加法Abel群 M,且有运算 $R\times M\longrightarrow M$; $(r,a)\mapsto ra$,满足

(M1) 对任意 $r\in R$ 和 $a,b\in M$,有 $r(a+b)=ra+rb$;

(M2) 对任意 $r,s\in R$ 和 $a\in M$,有 $(r+s)a=ra+sa$;

(M3) 对任意 $r,s\in R$ 和 $a\in M$,有 $r(sa)=(rs)a$.

如果 R 是含幺环,且还满足对任意 $a\in M$,有 $1_Ra=a$,则称 M 是**含幺左 R-模**.类似地,可以定义**右 R-模**,**含幺右 R-模**等概念.

当 R 是交换环时,对于左 R-模 M,定义

$$ar=ra,\quad a\in M,r\in R,$$

可以自然得到 M 的一个右 R-模结构,所以交换环 R 上的左(右) R-模就简称为 R-模.

例6.35 (1) $\mathbb{Z}$-模就是加法Abel群;

(2) 设 $\mathbb{F}$ 是域,则 $\mathbb{F}$ 上的线性空间就是含幺 $\mathbb{F}$-模.

例6.36 设 S 是环,R 是 S 的子环,则 S 自然成为 R-模: $rs(r\in R,s\in S)$ 为 S 中的

乘法.特别地,R 为 R -模.

可以将线性空间的许多概念平行推广到模上,有一些类似的结果,也有不一样的地方.

6.10.2 子模和商模

从现在开始,都假设 R 是含幺交换环.

定义 6.19 设 M 是 R -模.如果 M 的非空子集 N 满足:对任意 $a, b \in N$ 和 $r \in R$,有

$$a+b \in N, \quad ra \in N,$$

则称 N 是 M 的**一个子 R -模**.

可以证明,N 是子 R -模当且仅当对任意 $r, s \in R$ 和任意 $a, b \in N$,有

$$ra+sb \in N.$$

设 $\mathbb{F}$ 是域,则子 $\mathbb{F}$ -模就是线性空间的子空间.而 R -模 R 的子模就是 R 的理想.

类似于线性空间的子空间的交与和运算,可以定义子模的运算.设 M 是 R -模,则 M 的任意多个子模的交还是 M 的子模.又若 $N_1, N_2, \cdots, N_n$ 都是 M 的子模,则它们的和

$$N_1+N_2+\cdots+N_n := \{a_1+a_2+\cdots+a_n \mid a_i \in N_i,\ i=1, 2, \cdots, n\}$$

也是 M 的子模.如果任意 $a \in N_1+N_2+\cdots+N_n$,a 写为 $N_1, N_2, \cdots, N_n$ 中元素的和的形式唯一,即如果

$$a=a_1+a_2+\cdots+a_n=b_1+b_2+\cdots+b_n, \quad a_i, b_i \in N_i,$$

那么

$$a_i=b_i, \quad i=1, 2, \cdots, n,$$

则称和 $N_1+N_2+\cdots+N_n$ 是直和,记为 $N_1 \oplus N_2 \oplus \cdots \oplus N_n$. 可以证明,和 $N_1+N_2+\cdots+N_n$ 是直和的充分必要条件是,对任意 $i=1, 2, \cdots, n$,有

$$N_i \cap \left(\sum_{j \neq i} N_j\right)=\{\mathbf{0}\}.$$

设 S 是 R -模 M 的非空子集,令

$$\langle S\rangle=\operatorname{Span}(S)=\{r_1a_1+\cdots+r_na_n \mid n \in \mathbb{N},\ r_1, \cdots, r_n \in R,\ a_1, \cdots, a_n \in S\},$$

则 $\operatorname{Span}(S)$ 是 M 的子模,称为由 S 生成的子模.由一个元素生成的子模,即

$$\langle a\rangle=Ra=\{ra \mid r \in R\},$$

称为由 a 生成的**循环子模**.

定义 6.20 设 M 是 R -模,如果存在 M 的有限非空子集 S,使得 $M=\operatorname{Span}(S)$,则称 M 是**有限生成的**.

类似于商空间,可以定义商模.设 N 是 R -模 M 的子模,称

$$a+N=\{a+x \mid x \in N\}, \quad a \in M$$

为 N 在 M 中的一个陪集.记 M/N 为 N 在 M 中所有陪集做成的集合,则 M/N 在运算

$$(a+N)+(b+N)=(a+b)+N,\quad r(a+N)=ra+N,\quad a, b\in M, r\in R$$

下成为 R -模,称为 M 关于 N 的**商模**.

6.10.3 模同态

类似于线性空间之间的线性映射,可以定义模之间的模同态.

定义 6.21 设 M 和 N 是 R -模,如果映射 $\varphi: M\longrightarrow N$ 满足:对任意 $a, b\in M$ 和 $r\in R$,有

$$\varphi(a+b)=\varphi(a)+\varphi(b),\quad \varphi(ra)=r\varphi(a),$$

则称 φ 是一个 **R -模同态**.称单射的同态为**单同态**,满射的同态为**满同态**,双射的同态为**同构**.如果 φ 是同构,则称 M 和 N 同构,记为 $M\cong N$.

如果 $\mathbb{F}$ 是域,则 $\mathbb{F}$ -模同态就是线性空间之间的线性映射.

设 $\varphi: M\longrightarrow N$ 是 R -模同态,则 φ 的核和像分别定义为

$$\operatorname{Ker}(\varphi)=\{a\in M\mid \varphi(a)=0\}\subset M$$

和

$$\operatorname{Im}(\varphi)=\{\varphi(a)\mid a\in M\}\subset N,$$

它们分别是 M 和 N 的子模.

设 N 是 R -模 M 的子模,则有典范同态

$$\varphi: M\longrightarrow M/N;\ a\mapsto a+N.$$

该同态是满同态,且 $\operatorname{Ker}(\varphi)=N$.

命题 6.22 (第一同构定理) 设 $\varphi: M\longrightarrow N$ 是 R -模同态,则有 R -模同构: $M/\operatorname{Ker}(\varphi)\cong\operatorname{Im}(\varphi)$.

☞ **证明** 定义映射 $\widetilde{\varphi}: M/\operatorname{Ker}(\varphi)\longrightarrow\operatorname{Im}(\varphi)$,使得对任意 $a+\operatorname{Ker}(\varphi)$,有

$$\widetilde{\varphi}(a+\operatorname{Ker}(\varphi))=\varphi(a)\in\operatorname{Im}(\varphi).$$

首先,该映射是良定的.事实上,设 $a+\operatorname{Ker}(\varphi)=b+\operatorname{Ker}(\varphi)$,则 $a-b\in\operatorname{Ker}(\varphi)$. 于是 $\varphi(a-b)=0$, 即 $\varphi(a)=\varphi(b)$. 其次,容易验证 $\widetilde{\varphi}$ 是 R -模同态.再次,如果 $a+\operatorname{Ker}(\varphi)\in\operatorname{Ker}(\widetilde{\varphi})$, 则 $\varphi(a)=\widetilde{\varphi}(a+\operatorname{Ker}(\varphi))=0$. 于是 $a\in\operatorname{Ker}(\varphi)$, 进而 $a+\operatorname{Ker}(\varphi)=0$, 即 $\widetilde{\varphi}$ 是单射.最后,对任意 $\varphi(a)\in\operatorname{Im}(\varphi)$, 有 $\widetilde{\varphi}(a+\operatorname{Ker}(\varphi))=\varphi(a)$, 即 $\widetilde{\varphi}$ 是满射.

6.10.4 自由模

下面将线性空间基的概念推广到 R -模.设 M 是 R -模, S 是 M 的非空子集.如果存在 $n\geqslant 1$, 存在 $a_1, a_2, \cdots, a_n\in S$, 存在不全为零的 $r_1, r_2, \cdots, r_n\in R$, 使得

$$r_1a_1+r_2a_2+\cdots+r_na_n=0,$$

则称 S 是 R-**线性相关**的.否则称 S 是 R-**线性无关**的.

定义 6.22 设 M 是 R-模, B 是 M 的非空子集,如果 B 线性无关,且生成 M, 则称 B 是 M 的 R-**基**.具有 R-基的 R-模 M 称为**自由 R-模**,如果 B 是 M 的基,称 M 在 B 上自由.

对任意 $n \in \mathbb{N}$, 定义

$$R^n = \{(a_1, a_2, \cdots, a_n) \mid a_i \in R\}.$$

则 R^n 在分量加法和分量乘法下成为 R-模.对 $i = 1, 2, \cdots, n$, 记

$$\boldsymbol{e}_i = (\underbrace{0, \cdots, 0}_{i-1}, 1, \underbrace{0, \cdots, 0}_{n-i}),$$

则 $\boldsymbol{e}_1, \boldsymbol{e}_2, \cdots, \boldsymbol{e}_n$ 是 R^n 的一组 R-基, R^n 是自由 R-模.

类似于线性空间的任意两个基有相同的势,自由模的任意两个基也有相同的势.

命题 6.23 设 M 是自由 R-模,则 M 的任意两个基有相同的势.将 M 的基的势称为自由模 M 的**秩**,记为 $\operatorname{rank}(M)$.

为了证明这个结论,我们需要一些环论的结果.设 I 是环 R 的理想,则 I 是 R-模 R 的子模,而商模 R/I 可以成为环,其中乘法为

$$(a+I)(b+I) = ab + I, \quad a, b \in R.$$

称 R/I 为 R 关于理想 I 的**商环**.

引理 6.24 设 R 是含幺交换环,则

(1) R 有极大理想;

(2) R 的理想 I 是极大理想的充分必要条件是 R/I 是域.

☞ **证明** (1) 定义 S 为 R 的所有不等于 R 的理想做成的集合.由于 $\{0\} \in S$, 所以 S 不是空集.任取 S 中的一个链(关于集合的包含关系) $\{I_i\}_{i \in \Lambda}$, 令

$$I = \bigcup_{i \in \Lambda} I_i,$$

则可证 I 是 R 的理想.而 $1 \notin I$, 所以 $I \in S$. 于是 S 的任意链有上界,由 Zorn 引理, S 有极大元 I_m, 易知 I_m 是 R 的极大理想.

(2) 设 I 是 R 的极大理想,任取 $0 \neq a + I \in R/I$, 则 $a \notin I$. 于是 $I \subsetneq \langle I, a\rangle$, 得到 $\langle I, a\rangle = R$, 特别有 $r \in R$ 和 $b \in I$, 使得

$$1 = ra + b.$$

于是

$$(a+I)(r+I) = ar + I = (1-b) + I = 1 + I,$$

即 $a + I$ 可逆.所以 R/I 是域.

反之,设 R/I 是域.理想 J 满足 $I \subset J \subset R$. 如果 $J \neq I$, 则存在 $a \in J$, 而 $a \notin I$. 于是 R/I 中的元 $a + I \neq 0$, 进而存在 $b \in R$, 使得

$$(a+I)(b+I) = 1 + I.$$

得到

$$ab-1\in I\subset J.$$

由 $a\in J$，得 $1\in J$. 所以 $J=R$，进而 I 是极大理想.

下面可以证明命题 6.23.

☞ **命题 6.23 的证明** 任取 R 的极大理想 I，则 $\mathbb{F}=R/I$ 是域.令

$$IM=\{r_1a_1+r_2a_2+\cdots+r_na_n\,|\,n\geqslant 1,\ r_i\in I,\ a_i\in M,\ i=1,2,\cdots,n\},$$

则 IM 是 M 的子模.令 $\bar{M}=M/IM$.

定义 $\mathbb{F}$ 对 $\bar{M}$ 的数乘如下：

$$(r+I)(a+IM)=ra+IM,\quad r\in R,\ a\in M.$$

容易验证这个运算是良定的，且 $\bar{M}$ 在其加法和该数乘下成为 $\mathbb{F}$ 上的线性空间.

任取 M 的 R-基 B，令

$$\bar{B}=\{b+IM\,|\,b\in B\}\subset\bar{M}.$$

我们证明：

(i) B 和 $\bar{B}$ 有相同的势；

(ii) $\bar{B}$ 是 $\mathbb{F}$ 上的线性空间 $\bar{M}$ 的一组基.

由此得

$$|B|=\dim_{\mathbb{F}}\bar{M},$$

与 B 的选取无关.

先证(i).有映射 $f: B\longrightarrow\bar{B}$；$b\mapsto b+IM$，则 f 是满射.设 $b_1,b_2\in B$，$b_1\neq b_2$，而 $f(b_1)=f(b_2)$，则 $b_1+IM=b_2+IM$，即 $b_1-b_2\in IM$. 于是

$$b_1-b_2=r_1a_1+r_2a_2+\cdots+r_sa_s,\quad r_1,r_2,\cdots,r_s\in I,\ a_1,a_2,\cdots,a_s\in M.$$

由于 B 是 M 的 R-基，所以 a_i 可以写成 B 的 R-组合.设

$$a_i=l_ib_1+\sum_{b\in B,\,b\neq b_1}l_bb,\quad l_i,l_b\in R,$$

则有

$$b_1-b_2=\left(\sum_{i=1}^{s}r_il_i\right)b_1+\text{其他项}.$$

所以得到

$$1=\sum_{i=1}^{s}r_il_i\in I,$$

进而 $I=R$，矛盾于 I 是极大理想.于是 f 是单射，进而为双射，(i)得证.

再证(ii).由于 $M=\mathrm{Span}_R(B)$，所以 $\bar{M}=\mathrm{Span}_{\mathbb{F}}(\bar{B})$. 如果有

$$\sum_{i=1}^{s}(r_i+I)(b_i+IM)=0,\quad r_i\in R,\quad b_i\in B,$$

则

$$\sum_{i=1}^{s}(r_ib_i+IM)=0,$$

即

$$\sum_{i=1}^{s}r_ib_i\in IM.$$

于是

$$\sum_{i=1}^{s}r_ib_i=\sum_{j=1}^{n}l_ja_j,\quad \exists\, l_j\in I,\ a_j\in M.$$

再将 a_j 写成 B 的 R -线性组合,比较 b_i 的系数,可得 $r_i\in I$. 于是

$$r_i+I=0,\quad i=1,2,\cdots,s,$$

即 $\bar{B}_1$ 在 $\mathbb{F}$ 上线性无关.

两个(有限维)线性空间同构,当且仅当它们有相同的维数.这个结论对自由模也成立.

定理 6.25 两个自由 R -模同构当且仅当它们有相同的秩.特别地,如果 M 为秩 n 的自由 R -模,则 $M\cong R^n$.

☞ **证明** 设 M 和 N 是自由 R -模.如果有同构 $\varphi: M\longrightarrow N$,任取 M 的基 B,则 $\varphi(B)$ 是 N 的基.于是

$$\operatorname{rank}(M)=|B|=|\varphi(B)|=\operatorname{rank}(N).$$

反之,设 $\operatorname{rank}(M)=\operatorname{rank}(N)$. 任取 M 的基 B_1 和 N 的基 B_2,则 $|B_1|=|B_2|$. 于是有双射 $\varphi: B_1\longrightarrow B_2$. 将 φ 线性扩充到 M 上,就得到 R -同构 $\varphi: M\longrightarrow N$.

6.10.5 Noether 模

最后讨论何时有限生成 R -模的子模也是有限生成的.首先给出 Noether 模的等价定义.

定理 6.26 设 M 是 R -模.则下面命题等价:

(i) M 的子模组成的任意非空集合有极大元(集合包含关系下);

(ii) M 满足**子模的升链条件**,即任给 M 的子模升链

$$M_1\subset M_2\subset M_3\subset\cdots\subset M,$$

存在 $k\in\mathbb{N}$,使得 $M_k=M_{k+1}=M_{k+2}=\cdots$;

(iii) M 的每个子模都是有限生成的.

如果 M 满足上面的等价命题,则称 M 为 **Noether 模**.

如果 R -模 R 是 Noether 模,即 R 的每个理想是有限生成的,则称 R 是 **Noether 环**.例如,主理想整环是 Noether 环,特别的域是 Noether 环.

有下面重要的

定理 6.27 如果 R 是 Noether 环，则任意有限生成 R-模是 Noether 模.

于是 Noether 环上的有限生成模的子模也是有限生成的.如果 R 是主理想整环，则有更好的结论，可参看参考文献[2]中定理 4.2.1：主理想整环 R 上的自由模 M 的子模 N 也是自由的，且 $\operatorname{rank}(N) \leqslant \operatorname{rank}(M)$.

著名的**希尔伯特(Hilbert)基定理**给出了构造新的 Noether 环的一种办法.

定理 6.28（Hilbert 基定理） 设 R 是 Noether 环，则多项式环 $R[x]$ 也是 Noether 环.

我们省略 Hilbert 基定理的证明，感兴趣的读者可以参看交换代数的教材.这里给出定理 6.26 和定理 6.27 的证明.

☞ **定理 6.26 的证明** 设(i)成立.任取 M 的子模升链

$$M_1 \subset M_2 \subset M_3 \subset \cdots \subset M,$$

令

$$S = \{M_i \mid i = 1, 2, \cdots\}.$$

由(i)，S 有极大元 M_k，$k \in \mathbb{N}$. 于是

$$M_i \subset M_k, \quad \forall i,$$

进而有

$$M_k = M_{k+1} = M_{k+2} = \cdots.$$

(ii)成立.

假设(ii)成立.任取 M 的子模 N. 任取 $a_1 \in N$，如果 $N_1 = \langle a_1 \rangle = N$，则 N 有限生成；否则，存在 $a_2 \in N$，而 $a_2 \notin N_1$. 如果 $N_2 = \langle a_1, a_2 \rangle = N$，则 N 有限生成；否则，存在 $a_3 \in N$，而 $a_3 \notin N_2$. 继续这一讨论，如果这一过程有限次后停止，则 N 是有限生成的.否则就有 N 的子模链

$$N_1 \subsetneqq N_2 \subsetneqq N_3 \subsetneqq \cdots,$$

这也是 M 的子模链，矛盾于(ii).所以 N 是有限生成的，(iii)成立.

再取 M 的子模组成的非空集合 S. 由(ii)，S 中的任意链都有上界.于是由 Zorn 引理，S 有极大元，(i)成立.

最后假设(iii)成立.任取 M 的子模升链

$$M_1 \subset M_2 \subset M_3 \subset \cdots \subset M,$$

令

$$N = \bigcup_{i \geqslant 1} M_i.$$

则 N 是 M 的子模，由(iii)知它是有限生成的.设 $N = \langle a_1, \cdots, a_n \rangle$，其中 $a_i \in N$. 存在 $k_i \in \mathbb{N}$，使得 $a_i \in M_{k_i}$. 令 $k = \max\{k_1, \cdots, k_n\}$，则

$$a_i \in M_k, \quad i=1, 2, \cdots, n.$$

于是

$$N \subset M_k \subset M_{k+1} \subset \cdots \subset M,$$

得到

$$M_k = M_{k+1} = M_{k+2} = \cdots.$$

这就证明了(ii)成立.

☞ **定理 6.27 的证明** 设 $M=\mathrm{Span}(\{a_1, \cdots, a_n\})$ 是有限生成 R-模.有 R-模满同态

$$\varphi: R^n \longrightarrow M; (r_1, r_2, \cdots, r_n) \mapsto r_1a_1+r_2a_2+\cdots+r_na_n.$$

设 N 是 M 的 R-子模,则 $\varphi^{-1}(N)$ 是 R^n 的子模,且 $N=\varphi(\varphi^{-1}(N))$. 设 $\varphi^{-1}(N)$ 是有限生成的,即

$$\varphi^{-1}(N)=\langle \boldsymbol{\alpha}_1, \boldsymbol{\alpha}_2, \cdots, \boldsymbol{\alpha}_k\rangle, \quad \exists \boldsymbol{\alpha}_1, \boldsymbol{\alpha}_2, \cdots, \boldsymbol{\alpha}_k \in \varphi^{-1}(N).$$

对任意 $a\in N$, 存在 $\boldsymbol{\alpha}\in\varphi^{-1}(N)$, 使得 $a=\varphi(\boldsymbol{\alpha})$. 设

$$\boldsymbol{\alpha}=r_1\boldsymbol{\alpha}_1+r_2\boldsymbol{\alpha}_2+\cdots+r_k\boldsymbol{\alpha}_k, \quad \exists r_1, r_2, \cdots, r_k \in R,$$

则

$$a=\varphi(\boldsymbol{\alpha})=r_1\varphi(\boldsymbol{\alpha}_1)+r_2\varphi(\boldsymbol{\alpha}_2)+\cdots+r_k\varphi(\boldsymbol{\alpha}_k).$$

因此有 $N=\mathrm{Span}(\{\varphi(\boldsymbol{\alpha}_1), \varphi(\boldsymbol{\alpha}_2), \cdots, \varphi(\boldsymbol{\alpha}_k)\})$, 即 N 是有限生成的.

于是只要证明 R^n 的每个子模都是有限生成的.对 n 归纳.当 $n=1$ 时,由 R 是 Noether 环得结论.下设 $n>1$, 任取 R^n 的子模 N, 定义

$$N_1=\{\boldsymbol{\alpha}=(r_1, \cdots, r_{n-1}, 0)\in N \mid r_1, \cdots, r_{n-1}\in R\}$$

和

$$N_2=\{(0, \cdots, 0, r_n) \mid \exists r_1, \cdots, r_{n-1}\in R, \text{使得} (r_1, \cdots, r_{n-1}, r_n)\in N\}.$$

容易知道, N_1 同构于 R^{n-1} 的一个子模,而 N_2 同构于 R 的一个子模(将零坐标去掉).于是由归纳假设, N_1 和 N_2 都是有限生成的.设

$$N_1=\langle\boldsymbol{\alpha}_1, \cdots, \boldsymbol{\alpha}_k\rangle, \quad N_2=\langle\boldsymbol{\beta}_1, \cdots, \boldsymbol{\beta}_l\rangle, \quad \boldsymbol{\beta}_j=(0, \cdots, 0, b_j),$$

则存在

$$\boldsymbol{\gamma}_j=(r_{j1}, \cdots, r_{j,n-1}, b_j)\in N, \quad j=1, 2, \cdots, l.$$

下面证明: $N=\langle\boldsymbol{\alpha}_1, \cdots, \boldsymbol{\alpha}_k, \boldsymbol{\gamma}_1, \cdots, \boldsymbol{\gamma}_l\rangle$.

事实上,任取 $\boldsymbol{\alpha}=(r_1, \cdots, r_n)\in N$, 则 $(0, \cdots, 0, r_n)\in N_2$. 于是

$$(0, \cdots, 0, r_n)=\sum_{j=1}^{l}a_j\boldsymbol{\beta}_j, \quad \exists a_j\in R.$$

比较最后一个分量得到

$$r_n = \sum_{j=1}^{l} a_j b_j.$$

于是 $\boldsymbol{\alpha} - \sum_{j=1}^{l} a_j \boldsymbol{\gamma}_j \in N$ 的最后一个分量为零,即 $\boldsymbol{\alpha} - \sum_{j=1}^{l} a_j \boldsymbol{\gamma}_j \in N_1$.

补充题

A1. 设 $V = \{a + b\sqrt[3]{2} + c\sqrt[3]{4} \mid a, b, c \in \mathbb{Q}\}$,证明:在通常的实数加法和乘法下,$V$ 成为有理数域上的线性空间.并求 V 的维数.

A2. 取 $\mathbb{R}^n$ 的通常拓扑,证明:$\mathbb{R}^n$ 的任意子空间为 $\mathbb{R}^n$ 中的闭子集.

A3. 在数域 $\mathbb{F}$ 上 n 维向量空间 $\mathbb{F}^n$ 中,求向量 $\boldsymbol{\alpha} = (a_1, a_2, \cdots, a_n)^{\mathrm{T}}$ 在基 $\{\boldsymbol{\alpha}_1, \boldsymbol{\alpha}_2, \cdots, \boldsymbol{\alpha}_n\}$ 下的坐标,其中对 $j = 1, 2, \cdots, n$,有

$$\boldsymbol{\alpha}_j = (\underbrace{1, \cdots, 1}_{j\text{个}}, 0, \cdots, 0)^{\mathrm{T}}.$$

A4. 设 $W_1, W_2, \cdots, W_r$ 是线性空间 V 的子空间,其中 $r \geqslant 2$,证明:和 $W_1 + W_2 + \cdots + W_r$ 是直和的充分必要条件是,对任意的 $2 \leqslant i \leqslant r$,有

$$W_i \cap (W_1 + W_2 + \cdots + W_{i-1}) = \{\mathbf{0}\}.$$

A5. 设 I 是指标集,$W_i(i \in I)$ 是线性空间 V 的子空间,定义 V 的子集

$$\sum_{i \in I} W_i = \{\boldsymbol{\alpha}_1 + \boldsymbol{\alpha}_2 + \cdots + \boldsymbol{\alpha}_s \mid s \geqslant 1, \boldsymbol{\alpha}_j \in \cup_{i \in I} W_i, j = 1, 2, \cdots, s\},$$

证明:$\sum_{i \in I} W_i$ 为 V 中包含所有 $W_i(i \in I)$ 的最小子空间.称其为 $W_i(i \in I)$ 的和.

A6. 设 I 是指标集,$W_i(i \in I)$是线性空间 V 的子空间,如果对任意 $i \in I$,有

$$W_i \cap \Big(\sum_{j \in I, j \neq i} W_j\Big) = \{\mathbf{0}\},$$

则称和 $\sum_{i \in I} W_i$ 为**直和**,记为 $\bigoplus_{i \in I} W_i$. 证明下面命题等价:

(i) 和 $\sum_{i \in I} W_i$ 是直和;

(ii) $\mathbf{0}$ 不能写为不同的 W_i 中的非零元之和;

(iii) $\sum_{i \in I} W_i$ 中的非零元写为 $W_i(i \in I)$的非零元之和的方式唯一.

B1. 设 m 是正整数,$R = \mathbb{Z}/m\mathbb{Z}$ 是模 m 的剩余类环,V 是 R 上的所有复值函数做成的集合,即

$$V = \{f: R \longrightarrow \mathbb{C} \mid f \text{ 是函数}\}.$$

(1) 证明:V 在函数的加法和数乘运算下成为复线性空间;

(2) 令 $\zeta = \zeta_m = \mathrm{e}^{\frac{2\pi}{m}\mathrm{i}}$ 是 m 次本原单位根,对任意 $a \in R$,定义 $\varphi_a, \delta_a \in V$,使得对任意 $x \in R$,有

$$\varphi_a(x) = \zeta^{ax}, \quad \delta_a(x) = \begin{cases} 1, & x = a, \\ 0, & x \neq a. \end{cases}$$

证明:

(i) 对任意 $a \in R$,

$$\sum_{x \in R} \varphi_{-a}(x)\varphi_x = m\delta_a$$

成立;

(ii) 对任意 $f \in V$,令 $\hat{f} = \frac{1}{m}\sum_{x \in R} f(x)\varphi_{-x}$,称其为 f 的有限傅里叶(Fourier)变换,则

$$f = \sum_{a \in R} \hat{f}(a)\varphi_a$$

称为 f 的 Fourier 展开;

(iii) V 有基 $\{\varphi_a \mid a \in R\}$,进而 $\dim V = m$.

B2. 求 $\max\{\dim V \mid V$ 是$\mathbb{R}^{n\times n}$的子空间,且对任意 $X, Y \in V$,有 $\mathrm{Tr}(XY) = 0\}$.

B3. 设 $\boldsymbol{\alpha}_1, \boldsymbol{\alpha}_2, \cdots, \boldsymbol{\alpha}_n$ 和 $\boldsymbol{\beta}_1, \boldsymbol{\beta}_2, \cdots, \boldsymbol{\beta}_n$ 是 n 维线性空间 V 的两组基,$1 \leqslant m < n$,证明:存在 $1, 2, \cdots, n$ 的排列 $i_1, i_2, \cdots, i_n$,使得 $\boldsymbol{\alpha}_1, \cdots, \boldsymbol{\alpha}_m, \boldsymbol{\beta}_{i_{m+1}}, \cdots, \boldsymbol{\beta}_{i_n}$ 和$\boldsymbol{\beta}_{i_1}, \cdots, \boldsymbol{\beta}_{i_m}, \boldsymbol{\alpha}_{m+1}, \cdots, \boldsymbol{\alpha}_n$ 仍是V的两组基.(**提示**:如果 n 阶方阵A 可逆,通过换列,可使 A 的左上角的m 阶方阵和右下角的 $n-m$ 阶方阵都可逆.)

B4. 设 $W_1, W_2, \cdots, W_k$ 都是线性空间 V 的真子空间,$V \neq \{\mathbf{0}\}$, $k \in \mathbb{N}$,证明:存在 V 的基B,使得 $B \cap (W_1 \cup W_2 \cup \cdots \cup W_k) = \varnothing$.

B5. 设 V 是数域 $\mathbb{F}$ 上的有限维线性空间,$W_1, W_2, \cdots, W_k$ 是 V 的维数相同的子空间,证明:$W_1, W_2, \cdots, W_k$ 有公共的直和补,即存在 V 的子空间 U,使得对 $i = 1, 2, \cdots, k$ 都有 $V = W_i \oplus U$.

B6. 设 $W_1, W_2, \cdots, W_k$ 是n 维线性空间 V 的子空间,且 $m < n$.证明:如果对任意 i $(1 \leqslant i \leqslant k)$,成立 $\dim W_i \leqslant m$,则存在 V 的子空间 U,使得 $\dim U = n - m$,且对任意 $1 \leqslant i \leqslant k$,都有 $U \cap W_i = \{\mathbf{0}\}$.

B7. 设 V 是有限维实线性空间,对任意 $\boldsymbol{\alpha}, \boldsymbol{\beta} \in V$, V 中连接$\boldsymbol{\alpha}$ 和$\boldsymbol{\beta}$ 的线段定义为

$$L(\boldsymbol{\alpha}, \boldsymbol{\beta}) = \{t\boldsymbol{\alpha} + (1-t)\boldsymbol{\beta} \mid 0 \leqslant t \leqslant 1\}.$$

设 W 是 V 的真子空间,对任意 $\boldsymbol{\alpha}, \boldsymbol{\beta} \in V - W$,如果 $L(\boldsymbol{\alpha}, \boldsymbol{\beta}) \cap W = \varnothing$,则记 $\boldsymbol{\alpha} \equiv \boldsymbol{\beta}$.

(1) 证明:如果 $\dim W = \dim V - 1$,则$\equiv$为集合 $V-W$ 中的等价关系,且商集合 $(V-W)/\equiv$ 为二元集;

(2) 如果不要求 $\dim W = \dim V - 1$,那么$\equiv$是否还是集合 $V-W$ 中的等价关系?说明理由.

B8. 对 n 阶方阵$\mathbf{A} \in \mathbb{C}^{n\times n}$,如果 $\mathbf{A}\mathbf{A}^{\mathrm{T}} = \mathbf{A}^{\mathrm{T}}\mathbf{A}$,则称 $\mathbf{A}$ 是实正规的.求

$$\max\{\dim V \mid V \text{ 是} \mathbb{C}^{n\times n} \text{ 的子空间,且 } V \text{ 中矩阵均为实正规}\}.$$

参 考 文 献

[1] 龚升.话说微积分[M].合肥:中国科技大学出版社,1998.
[2] 龚升.线性代数五讲[M].北京:科学出版社,2005.
[3] 李尚志.线性代数[M].北京:高等教育出版社,2007.
[4] 李炯生,查建国,王新茂.线性代数[M].北京:中国科学技术大学出版社,2005.
[5] 丘维声.高等代数[M].北京:清华大学出版社,2013.
[6] 同济大学数学系.高等代数与解析几何[M].北京:高等教育出版社,2015.
[7] 姚慕生,吴泉水,谢启鸿.高等代数[M].上海:复旦大学出版社,2014.

索　　引